普通高等教育“十一五”国家级规划教材
普通高等教育“十二五”应用型本科规划教材

微 积 分

(第二版)

主　编　张学奇　姚　立　贺家宁
参　编　仓定帮　刘　伟　王　芬　吴亚豪　李　芳

中国人民大学出版社
·北京·

图书在版编目(CIP)数据

微积分/张学奇，姚立，贺家宁主编.—2版.—北京：中国人民大学出版社，2015.6
普通高等教育"十一五"国家级规划教材　普通高等教育"十二五"应用型本科规划教材
ISBN 978-7-300-21442-9

Ⅰ.①微…　Ⅱ.①张… ②姚… ③贺…　Ⅲ.①微积分-高等学校-教材　Ⅳ.①O172

中国版本图书馆CIP数据核字(2015)第121319号

普通高等教育"十一五"国家级规划教材
普通高等教育"十二五"应用型本科规划教材
微积分(第二版)
主　编　张学奇　姚　立　贺家宁
参　编　仓定帮　刘　伟　王　芬　吴亚豪　李　芳
Weijifen

出版发行	中国人民大学出版社		
社　址	北京中关村大街31号	邮政编码	100080
电　话	010－62511242(总编室)		010－62511770(质管部)
	010－82501766(邮购部)		010－62514148(门市部)
	010－62515195(发行公司)		010－62515275(盗版举报)
网　址	http://www.crup.com.cn		
	http://www.ttrnet.com(人大教研网)		
经　销	新华书店		
印　刷	北京溢漾印刷有限公司		
规　格	185 mm×260 mm　16开本	版　次	2015年6月第1版
印　张	26.75	印　次	2018年9月第4次印刷
字　数	620 000	定　价	56.00元

内容简介

本书为普通高等教育"十二五"应用型本科国家级规划教材，是依据高等学校经济类、管理类本科数学基础课程教学基本要求，在总结微积分课程教学改革成果，吸收国内外同类教材的优点，结合我国高等教育发展趋势的基础上编写而成的.

本书在为学生提供必要的基础知识和基本技能的同时，注重强化概念理解，渗透数学思想，突出数学应用，培养建模能力. 力求实现理论教学与实际应用、知识传授与能力培养的和谐统一，教育理念与学生发展、学习数学与运用数学的有机结合. 全书内容包括函数，极限与连续，导数与微分，一元函数微分学应用，不定积分，定积分，多元函数微积分，无穷级数，常微分方程，差分方程，以及微积分应用与模型等课外学习专题.

本书结构严谨，逻辑清晰，例题典型，习题丰富，内容组织上力求做到自然直观，通俗易懂，教学结合，宜教宜学. 本书还配有教学指导、学习辅导、习题全解、教学课件、网络课程等丰富的立体化教学资源.

本书适合于高等学校经济类和管理类各专业学生使用，也可供理工科学生和科技工作者阅读参考.

前言

普通高等教育“十一五”国家级规划教材《微积分》（第二版）是依据高等学校经济类、管理类各专业对微积分课程的教学要求，在总结微积分课程教学改革成果，吸收国内外同类教材的优点，结合我国高等教育发展趋势的基础上编写的.

本书的编写以强化概念理解、渗透数学思想，突出数学应用、培养建模能力，体现教育理念、提高教学质量为指导，力求实现理论教学与实际应用、知识传授与能力培养的和谐统一，教育理念与学生发展、学习数学与运用数学的有机结合. 与现行同类教材相比，本书注重突出以下特点：

优化构建教学内容与课程体系. 在考虑课程的基础性、系统性与逻辑性的基础上，注意体现微积分的思想性和应用性，微积分与经济管理等学科的交叉与渗透，对教学内容与课程体系进行适当调整，整体体现加强基础、培养能力、重视应用的原则.

强化概念的理解. 从问题出发，呈现概念的形成过程和背景知识，突出概念的思想性，通过几何化、数值化、解析化和描述化的方法强化概念的理解，如对极限、连续、导数、微分和定积分等重点概念的处理.

突出微积分基本思想和知识内在特征，如辩证思想、数形结合、线性代替、函数逼近等. 对重要概念、定理、法则用辩证的观点进行剖析和评注，把握知识内在特征.

突出数学建模能力的培养. 围绕着函数、导数应用、函数最值、定积分、微分方程、差分方程等主题，强调数学概念与经济管理问题的联系，将微积分经济学中的成本、收益和利润问题的应用贯穿于教材始终. 在加强概念与理论应用背景介绍的基础上，结合课程内容编写了“微积分应用与模型”一章，通过专题式的建模过程学习，逐步培养学生用数学的意识、用数学求解实际问题和建立经济管理数学模型的能力，适应经济、金融、管理等学科的专业学习需要.

体现数学素质教育、数学文化教育和科学精神培养. 配合教学内容编写了一些经典实例、数学家和背景知识简介等内容，提高学生的学习兴趣、学习积极性和数学意识，使学生感到数学就在身边，受到数学素养的熏陶.

注重教材结构上的严谨、逻辑上的清晰、叙述上的通俗易懂. 教材的编排上体现教学思想与教学方法，教师好使，学生好用，有利于教与学双方的使用和教学质量提高.

强调基础解题能力的训练，注意例题与习题的设计与编选，例题典型，习题覆盖面宽、题型丰富、难易适度，按节配有适量的基本练习题，每章配有总练习题. 总习题可以用于检测对基本教学内容的掌握情况，书末附有习题答案与提示，便于检查参考.

全书内容包括函数，极限与连续，导数与微分，一元函数微分学应用，不定积分，定积分，多元函数微积分，无穷级数，常微分方程，差分方程，微积分应用与模型. 参考教学时数为120学时，标有 * 号的内容要另行安排学时.

为了使学生更好地掌握微积分内容，提高学生分析问题和解决问题的能力，拓展学生的学习空间，编写了配套《微积分辅导教程》（第二版）、《微积分习题全解》（第二版）.《微积分辅导教程》（第二版）包括教学基本要求、内容概要、要点剖析、典型例题解析、常见错误分析、单元自测题等内容. 本书内容丰富，思路清晰，突出对教学内容的提炼、要点的剖析和解题方法的点拨，注重典型例题的分析和总结，对提高学生的学习兴趣、培养分析解决问题能力具有积极的促进作用，辅导教程与主教材相辅相成，起到了对课程的同步辅导与延伸的作用.《微积分习题全解》（第二版）对教材全部习题与总习题都给出了完整、典型、翔实的解答，对重点习题给出了分析和解题指导.

为适应教育信息化发展的需要，结合现代化教育手段编制与教材配套的微积分教学课件和网络教学资源，教学课件注重教学设计，以问题为先导，设计教学情景与活动，将教师启发性教学思想融合在课件的设计之中，体现教学内容动态化与思维过程可视化，网络教学资源为教师自主组织教学创造了条件.

本书由张学奇、姚立、贺家宁主编，参加本书编写的还有仓定帮、刘伟、王芬、吴亚豪、李芳. 全书由张学奇统稿定稿. 我们在本书的编写过程中参阅了国内外一些优秀教材，从中受到了有益的启发，吸取了先进的经验. 本书的出版受到了中国人民大学出版社的支持与帮助，在此表示感谢！

限于编者的水平，本书难免存在不足之处，殷切期望专家、同行和读者批评指正，使本书不断完善和提高.

张学奇

2015 年 2 月

目 录

第一章　函　数

世界上万物都是运动变化的，对变化问题的研究反映在数学上就是函数关系，微积分研究的对象就是函数.本章主要复习函数的概念、函数的特性、反函数与复合函数、初等函数等内容.

第一节　函数的概念

微积分研究的对象是函数，其研究范围为实数域，在此先概述学习本课程所必须具备的实数知识与函数概念.

一、实数

1. 实数与绝对值

实数由有理数与无理数两大类数组成.全体实数构成的集合称为实数集，记为 **R**；全体正实数的集合记为 $\mathbf{R}^{+}$；全体非负整数构成的集合为自然数集，记为 **N**；全体整数构成的集合记为 **Z**.

数轴是定义了原点、方向和单位长度的直线.由于全体实数与数轴上的所有点一一对应，所以可以用数轴上的点表示实数.

设 x 是一个实数，则记号 $|x|$ 表示 x 的**绝对值**，定义为

$$|x|=\begin{cases} x & x\geqslant 0 \\ -x & x<0 \end{cases}.$$

数 x 的绝对值的几何意义是数轴上从原点 O 到点 x 的距离.

设 x 和 y 是两个实数.由绝对值的定义得

$$|x-y|=\begin{cases}x-y & x\geqslant y\\ y-x & x<y\end{cases}.$$

几何上$|x-y|$表示数轴上两点 x 和 y 的距离.

设 $a>0$.由绝对值的定义,有下述等价关系式:

$|x|<a$ 等价于$-a<x<a$,或记为$|x|<a\Leftrightarrow -a<x<a$;

$|x|>a$ 等价于 $x<-a$ 或 $x>a$,或记为$|x|>a\Leftrightarrow x<-a$ 或 $x>a$.

设 x 和 y 是任意两个实数,则绝对值有下列性质:

(1)$|x|\geqslant 0$;(2)$|-x|=|x|$;(3)$-|x|\leqslant x\leqslant |x|$;

(4)$|x\pm y|\leqslant |x|+|y|$;(5)$||x|-|y||\leqslant |x-y|$;(6)$|xy|=|x|\cdot|y|$.

2. 区间与邻域

设 $a,b\in\mathbf{R}(a<b)$,则满足不等式 $a<x<b$ 的所有实数 x 所组成的集合,称为以 a,b 为端点的开区间,记为(a,b),即$(a,b)=\{x|a<x<b\}$.

满足不等式 $a\leqslant x\leqslant b$ 的所有实数 x 所组成的集合,称为以 a,b 为端点的**闭区间**,记为$[a,b]$,即$[a,b]=\{x|a\leqslant x\leqslant b\}$.

此外,还有以 a,b 为端点的**半开半闭区间**

$$(a,b]=\{x|a<x\leqslant b\}\quad 和\quad [a,b)=\{x|a\leqslant x<b\}.$$

上述几类区间长度是有限的,称之为有限区间,$b-a$ 称为区间长度.除此之外,还有几类无限区间:

$$(a,+\infty)=\{x|x>a\},\quad [a,+\infty)=\{x|x\geqslant a\},$$
$$(-\infty,b)=\{x|x<b\},\quad (-\infty,b]=\{x|x\leqslant b\},$$
$$(-\infty,+\infty)=\{x|-\infty<x<+\infty\}=\mathbf{R}.$$

除了区间概念外,为了讨论函数的局部性态,还常用到邻域的概念,它是由某点附近的所有点组成的集合.

设 x_0 为实数,$\delta>0$,区间$(x_0-\delta,x_0+\delta)$(或满足不等式$|x-x_0|<\delta$ 的 x)称为**点 x_0 的 δ 邻域**(见图 1—1),记为$U_\delta(x_0)=\{x|x\in(x_0-\delta,x_0+\delta)\}$,$x_0$ 称为邻域中心,δ 称为邻域半径.

点集$(x_0-\delta,x_0)\cup(x_0,x_0+\delta)$(或满足 $0<|x-x_0|<\delta$ 的 x)称为**点 x_0 的去心邻域**(图 1—2),记为$U^\circ(x_0)=\{x|x\in(x_0-\delta,x_0)\cup(x_0,x_0+\delta)\}$.

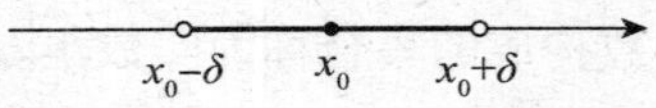

图 1—1

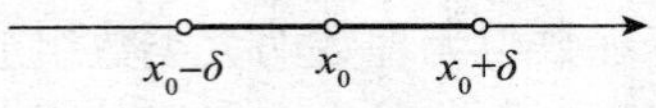

图 1—2

为了书写方便,书中使用了下列逻辑符号.

符号$\forall$表示“任意”;$\exists$表示“存在”;符号 $A\Leftrightarrow B$ 表示命题 A 与 B 等价,或命题 A 与 B 互为充要条件;符号$\Rightarrow$表示“推得”.

二、变量与函数

所谓变量,就是指在某一过程中不断变化的量.例如,变速运动物体的速度,某地区的温度，某种产品的产量、成本和利润，世界人口总数，等等.

时间是最典型的变量，自然界中很多变量的变化都依赖于时间.例如，自由落体运动的距离 s 与时间 t 的关系为 $s=\frac{1}{2}gt^2$.

现实世界中的变量不是孤立的、静止的，它要与周围相关的变量发生关系，变量间的相互确定的依赖关系抽象出来就是函数概念.函数概念是运动变化和对立统一等观点在数学中的具体体现，用它可以描述现实世界中的变量关系.

1. 函数的定义

人们对函数概念的认识过程是一个逐步抽象和深化的过程.在 17 世纪，绝大部分函数是通过曲线引进和研究的.牛顿曾用“流量”一词表示变量和函数，莱布尼茨用“函数”一词表示任何一个随着曲线上的点变动而变动的量，欧拉用记号 $f(x)$ 表示一个函数，从此函数概念成为微积分的一个基本概念.18 世纪后，随着微积分的发展，函数概念逐步清晰、准确，最终发展为现代的函数概念的经典定义，函数概念的现代定义是以集合论为基础的映射形式.

定义 1[①] 设 D 是实数集 $\mathbf{R}$ 的一个非空子集.如果有 D 到 $\mathbf{R}$ 上的一个映射(对应规则) f，使得对于每个 $x\in D$，通过映射 f 都有唯一确定的数 $y\in\mathbf{R}$ 与之对应，则称 f 为定义在 D 上的**函数**，x 称为 f 的**自变量**，y 称为**因变量**，函数记作

$$f:D\to\mathbf{R},\quad x\mapsto y,\quad x\in D,$$

其中 D 称为函数 f 的**定义域**，记作 $D(f)$.D 中的每一个 x 根据映射 f 对应于一个 y，记作 $y=f(x)$，称为函数 f 对 x 的函数值.全体函数值的集合

$$f(D)=\{y\mid y=f(x),x\in D\}\subset\mathbf{R}$$

称为函数 f 的**值域**，如图 1—3 所示.

需要指出的是，严格说 f 和 $f(x)$ 的含义是不同的，f 表示映射或对应规则，而 $f(x)$ 表示函数值，但为叙述方便，通常用 $f(x)(x\in D)$ 表示函数.

直观上，也可以将函数想象为一个机器.如果 x 在 f 的定义域中，则当 x 输入这个机器 f 时，机器通过对应规则产生一个输出 $f(x)$，定义域看成所有输入的集合，值域看成所有输出的集合，如图 1—4 所示.我们使用的计算器就是借助机器理解函数的典型例子.

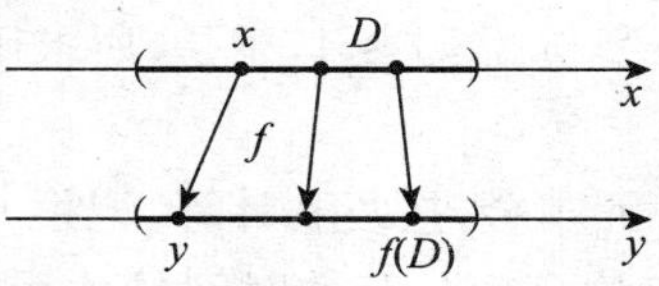

图 1—3

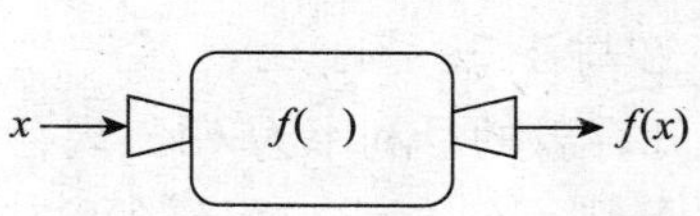

图 1—4

若函数在某个区间中的每一点都有定义，则称这个函数在该区间上有定义.

在坐标平面上，函数可以用图形表示.设函数 $y=f(x)(x\in D)$，则称平面点集 $C=$

① 函数的这个定义是德国数学家狄利克雷(P.G.L.Dirichlet，1805—1859)于 1837 年在他的一篇讨论函数的文章中引进的.

$\{P(x,f(x))\mid x\in D\}$为函数 $y=f(x)(x\in D)$的**图形**.一般地,一个函数确定一个图形;反之,如果图形上不同点的横坐标也不同(或平行于 y 轴的直线与曲线只有一个交点),则这个图形确定一个函数(图 1—5).

例 1 设 $y=\begin{cases}-1 & x<0\\ 0 & x=0\\ 1 & x>0\end{cases}$.其图形如图 1—6 所示,它确定了一个函数,称为符号函数,记为$y=\mathrm{sgn}x$,其定义域为实数集 $\mathbf{R}$,值域为$\{-1,0,1\}$.

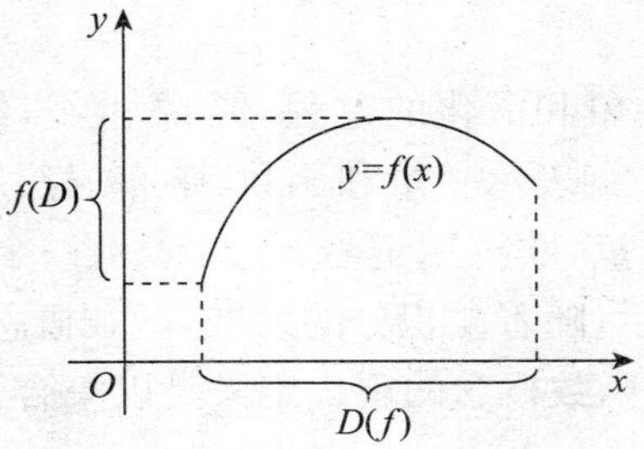

图 1—5

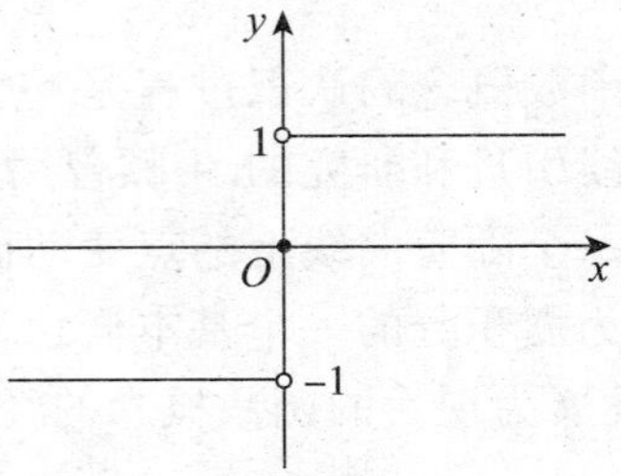

图 1—6

2. 函数的两个要素

函数的对应规则和定义域称为函数的两个要素.一个函数只要定义域和对应规则给定,则函数也就确定了.

(1)函数定义域的确定就是确定使得函数有意义的自变量的取值范围.对于实际问题的定义域,通常由实际问题的性质而定.

例 2 求函数 $y=\sqrt{x^2-x-6}+\arcsin\dfrac{2x-1}{7}$的定义域.

解 这是求两个函数之和的定义域,先分别求出每个函数的定义域,然后求其公共部分即可.

$\sqrt{x^2-x-6}$的定义域必须满足 $x^2-x-6\geqslant 0$,即$(x-3)(x+2)\geqslant 0$,解得 $x\geqslant 3$ 或 $x\leqslant -2$.

而 $\arcsin\dfrac{2x-1}{7}$的定义域必须满足$\left|\dfrac{2x-1}{7}\right|\leqslant 1$,即 $-7\leqslant 2x-1\leqslant 7$,解得$-3\leqslant x\leqslant 4$.

这两个函数的定义域的公共部分是$-3\leqslant x\leqslant -2$ 与 $3\leqslant x\leqslant 4$,于是,所求函数的定义域是$-3\leqslant x\leqslant -2$ 与 $3\leqslant x\leqslant 4$.

例 3 已知存款的月利率为 $k\%$,现存入银行 a 元本金,按复利计算,记第 n 个月后的存款余额为$C(n)$,则 $C(n)=a(1+k\%)^n$.它给出了存款余额与存款时间的关系,其定义域为$D(C)=\{n\mid n\in\mathbf{N}^+\}$.

(2)两个函数相等的充要条件是其定义域、对应规则分别相同.即若两个函数 $y=f(x)(x\in D_1)$和 $y=g(x)(x\in D_2)$,则

$$f=g\quad\Leftrightarrow\quad D(f)=D(g)\text{且 }f(x)=g(x),x\in D(f).$$

例 4 说明函数 $y=\ln x^2$ 与 $y=2\ln x$ 是否相同.

解 因为 $y=\ln x^2$ 的定义域为$(-\infty,0)\cup(0,+\infty)$,而 $y=2\ln x$ 的定义域为$(0,+\infty)$,

所以 $y=\ln x^2$ 与 $y=2\ln x$ 不是相同的函数.

3. 函数的表示法

函数的表示方法一般有三种：表格法、图形法和公式法.表格法就是将自变量与因变量的对应数据列成表格来表示函数关系；图形法就是用平面上的曲线来反映自变量与因变量之间的对应关系；公式法就是写出函数的解析表达式和定义域，此时对于定义域中每个自变量，可按照表达式中所给定的数学运算确定对应的因变量.下面用实例分别说明函数的表示方法.

例 5 2012 年 7 月 6 日国务院公布的定期整存整取存款的利率表如下：

时间	3 个月	6 个月	1 年	2 年	3 年	5 年
年利率(%)	2.85	3.05	3.25	3.75	4.25	4.75

这个表格确定了存款时间与利率之间的函数关系，这种用表格形式表示函数的方法称为函数的表格表示方法，简称**表格法**.

例 6 王先生到郊外去散步，他匀速前进，离家 10 分钟，发现一骑车人的自行车坏了.他帮助这个人把自行车修好，20 分钟后继续散步.请把王先生离家的距离关于时间的函数用图形描述出来.

解 王先生离家的距离关于时间的函数图形如图 1—7 所示；这种用图形表示函数的方法称为函数的图形表示方法，简称图形法.

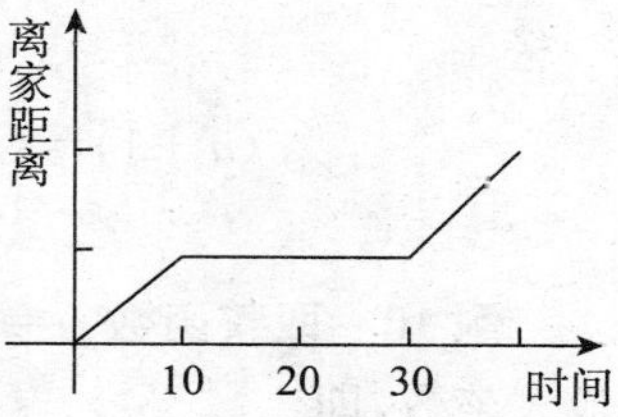

图 1—7

例 7 制作一个容积为定数 V 的圆柱形无盖水箱，其底面单位面积造价为 a，侧面单位面积造价为底面单位面积造价的 2 倍.试将总造价表示成底半径 r 的函数.

解 设圆桶用料的总造价为 P，则

$$P=a\pi r^2+2a\cdot 2\pi rh.$$

因为圆桶体积 $\pi r^2h=V$ 是定数，由 $\pi r^2h=V$，解出 $h=\dfrac{V}{\pi r^2}$，则

$$P=a\pi r^2+2a\cdot 2\pi rh=a\pi r^2+4a\pi r\,\frac{V}{\pi r^2}=\pi ar^2+\frac{4aV}{r}\quad(0<r<+\infty).$$

这里用公式表示了圆桶用料的总造价 P 与底半径 r 的函数关系.

在用公式法表示函数时，有一种分段表示函数的情形，即一个函数在它的定义域的不同部分，其表达式不同，需用多个不同的表达式表示同一个函数，这样的函数习惯上称为**分段函数**.

例 8 某商品的单价因购买量的不同而不同，其购买量与价格如下：

购买量 x(kg)	$0<x\leqslant 100$	$100<x\leqslant 200$	$200<x\leqslant 500$	$x>500$
单价 y(元/kg)	50	49	48	46

则价格与购买量之间的关系可以由下面的函数表达：

$$f(x)=\begin{cases}50x & 0<x\leqslant 100\\ 49x & 100<x\leqslant 200\\ 48x & 200<x\leqslant 500\\ 46x & x>500\end{cases}.$$

分段函数的定义域通常来讲是各分段自变量取值的并集.求分段函数的函数值时,应把自变量代入相应的取值范围的表达式里进行计算;分段函数的图像由每一个分段区间的图形合并而成.

例 9 作出下面分段函数的图形,并求函数值 $f(0)$,$f\left(\frac{1}{2}\right)$,$f(a+1)$.

$$f(x)=\begin{cases}0 & -1<x\leqslant 0\\ x^2 & 0<x\leqslant 1.\\ 3-x & 1<x\leqslant 2\end{cases}$$

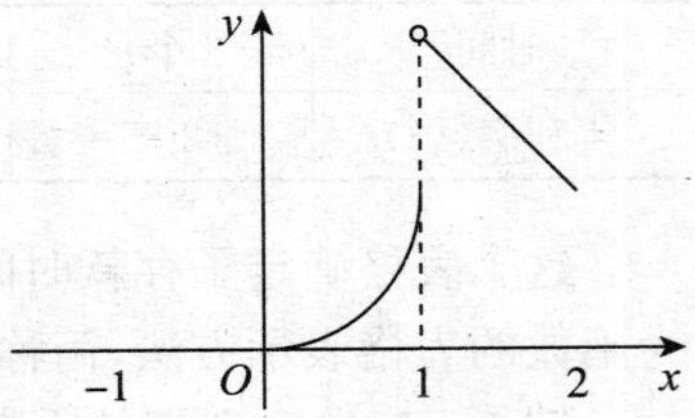

图 1—8

解 该分段函数的图形如图 1—8 所示.

函数值 $f(0)=0$,$f\left(\frac{1}{2}\right)=\left(\frac{1}{2}\right)^2=\frac{1}{4}$,

$$f(a+1)=\begin{cases}0 & -2<a\leqslant -1\\ (a+1)^2 & -1<a\leqslant 0\\ 2-a & 0<a\leqslant 1\end{cases}.$$

例 10 **取整函数** $y=[x]$,其中$[x]$表示不超过 x 的最大整数,即

$$[x]=n,\quad n\leqslant x<n+1,\quad n\in\mathbf{Z}$$

例如,$[2.13]=2$,$[\pi]=3$,$[-2.16]=-3$.取整函数 $y=[x]$的定义域为 $\mathbf{R}$,值域为 $\mathbf{Z}$,如图 1—9 所示.

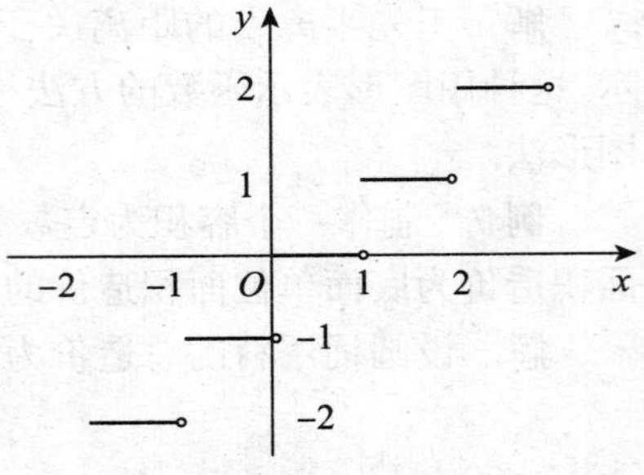

图 1—9

以上用解析法表达的函数关系的形式为 $y=f(x)$,它揭示出了由自变量通过怎样的运算关系得到因变量.这样表达的函数称为**显函数**.

用解析法表示函数还有一种方法是因变量 y 与自变量 x 的数量关系由方程来确定,如 $x^2+y^2=1(y\geqslant 0)$,在这种表达式中,x 与 y 的函数关系隐含在方程之中.将 y 用 x 来表示,则有 $y=\sqrt{1-x^2}$.通常把未解出因变量的方程 $F(x,y)=0$ 所确定的 x 与 y 之间的函数关系叫作**隐函数**.

三、具有特性的几类函数

在初等数学中已经介绍过具有某种特性的几类函数,如有界函数、单调函数、奇偶函数和周期函数.

1. 有界函数

定义 2 设函数 $y=f(x)(x\in D)$,区间 $I\subset D$.若存在常数 $M>0$,对任意 $x\in I$,都有 $|f(x)|\leqslant M$,则称 $f(x)$为 I 上的**有界函数**.

有界函数的图形特征：有界函数的图形完全落在两条平行于 x 轴的直线之间，如图 1—10 所示.

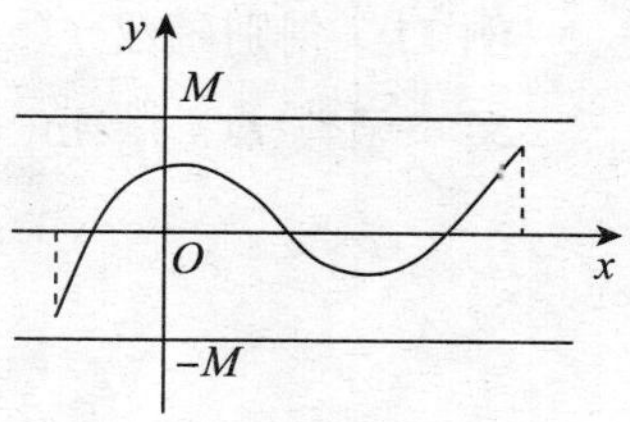

图 1—10

例如，函数 $f(x)=\sin x$ 在$(-\infty,+\infty)$上有界；函数 $\varphi(x)=\frac{1}{x}$在$(0,1)$内无界.

2.单调函数

定义 3 设函数 $y=f(x)(x\in D)$，区间 $I\subset D$.对于区间 I 内任意两点 x_1,x_2，当 $x_1<x_2$时，有 $f(x_1)<f(x_2)$，则称 $f(x)$ 为 I 上的**单调增加函数**，区间 I 称为**单调增区间**；若 $f(x_1)>f(x_2)$，则称 $f(x)$ 为 I 上的**单调减少函数**，区间 I 称为**单调减区间**.单调增区间或单调减区间统称为**单调区间**.

单调增加函数与单调减少函数统称**单调函数**，函数的这种性质称为单调性.

单调函数的图形特征：对于单调增加函数，它的图形曲线是随着自变量 x 的增大，其对应的函数值随着增大；对于单调减少函数，它的图形曲线是随着自变量 x 的增大，其对应的函数值随着减少，如图 1—11 所示

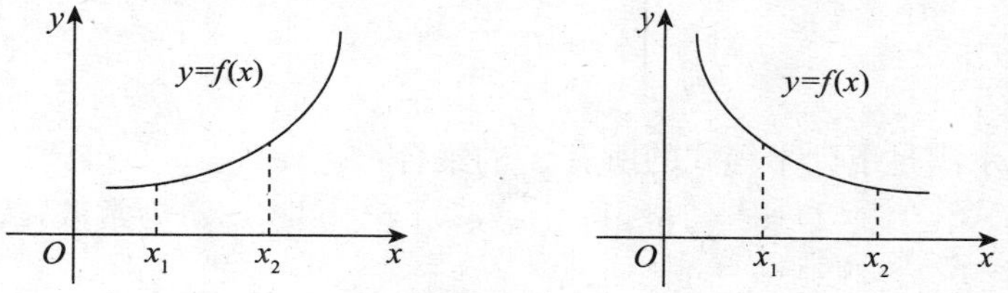

图 1—11

例如，函数 $f(x)=x^3$ 在$(-\infty,+\infty)$内单调增加；函数 $\varphi(x)=x^2$ 在$(-\infty,0)$内单调减少，在$(0,+\infty)$内单调增加.

3. 奇偶函数

定义 4 设函数 $y=f(x)$在关于原点对称的区间 D 上有定义.若对于任意 $x\in D$，都有 $f(-x)=f(x)$，则称 $f(x)$为 D 上的**偶函数**；若 $f(-x)=-f(x)$，则称 $f(x)$为 D 上的**奇函数**.

奇偶函数的图形特征：对于偶函数，其图形曲线关于 y 轴对称；对于奇函数，其图形曲线关于原点对称，如图 1—12 所示.

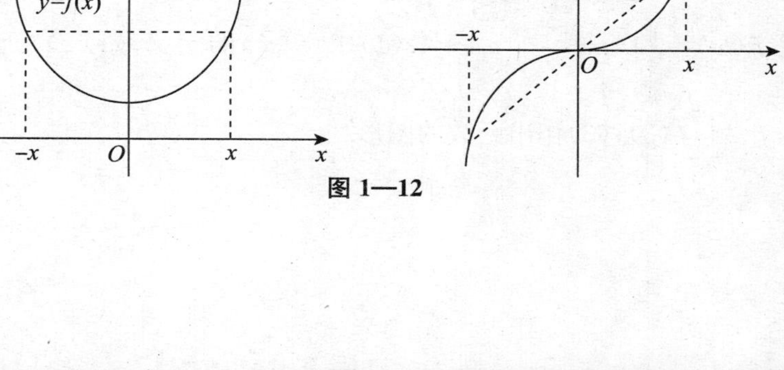

图 1—12

例 11 判别函数 $f(x)=\ln(x+\sqrt{1+x^2})$的奇偶性.

解 函数 $f(x)=\ln(x+\sqrt{1+x^2})$的定义域为$(-\infty,+\infty)$.因为

$$f(-x)=\ln[-x+\sqrt{1+(-x)^2}]=\ln(-x+\sqrt{1+x^2})$$
$$=\ln\frac{1}{x+\sqrt{1+x^2}}=-\ln(x+\sqrt{1+x^2})=-f(x),$$

所以,函数 $f(x)=\ln(x+\sqrt{1+x^2})$为$(-\infty,+\infty)$上的奇函数.

4. 周期函数

定义 5 设函数 $y=f(x)$在 I 上有定义.若存在不为零的正数 T,使得对于任意 $x\in I$,都有 $f(x+T)=f(x)$,则称 $f(x)$为**周期函数**,并称 T 为 $f(x)$的**周期**.

周期函数的图形特征:每隔 $nT(n\in \mathbf{N}^+)$,函数值都相等.对于周期函数只需讨论一个周期上的性质,就可以了解函数的整体性质.

例如,函数 $f(x)=\sin x$,$f(x)=\cos x$ 为$(-\infty,+\infty)$上的周期函数,其最小正周期为 2π.

☞习题 1.1

1. 用区间表示满足下列不等式的所有 x 的集合:

(1)$|x|\leqslant 2$;　(2)$|x-2|\leqslant 1$;　(3)$|x-a|<\varepsilon$(a 为常数,$\varepsilon>0$);

(4)$|x|>3$;　(5)$|x+1|>1$.

2. 用区间表示下列点集,并在数轴上表示出来:

(1)$A=\{x\,|\,|x+3|<2\}$;　(2)$B=\{x\,|\,1<|x-2|<3\}$.

3. 求下列函数的定义域:

(1)$y=\sqrt{4-x^2}$;　(2)$y=\dfrac{1}{x^2-2x}$;

(3)$y=\arcsin\dfrac{1-x}{3}$;　(4)$y=\lg(x+1)$;

(5)$y=\sqrt{x-2}+\dfrac{1}{1-x^2}$;　(6)$y=\sqrt{3-x}+\arctan\dfrac{1}{x}$.

4. 下列各题中,函数 $f(x)$和 $g(x)$是否相同?为什么?

(1)$f(x)=\lg x^2$,$g(x)=2\lg x$;

(2)$f(x)=x$,$g(x)=\sqrt{x^2}$;

(3)$f(x)=1$,$g(x)=\sin^2 x+\cos^2 x$.

5. 设函数 $f(x)=\begin{cases}-x-1 & x<-1\\ 1-x^2 & |x|\leqslant 1\\ -x-1 & x>1\end{cases}$.(1)求 $f(x)$的定义域;(2)求函数值 $f(-2)$,$f(-1)$,$f(0)$,$f(1)$,$f(3)$;(3)作出函数的图形.

6. 判断下列函数的单调性：

(1) $y=2x+1$；　　(2) $y=2^{x-1}$；

(3) $y=2x+\ln x$；　　(4) $y=1+\dfrac{2}{x}$.

7. 判别下列函数的奇偶性：

(1) $y=x^4-2x^2$；　　(2) $y=x\sin^2 x$；

(3) $y=\sin x-\cos x$；　　(4) $y=\dfrac{x\sin x}{2+\cos x}$；

(5) $y=\ln(x+\sqrt{1+x^2})$；　　(6) $y=\dfrac{e^x-e^{-x}}{2}$.

8. 判别下列函数的有界性：

(1) $y=\dfrac{x}{1+x^2}$；　　(2) $y=1+\sin\dfrac{1}{x}$；

(3) $y=2\arctan 2x$；　　(4) $y=2+\dfrac{1}{x^2}$.

9. 张先生的家距离单位 2 千米，一般早晨 7 点 30 分步行去上班，8 点到达工作单位，今天由于离家匆忙，走出 10 分钟后想到电视机未关，因此又返回家把电视机关上，然后立刻骑自行车出发，结果准时到达单位.试画出以离家距离作为时间函数的图形.

10. 火车站收取行李费的规定如下：当行李不超过 50 千克时按基本运费计算，如从北京到某地每千克收 0.30 元，当超过 50 千克时，超重部分按每千克 0.45 元收费.试求某地的行李费 y(元)与重量 x(千克)之间的函数关系，并画出该函数的图形.

第二节　反函数与复合函数

反函数是为研究函数关系的可逆性提出的，函数的复合是从已知函数产生新函数的一种主要方法.

一、反函数

在函数的定义中有两个变量：一个是自变量，一个是因变量.这两个变量的地位并不是一成不变的.在函数关系具有可逆性时，有时需要将两个变量的地位对调，这样就形成了反函数的概念.

定义 1　设函数 f 的定义域为 $D(f)$，值域为 $R(f)$.如果对于每个 $y\in R(f)$，有唯一的 $x\in D(f)$满足 $y=f(x)$，则称这个定义在 $R(f)$上的对应关系 $f^{-1}: y\mapsto x$ 为函数 f 的**反函数**，记为 $x=f^{-1}(y)$，这时，原来的函数 $y=f(x)$称为**直接函数**.

由反函数的定义，若反函数存在，则有：

函数 $x=f^{-1}(y)$与 $y=f(x)$互为反函数，且函数 $x=f^{-1}(y)$的定义域和值域分别为函

数 $y=f(x)$ 的值域和定义域.即

$$D(f^{-1})=R(f),\quad R(f^{-1})=D(f);$$

$$f^{-1}[f(x)]=x, x\in D(f) \quad 及 \quad f[f^{-1}(y)]=y, y\in D(f^{-1}).$$

注意到在 $x=f^{-1}(y)$ 中,y 表示自变量,而 x 表示函数,习惯上总是用 x 表示自变量,而用 y 表示函数,因此,往往把函数 $y=f(x)$ 的反函数 $x=f^{-1}(y)$ 改写成 $y=f^{-1}(x)$,称为 $y=f(x)$ 的**矫形反函数**.

在平面直角坐标系中,函数 $y=f(x)$ 的图形与其反函数 $y=f^{-1}(x)$ 的图形关于直线 $y=x$ 的对称,如图 1—13 所示.

什么样的函数存在反函数? 由反函数的定义可知,函数 $y=f(x)$ 具有反函数的充要条件是对应法则 f 使得定义域中的点与值域中的点是一一对应的,而严格单调函数具有这种性质,所以,严格单调函数必存在反函数,如图 1—14 所示.

对于严格单调函数,求其反函数的步骤是,先从 $y=f(x)$ 解出 $x=f^{-1}(y)$,然后,将 x 与 y 互换,即得反函数 $y=f^{-1}(x)$.

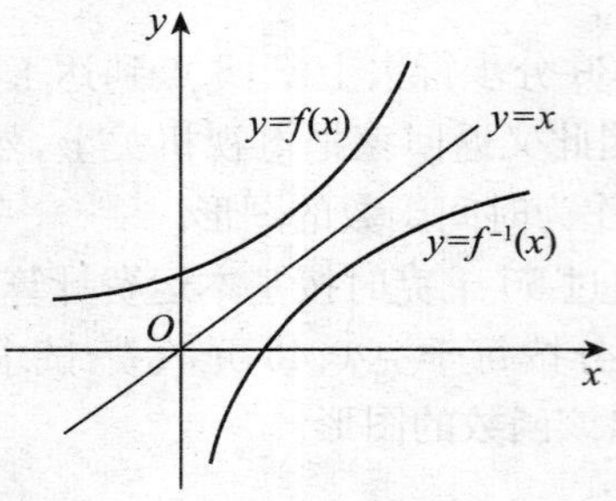

图 1—13

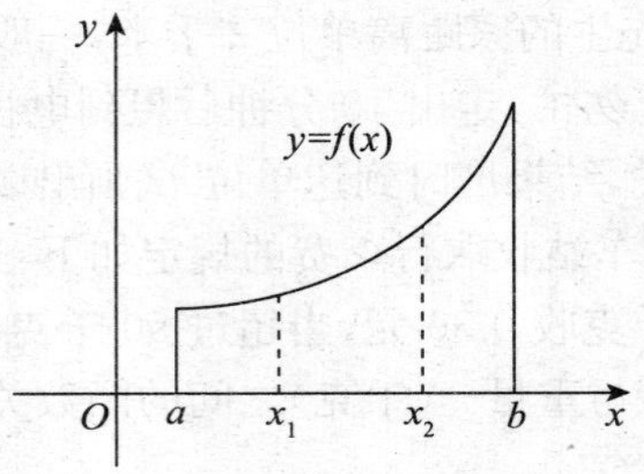

图 1—14

在初等数学中,我们知道 $y=a^x(a>0,a\neq1)$ 与 $y=\log_a x(a>0,a\neq1)$ 互为反函数;$y=\sin x$ 与 $y=\arcsin x$ 互为反函数;$y=\tan x$ 与 $y=\arctan x$ 互为反函数.

例 1 求函数 $y=\dfrac{e^x-e^{-x}}{2}$ 的反函数.

解 由 $y=\dfrac{e^x-e^{-x}}{2}$,得 $e^{2x}-2ye^x-1=0$,解得 $e^x=y\pm\sqrt{y^2+1}$.因为 $e^x>0$,故舍去 $e^x=y-\sqrt{y^2+1}$,从而有 $e^x=y+\sqrt{y^2+1}$.求得 $x=\ln(y+\sqrt{y^2+1})$.所以,所求的反函数为 $y=\ln(x+\sqrt{x^2+1})$.

二、复合函数

在研究函数时,经常遇到在某个变化过程中,同时出现几个变量,变量之间相互依赖的情形.例如,在自由落体运动中,速度 v 与时间 t 的关系为 $v=gt$(g 为重力加速度);而质点的动能 E 与速度 v 的关系为 $E=\dfrac{1}{2}mv^2$,这样动能 E 与时间 t 的关系为 $E=\dfrac{1}{2}m(gt)^2=\dfrac{mg^2}{2}t^2$.这种对多个变量之间的依赖关系的确定引出了复合函数的概念.

定义 2 设函数 $y=f(u)$ 的定义域为 U，函数 $u=\varphi(x)$ 的定义域为 D. 若 G 是 D 中使 $u=\varphi(x)\in U$ 的 x 的全体构成的非空数集，即

$$G=\{x\mid x\in D,\varphi(x)\in U\}\neq\varnothing.$$

则对于任意 $x\in G$，按照对应关系 φ 和 f 确定唯一 y，于是在 G 上定义了一个函数，记作 $f\circ\varphi$，该函数称为 $u=\varphi(x)$ 与 $y=f(u)$ 的**复合函数**，记为

$$y=(f\circ\varphi)(x)=f[\varphi(x)],\quad x\in G.$$

其中 u 称为**中间变量**. 如图 1—15 所示.

直观上，将函数想象为一个机器，当 x 输入机器 φ，则机器通过对应规则产生一个输出 $\varphi(x)$；若 $\varphi(x)$ 在 f 的定义域中，则当 $\varphi(x)$ 输入机器 f，机器则通过对应规则产生一个输出 $f[\varphi(x)]$. 当然，要求机器 φ 的输出集与机器 f 的输入集的交集非空，才能保证两个机器组的运行. 如图 1—16 所示.

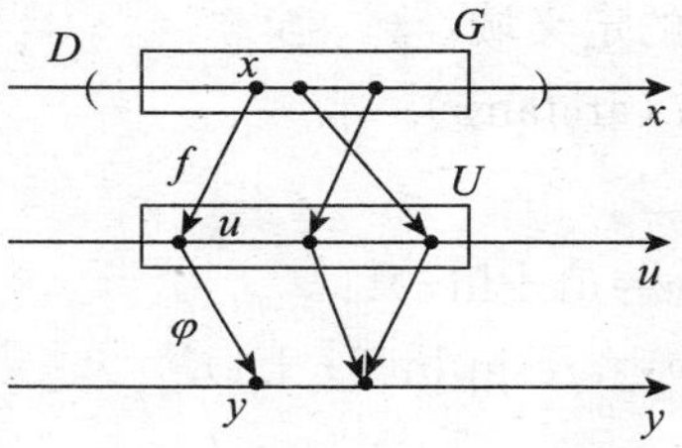

图 1—15

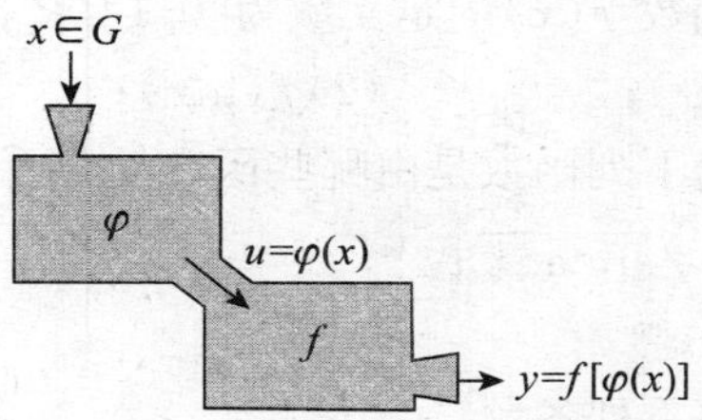

图 1—16

例 2 讨论下列函数能否复合成复合函数，若可以，求出复合函数及其定义域.

(1) $y=\sqrt{u+1}$，$u=\ln x$；(2) $y=\ln(u^2-1)$，$u=\cos x$.

解 (1) $y=\sqrt{u+1}$ 的定义域为 $U=\{u\mid u\geqslant-1\}$，$u=\ln x$ 的值域为 $U^*=\{u\mid-\infty<u<+\infty\}$. 于是 $U^*\cap U=\{u\mid u\geqslant-1\}\neq\varnothing$，所以 $y=\sqrt{u+1}$ 与 $u=\ln x$ 可以复合成复合函数，其表达式为 $y=\sqrt{\ln x+1}$，其定义域为 $D=\{x\mid \ln x\geqslant-1\}$，即 $D=\{x\mid x\geqslant \mathrm{e}^{-1}\}$.

(2) $y=\ln(u^2-1)$ 的定义域为 $U=\{u\mid u<-1$ 或 $u>1\}$，$u=\cos x$ 的值域为 $U^*=\{u\mid 1-1\leqslant u\leqslant1\}$. 由于 $U^*\cap U=\varnothing$，故 $y=\ln(u^2-1)$ 与 $u=\cos x$ 不能复合成复合函数.

复合函数可以由两个函数进行复合，也可以由多个函数进行复合. 确定复合函数的过程，实质上就是将一个函数作为中间变量，代入到另一个函数自变量中.

例如，由 $y=\mathrm{e}^u$，$u=v^2$，$v=\sin x$ 可以复合成 $y=\mathrm{e}^{\sin^2 x}$.

例 3 函数 $y=\sqrt{\lg \sin x^2}$ 可以看成函数

$$y=\sqrt{u},\quad u=\lg v,\quad v=\sin w,\quad w=x^2$$

的复合，其中 u,v,w 为中间变量. 这种将复合函数拆成多个简单函数的复合，称为复合函数的分解.

例 4 设 $f(1+\sqrt{x})=x$. 求 $f(x)$.

解 令 $u=1+\sqrt{x}$，则 $x=(u-1)^2$，于是 $f(u)=(u-1)^2$，所以 $f(x)=(x-1)^2$.

☞ 习题 1.2

1. 求下列函数的反函数：

(1) $y=\dfrac{1-x}{1+x}$；　　(2) $y=1+\ln(x+2)$；

(3) $y=2\sin 3x\ \left(-\dfrac{\pi}{6}\leqslant x\leqslant\dfrac{\pi}{6}\right)$；　　(4) $y=\begin{cases}x & x<1\\ x^2 & 1\leqslant x\leqslant 4.\\ e^x & x>4\end{cases}$

2. 设 $f(x)=\dfrac{x}{1+x}$, $g(x)=\dfrac{1}{1-x}$. 求复合函数 $f[g(x)]$, $g[f(x)]$的解析表达式与定义域.

3. 设函数 $f(x)$的定义域为$[0,1]$. 求下列函数的定义域：

(1) $f(e^x)$；　　(2) $f(\ln x)$；　　(3) $f(\arctan x)$.

4. 指出下列函数是由哪些函数复合而成的：

(1) $y=\sqrt[3]{\arctan x}$；　　(2) $y=(1+\ln x)^2$；

(3) $y=e^{\tan 2x}$；　　(4) $y=\arcsin\ln(2x+1)$.

5. 解答下列各题：

(1) 设 $f\left(x+\dfrac{1}{x}\right)=x^2+\dfrac{1}{x^2}$. 求 $f(x)$.

(2) 设 $f\left(\sin\dfrac{x}{2}\right)=1+\cos x$. 求 $f(\cos x)$.

第三节　初等函数

初等数学中已经介绍过常数函数、幂函数、指数函数、对数函数、三角函数和反三角函数，这几类函数是最简单、最基础的函数. 微积分中所研究的函数都是以这些函数为基础构成的，下面作简要的复习.

一、基本初等函数

下列六类函数统称为基本初等函数：

常数函数　$y=C$（C 为常数）；

幂函数　$y=x^\alpha$（α 为实数）；

指数函数　$y=a^x$（$a>0, a\neq 1, a$ 为常数）；

对数函数　$y=\log_a x$（$a>0, a\neq 1, a$ 为常数）；

三角函数　$y=\sin x, y=\cos x, y=\tan x, y=\cot x, y=\sec x, y=\csc x$；

反三角函数　$y=\arcsin x, y=\arccos x, y=\arctan x, y=\text{arccot}\,x$.

对于基本初等函数的定义域、性质和图形在初等数学中都已作了讨论，这里将基本初等函数的主要性质集中复习如下.

1. 常数函数

常数函数的形式为 $y=C(x\in\mathbf{R})$，其中 C 为常数，它的图形通过点 $(0,C)$ 且平行于 x 轴. 常数函数是有界函数、偶函数（特别当 $C=0$ 时也是奇函数），如图 1—17 所示.

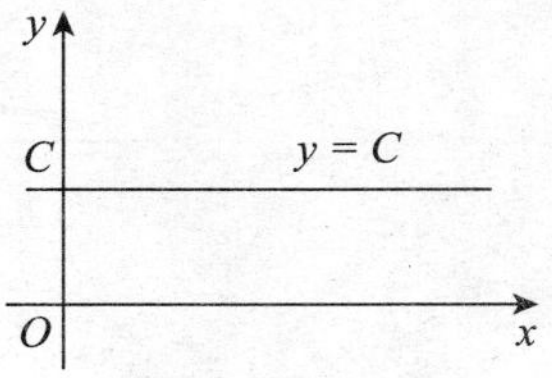

图 1—17

2. 幂函数

形如 $y=x^{\alpha}$（α 为实数）的函数是幂函数，其中实数 α 称为幂指数.

对于不同的 α，幂函数 $y=x^{\alpha}$ 的定义域是不同的. 例如 $y=x^{\frac{1}{2}}$ 的定义域为 $[0,+\infty)$；$y=x^{-\frac{1}{2}}$ 的定义域为 $(0,+\infty)$；$y=x^{\frac{1}{3}}$ 的定义域为 $\mathbf{R}$；$y=x^{-\frac{1}{3}}$ 的定义域为 $\{x\mid x\neq 0\}$. 但不论 α 为何数，幂函数 $y=x^{\alpha}$ 都在 $(0,+\infty)$ 内有定义，且 $y=x^{\alpha}$ 的图形都经过点 $(1,1)$. 在第一象限内；当 $\alpha>0$ 时，$y=x^{\alpha}$ 为单调递增函数；当 $\alpha<0$ 时，$y=x^{\alpha}$ 为单调递减函数. 图 1—18 与图 1—19 中列出了 α 的几种不同取值下幂函数 $y=x^{\alpha}$ 的图形.

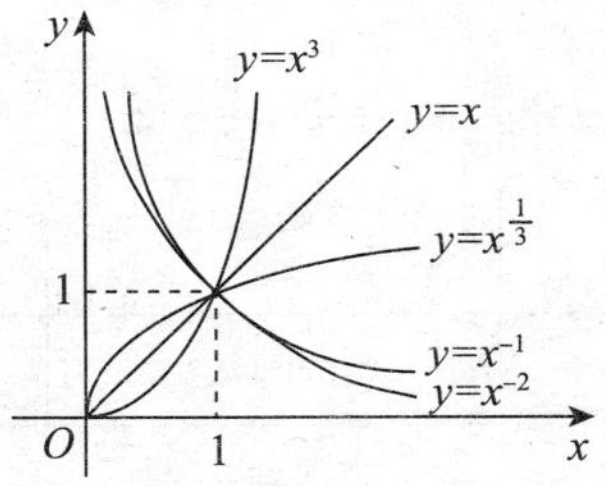

图 1—18

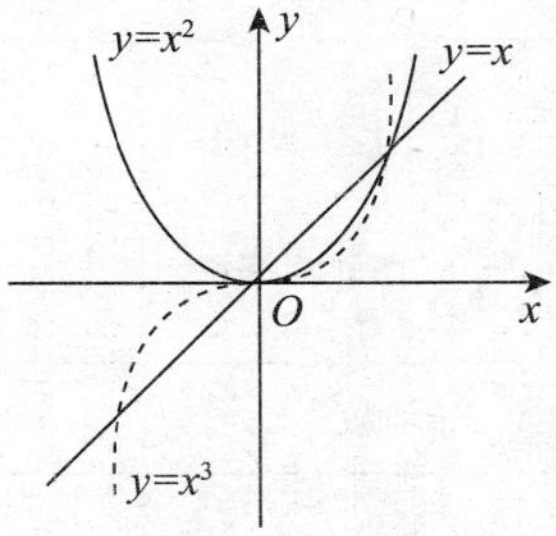

图 1—19

3. 指数函数与对数函数

函数 $y=a^{x}(a>0,a\neq 1)$ 为指数函数. 指数函数 $y=a^{x}$ 的反函数为对数函数，即 $y=\log_{a}x(a>0,a\neq 1)$. 见表 1—1.

表 1—1

	指数函数 $y=a^{x}$		对数函数 $y=\log_{a}x$	
底数 a	$0<a<1$	$a>1$	$0<a<1$	$a>1$
定义域	$(-\infty,+\infty)$	$(-\infty,+\infty)$	$(0,+\infty)$	$(0,+\infty)$
值域	$(0,+\infty)$	$(0,+\infty)$	$(-\infty,+\infty)$	$(-\infty,+\infty)$
单调性	单调递减	单调递增	单调递减	单调递增
图形	图 1—20	图 1—20	图 1—21	图 1—21

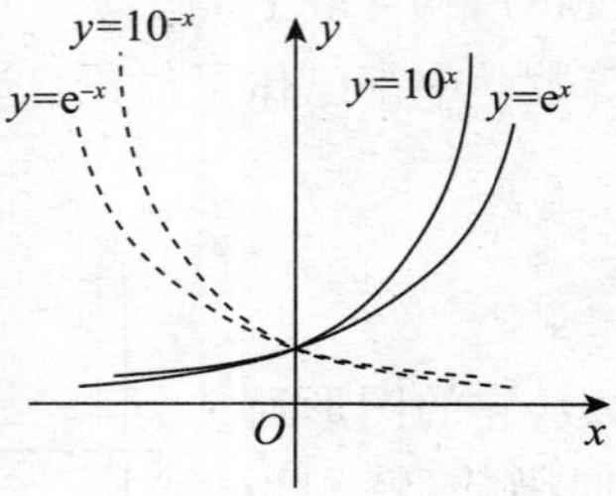

图 1—20

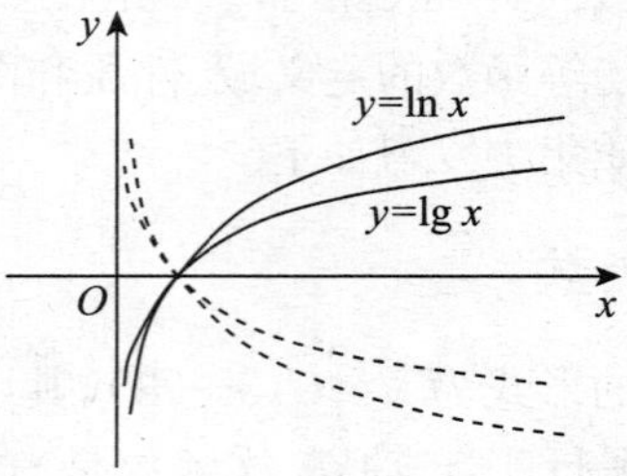

图 1—21

4. 三角函数

正弦函数 $y=\sin x$，余弦函数 $y=\cos x$，正切函数 $y=\tan x$，余切函数 $y=\cot x$. 见表 1—2.

表 1—2

	$y=\sin x$	$y=\cos x$	$y=\tan x$	$y=\cot x$
定义域	$(-\infty,+\infty)$	$(-\infty,+\infty)$	$x\neq k\pi+\pi/2$	$x\neq k\pi$
值域	$[-1,1]$；有界	$[-1,1]$；有界	$(-\infty,+\infty)$	$(-\infty,+\infty)$
单调性	$\left[-\frac{\pi}{2},\frac{\pi}{2}\right]$上单调递增 $\left[\frac{\pi}{2},\frac{3\pi}{2}\right]$上单调递减	$[-\pi,0]$上单调递增 $[0,\pi]$上单调递减	$\left(-\frac{\pi}{2},\frac{\pi}{2}\right)$上 单调递增	$(0,\pi)$上 单调递减
奇偶性	奇函数	偶函数	奇函数	奇函数
周期性	$T=2\pi$	$T=2\pi$	$T=\pi$	$T=\pi$
图形	图 1—22	图 1—22	图 1—23	图 1—23

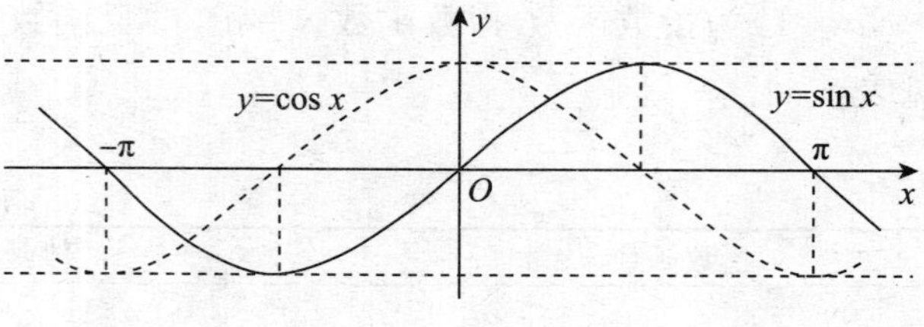

图 1—22

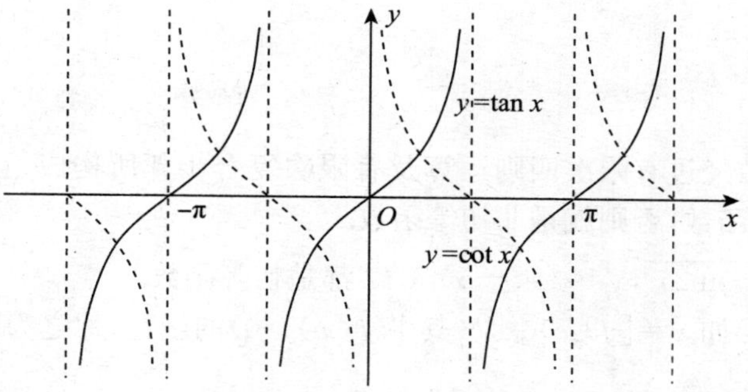

图 1—23

5. 反三角函数

反正弦函数 $y=\arcsin x$，反余弦函数 $y=\arccos x$，反正切函数 $y=\arctan x$，反余切函数 $y=\mathrm{arccot}\, x$. 见表 1—3.

表 1—3

	$y=\arcsin x$	$y=\arccos x$	$y=\arctan x$	$y=\mathrm{arccot}\, x$
定义域	$[-1,1]$	$[-1,1]$	$(-\infty,+\infty)$	$(-\infty,+\infty)$
值域	$\left[-\frac{\pi}{2},\frac{\pi}{2}\right]$	$[0,\pi]$	$\left(-\frac{\pi}{2},\frac{\pi}{2}\right)$	$(0,\pi)$
单调性	$[-1,1]$上单调递增	$[-1,1]$上单调递减	$(-\infty,+\infty)$上单调递增	$(-\infty,+\infty)$上单调递减
奇偶性	奇函数		奇函数	
图形	图 1—24	图 1—25	图 1—26	图 1—27

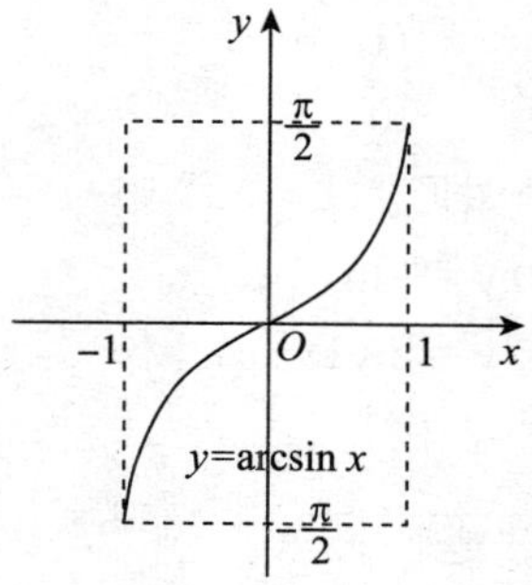

图 1—24

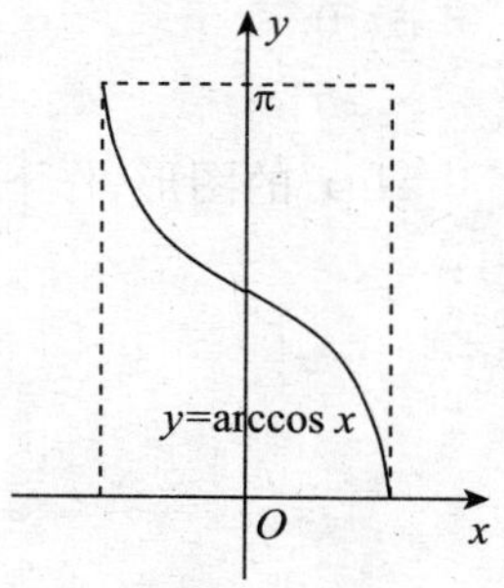

图 1—25

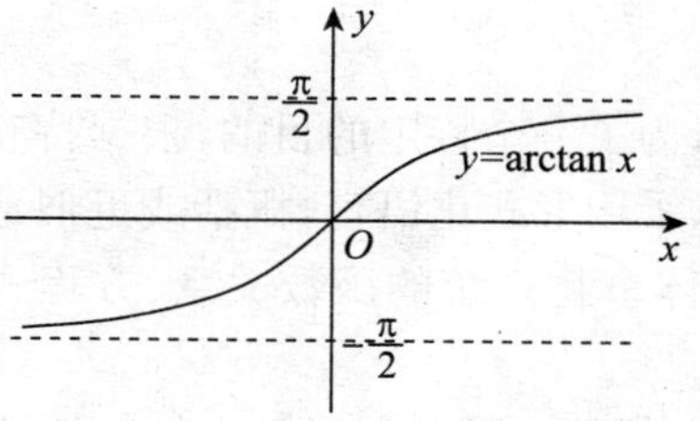

图 1—26

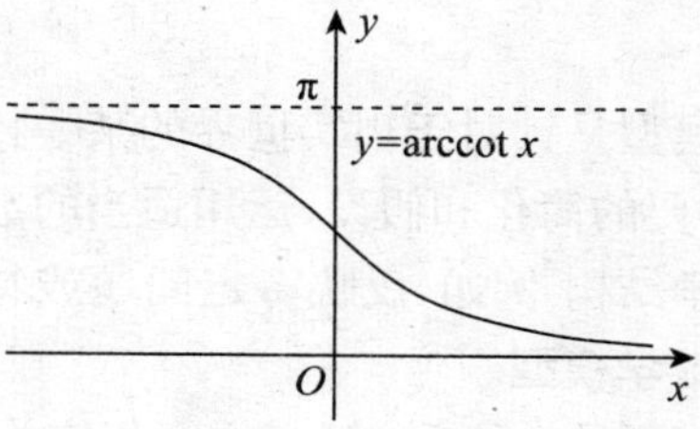

图 1—27

二、初等函数

由基本初等函数经过有限次四则运算及有限次复合步骤所构成，且能用一个解析式表示的函数，叫作**初等函数**，否则就是非初等函数.

例如，$y=\sqrt[3]{x^2+\sin 2x}$，$y=\sqrt{x^2-5}+\mathrm{e}^{-x^2}$ 都是初等函数.

值得强调的是形如 $y=[f(x)]^{g(x)}$（其中 $f(x)>0$）的函数，称之为**幂指函数**.如 $y=x^x$，$y=x^{\sin x}$，$y=(1+x)^{\frac{1}{x}}$ 等.

由于幂指函数可以改写为

$$y=[f(x)]^{g(x)}=\mathrm{e}^{g(x)\ln f(x)}\quad（其中 f(x)>0），$$

因此，幂指函数也为初等函数.

在微积分中所讨论的函数主要以初等函数为主.

☞ 习题 1.3

1. 作出下列函数的图形：

(1) $y=|\sin x|$；　(2) $y=1-2\cos x$；

(3) $y=\dfrac{1}{2}\mathrm{e}^{-x}-1$；　(4) $y=\ln(x-2)-1$.

2. 指出下列函数哪些是初等函数，哪些不是初等函数：

(1) $y=\dfrac{x^2}{1+x+\sin\ln x}$；　(2) $y=\sin\dfrac{x}{\sin x}+x^{\sin x}$；

(3) $y=\begin{cases}x-x^2 & x<0\\ x+x^2 & x\geqslant 0\end{cases}$；　(4) $y=\begin{cases}1 & x\\ 0 & x\end{cases}$.

3. 由已知函数 $y=\ln x$ 的图形，作下列函数的图形：

(1) $y=\ln(-x)$；　(2) $y=|\ln x|$；

(3) $y=\ln|x|$；　(4) $y=\ln(1-x)$.

第四节　函数模型

数学模型是针对于现实世界的某一特定对象，为了一个特定的目的，根据特有的内在规律，做出必要的简化和假设，运用适当的数学工具，采用形式化语言，概括或近似地表述出来的一种数学结构.例如，反映特定问题或特定的具体事物系统的函数关系、方程式、图形、算法等都是**数学模型**.

函数模型是一种反应变量之间相依关系的数学模型.它是一种最基本的数学模型形式.函数模型通常可以通过解析式进行表示，用解析式表示实际问题的过程是：

(1) 分析问题中哪些是变量,哪些是常量,分别用字母表示;

(2) 根据所给条件,运用数学、物理等知识规律确定等量关系;

(3) 具体写出解析式 $y=f(x)$,并指明定义域.

例 1 欲建一个容积为 V 的长方体游泳池,它的底面为正方形.如果池底所用材料单位面积的造价是池壁的 3 倍,试将总造价表示为底面边长的函数.

解 设底面边长为 x,总造价为 P,池壁单位面积的造价为 a,则游泳池的高为 $h=\dfrac{V}{x^2}$,底面单位面积造价为 $3a$,侧面积为 $4\dfrac{V}{x^2}x=\dfrac{4V}{x}$,故总造价函数模型为

$$P=3ax^2+a\cdot\frac{4V}{x},\quad 其定义域为\ x\in(0,+\infty).$$

下面主要介绍一些常用的简单函数模型.

一、指数函数模型

指数函数模型是实际问题中广泛应用的一类模型,很多自然现象可以通过指数函数模型进行描述.

1. 衰减记忆模型

假设给你一项学习任务,即学习并 100%记忆一组知识.经研究表明,t 周后你能记住所学知识的百分比 P 随着时间 t 的推移是逐渐衰减的,可以由模型 $P(t)=Q+(1-Q)e^{-kt}$ 加以描述.其中 Q 是难以忘记的百分比,k 是一个常数,它依赖于所要记忆的知识.

2. 细菌繁殖模型

考虑在一个营养均匀的介质里的细菌数量(稳定的理想状态),细菌的繁殖数量 Q 与时间 t 的函数模型关系可以表述为 $Q(t)=ae^{kt}$,其中 a 为初始状态下细菌的数量,k 是一个常数.

3. 赫尔学习模型

一个打字员学习打字,t 周后每分钟打的英语单词数 W 由函数模型 $W(t)=100(1-e^{-0.3t})$ 给出.

例如,放射性衰减、物体的冷却、复利与现值、消费物价指数等大量问题可以由指数函数模型描述.

二、逻辑斯谛增长模型

函数模型 $N(t)=\dfrac{c}{1+ae^{-bt}}$ 称为逻辑斯谛(Logistic)增长模型,其中 a,b,c 均为常数(见图 1—28).

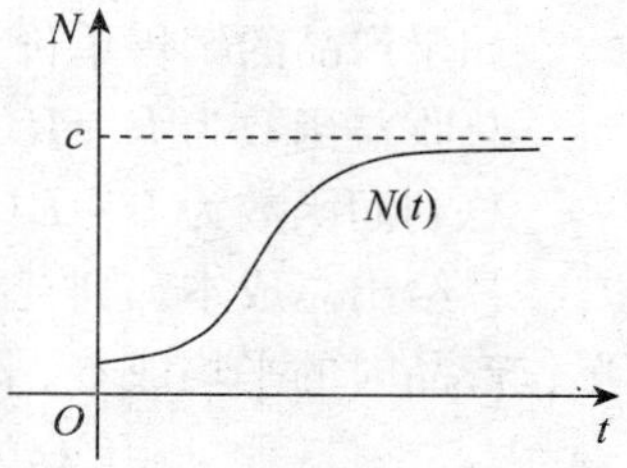

图 1—28

逻辑斯谛增长模型具有广泛的应用,如广告的效应问题、信

息的传播问题、人口增长问题等都可以用该模型描述.

1. 人口增长模型

在资源一定的情况下，人口的数量 N 与时间 t 的函数模型关系可以表述为 $N(t)=\dfrac{N_m}{1+\left(\dfrac{N_m}{N_0}-1\right)\mathrm{e}^{-r(t-t_0)}}$，其中 N_0 为初始状态下人口的数量，N_m 表示自然环境条件下的最大人口数，r 是一个常数.

2. 商品销售模型

在商品的销售环节中，商品的销售数量 Q 与时间 t 的函数模型关系可以表述为 $Q(t)=\dfrac{MQ_0}{Q_0+(M-Q_0)\mathrm{e}^{-kMt}}$，其中 Q_0 为初始状态下的销售数量，M 为饱和状态下的最大销售量，k 是一个常数.

三、经济函数模型

微积分在经济管理中具有广泛的应用，下面介绍几个经济学中常用的经济函数模型，它们是微积分在经济管理中应用的基础.

1. 成本函数、收益函数与利润函数模型

在生产和经营活动中，经营者最关心产品的成本、销售收益和利润.

总成本是指在一定时期内，生产一定数量的某种产品所需费用的总和；**总收益**是指产品出售后所得到的收入；**总利润**则是指总收益减去总成本和上缴税金的总和(无特别说明在计算总利润时不计上缴税金).

通常以 C 表示成本，R 表示收益，L 表示利润，它们都称为经济变量.若只考虑产品的数量 q，而不考虑市场其他因素的影响，则 $C=C(q)$ 称为**总成本函数**；$R=R(q)$ 称为**总收益函数**；$L=L(q)$ 称为**总利润函数**.

总成本函数一般可分为两部分：其一是在短时间内不发生变化或变化很小或不明显地随产品数量增加而变化的，如厂房、设备等，称为**固定成本**，常用 C_1 表示，这里 C_1 是一个常数；其二是随产品数量的变化而直接变化的部分，如原材料、能源等，称为**可变成本**，常用 C_2 表示，它是产品数量 q 的函数，$C_2=C_2(q)$.于是总成本函数

$$C=C(q)=C_1+C_2(q).$$

如果产品的销售单价为 P，则：

总收益函数为 $R=R(q)=qP(q)$，其中 $P(q)$是商品的价格函数；

总利润函数为 $L=L(q)=R(q)-C(q)$.

只给出总成本、总收益和总利润还不能说明企业生产的好坏，这时就需要考虑生产 q 个单位产品时的平均成本、平均收益和平均利润，分别如下：

$$\overline{C}=\frac{C(q)}{q}=\frac{C_1+C_2(q)}{q};\quad \overline{R}=\frac{R(q)}{q}=P(q);\quad \overline{L}=\frac{L(q)}{q}$$

在生产技术水平和生产要素的价格固定不变条件下，它们都是产量的函数.

例 2 某工厂生产某产品，年产量为 q 台，每台售价为 250 元，当年产量在 600 台以内时，可以全部售出.经广告宣传后又可再多售出 200 台，每台平均广告费 20 元，若再生产，本年就销不出去了.试建立本年的销售总收入 R 与年产量 q 之间的函数关系.

解 (1)当 $0\leqslant q\leqslant 600$ 时，$R(q)=250q$.

(2)当 $600<q\leqslant 800$ 时

$$R(q)=250\times 600+(250-20)(q-600)=230q+12\,000;$$

(3)当 $q>800$ 时

$$R(q)=250\times 600+230\times 200=196\,000.$$

所以，销售总收入 R 与年产量 q 之间的函数关系为

$$R(q)=\begin{cases}250q & 0\leqslant q\leqslant 600\\ 230q+12\,000 & 600<q\leqslant 800.\\ 196\,000 & q>800\end{cases}$$

生产产品的总成本 $C=C(q)$ 总是产量 q 的单调增加函数，但是，由于产品的需求量受到产品的价格及社会诸多因素的影响，产品的总收益 $R=R(q)$ 有时增加显著，有时增长缓慢，可能达到某个定点后继续销售，收入反而下降，因此，利润函数 $L=L(q)$ 出现三种情况：

(1)$L(q)=R(q)-C(q)>0$，有盈余生产，即生产处于有利润状态；

(2)$L(q)=R(q)-C(q)<0$，亏损生产，即生产处于亏损状态，利润为负；

(3)$L(q)=R(q)-C(q)=0$，即 $R(q)=C(q)$，无盈余生产，此时的产量 q_0 称为无盈亏点.无盈亏分析常应用于企业的经营管理和经济分析中各种产品定价和生产决策中.

例 3 设生产某种商品 q 件时的总成本为

$$C(q)=100+2q+q^2(\text{万元}).$$

假设每售出一件该商品的收入是 50 万元.

(1)求生产 30 件时的总利润和平均利润.

(2)若每年至少销售 20 件产品，为了不亏本，单价应定为多少?

解 (1)由于该商品的价格 $P=50$(万元)，故售出 q 件该商品时的总收益函数为

$$R(q)=Pq=50q.$$

因此，总利润函数

$$L(q)=R(q)-C(q)=50q-(100+2q+q^2)=-100+48q-q^2.$$

(1)当 $q=30$ 时，总利润和平均利润分别为

$$L(30)=(-100+48q-q^2)\big|_{q=30}=440(\text{万元}),$$

$$\overline{L}(20)=\frac{L(30)}{30}=\frac{440}{30}\approx 14.67(\text{万元}).$$

(2)设单价定为 P(万元)，销售 20 件产品的收入为 $R=20P$(万元)，这时的成本为

$$C(20)=(100+2q+q^2)\big|_{q=20}=540(\text{万元}).$$

利润为 $L(20)=R(20)-C(20)=20P-540$.为了使生产经营不亏本，必须使

$$L=20P-540\geqslant 0.$$

从而得 $P\geqslant 27$(万元)，即销售单价不低于 27 万元时才能不亏本.

2. 需求函数与供给函数模型

一种商品的市场需求量与供给量是由多种因素决定的，其中最主要因素是商品的价格. 如果只考虑商品的价格，便可以研究需求、供给与价格的关系.

设商品的需求量与供给量分别用 Q 和 S 表示，商品价格为 p.若忽略市场其他因素的影响，只考虑反映该商品的价格因素，则 Q 和 S 分别为 p 的函数，即有：

$Q=Q(p)$（价格 p 取非负值），称为**需求函数**；

$S=S(p)$（价格 p 取非负值），称为**供给函数**.

一般地，商品的需求量随价格上涨而减少，商品供给量随商品价格的上涨而增加.因此，通常需求函数 Q 是价格 p 的单调减少函数，商品供给函数 S 是商品价格 p 的单调增加函数.表 1—4 列出了常用的需求函数与供给函数模型.

表 1—4　　常用的需求函数与供给函数模型

类　型	需求函数	供给函数
线性函数	$Q=a-bp(a,b>0)$	$S=ap-b(a,b>0)$
幂函数	$Q=bp^{-a}(a,b>0)$	$S=bp^{a}(a,b>0)$
指数函数	$Q=ae^{-bp}(a,b>0)$	$S=ae^{bp}(a,b>0)$

需求函数与供给函数密切相关，当市场上的需求量和供给量相等时，需求关系与供给关系达到某种平衡，这时的价格 p_0 和需求量 Q_0 分别称为均衡价格与均衡量，而(p_0,Q_0)称为**均衡点**.

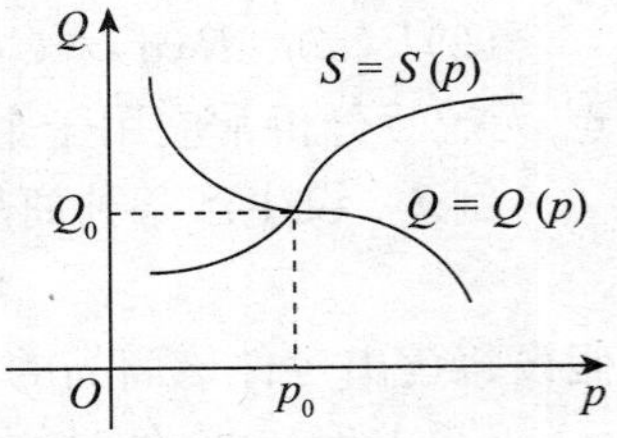

图 1—29

如果把需求曲线和供给曲线画在同一坐标系中，如图 1—29 所示，由于需求函数 Q 是单调减少函数，供给函数 S 是增加函数，它们相交于的点(p_0,Q_0)为均衡点，其横纵坐标即为均衡价格与均衡量.

例 4　某商品的需求量 Q 和供给量 S 与其价格 p 满足如下关系式：

$$Q^2-21Q-p=-188 \quad 和 \quad 2S^2+p=212.$$

试求市场平衡的价格和数量.

解　求均衡价格和数量，即解方程组$(Q=S)$

$$\begin{cases}Q^2-21Q-p=-188\\2Q^2+p=212\end{cases},$$

两式相加得 $3Q^2-21Q=24$，解之得到 $Q_1=8,p_1=84;Q_2=-1,p_2=21$.

显然，$Q_2=-1$ 无意义.故所求均衡价格为 84 单位，均衡数量为 8 单位.

☞ 习题 1.4

1. 一种汽车出厂价为 45 000 元，使用后它的价值按年降价率$\frac{1}{3}$的标准贬值.试求此车

的价值 y(元)与使用时间 t(年)的函数关系.

2. 国际投寄信函的收费标准(1999 年 3 月 1 日)如下表.试写出信函重量 x 与收费价钱 y 之间的函数关系.

重　量	单　价	重　量	单　价
20 克及 20 克以下	4.40 元	100～250 克	20.80 元
20～50 克	8.20 元	250～500 克	39.80 元
50～100 克	10.40 元		

3. 某工厂生产某种产品,年产量为 x,每台售价 250 元.当年产量为 600 台以内时,可以全部售出;当年产量超过 600 台时,经广告宣传又可再多售出 200 台,每台平均广告费 20 元;生产再多,本年就售不出去了.试建立本年的销售总收入 R 与年产量 x 的函数关系.

4. 设全世界上互联网的使用满足指数模型 $P(t)=P_0e^{kt}$,k 为指数增长率.如果互联网的通信量每 100 天翻一番,其指数增长率是多少?

5. 某快餐特许经营店遍及全国,据估计特许经营店的数目满足指数模型 $N(t)=N_0e^{0.1t}$.假设初始时($t=0$)特许经营店的数目是 50,问 20 年中将会有多少特许经营店?经过多长时间特许经营店扩充到初始特许经营店的两倍?

6.(广告效应)某公司在一个城市宣传一种新产品,他们在电视上做产品广告,发现广告播出 t 次后购买该产品的人所占百分比满足函数 $P(t)=\dfrac{1}{1+49e^{-0.13t}}$.求广告播出 20 次和 50 次后购买该产品的人所占的百分比.

7.(信息扩散)某制药公司投入巨资测试一种新药,该药通过审批后,完全被医生接受并把它用于临床治疗仍需要一段时间.假设 t 个月后使用该药治疗的医生所占的百分比为 $P(t)=1-e^{-0.4t}$,试求 2 个月、12 个月后使用该药的医生所占的百分比是多少,并作出 $P(t)=1-e^{-0.4t}$ 的图形.

8. 已知某商品的需求函数 $Q(p)=\dfrac{100}{3}-\dfrac{2}{3}p$,供给函数为 $S(p)=-10+5p$.求该商品的均衡价格.

9. 设某商品的需求函数与供给函数分别为 $Q(p)=\dfrac{5\ 600}{p}$,$S(p)=p-10$.

(1)求出均衡价格,并求此时的供给量与需求量.

(2)在同一坐标中画出供给与需求曲线.

(3)何时供给曲线过 P 轴?这一点的经济意义是什么?

10. 某厂生产一种元器件,设计能力为日产 120 件.每日的固定成本为 150 元,每件的平均成本可变为 10 元.

(1)试求该厂此元器件的日总成本函数及平均成本函数;

(2)若每件售价 15 元,试写出总收入函数;

(3)试写出利润函数,并求无盈亏点.

11. 某厂生产的手掌游戏机每台可卖 110 元,固定成本为 7 500 元,可变成本为每台 60 元.

(1)要卖多少台手掌机,厂家才可保本?

(2)卖掉 100 台的话，厂家赢利或亏损了多少？

(3)要获得 1 250 元利润，需要卖多少台？

总习题一

1. 填空题

(1)函数 $y=\ln(1-\ln x)$ 的定义域为________.

(2)设 $f(x)=\begin{cases}1+x & x<0\\ 1 & x\geqslant 0\end{cases}$，则 $f[f(x)]=$________.

(3)设 $f(x)=\begin{cases}x & x<1\\ x^2 & 1\leqslant x\leqslant 4\\ 2^x & x>4\end{cases}$，则其反函数 $f^{-1}(x)=$________.

(4)设 $f(x)=(1+x^2)\operatorname{sgn}x$，则其反函数 $f^{-1}(x)=$________.

(5)已知 $f(x)=\sin x$，$f[g(x)]=1-x^2$，则 $g(x)=$________ 的定义域为________.

(6)若 $f\left(x+\dfrac{1}{x}\right)=\dfrac{x^3+x}{x^4+1}$，则 $f(x)=$________.

2. 单项选择题

(1)设 $f(x)$ 的定义域为 $[1,2]$，则 $f(1-\lg x)$ 的定义域为(　　).

(A) $[1,1-\lg 2]$　　(B) $(0,1]$　　(C) $\left[\dfrac{1}{10},1\right]$　　(D) $(1,10)$

(2)设函数 $y=f(x)$ 和 $y=g(x)$ 的定义域和值域依次为 $D(f)$，$R(f)$ 和 $D(g)$，$R(g)$，则复合函数 $f[g(x)]$ 有意义的充要条件是(　　).

(A) $D(f)\cap R(g)\neq\varnothing$　　(B) $D(f)\cap D(g)\neq\varnothing$

(C) $R(f)\cap D(g)\neq\varnothing$　　(D) $R(f)\cap R(g)\neq\varnothing$

(3) $y=|\sin 2x|$ 的最小正周期为(　　).

(A) 4π　　(B) 2π　　(C) π　　(D) $\dfrac{\pi}{2}$

(4)函数 $y=\dfrac{1}{x^2}$ 在区间 $(0,1)$ 上是(　　).

(A)递增且有界的　　(B)递增且无界的

(C)递减且有界的　　(D)递减且无界的

(5)曲线 $y=f(x)$ 关于直线 $y=x$ 对称的必要条件为(　　).

(A) $f(x)=x$　　(B) $f(x)=\dfrac{1}{x}$　　(C) $f(x)=-x$　　(D) $f[f(x)]=x$

(6) $f(x)$ 在 $(-\infty,+\infty)$ 上有定义，且 $0\leqslant f(x)\leqslant M$，则下列函数中必有界的是(　　).

(A) $\dfrac{1}{f(x)}$　　(B) $\ln f(x)$　　(C) $e^{\frac{1}{f(x)}}$　　(D) $e^{-\frac{1}{f(x)}}$

3. 求下列函数的定义域：

(1) $y=\sqrt{5-4x}+\dfrac{1}{x^2-x}$；　　(2) $y=\ln(x^2-1)+\arcsin\dfrac{1}{x+1}$.

4. 求下列函数的反函数：

(1) $y=\dfrac{e^x}{1+e^x}$；　　(2) $y=\begin{cases}\tan x & -\pi/2<x<0\\ x^2 & 0\leqslant x<2\\ e^x & 2<x<+\infty\end{cases}$.

5. 下列函数是由哪些简单函数复合而成的？

(1) $y=\cos(\ln\sqrt{x-1})$；　　(2) $y=\sin^2\dfrac{1}{\sqrt{x^2+1}}$；

(3) $y=e^{\arctan \sin\sqrt{x^2+1}}$.

6. 设 $f(x)=3x+4$，分别求下列各式中的函数 $g(x)$：

(1) $g[f(x)]=4x+3$；　　(2) $f[g(x)]=4x+3$；

(3) $f\left[\dfrac{1}{g(x)}\right]=4x+3$.

7. 设 $f(x)=\begin{cases}-e^x & x<0\\ -x^2 & x\geqslant 0\end{cases}$，$g(x)=\ln x$. 求 $f[g(x)]$ 的表达式及定义域.

8. 设 $f(x)$ 满足 $af(x)+bf(1-x)=\dfrac{c}{x}$，其中 a,b,c 均为常数，且 $|a|\neq|b|$. 求 $f(x)$.

9. 若函数 $f(x)$ 在 $(0,+\infty)$ 内单调增加，$a>0$，$b>0$. 试证明：

$$af(a)+bf(b)\leqslant(a+b)f(a+b).$$

10. 按照银行规定，某种外币一年期存款的年利率为4.2%，半年期存款的年利率为4.0%，每笔存款到期后，银行自动将其转存为同样期限的存款. 设将总数为 A 单位货币的该种外币存入银行，两年后取出，问存何种期限的存款能有较多的收益？为多少？

11. 有两家健身俱乐部，第一家每月会费 300 元，每次健身收费 1 元，第二家每月会费 200 元，每次健身收费 2 元. 若只考虑经济因素，在每月健身次数相同的情况下，你会选择哪一家俱乐部？

12. 每印一本杂志的成本为 1.22 元，每售出一本杂志仅能得 1.20 元的收入，但销售额超过 15 000 本时还能取得超过部分收入的 10% 作为广告费收入. 试问应至少销售多少本杂志才能保本？销售量达到多少时才能获利 1 000 元？

第二章　极限与连续

微积分是一门以极限为研究手段的数学学科.微积分的许多重要概念都是建立在极限的理论基础之上的,并且它们的主要性质和法则也都通过极限方法推导.因此,掌握极限的概念、性质和计算是学好微积分的基础.本章主要介绍极限的概念、性质、运算法则以及函数的连续性.

第一节　数列的极限

自然界中有很多量仅仅通过有限次的算术运算是计算不出来的,必须通过分析一个无限变化过程的变化趋势才能求得结果,这正是极限思想和极限概念产生的客观基础.

一、数列的概念

定义 1　按一定顺序排列起来的无穷多个数

$$u_1,u_2,u_3,\cdots,u_n,\cdots$$

称为**数列**.通常将数列的第 n 项 u_n 称为**通项**或**一般项**.数列可以简记为$\{u_n\}$.

数列可以看成自变量为正整数的函数,$u_n=f(n)(n=1,2,\cdots)$,其函数值按自变量 n 由小到大排列成一列数 $u_1,u_2,u_3,\cdots,u_n,\cdots$ 即为数列.

例如:(1)$u_n=\frac{1}{2^n}$,相应的数列为 $\frac{1}{2},\frac{1}{2^2},\frac{1}{2^3},\cdots,\frac{1}{2^n},\cdots$.

(2)$u_n=(-1)^{n+1}$,相应的数列为 $1,-1,1,-1,\cdots,(-1)^{n+1},\cdots$.

数列有两种几何表示方法:(1)用数轴上的点列表示数列;(2)用坐标面上的点表示数列.

例如:一般项为 $u_n=\frac{1}{n}$ 的数列,即 $1,\frac{1}{2},\frac{1}{3},\frac{1}{4},\cdots,\frac{1}{n},\cdots$,可以由图 2—1 表示.

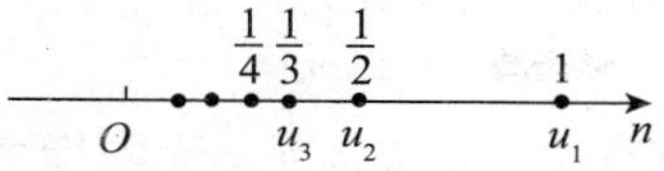

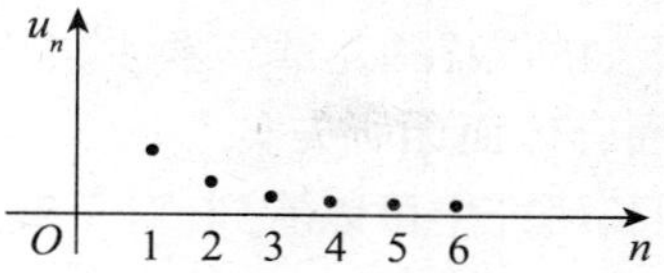

图 2—1

二、数列的极限

极限思想源远流长，早在 2 500 年前就已产生.古希腊伟大数学家阿基米德①(Archimedes，公元前 287—前 212 年)曾用穷竭法解决过曲边三角形的面积.公元 3 世纪，我国古代数学家刘徽②在其所著的《九章算术注》中曾论述了圆的周长和面积，这些方法中都已渗透着极限的思想.

刘徽在《九章算术注》中用"割圆术"对圆的面积和周长进行了研究，并且算出了圆周率的近似值 $\pi\approx3.14$.在这里运用数学家刘徽"割圆术"的思想来推算一下圆周率.

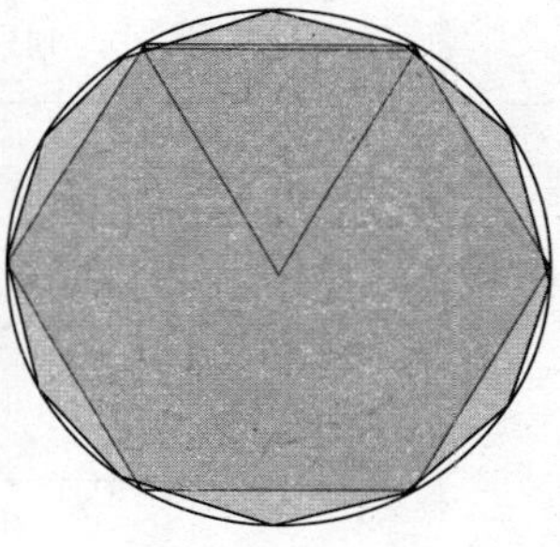

图 2—2

先把直径为 1 的圆分成六等份，求得圆内接正六边形的周长(图 2—2)，记作 S_1；再平分各弧作圆内接正十二边形，其周长记作 S_2；再平分各弧作圆内接正二十四边形，其周长记作 S_3.如此进行下去，就得到由圆内接正多边形周长构成的数列：

$$S_1, S_2, S_3, \cdots, S_n, \cdots,$$

其中，数列的通项 S_n 是圆内接正 3×2^n 边形的周长，其取值见表 2—1.

从表 2—1 可以看到，n 越大，圆内接正多边形的周长就越接近圆的周长，从而用 S_n 作为圆的周长的近似值也就越精确.

表 2—1

n	正多边形的周长	n	正多边形的周长
1	3.000 000 00	6	3.141 452 47
2	3.105 828 54	7	3.141 557 61
3	3.132 628 61	8	3.141 583 89
4	3.139 350 20	9	3.141 590 46
5	3.141 031 94	10	3.141 592 10

如果让 n 无限增大，即圆内接正多边形的边数无限增多，在这个过程中，圆内接正多边

① 阿基米德(Archimedes，约公元前 287—前 212)，古希腊最富创造性和精确性的数学家.他的几何著作主要有《圆的测量》、《论球与圆柱》、《抛物线求积法》等.在他的论著中，他的很多方法已经接近了微积分的思想方法(但没有极限概念)，因此阿基米德的数学方法中孕育着微积分的萌芽.

② 刘徽，我国魏晋时代的数学家，中国古典数学理论的奠基者之一，在世界数学史上，也占有重要的地位.公元 263 年在《九章算术注》中创造了用"割圆术"计算圆周率的方法.刘徽的一生是为数学刻苦探求的一生.他虽然地位低下，但人格高尚.他不是沽名钓誉的庸人，而是学而不厌的伟人，他的杰作《九章算术注》和《海岛算经》是我国最宝贵的数学遗产.

形的周长将无限接近圆的周长，即 S_n 无限趋近某一个确定的常数 A，把这个常数 A 理解为圆的周长.这正如刘徽在《九章算术注》中所说的："割之弥细，所失弥少，割之又割，以至于不可割，则与圆周合体而无所失矣."

从圆的周长研究中可以看到，对于数列我们重点关心的是：当 n 无限增大时，数列的发展趋势.这就是数列的极限.

例 1 考察下列数列的变化趋势：

(1)数列 $1,\frac{1}{2},\frac{1}{3}\cdots,\frac{1}{n},\cdots$，其通项为 $u_n=\frac{1}{n}(n=1,2,\cdots)$；

(2)数列 $0,\frac{3}{2},\frac{2}{3},\frac{5}{4},\cdots,\frac{n+(-1)^n}{n},\cdots$，其通项为 $u_n=\frac{n+(-1)^n}{n}(n=1,2,\cdots)$.

解 从数列的几何图形和数据表 2—2 可以看到：

表 2—2

n	1	2	3	4	5	6	7	…	$n\to\infty$
$u_n=\frac{1}{n}$	1	0.500	0.333	0.250	0.200	0.166	0.128	…	$\to 0$
$u_n=\frac{n+(-1)^n}{n}$	0	1.500	0.667	1.250	0.800	1.167	0.857	…	$\to 1$

(1)对于数列 $\left\{\frac{1}{n}\right\}$，当 n 无限增大时，u_n 与常数 0 无限地接近(图 2—3).

(2)对于数列 $\left\{\frac{n+(-1)^n}{n}\right\}$，当 n 无限增大时，u_n 与常数 1 无限地接近(图 2—4).

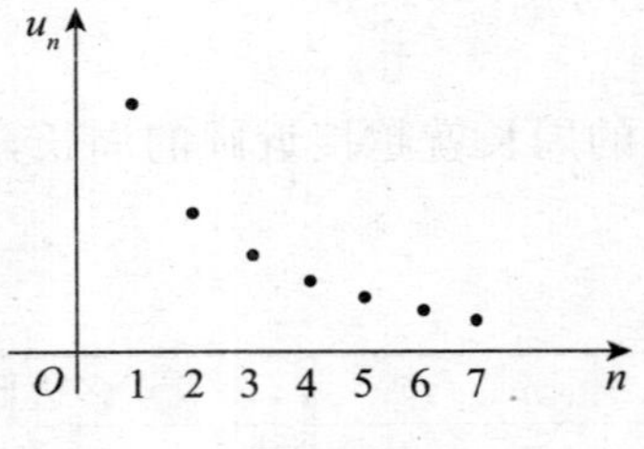

图 2—3

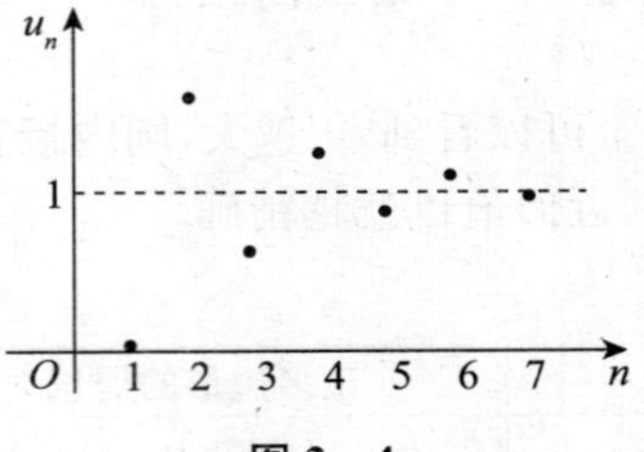

图 2—4

此例说明，有些数列当 n 无限增大时，一般项 u_n 无限接近某一个确定的常数 A，把这类数列称为当 n 趋于无穷时，数列 $\{u_n\}$ 以 A 为极限.

定义 2 对于数列 $\{u_n\}$，如果当 n 无限增大时，通项 u_n 无限接近于某个确定的常数 A，则称 **A 为数列 $\{u_n\}$ 的极限**，或称**数列 $\{u_n\}$ 收敛于 A**，记为

$$\lim_{n\to\infty}u_n=A \quad 或 \quad u_n\to A(n\to\infty).$$

若不存在这样的常数，则称数列 $\{u_n\}$ 发散.

观察图形不难得到下列一些简单极限：

$$\lim_{n\to\infty}\frac{1}{n}=0,\quad \lim_{n\to\infty}\left(2+\frac{1}{n^2}\right)=2,\quad \lim_{n\to\infty}\frac{n-1}{n+1}=1,\quad \lim_{n\to\infty}\frac{(-1)^n}{n^2}=0.$$

而数列 $\{(-1)^n\}$，$\{2n+1\}$ 的极限不存在.

上述极限定义只是极限的定性描述，而非精确定义，要对极限概念有深刻的认识，必须对该定义进行定量化和精确化，也就是对“n 无限增大”与“u_n 无限接近常数 A”给出明确的数学描述.

对于“u_n 无限接近常数 A”可以由 u_n 与常数 A 的接近程度 $|u_n-A|$ 的大小来描述，$|u_n-A|$ 越小，u_n 与常数 A 越接近.由此，对数列极限的描述就有如下等价说法：

$\lim\limits_{n\to\infty}u_n=A$，即当 $n\to\infty$ 时，$u_n\to A$

$\Leftrightarrow$当 n 充分大时，所有 u_n 与 A 的距离 $|u_n-A|$ 可以任意小(要多小有多小)；

$\Leftrightarrow$当 n 充分大时，所有 u_n 都可以使 $|u_n-A|$ 小于任意给定小的正数 ε；

$\Leftrightarrow$对于任意给定的 $\varepsilon>0$，当 n 充分大时，所有 u_n 都满足 $|u_n-A|<\varepsilon$；

$\Leftrightarrow$对于任意给定的 $\varepsilon>0$，存在正整数 N，当 $n>N$ 时，$|u_n-A|<\varepsilon$ 成立.

在此，用“$n>N$”描述“n 无限增大”，用“$|u_n-A|<\varepsilon$”描述“u_n 无限接近常数 A”，这正是极限概念中“当 n 无限增大时，u_n 无限接近常数 A”的数量描述.

事实上，也可以通过具体实例理解上述极限概念的数量描述.

以数列 $\left\{\dfrac{n+(-1)^n}{n}\right\}$ 为例，观察极限 $\lim\limits_{n\to\infty}\dfrac{n+(-1)^n}{n}=1$ 的数量描述.

因为 $u_n=\dfrac{n+(-1)^n}{n}=1+\dfrac{(-1)^n}{n}$，所以

$$|u_n-1|=\left|\frac{n+(-1)^n}{n}-1\right|=\left|\frac{(-1)^n}{n}\right|=\frac{1}{n}.$$

由此可见，当 n 越来越大时，$|u_n-1|=\dfrac{1}{n}$ 越来越小，从而 u_n 越来越接近 1.

事实上，通过表 2—3 的具体实例可以看到：当 n 足够大时，$|u_n-1|$ 可以小于任意给定的正数 ε.也即对于任意给定的 $\varepsilon>0$，存在正整数 $N=[1/\varepsilon]$，当 $n>N$ 时，$|u_n-A|<\varepsilon$.

表 2—3

对于 $\varepsilon=\dfrac{1}{10}$	存在 $N=10$	当 $n>N=10$ 时	$\lvert u_n-1\rvert=\dfrac{1}{n}<\dfrac{1}{10}$
对于 $\varepsilon=\dfrac{1}{100}$	存在 $N=100$	当 $n>N=100$ 时	$\lvert u_n-1\rvert=\dfrac{1}{n}<\dfrac{1}{100}$
对于 $\varepsilon=\dfrac{1}{1\,000}$	存在 $N=1\,000$	当 $n>N=1\,000$ 时	$\lvert u_n-1\rvert=\dfrac{1}{n}<\dfrac{1}{1\,000}$

由此，概括出数列极限的精确定义如下：

定义 3 若对任意给定的 $\varepsilon>0$，总存在正整数 N，使当 $n>N$ 时，恒有 $|u_n-A|<\varepsilon$ 成立，则称**数列 $\{u_n\}$ 收敛**，其极限为 A，或数列 $\{u_n\}$ 收敛于 A，记为

$$\lim_{n\to\infty}u_n=A \quad 或 \quad u_n\to A(n\to\infty).$$

否则称**数列 $\{u_n\}$ 发散**，或称数列 $\{u_n\}$ 的极限不存在.

上述定义简称为数列极限的“$\varepsilon-N$”定义，为了使数列极限定义叙述简单，可以用下述逻辑语言表述极限定义：

$$\lim_{n\to\infty}u_n=A \quad\Leftrightarrow\quad \forall\varepsilon>0,\exists N\in\mathbf{Z}^+，当 n>N 时，|u_n-A|<\varepsilon.$$

关于数列极限的“$\varepsilon-N$”定义的几点说明：

(1)正数 ε 具有任意性和给定性:ε 是用于衡量 u_n 与 A 接近程度的,正数 ε 必须是任意的,即 ε 可以给得任意小,其小的程度没有限制,这样才能描述 u_n 与 A 任意接近;同时 ε 又具有给定性,这样才能根据它确定正整数 N.而且,ε 既然具有任意性,则 $2\varepsilon,\varepsilon^2,\sqrt{\varepsilon}$ 等也都是任意给定的正数,虽然它们在形式上与 ε 不同,但本质是相同的,因此在用极限定义证明极限时经常用到与 ε 本质相同的形式.

(2)正数 N 具有相应性:定义中的正整数 N 是依赖于 ε 的给定而确定的 $N(\varepsilon)$,它指出了一个位置(时刻),只要 n 增大到该位置(时刻)以后,就有 $|u_n-A|<\varepsilon$,并且 N 不是唯一的,大于 N 的任何自然数均可.

由于不等式 $|u_n-A|<\varepsilon \Leftrightarrow A-\varepsilon<u_n<A+\varepsilon$,所以有:

极限的几何意义 当 $n>N$ 时,所有点 u_n 全部落在区间 $(A-\varepsilon,A+\varepsilon)$ 内,只有有限多个(最多 N 个)点落在区间之外.这样,数列的极限存在与否,极限如何,与数列前面有限项无关.当 n 无限增大时,区间 $(A-\varepsilon,A+\varepsilon)$ 向点 A 无限收缩,介于区间 $(A-\varepsilon,A+\varepsilon)$ 内的点 u_n 就向 A 无限趋近.如图 2—5 所示.

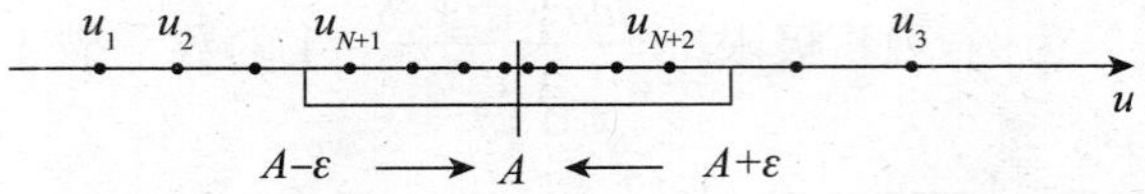

图 2—5

极限定义中的辩证思想:由数列极限定义可以看到,正数 ε 具有任意性和给定性,ε 的绝对任意性是通过无限多个相对固定性的 ε 表现出来的,其中蕴涵着由有限去认识无限、由静态去认识动态的辩证思想.

例 2 证明 $\lim\limits_{n\to\infty}\dfrac{2n+1}{n+1}=2$.

分析 记 $u_n=\dfrac{2n+1}{n+1}$,这时 $|u_n-2|=\left|\dfrac{2n+1}{n+1}-2\right|=\left|\dfrac{-1}{n+1}\right|=\dfrac{1}{n+1}$.

对于任意给定的 $\varepsilon>0$,要使 $|u_n-2|<\varepsilon$,只要 $\dfrac{1}{n+1}<\varepsilon$ 即 $n>\dfrac{1}{\varepsilon}-1$ 即可.

证 对于任意给定的 $\varepsilon>0$,取 $N=\left[\dfrac{1}{\varepsilon}-1\right]$,则当 $n>N$ 时,总有

$$|u_n-2|=\left|\frac{2n+1}{n+1}-2\right|=\frac{1}{n+1}<\varepsilon.$$

所以 $\lim\limits_{n\to\infty}\dfrac{2n+1}{n+1}=2$.

例 3 设数列的一般项为 $u_n=\dfrac{\sin n}{(n+1)^2}$.证明:$\lim\limits_{n\to\infty}\dfrac{\sin n}{(n+1)^2}=0$.

证 由于

$$|u_n-0|=\left|\frac{\sin n}{(n+1)^2}-0\right|\leqslant\frac{1}{(n+1)^2}<\frac{1}{n+1}<\frac{1}{n},$$

因此,要使 $|u_n-0|<\varepsilon$,只要 $\dfrac{1}{n}<\varepsilon$,即 $n>\dfrac{1}{\varepsilon}$.于是对于任意给定的 $\varepsilon>0$,取 $N=\left[\dfrac{1}{\varepsilon}\right]$,则当

$n>N$ 时，总有

$$|u_n-0|=\left|\frac{\sin n}{(n+1)^2}-0\right|<\varepsilon.$$

所以 $\lim\limits_{n\to\infty}u_n=\lim\limits_{n\to\infty}\frac{\sin n}{(n+1)^2}=0.$

在利用定义证明极限时，只需指出对于任意给定的 $\varepsilon>0$，使不等式 $|u_n-A|<\varepsilon$ 成立的自然数 N 确实存在即可，而无需找出最小的 N 值. 在确定 N 值时，通常要将 $|u_n-A|$ 适当地放大而使之小于某个与 n 有关的量，这个量是以 n 为变量的比较简单的函数，并令它小于 $\varepsilon(\varepsilon>0)$，然后通过解不等式定出 N.

三、数列极限存在准则

单调数列 如果数列 $\{u_n\}$ 对于每一个正整数 n，都有 $u_n<u_{n+1}$，则称数列 $\{u_n\}$ 为**单调递增数列**；类似地，如果数列 $\{u_n\}$ 对于每一个正整数 n，都有 $u_n>u_{n+1}$，则称数列 $\{u_n\}$ 为**单调递减数列**.

有界数列 如果对于数列 $\{u_n\}$，存在一个正常数 M，使得对于每一项 u_n，都有 $|u_n|\leqslant M$，则称数列 $\{u_n\}$ 为**有界数列**.

定理 1（单调有界原理） 单调有界数列必有极限.

此定理不予证明，仅给出几何解释：由数列的单调性知，数轴上对应的数列点或向 u 轴正方向移动，或向 u 轴负方向移动；可以向无穷远移动，也可能靠近某一常数；由于数列有界，$|u_n|\leqslant M$，因此这种移动不可能向无穷远移动，只能靠近某一常数，即极限存在.

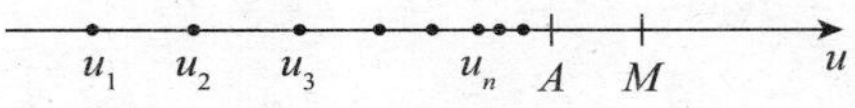

图 2—6

图 2—6 给出了单调递增有界数列必有极限的几何特征.

例 4 设 $u_n=\left(1+\frac{1}{n}\right)^n(n=1,2,3,\cdots)$. 证明数列 $\{u_n\}$ 的极限存在.

在证明数列 $\left\{\left(1+\frac{1}{n}\right)^n\right\}$ 的极限存在之前，先对该数列的变化趋势进行观察，观察数据表 2—4和图 2—7.

表 2—4

n	1	2	3	4	5	10	100	1 000	10 000	$\cdots$
$\left(1+\frac{1}{n}\right)^n$	2	2.250	2.370	2.441	2.488	2.594	2.705	2.717	2.718	$\cdots$

从表 2—4 和图 2—7 可以看出，当 n 无限增大时，数列 $\left\{\left(1+\frac{1}{n}\right)^n\right\}$ 变化的大致趋势是单调递增，且 $0<u_n<3$. 由数列极限的收敛准则，可知该数列的极限存在. 下面给出证明.

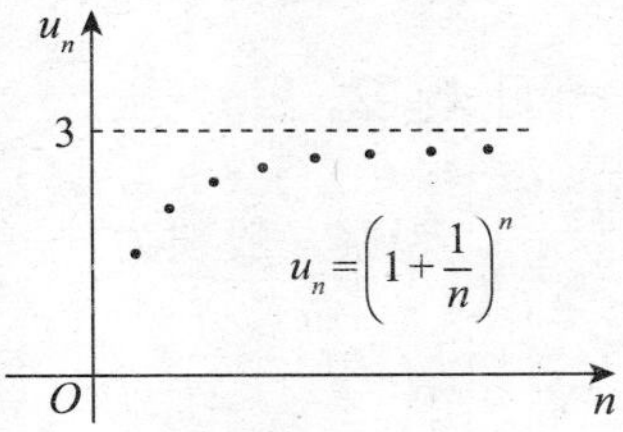

图 2—7

证 先证明数列 $\{u_n\}$ 单调增加. 由二项式定理，有

$$u_n=\left(1+\frac{1}{n}\right)^n$$

$$=1+\frac{n}{1!}\cdot\frac{1}{n}+\frac{n(n-1)}{2!}\cdot\frac{1}{n^2}+\frac{n(n-1)(n-2)}{3!}\cdot\frac{1}{n^3}+\cdots$$
$$+\frac{n(n-1)(n-2)\cdots(n-n+1)}{n!}\cdot\frac{1}{n^n}$$
$$=1+\frac{1}{1!}+\frac{1}{2!}\cdot\left(1-\frac{1}{n}\right)+\frac{1}{3!}\cdot\left(1-\frac{1}{n}\right)\left(1-\frac{2}{n}\right)+\cdots$$
$$+\frac{1}{n!}\cdot\left(1-\frac{1}{n}\right)\left(1-\frac{2}{n}\right)\cdots\left(1-\frac{n-1}{n}\right).$$

类似地，有

$$u_{n+1}=\left(1+\frac{1}{n+1}\right)^{n+1}$$
$$=1+\frac{1}{1!}+\frac{1}{2!}\cdot\left(1-\frac{1}{n+1}\right)+\frac{1}{3!}\cdot\left(1-\frac{1}{n+1}\right)\left(1-\frac{2}{n+1}\right)+\cdots$$
$$+\frac{1}{(n+1)!}\cdot\left(1-\frac{1}{n+1}\right)\left(1-\frac{2}{n+1}\right)\cdots\left(1-\frac{n}{n+1}\right).$$

比较 u_n 与 u_{n+1} 中相同位置的项，可知 $u_n<u_{n+1}$，所以数列 $\{u_n\}$ 单调增加.

再证明数列 $\{u_n\}$ 有界.显然，$u_n>u_1=2$，且

$$u_n=\left(1+\frac{1}{n}\right)^n$$
$$=1+\frac{1}{1!}+\frac{1}{2!}\cdot\left(1-\frac{1}{n}\right)+\frac{1}{3!}\cdot\left(1-\frac{1}{n}\right)\left(1-\frac{2}{n}\right)+\cdots$$
$$+\frac{1}{n!}\cdot\left(1-\frac{1}{n}\right)\left(1-\frac{2}{n}\right)\cdots\left(1-\frac{n-1}{n}\right)$$
$$<1+\frac{1}{1!}+\frac{1}{2!}+\frac{1}{3!}+\cdots+\frac{1}{n!}$$
$$<1+1+\frac{1}{2^2}+\frac{1}{2^3}+\cdots+\frac{1}{2^{n-1}}=1+\frac{1-\frac{1}{2^n}}{1-\frac{1}{2}}=3-\frac{1}{2^{n-1}}<3.$$

所以数列 $\{u_n\}$ 有界.由定理 1 知数列 $\{u_n\}$ 收敛，其值记为 e，即

$$\lim_{n\to\infty}\left(1+\frac{1}{n}\right)^n=\mathrm{e}.$$

数 e 是一个无理数，经过计算它的值为 e=2.718 28…(后续内容将给出其计算方法)，e 称为自然对数的底，以 e 为底的对数称为自然对数.

☞ 习题 2.1

1. 观察一般项为 u_n 的如下数列的变化趋势，如果有极限，写出它们的极限值：

(1) $u_n=1+\frac{1}{2^n}$；　(2) $u_n=(-1)^n\frac{1}{n}$；　(3) $u_n=2-\frac{1}{n^2}$；

(4) $u_n=1+\ln\frac{1}{n}$；　(5) $u_n=\cos\frac{1}{n}$；　(6) $u_n=2^{(-1)^n}$.

2. 用数列极限的定义，证明下列数列的极限：

(1) $\lim\limits_{n\to\infty}(-1)^n\dfrac{1}{n^3}=0$；　　(2) $\lim\limits_{n\to\infty}\dfrac{3n+1}{2n+1}=\dfrac{3}{2}$；　　(3) $\lim\limits_{n\to\infty}\dfrac{\sqrt{n^2+1}}{n}=1$.

3. 证明 $\lim\limits_{n\to\infty}u_n=0$ 的充要条件是 $\lim\limits_{n\to\infty}|u_n|=0$.

4. 设数列 $\{u_n\}$ 有界，$\lim\limits_{n\to\infty}v_n=0$.用数列极限的定义，证明 $\lim\limits_{n\to\infty}u_nv_n=0$.

5. 设 $u_n=1+\dfrac{1}{2^2}+\dfrac{1}{3^2}+\cdots+\dfrac{1}{n^2}$.用单调有界准则，证明数列 $\{u_n\}$ 的极限存在.

第二节　函数的极限

由于函数 $y=f(x)$ 的自变量取值于实数集或它的子集，因此，关于函数极限的讨论主要分成：①当自变量 x 无限趋近无穷时，函数值 $f(x)$ 的变化趋势；②当自变量 x 无限趋近 x_0 时，函数值 $f(x)$ 的变化趋势.

一、$x\to\infty$ 时函数的极限

自变量趋于无穷可分为：$x\to+\infty$，$x\to-\infty$，$x\to\infty$ 三种形式.其中，$x\to+\infty$ 表示 x 沿数轴正向趋近于正无穷大；$x\to-\infty$ 表示 x 沿数轴负向趋近于负无穷大；$x\to\infty$ 表示 $|x|$ 沿数轴趋近于无穷大.

类似于数列极限的概念，将数列视为整变量函数 $u_n=f(n)(n=1,2,\cdots)$，将数列极限概念推广到实变量函数，可得自变量趋于无穷时，函数 $f(x)$ 的描述极限定义.

定义 1　设函数 $y=f(x)$ 在 $|x|>a$（a 为正实数）时有定义.如果当 $|x|$ 趋于无穷时，函数 $f(x)$ 无限接近于常数 A，则称 $f(x)$ 以 A 为极限，记作

$$\lim_{x\to\infty}f(x)=A\quad\text{或}\quad f(x)\to A(x\to\infty).$$

同样，函数极限的精确定义如下：

定义 2　设 $f(x)$ 在 $|x|>a$（a 为某个正实数）时有定义.若对任意给定的正数 ε，存在 $X>0$，使得当 $|x|>X$ 时，总有 $|f(x)-A|<\varepsilon$ 成立，则称 A 为函数 $f(x)$ 在 $x\to\infty$ 时的极限，记为 $\lim\limits_{x\to\infty}f(x)=A$.

上述极限定义也称为极限"$\varepsilon-X$"定义，该定义也可以简述为：

$\lim\limits_{x\to\infty}f(x)=A\Leftrightarrow\forall\varepsilon>0,\exists X>0$，当 $|x|>X$ 时，$|f(x)-A|<\varepsilon$ 成立.

由于不等式 $|f(x)-A|<\varepsilon\Leftrightarrow A-\varepsilon<f(x)<A+\varepsilon$，所以有：

极限定义的几何意义　对任意给定的正数 ε，在直线 $y=A$ 的上、下方各作一条直线 $y=A+\varepsilon$，$y=A-\varepsilon$，则存在 $X>0$，使得在区间 $(-\infty,-X)$ 与 $(X,+\infty)$ 内函数 $f(x)$ 的图形全部落在这两条直线之间.如图 2—8 所示.

由于正数 ε 可以任意小（相应地，正数 X 将随之增大），因此，以直线 $y=A$ 为中心线、宽

度为 2ε 的带形区域将可无限地变窄，从而，曲线 $y=f(x)$ 在沿着 x 轴的负方向和正方向无限远伸时，都将越来越接近直线 $y=A$.

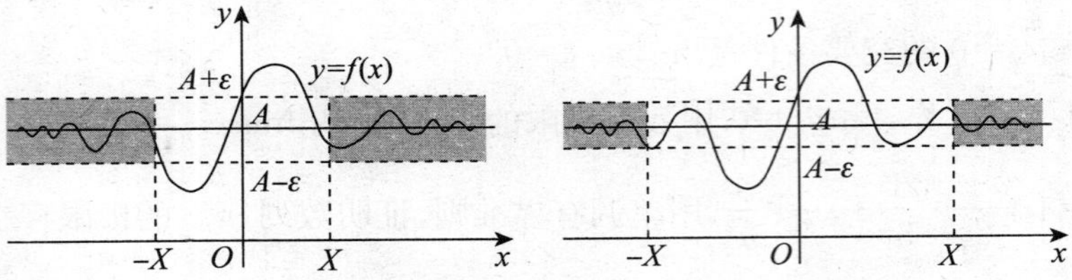

图 2—8　随着 ε 的减小 $f(x)$ 越来越接近 A

例 1　证明 $\lim\limits_{x\to\infty}\frac{1}{x}=0$.

证　按极限的定义，对于任意给定的 $\varepsilon>0$，由

$$\left|\frac{1}{x}-0\right|=\left|\frac{1}{x}\right|=\frac{1}{|x|}<\varepsilon,$$

即 $|x|>\frac{1}{\varepsilon}$，取 $X=\frac{1}{\varepsilon}$，当 $|x|>X$ 时，$\left|\frac{1}{x}-0\right|<\varepsilon$ 成立，所以 $\lim\limits_{x\to\infty}\frac{1}{x}=0$.

类似于极限 $\lim\limits_{x\to\infty}f(x)=A$，可定义极限 $\lim\limits_{x\to+\infty}f(x)=A$ 与 $\lim\limits_{x\to-\infty}f(x)=A$.

(1) 如果当 x 趋于正无穷时，函数 $f(x)$ 无限接近于常数 A，则称 $f(x)$ 以 A 为极限，记作 $\lim\limits_{x\to+\infty}f(x)=A$ 或 $f(x)\to A(x\to+\infty)$.

(2) 如果当 x 趋于负无穷时，函数 $f(x)$ 无限接近于常数 A，则称 $f(x)$ 以 A 为极限，记作 $\lim\limits_{x\to-\infty}f(x)=A$ 或 $f(x)\to A(x\to-\infty)$.

上述极限也可以用"$\varepsilon-X$"定义进行严格的描述.请读者自己写出.

定理 1　当 $x\to\infty$ 时，函数 $f(x)$ 的极限存在的充要条件是，函数 $f(x)$ 在 $x\to+\infty$ 时和 $x\to-\infty$ 时的极限都存在而且相等，即

$$\lim_{x\to\infty}f(x)=A \quad\Leftrightarrow\quad \lim_{x\to-\infty}f(x)=\lim_{x\to+\infty}f(x).$$

通过函数图形可以认识一些基本初等函数当 $x\to+\infty$，$x\to-\infty$，$x\to\infty$ 时的极限，见表 2—5.

表 2—5

函数	当 $x\to+\infty$，$x\to-\infty$，$x\to\infty$ 时函数的极限
$y=\frac{1}{x^2}$	$\lim\limits_{x\to+\infty}\frac{1}{x^2}=0$，$\lim\limits_{x\to-\infty}\frac{1}{x^2}=0$，$\lim\limits_{x\to\infty}\frac{1}{x^2}=0$
$y=e^x$，$y=\ln x$	$\lim\limits_{x\to-\infty}e^x=0$，$\lim\limits_{x\to+\infty}e^x=+\infty$，$\lim\limits_{x\to+\infty}\ln x=+\infty$
$y=\arctan x$	$\lim\limits_{x\to+\infty}\arctan x=\frac{\pi}{2}$，$\lim\limits_{x\to-\infty}\arctan x=-\frac{\pi}{2}$
$y=\sin x$，$y=\cos x$	$\lim\limits_{x\to\infty}\sin x$ 不存在，$\lim\limits_{x\to\infty}\cos x$ 不存在

这里极限 $\lim\limits_{x\to+\infty}e^x=+\infty$，$\lim\limits_{x\to+\infty}\ln x=+\infty$ 只是一种记号，而非极限存在.上述极限经常使

用.它们可以用极限的定义来证明,在此从略.

由极限与图形关系可以得出曲线的水平渐近线概念.

定义 3 若当 $x\to\infty$(或 $x\to\pm\infty$)时,$y\to C$(C 为常数),即 $\lim\limits_{x\to\infty}f(x)=C$,则称曲线 $y=f(x)$有水平渐近线 $y=C$.

例如:对于 $y=\arctan x$,当 $x\to+\infty$时,有 $\arctan x\to\frac{\pi}{2}$,$x\to-\infty$时,有 $\arctan x\to-\frac{\pi}{2}$,所以,$y=\pm\frac{\pi}{2}$为曲线 $y=\arctan x$ 的水平渐近线(图 2—9).

对于 $y=e^{-x^2}$,当 $x\to\infty$时,有 $e^{-x^2}\to 0$,所以,$y=0$ 为曲线 $y=e^{-x^2}$ 的水平渐近线(图 2—10).

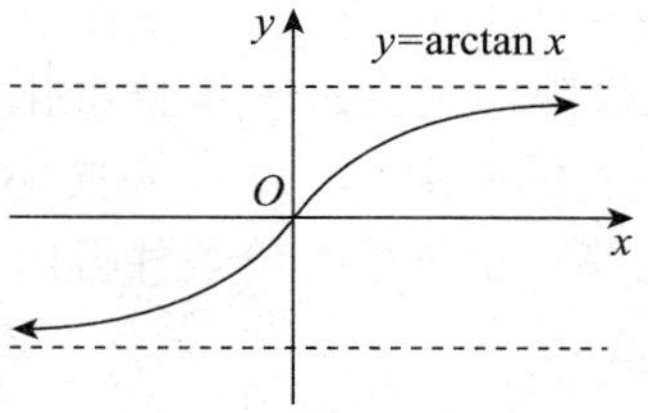

图 2—9

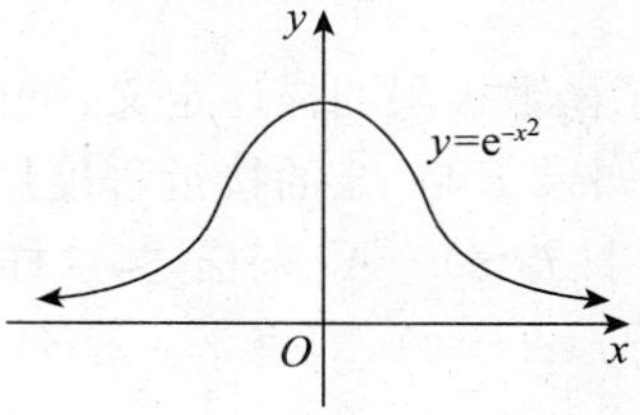

图 2—10

一般地,存在水平渐近线 $y=C$ 的曲线 $y=f(x)$的图形特征如图 2—11 所示.

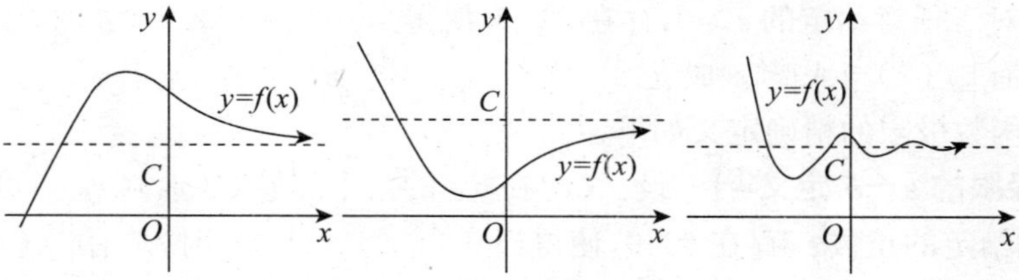

图 2—11

二、$x\to x_0$ 时函数的极限

自变量 x 趋于 x_0 可分为:$x\to x_0^+$,$x\to x_0^-$,$x\to x_0$ 三种形式.其中,$x\to x_0^+$ 表示 $x>x_0$ 且 x 趋于 x_0;$x\to x_0^-$ 表示 $x<x_0$ 且 x 趋于 x_0;$x\to x_0$ 表示 $x\neq x_0$ 且 x 趋于 x_0.

例 2 讨论当 x 趋向于 1 时,函数 $f(x)=\frac{x^2-1}{x-1}$的变化趋势.

解 作出函数值数据表,观察函数变化趋势,见表 2—6.

表 2—6

x	0.5	0.75	0.9	0.99	0.999 9	…	1.000 001	1.01	1.25	1.5
$f(x)$	1.5	1.25	1.9	1.99	1.999 9	…	2.000 001	2.01	2.25	2.5

从表 2—6 和图 2—12 看出,虽然 $f(x)$在 $x=1$ 点没有定义,但 x 不论从 1 的左边还是

右边趋向于 1，$f(x)$ 都无限趋近于 2. 称常数 2 为函数 $f(x)=\frac{x^2-1}{x-1}$ 在 $x\to 1$ 时的极限.

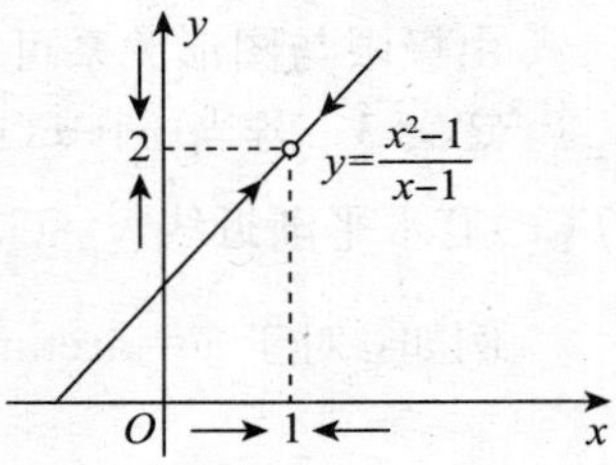

图 2—12

定义 4 设函数 $f(x)$ 在点 x_0 的左右两侧附近（x_0 点可以除外）有定义. 如果当 x 从 x_0 的左右两边无限接近 x_0 时，函数 $f(x)$ 无限接近于常数 A，则称当 x 趋于 x_0 时，$f(x)$ 以 A 为极限，记作

$$\lim_{x\to x_0} f(x)=A \quad 或 \quad f(x)\to A(x\to x_0).$$

需要指出的是：函数 $f(x)$ 在 $x\to x_0$ 时是否有极限，要求 $f(x)$ 在点 x_0 的左右两侧附近有定义，而与 $f(x)$ 在点 x_0 是否有定义以及定义的值如何都毫无关系.

上面介绍了函数极限的描述定义，下面将函数极限的定义进一步数量化以得到函数极限的精确定义. 如果 x 与 x_0 的接近程度用 x 与 x_0 间的距离 $|x-x_0|$ 来描述，$f(x)$ 与常数 A 的接近程度用 $|f(x)-A|$ 来描述，这样极限的定义可由下述等价条件得出：

$\lim\limits_{x\to x_0} f(x)=A$，即当 $x\to x_0$ 时，$f(x)\to A$

$\Leftrightarrow$ 当 x 充分靠近 x_0 时，$f(x)$ 与 A 的距离 $|f(x)-A|$ 可以任意小

$\Leftrightarrow$ 当 x 充分靠近 x_0 时，$|f(x)-A|$ 可以小于任意给定小的正数 ε

$\Leftrightarrow$ 对于任意给定的 $\varepsilon>0$，只要 $|x-x_0|$ 足够小，就有 $|f(x)-A|<\varepsilon$

$\Leftrightarrow$ 对于任意给定的 $\varepsilon>0$，存在 $\delta>0$，使得当 $0<|x-x_0|<\delta$ 时，总有 $|f(x)-A|<\varepsilon$ 成立.

由此可得函数极限的精确定义如下：

定义 5（极限的 $\varepsilon-\delta$ 定义①） 设 $f(x)$ 在 x_0 的某个邻域 $U(x_0)$（x_0 点可以除外）内有定义. 若对任意给定的正数 ε，存在 $\delta>0$，使得当 $0<|x-x_0|<\delta$ 时，总有 $|f(x)-A|<\varepsilon$ 成立，则称 $x\to x_0$ 时，$f(x)$ 以 A 为极限，记为 $\lim\limits_{x\to x_0} f(x)=A$.

上述极限定义也称为极限的"$\varepsilon-\delta$"定义，该定义也可以简述为：

$\lim\limits_{x\to x_0} f(x)=A \Leftrightarrow \forall\varepsilon>0, \exists\delta>0$，当 $0<|x-x_0|<\delta$ 时，$|f(x)-A|<\varepsilon$ 成立.

由于 $0<|x-x_0|<\delta \Leftrightarrow x_0-\delta<x<x_0+\delta, x\neq x_0$，

$$|f(x)-A|<\varepsilon \quad \Leftrightarrow \quad A-\varepsilon<f(x)<A+\varepsilon,$$

故将极限定义用几何语言描述，有如下极限定义的几何意义.

极限定义的几何意义 对任意给定的正数 ε，在直线 $y=A$ 的上、下方各作一条直线 $y=A+\varepsilon$，$y=A-\varepsilon$，则存在 $\delta>0$，使得在区间 $(x_0-\delta, x_0)$ 与 $(x_0, x_0+\delta)$ 内函数 $f(x)$ 的图形全部落在这两条直线之间（图 2—13）.

由于正数 ε 可以任意小，因此，以直线 $y=A$ 为中心线、宽度为 2ε 的带形区域将可无限地变窄，从而，曲线 $y=f(x)$ 在 $(x_0-\delta, x_0)$ 与 $(x_0, x_0+\delta)$ 内，将越来越接近直线 $y=A$.

---

① 极限概念的精确定义是由柯西（A.L.Cauchy，1789—1857）和魏尔斯特拉斯（K.Weierstrass，1815—1897）等数学家首先给出的. 19 世纪数学家柯西在《分析教程》一书中发展了可接受的极限理论，后经数学家魏尔斯特拉斯最终将极限概念奠基在算术的基础上，给出了极限的 $\varepsilon-\delta$ 精确定义，把微积分的理论基础牢固地建立在极限的概念上.

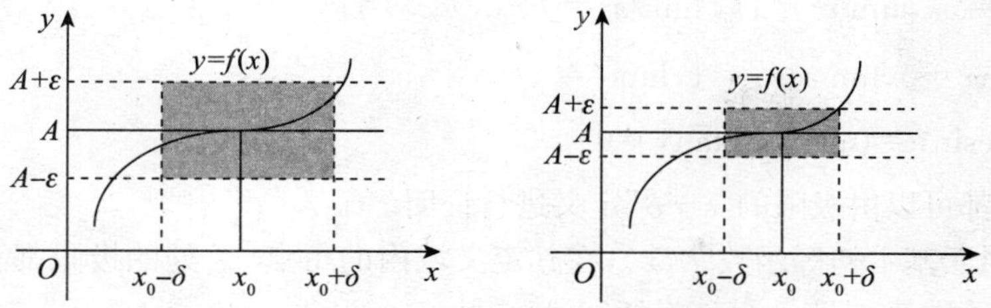

图 2—13 随着 ε 的减小 $f(x)$ 越来越接近 A

例 3 证明 $\lim\limits_{x\to 1}\dfrac{2x^2-2}{x-1}=4$.

证 当 $x\neq 1$ 时,有

$$\left|\frac{2x^2-2}{x-1}-4\right|=|2(x+1)-4|=2|x-1|.$$

对于任意给定的 $\varepsilon>0$,为使

$$\left|\frac{2x^2-2}{x-1}-4\right|=2|x-1|<\varepsilon,$$

即 $|x-1|<\dfrac{\varepsilon}{2}$,取 $\delta=\dfrac{\varepsilon}{2}$,则当 $0<|x-1|<\delta$ 时,有

$$\left|\frac{2x^2-2}{x-1}-4\right|=2|x-1|<2\cdot\frac{\varepsilon}{2}=\varepsilon.$$

所以 $\lim\limits_{x\to 1}\dfrac{2x^2-2}{x-1}=4$.

例 4 证明 $\lim\limits_{x\to 0}\sin x=0$.

证 先证明不等式:当 $0<|x|<\dfrac{\pi}{2}$ 时,$|\sin x|<|x|$.作单位圆,如图 2—14 所示,可得当 $0<x<\dfrac{\pi}{2}$ 时,三角形 OAB 的面积小于扇形 OAB 的面积,即

$$S_{\triangle OAB}=\frac{1}{2}\sin x<S_{扇形OAB}=\frac{1}{2}x,$$

所以 $\sin x<x$.显然,当 $-\dfrac{\pi}{2}<x<0$ 时,$\sin(-x)<-x$,由此可知 $-\sin x<-x$ 成立.

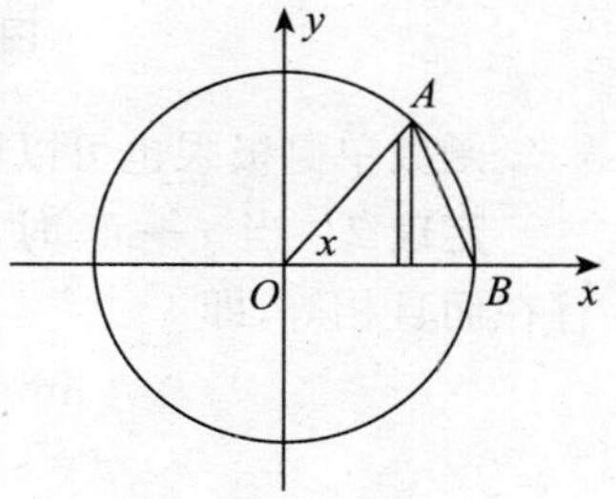

图 2—14

综上,当 $0<|x|<\dfrac{\pi}{2}$ 时,$|\sin x|<|x|$.

下面证明 $\lim\limits_{x\to 0}\sin x=0$,对于任意给定的 $\varepsilon>0$,取 $\delta=\varepsilon$,当 $0<|x|<\delta$ 时,$|\sin x-0|=|\sin x|<|x|<\varepsilon$,所以,$\lim\limits_{x\to 0}\sin x=0$.

由函数图形不难得到下列基本初等函数的极限:

(1) $\lim\limits_{x\to x_0}C=C$($C$ 为常数);

(2) $\lim\limits_{x \to x_0} x = x_0$，$\lim\limits_{x \to x_0} x^2 = x_0^2$，$\lim\limits_{x \to x_0} \sqrt{x} = \sqrt{x_0}\ (x_0 > 0)$；

(3) $\lim\limits_{x \to 0} \sin x = 0$，$\lim\limits_{x \to 0} \cos x = 1$，$\lim\limits_{x \to 0} e^x = 1$；

(4) $\lim\limits_{x \to 0} \arcsin x = 0$；$\lim\limits_{x \to 0} \arctan x = 0$.

这些极限都可以由极限的"$\varepsilon-\delta$"定义进行证明.

一般地，对于基本初等函数 $f(x)$，在其定义域内的每点 x_0 处的极限都存在，并且等于函数在该点的函数值，即 $\lim\limits_{x \to x_0} f(x) = f(x_0)$.

上面考虑到 x 从 x_0 的左右两侧同时趋向 x_0 时 $f(x)$ 的极限.如果只限于 x 从 x_0 的左侧或从 x_0 的右侧趋于 x_0，考察函数 $f(x)$ 的变化趋势，这种情况叫作单侧极限.

定义 6 设函数 $f(x)$ 在点 x_0 的邻域(x_0 点本身可以除外)有定义.

(1)如果当 $x < x_0$ 且 x 无限接近于 x_0 时，函数 $f(x)$ 无限接近于常数 A，则称常数 A 为当 x 趋于 x_0 时 $f(x)$ 的左极限(图 2—15)，记作

$$\lim_{x \to x_0^-} f(x) = A \quad 或 \quad f(x_0^-) = A.$$

(2)如果当 $x > x_0$ 且 x 无限接近于 x_0 时，函数 $f(x)$ 无限接近于常数 A，则称常数 A 为当 x 趋于 x_0 时 $f(x)$ 的右极限(图 2—16)，记作

$$\lim_{x \to x_0^+} f(x) = A \quad 或 \quad f(x_0^+) = A.$$

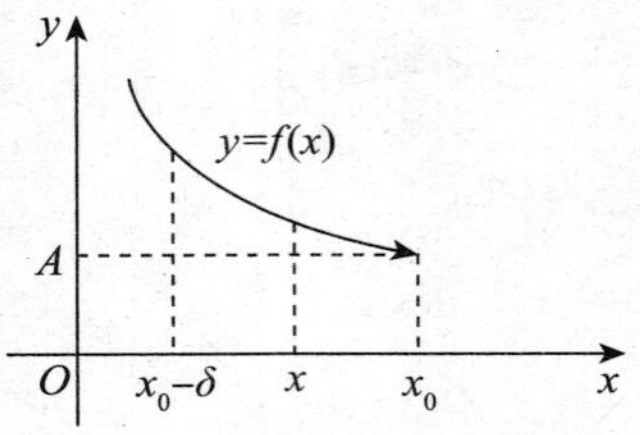

图 2—15

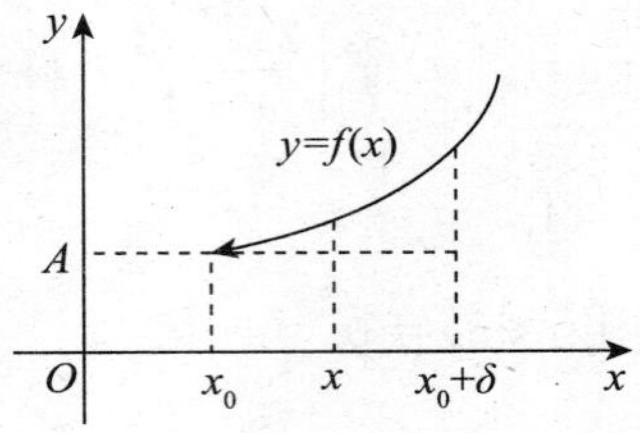

图 2—16

函数单侧极限也可以用"$\varepsilon-\delta$"定义进行严格的描述，留给读者写出.

定理 2 当 $x \to x_0$ 时，函数 $f(x)$ 的极限存在的充要条件是，函数 $f(x)$ 的左、右极限都存在而且相等，即

$$\lim_{x \to x_0} f(x) = A \iff \lim_{x \to x_0^-} f(x) = \lim_{x \to x_0^+} f(x) = A.$$

例 5 讨论当 $x \to 0$ 时，绝对值函数 $y = |x| = \begin{cases} -x & x < 0 \\ x & x \geqslant 0 \end{cases}$ 的极限.

解 如图 2—17 所示，因为当 $x < 0$ 时，$y = |x| = -x$，因此，$\lim\limits_{x \to 0^-} y = 0$.

当 $x > 0$ 时，$y = |x| = x$，因此，$\lim\limits_{x \to 0^+} y = 0$，所以

$$\lim_{x \to 0} |x| = 0.$$

例 6 讨论分段函数 $f(x) = \begin{cases} x^2 - 1 & x < 1 \\ 2x + 1 & x > 1 \end{cases}$ 在 $x \to 1$ 时的极限.

解 作出函数图形，由图 2—18，可知

$$\lim_{x \to 1^-} f(x) = \lim_{x \to 1^-} (x^2 - 1) = 0,$$

$$\lim_{x\to 1^+} f(x)=\lim_{x\to 1^+}(2x+1)=3.$$

由于 $\lim\limits_{x\to 1^-} f(x)\neq \lim\limits_{x\to 1^+} f(x)$，所以 $\lim\limits_{x\to 1} f(x)$ 不存在.

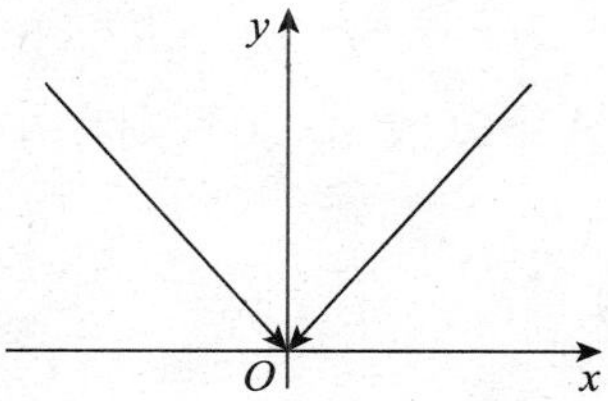

图 2—17

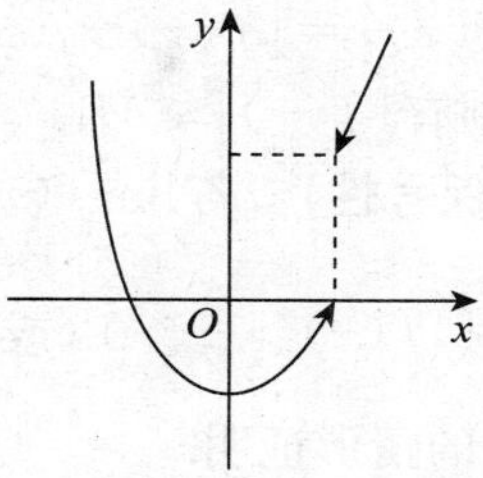

图 2—18

以上给出了函数极限的六种定义：

(1) $\lim\limits_{x\to\infty} f(x)$；　(2) $\lim\limits_{x\to-\infty} f(x)$；　(3) $\lim\limits_{x\to+\infty} f(x)$；

(3) $\lim\limits_{x\to x_0} f(x)$；　(4) $\lim\limits_{x\to x_0^-} f(x)$；　(6) $\lim\limits_{x\to x_0^+} f(x)$.

为了叙述方便，如果用记号 $x\to X$ 代表极限的六种（$x\to\pm\infty, x\to\infty, x\to x_0^{\pm}, x\to x_0$）趋近过程的任一种过程，则极限的定义可以统一叙述为：

若函数 $f(x)$ 在自变量的某一变化过程 $x\to X$ 中无限接近于一个常数 A，就称函数 $f(x)$ 以 A 为极限，记作

$$\lim_{x\to X} f(x)=A \quad 或 \quad f(x)\to A(x\to X).$$

三、极限的性质

以上讨论了数列极限和函数极限的各种情形.它们描述的问题都是：自变量在无限接近于某一目标的变化过程中，函数值无限接近于某个常数.因此，它们有一系列的共性，下面以 $x\to x_0$ 为例给出函数极限的性质.

性质 1（极限唯一性） 若 $\lim\limits_{x\to x_0} f(x)=A$，$\lim\limits_{x\to x_0} f(x)=B$，则 $A=B$.

证 对于任意给定的 $\varepsilon>0$，因为 $\lim\limits_{x\to x_0} f(x)=A$，由极限的定义知，存在 $\delta_1>0$，当 $0<|x-x_0|<\delta_1$ 时，有 $|f(x)-A|<\dfrac{\varepsilon}{2}$.

同理，因为 $\lim\limits_{x\to x_0} f(x)=B$，由极限的定义知，存在 $\delta_2>0$，当 $0<|x-x_0|<\delta_2$ 时，有 $|f(x)-B|<\dfrac{\varepsilon}{2}$.

取 $\delta=\min\{\delta_1,\delta_2\}$，则当 $0<|x-x_0|<\delta$ 时，

$$|A-B|=|[A-f(x)]+[f(x)-B]|\leqslant|f(x)-A|+|f(x)-B|<\frac{\varepsilon}{2}+\frac{\varepsilon}{2}=\varepsilon.$$

由 ε 的任意性，可得 $A=B$.

性质 2（局部有界性） 若 $\lim\limits_{x\to x_0} f(x)=A$，则存在常数 $M>0$ 和 $\delta>0$，使得当 $0<$

$|x-x_0|<\delta$ 时，有 $|f(x)|\leqslant M$.

证 取 $\varepsilon=1$.因为 $\lim\limits_{x\to x_0}f(x)=A$，故存在 $\delta>0$，当 $0<|x-x_0|<\delta$ 时，

$$|f(x)-A|<\varepsilon=1.$$

从而，当 $0<|x-x_0|<\delta$ 时，有

$$|f(x)|=|f(x)-A+A|\leqslant|f(x)-A|+|A|<1+|A|.$$

记 $M=1+|A|$，则有 $|f(x)|\leqslant M$.

性质 3（局部保号性） 若 $\lim\limits_{x\to x_0}f(x)=A$ 且 $A>0$（或 $A<0$），则存在常数 $\delta>0$，使得当 $0<|x-x_0|<\delta$ 时，$f(x)>\dfrac{A}{2}>0$（或 $f(x)<\dfrac{A}{2}<0$）.

证 对 $A>0$ 的情形证明.

因为 $\lim\limits_{x\to x_0}f(x)=A>0$，取 $\varepsilon=\dfrac{A}{2}$，存在 $\delta>0$，当 $0<|x-x_0|<\delta$ 时，有

$$|f(x)-A|<\varepsilon=\frac{A}{2},\quad\Rightarrow\quad f(x)>A-\frac{A}{2}=\frac{A}{2}>0.$$

类似地可以证明 $A<0$ 的情形.

推论 若 $\lim\limits_{x\to x_0}f(x)=A(A\neq0)$，则存在常数 $\delta>0$，使得当 $0<|x-x_0|<\delta$ 时，$|f(x)|>\dfrac{|A|}{2}$.

性质 4（局部保序性） 若 $\lim\limits_{x\to x_0}f(x)=A$，$\lim\limits_{x\to x_0}g(x)=B$，且 $A>B$，则存在常数 $\delta>0$，使得当 $0<|x-x_0|<\delta$ 时，$f(x)>g(x)$.

证 取 $\varepsilon=\dfrac{A-B}{2}>0$.因为 $\lim\limits_{x\to x_0}f(x)=A$，所以存在 $\delta_1>0$，当 $0<|x-x_0|<\delta_1$ 时，有 $|f(x)-A|<\varepsilon$.

同理，因为 $\lim\limits_{x\to x_0}g(x)=B$，由极限的定义知，存在 $\delta_2>0$，当 $0<|x-x_0|<\delta_2$ 时，有 $|g(x)-B|<\varepsilon$.

取 $\delta=\min\{\delta_1,\delta_2\}$，则当 $0<|x-x_0|<\delta$ 时，

$$|f(x)-A|<\varepsilon=\frac{A-B}{2}\quad\Rightarrow\quad f(x)>A-\varepsilon=\frac{A+B}{2},$$

$$|g(x)-B|<\varepsilon=\frac{A-B}{2}\quad\Rightarrow\quad g(x)<B+\varepsilon=\frac{A+B}{2}.$$

所以当 $0<|x-x_0|<\delta$ 时，$f(x)>g(x)$.

推论 若 $\lim\limits_{x\to x_0}f(x)=A$，$\lim\limits_{x\to x_0}g(x)=B$，且存在常数 $\delta>0$，使得当 $0<|x-x_0|<\delta$ 时，$f(x)\geqslant g(x)$，则 $A\geqslant B$.

由性质 4，用反证法可推出该结论.

对于数列极限，以及函数极限的其他几种形式，有类似于上述 $x\to x_0$ 时极限存在所满足的类似性质.

☞ 习题 2.2

1. 观察下列函数在给定的自变量变化趋势下是否有极限，如果有极限，写出它们的

极限值：

(1)$\frac{2x}{x-1}(x\to1)$；　　(2)$\cos\frac{1}{x}(x\to0)$；

(3)$e^{\frac{1}{x}}(x\to0^-)$；　　(4)$\arctan x(x\to+\infty)$.

2. 用“$\varepsilon-\delta$”语言陈述下列极限：

(1) $\lim\limits_{x\to a^+}f(x)=A$；　　(2) $\lim\limits_{x\to-\infty}f(x)=A$.

3. 用极限定义证明下列极限：

(1)$\lim\limits_{x\to1}(2x-1)=1$；　　(2) $\lim\limits_{x\to+\infty}\frac{1}{2^x}=0$；

(3)$\lim\limits_{x\to\infty}\frac{\sin x}{x^2}=0$；　　(4)$\lim\limits_{x\to2}\frac{x^2-4}{x-2}=4$.

4. 设函数 $f(x)=\frac{|x-1|}{x-1}$.求 $\lim\limits_{x\to1^+}f(x)$与 $\lim\limits_{x\to1^-}f(x)$，并说明$\lim\limits_{x\to1}f(x)$是否存在.

5. 设函数 $f(x)=\begin{cases}\frac{1}{x-1} & x<0\\ x & 0<x<1\\ 1 & x>1\end{cases}$.问$\lim\limits_{x\to0}f(x)$与$\lim\limits_{x\to1}f(x)$是否存在？

第三节　无穷小与无穷大

在变量的变化过程中，有两类变量的变化趋势在微积分中占有重要地位：一类是变量的绝对值可以无限变小的量；另一类是变量的绝对值无限变大的量.前者为无穷小量，后者为无穷大量.

一、无穷小量

1. 无穷小量的定义

定义 1　若$\lim\limits_{x\to X}\alpha(x)=0$.则称 $\alpha(x)$是极限过程 $x\to X$ 中的**无穷小量**，简称**无穷小**.

在此，极限过程 $x\to X$ 代表 6 种极限过程 $x\to x_0^+$，$x\to x_0^-$，$x\to x_0$，$x\to-\infty$，$x\to+\infty$，$x\to\infty$中的任一种情形.

无穷小也可以用极限的严格定义进行陈述.下面仅给出 $x\to x_0$ 时无穷小概念的严格陈述，其他极限过程陈述类似.

定义 2　如果对于任意给定的 $\varepsilon>0$，存在 $\delta>0$，对于满足 $0<|x-x_0|<\delta$ 的任意 x，都有$|\alpha(x)|<\varepsilon$ 成立，则称 $\alpha(x)$为 $x\to x_0$ 时的**无穷小量**，简称为**无穷小**.

由无穷小的定义可见，数零是唯一可作为无穷小的常数.一般说来，无穷小表达的是量的变化状态，而不是量的大小.一个量不管多么小，都不能是无穷小量，如$10^{-2\,008}$虽然很小，但非无穷小，而数零是唯一例外的.简言之，无穷小量是绝对值无限变小且趋于零的量.

由基本初等函数图形，可以得到下列无穷小：

当 $x\to 0$ 时，$x^{\alpha}(\alpha>0)$，$\sin x$，$\arcsin x$，$\tan x$，$\arctan x$ 均为无穷小；

当 $x\to+\infty$时，$x^{\alpha}(\alpha<0)$，$a^{x}(0<a<1)$为无穷小；

当 $x\to 1$ 时，$\log_a x(0<a<1)$为无穷小；

2. 极限与无穷小量之间的关系

无穷小量是在有极限的变量中最简单的一类，任何极限存在的函数都可以由无穷小表述.事实上，由极限的定义，容易看出

$$\lim_{x\to X}f(x)=A \quad\Leftrightarrow\quad \lim_{x\to X}[f(x)-A]=0.$$

若记 $\alpha(x)=f(x)-A$，则 $f(x)=A+\alpha(x)$，于是有：

定理 1（极限与无穷小量之间的关系） $\lim\limits_{x\to X}f(x)=A$ 的充要条件是 $f(x)=A+\alpha(x)$，其中 $\alpha(x)$是 $x\to X$ 时的无穷小量.

证 仅对 $x\to x_0$ 的情形给出证明.

必要性 因为$\lim\limits_{x\to x_0}f(x)=A$，由极限的定义，对于任意给定的 $\varepsilon>0$，存在 $\delta>0$，当 $0<|x-x_0|<\delta$ 时，有

$$|f(x)-A|<\varepsilon, \quad 即 \quad |[f(x)-A]-0|<\varepsilon.$$

这表明 $f(x)-A$ 是无穷小，记 $f(x)-A=\alpha(x)$，则 $f(x)=A+\alpha(x)$，其中 $\alpha(x)$是 $x\to x_0$ 时的无穷小量.

充分性 设 $f(x)=A+\alpha(x)$，其中 $\alpha(x)$是 $x\to x_0$ 时的无穷小量.由无穷小的定义，对于任意给定的 $\varepsilon>0$，存在 $\delta>0$，当 $0<|x-x_0|<\delta$ 时，有

$$|\alpha(x)|=|f(x)-A|<\varepsilon.$$

由极限的定义，有 $\lim\limits_{x\to x_0}f(x)=A$.

此定理表明，对函数 $f(x)$的极限讨论可以转化为无穷小 $\alpha(x)=f(x)-A$ 上来，因此，无穷小在函数极限理论中扮演着十分重要的角色.

例 1 当 $x\to\infty$时，将函数 $f(x)=\dfrac{x+1}{x}$写成其极限值与一个无穷小量之和的形式.

解 因为$\lim\limits_{x\to\infty}f(x)=\lim\limits_{x\to\infty}\dfrac{x+1}{x}=\lim\limits_{x\to\infty}\left(1+\dfrac{1}{x}\right)=1$，而 $f(x)=\dfrac{x+1}{x}=1+\dfrac{1}{x}$中的$\dfrac{1}{x}$为$x\to\infty$时的无穷小量，所以，$f(x)=1+\dfrac{1}{x}$为所求极限值与一个无穷小量之和的形式.

3. 无穷小量的性质

定理 2 有限个无穷小的代数和是无穷小量.

证 仅对 $x\to x_0$ 时，两个无穷小的和的情形给出证明.

设 $\alpha(x)$，$\beta(x)$为 $x\to x_0$ 时的无穷小.由无穷小定义，对于任意给定的 $\varepsilon>0$，存在 $\delta_1>0$，当 $0<|x-x_0|<\delta_1$ 时，有 $|\alpha(x)|<\dfrac{\varepsilon}{2}$；存在 $\delta_2>0$，当 $0<|x-x_0|<\delta_2$ 时，有

$|\beta(x)|<\frac{\varepsilon}{2}$.

取 $\delta=\min\{\delta_1,\delta_2\}$，当 $0<|x-x_0|<\delta$ 时，有

$$|\alpha(x)+\beta(x)|\leqslant|\alpha(x)|+|\beta(x)|<\frac{\varepsilon}{2}+\frac{\varepsilon}{2}=\varepsilon.$$

所以，$\alpha(x)+\beta(x)$ 为 $x\to x_0$ 时的无穷小.

必须注意，无穷多个无穷小量的代数和未必是无穷小量，如 $n\to\infty$ 时，$\frac{1}{n^2},\frac{2}{n^2},\cdots,\frac{n}{n^2}$ 均为无穷小量，但

$$\lim_{n\to\infty}\left(\frac{1}{n^2}+\frac{2}{n^2}+\cdots+\frac{n}{n^2}\right)=\lim_{n\to\infty}\frac{n(n+1)}{2n^2}=\lim_{n\to\infty}\left(\frac{1}{2}+\frac{1}{2n}\right)=\frac{1}{2}.$$

定理 3 无穷小与有界函数的乘积是无穷小.

证 仅对 $x\to x_0$ 时，无穷小与有界函数积的情形给出证明.

设 $u(x)$ 为 $0<|x-x_0|<r$ 时的有界函数，$\alpha(x)$ 为 $x\to x_0$ 时的无穷小，则存在 $M>0$，当 $0<|x-x_0|<r$ 时，有 $|u(x)|\leqslant M$.

对于任意给定的 $\varepsilon>0$，存在 $\delta>0$，当 $0<|x-x_0|<\delta$ 时，有 $|\alpha(x)|<\frac{\varepsilon}{M}$.

取 $\delta=\min\{\delta_1,\delta_2\}$，当 $0<|x-x_0|<\delta$ 时，有

$$|u(x)\alpha(x)|\leqslant|u(x)|\cdot|\alpha(x)|<M\cdot\frac{\varepsilon}{M}=\varepsilon.$$

所以，$u(x)\alpha(x)$ 为 $x\to x_0$ 时的无穷小.

推论 1 常数与无穷小的乘积是无穷小.

推论 2 有限个无穷小的乘积仍是无穷小.

必须注意，两个无穷小之商未必是无穷小，例如：当 $x\to 0$ 时，x 与 $2x$ 皆为无穷小，但由 $\lim\limits_{x\to 0}\frac{2x}{x}=2$，$\frac{2x}{x}$ 当 $x\to 0$ 时不是无穷小.

例 2 求 $\lim\limits_{x\to 0}x\sin\frac{1}{x}$.

解 因为 $\lim\limits_{x\to 0}x=0$，所以 x 为 $x\to 0$ 时的无穷小量，又因为 $\left|\sin\frac{1}{x}\right|\leqslant 1$，所以 $\sin\frac{1}{x}$ 为有界函数，因此 $x\sin\frac{1}{x}$ 仍为 $x\to 0$ 时的无穷小量（图 2—19），于是 $\lim\limits_{x\to 0}x\sin\frac{1}{x}=0$.

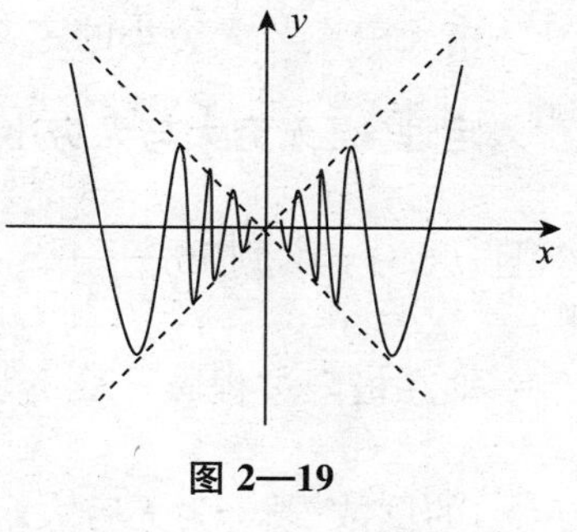

图 2—19

二、无穷大量

1. 无穷大量的定义

定义 3 若当 $x\to X$ 时，$|f(x)|$ 无限增大，则称 $f(x)$ 是极限过程 $x\to X$ 下的**无穷大量**. 简称**无穷大**，记作 $\lim\limits_{x\to X}f(x)=\infty$.

无穷大也可以用极限的严格定义进行陈述.下面仅给出 $x\to x_0$ 时无穷大概念的严格陈述,其他极限过程陈述类似.

定义 4 如果对于任意给定的 $M>0$,存在 $\delta>0$,对于满足 $0<|x-x_0|<\delta$ 的任意 x,都有 $|f(x)|>M$ 成立,则称 $f(x)$ 为 $x\to x_0$ 时的**无穷大量**,简称**无穷大**,记作 $\lim\limits_{x\to x_0}f(x)=\infty$.

类似地,在无穷大定义中,将 $|f(x)|>M$ 换成 $f(x)>M$(或 $f(x)<-M$),此时无穷大记为 $\lim\limits_{x\to X}f(x)=+\infty$(或 $\lim\limits_{x\to X}f(x)=-\infty$).

值得注意的是,无穷大量是极限不存在的一种情形,这里 $\lim\limits_{x\to X}f(x)=\infty$, $\lim\limits_{x\to X}f(x)=+\infty$, $\lim\limits_{x\to X}f(x)=-\infty$ 只是一个记号.

由基本初等函数图形,可以得到下列无穷大:

当 $x\to 0$ 时,$x^{\alpha}(\alpha<0)$ 为无穷大;

当 $x\to\dfrac{\pi}{2}$ 时,$\tan x$ 为无穷大;

当 $x\to+\infty$ 时,$a^x(a>1)$ 为无穷大,当 $x\to-\infty$ 时,$a^x(0<a<1)$ 为无穷大;

当 $x\to 0^+$ 时,$\log_a x$ 为无穷大,当 $x\to+\infty$ 时,$\log_a x$ 为无穷大.

由无穷大量的概念及其图形特征可得曲线的铅直渐近线概念.

定义 5 设 C 为常数.若当 $x\to C$ 时(有时仅当 $x\to C^{\pm}$),$y\to\infty$(或 $y\to\pm\infty$),则称直线 $x=C$ 为曲线 $y=f(x)$ 的**铅直渐近线**.

例 3 求曲线 $y=\dfrac{x^3}{x^2+2x-3}$ 的铅直渐近线.

解 由于 $y=\dfrac{x^3}{x^2+2x-3}=\dfrac{x^3}{(x+3)(x-1)}$,所以当 $x\to-3$ 和 $x\to 1$ 时,$y\to\infty$,因此,曲线 $y=\dfrac{x^3}{x^2+2x-3}$ 有两条铅直渐近线:$x=-3$ 和 $x=1$.

2. 无穷大与无穷小的关系

由无穷大与无穷小的定义,不难推断无穷大与无穷小的关系如下:

定理 4(无穷大与无穷小的关系) 若 $\lim\limits_{x\to X}f(x)=\infty$,则 $\lim\limits_{x\to X}\dfrac{1}{f(x)}=0$;反之,若 $\lim\limits_{x\to X}f(x)=0$,且 $f(x)\neq 0$,则 $\lim\limits_{x\to X}\dfrac{1}{f(x)}=\infty$.

即在极限过程 $x\to X$ 下,无穷大 $f(x)$ 的倒数 $\dfrac{1}{f(x)}$ 是无穷小;反之,恒不为零的无穷小 $f(x)$ 的倒数 $\dfrac{1}{f(x)}$ 为无穷大.

需要指出的是,在自变量的同一变化过程中,两个无穷大的和、差与商是没有确定结果的,需具体问题具体考虑.这与无穷小不同.

无穷小与微积分 无穷小量在建立微积分时具有基础性的地位,早期的微积分常称为无穷小分析.在 17 世纪下半叶微积分创立以后,微积分在解决过去无法解决的许多实际问题中显示了巨大的威力,但由于当时还没有建立起严密的极限理论,在实际应用中常常将无穷小时而变成 0，时而又说不是 0，显得很“神秘”，难以捉摸，甚至微积分的主要创立者牛顿，也难以摆脱由无穷小引起的概念上的混乱，因此，微积分的“神秘性”受到了唯心主义哲学家们的猛烈攻击，把微积分中的推导演算说成是“分明的诡辩”，嘲笑无穷小是“逝去的鬼魂”. 引起了数学史上著名的“第二次数学危机”. 为了微积分的健康发展，也为了摆脱这种危机，以及克服由于没有严格的极限理论而导致的一些混乱，许多数学家在为微积分建立严密的理论基础方面做了许多工作，关于上述无穷小量的定义就是这种努力的结果，它是数学家柯西在 1821 年给出的.

☞ 习题 2.3

1. 判断下列变量中，当 $x\to$? 时是无穷小，当 $x\to$? 时是无穷大.

(1) $y=e^{-\frac{1}{x}}$；　　(2) $y=\ln(x-2)$；

(3) $y=x\arctan x$.

2. 两个无穷小的商是否为无穷小？两个无穷大的和是否为无穷大？为什么？

3. 求下列函数的极限：

(1) $\lim\limits_{x\to 0}x\cos\dfrac{1}{x}$；　　(2) $\lim\limits_{x\to\infty}\dfrac{\arctan x}{x}$；

(3) $\lim\limits_{x\to 0}(x^2+x)\sin\dfrac{1}{x}$；　　(4) $\lim\limits_{x\to\infty}\dfrac{\sin x}{x}\sin\dfrac{1}{x}$.

4. 证明 $\lim\limits_{x\to\infty}f(x)=A$ 的充要条件是 $f(x)=A+\alpha(x)$，其中 $\alpha(x)$ 是 $x\to\infty$ 时的无穷小量.

第四节　极限的运算法则

本节介绍极限的四则运算法则和复合函数的极限运算法则，它们是极限计算的重点，使用运算法则求极限时，要注意使用的条件.

一、极限的四则运算法则

这里主要介绍函数极限的四则运算法则，所得结论对于数列极限也成立. 由于该法则对于各种自变量变化过程的函数极限都成立. 在此极限记号 lim 下未标明 x 的变化过程，表示对极限在任何相同的一个变化过程下都成立.

定理 1　设在自变量 x 的同一变化过程中，函数 $f(x)$，$g(x)$ 的极限 $\lim f(x)$ 和 $\lim g(x)$ 都存在，则有

(1) $\lim[f(x)\pm g(x)]=\lim f(x)\pm\lim g(x)$；

(2) $\lim[f(x)\cdot g(x)]=\lim f(x)\cdot\lim g(x)$，$\lim cf(x)=c\lim f(x)$（$c$ 为任意常数）；

(3) $\lim \frac{f(x)}{g(x)} = \frac{\lim f(x)}{\lim g(x)}$ $(\lim g(x) \neq 0)$，$\lim \frac{1}{g(x)} = \frac{1}{\lim g(x)}$ $(\lim g(x) \neq 0)$.

证 设 $\lim f(x) = A$，$\lim g(x) = B$. 由极限与无穷小的关系，知 $f(x) = A + \alpha$，$g(x) = B + \beta$，其中 α 与 β 为同一过程下的无穷小，于是有

(1) $f(x) \pm g(x) = (A+\alpha) \pm (B+\beta) = (A \pm B) + (\alpha \pm \beta)$.

由无穷小的性质，知 $\alpha \pm \beta$ 仍为同一过程下的无穷小，再由极限与无穷小的关系，知

$$\lim[f(x) \pm g(x)] = A \pm B = \lim f(x) \pm \lim g(x).$$

(2) $f(x) \cdot g(x) = (A+\alpha) \cdot (B+\beta) = AB + (A\beta + B\alpha + \alpha\beta)$.

由无穷小的性质知，$A\beta + B\alpha + \alpha\beta$ 仍为同一过程下的无穷小，再由极限与无穷小的关系，知

$$\lim[f(x) \cdot g(x)] = AB = \lim f(x) \cdot \lim g(x).$$

定理中(3)的证明从略.

定理中的结论(1)和(2)可以推广到有限个函数的代数和及乘积的极限情况，而且，若极限 $\lim f(x)$ 存在，则对正整数 n，有 $\lim[f(x)]^n = [\lim f(x)]^n$.

例 1 求 $\lim\limits_{x \to 2}(3x^2 - 4x + 1)$.

解 $\lim\limits_{x \to 2}(3x^2 - 4x + 1) = \lim\limits_{x \to 2} 3x^2 - \lim\limits_{x \to 2} 4x + \lim\limits_{x \to 2} 1$

$= 3\lim\limits_{x \to 2} x^2 - 4\lim\limits_{x \to 2} x + 1 = 3 \cdot 2^2 - 4 \cdot 2 + 1 = 5.$

一般地，对于多项式 $P_n(x) = a_0x^n + a_1x^{n-1} + a_2x^{n-2} + \cdots + a_n$，有

$$\lim_{x \to x_0} P_n(x) = a_0x_0^n + a_1x_0^{n-1} + a_2x_0^{n-2} + \cdots + a_n = P_n(x_0).$$

例 2 求 $\lim\limits_{x \to -1} \frac{2x^2 + x - 4}{3x^2 + 2}$.

解 因为 $\lim\limits_{x \to -1}(3x^2 + 2) = 5 \neq 0$，所以有

$$\lim_{x \to -1} \frac{2x^2 + x - 4}{3x^2 + 2} = \frac{\lim\limits_{x \to -1}(2x^2 + x - 4)}{\lim\limits_{x \to -1}(3x^2 + 2)} = -\frac{3}{5}.$$

例 3 求 $\lim\limits_{x \to 4} \frac{x^2 - 7x + 12}{x^2 - 5x + 4}$.

解 当 $x \to 4$ 时，分式的分子与分母的极限均为零，此时商的运算法则不能直接使用，当 $x \to 4$ 时，$x \neq 4$，故可约去分子与分母的公因式 $x-4$. 所以有

$$\lim_{x \to 4} \frac{x^2 - 7x + 12}{x^2 - 5x + 4} = \lim_{x \to 4} \frac{(x-3)(x-4)}{(x-1)(x-4)} = \lim_{x \to 4} \frac{x-3}{x-1} = \frac{1}{3}.$$

对于分式极限，若在同一极限过程下，分子与分母的极限都为 0，此时分式的极限可能存在也可能不存在，通常这类极限称为"$\frac{0}{0}$"型未定式.

例 4 求 $\lim\limits_{x \to \infty} \frac{2x^2 + x + 3}{3x^2 - x + 2}$.

解 对 $x \to \infty$ 时的极限，可用分子、分母中 x 的最高次幂除之，然后再求极限.

$$\lim_{x \to \infty} \frac{2x^2 + x + 3}{3x^2 - x + 2} = \lim_{x \to \infty} \frac{2 + \frac{1}{x} + \frac{3}{x^2}}{3 - \frac{1}{x} + \frac{2}{x^2}} = \frac{2}{3}.$$

用同样的方法,可得

$$\lim_{x\to\infty}\frac{a_0x^n+a_1x^{n-1}+\cdots+a_n}{b_0x^m+b_1x^{m-1}+\cdots+b_m}=\begin{cases}\infty & m<n\\ \dfrac{a_0}{b_0} & m=n.\\ 0 & m>n\end{cases}$$

对于分式极限,若在同一极限过程下,分子与分母的极限都为∞,此时分式的极限可能存在也可能不存在,通常这类极限称为“$\dfrac{\infty}{\infty}$”型未定式.

例 5 求$\lim\limits_{x\to1}\left(\dfrac{3}{1-x^3}-\dfrac{1}{1-x}\right)$.

解 当$x\to1$时,$\dfrac{3}{1-x^3}\to\infty$,$\dfrac{1}{1-x}\to\infty$,不能直接使用运算法则,可以先通分,再求极限.

$$\begin{aligned}\lim_{x\to1}\left(\frac{3}{1-x^3}-\frac{1}{1-x}\right)&=\lim_{x\to1}\frac{3-(1+x+x^2)}{(1-x)(1+x+x^2)}\\&=\lim_{x\to1}\frac{(2+x)(1-x)}{(1-x)(1+x+x^2)}\\&=\lim_{x\to1}\frac{2+x}{1+x+x^2}=1.\end{aligned}$$

在同一极限过程下,两个无穷大之差的极限可能存在也可能不存在,通常这类极限称为“$\infty-\infty$”型未定式.

例 6 求$\lim\limits_{x\to0}\dfrac{\sqrt{1+x}-1}{x}$.

解 当$x\to0$时,分子、分母的极限均为零,为$\dfrac{0}{0}$型未定式,不能直接用商的极限法则,可先对分子有理化,然后再求极限.

$$\begin{aligned}\lim_{x\to0}\frac{\sqrt{1+x}-1}{x}&=\lim_{x\to0}\frac{(\sqrt{1+x}-1)(\sqrt{1+x}+1)}{x(\sqrt{1+x}+1)}\\&=\lim_{x\to0}\frac{x}{x(\sqrt{1+x}+1)}\\&=\lim_{x\to0}\frac{1}{\sqrt{1+x}+1}=\frac{1}{2}.\end{aligned}$$

二、复合函数极限的运算法则

定理 2(复合函数极限的运算法则) 设函数$y=f(u)$与$u=\varphi(x)$的复合函数为$y=f[\varphi(x)]$.若$\lim\limits_{u\to u_0}f(u)=A$,$\lim\limits_{x\to x_0}\varphi(x)=u_0$,且在点$x_0$的某一去心邻域内$\varphi(x)\neq u_0$,则复合函数$f[\varphi(x)]$在点$x_0$处存在极限,且

$$\lim_{x\to x_0}f[\varphi(x)]=\lim_{u\to u_0}f(u)=A.$$

特别地,若$\lim\limits_{u\to u_0}f(u)=f(u_0)$,则

$$\lim_{x \to x_0} f[\varphi(x)] = f[\lim_{x \to x_0} \varphi(x)] = f(u_0).$$

复合函数极限运算法则的几点说明：

(1)如果 $f(u)$ 与 $\varphi(x)$ 满足该定理的条件，就可以经过变换 $\varphi(x)=u$ 将 $\lim_{x \to x_0} f[\varphi(x)]$ 化为 $\lim_{u \to u_0} f(u)$，即 $\lim_{x \to x_0} f[\varphi(x)] = \lim_{u \to u_0} f(u)$，这就是变量代换法；

(2)如果 $\lim_{u \to u_0} f(u) = f(u_0)$，则对于复合函数的极限 $\lim_{x \to x_0} f[\varphi(x)]$，可将函数符号与极限符号交换次序，即 $\lim_{x \to x_0} f[\varphi(x)] = f[\lim_{x \to x_0} \varphi(x)]$；

(3)在定理中，若把 $\lim_{u \to u_0} f(u) = A$ 换成 $\lim_{u \to \infty} f(u) = A$，$\lim_{x \to x_0} \varphi(x) = u_0$ 换成 $\lim_{x \to x_0} \varphi(x) = \infty$，可得类似结论.

例 7 求 $\lim_{x \to 0} \dfrac{\sqrt[3]{x+1}-1}{x}$.

解 当 $x \to 0$ 时，分子、分母的极限均为零，为 $\dfrac{0}{0}$ 型未定式，不能直接用商的极限法则.作变换，令 $\sqrt[3]{x+1}=u$，则当 $x \to 0$ 时，$u \to 1$，从而

$$\lim_{x \to 0} \frac{\sqrt[3]{x+1}-1}{x} = \lim_{u \to 1} \frac{u-1}{u^3-1} = \lim_{u \to 1} \frac{u-1}{(u-1)(u^2+u+1)} = \lim_{u \to 1} \frac{1}{u^2+u+1} = \frac{1}{3}.$$

运用极限运算法则时，必须注意运算法则的使用条件，只有满足使用条件的前提下才能使用；如果所求极限呈现 $\dfrac{0}{0}$，$\dfrac{\infty}{\infty}$，$\infty-\infty$ 等未定式，那么不能直接用极限运算法则，必须先对原式进行恒等变形(约分、通分、有理化、变量代换等)，然后再求极限.

☞ 习题 2.4

1. 求下列数列的极限：

(1) $\lim_{n \to \infty} \dfrac{(-2)^n+3^n}{(-2)^{n+1}+3^{n+1}}$；　　(2) $\lim_{n \to \infty} \dfrac{\sqrt{n+1}-\sqrt{n}}{\sqrt{n+2}-\sqrt{n}}$；

(3) $\lim_{n \to \infty} \left(\dfrac{1}{n^2}+\dfrac{2}{n^2}+\cdots+\dfrac{n-1}{n^2}\right)$；　　(4) $\lim_{n \to \infty} \left[\dfrac{1}{1 \cdot 2}+\dfrac{1}{2 \cdot 3}+\dfrac{1}{3 \cdot 4}+\cdots+\dfrac{1}{n(n+1)}\right]$.

2. 求下列函数的极限：

(1) $\lim_{x \to \infty} \dfrac{x^2+2}{2x^2-x+1}$；　　(2) $\lim_{x \to \infty} \dfrac{x^2+x}{x^3-3x^2+1}$；

(3) $\lim_{x \to +\infty} (\sqrt{x^2+x}-x)$；　　(4) $\lim_{x \to \infty} \dfrac{(2x-3)^{20}(3x+2)^{30}}{(2x+1)^{50}}$；

(5) $\lim_{x \to 1} \dfrac{x^2-2x+1}{x^2-1}$；　　(6) $\lim_{x \to \infty} \left(5+\dfrac{1}{x}-\dfrac{3}{x^2}\right)$；

(7) $\lim_{x \to 0} \dfrac{\sqrt{1+x}-\sqrt{1-x}}{x}$；　　(8) $\lim_{x \to 1} \left(\dfrac{x}{x-1}-\dfrac{2}{x^2-1}\right)$.

3. 由已知条件，确定 a,b 的值：

(1) $\lim\limits_{x\to2}\dfrac{x-2}{x^2+ax+b}=\dfrac{1}{8}$；　　(2) $\lim\limits_{x\to\infty}\left(\dfrac{x^2+1}{x+1}-ax-b\right)=0$.

4. 求下列复合函数的极限：

(1) $\lim\limits_{x\to0}\sin(2x+1)$；　　(2) $\lim\limits_{x\to1}\ln(2x^2+x-2)$；

(3) $\lim\limits_{x\to+\infty}\arcsin(\sqrt{x^2+x}-x)$；　　(4) $\lim\limits_{x\to\infty}e^{\arctan\frac{1}{x+1}}$.

第五节　极限存在准则与两个重要极限

本节介绍极限存在准则，并利用极限存在准则推出两个重要极限.利用两个重要极限求极限时，要注意使用的条件和解决问题的类型.

一、极限存在准则

定理 1（数列极限夹迫准则）　设数列 $\{x_n\}$，$\{y_n\}$ 及 $\{z_n\}$ 满足条件：

$$y_n\leqslant x_n\leqslant z_n\ (n=1,2,3,\cdots)\quad 且\quad \lim_{n\to\infty}y_n=\lim_{n\to\infty}z_n=a,$$

则 $\lim\limits_{n\to\infty}x_n=a$.

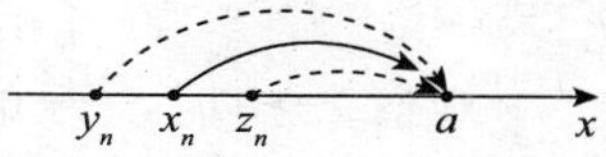

图 2—20

几何特征如图 2—20 所示.

同样，对于函数极限也有类似的夹迫准则.

定理 2（函数极限夹迫准则）　若存在 $r>0$，使得当 $0<|x-x_0|<r$ 时，有

$$g(x)\leqslant f(x)\leqslant h(x)\quad 且\quad \lim_{x\to x_0}g(x)=\lim_{x\to x_0}h(x)=A,$$

则 $\lim\limits_{x\to x_0}f(x)=A$.

从直观上看（图 2—21），该准则是显然的.当 $x\to x_0$ 时函数 $g(x)$，$h(x)$ 的值无限接近常数 A，而夹在 $g(x)$ 与 $h(x)$ 之间的 $f(x)$ 的值也必无限接近常数 A，即 $\lim\limits_{x\to x_0}f(x)=A$.

证　因为 $\lim\limits_{x\to x_0}g(x)=A$，所以，对于任意给定的 $\varepsilon>0$，存在 $\delta_1>0$，使得当 $0<|x-x_0|<\delta_1$ 时，有 $|g(x)-A|<\varepsilon$，即 $A-\varepsilon<g(x)<A+\varepsilon$.

又因为 $\lim\limits_{x\to x_0}h(x)=A$，所以存在 $\delta_2>0$，当 $0<|x-x_0|<\delta_2$ 时，有 $|g(x)-A|<\varepsilon$，即 $A-\varepsilon<h(x)<A+\varepsilon$.

取 $\delta=\min\{\delta_1,\delta_2\}$，则当 $0<|x-x_0|<\delta$ 时，有

$$A-\varepsilon<g(x)\leqslant f(x)\leqslant h(x)<A+\varepsilon.$$

所以 $\lim\limits_{x\to x_0}f(x)=A$.

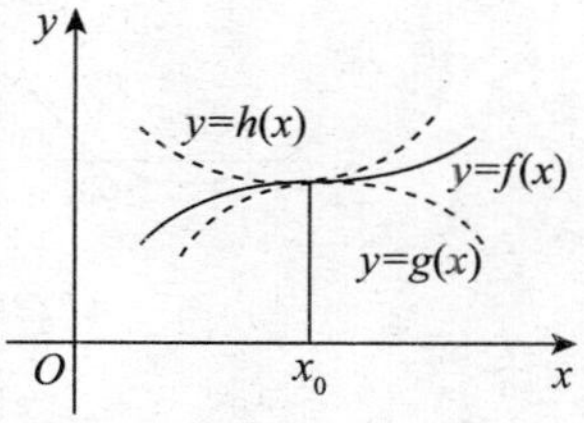

图 2—21

这里给出了函数极限夹迫准则的证明，数列极限夹迫准则的证明类似.

例 1　证明 $\lim\limits_{x\to 0}x\left[\frac{1}{x}\right]=1$.

证　当 $x\neq 0$ 时,有 $\frac{1}{x}-1<\left[\frac{1}{x}\right]\leqslant\frac{1}{x}$.

当 $x<0$ 时,有 $1-x>x\left[\frac{1}{x}\right]\geqslant 1$.因为 $\lim\limits_{x\to 0^-}(1-x)=1$,由极限夹迫准则,得

$$\lim_{x\to 0^-}x\left[\frac{1}{x}\right]=1.$$

当 $x>0$ 时,有 $1-x<x\left[\frac{1}{x}\right]\leqslant 1$.因为 $\lim\limits_{x\to 0^+}(1-x)=1$,由极限夹迫准则,得

$$\lim_{x\to 0^+}x\left[\frac{1}{x}\right]=1.$$

综上,$\lim\limits_{x\to 0}x\left[\frac{1}{x}\right]=1$.

二、两个重要极限

1. 重要极限 $\lim\limits_{x\to 0}\frac{\sin x}{x}=1$

观察 $x\to 0$ 时,$\frac{\sin x}{x}$ 的数据(表 2—5)和图形(图 2—22)的变化趋势.

表 2—7

x(rad)	-1	-0.5	-0.1	-0.01	0	0.01	0.1	0.5	1
$\frac{\sin x}{x}$	0.841 5	0.959 8	0.998	0.999	不存在	0.999	0.998	0.959 8	0.841 5

从数据表和图形可以看出 $x\to 0$ 时,$\frac{\sin x}{x}\to 1$.事实上,可以用几何方法证明该结论成立.

证　作单位圆,如图 2—23 所示.取 $\angle AOB=x$(rad)(设 $0<x<\frac{\pi}{2}$).由图 2—23 可知,对 $\triangle OAB$、扇形 OAB 和 $\triangle OAD$ 的面积,有

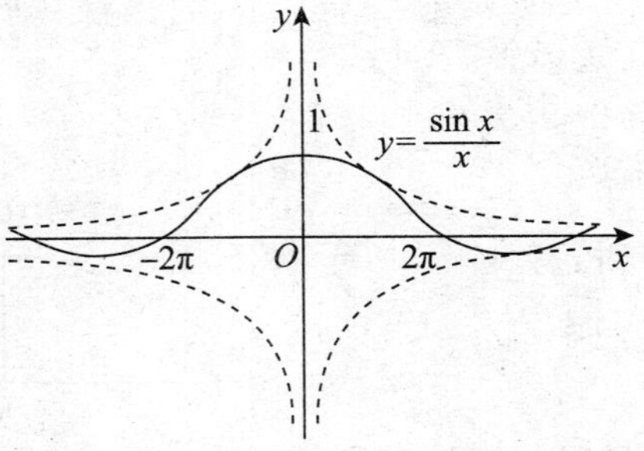

图 2—22

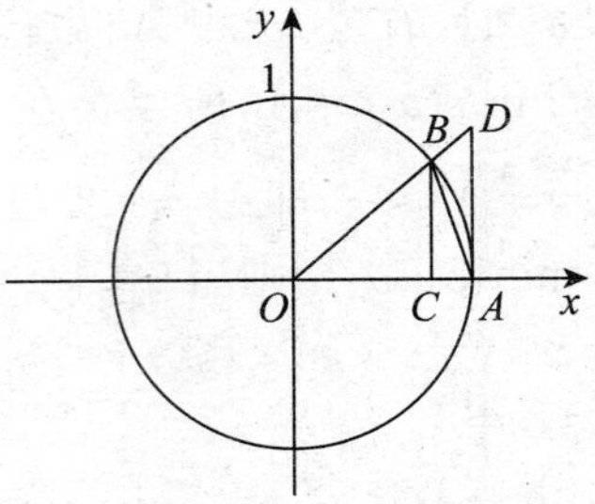

图 2—23

$$S_{\triangle OAB} < S_{扇形OAB} < S_{\triangle OAD},$$

即

$$\frac{1}{2}\sin x < \frac{1}{2}x < \frac{1}{2}\tan x.$$

由此得

$$\sin x < x < \tan x.$$

上式除以 $\sin x$，有 $\cos x < \frac{\sin x}{x} < 1$. 因此，当 $0 < x < \frac{\pi}{2}$ 时，$\cos x < \frac{\sin x}{x} < 1$. 又因为$\frac{\sin x}{x}$和 $\cos x$ 都是偶函数，所以，当$-\frac{\pi}{2} < x < 0$ 时，$\cos x < \frac{\sin x}{x} < 1$ 也成立. 又因为$\lim\limits_{x\to 0}\cos x = 1$，所以，由函数极限夹迫准则，得

$$\lim_{x\to 0}\frac{\sin x}{x} = 1.$$

该极限是微积分中的重要极限之一，后续内容中有关三角函数的一些重要公式可由该公式推得.应该熟练掌握该公式，下面对公式的使用作必要的说明.

运用极限$\lim\limits_{x\to 0}\frac{\sin x}{x} = 1$时须注意：

(1)极限所解决问题的特征：主要解决含有三角函数的$\frac{0}{0}$型极限；

(2)极限的主要变形：

$$\lim_{x\to\infty} x\sin\frac{1}{x} = 1, \quad \lim_{x\to 0}\frac{x}{\sin x} = 1, \quad \lim_{\varphi(x)\to 0}\frac{\sin\varphi(x)}{\varphi(x)} = 1;$$

(3)在用重要极限求极限时，常常需要通过三角恒等式将函数变形成公式形式.

例 2 求 $\lim\limits_{x\to 0}\frac{\sin 3x}{\sin 4x}$.

解 $\lim\limits_{x\to 0}\frac{\sin 3x}{\sin 4x} = \lim\limits_{x\to 0}\left(\frac{\sin 3x}{3x}\cdot\frac{4x}{\sin 4x}\cdot\frac{3x}{4x}\right) = \frac{3}{4}\lim\limits_{x\to 0}\frac{\sin 3x}{3x}\cdot\lim\limits_{x\to 0}\frac{4x}{\sin 4x} = \frac{3}{4}$.

例 3 求 $\lim\limits_{x\to 0}\frac{1-\cos x}{x^2}$.

解 $\lim\limits_{x\to 0}\frac{1-\cos x}{x^2} = \lim\limits_{x\to 0}\frac{2\sin^2\frac{x}{2}}{x^2} = \frac{1}{2}\left(\lim\limits_{x\to 0}\frac{\sin\frac{x}{2}}{\frac{x}{2}}\right)^2 = \frac{1}{2}$.

例 4 求 $\lim\limits_{x\to 0}\frac{\arctan x}{x}$.

解 令 $\arctan x = t$，则 $x = \tan t$. 当 $x\to 0$ 时，有 $t\to 0$. 由复合函数的极限运算法则，得

$$\lim_{x\to 0}\frac{\arctan x}{x} = \lim_{t\to 0}\frac{t}{\tan t} = \lim_{t\to 0}\left(\frac{t}{\sin t}\cdot\cos t\right) = \lim_{t\to 0}\frac{t}{\sin t}\cdot\lim_{t\to 0}\cos t = 1.$$

2. 重要极限 $\lim\limits_{x\to\infty}\left(1+\dfrac{1}{x}\right)^x=e$

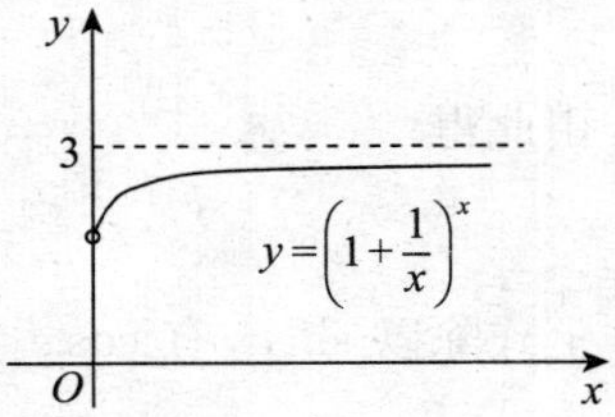

图 2—24

在本章第一节中，已经证明了数列极限 $\lim\limits_{n\to\infty}\left(1+\dfrac{1}{n}\right)^n=e$.对于变量 x 而言，有类似极限 $\lim\limits_{x\to\infty}\left(1+\dfrac{1}{x}\right)^x=e$（图 2—24）.通过该极限可以得到许多重要的数学模型，如物体的冷却模型、放射元素的衰变模型、人口增长模型等.下面通过夹迫定理证明该极限.

证 先证明 $\lim\limits_{x\to+\infty}\left(1+\dfrac{1}{x}\right)^x=e$.

对任何正实数 x，有 $[x]\leqslant x<[x]+1$.记 $[x]=n$，则 $n\leqslant x<n+1$，且有

$$\left(1+\frac{1}{n+1}\right)^n<\left(1+\frac{1}{x}\right)^x<\left(1+\frac{1}{n}\right)^{n+1}.$$

因为

$$\lim_{n\to\infty}\left(1+\frac{1}{n+1}\right)^n=\lim_{n\to\infty}\left[\left(1+\frac{1}{n+1}\right)^{n+1}\cdot\left(1+\frac{1}{n+1}\right)^{-1}\right]=e,$$

$$\lim_{n\to\infty}\left(1+\frac{1}{n}\right)^{n+1}=\lim_{n\to\infty}\left[\left(1+\frac{1}{n}\right)^n\cdot\left(1+\frac{1}{n}\right)\right]=e,$$

当 $x\to+\infty$ 时，有 $n\to+\infty$，由极限夹迫准则，得

$$\lim_{x\to+\infty}\left(1+\frac{1}{x}\right)^x=e.$$

当 $x\to-\infty$ 时，令 $x=-y$，则当 $x\to-\infty$ 时，$y\to+\infty$，从而

$$\left(1+\frac{1}{x}\right)^x=\left(1-\frac{1}{y}\right)^{-y}=\left(\frac{y-1}{y}\right)^{-y}=\left(\frac{y}{y-1}\right)^y=\left(1+\frac{1}{y-1}\right)^{y-1}\cdot\left(1+\frac{1}{y-1}\right).$$

则有

$$\lim_{x\to-\infty}\left(1+\frac{1}{x}\right)^x=\lim_{y\to+\infty}\left(1+\frac{1}{y-1}\right)^{y-1}\lim_{y\to+\infty}\left(1+\frac{1}{y-1}\right)=e.$$

所以 $\lim\limits_{x\to\infty}\left(1+\dfrac{1}{x}\right)^x=e$.

该极限也是微积分中的重要极限之一，后续内容中有关指数函数与对数函数的一些重要公式可由该公式推得.下面对公式的使用作必要的说明.

运用极限 $\lim\limits_{x\to\infty}\left(1+\dfrac{1}{x}\right)^x=e$ 时须注意：

(1)极限所解决问题的特征：该重要极限主要解决幂指函数 $f(x)^{g(x)}$（$f(x)>0$）的极限.其特征是同一极限过程下，$f(x)\to1$，$g(x)\to\infty$，这类极限称为的 1^∞ 型未定式；

(2)极限的主要变形：

$$\lim_{x\to\infty}\left(1+\frac{1}{x}\right)^x=e,\quad \lim_{x\to0}(1+x)^{\frac{1}{x}}=e,\quad \lim_{\varphi(x)\to\infty}\left(1+\frac{1}{\varphi(x)}\right)^{\varphi(x)}=e;$$

(3)在用重要极限求极限时，常常需要通过指数运算将函数变形成极限形式.

例 5 求 $\lim\limits_{x\to\infty}\left(1+\dfrac{3}{x}\right)^{2x}$.

解 所求极限类型是 1^∞ 型.令 $\frac{x}{3}=u$,则 $x=3u$.当 $x\to\infty$时,有 $u\to\infty$,所以

$$\lim_{x\to\infty}\left(1+\frac{3}{x}\right)^{2x}=\lim_{u\to\infty}\left(1+\frac{1}{u}\right)^{6u}=\left[\lim_{u\to\infty}\left(1+\frac{1}{u}\right)^{u}\right]^{6}=\mathrm{e}^{6}.$$

此题也可以由复合函数极限法则,按下面过程求解:

$$\lim_{x\to\infty}\left(1+\frac{3}{x}\right)^{2x}=\lim_{x\to\infty}\left[\left(1+\frac{3}{x}\right)^{\frac{x}{3}}\right]^{6}=\left[\lim_{x\to\infty}\left(1+\frac{3}{x}\right)^{\frac{x}{3}}\right]^{6}=\mathrm{e}^{6}.$$

例 6 求 $\lim\limits_{x\to\infty}\left(\frac{2-x}{3-x}\right)^{x}$.

解 **方法一** 所求极限类型是 1^∞ 型.令 $\frac{2-x}{3-x}=1+\frac{1}{u}$,解得 $x=u+3$.于是

$$\lim_{x\to\infty}\left(\frac{2-x}{3-x}\right)^{x}=\lim_{u\to\infty}\left(1+\frac{1}{u}\right)^{u+3}=\lim_{u\to\infty}\left(1+\frac{1}{u}\right)^{u}\cdot\lim_{u\to\infty}\left(1+\frac{1}{u}\right)^{3}=\mathrm{e}.$$

方法二
$$\lim_{x\to\infty}\left(\frac{2-x}{3-x}\right)^{x}=\lim_{x\to\infty}\left(1-\frac{1}{3-x}\right)^{x}=\lim_{x\to\infty}\left(1-\frac{1}{3-x}\right)^{-(3-x)}\cdot\left(1-\frac{1}{3-x}\right)^{3}$$
$$=\lim_{x\to\infty}\left(1-\frac{1}{3-x}\right)^{-(3-x)}\cdot\lim_{x\to\infty}\left(1-\frac{1}{3-x}\right)^{3}=\mathrm{e}.$$

方法三
$$\lim_{x\to\infty}\left(\frac{2-x}{3-x}\right)^{x}=\lim_{x\to\infty}\left(\frac{1-\frac{2}{x}}{1-\frac{3}{x}}\right)^{x}=\lim_{x\to\infty}\frac{\left(1-\frac{2}{x}\right)^{x}}{\left(1-\frac{3}{x}\right)^{x}}=\frac{\lim\limits_{x\to\infty}\left[\left(1-\frac{2}{x}\right)^{-\frac{x}{2}}\right]^{-2}}{\lim\limits_{x\to\infty}\left[\left(1-\frac{3}{x}\right)^{-\frac{x}{3}}\right]^{-3}}=\mathrm{e}.$$

例 7 求下列极限:

(1) $\lim\limits_{x\to 0}\frac{\log_a(1+x)}{x}\ (a>0,a\neq 1)$; (2) $\lim\limits_{x\to 0}\frac{a^x-1}{x}\ (a>0,a\neq 1)$.

解 由复合函数极限法则,有

(1) $\lim\limits_{x\to 0}\frac{\log_a(1+x)}{x}=\lim\limits_{x\to 0}\log_a(1+x)^{\frac{1}{x}}=\log_a[\lim\limits_{x\to 0}(1+x)^{\frac{1}{x}}]=\log_a \mathrm{e}=\frac{1}{\ln a}$.

(2)令 $u=a^x-1$,则 $x=\log_a(1+u)$.当 $x\to 0$ 时,有 $u\to 0$,于是

$$\lim_{x\to 0}\frac{a^x-1}{x}=\lim_{u\to 0}\frac{u}{\log_a(1+u)}=\ln a.$$

特别地,$\lim\limits_{x\to 0}\frac{\ln(1+x)}{x}=1$,$\lim\limits_{x\to 0}\frac{\mathrm{e}^x-1}{x}=1$.此例的结论可以作为公式引用.

例 8 证明 $\lim\limits_{x\to 0}\frac{(1+x)^\alpha-1}{x}=\alpha\ (\alpha\in\mathbf{R})$.

证 令 $(1+x)^\alpha-1=t$,则 $\alpha\ln(1+x)=\ln(1+t)$,且当 $x\to 0$ 时,$t\to 0$,于是

$$\lim_{x\to 0}\frac{(1+x)^\alpha-1}{x}=\lim_{x\to 0}\left[\frac{(1+x)^\alpha-1}{\ln(1+x)}\cdot\frac{\ln(1+x)}{x}\right]$$
$$=\lim_{x\to 0}\frac{(1+x)^\alpha-1}{\ln(1+x)}=\lim_{t\to 0}\frac{\alpha t}{\ln(1+t)}=\alpha.$$

☞习题 2.5

1. 用夹逼准则求下列极限：

(1)设 $x_n=\frac{1}{\sqrt{n^2+1}}+\frac{1}{\sqrt{n^2+2}}+\cdots+\frac{1}{\sqrt{n^2+n}}$，求极限 $\lim\limits_{n\to\infty}x_n$；

(2)设 $x_n=\frac{1}{n^2+1}+\frac{2}{n^2+2}+\cdots+\frac{n}{n^2+n}$，求极限 $\lim\limits_{n\to\infty}x_n$.

2. 求下列极限：

(1) $\lim\limits_{x\to 0}\frac{\sin 2x}{\tan 3x}$；　　(2) $\lim\limits_{x\to 0}\frac{\sin\sin x}{x}$；

(3) $\lim\limits_{x\to 0}\frac{1-\cos 2x}{x\sin x}$；　　(4) $\lim\limits_{x\to 0}\frac{\sqrt{1-\cos x^2}}{1-\cos x}$；

(5) $\lim\limits_{x\to 0}\frac{1-\sqrt{1+x^2}}{\tan^2 x}$；　　(6) $\lim\limits_{x\to a}\frac{\sin x-\sin a}{x-a}$；

(7) $\lim\limits_{x\to 0}\frac{\tan x-\sin x}{x}$；　　(8) $\lim\limits_{x\to 0}\frac{x-2\sin x}{x+2\sin x}$.

3. 求下列极限：

(1) $\lim\limits_{x\to\infty}\left(1-\frac{2}{x}\right)^{\frac{x}{2}-1}$；　　(2) $\lim\limits_{x\to\infty}\left(\frac{x-2}{x+2}\right)^{2x}$；

(3) $\lim\limits_{x\to\infty}\left(\frac{x^2}{x^2-1}\right)^{x}$；　　(4) $\lim\limits_{x\to+\infty}\left(1-\frac{1}{x}\right)^{\sqrt{x}}$；

(5) $\lim\limits_{x\to 2}\left(\frac{x}{2}\right)^{\frac{2}{x-2}}$；　　(6) $\lim\limits_{x\to 0}(\cos x)^{\frac{1}{1-\cos x}}$.

4. 设函数 $f(x)=\begin{cases}\frac{\sin ax}{x} & x>0\\ ax+2 & x<0\end{cases}$ 在 $x=0$ 处有极限.求 $f(-2)$.

5. 已知极限 $\lim\limits_{x\to 1}\frac{x^2+ax+b}{\sin(x^2-1)}=3$.试确定 a，b 的值.

6. 设圆的半径为 R，作圆的内接正 n 边形.求证：

(1)圆的内接正 n 边形的面积 $A_n=\frac{nR^2}{2}\sin\frac{2\pi}{n}$；　　(2)圆面积为 πR^2.

第六节　无穷小的比较

无穷小量作为一种特殊的极限形式，在微积分中起着重要作用，但在同一极限过程下，随着 x 的变化，无穷小量接近零的程度却有明显的差异.为了反映这些差异，引入无穷小的比较.

一、无穷小的比较

例 1 当 $x \to 0^+$ 时，x^2 和 $\sin x$ 都是无穷小.观察表 2—8 与图 2—25 中 x，x^2 和 $\sin x$ 的变化趋势.

表 2—8

x	0.5	0.1	0.05	0.01	0.005	0.001	$\to 0$
x^2	0.250	0.010	0.002 5	0.000 1	0.000 025	0.000 001	$\to 0$
$\sin x$	0.479 4	0.099 8	0.049 9	0.009 9	0.004 99	0.001 0	$\to 0$

从表 2—6 和图 2—25 中可以看出，随着 x 的变化，这些无穷小量接近零的程度存在一定的差异.通俗地讲，x 与 $\sin x$ 在同一个“级别”上，而 x^2 比 x 与 $\sin x$ 在高一个“级别”上，这些差异可以通过两个无穷小商的极限反映出来：

$$\lim_{x \to 0^+} \frac{x^2}{x} = 0, \quad \lim_{x \to 0^+} \frac{x}{x^2} = \infty, \quad \lim_{x \to 0^+} \frac{\sin x}{x} = 1.$$

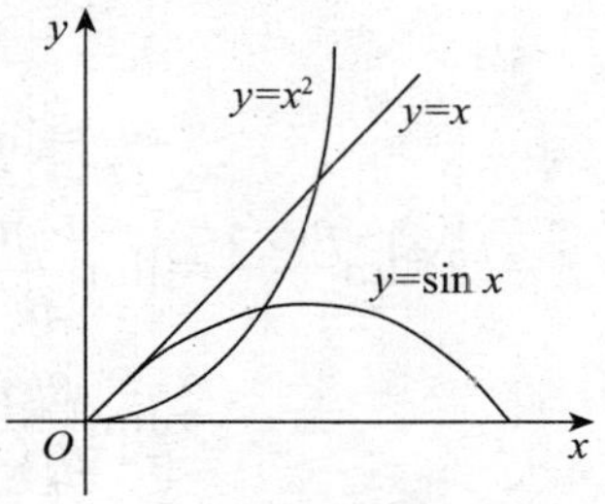

图 2—25

由此，我们引入无穷小量阶的概念.

定义 1 设某一极限过程 $x \to X$ 下，$\alpha(x)$ 与 $\beta(x)$ 都是无穷小，且 $\alpha(x) \neq 0$.

(1) 若 $\lim\limits_{x \to X} \dfrac{\beta(x)}{\alpha(x)} = 0$，则称 $\beta(x)$ 是比 $\alpha(x)$ 高阶的无穷小（此时，也称 $\alpha(x)$ 是比 $\beta(x)$ 低阶的无穷小），记为 $\beta(x) = o[\alpha(x)]$；

(2) 若 $\lim\limits_{x \to X} \dfrac{\beta(x)}{\alpha(x)} = C \ (C \neq 0)$，则称 $\alpha(x)$ 与 $\beta(x)$ 是同阶无穷小；

(3) 若 $\lim\limits_{x \to X} \dfrac{\beta(x)}{\alpha(x)} = 1$，则称 $\alpha(x)$ 与 $\beta(x)$ 是等价无穷小，记为 $\alpha(x) \sim \beta(x)$.

例如，因为 $\lim\limits_{x \to 0} \dfrac{\sin x}{x} = 1$，所以 $\sin x \sim x \ (x \to 0)$；

因为 $\lim\limits_{x \to 0} \dfrac{\sin^2 x}{x} = \lim\limits_{x \to 0} \dfrac{\sin x}{x} \cdot \sin x = \lim\limits_{x \to 0} \dfrac{\sin x}{x} \cdot \lim\limits_{x \to 0} \sin x = 0$，所以 $\sin^2 x = o(x) \ (x \to 0)$.

二、等价无穷小的性质

定理 1 在某一极限过程 $x \to X$ 下，$\alpha(x)$ 与 $\beta(x)$ 是等价无穷小的充要条件是 $\beta(x) = \alpha(x) + o(\alpha)$.

证 因为 $\alpha(x) \sim \beta(x)$，即 $\lim\limits_{x \to X} \dfrac{\beta(x)}{\alpha(x)} = 1$，由极限与无穷小之间的关系，知

$$\lim_{x \to X} \frac{\beta(x)}{\alpha(x)} = 1 \quad \Leftrightarrow \quad \frac{\beta(x)}{\alpha(x)} = 1 + \gamma(x) \quad \Leftrightarrow \quad \beta(x) = \alpha(x) + \alpha(x)\gamma(x),$$

其中 $\lim\limits_{x \to X} \gamma(x) = 0$，$\lim\limits_{x \to X} \dfrac{\alpha(x)\gamma(x)}{\alpha(x)} = 0$，即 $\alpha(x)\gamma(x) = o(\alpha) \ (x \to 0)$.所以，$\alpha(x) \sim \beta(x) \ (x \to X)$

的充要条件是 $\beta(x)=\alpha(x)+o(\alpha)$.

等价无穷小在求两个无穷小之比的极限时有重要作用,对此,有如下定理.

定理 2(等价代换定理) 设 $\alpha(x),\alpha_1(x),\beta(x),\beta_1(x)$ 是同一极限过程 $x\to X$ 下的无穷小,且 $\alpha(x)\sim\alpha_1(x),\beta(x)\sim\beta_1(x)$.

(1)若 $\lim\limits_{x\to X}\alpha_1(x)\beta_1(x)=A$,则 $\lim\limits_{x\to X}\alpha(x)\beta(x)=\lim\limits_{x\to X}\alpha_1(x)\beta_1(x)=A$;

(2)若 $\lim\limits_{x\to X}\dfrac{\beta_1(x)}{\alpha_1(x)}=A$,则 $\lim\limits_{x\to X}\dfrac{\beta(x)}{\alpha(x)}=\lim\limits_{x\to X}\dfrac{\beta_1(x)}{\alpha_1(x)}=A$.

证 由 $x\to X$ 时,$\alpha(x)\sim\alpha_1(x),\beta(x)\sim\beta_1(x)$,知

$$
\begin{aligned}
(1)\lim_{x\to X}\alpha(x)\beta(x)&=\lim_{x\to X}\left[\frac{\alpha(x)}{\alpha_1(x)}\cdot\alpha_1(x)\beta_1(x)\cdot\frac{\beta(x)}{\beta_1(x)}\right]\\
&=\lim_{x\to X}\frac{\alpha(x)}{\alpha_1(x)}\cdot\lim_{x\to X}\alpha_1(x)\beta_1(x)\cdot\lim_{x\to X}\frac{\beta(x)}{\beta_1(x)}\\
&=\lim_{x\to X}\alpha_1(x)\beta_1(x).
\end{aligned}
$$

$$
\begin{aligned}
(2)\lim_{x\to X}\frac{\beta(x)}{\alpha(x)}&=\lim_{x\to X}\left[\frac{\beta(x)}{\beta_1(x)}\cdot\frac{\beta_1(x)}{\alpha_1(x)}\cdot\frac{\alpha_1(x)}{\alpha(x)}\right]\\
&=\lim_{x\to X}\frac{\beta(x)}{\beta_1(x)}\cdot\lim_{x\to X}\frac{\beta_1(x)}{\alpha_1(x)}\cdot\lim_{x\to X}\frac{\alpha_1(x)}{\alpha(x)}\\
&=\lim_{x\to X}\frac{\beta_1(x)}{\alpha_1(x)}=A.
\end{aligned}
$$

此定理说明,求两个无穷小乘、除的极限时,可以用等价无穷小代换,以简化极限的计算,但须注意在求两个无穷小和、差的极限时,不宜使用等价无穷小代换,常用的无穷小代换如下($x\to0$):

(1)$\sin x\sim x,\tan x\sim x,\arcsin x\sim x,\arctan x\sim x,1-\cos x\sim\dfrac{x^2}{2}$;

(2)$\ln(1+x)\sim x,e^x-1\sim x,a^x-1\sim x\ln a(a>0,a\neq1)$;

(3)$(1+x)^\alpha-1\sim\alpha x,\sqrt{1+x}-1\sim\dfrac{1}{2}x,(1+x)^{\frac{1}{n}}-1\sim\dfrac{x}{n}$.

注 在上述各式中将变量 x 改为 $\varphi(x)(\varphi(x)\to0)$ 也有类似结论.

例 2 求 $\lim\limits_{x\to0}\dfrac{\tan2x}{\sin5x}$.

解 当 $x\to0$ 时,$\tan2x\sim2x,\sin5x\sim5x$,所以

$$\lim_{x\to0}\frac{\tan2x}{\sin5x}=\lim_{x\to0}\frac{2x}{5x}=\frac{2}{5}.$$

例 3 求 $\lim\limits_{x\to0}\dfrac{\ln(1+x)}{\sqrt{1+x}-1}$.

解 当 $x\to0$ 时,$\ln(1+x)\sim x,\sqrt{1+x}-1\sim\dfrac{1}{2}x$,所以

$$\lim_{x\to0}\frac{\ln(1+x)}{\sqrt{1+x}-1}=\lim_{x\to0}\frac{x}{\frac{x}{2}}=2.$$

例 4 求$\lim\limits_{x\to 0}\dfrac{\ln(1+xe^x)}{\tan 2x}$.

解 当$x\to 0$时，$\ln(1+xe^x)\sim xe^x$，$\tan 2x\sim 2x$，所以

$$\lim_{x\to 0}\frac{\ln(1+xe^x)}{\tan 2x}=\lim_{x\to 0}\frac{xe^x}{2x}=\frac{1}{2}.$$

例 5 求$\lim\limits_{x\to 0}\dfrac{\tan x-\sin x}{x^3}$.

解 当$x\to 0$时，$\tan x\sim x$，$1-\cos x\sim\dfrac{1}{2}x^2$，所以

$$\lim_{x\to 0}\frac{\tan x-\sin x}{x^3}=\lim_{x\to 0}\frac{\tan x(1-\cos x)}{x^3}=\lim_{x\to 0}\frac{x\cdot\frac{1}{2}x^2}{x^3}=\frac{1}{2}.$$

这里需要注意的是，等价代换是对分子或分母的整体替换(或对分子、分母的因式进行替换)，而对分子或分母中“+”、“−”号连接的各部分不能分别作替换.

例如，上例中$\lim\limits_{x\to 0}\dfrac{\tan x-\sin x}{x^3}$，若$\tan x$与$\sin x$分别用其等价无穷小$x$替换，则有错解

$$\lim_{x\to 0}\frac{\tan x-\sin x}{x^3}=\lim_{x\to 0}\frac{x-x}{x^3}=0.$$

前面内容介绍了极限的定义、性质、法则、公式等.常用的求极限方法有：利用极限定义和性质求极限，利用运算法则求极限，利用重要极限求极限，利用无穷小性质与等价无穷小等价代换求极限等.在求极限时，需要根据问题的特征，灵活选用计算方法，同时注意各种方法的结合使用.

在极限计算中，主要以确定未定式极限为主，常见的未定式主要有：由函数商的运算形成的$\dfrac{0}{0}$，$\dfrac{\infty}{\infty}$未定式；由函数和、差、乘积运算形成的$\infty-\infty$，$0\cdot\infty$型未定式；由幂指函数形成的1^∞，0^0，∞^0型未定式.关于未定式的极限在后续内容中还要进一步讨论.

☞ 习题 2.6

1. 当$x\to 0$时，x^2-2x与$x\sin x$相比，哪一个是高阶无穷小？

2. 当$x\to 0$时，证明：

(1)$\sqrt{1+x^2}-\sqrt{1-x^2}\sim x^2$；　　(2)$\sec^2 x-1\sim x^2$.

3. 用等价无穷小代换，求下列极限：

(1)$\lim\limits_{x\to 0}\dfrac{1-\cos x}{\sin x\tan x}$；　　(2)$\lim\limits_{x\to 0}\dfrac{\ln(1-x^2)}{e^{x^2}-1}$；

(3)$\lim\limits_{x\to 0}\dfrac{\sin 2x\cdot(e^x-1)}{\tan x^2}$；　　(4)$\lim\limits_{x\to 0}\dfrac{\tan x-\sin x}{\sin^3 x}$；

(5)$\lim\limits_{x\to 1}\dfrac{\arcsin(1-x)}{\ln x}$；　　(6)$\lim\limits_{x\to 0}\dfrac{\sqrt{1+x\sin x}-1}{x\tan x}$.

第七节　函数的连续性

函数的连续性概念是微积分的基本概念之一，连续性是自然界中各种物态连续变化的数学体现.自然界中的许多现象，如气温的变化、动植物的生长等都是随时间变化而连续变化的.

一、连续与间断的直观描述

为了给出连续现象的数学描述，我们从实际问题和几何特征上对连续和间断现象进行分析.

例 1　自由落体运动的物体，其路程随时间的变化关系为 $s=\frac{1}{2}gt^2$，其中 $g\approx 9.81\ \mathrm{m/s^2}$ 是重力加速度.

从其物理特征和函数图形我们看到，当时间变化很小时，路程的变化是很微小的，即随着时间 t 的变化，路程 s 是连续渐变的(图 2—26).

例 2　火箭的发射过程中，火箭的质量是随时间变化的函数：$m=m(t)$.当第一级火箭燃料燃尽时，不妨设 $t=t_0$，该级火箭自然脱落，在此瞬间火箭的质量有一个明显的突变，反映在函数图形上，函数 $m=m(t)$ 在 $t=t_0$ 处产生一个跳跃变化，这就是间断现象(图 2—27).

平面连续曲线反映在图形上就是平面上一条一笔画出的曲线.如果不能一笔画出该曲线，则该曲线一定在某处断开，该曲线就是我们通常说的间断曲线.间断与连续是矛盾对立的两方面，在此通过对函数曲线特征的分析，阐明连续与间断的数量特征.

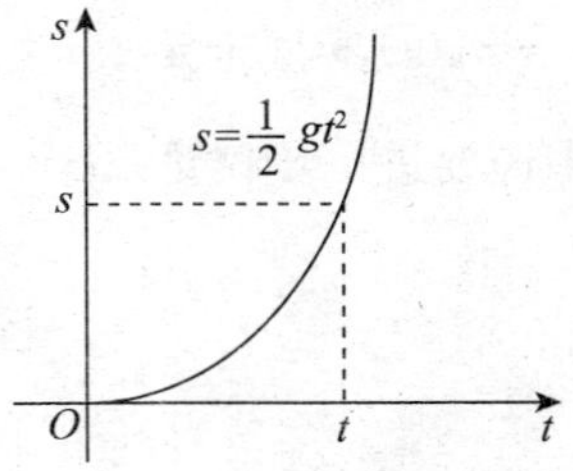

图 2—26

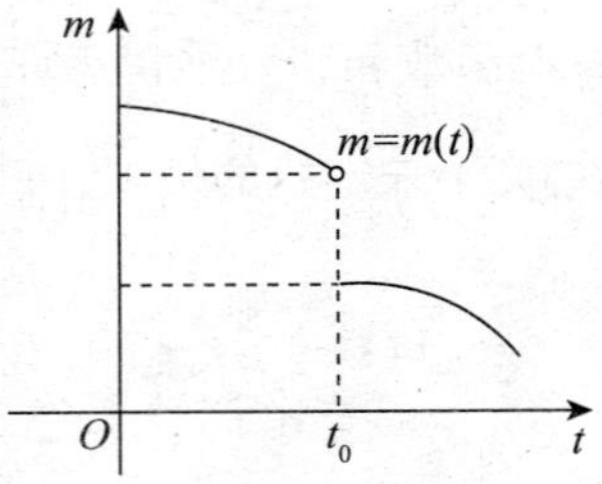

图 2—27

观察表 2—9 中曲线在间断点与连续点处极限的变化情况.

表 2—9

间断函数图形		连续函数图形
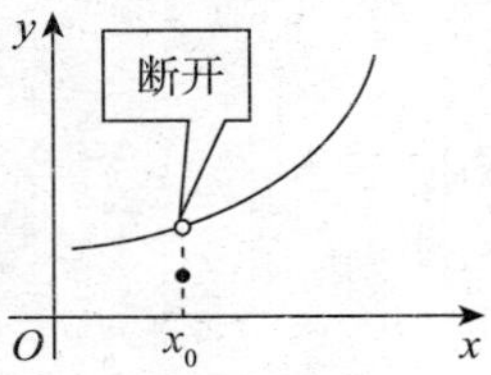	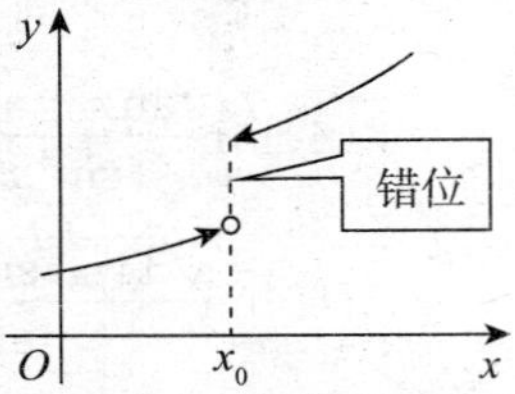	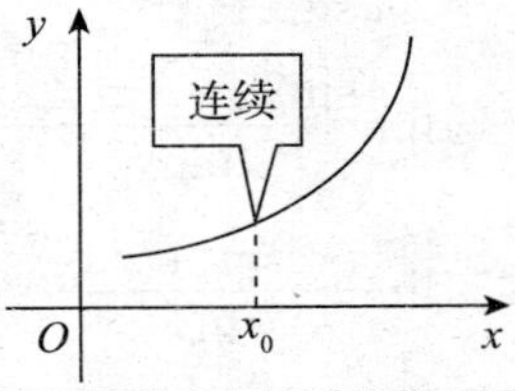
$\lim\limits_{x\to x_0} f(x)\neq f(x_0)$	$\lim\limits_{x\to x_0^+} f(x)\neq \lim\limits_{x\to x_0^-} f(x)$	$\lim\limits_{x\to x_0} f(x)=f(x_0)$

通过表 2—9 中图形与极限关系可以概括出函数连续与间断的定义.

二、函数连续与间断的概念

1. 函数连续的概念

定义 1 设函数 $y=f(x)$ 在点 x_0 的某邻域内有定义.若 $\lim\limits_{x\to x_0}f(x)=f(x_0)$，则称函数 $f(x)$ 在点 x_0 处**连续**，x_0 称为**连续点**.

由函数连续的定义可知，函数 $f(x)$ 在点 x_0 处连续，必须同时满足以下三个条件：

(1) $f(x)$ 在点 x_0 有定义；(2) $\lim\limits_{x\to x_0}f(x)$ 存在；(3) 极限值等于函数值，即 $\lim\limits_{x\to x_0}f(x)=f(x_0)$.

如果在连续性的定义中，令 $\Delta x=x-x_0$，则可得连续的另一等价定义.

定义 2 设函数 $y=f(x)$ 在点 x_0 的某邻域内有定义.当自变量 x 由 x_0 变到 $x_0+\Delta x$ 时，函数改变量 $\Delta y=f(x_0+\Delta x)-f(x_0)$.若 $\lim\limits_{\Delta x\to 0}\Delta y=0$，则称函数 $f(x)$ 在点 x_0 处**连续**，x_0 称为**连续点**.

由于函数连续是由极限来定义的，按照单侧极限概念，可以得到单侧连续概念.

定义 3 若函数 $y=f(x)$ 在 $(x_0-\delta,x_0]$ 内有定义，且 $\lim\limits_{x\to x_0^-}f(x)=f(x_0)$，则称函数 $f(x)$ 在点 x_0 处**左连续**.若函数 $y=f(x)$ 在 $[x_0,x_0+\delta)$ 内有定义，且 $\lim\limits_{x\to x_0^+}f(x)=f(x_0)$，则称函数 $f(x)$ 在点 x_0 处**右连续**.

定理 1 函数 $f(x)$ 在点 x_0 处连续的充要条件是，函数 $f(x)$ 在点 x_0 处既左连续又右连续，即 $\lim\limits_{x\to x_0}f(x)=f(x_0)\Leftrightarrow\lim\limits_{x\to x_0^-}f(x)=\lim\limits_{x\to x_0^+}f(x)=f(x_0)$.

例 3 设函数 $f(x)=\begin{cases}e^x & x<0\\ a+x & x\geqslant 0\end{cases}$.问当 a 为何值时，$f(x)$ 在 $x=0$ 处连续?

解 函数在 $x=0$ 处有定义，且 $f(0)=a$.因为 $\lim\limits_{x\to 0^-}f(x)=\lim\limits_{x\to 0^-}e^x=1$，$\lim\limits_{x\to 0^+}f(x)=\lim\limits_{x\to 0^+}(a+x)=a$，要使 $f(x)$ 在 $x=0$ 处连续，应满足 $\lim\limits_{x\to 0^-}f(x)=\lim\limits_{x\to 0^+}f(x)=f(0)$.即 $a=1$ 时，$f(x)$ 在 $x=0$ 处连续.

如果 $f(x)$ 在区间 (a,b) 内每一点都是连续的，就称 $f(x)$ 在区间 (a,b) 内连续.若 $f(x)$ 在 (a,b) 内连续，在 $x=a$ 处右连续，在 $x=b$ 处左连续，则称 $f(x)$ 在 $[a,b]$ 上连续.几何上看，连续函数的图形是一条连续不断的曲线.

2. 函数间断概念

如果函数 $f(x)$ 在点 x_0 处不连续，则点 x_0 就是函数 $f(x)$ 的间断点.由于函数连续需满足三个条件，因此，在函数连续条件中有一个不满足，则函数一定间断.

定义 4 若函数 $f(x)$ 在点 x_0 具备以下三个条件之一：

(1) $f(x)$ 在点 x_0 的一个邻域内无定义；

(2) $\lim\limits_{x\to x_0}f(x)$ 不存在；

(3) $\lim\limits_{x\to x_0}f(x)\neq f(x_0)$，

则称函数在点 x_0 间断.

按照函数间断点的特征，通常将函数间断点分为两大类：第一类间断点与第二类间断点.

第一类间断点 设 x_0 为 $f(x)$ 的一个间断点，如果当 $x \to x_0$ 时，$f(x)$ 的左、右极限 $\lim\limits_{x \to x_0^{\pm}} f(x)$ 都存在，则称 x_0 为 $f(x)$ 的**第一类间断点**.第一类间断点又分为可去间断点与跳跃间断点两类.

(1)**可去间断点** 当 $\lim\limits_{x \to x_0} f(x)$ 存在，但不等于 $f(x)$ 在 x_0 处的函数值或 $f(x)$ 在 x_0 处无定义，则称 x_0 为 $f(x)$ 的可去间断点.这里可去是指将函数 $f(x)$ 在 x_0 处的函数值修改为极限值 $\lim\limits_{x \to x_0} f(x)$，则函数在该点连续.

(2)**跳跃间断点** 当 $\lim\limits_{x \to x_0^-} f(x)$ 与 $\lim\limits_{x \to x_0^+} f(x)$ 均存在，但不相等，即 $\lim\limits_{x \to x_0^+} f(x) \neq \lim\limits_{x \to x_0^-} f(x)$ 时，称 x_0 为 $f(x)$ 的**跳跃间断点**.

例 4 设函数 $f(x)=\dfrac{\sin x}{x}$，则函数 $f(x)$ 在 $x=0$ 处无定义，因此间断.由于

$$\lim_{x \to 0} f(x)=\lim_{x \to 0}\frac{\sin x}{x}=1,$$

因此，$x=0$ 是函数的第一类间断点，且为可去间断点.若补充定义使 $f(0)=1$，则函数在 $x=0$ 处连续.

例 5 设 $f(x)=\begin{cases} x^2 & x \leqslant 1 \\ x+1 & x>1 \end{cases}$.讨论 $f(x)$ 在 $x=1$ 处的连续性.

解 如图 2—28 所示，函数在 $x=1$ 处有定义且 $f(1)=1$，$\lim\limits_{x \to 1^-} f(x)=\lim\limits_{x \to 1^-} x^2=1$，$\lim\limits_{x \to 1^+} f(x)=\lim\limits_{x \to 1^+}(x+1)=2$.所以，$\lim\limits_{x \to 1} f(x)$ 不存在.因此，$x=1$ 是函数 $f(x)$ 的第一类间断点，且为跳跃间断点.

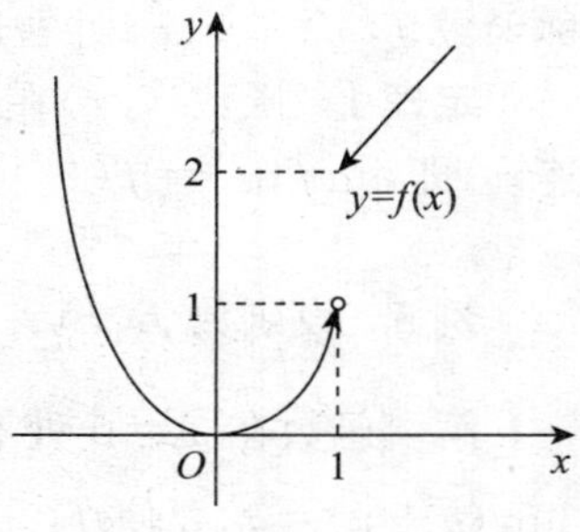

图 2—28

第二类间断点 如果当 $x \to x_0$ 时，$f(x)$ 的左、右极限 $\lim\limits_{x \to x_0^{\pm}} f(x)$ 至少有一个不存在，则称 x_0 为 $f(x)$ 的**第二类间断点**.在第二类间断点中，若 $\lim\limits_{x \to x_0} f(x)=\infty$，则称 x_0 为 $f(x)$ 的**无穷间断点**.

例 6 函数 $f(x)=\dfrac{1}{(x-1)^2}$ 在 $x=1$ 处没有定义，且 $\lim\limits_{x \to 1}\dfrac{1}{(x-1)^2}=\infty$，所以 $x=1$ 为 $f(x)$ 的无穷间断点.

三、连续函数的运算与初等函数的连续性

1. 连续函数的运算

由连续函数的定义和极限的四则运算法则可知，连续函数的和、差、积、商(分母不为零)的连续性满足如下定理.

定理 2 设函数 $f(x)$ 与 $g(x)$ 在同一区间 I 上有定义，且两者均在 I 中的点 x_0 处连续，则函数 $f(x)\pm g(x)$，$f(x)g(x)$，$f(x)/g(x)(g(x_0)\neq 0)$ 在点 x_0 处都连续.

定理 3 设函数 $y=f(u)$ 在区间 U 上有定义，函数 $u=\varphi(x)$ 在区间 I 上有定义，且相应的函数值 $u\in U$.如果函数 $y=f(u)$ 在 $u=u_0$ 处连续，函数 $u=\varphi(x)$ 在点 $x=x_0$ 处连续，且 $u_0=\varphi(x_0)$，则复合函数 $y=f[\varphi(x)]$ 在点 x_0 处连续，且有

$$\lim_{x\to x_0} f[\varphi(x)]=f[\varphi(x_0)]=f[\lim_{x\to x_0}\varphi(x)].$$

利用关系式 $\lim\limits_{x\to x_0} f[\varphi(x)]=f[\lim\limits_{x\to x_0}\varphi(x)]$，可以交换极限与函数符号的位置，以此来求复合函数的极限.

例 7 求 $\lim\limits_{x\to 0^+}\sin(\sqrt{x+1}-\sqrt{x})$.

解 $\lim\limits_{x\to 0^+}\sin(\sqrt{x+1}-\sqrt{x})=\sin\lim\limits_{x\to 0^+}(\sqrt{x+1}-\sqrt{x})=\sin 1$.

例 8 求 $\lim\limits_{x\to 0}(1+2x)^{\frac{3}{\sin x}}$.

解 因为 $(1+2x)^{\frac{3}{\sin x}}=(1+2x)^{\frac{1}{2x}\cdot\frac{x}{\sin x}\cdot 6}=e^{6\cdot\frac{x}{\sin x}\cdot\ln(1+2x)^{\frac{1}{2x}}}$，所以

$$\lim_{x\to 0}(1+2x)^{\frac{3}{\sin x}}=e^{\lim\limits_{x\to 0}\left[6\frac{x}{\sin x}\cdot\ln(1+2x)^{\frac{1}{2x}}\right]}=e^6.$$

一般地，若 $\lim f(x)=A>0$，$\lim g(x)=B$，则幂指函数 $f(x)^{g(x)}(f(x)>0)$ 的极限 $\lim f(x)^{g(x)}$ 存在，且

$$\lim f(x)^{g(x)}=\lim f(x)^{\lim g(x)}=A^B.$$

2. 初等函数的连续性

由基本初等函数的图形可知：基本初等函数在其定义域内连续.这一结论可以通过连续函数的定义与运算法则进行证明.

例 9 证明：正弦函数 $y=\sin x$ 在 $(-\infty,+\infty)$ 内连续.

证 对于任意的 $x\in(-\infty,+\infty)$ 和在该点处的增量 Δx，有

$$\Delta y=\sin(x+\Delta x)-\sin x=2\sin\frac{\Delta x}{2}\cos\left(x+\frac{\Delta x}{2}\right).$$

由于 $\left|\sin\frac{\Delta x}{2}\right|\leqslant\frac{\Delta x}{2}$，故当 $\Delta x\to 0$ 时，$\sin\frac{\Delta x}{2}\to 0$，而 $\left|\cos\left(x+\frac{\Delta x}{2}\right)\right|\leqslant 1$.利用无穷小的性质，有 $\lim\limits_{\Delta x\to 0}\Delta y=0$.

综上，正弦函数 $y=\sin x$ 在 x 处连续，因此，$y=\sin x$ 在 $(-\infty,+\infty)$ 内连续.

对于余弦函数 $y=\cos x$，有 $y=\cos x=\sin\left(\frac{\pi}{2}-x\right)$.由复合函数的连续性可知，余弦函数 $y=\cos x$ 在 $(-\infty,+\infty)$ 内连续.由连续函数的运算，可知 $\tan x$，$\cot x$ 在其定义域内连续.

类似地，运用连续函数的定义和运算可以证明：**所有基本初等函数在其定义域内都连续.**

将连续的基本初等函数在其定义区间内进行四则运算和复合运算可得初等函数，因此，对于初等函数有重要结论：

定理 4 **一切初等函数在其有定义的区间内都是连续的.**

由此结论可以方便地讨论初等函数的连续性和确定初等函数的极限.

(1)求初等函数的连续区间就是求函数的定义区间.

(2)若 x_0 为初等函数定义区间内的点,则初等函数在点 x_0 的极限就等于该点的函数值:

$$\lim_{x \to x_0} f(x) = f(x_0) \quad (x_0 \text{ 为定义区间内的点}).$$

即求连续函数在点 x_0 处的极限,可归结为计算函数在点 x_0 处的函数值 $f(x_0)$.

例 10 求 $\lim\limits_{x \to 1} \dfrac{e^{2x} + \ln(3-2x)}{\arcsin x}$.

解 因为函数 $f(x) = \dfrac{e^{2x} + \ln(3-2x)}{\arcsin x}$ 为初等函数,$x=1$ 为定义区间内的点,所以

$$\lim_{x \to 1} \frac{e^{2x} + \ln(3-2x)}{\arcsin x} = \frac{e^2 + \ln 1}{\arcsin 1} = \frac{2e^2}{\pi}.$$

关于分段函数的连续性,除按上述结论考虑每一段函数的连续性外,还必须讨论分界点处的连续性.

四、闭区间上连续函数的性质

闭区间上的连续函数具有几个良好的性质,它们在理论研究和实际应用中具有重要作用,它们的证明涉及严密的实数理论,因此,只能给出结论而不予证明.

定义 5 设函数 $f(x)$ 在区间 I 上有定义.若存在 $x_0 \in I$,使得对于每个 $x \in I$,有 $f(x) \leqslant f(x_0)$ 或 $f(x) \geqslant f(x_0)$,则称 $f(x_0)$ 为函数 $f(x)$ 在区间 I 上的最大值或最小值.

定理 5 (最值定理) 若函数 $f(x)$ 在闭区间 $[a,b]$ 上连续,则函数 $f(x)$ 在闭区间 $[a,b]$ 上一定取得最大值和最小值,即一定存在 $x_1, x_2 \in [a,b]$,使得

$$f(x_1) = \min\{f(x) \mid x \in [a,b]\},$$
$$f(x_2) = \max\{f(x) \mid x \in [a,b]\},$$

也即对一切 $x \in [a,b]$,都有 $f(x_1) \leqslant f(x) \leqslant f(x_2)$.这里,$x_1, x_2$ 可能是区间 (a,b) 内的点,也可能是区间 $[a,b]$ 的端点.

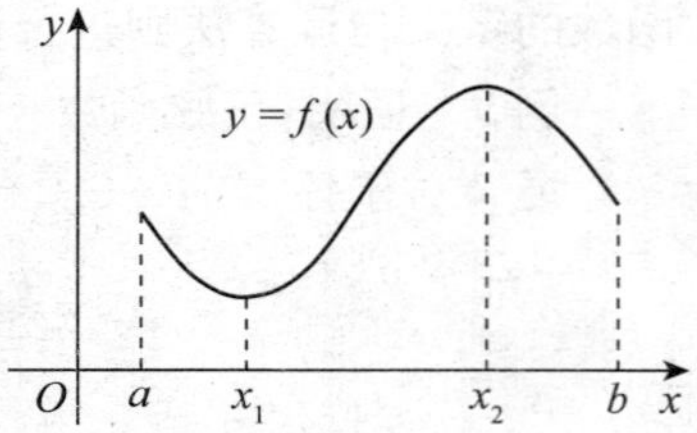

图 2—29

最值定理的几何意义 闭区间 $[a,b]$ 上的连续曲线 $y=f(x)$,必有一点达到最高,也必有一点达到最低(图 2—29).

推论(有界性定理) 若函数 $f(x)$ 在闭区间 $[a,b]$ 上连续,则函数 $f(x)$ 在闭区间 $[a,b]$ 上有界.

定理 6(介值定理) 若函数 $f(x)$ 在闭区间 $[a,b]$ 上连续,且 $f(a) \neq f(b)$,则对于介于 $f(a)$ 与 $f(b)$ 之间的任意一个数 μ,则至少存在一点 $\xi \in (a,b)$,使得 $f(\xi) = \mu$.

介值定理的几何意义 在闭区间 $[a,b]$ 上的连续曲线 $y=f(x)$ 与直线 $y=\mu$(μ 介于 $f(a)$ 与 $f(b)$ 之间)至少有一个交点,即从连续函数 $y=f(x)$ 的图形端点 A 连续画到 B 时,至少要与直线 $y=\mu$ 相交一次.如图 2—30 所示.

推论(零点定理) 若函数 $f(x)$ 在闭区间 $[a,b]$ 上连续,且 $f(a)$ 与 $f(b)$ 异号,则至少存在一点 $\xi \in (a,b)$,使得 $f(\xi) = 0$.

对于零点定理，从几何上看，当连续曲线 $y=f(x)$ 从 x 轴下侧的点 A（纵坐标 $f(a)<0$）笔不离纸地画到 x 轴上侧的点 B（纵坐标 $f(b)>0$）时，与 x 轴至少相交于一点 $C(\xi,0)$，如图 2—31 所示.这表明：若函数 $f(x)$ 在闭区间 $[a,b]$ 两个端点处的函数值异号，则方程 $f(x)=0$ 在开区间 (a,b) 内至少存在一个根.

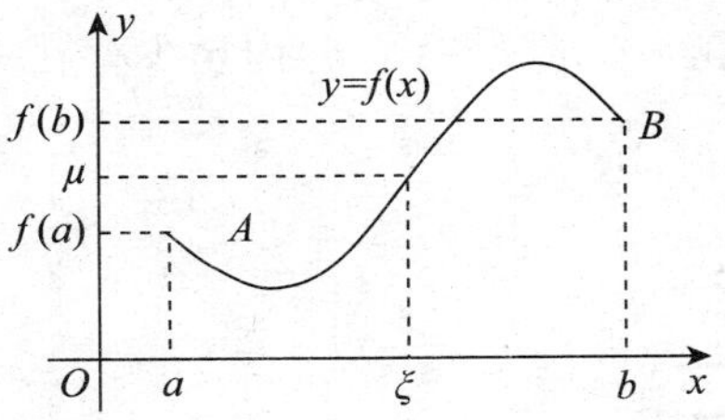

图 2—30

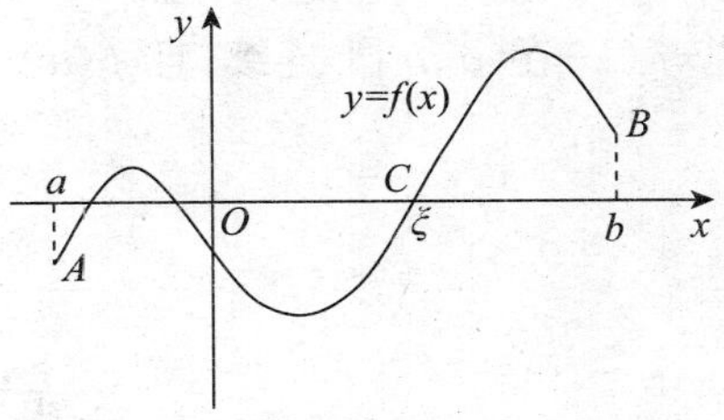

图 2—31

例 11 证明方程 $\sin x-x+1=0$ 在 0 与 π 之间有实根.

证 设 $f(x)=\sin x-x+1$.因为 $f(x)$ 在 $(-\infty,+\infty)$ 内连续，所以，$f(x)$ 在 $[0,\pi]$ 上也连续，而

$$f(0)=1>0,\quad f(\pi)=-\pi+1<0.$$

所以，根据零点定理知，至少有一个 $\xi\in(0,\pi)$，使得 $f(\xi)=0$，即方程 $\sin x-x+1=0$ 在 0 与 π 之间至少有一个实根.

☞习题 2.7

1. 研究函数 $f(x)=\begin{cases}x^2 & 0\leqslant x\leqslant 1\\ 2-x & 1<x\leqslant 2\end{cases}$ 的连续性，并画出函数图形.

2. 确定 a,b 的值，使函数 $f(x)=\begin{cases}x^2 & x<1\\ ax+b & 1\leqslant x\leqslant 3\\ x^3 & x>3\end{cases}$ 在 $x=1$ 和 $x=3$ 处连续.

3. 指出下列函数的间断点及类型，如果是可去间断点，则补充定义或修改函数的定义使它成为函数的连续点.

(1) $y=\dfrac{x^2-1}{x^3-3x+2}$；　　(2) $y=\dfrac{x^2-x}{|x|\cdot(x^2-1)}$；

(3) $y=\dfrac{\sin x}{|x|}$；　　(4) $y=\sin x\cos\dfrac{1}{x}$；

(5) $y=\begin{cases}x^2 & x<1\\ 2x-1 & x\geqslant 1\end{cases}$；　　(6) $f(x)=\begin{cases}\dfrac{1}{1+\mathrm{e}^{\frac{1}{x}}} & x\neq 0\\ 0 & x=0\end{cases}$.

4. 求下列极限：

(1) $\lim\limits_{x\to 0}\ln\dfrac{\sin x}{x}$；　　(2) $\lim\limits_{x\to 0^+}\sin\left(\arctan\dfrac{1}{x}\right)$；

(3) $\lim\limits_{x\to\infty}\left(\dfrac{3+x}{6+x}\right)^{\frac{x-1}{2}}$；　　(4) $\lim\limits_{x\to+\infty}\arcsin(\sqrt{x^2+x}-\sqrt{x^2-x})$.

5. 设函数 $f(x)=\begin{cases} a+bx^2 & x\leqslant 0 \\ \dfrac{\sin bx}{x} & x>0 \end{cases}$ 在$(-\infty,+\infty)$上连续.求常数 a 与 b 的关系.

6. 证明方程 $x=a+b\sin x$(其中 $a>0,b>0$)至少有一个正根,并且它不超过 $a+b$.

7. 若 $f(x)$在$[0,1]$上连续,且 $0<f(x)<1$,则至少存在一点 $\xi\in(0,1)$,使 $f(\xi)=\xi$.

8. 若 $f(x)$在$[a,b]$上连续,且 $f(a)<a$, $f(b)>b$,试证在(a,b)内至少存在一点 ξ,使 $f(\xi)=\xi$.

总习题二

1. 填空题

(1)极限 $\lim\limits_{x\to 1}\dfrac{\sqrt{5-x}-\sqrt{3+x}}{x^2-1}=$ ________.

(2)极限 $\lim\limits_{x\to 0}\dfrac{x(x+\sin x)^3}{1-\cos 2x^2}=$ ________.

(3)极限 $\lim\limits_{x\to\infty}x\sin\dfrac{2x}{x^2+1}=$ ________.

(4)极限 $\lim\limits_{x\to+\infty}\arccos(\sqrt{x^2+x}-x)=$ ________.

(5)若当 $x\to 0$ 时,$x\sin\sqrt{x}\sim ax^k$,则 $a=$ ________ ,$k=$ ________.

(6)已知 $\lim\limits_{x\to\infty}[f(x)-ax-b]=0$,则 $\lim\limits_{x\to\infty}\dfrac{f(x)}{x}=$ ________.

(7)若 $\lim\limits_{x\to 1}\dfrac{x^2+2x-a}{x^2-1}=2$,则 $a=$ ________.

(8)若 $\lim\limits_{x\to 0}\left(1+\dfrac{2x}{a}\right)^{\frac{1}{x}}=e^2$,则 $a=$ ________.

(9)设 $f(x)=\begin{cases} e^{-\frac{1}{x^2}} & x\neq 0 \\ 0 & x=0 \end{cases}$,则 $f(x)$的连续区间为 ________.

(10)设 $f(x)=\begin{cases} 1+x^2 & x\leqslant 0 \\ \dfrac{\sin ax}{x} & x>0 \end{cases}$ 在 $x=0$ 处连续,则 $a=$ ________.

2. 单项选择题

(1)下列数列$\{u_n\}$中收敛的是(　　).

(A)$u_n=(-1)^n\dfrac{n+1}{n}$　　(B)$u_n=(-1)^n\dfrac{1}{n}$

(C)$u_n=\sin\dfrac{n\pi}{2}$　　(D)$u_n=2^n$

(2) $\lim\limits_{x\to 0}\left(x\sin\dfrac{1}{x}+\dfrac{1}{x}\sin x\right)=($　　$)$.

(A)不存在　　(B)0　　(C)1　　(D)2

(3)当 $x\to 0$ 时,与 x 等价的无穷小是(　　).

(A) $x\sin x$　　(B) $x^2+\sin x$　　(C) $\tan\sqrt{x}$　　(D) $x+\ln(1+x)$

(4)若 $f(x)=\dfrac{\sin(x-1)}{|x-1|}$,则 $x=1$ 是 $f(x)$ 的(　　).

(A)连续点　　(B)可去间断点　　(C)跳跃间断点　　(D)无穷间断点

(5)下列各式中正确的是(　　).

(A) $\lim\limits_{x\to\infty}\left(1-\dfrac{1}{x}\right)^x=-e$　　(B) $\lim\limits_{x\to\infty}\left(1+\dfrac{1}{x}\right)^{-x}=e^{-1}$

(C) $\lim\limits_{x\to\infty}\dfrac{\sin x}{x}=1$　　(D) $\lim\limits_{x\to 0}x\sin\dfrac{1}{x}=1$

(6)若 $f(x)=\begin{cases}0 & x=0\\ 1 & x\neq 0\end{cases}$,则(　　).

(A) $\lim\limits_{x\to 0}f(x)$ 不存在　　(B) $\lim\limits_{x\to 0}\dfrac{1}{f(x)}$ 不存在

(C) $\lim\limits_{x\to 0}f(x)=1$　　(D) $\lim\limits_{x\to 0}f(x)=0$

(7)若 $\lim\limits_{x\to 0}\dfrac{x}{f(3x)}=2$,则 $\lim\limits_{x\to 0}\dfrac{f(2x)}{x}=($　　$)$.

(A) $\dfrac{1}{6}$　　(B) $\dfrac{1}{3}$　　(C) $\dfrac{1}{2}$　　(D) $\dfrac{4}{3}$

(8)当 $x\to 0$ 时,下列四个无穷小量中,哪一个是比其他三个更高阶的无穷小量(　　).

(A) $\ln(1+x^2)$　　(B) $1-\cos x$　　(C) $\sqrt{1-x^2}-1$　　(D) $\sin x-\tan x$

(9)下列命题中正确的是(　　).

(A)若在点 x_0 处 $f(x)$ 连续而 $g(x)$ 不连续,则 $f(x)+g(x)$ 在 x_0 处必不连续

(B)若在点 x_0 处 $f(x)$ 与 $g(x)$ 均不连续,则 $f(x)+g(x)$ 在 x_0 处必不连续

(C)若在点 x_0 处 $f(x)$ 不连续,则 $|f(x)|$ 在 x_0 处不连续

(D)若在点 x_0 处 $|f(x)|$ 连续,则 $f(x)$ 必在 x_0 处连续

(10)若对任意的 x,有 $g(x)\leqslant f(x)\leqslant h(x)$,且 $\lim\limits_{x\to\infty}[h(x)-g(x)]=0$,则 $\lim\limits_{x\to\infty}f(x)$(　　).

(A)存在且等于零　　(B)存在但不一定等于零

(C)一定不存在　　(D)不一定存在

3. 求下列极限:

(1) $\lim\limits_{x\to\infty}\left(\dfrac{2x+3}{2x+1}\right)^{x+1}$;　　(2) $\lim\limits_{x\to 0}\dfrac{\tan x-\sin x}{\tan^3 2x}$;

(3) $\lim\limits_{x\to 0^+}\dfrac{1-\sqrt{\cos x}}{x(1-\cos\sqrt{x})}$;　　(4) $\lim\limits_{x\to\infty}\left(\cos\dfrac{1}{x}+\sin\dfrac{1}{x}\right)^x$.

4. 证明: $\lim\limits_{n\to\infty}\left(\dfrac{1}{n^2+n+1}+\dfrac{2}{n^2+n+2}+\cdots+\dfrac{n}{n^2+n+n}\right)=\dfrac{1}{2}$.

5. 确定常数 a,b 的值,使 $\lim\limits_{x\to+\infty}(\sqrt{x^2-x+1}-ax-b)=0$.

6. 设极限 $\lim\limits_{x\to\infty}\left(\dfrac{x+2a}{x-a}\right)^x=8$.求常数 a 的值.

7. 讨论下列函数的连续性,并判断间断点的类型:

(1) $y=\dfrac{e^{2x}-1}{x(x-1)}$;　　　　(2) $y=\dfrac{1}{1-e^{\frac{x}{1-x}}}$.

8. 设函数 $f(x)=\begin{cases}2e^x+1 & x\leqslant 0\\ \dfrac{\ln(1+ax)}{x} & x>0\end{cases}$.试确定常数 a,使函数 $f(x)$ 处处连续.

9. 证明:若 $f(x)$ 和 $g(x)$ 在 $[a,b]$ 上连续,且 $f(a)<g(a)$, $f(b)>g(b)$,则至少存在一点 $\xi\in(a,b)$,使 $f(\xi)=g(\xi)$.

10. 读写练习:选择下列题目,查阅有关文献,写一篇介绍极限思想发展过程的短文.

(1)中国古代数学家刘徽的“割圆术”、古希腊数学家阿基米德的“穷竭法”.

(2)无穷小与第二次数学危机.

第三章　导数与微分

在现实生活中,经常需要从数量上研究函数相对于自变量的变化率问题,这就引出了导数概念.而微分则与导数密切相关,它表示了当自变量有微小变化时,函数在局部范围内的线性代替.这两个问题构成了微分学中两个最基本的概念.本章主要阐明导数与微分的概念及运算.

第一节　导数的概念

17 世纪,随着力学、航海、天文学的发展,向数学提出了一系列与运动变化相关的问题,如光线在曲面上的反射角问题、运动物体在其运动轨迹上的运动方向问题、变速直线运动物体的瞬时速度与加速度、各种抛射物体运动的轨迹以及最大的水平抛射距离等.正是对这些问题的探讨和研究产生了微积分中的微分学.

一、两个经典问题——速度与切线

微分学的第一个最基本的概念——导数,来源于实际生活中两个最典型的朴素概念:速度与切线.

1. 变速直线运动的瞬时速度

例 1　自由落体运动的速度问题.

设某一物体做自由落体运动,物体运动的路程 s(单位:m)与时间 t(单位:s)的之间的运动方程为 $s=\dfrac{1}{2}gt^2$,其中 $g(g\approx 9.8\ \mathrm{m/s^2})$为重力加速度.求 t_0 时物体运动的速度.

解　当时间 t 从 t_0 变到 $t_0+\Delta t$ 时,路程 s 有相应的改变量

$$\Delta s=\frac{1}{2}g(t_0+\Delta t)^2-\frac{1}{2}gt_0^2=gt_0\Delta t+\frac{1}{2}g(\Delta t)^2.$$

于是比值

$$\frac{\Delta s}{\Delta t}=\frac{gt_0\Delta t+\frac{1}{2}g(\Delta t)^2}{\Delta t}=gt_0+\frac{1}{2}g\Delta t$$

就是物体在 t_0 到 $t_0+\Delta t$ 这段时间内的平均速度.由于变速运动的速度通常是连续变化的，当时间增量 Δt 较小时，这个比值就可以作为物体在 t_0 时刻速度的近似值.

取 $t_0=1$，由表 3—1 可以看出：当 Δt 越小时，$\frac{\Delta s}{\Delta t}$越来越逼近于 9.8.

表 3—1

Δt	-1	-0.1	-0.01	-0.001	0	0.001	0.01	0.1	1
Δs	-9.3	-0.975	$-0.097\,95$	$-0.009\,799\,5$	0	0.009 800 5	0.098 05	0.985	10.3
$\frac{\Delta s}{\Delta t}$	9.3	9.750	9.795	9.799 5		9.800 5	9.805	9.850	10.3

当 $\Delta t\to 0$ 时，比值$\frac{\Delta s}{\Delta t}$的极限就反映物体在 t_0 时刻的速度.因此，物体在 t_0 时刻的速度定义为当 $\Delta t\to 0$ 时，比值$\frac{\Delta s}{\Delta t}$的极限，即

$$v(t_0)=\lim_{\Delta t\to 0}\frac{\Delta s}{\Delta t}=\lim_{\Delta t\to 0}\left(gt_0+\frac{1}{2}g\Delta t\right)=gt_0.$$

一般地，若物体作变速直线运动，则路程 s 与时间 t 之间的函数关系为 $s=s(t)$.这个函数习惯上叫作路程函数.

当时间 t 从 t_0 变到 $t_0+\Delta t$ 时，路程 s 有相应的改变量 $\Delta s=s(t_0+\Delta t)-s(t_0)$，于是比值

$$\frac{\Delta s}{\Delta t}=\frac{s(t_0+\Delta t)-s(t_0)}{\Delta t}$$

就是物体在 t_0 到 $t_0+\Delta t$ 这段时间内的平均速度.如果该比值极限存在，就把该极限值称为物体在 t_0 时刻的瞬时速度，即

$$v(t_0)=\lim_{\Delta t\to 0}\frac{\Delta s}{\Delta t}=\lim_{\Delta t\to 0}\frac{s(t_0+\Delta t)-s(t_0)}{\Delta t}.$$

由此可知，物体运动的瞬时速度是路程函数的增量和时间的增量之比当时间增量趋于零时的极限.解决该问题的辩证思想是在局部以匀速代替变速，通过极限实现匀与变的转化.

2. 平面曲线的切线斜率

考虑自由落体的运动路程函数 $s(t)=\frac{1}{2}gt^2$ 在点 t_0 的几何特征.作出其函数图形（图 3—1），从中可以看出比值$\frac{\Delta s}{\Delta t}$表示割线 PM 的斜率，当 $\Delta t\to 0$ 时，由于点 P 不动，割线就以点 P 为中心转动，割线 PM 的极限位置 PT 也就是曲线在点 P 的切线位置.

相应地，若割线 PM 的斜率$\frac{\Delta s}{\Delta t}$在 $\Delta t\to 0$ 的极限存在，则称该极限值为曲线 $s=\frac{1}{2}gt^2$ 在点$(t_0,s(t_0))$处的切线斜率 k，即

$$k=\lim_{\Delta t\to 0}\frac{\Delta s}{\Delta t}=\lim_{\Delta t\to 0}\frac{s(t_0+\Delta t)-s(t_0)}{\Delta t}=\lim_{\Delta t\to 0}\left(gt_0+\frac{1}{2}g\Delta t\right)=gt_0.$$

也就是说，瞬时速度几何上看就是曲线在该点的切线斜率，即变速直线运动的瞬时速度与平面曲线的切线斜率，在数学结构上是相同的.

一般地，函数 $y=f(x)$的图形所表示的曲线 L(图 3—2)，在点 $P(x_0,f(x_0))$处的切线斜率定义为曲线 L 上过点 $P(x_0,f(x_0))$的割线斜率的极限，即

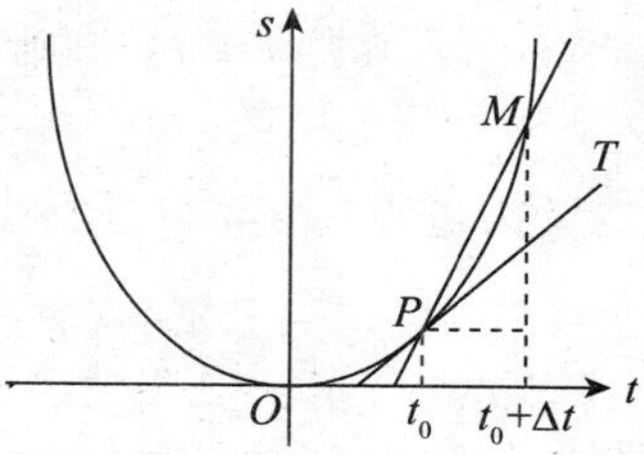

图 3—1

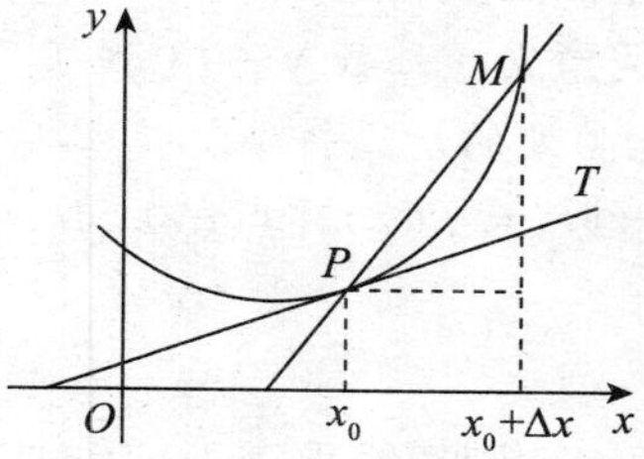

图 3—2

$$k=\lim_{\Delta x\to 0}\frac{\Delta y}{\Delta x}=\lim_{\Delta x\to 0}\frac{f(x_0+\Delta x)-f(x_0)}{\Delta x}.$$

由此可见，曲线 $y=f(x)$在点 M 处的纵坐标 y 的增量 Δy 与横坐标 x 的增量 Δx 之比，当 $\Delta x\to 0$ 时的极限即为曲线在 M 点处的切线斜率.

二、导数的概念

上面我们研究了变速直线运动的速度和平面曲线的切线斜率，虽然它们的具体意义不相同，但从数学结构上看，却具有完全相同的形式，其数量特征上都归结为函数改变量与自变量改变量之比，在自变量改变量趋近于零时的极限，由此就形成了导数的概念.

1. 导数的定义

定义 1 设函数 $y=f(x)$在点 x_0 的某一邻域内有定义，当自变量 x 在 x_0 处有增量 Δx ($\Delta x\neq 0$，$x_0+\Delta x$ 仍在该邻域内)时，相应地函数有增量

$$\Delta y=f(x_0+\Delta x)-f(x_0).$$

如果 Δy 与 Δx 之比$\frac{\Delta y}{\Delta x}$，当 $\Delta x\to 0$ 时的极限

$$\lim_{\Delta x\to 0}\frac{\Delta y}{\Delta x}=\lim_{\Delta x\to 0}\frac{f(x_0+\Delta x)-f(x_0)}{\Delta x}$$

存在，那么这个极限值称为函数 $y=f(x)$在点 x_0 的导数或微商.并且说函数 $y=f(x)$在点 x_0 处可导，记作 $f'(x_0)$，也记为

$$y'\big|_{x=x_0},\quad \left.\frac{\mathrm{d}y}{\mathrm{d}x}\right|_{x=x_0}\quad 或\quad \left.\frac{\mathrm{d}f}{\mathrm{d}x}\right|_{x=x_0},$$

即

$$f'(x_0)=\lim_{\Delta x\to 0}\frac{\Delta y}{\Delta x}=\lim_{\Delta x\to 0}\frac{f(x_0+\Delta x)-f(x_0)}{\Delta x}.$$

如果极限不存在，则称函数 $y=f(x)$ 在点 x_0 处不可导.

如果固定 x_0，令 $x_0+\Delta x=x$，则当 $\Delta x\to 0$ 时，有 $x\to x_0$，故函数在 x_0 处的导数 $f'(x_0)$ 可表示为 $f'(x_0)=\lim\limits_{x\to x_0}\dfrac{f(x)-f(x_0)}{x-x_0}$.

令 $\Delta x=h$，则导数 $f'(x_0)$ 也可表示为 $f'(x_0)=\lim\limits_{h\to 0}\dfrac{f(x_0+h)-f(x_0)}{h}$.

由前述对平面曲线切线斜率的讨论和导数定义，可知导数的几何意义.

导数的几何意义 函数 $y=f(x)$ 在点 x_0 处的导数等于函数 $y=f(x)$ 所表示的曲线 L 在相应点 (x_0,y_0) 处的切线斜率.

相应地，曲线 $y=f(x)$ 在点 (x_0,y_0) 处的切线定义为过点 (x_0,y_0) 且斜率为 $f'(x_0)$ 的直线，其方程为

$$y-y_0=f'(x_0)(x-x_0).$$

若 $f'(x_0)=\infty$，则切线垂直于 x 轴，切线方程就是 x 轴的垂线 $x=x_0$.

若 $f'(x_0)\neq 0$，则过点 $M(x_0,y_0)$ 的法线方程是

$$y-y_0=-\frac{1}{f'(x_0)}(x-x_0).$$

当 $f'(x_0)=0$ 时，法线为 x 轴的垂线 $x=x_0$.

对变速直线运动 $s=s(t)$ 而言，导数 $s'(t_0)$ 就代表变速直线运动 $s=s(t)$ 在时间 t_0 时刻的瞬时速度.

例 2 求函数 $y=x^2$ 在 $x_0=1$ 处的导数和在点(1,1)处的切线方程.

解 记 $f(x)=x^2$. 当变量 x 在 $x_0=1$ 处有增量 Δx 时，相应的函数增量为

$$\Delta y=f(1+\Delta x)-f(1)=(1+\Delta x)^2-1^2=2\Delta x+(\Delta x)^2.$$

于是有

$$f'(1)=\lim_{\Delta x\to 0}\frac{\Delta y}{\Delta x}=\lim_{\Delta x\to 0}\frac{2\Delta x+(\Delta x)^2}{\Delta x}=\lim_{\Delta x\to 0}(2+\Delta x)=2.$$

由导数的几何意义知，曲线 $y=x^2$ 在点(1,1)处的切线斜率为 $f'(1)=2$. 所以，切线方程为

$$y-1=2(x-1) \quad 即 \quad y=2x-1.$$

2. 导函数

如果函数 $y=f(x)$ 在区间 (a,b) 内每一点都可导，则称 $y=f(x)$ 在区间 (a,b) 内可导.

若函数 $y=f(x)$ 在区间 (a,b) 内可导，那么对应于区间 (a,b) 内每一个确定的 x 值，有一个确定的导数值 $f'(x)$，这样就确定了一个新的函数

$$f':x\mapsto f'(x),\quad x\in I$$

此函数称为函数 $y=f(x)$ 的**导函数**. 记作 $f'(x)$，y'，$\dfrac{\mathrm{d}y}{\mathrm{d}x}$，或 $\dfrac{\mathrm{d}f}{\mathrm{d}x}$. 在不致发生混淆的情况下，导函数也简称为导数. 在导数的定义中将 x_0 换成 x 即得导函数的定义式：

$$f'(x)=\lim_{\Delta x\to 0}\frac{f(x+\Delta x)-f(x)}{\Delta x},$$

或

$$f'(x)=\lim_{h\to 0}\frac{f(x+h)-f(x)}{h}.$$

注意 以上两式中，虽然 x 可取区间 (a,b) 内的任意值，但在极限过程中，x 是常量，Δx 与 h 是变量.

显然，函数 $y=f(x)$ 在点 x_0 处的导数 $f'(x_0)$，就是导函数 $f'(x)$ 在点 $x=x_0$ 处的函数值，即

$$f'(x_0)=f'(x)\big|_{x=x_0}.$$

3. 求导数举例

由导数的定义可知，求函数 $y=f(x)$ 的导数 y' 可以分为以下三个步骤：

(1)求增量：$\Delta y=f(x+\Delta x)-f(x)$；

(2)算比值：$\dfrac{\Delta y}{\Delta x}=\dfrac{f(x+\Delta x)-f(x)}{\Delta x}$；

(3)求极限：$y'=\lim\limits_{\Delta x\to 0}\dfrac{\Delta y}{\Delta x}=\lim\limits_{\Delta x\to 0}\dfrac{f(x+\Delta x)-f(x)}{\Delta x}$.

下面根据导数的定义求一些基本初等函数的导数.

例 3 求函数 $y=C$（C 是常数）的导数.

解 $y'=\lim\limits_{\Delta x\to 0}\dfrac{\Delta y}{\Delta x}=\lim\limits_{\Delta x\to 0}\dfrac{C-C}{\Delta x}=\lim\limits_{\Delta x\to 0}0=0.$

这就是说，常数函数的导数等于零.

例 4 求函数 $y=\sin x$ 的导数.

解 因为 $\Delta y=f(x+\Delta x)-f(x)=\sin(x+\Delta x)-\sin x$，应用三角学中的和差化积公式，有

$$\Delta y=2\cos\frac{(x+\Delta x)+x}{2}\sin\frac{(x+\Delta x)-x}{2}=2\cos\left(x+\frac{\Delta x}{2}\right)\sin\frac{\Delta x}{2},$$

所以

$$\frac{\Delta y}{\Delta x}=\frac{2\cos\left(x+\frac{\Delta x}{2}\right)\sin\frac{\Delta x}{2}}{\Delta x}=\cos\left(x+\frac{\Delta x}{2}\right)\frac{\sin\frac{\Delta x}{2}}{\frac{\Delta x}{2}}.$$

由 $\cos x$ 的连续性及重要极限 $\lim\limits_{x\to 0}\dfrac{\sin x}{x}=1$，得

$$\frac{\mathrm{d}y}{\mathrm{d}x}=\lim_{\Delta x\to 0}\frac{\Delta y}{\Delta x}=\lim_{\Delta x\to 0}\cos\left(x+\frac{\Delta x}{2}\right)\frac{\sin\frac{\Delta x}{2}}{\frac{\Delta x}{2}}$$

$$=\lim_{\Delta x\to 0}\cos\left(x+\frac{\Delta x}{2}\right)\lim_{\Delta x\to 0}\frac{\sin\frac{\Delta x}{2}}{\frac{\Delta x}{2}}=\cos x,$$

即$(\sin x)'=\cos x$.

用类似的方法,可求得余弦函数 $y=\cos x$ 的导数为

$$(\cos x)'=-\sin x.$$

例 5 求对数函数 $y=\log_a x(a>0,a\neq 1,x>0)$的导数.

解 因为

$$\Delta y=\log_a(x+\Delta x)-\log_a x=\log_a\frac{x+\Delta x}{x}=\log_a\left(1+\frac{\Delta x}{x}\right),$$

所以

$$\frac{\Delta y}{\Delta x}=\frac{\log_a\left(1+\frac{\Delta x}{x}\right)}{\Delta x}=\frac{1}{x}\log_a\left(1+\frac{\Delta x}{x}\right)^{\frac{x}{\Delta x}}.$$

由对数函数的连续性及重要极限$\lim\limits_{x\to 0}(1+x)^{\frac{1}{x}}=\mathrm{e}$,得

$$\frac{\mathrm{d}y}{\mathrm{d}x}=\lim_{\Delta x\to 0}\frac{\Delta y}{\Delta x}=\lim_{\Delta x\to 0}\frac{1}{x}\log_a\left(1+\frac{\Delta x}{x}\right)^{\frac{x}{\Delta x}}=\frac{1}{x}\log_a\mathrm{e}=\frac{1}{x\ln a},$$

即$(\log_a x)'=\dfrac{1}{x\ln a}$.

特别地,当 $a=\mathrm{e}$ 时,得自然对数的导数:$(\ln x)'=\dfrac{1}{x}$.

例 6 求函数 $y=x^n$(n 为正整数)的导数.

解 由二项式定理,有

$$\Delta y=(x+\Delta x)^n-x^n=nx^{n-1}\Delta x+\frac{n(n-1)}{2!}x^{n-2}(\Delta x)^2+\cdots+(\Delta x)^n,$$

则

$$\frac{\Delta y}{\Delta x}=nx^{n-1}+\frac{n(n-1)}{2!}x^{n-2}\Delta x+\cdots+(\Delta x)^{n-1}.$$

所以

$$\frac{\mathrm{d}y}{\mathrm{d}x}=\lim_{\Delta x\to 0}\frac{\Delta y}{\Delta x}=\lim_{\Delta x\to 0}\left[nx^{n-1}+\frac{n(n-1)}{2!}x^{n-2}\Delta x+\cdots+(\Delta x)^{n-1}\right]=nx^{n-1},$$

即$(x^n)'=nx^{n-1}$(n 为正整数).

一般地,对 $y=x^\alpha$(α 是实数),也有$(x^\alpha)'=\alpha x^{\alpha-1}$.这个公式在后面将给出证明.例如

$$(\sqrt{x})'=(x^{\frac{1}{2}})'=\frac{1}{2\sqrt{x}},\quad \left(\frac{1}{x}\right)'=(x^{-1})'=-\frac{1}{x^2}.$$

4. 单侧导数

既然导数是由极限定义的,那么根据单侧极限概念可以定义单侧导数.

定义 2 设函数 $y=f(x)$在$(x_0-\delta,x_0]$内有定义.如果极限

$$\lim_{\Delta x\to 0^-}\frac{\Delta y}{\Delta x}=\lim_{\Delta x\to 0^-}\frac{f(x_0+\Delta x)-f(x_0)}{\Delta x}$$

存在,则称此极限值为函数 $f(x)$在点 x_0 处的左导数,记为 $f'_-(x_0)$.

设函数 $y=f(x)$在$[x_0,x_0+\delta)$内有定义.如果极限

$$\lim_{\Delta x \to 0^+} \frac{\Delta y}{\Delta x} = \lim_{\Delta x \to 0^-} \frac{f(x_0+\Delta x)-f(x_0)}{\Delta x}$$

存在,则称此极限值为函数 $f(x)$在点 x_0 处的右导数,记为 $f'_+(x_0)$.

根据左、右极限的性质,我们有下面的定理:

定理 1 函数 $y=f(x)$在点 x_0 处的左、右导数存在且相等,是 $f(x)$在点 x_0 处可导的充要条件,即 $f'(x_0)=A \Leftrightarrow f'_-(x_0)=f'_+(x_0)=A$.

如果函数 $y=f(x)$在区间(a,b)内可导,且 $f'_+(a)$与 $f'_-(b)$都存在,则称 $y=f(x)$在区间$[a,b]$上可导.

例 7 考察函数 $f(x)=\begin{cases} x\sin\dfrac{1}{x} & x>0 \\ 0 & x\leqslant 0 \end{cases}$在 $x=0$ 处的可导性.

解 当 $\Delta x\leqslant 0$ 时,$f(\Delta x)=0$,所以 $f'_-(0)=\lim\limits_{\Delta x\to 0^-}\dfrac{f(\Delta x)-f(0)}{\Delta x}=0$;

当 $\Delta x>0$ 时,$f(\Delta x)=\Delta x\sin\dfrac{1}{\Delta x}$,则 $\dfrac{f(\Delta x)-f(0)}{\Delta x}=\sin\dfrac{1}{\Delta x}$.

因为 $\lim\limits_{\Delta x\to 0^+}\sin\dfrac{1}{\Delta x}$不存在,所以 $f'_+(0)$不存在,故函数在 $x=0$ 处不可导.

三、函数可导性与连续性的关系

直观上看,一个函数如果可导,即其切线斜率存在,这时曲线应该是连续的.事实上也是如此.

定理 2 如果函数 $y=f(x)$在某点的导数存在,那么它一定在该点连续.

证 由函数 $y=f(x)$在点 x 处可导,得

$$\lim_{\Delta x\to 0}\frac{\Delta y}{\Delta x}=f'(x).$$

根据函数的极限与无穷小的关系,由上式可得

$$\frac{\Delta y}{\Delta x}=f'(x)+\alpha(\Delta x),$$

其中 $\alpha(\Delta x)$为当 $\Delta x\to 0$ 时的无穷小,上式两端各乘以 Δx,得

$$\Delta y=f'(x)\Delta x+\alpha(\Delta x)\Delta x.$$

由此可见

$$\lim_{\Delta x\to 0}\Delta y=0.$$

这就是说,$y=f(x)$在点 x 处连续.

综上,如果函数 $y=f(x)$在 x 处可导,那么在 x 处必连续.

上述证明中,表达式 $\Delta y=f'(x)\Delta x+\alpha(\Delta x)\Delta x$,也即 $\Delta y=f'(x)\Delta x+o(\Delta x)$是一个重要的结论,称之为 $y=f(x)$在点 x 处的**有限增量公式**.它反映出了函数改变量的结构特征.

但反过来,在 x 处连续的函数未必在 x 处可导.

例如，函数 $y=|x|=\begin{cases}x & x\geqslant 0\\ -x & x<0\end{cases}$，显然在 $x=0$ 处连续，但是在该点不可导．因为

$$\Delta y=f(0+\Delta x)-f(x)=|\Delta x|$$

所以在 $x=0$ 点的右导数是

$$f'_{+}(0)=\lim_{\Delta x\to 0^{+}}\frac{\Delta y}{\Delta x}=\lim_{\Delta x\to 0^{+}}\frac{|\Delta x|}{\Delta x}=\lim_{\Delta x\to 0^{+}}\frac{\Delta x}{\Delta x}=1.$$

而左导数是

$$f'_{-}(0)=\lim_{\Delta x\to 0^{-}}\frac{\Delta y}{\Delta x}=\lim_{\Delta x\to 0^{-}}\frac{|\Delta x|}{\Delta x}=\lim_{\Delta x\to 0^{-}}\frac{-\Delta x}{\Delta x}=-1.$$

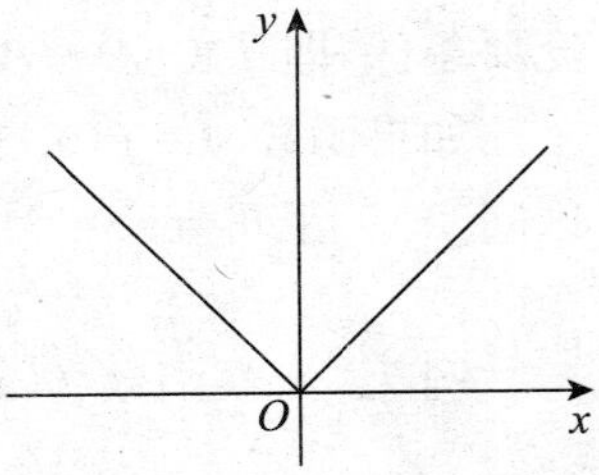

图 3—3

左、右导数不相等，故函数在该点不可导．从几何上看，$x=0$ 为 $y=|x|$ 图形的折点（图 3—3），该点的切线不存在．所以，函数连续是可导的必要条件而不是充分条件．

这样，函数 $y=f(x)$ 在点 x_0 处可导与连续的关系如下：

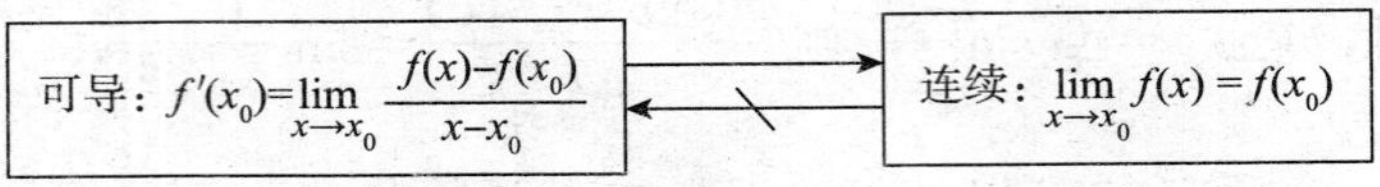

例 8　设函数 $f(x)=\begin{cases}ax+b & x\leqslant 1\\ x^2 & x>1\end{cases}$，试确定常数 a,b，使函数在 $x=1$ 处可导．

解　要使函数 $f(x)$ 在 $x=1$ 处可导，则 $f(x)$ 必须在 $x=1$ 处连续，所以

$$\lim_{x\to 1^{-}}f(x)=\lim_{x\to 1^{-}}(ax+b)=a+b,$$

$$\lim_{x\to 1^{+}}f(x)=\lim_{x\to 1^{+}}x^2=1,$$

得 $f(1)=a+b=1$．

要使函数 $f(x)$ 在 $x=1$ 处可导，则 $f(x)$ 必须满足 $f'_{-}(1)=f'_{+}(1)$．由导数的定义，有

$$f'_{-}(1)=\lim_{x\to 1^{-}}\frac{f(x)-f(1)}{x-1}=\lim_{x\to 1^{-}}\frac{ax+b-(a+b)}{x-1}=a,$$

$$f'_{+}(1)=\lim_{x\to 1^{+}}\frac{f(x)-f(1)}{x-1}=\lim_{x\to 1^{+}}\frac{x^2-1}{x-1}=\lim_{x\to 1^{+}}(x+1)=2.$$

因此，当 $a=2,b=-1$ 时，函数 $f(x)$ 在 $x=1$ 处可导，且 $f'(1)=2$．

四、变化率

前面我们从实际问题中抽象出了导数的概念，并利用导数的定义可以求一些函数的导数，这当然是重要的一方面；但另一方面，我们还应使抽象的概念回到具体的问题中去，通常把导数称为变化率．因为，对于一个赋予具体含义的一般函数 $y=f(x)$ 来说，

$$\frac{\Delta y}{\Delta x}=\frac{f(x_0+\Delta x)-f(x_0)}{\Delta x}$$

是表示自变量 x 在以 x_0 与 $x_0+\Delta x$ 为端点的区间中每改变一个单位时，函数 y 的平均变化量．所以把 $\frac{\Delta y}{\Delta x}$ 称为函数 $y=f(x)$ 在该区间中的**平均变化率**；把平均变化率当 $\Delta x\to 0$ 时的极

限 $f'(x_0)$ 称为函数在 x_0 处的**变化率**.变化率反映了函数 y 随着自变量 x 在 x_0 处的变化而变化的快慢程度.

当函数有不同实际含义时,变化率的含义也不同.

在物理学中,瞬时速率是物体位移 s 对时间 t 的变化率 $\frac{\mathrm{d}s}{\mathrm{d}t}$;

在化学中,化学反应速率是液体的浓度 N 对时间 t 的变化率 $\frac{\mathrm{d}N}{\mathrm{d}t}$;

在社会学中,人口的增长速率是人口总量 P 对时间 t 的变化率 $\frac{\mathrm{d}P}{\mathrm{d}t}$.

在经济学中,经济变量 $y=f(x)$ 的变化率 $f'(x)$ 称为边际经济变量,亦称边际函数.设某产品产量为 q 单位时成本函数为 $C=C(q)$,收益函数为 $R=R(q)$,利润函数为 $L=L(q)$,则有表 3—2 所示的边际函数.

表 3—2

边际函数	经济含义
边际成本 $C'(q)=\lim\limits_{\Delta q\to 0}\frac{C(q+\Delta q)-C(q)}{\Delta q}$	产量增加一个单位时所增加的总成本
边际收益 $R'(q)=\lim\limits_{\Delta q\to 0}\frac{R(q+\Delta q)-R(q)}{\Delta q}$	销量增加一个单位时所增加的收益
边际利润 $L'(q)=\lim\limits_{\Delta q\to 0}\frac{L(q+\Delta q)-L(q)}{\Delta q}$	产量增加一个单位时所增加的利润

在经济学中还有许多用变化率表达的边际概念,如边际生产率、边际供给、边际需求、边际消费等边际函数.

函数变化率(导数)在每门学科中有不同的解释,当彻底地理解了导数概念的本质后,将这些抽象的数学结果应用到实际问题中才能发挥出更大的作用.

☞ 习题 3.1

1. 用导数的定义,求下列函数在指定点处的导数:

(1) $f(x)=x^3+1$ 在 $x=1$ 处;　　(2) $f(x)=\sqrt{x-1}$ 在 $x=2$ 处.

2. 用导数的定义,证明:

(1) $(\cos x)'=-\sin x$;　　(2) $(\mathrm{e}^x)'=\mathrm{e}^x$.

3. 一物体的运动方程为 $s=\frac{1}{2}t^2+t$.求该物体在 $t=2$ 时的瞬时速度.

4. 求曲线 $y=\sqrt{x}$ 在点(1,1)处的切线方程与法线方程.

5. 设 $f'(x_0)$ 存在,指出下列极限各表示什么:

(1) $\lim\limits_{\Delta x\to 0}\frac{f(x_0-\Delta x)-f(x_0)}{\Delta x}$;　　(2) $\lim\limits_{h\to 0}\frac{f(x_0+h)-f(x_0-2h)}{h}$.

6. 讨论下列函数在 $x=0$ 处的连续性和可导性:

(1) $f(x)=\begin{cases} x\sin\frac{1}{x} & x\neq 0 \\ 0 & x=0 \end{cases}$;　　(2) $f(x)=x|x|$.

7. 设函数 $f(x)$ 在 $x=0$ 处连续，且 $\lim\limits_{x\to 0}\frac{f(x)-1}{x}=-1$.试问 $f(x)$ 在 $x=0$ 处是否可导？若可导，求出 $f'(0)$.

8. 设函数 $f(x)=\begin{cases}x^2 & x\leqslant 1\\ ax+b & x>1\end{cases}$ 在 $x=1$ 处可导.确定 a，b 的值.

9. 已知生产某产品的成本函数和收益函数分别为 $C(x)=4x+10$ 和 $R(x)=50x-0.5x^2$.求边际成本 $C'(x)$、边际收益 $R'(x)$ 和边际利润 $L'(x)$，并对 $L'(20)$ 给出经济解释.

10. 证明：双曲线 $xy=a^2$ 上任一点处的切线与两坐标轴构成的三角形的面积都等于 $2a^2$.

第二节　求导法则

在上一节里，我们给出了根据定义求函数导数的方法.但是，如果对每一个函数，都直接用定义求导数是很麻烦的，有时甚至是很困难的.本节中，我们将介绍一些求导数的基本法则.借助于这些法则，就能比较方便地求出初等函数的导数.

一、函数的和、差、积、商的求导法则

定理 1　设函数 $u=u(x)$ 与 $v=v(x)$ 在点 x 处可导，则函数 $u(x)+v(x)$，$u(x)v(x)$，$\frac{u(x)}{v(x)}(v(x)\neq 0)$ 也在点 x 处可导，且有以下法则：

(1) $[u(x)\pm v(x)]'=u'(x)\pm v'(x)$；

(2) $[u(x)v(x)]'=u'(x)v(x)+u(x)v'(x)$，特别地，$[Cu(x)]'=Cu'(x)$（$C$ 为常数）；

(3) $\left[\frac{u(x)}{v(x)}\right]'=\frac{u'(x)v(x)-u(x)v'(x)}{v^2(x)}(v(x)\neq 0)$，特别地，$\left[\frac{C}{v(x)}\right]'=-\frac{Cv'(x)}{v^2(x)}$.

下面我们给出法则(2)的证明，法则(1)，(3)的证明留给读者.

证　令 $y=u(x)v(x)$.当 x 有增量 Δx 时，$u(x)$ 与 $v(x)$ 各有增量 Δu 与 Δv：

$$\Delta u=u(x+\Delta x)-u(x),\quad 即\quad u(x+\Delta x)=\Delta u+u(x),$$

$$\Delta v=v(x+\Delta x)-v(x),\quad 即\quad v(x+\Delta x)=\Delta v+v(x).$$

对应的 y 有增量 Δy，且

$$\begin{aligned}\Delta y&=u(x+\Delta x)v(x+\Delta x)-u(x)v(x)\\&=[\Delta u+u(x)][\Delta v+v(x)]-u(x)v(x)\\&=u(x)\Delta v+v(x)\Delta u+\Delta u\Delta v,\end{aligned}$$

则

$$\frac{\Delta y}{\Delta x}=u(x)\frac{\Delta v}{\Delta x}+v(x)\frac{\Delta u}{\Delta x}+\frac{\Delta u}{\Delta x}\Delta v.$$

由于 $u(x)$ 与 $v(x)$ 均在 x 处可导，所以

$$\lim_{\Delta x\to 0}\frac{\Delta u}{\Delta x}=u'(x),\quad \lim_{\Delta x\to 0}\frac{\Delta v}{\Delta x}=v'(x).$$

由于函数 $v(x)$在 x 处可导,则必在 x 处连续,因此 $\lim\limits_{\Delta x\to 0}\Delta v=0$.

由极限运算法则,有

$$\begin{aligned}\lim_{\Delta x\to 0}\frac{\Delta y}{\Delta x}&=\lim_{\Delta x\to 0}u(x)\frac{\Delta v}{\Delta x}+\lim_{\Delta x\to 0}v(x)\frac{\Delta u}{\Delta x}+\lim_{\Delta x\to 0}\frac{\Delta u}{\Delta x}\Delta v\\&=u'(x)v(x)+u(x)v'(x),\end{aligned}$$

所以$[u(x)v(x)]'=u'(x)v(x)+u(x)v'(x)$.

求导法则还可以推广到有限个函数的和、差、积运算上,以三个函数为例.设函数 $u(x)$,$v(x)$,$w(x)$在点 x 处可导,则

(1)$[au(x)\pm bv(x)\pm cw(x)]'=au'(x)\pm bv'(x)\pm cw'(x)$($a,b,c$ 为常数);

(2)$[u(x)v(x)w(x)]'=u'vw+uv'w+uvw'$.

例 1 求函数 $y=\sqrt{x}\cos x+6\ln x+\sin\dfrac{\pi}{5}$的导数.

解 $y'=(\sqrt{x}\cos x)'+(6\ln x)'+\left(\sin\dfrac{\pi}{5}\right)'=\dfrac{\cos x}{2\sqrt{x}}-\sqrt{x}\sin x+\dfrac{6}{x}$.

例 2 求函数 $y=\tan x$ 的导数.

解
$$\begin{aligned}y'=(\tan x)'=\left(\frac{\sin x}{\cos x}\right)'&=\frac{(\sin x)'\cos x-\sin x(\cos x)'}{\cos^2 x}\\&=\frac{\cos^2 x+\sin^2 x}{\cos^2 x}=\frac{1}{\cos^2 x}=\sec^2 x,\end{aligned}$$

即$(\tan x)'=\sec^2 x$.

用类似的方法,可得$(\cot x)'=-\csc^2 x$.

例 3 求函数 $y=\sec x$ 的导数.

解 $y'=(\sec x)'=\left(\dfrac{1}{\cos x}\right)'=-\dfrac{(\cos^2 x)'}{\cos^2 x}=\dfrac{\sin x}{\cos^2 x}=\sec x\tan x$.

用类似的方法,可求得$(\csc x)'=-\csc x\cot x$.

二、反函数的求导法则

前面已经求出一些基本初等函数的导数公式.在此主要解决反三角函数的求导问题.为此,先推导一般的反函数的求导法则.

如图 3—4 所示,由导数的几何意义知,函数 $f(x)$在点 x 处的导数为曲线$y=f(x)$在点 P 处的切线与 x 轴正向夹角α 的正切值,即 $f'(x)=\tan\alpha$;而函数 $f(x)$的反函数 $\varphi(y)$在点 x 处的导数为曲线$x=\varphi(y)$在点 P 处的切线与 y 轴正向夹角β的正切值,即 $\varphi'(y)=\tan\beta$.

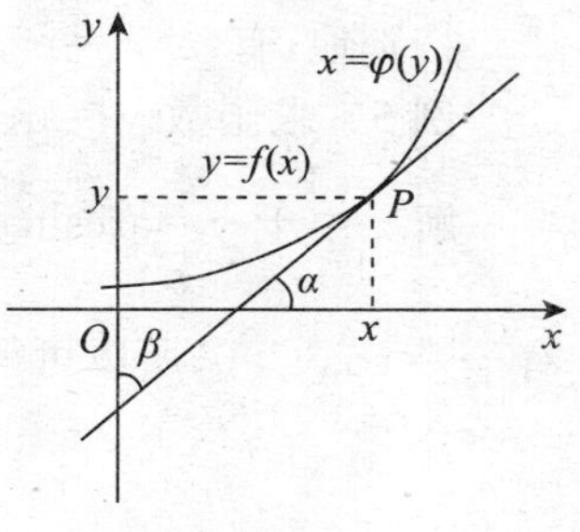

图 3—4

因为 $\alpha=\dfrac{\pi}{2}-\beta$,所以

$$f'(x)=\tan\alpha=\tan\left(\frac{\pi}{2}-\beta\right)=\cot\beta=\frac{1}{\tan\beta}=\frac{1}{\varphi'(y)}.$$

由此可得下述反函数导数定理.

定理 2 如果单调连续函数 $x=\varphi(y)$ 在点 y 处可导，而且 $\varphi'(y)\neq 0$，那么它的反函数 $y=f(x)$ 在对应的点 x 处可导，且有

$$f'(x)=\frac{1}{\varphi'(y)} \quad 或 \quad \frac{\mathrm{d}y}{\mathrm{d}x}=\frac{1}{\frac{\mathrm{d}x}{\mathrm{d}y}}.$$

证 由于 $x=\varphi(y)$ 单调连续，所以它的反函数 $y=f(x)$ 也单调连续. 给 x 以增量 $\Delta x\neq 0$，从 $y=f(x)$ 的单调性，可知

$$\Delta y=f(x+\Delta x)-f(x)\neq 0.$$

因而有

$$\frac{\Delta y}{\Delta x}=\frac{1}{\frac{\Delta x}{\Delta y}}.$$

根据 $y=f(x)$ 的连续性，当 $\Delta x\to 0$ 时，必有 $\Delta y\to 0$，而 $x=\varphi(y)$ 可导，于是

$$\lim_{\Delta y\to 0}\frac{\Delta x}{\Delta y}=\varphi'(y)\neq 0.$$

所以

$$\lim_{\Delta x\to 0}\frac{\Delta y}{\Delta x}=\lim_{\Delta y\to 0}\frac{1}{\frac{\Delta x}{\Delta y}}=\frac{1}{\lim\limits_{\Delta y\to 0}\frac{\Delta x}{\Delta y}}=\frac{1}{\varphi'(y)}.$$

这就是说，$y=f(x)$ 在点 x 处可导，且有 $f'(x)=\dfrac{1}{\varphi'(y)}$.

作为此定理的应用，下面来推导几个基本初等函数的导数公式.

例 4 求函数 $y=a^x\ (a>0, a\neq 1)$ 的导数.

解 由于 $y=a^x$ 是 $x=\log_a y$ 的反函数，$x=\log_a y$ 在 $(0,+\infty)$ 内单调可导，且有 $\dfrac{\mathrm{d}x}{\mathrm{d}y}=\dfrac{1}{y\ln a}\neq 0$，所以可得

$$y'=\frac{1}{\frac{\mathrm{d}x}{\mathrm{d}y}}=y\ln a=a^x\ln a,$$

即 $(a^x)'=a^x\ln a$.

特别地，有 $(\mathrm{e}^x)'=\mathrm{e}^x$.

例 5 求函数 $y=\arcsin x$ 的导数.

解 由于 $y=\arcsin x$ 是 $x=\sin y$ 的反函数，$x=\sin y$ 在区间 $\left(-\dfrac{\pi}{2},\dfrac{\pi}{2}\right)$ 内单调可导，且有 $\dfrac{\mathrm{d}x}{\mathrm{d}y}=\cos y>0$，所以可得

$$y'=\frac{1}{\frac{\mathrm{d}x}{\mathrm{d}y}}=\frac{1}{\cos y}=\frac{1}{\sqrt{1-\sin^2 y}}=\frac{1}{\sqrt{1-x^2}},$$

即$(\arcsin x)'=\dfrac{1}{\sqrt{1-x^2}}$.

类似地,有 $(\arccos x)'=-\dfrac{1}{\sqrt{1-x^2}}$.

例 6 求函数 $y=\arctan x$ 的导数.

解 由于 $y=\arctan x$ 是 $x=\tan y$ 的反函数,$x=\tan y$ 在区间$\left(-\dfrac{\pi}{2},\dfrac{\pi}{2}\right)$内单调可导,且有 $\dfrac{\mathrm{d}x}{\mathrm{d}y}=\sec^2 y\neq 0$,所以可得

$$y'=\frac{1}{\dfrac{\mathrm{d}x}{\mathrm{d}y}}=\frac{1}{\sec^2 y}=\frac{1}{1+\tan^2 y}=\frac{1}{1+x^2},$$

即$(\arctan x)'=\dfrac{1}{1+x^2}$.

类似地,有 $(\mathrm{arccot}\, x)'=-\dfrac{1}{1+x^2}$.

三、复合函数的求导法则

利用导数的四则运算求导法则和基本初等函数的求导公式,可以求出一些比较复杂的初等函数的导数.但是,产生初等函数的方法,除了四则运算外,还有函数的复合,因而复合函数的求导法则是求初等函数的导数所不可缺少的工具.

例 7 设某金属棒的长度为 L(单位:cm)取决于温度 H 的变化,而温度的变化又取决于时间 t(单位:h).如果温度每升高 1 ℃,长度增加 2 cm,而每隔 1 h,温度又上升 3 ℃.问金属棒长度的增加有多快?

解 显然金属棒的长度 $L=L(H)$,而 $H=H(t)$,所以 $L=L[H(t)]$.

由于 L 对 H 的变化率为$\dfrac{\mathrm{d}L}{\mathrm{d}H}=2$,$H$ 对 t 的变化率为$\dfrac{\mathrm{d}H}{\mathrm{d}t}=3$,所以,金属棒长度的增长速率为

$$\frac{\mathrm{d}L}{\mathrm{d}t}=\frac{\mathrm{d}L}{\mathrm{d}H}\cdot\frac{\mathrm{d}H}{\mathrm{d}t}=2\times 3=6(\mathrm{cm/h})$$

此例说明复合函数的变化率似乎是按层次传递的,事实上有下述定理:

定理 3 如果函数 $u=\varphi(x)$在点 x 处可导,而函数 $y=f(u)$在对应的点 u 处可导,那么复合函数 $y=f[\varphi(x)]$也在点 x 处可导,且有

$$\frac{\mathrm{d}y}{\mathrm{d}x}=\frac{\mathrm{d}y}{\mathrm{d}u}\cdot\frac{\mathrm{d}u}{\mathrm{d}x}\quad 或\quad \{f[\varphi(x)]\}'=f'(u)\varphi'(x).$$

证 当 x 有改变量 $\Delta x(\Delta x\neq 0)$时,对应的 $u=\varphi(x)$与 $y=f(u)$的改变量分别为 Δu 和 Δy.由于函数 $y=f(u)$可导,即$\lim\limits_{\Delta u\to 0}\dfrac{\Delta y}{\Delta u}=\dfrac{\mathrm{d}y}{\mathrm{d}u}$存在,由无穷小与函数极限的关系,有

$$\frac{\Delta y}{\Delta u}=\frac{\mathrm{d}y}{\mathrm{d}u}+a(\Delta u),$$

其中 $a(\Delta u)$是 $\Delta u\to 0$ 时的无穷小，以 Δu 乘以上式两边，得

$$\Delta y=\frac{\mathrm{d}y}{\mathrm{d}u}\Delta u+a(\Delta u)\Delta u. \tag{*}$$

式(*)仅在 $\Delta u\neq 0$ 时成立，当 $\Delta u=0$ 时，规定 $a(\Delta u)=0$，则由

$$\Delta y=f(u+\Delta u)-f(u)=0,$$

可知式(*)右端也为零，因此，当 $\Delta u=0$ 时，式(*)也成立.

用 $\Delta x\neq 0$ 除式(*)两端，得

$$\frac{\Delta y}{\Delta x}=\frac{\mathrm{d}y}{\mathrm{d}u}\frac{\Delta u}{\Delta x}+a(\Delta u)\frac{\Delta u}{\Delta x}.$$

因为 $u=\varphi(x)$在点 x 处可导，又根据函数在某点可导必在该点连续，可知 $u=\varphi(x)$在点 x 处也是连续的，故有 $\lim\limits_{\Delta x\to 0}\frac{\Delta u}{\Delta x}=\frac{\mathrm{d}u}{\mathrm{d}x}$，且当 $\Delta x\to 0$ 时 $\Delta u\to 0$，从而 $\lim\limits_{\Delta x\to 0}a(\Delta u)=\lim\limits_{\Delta u\to 0}a(\Delta u)=0$.所以

$$\lim_{\Delta x\to 0}\frac{\Delta y}{\Delta x}=\lim_{\Delta x\to 0}\left[\frac{\mathrm{d}y}{\mathrm{d}u}\frac{\Delta u}{\Delta x}+a(\Delta u)\frac{\Delta u}{\Delta x}\right]$$
$$=\frac{\mathrm{d}y}{\mathrm{d}u}\lim_{\Delta x\to 0}\frac{\Delta u}{\Delta x}+\lim_{\Delta x\to 0}a(\Delta u)\lim_{\Delta x\to 0}\frac{\Delta u}{\Delta x}=\frac{\mathrm{d}y}{\mathrm{d}u}\frac{\mathrm{d}u}{\mathrm{d}x},$$

即 $\frac{\mathrm{d}y}{\mathrm{d}x}=\frac{\mathrm{d}y}{\mathrm{d}u}\frac{\mathrm{d}u}{\mathrm{d}x}$，或记为 $\{f[\varphi(x)]\}'=f'(u)\varphi'(x)$.

上式说明求复合函数 $y=f[\varphi(x)]$对 x 的导数时，可先求出 $y=f(u)$对 u 的导数和 $u=\varphi(x)$对 x 的导数，然后相乘即得.

此法则也可用于多次复合情形.设 $y=f(u)$，$u=\varphi(v)$，$v=\psi(x)$都可导，则

$$\frac{\mathrm{d}y}{\mathrm{d}x}=\frac{\mathrm{d}y}{\mathrm{d}u}\frac{\mathrm{d}u}{\mathrm{d}v}\frac{\mathrm{d}v}{\mathrm{d}x} \quad 或 \quad \{f[\varphi(\psi(x))]\}'=f'(u)\varphi'(v)\psi'(x).$$

使用复合函数求导法则求导的要点是：

(1)明确复合函数的复合结构与复合顺序；

(2)从外层到内层逐层求导，层层不漏，直到求到自变量一层为止.

例 8 求函数 $y=\sin\sqrt{x}$ 的导数.

解 函数 $y=\sin\sqrt{x}$ 可以看作由函数 $y=\sin u$ 与 $u=\sqrt{x}$ 复合而成.因此

$$y'=(\sin u)'(\sqrt{x})'=\cos u\ \frac{1}{2\sqrt{x}}=\frac{\cos\sqrt{x}}{2\sqrt{x}}.$$

对于复合函数的分解比较熟悉后，就不必再写出中间变量，在过程中体现中间变量，采用下列例题中的方式运用求导法则来计算.

例 9 求函数 $y=\ln\tan\frac{x}{2}$的导数.

解 $y'=\left(\ln\tan\frac{x}{2}\right)'=\frac{1}{\tan\frac{x}{2}}\left(\tan\frac{x}{2}\right)'=\frac{1}{\tan\frac{x}{2}}\sec^2\frac{x}{2}\left(\frac{x}{2}\right)'$

$$=\frac{\cos\frac{x}{2}}{\sin\frac{x}{2}}\cdot\frac{1}{\cos^2\frac{x}{2}}\cdot\frac{1}{2}=\frac{1}{\sin x}=\csc x.$$

例 10 求函数 $y=x^{\alpha}$（α 为实数）的导数.

解 $y=x^{\alpha}=e^{\alpha\ln x}$ 可以看作由指数函数 e^{u} 与对数函数 $u=\alpha\ln x$ 复合而成.由复合函数求导法则,有

$$y'=(e^{u})'(\alpha\ln x)'=e^{\alpha\ln x}\alpha\frac{1}{x}=x^{\alpha}\alpha\frac{1}{x}=\alpha x^{\alpha-1},$$

即 $(x^{\alpha})'=\alpha x^{\alpha-1}$.

复合函数求导法则熟练后,可以按照复合的前后次序层层求导,直接得出最后结果.

例 11 求函数 $y=\sin\ln\sqrt{2x+1}$ 的导数.

解 $y'=\cos\ln\sqrt{2x+1}\cdot\dfrac{1}{\sqrt{2x+1}}\cdot\dfrac{1}{2\sqrt{2x+1}}\cdot 2=\dfrac{\cos\ln\sqrt{2x+1}}{2x+1}$.

例 12 求函数 $y=e^{\arctan\sqrt{x}}$ 的导数.

解 $y'=e^{\arctan\sqrt{x}}\dfrac{1}{1+(\sqrt{x})^{2}}\cdot\dfrac{1}{2\sqrt{x}}=\dfrac{e^{\arctan\sqrt{x}}}{2\sqrt{x}(1+x)}$.

由以上各例可见,复合函数求导法则是求导的灵魂,必须熟练掌握.

四、求导公式与初等函数的导数

前面已经求出了所有基本初等函数的导数,这些公式是导数计算的基础,现将基本初等函数求导公式归纳为表 3—3.

表 3—3 **导数公式表**

函数类型	导数公式
常数	$(C)'=0$（C 为常数）
幂函数	$(x^{\alpha})'=\alpha x^{\alpha-1}$.特例:$(x)'=1$,$(\sqrt{x})'=\dfrac{1}{2\sqrt{x}}$,$\left(\dfrac{1}{x}\right)'=-\dfrac{1}{x^{2}}$
指数函数	$(a^{x})'=a^{x}\ln a$,$(e^{x})'=e^{x}$
对数函数	$(\log_{a}x)'=\dfrac{1}{x\ln a}$,$(\ln x)'=\dfrac{1}{x}$
三角函数	$(\sin x)'=\cos x$,$(\cos x)'=-\sin x$
	$(\tan x)'=\dfrac{1}{\cos^{2}x}=\sec^{2}x$,$(\cot x)'=-\dfrac{1}{\sin^{2}x}=-\csc^{2}x$
	$(\sec x)'=\sec x\tan x$,$(\csc x)'=-\csc x\cot x$
反三角函数	$(\arcsin x)'=\dfrac{1}{\sqrt{1-x^{2}}}$,$(\arccos x)'=-\dfrac{1}{\sqrt{1-x^{2}}}$
	$(\arctan x)'=\dfrac{1}{1+x^{2}}$,$(\operatorname{arccot} x)'=-\dfrac{1}{1+x^{2}}$

建立了函数的和、差、积、商的求导法则和复合函数的求导法则,我们就解决了初等函数的求导问题,对于初等函数的求导进一步举例如下.

例 13 求下列函数的导数:

(1) $y=\ln(x+\sqrt{1+x^2})$；　　(2) $y=\cos x^2\cdot\sin^2\frac{1}{x}$.

解　(1) $y'=[\ln(x+\sqrt{1+x^2})]'=\frac{1}{x+\sqrt{1+x^2}}\left(1+\frac{x}{\sqrt{1+x^2}}\right)=\frac{1}{\sqrt{1+x^2}}$.

(2)
$$y'=-\sin x^2\cdot 2x\cdot\sin^2\frac{1}{x}+\cos x^2\cdot 2\sin\frac{1}{x}\cdot\cos\frac{1}{x}\cdot\left(-\frac{1}{x^2}\right)$$
$$=-2x\sin x^2\cdot\sin^2\frac{1}{x}-\frac{1}{x^2}\cos x^2\cdot\sin\frac{2}{x}.$$

例 14　求下列函数的导数：

(1) $y=x^{\sin x}(x>0)$；　　(2) $y=(1+x^2)^{\arctan x}$.

解　(1)因为 $y=x^{\sin x}=e^{\sin x\ln x}$，由复合函数求导法则，得
$$y'=(e^{\sin x\ln x})'=e^{\sin x\ln x}\left(\cos x\ln x+\frac{\sin x}{x}\right)=x^{\sin x}\left(\cos x\ln x+\frac{\sin x}{x}\right).$$

(2)因为 $y=(1+x^2)^{\arctan x}=e^{\arctan x\ln(1+x^2)}$，由复合函数求导法则，得
$$y'=[e^{\arctan x\ln(1+x^2)}]'=e^{\arctan x\ln(1+x^2)}\left[\frac{\ln(1+x^2)}{1+x^2}+\frac{2x\arctan x}{1+x^2}\right]$$
$$=\frac{(1+x^2)^{\arctan x}}{1+x^2}[\ln(1+x^2)+2x\arctan x].$$

例 15　设 $f(u)$ 可导.求下列函数的导数：

(1) $y=\sin[f(x^2)]$；　　(2) $y=e^{f^2(\sin x)}+\sin^2 f(e^x)$.

解　(1) $y'=\{\sin[f(x^2)]\}'=\cos[f(x^2)]\cdot f'(x^2)\cdot 2x=2xf'(x^2)\cos[f(x^2)]$.

(2)
$$y'=[e^{f^2(\sin x)}+\sin^2 f(e^x)]'$$
$$=e^{f^2(\sin x)}\cdot 2f(\sin x)\cdot f'(\sin x)\cdot\cos x+2\sin f(e^x)\cos f(e^x)\cdot f'(e^x)\cdot e^x$$
$$=2\cos x\cdot f(\sin x)\cdot e^{f^2(\sin x)}\cdot f'(\sin x)+e^x\sin 2f(e^x)\cdot f'(e^x).$$

例 16　设 $f'(x)$ 存在.求 $y=\ln|f(x)|(f(x)\neq 0)$ 的导数.

解　当 $f(x)>0$ 时，$y=\ln f(x)$，$y'=[\ln f(x)]'=\frac{1}{f(x)}f'(x)=\frac{f'(x)}{f(x)}$.

当 $f(x)<0$ 时，$y=\ln[-f(x)]$，$y'=\frac{1}{-f(x)}[-f(x)]'=\frac{f'(x)}{f(x)}$.

综上，$[\ln|f(x)|]'=\frac{f'(x)}{f(x)}$.

☞ 习题 3.2

1. 求下列函数的导数：

(1) $y=x^3-3x+\frac{3}{x}$；　　(2) $y=x^3+3^x-\ln 3$；

(3) $y=\frac{\sqrt{x}-1}{x^2}$；　　(4) $y=x^3\cos x$；

(5) $y=\frac{2\ln x}{x}$；　　(6) $y=x^2e^x\sin x$；

(7) $y=2\sqrt{x}+x\arctan x$；

(8) $y=2^x(x\sin x+\cos x)$；

(9) $y=\dfrac{1-\ln x}{1+\ln x}$；

(10) $y=\dfrac{\tan x}{x+\sin x}$.

2. 求下列函数在指定点处的导数：

(1) $f(x)=\dfrac{5}{3-x}+\dfrac{x^2}{2}, x=2$；

(2) $s(t)=t\sin t+\dfrac{1}{2}\cos t, t=\dfrac{\pi}{4}$.

3. 求下列函数的导数：

(1) $y=(2x+3)^3$；

(2) $y=\cos(1-3x)$；

(3) $y=\mathrm{e}^{-3x^2+1}$；

(4) $y=\ln(1+x^2)$；

(5) $y=\arcsin\sqrt{x}$；

(6) $y=\arctan^3 x$；

(7) $y=\sqrt{\tan\dfrac{x}{2}}$；

(8) $y=\mathrm{e}^{-\cos^2\frac{1}{x}}$；

(9) $y=\ln(x+\sqrt{1+x^2})$；

(10) $y=\ln(\sec x+\tan x)$；

(11) $y=\sqrt{x+\ln^2 x}$；

(12) $y=\sin^n x\cos nx$；

(13) $y=(\arctan^2 x+\tan x)^2$；

(14) $y=\sin(\cos^2 x)\cdot\cos(\sin^2 x)$；

(15) $y=\sqrt{x+\sqrt{x+\sqrt{x}}}$；

(16) $y=\ln\tan\dfrac{x}{2}-\cos x\ln\tan x$.

4. 设函数 $f(x)$ 可导，且 $f(x)>0$. 求下列函数的导数：

(1) $y=f(\sqrt{x}+1)$；

(2) $y=\arctan f(2x)$；

(3) $y=f(\mathrm{e}^x)\mathrm{e}^{f(x)}$；

(4) $y=\ln[1+f^2(x)]$；

(5) $y=\ln|f(x)|$；

(6) $y=x\sin f^2(x+1)$.

5. 证明：可导的偶函数的导数是奇函数，可导的奇函数的导数是偶函数.

6. 求曲线 $y=2\sin x+x^2$ 在点 $(0,0)$ 处的切线方程与法线方程.

7. 在某项记忆力测试中，某人在 t 分钟后能够记住 M 个单词，其中

$$M=-0.001t^3+0.1t^2.$$

求记住的单词数关于时间的变化率，以及在 $t=10$ 分钟时的记忆率.

8. 某公司预计，在花费 x（千元）做广告后，公司将卖出 N 件产品，其中

$$N(x)=-x^2+300x+6.$$

(1)求卖出的件数关于花在广告上的总费用的变化率. (2)在花费 10 000 元广告费以后卖出多少件产品？(3)在 $x=10$ 时的变化率是多少？

9. 在一定条件下，传闻按照模型 $p(t)=\dfrac{1}{1+a\mathrm{e}^{-kt}}$ 传播，其中 $p(t)$ 是在时刻 t 知道传闻的人数的比例，a 和 k 是正常数. 求 $\lim\limits_{t\to\infty}p(t)$ 及传闻传播的速度.

第三节　高阶导数

设物体的运动方程为 $s=s(t)$，则物体运动的速度为 $v(t)=s'(t)$，而速度在时刻 t_0 的变化率

$$\lim_{\Delta t\to 0}\frac{\Delta v}{\Delta t}=\lim_{\Delta t\to 0}\frac{v(t_0+\Delta t)-v(t_0)}{\Delta t}=\lim_{t\to t_0}\frac{v(t)-v(t_0)}{t-t_0}$$

就是运动物体在时刻 t_0 的加速度.因此，加速度是速度函数的导数，也就是路程函数 $s=s(t)$ 的导函数的导数，这就产生了高阶导数概念.

定义 1　若函数 $f(x)$ 的导函数 $f'(x)$ 在点 x_0 可导，则称 $f'(x)$ 在点 x_0 的导数为函数 $f(x)$ 在点 x_0 的二阶导数，记作 $f''(x_0)$，即

$$f''(x_0)=\lim_{\Delta x\to 0}\frac{f'(x_0+\Delta x)-f'(x_0)}{\Delta x}=\lim_{x\to x_0}\frac{f'(x)-f'(x_0)}{x-x_0}.$$

如果函数 $y=f(x)$ 在区间 I 上的导数 $y'=f'(x)$ 仍是 x 的可导函数，就称 $y'=f'(x)$ 的导数为函数 $y=f(x)$ 的**二阶导函数**，简称**二阶导数**，记作 y''，f'' 或 $\frac{d^2y}{dx^2}$，即

$$y''=(y')'\quad 或\quad \frac{d^2y}{dx^2}=\frac{d}{dx}\left(\frac{dy}{dx}\right).$$

相应地，把 $y=f(x)$ 的导数 $f'(x)$ 叫作函数 $y=f(x)$ 的一阶导数.

类似地，二阶导数的导数叫作**三阶导数**，三阶导数的导数叫作**四阶导数**.依此类推，一般地，函数 $f(x)$ 的 $n-1$ 阶导数的导数叫作 ***n* 阶导数**，分别记作

$$y''',y^{(4)},\cdots,y^{(n)}\quad 或\quad f'''(x),\cdots,f^{(4)}(x),\cdots,f^{(n)}(x)\quad 或\quad \frac{d^3y}{dx^3},\frac{d^4y}{dx^4},\cdots,\frac{d^ny}{dx^n}.$$

且有 $y^{(n)}=[y^{(n-1)}]'$ 或 $\frac{d^ny}{dx^n}=\frac{d}{dx}\left(\frac{d^{n-1}y}{dx^{n-1}}\right)$.

二阶及二阶以上的导数统称为高阶导数.显然，求高阶导数并不需要更新的方法，只要逐阶求导，直到所要求的阶数即可.所以，仍可用前面学过的求导方法来计算高阶导数.

例 1　求函数 $y=e^{-x}$ 的二阶及三阶导数.

解　$y'=-e^{-x}$，$y''=(y')'=(-e^{-x})'=e^{-x}$.$y'''=(y'')'=(e^{-x})'=-e^{-x}$.

例 2　求 n 次多项式 $y=a_0x^n+a_1x^{n-1}+\cdots+a_n$ 的各阶导数.

解　$y'=na_0x^{n-1}+(n-1)a_1x^{n-2}+\cdots+a_{n-1}$，

$y''=n(n-1)a_0x^{n-2}+(n-1)(n-2)a_1x^{n-3}+\cdots+2a_{n-2}$.

可见每经过一次求导运算，多项式的次数就降低一次，继续求导得

$$y^{(n)}=n!\ a_0.$$

这是一个常数，因而 $y^{(n+1)}=y^{(n+2)}=\cdots=0$.这就是说，$n$ 次多项式的一切高于 n 阶的导数都是零.

例 3　求指数函数 $y=e^{ax}$ 与 $y=a^x$ 的 n 阶导数.

解 对 $y=e^{ax}$，$y'=ae^{ax}$，$y''=a^2e^{ax}$，$y'''=a^3e^{ax}$，依此类推，可得 $y^{(n)}=a^ne^{ax}$，即 $(e^{ax})^{(n)}=a^ne^{ax}$.

特别地，$(e^x)^{(n)}=e^x$.

对 $y=a^x$，$y'=a^x\ln a$，$y''=a^x\ln^2 a$，$y'''=a^x\ln^3 a$. 依此类推，可得 $y^{(n)}=a^x\ln^n a$，即 $(a^x)^{(n)}=a^x\ln^n a$.

例 4 求 $y=\sin x$ 与 $y=\cos x$ 的 n 阶导数.

解 对 $y=\sin x$，

$$y'=\cos x=\sin\left(x+\frac{\pi}{2}\right),$$

$$y''=\cos\left(x+\frac{\pi}{2}\right)=\sin\left(x+\frac{\pi}{2}+\frac{\pi}{2}\right)=\sin\left(x+2\cdot\frac{\pi}{2}\right),$$

$$y'''=\cos\left(x+2\cdot\frac{\pi}{2}\right)=\sin\left(x+3\cdot\frac{\pi}{2}\right),$$

依此类推，可得 $y^{(n)}=\sin\left(x+n\cdot\frac{\pi}{2}\right)$，即 $(\sin x)^{(n)}=\sin\left(x+n\cdot\frac{\pi}{2}\right)$.

用类似的方法，可得 $(\cos x)^{(n)}=\cos\left(x+n\cdot\frac{\pi}{2}\right)$.

例 5 求对数函数 $y=\ln(1+x)$ 的 n 阶导数.

解 $y'=\dfrac{1}{1+x}$，$y''=-\dfrac{1}{(1+x)^2}$，$y'''=\dfrac{1\cdot 2}{(1+x)^3}$，$y^{(4)}=-\dfrac{1\cdot 2\cdot 3}{(1+x)^4}$.

依此类推，可得 $y^{(n)}=(-1)^{n-1}\dfrac{(n-1)!}{(1+x)^n}$，即

$$[\ln(1+x)]^{(n)}=(-1)^{n-1}\frac{(n-1)!}{(1+x)^n}.$$

通常我们规定 $0!=1$，所以这个公式当 $n=1$ 时也成立.

☞ 习题 3.3

1. 求下列函数的二阶导数：

(1) $y=e^{-x^2}$； (2) $y=\ln(1-x^2)$；

(3) $y=e^{-x}\cos 2x$； (4) $y=\cos^2 x\ln x$；

(5) $y=\ln(x+\sqrt{1+x^2})$； (6) $y=\dfrac{1-x}{1+x}$.

2. 设函数 $f(x)=e^{\sin x}\cos\sin x$. 求 $f(0)$，$f'(0)$，$f''(0)$.

3. 设函数 $f(x)$ 二阶可导. 求下列函数的二阶导数：

(1) $y=f(x^2)$；(2) $y=\ln[f(x)]$； (3) $y=e^{-f(x)}$.

4. 验证函数 $y=e^x\sin x$ 满足关系式 $y''-2y'+2y=0$.

5. 验证函数 $y=(C_1+xC_2)e^x$（C_1，C_2 是常数）满足关系式 $y''-2y'+y=0$.

6. 求下列函数的 n 阶导数：

(1) $y=\dfrac{1}{ax+b}$； (2) $y=x\ln x$；

(3) $y=\cos^2 x$;　　　　(4) $y=x\mathrm{e}^x$.

第四节　隐函数与参变量函数的导数

函数的常见表达形式主要有显函数形式、隐函数形式和参变量函数形式.

例如，函数 $y=\sqrt{1-x^2}$，$x\in[-1,1]$表示圆心在原点、半径为 1 的上半圆周.同时，该函数也可以由方程 $x^2+y^2=1(y\geqslant 0)$表示，也可以由参数方程$\begin{cases}x=\cos t\\ y=\sin t\end{cases}\left(0\leqslant t\leqslant\frac{\pi}{2}\right)$表示.

前面所讨论的函数导数主要是显函数 $y=f(x)$的形式，那么，对于由隐函数和参变量函数形式表达的函数如何求导，就是这里所要讨论的内容.

一、隐函数求导法

如果变量 x 与 y 满足方程 $F(x,y)=0$，在一定条件下，对于 x 取值区间内的任一值，都有满足方程的唯一 y 值存在，则称由方程 $F(x,y)=0$ 确定了一个隐函数 $y=f(x)$.

对于有些隐函数，可以从方程 $F(x,y)=0$ 解出 $y=f(x)$，称之为隐函数的显化.例如，由方程 $x+y^3-1=0$ 解出 $y=\sqrt[3]{1-x}$.但有的隐函数不易显化甚至不可能显化.例如，由方程 $\mathrm{e}^y-xy=0$ 所确定的隐函数就不能用显式表示出来.

对于由方程 $F(x,y)=0$ 所确定的隐函数的求导，当然不能完全寄希望于把它显化，关键是要能从 $F(x,y)=0$ 直接把 y'求出来.我们知道，把方程 $F(x,y)=0$ 所确定的隐函数 $y=f(x)$代入原方程，结果是恒等式

$$F[x,f(x)]\equiv 0.$$

把这个恒等式的两端对 x 求导，所得的结果也必然相等，但应注意，左端 $F[x,f(x)]$是将 $y=f(x)$代入 $F(x,y)$后所得的结果，所以，当方程 $F(x,y)=0$ 的两端对 x 求导时，要记住 y 是 x 的函数，然后用复合函数求导法则去求导，这样，便可得到欲求的导数.下面举例说明这种方法.

例 1　求由方程 $xy-\mathrm{e}^x+\mathrm{e}^y=0$ 所确定的隐函数的导数$\frac{\mathrm{d}y}{\mathrm{d}x}$.

解　把方程 $xy-\mathrm{e}^x+\mathrm{e}^y=0$ 的两端对 x 求导，记住 y 是 x 的函数，得

$$y+xy'-\mathrm{e}^x+\mathrm{e}^y y'=0.$$

由上式解出 y'，便得隐函数的导数为

$$y'=\frac{\mathrm{e}^x-y}{x+\mathrm{e}^y}\quad(x+\mathrm{e}^y\neq 0).$$

例 2　求曲线 $3y^2=x^2(x+1)$在点(2,2)处的切线方程.

解　方程两边对 x 求导，得

$$6yy'=3x^2+2x.$$

由上式解出 y'，得

$$y'=\frac{3x^2+2x}{6y}\quad(y\neq 0).$$

所以

$$y'|_{(2,2)}=\frac{4}{3}.$$

因而所求切线方程为

$$y-2=\frac{4}{3}(x-2),\quad 即\ 4x-3y-2=0.$$

例 3 求由方程 $x-y+\frac{1}{2}\sin y=0$ 所确定的隐函数 y 的二阶导数$\frac{d^2y}{dx^2}$.

解 将方程两边对 x 求导，得

$$1-\frac{dy}{dx}+\frac{1}{2}\cos y\,\frac{dy}{dx}=0.$$

上式两边再对 x 求导，得

$$-\frac{d^2y}{dx^2}-\frac{1}{2}\sin y\left(\frac{dy}{dx}\right)^2+\frac{1}{2}\cos y\,\frac{d^2y}{dx^2}=0.$$

于是有

$$\frac{d^2y}{dx^2}=\frac{\sin y\left(\frac{dy}{dx}\right)^2}{\cos y-2}.$$

将一阶导数$\frac{dy}{dx}=\frac{2}{2-\cos y}$代入上式，得

$$\frac{d^2y}{dx^2}=\frac{4\sin y}{(\cos y-2)^3}.$$

此式右端分式中的 y 是由方程 $x-y+\frac{1}{2}\sin y=0$ 所确定的隐函数.

根据隐函数求导法，我们还可以得到一个简化求导运算的方法.它适合于由几个因子通过乘、除、乘方、开方所构成的比较复杂的函数及幂指函数的求导，这个方法是先取对数，然后利用隐函数求导法求导，因此称为**对数求导法**.

例 4 设 $y=(x-1)\sqrt[3]{(3x+1)^2(x-2)}$.求 y'.

解 先在等式两边取绝对值，再取对数，得

$$\ln|y|=\ln|x-1|+\frac{2}{3}\ln|3x+1|+\frac{1}{3}\ln|x-2|.$$

两边对 x 求导，得

$$\frac{1}{y}y'=\frac{1}{x-1}+\frac{2}{3}\,\frac{3}{3x+1}+\frac{1}{3}\,\frac{1}{x-2},$$

所以

$$y'=(x-1)\sqrt[3]{(3x+1)^2(x-2)}\left(\frac{1}{x-1}+\frac{2}{3x+1}+\frac{1}{3x-6}\right).$$

注意 以后解题时，为了方便起见，取绝对值这一过程可以略去，不影响求解结果.

例 5 求函数 $y=x^{\sin x}\,(x>0)$的导数.

解 $y=x^{\sin x}(x>0)$两边取对数，得

$$\ln y=\sin x\ln x.$$

两边求导，得

$$\frac{1}{y}y'=\frac{\sin x}{x}+\cos x\ln x.$$

所以

$$y'=y\left(\frac{\sin x}{x}+\cos x\ln x\right)=x^{\sin x}\left(\frac{\sin x}{x}+\cos x\ln x\right).$$

一般地，对于幂指函数 $y=u^v(u>0)$，如果 $u(x)$ 与 $v(x)$ 都可导，按照对数求导法，可得

$$y'=u(x)^{v(x)}\left[v'(x)\ln u(x)+\frac{v(x)u'(x)}{u(x)}\right].$$

二、参变量函数求导法

设变量 y 与 x 之间的函数关系由参数方程

$$\begin{cases}x=\varphi(t)\\y=\psi(t)\end{cases}$$

确定，其中 $\varphi(t)$ 与 $\psi(t)$ 都是 t 的可导函数，$x=\varphi(t)$ 严格单调连续，且 $\varphi'(t)\neq 0$，这样 $x=\varphi(t)$ 的反函数 $t=\varphi^{-1}(x)$ 存在.因此，参数方程所确定的函数可以看成是 $y=\psi(t)$ 与 $t=\varphi^{-1}(x)$ 复合而成的复合函数 $y=\psi[\varphi^{-1}(x)]$.根据复合函数与反函数的求导法则，有

$$\frac{\mathrm{d}y}{\mathrm{d}x}=\frac{\mathrm{d}y}{\mathrm{d}t}\frac{\mathrm{d}t}{\mathrm{d}x}=\frac{\mathrm{d}y}{\mathrm{d}t}\frac{1}{\frac{\mathrm{d}x}{\mathrm{d}t}}=\psi'(t)\frac{1}{\varphi'(t)}=\frac{\psi'(t)}{\varphi'(t)}.$$

例 6 设参变量函数

$$\begin{cases}x=a(t-\sin t)\\y=a(1-\cos t)\end{cases}\quad(0\leqslant t\leqslant 2\pi).$$

求：(1)参变量函数所表示的曲线在任何点的切线斜率；(2)参变量函数所表示的曲线在 $t=\frac{\pi}{2}$ 处的切线方程.

解 (1)曲线在任意点的切线斜率为

$$\frac{\mathrm{d}y}{\mathrm{d}x}=\frac{a\sin t}{a(1-\cos t)}=\cot\frac{t}{2}.$$

(2)当 $t=\frac{\pi}{2}$ 时，曲线上对应点为 $\left(a\left(\frac{\pi}{2}-1\right),a\right)$，在此点的切线斜率为

$$\left.\frac{\mathrm{d}y}{\mathrm{d}x}\right|_{t=\frac{\pi}{2}}=\left.\cot\frac{t}{2}\right|_{t=\frac{\pi}{2}}=1.$$

于是，切线方程为

$$y-a=x-a\left(\frac{\pi}{2}-1\right),\quad 即\quad y=x+a\left(2-\frac{\pi}{2}\right)$$

☞习题 3.4

1. 求由下列方程所确定的隐函数 $y=y(x)$ 的导数 y'：

(1) $x^2-xy+y^2=2$；　(2) $xy+e^{xy}+y=2$；

(3) $y\sin x-\cos(x-y)=0$；　(4) $e^y=\sin(x+y)$.

2. 设由方程 $\ln y=xy+\cos x$ 所确定隐函数为 $y=y(x)$.求 $\frac{dy}{dx},\left.\frac{dy}{dx}\right|_{(0,e)}$.

3. 求由下列方程所确定的隐函数 $y=y(x)$ 的二阶导数 y''：

(1) $\arctan\frac{x}{y}=\ln\sqrt{x^2+y^2}$；　(2) $y=1+xe^y$.

4. 求下列曲线在给定点处的切线方程：

(1) $xy+\ln y=1$ 在点 $(1,1)$ 处；　(2) $x^2+y^2+xy=4$ 在 $x=2$ 处.

5. 求下列函数的导数：

(1) $y=\left(\frac{x}{1+x}\right)^x$；　(2) $y=(1+\cos x)^{\frac{1}{x}}$；

(3) $y=\frac{\sqrt{x+2}(3-x)^4}{(x+1)^5}$；　(4) $y=\frac{(1-x)\sqrt{\sin x}}{e^{2x-1}(2+x)^3}$.

6. 求下列参变量函数的导数 $\frac{dy}{dx}$：

(1) $\begin{cases}x=a\cos t\\ y=b\sin t\end{cases}$；　(2) $\begin{cases}x=1-t^3\\ y=t-t^3\end{cases}$；　(3) $\begin{cases}x=\ln(1+t^2)\\ y=t-\arctan t\end{cases}$.

7. 求曲线 $\begin{cases}x=\sin t\\ y=\cos 2t\end{cases}$ 在 $t=\frac{\pi}{4}$ 处的切线方程和法线方程.

第五节　微　分

函数 $y=f(x)$ 在点 x_0 的改变量 $\Delta y=f(x_0+\Delta x)-f(x_0)$ 反映了函数在点 x_0 周围的局部特征，对函数在此点周围的性态研究具有重要意义，微积分的许多重要概念都与其密切相关.例如：

函数的连续性讨论的是改变量的极限：

$$\lim_{\Delta x\to 0}\Delta y=\lim_{\Delta x\to 0}[f(x_0+\Delta x)-f(x_0)]=0.$$

函数的导数讨论的是函数改变量与自变量改变量比的极限：

$$\lim_{\Delta x\to 0}\frac{\Delta y}{\Delta x}=\lim_{\Delta x\to 0}\frac{f(x_0+\Delta x)-f(x_0)}{\Delta x}=f(x_0).$$

对函数的改变量的研究不仅要考虑其极限特征，有时还要考虑函数改变量 Δy 与自变量改变量 Δx 之间的内在联系及结构特征，从而形成了微分的概念.

一、微分概念的提出

在解决实际问题中，经常要计算函数改变量的大小，对于线性函数 $y=kx+b$ 而言，Δy 是 Δx 的线性函数，即 $\Delta y=k\Delta x$，因此，函数改变量的计算易求.但对于非线性函数来说，Δy 与 Δx 之间的关系要复杂得多，显然不是这种线性关系，这样就提出了一个问题：为了计算上的方便，能否找到某个关于 Δx 的线性函数去近似代替 Δy 呢？

观察函数 $y=x^2$ 在点 x_0 处局部范围内，函数曲线逐步放大的特征（图 3—5）.可以看到，随着曲线的逐步放大，被放大的曲线越来越像直线，这样在 x_0 处的局部范围内，可以用直线近似代替曲线.

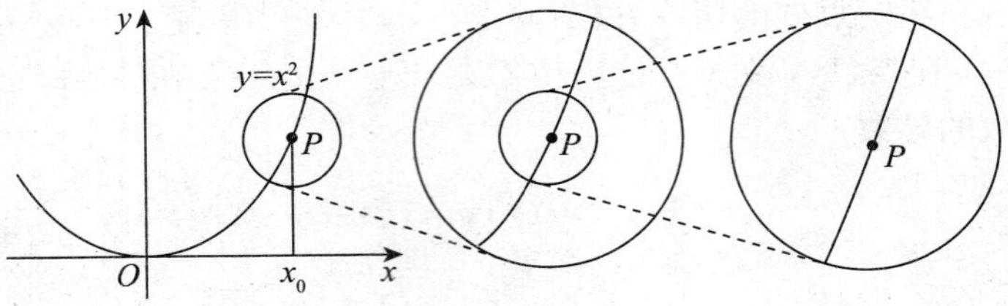

图 3—5

事实上，若视函数 $y=x^2$ 为边长为 x 的正方形面积函数，则当自变量 x 自 x_0 取得增量 Δx 时，函数 y 相应有增量 Δy，即

$$\Delta y=(x_0+\Delta x)^2-x_0^2=2x_0\Delta x+(\Delta x)^2.$$

从上式可以看出，Δy 可分成两部分：一部分是 $2x_0\Delta x$，它是 Δx 的线性函数，即图中带有斜线的两个矩形面积之和；另一部分是 $(\Delta x)^2$，在图中是带有交叉线的小正方形的面积.因为 $\lim\limits_{\Delta x\to 0}\dfrac{(\Delta x)^2}{\Delta x}=\lim\limits_{\Delta x\to 0}\Delta x=0$，所以，当 $\Delta x\to 0$ 时，$(\Delta x)^2$ 是比 Δx 高阶的无穷小，即 $(\Delta x)^2=o(\Delta x)$，因此

$$\Delta y=2x_0\Delta x+o(\Delta x).$$

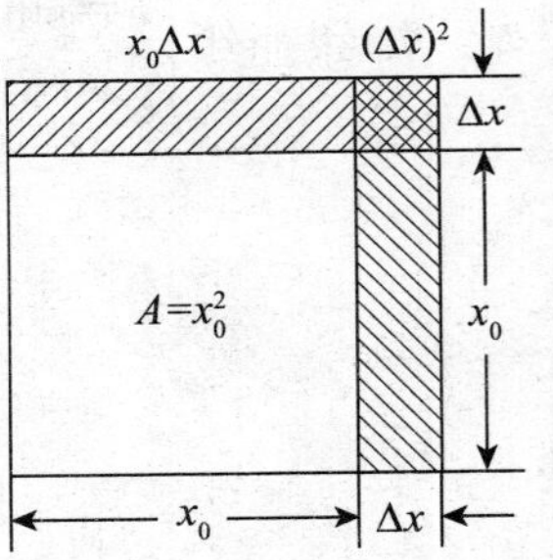

图 3—6

显然，如图 3—6 所示，$2x_0\Delta x$ 是增量 Δy 的主要部分，而 $(\Delta x)^2$ 是次要部分，当 $|\Delta x|$ 很小时 $(\Delta x)^2$ 部分比 $2x_0\Delta x$ 要小得多.也就是说，当 $|\Delta x|$ 很小时，增量 Δy 可以近似地用 $2x_0\Delta x$ 表示，即 $\Delta y\approx 2x_0\Delta x$，这样就给函数改变量 Δy 的计算带来了方便.

一般地，若函数 $y=f(x)$ 的改变量 $\Delta y=f(x_0+\Delta x)-f(x_0)$ 可以表示成

$$\Delta y=A\Delta x+o(\Delta x),$$

其中 A 是不依赖于 Δx 的常数，$o(\Delta x)$ 是当 $\Delta x\to 0$ 时比 Δx 高阶的无穷小，则当 $A\neq 0$ 且 $|\Delta x|$ 很小时，增量 Δy 就可以近似地用 $A\Delta x$ 表示，由此引出了微分概念.

二、微分的概念

定义 若函数 $y=f(x)$ 在点 x_0 处的改变量 $\Delta y=f(x_0+\Delta x)-f(x_0)$ 可以表示成

$$\Delta y=A\Delta x+o(\Delta x),$$

其中 A 是依赖于 x_0 但不依赖于 Δx 的常数，$o(\Delta x)$是当 $\Delta x\to 0$ 时比 Δx 高阶的无穷小，则称函数 $f(x)$在点 x_0 处可微，并称 $A\Delta x$ 为函数 $y=f(x)$在点 x_0 处相对于 Δx 的微分，记为 $\mathrm{d}y\big|_{x=x_0}$，即 $\mathrm{d}y\big|_{x=x_0}=A\Delta x$.

现在的问题是：函数 $y=f(x)$满足什么条件时在点 x_0 处可微？如果可微，则依赖于 x_0 但不依赖于 Δx 的常数 A 是什么？

例 1 设物体做自由落体运动，路程 s 与时间 t 的函数关系为 $s=\frac{1}{2}gt^2$. 考虑时刻 t_0 到 $t_0+\Delta t$ 物体运动所经过路程的改变量.

解 当时间 t 从 t_0 变到 $t_0+\Delta t$ 时，路程 s 有相应的改变量

$$\Delta s=\frac{1}{2}g\,(t_0+\Delta t)^2-\frac{1}{2}gt_0^2=gt_0\Delta t+\frac{1}{2}g\,(\Delta t)^2.$$

上式右边第一部分是 Δt 的线性函数，第二部分当 $\Delta t\to 0$ 时是一个比 Δt 高阶的无穷小量，因此，当$|\Delta t|$很小时，可以把第二部分忽略，而得到路程改变量的近似值 $\Delta s\approx gt_0\Delta t$. 由微分的定义知，函数 $s=\frac{1}{2}gt^2$ 在 t_0 处可微，且微分

$$\mathrm{d}s\big|_{t=t_0}=gt_0\Delta t.$$

又因为 $s'(t_0)=gt_0$，所以 $\mathrm{d}s\big|_{t=t_0}=s'(t_0)\Delta t$.

事实上，上式表明当$|\Delta t|$很小时，从 t_0 到 $t_0+\Delta t$ 这段时间内物体运动速度的变化也很小. 因此，在这段时间内，物体的运动可以近似地看作速度为 $s'(t_0)$的匀速运动，于是路程改变量的近似值为 $\Delta s\approx s'(t_0)\Delta t$，微分为 $\mathrm{d}s\big|_{t=t_0}=s'(t_0)\Delta t$.

上述结论对于一般的函数是否成立呢？下面的定理回答了这个问题.

定理 函数 $y=f(x)$在点 x_0处可微的充要条件是它在点 x_0处可导，此时，$A=f'(x_0)$，且 $\mathrm{d}y\big|_{x=x_0}=f'(x_0)\Delta x$.

证 充分性 对于 x_0 处的改变量 Δx，相应地有改变量 Δy. 若函数 $y=f(x)$在点 x_0 处可导，则有 $\lim\limits_{\Delta x\to 0}\frac{\Delta y}{\Delta x}=f'(x_0)$. 根据极限与无穷小的关系，有

$$\frac{\Delta y}{\Delta x}=f'(x_0)+\alpha\quad(\text{其中}\lim_{\Delta x\to 0}\alpha=0),$$

于是

$$\Delta y=f'(x_0)\Delta x+\alpha\Delta x.$$

上式右端的第一部分 $f'(x_0)\Delta x$ 是 Δx 的线性函数；因为 $\lim\limits_{\Delta x\to 0}\frac{\alpha\Delta x}{\Delta x}=0$，所以第二部分是比 Δx 高阶的无穷小. 根据微分的定义知，函数 $y=f(x)$在点 x_0处可微.

必要性 如果函数 $y=f(x)$在点 x_0处可微，则改变量 Δy 可以表示成

$$\Delta y=A\Delta x+o(\Delta x)\quad(\text{其中}\lim_{\Delta x\to 0}\frac{o(\Delta x)}{\Delta x}=0),$$

即有

$$\frac{\Delta y}{\Delta x}=A+\frac{o(\Delta x)}{\Delta x}.$$

这样

$$\lim_{\Delta x\to 0}\frac{\Delta y}{\Delta x}=\lim_{\Delta x\to 0}\left[A+\frac{o(\Delta x)}{\Delta x}\right]=A.$$

上式说明函数 $y=f(x)$ 在点 x_0 处可导，且 $A=f'(x_0)$，从而 $\mathrm{d}y|_{x=x_0}=f'(x_0)\Delta x$.

此定理说明一元函数的可导与可微是等价的.

若函数 $y=f(x)$ 在区间 I 内的每一点都可微，则称 $f(x)$ 为区间 I 内的可微函数，函数 $y=f(x)$ 在区间 I 内任意一点 x 处的微分称为函数的微分，记为 $\mathrm{d}y$，即有 $\mathrm{d}y=f'(x)\Delta x$.

通常把自变量 x 的改变量 Δx 称为自变量的微分，记作 $\mathrm{d}x$，并规定自变量的微分等于自变量的增量，即 $\mathrm{d}x=\Delta x$，这样函数 $y=f(x)$ 的微分可以写成

$$\mathrm{d}y=f'(x)\Delta x=f'(x)\mathrm{d}x,$$

即函数的微分等于函数的导数与自变量微分的乘积.因此，

$$\mathrm{d}y=f'(x)\mathrm{d}x \quad \Leftrightarrow \quad \frac{\mathrm{d}y}{\mathrm{d}x}=f'(x).$$

由此可见，导数等于函数的微分与自变量微分的商，即 $f'(x)=\frac{\mathrm{d}y}{\mathrm{d}x}$.正因为这样，导数也称为**“微商”**，而微分的分式 $\frac{\mathrm{d}y}{\mathrm{d}x}$ 也常常用作导数的符号.

应当注意，微分与导数虽然有着密切的联系，但它们是有区别的：导数是函数在一点处的变化率，而微分是函数在一点处由自变量增量所引起的函数变化量的主要部分；导数的值只与 x 有关，而微分的值与 x 和 Δx 都有关.

例 2 求函数 $y=x^2$ 在 $x=1$，$\Delta x=0.1$ 时的改变量及微分.

解 $\Delta y=(x+\Delta x)^2-x^2$.代入数值，得 $\Delta y=1.1^2-1^2=0.21$.在点 $x=1$ 处，

$$y'|_{x=1}=2x|_{x=1}=2,$$

所以 $\mathrm{d}y=y'\Delta x=2\times 0.1=0.2$.

三、微分的几何意义

设函数 $y=f(x)$ 的图形是一条曲线，MP 是曲线上点 $M(x_0,y_0)$ 处的切线，并设 MP 的倾角为 α，则切线的斜率为 $\tan\alpha=f'(x_0)$.当自变量 x 有改变量 Δx 时，得到曲线上另一点 $N(x_0+\Delta x,y_0+\Delta y)$，从图 3—7 可知

$$MQ=\Delta x,\quad QN=\Delta y,$$

则

$$QP=MQ\cdot\tan\alpha=f'(x_0)\Delta x,\quad 即\quad \mathrm{d}y=QP.$$

由此可知微分的几何意义.

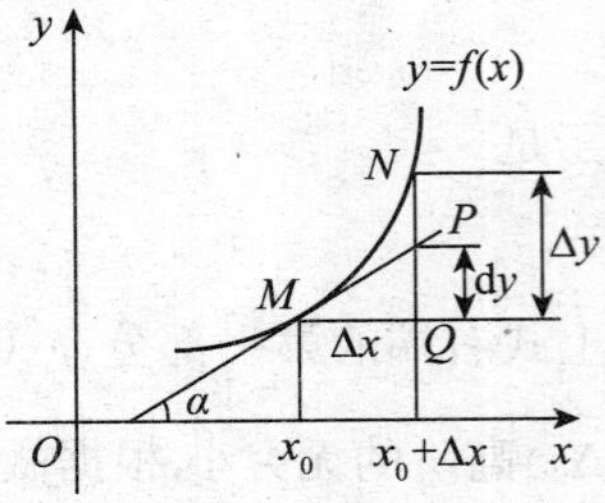

图 3—7

微分 $\mathrm{d}y=f'(x_0)\Delta x$ 的几何意义 当自变量 x 有改变量 Δx 时，曲线 $y=f(x)$ 在点 (x_0,y_0) 处的切线的纵坐标的改变量即为微分 $\mathrm{d}y$.

当 $|\Delta x|$ 很小时，$|\Delta y-\mathrm{d}y|=PN$ 比 $|\Delta x|$ 要小得多.用 $\mathrm{d}y$ 近似代替 Δy 就是用点 $M(x_0,y_0)$ 处的切线纵坐标的改变量 QP 来近似代替曲线 $y=f(x)$ 的纵坐标的改变量 QN.

记 $x=x_0+\Delta x$，过 M 点的切线为 $y=f(x_0)+f'(x_0)(x-x_0)$，则对 x_0 邻近的 x，就可以用线性函数 $y=f(x_0)+f'(x_0)(x-x_0)$ 代替函数 $y=f(x)$，即

$$f(x)\approx f(x_0)+f'(x_0)(x-x_0).$$

这种在微小局部用线性函数近似代替非线性函数，或者在几何上用切线近似代替曲线的思想方法是微积分的基本思想方法之一，通常称为非线性函数的局部线性化.

四、微分公式与微分的运算法则

因为函数 $y=f(x)$ 的微分等于导数 $f'(x)$ 乘以 $\mathrm{d}x$，所以根据导数公式和导数的运算法则，就能得到相应的微分公式和微分运算法则.

1. 微分基本公式

对比基本初等函数的求导公式可以得到基本初等函数的微分公式，如表 3—4 所示.

表 3—4

基本初等函数的求导公式	基本初等函数的微分公式
$(C)'=0$（C 为常数）	$\mathrm{d}C=0$（C 为常数）
$(x^\alpha)'=\alpha x^{\alpha-1}$	$\mathrm{d}x^\alpha=\alpha x^{\alpha-1}\mathrm{d}x$
$(\log_a x)'=\dfrac{1}{x\ln a}$	$\mathrm{d}\log_a x=\dfrac{1}{x\ln a}\mathrm{d}x$
$(\ln x)'=\dfrac{1}{x}$	$\mathrm{d}\ln x=\dfrac{1}{x}\mathrm{d}x$
$(a^x)'=a^x\ln a$	$\mathrm{d}a^x=a^x\ln a\,\mathrm{d}x$
$(\mathrm{e}^x)'=\mathrm{e}^x$	$\mathrm{d}\mathrm{e}^x=\mathrm{e}^x\mathrm{d}x$
$(\sin x)'=\cos x$	$\mathrm{d}\sin x=\cos x\,\mathrm{d}x$
$(\cos x)'=-\sin x$	$\mathrm{d}\cos x=-\sin x\,\mathrm{d}x$
$(\tan x)'=\dfrac{1}{\cos^2 x}=\sec^2 x$	$\mathrm{d}\tan x=\dfrac{1}{\cos^2 x}\mathrm{d}x=\sec^2 x\,\mathrm{d}x$
$(\cot x)'=-\dfrac{1}{\sin^2 x}=-\csc^2 x$	$\mathrm{d}\cot x=-\dfrac{1}{\sin^2 x}\mathrm{d}x=-\csc^2 x\,\mathrm{d}x$
$(\arcsin x)'=\dfrac{1}{\sqrt{1-x^2}}$	$\mathrm{d}\arcsin x=\dfrac{1}{\sqrt{1-x^2}}\mathrm{d}x$
$(\arccos x)'=-\dfrac{1}{\sqrt{1-x^2}}$	$\mathrm{d}\arccos x=-\dfrac{1}{\sqrt{1-x^2}}\mathrm{d}x$
$(\arctan x)'=\dfrac{1}{1+x^2}$	$\mathrm{d}\arctan x=\dfrac{1}{1+x^2}\mathrm{d}x$
$(\mathrm{arccot}\, x)'=-\dfrac{1}{1+x^2}$	$\mathrm{d}\,\mathrm{arccot}\, x=-\dfrac{1}{1+x^2}\mathrm{d}x$

2. 函数的和、差、积、商的微分运算法则

对比导数的四则运算法则可以得到微分四则运算法则，如表 3—5 所示.

表 3—5

导数四则运算法则	微分四则运算法则
$[u(x)\pm v(x)]'=u'(x)\pm v'(x)$	$d[u(x)\pm v(x)]=du(x)\pm dv(x)$
$[u(x)v(x)]'=u'(x)v(x)+u(x)v'(x)$	$d[u(x)v(x)]=v(x)du(x)+u(x)dv(x)$
$\left[\dfrac{u(x)}{v(x)}\right]'=\dfrac{u'(x)v(x)-u(x)v'(x)}{v^2(x)}$	$d\left[\dfrac{u(x)}{v(x)}\right]=\dfrac{v(x)du(x)-u(x)dv(x)}{v^2(x)}$

3. 复合函数的微分法则

设函数 $y=f(u)$ 及 $u=\varphi(x)$ 都可导，则复合函数 $y=f[\varphi(x)]$ 的微分为

$$dy=\{f[\varphi(x)]\}'dx=f'(u)\varphi'(x)dx=f'[\varphi(x)]\varphi'(x)dx.$$

对于复合函数 $y=f[\varphi(x)]$，由于 $u=\varphi(x)$ 是中间变量，因而

$$\varphi'(x)dx=du.$$

所以复合函数 $y=f[\varphi(x)]$ 的微分可写为 $dy=f'(u)du$.

当函数 $y=f(u)$，u 是自变量时，函数 $y=f(u)$ 的微分是 $dy=f'(u)du$.

由此可见，不论 u 是自变量还是函数(中间变量)，函数 $y=f(u)$ 的微分总保持同一形式 $dy=f'(u)du$，这一性质称为一阶微分形式不变性.有时，利用一阶微分形式不变性求复合函数的微分比较方便.

例 3 设函数 $y=\cos\sqrt{x}$.求 dy.

解 **方法一** 用公式 $dy=f'(x)dx$，得

$$dy=(\cos\sqrt{x})'dx=-\frac{1}{2\sqrt{x}}\sin\sqrt{x}\,dx.$$

方法二 用一阶微分形式不变性，得

$$\begin{aligned}dy&=d(\cos\sqrt{x})=-\sin\sqrt{x}\,d\sqrt{x}\\&=-\sin\sqrt{x}\frac{1}{2\sqrt{x}}dx=-\frac{1}{2\sqrt{x}}\sin\sqrt{x}\,dx.\end{aligned}$$

例 4 设函数 $y=e^{\sin x}$.求 dy.

解 **方法一** 用公式 $dy=f'(x)dx$，得

$$dy=(e^{\sin x})'dx=e^{\sin x}\cos x\,dx.$$

方法二 用一阶微分形式不变性，得

$$dy=d\,e^{\sin x}=e^{\sin x}d\sin x=e^{\sin x}\cos x\,dx.$$

例 5 求方程 $x^2+2xy-y^2=a^2$ 确定的隐函数 $y=f(x)$ 的导数$\dfrac{dy}{dx}$.

解 对方程两边求微分，得

$$2xdx+2(ydx+xdy)-2ydy=0,\quad 即\quad (x+y)dx=(y-x)dy.$$

于是 $\mathrm{d}y=\dfrac{y+x}{y-x}\mathrm{d}x$.所以$\dfrac{\mathrm{d}y}{\mathrm{d}x}=\dfrac{y+x}{y-x}$.

五、用微分作近似计算

由微分的定义可知,当函数 $y=f(x)$在 x_0 处的导数 $f'(x_0)\neq 0$,且$|\Delta x|$很小时,有近似公式

$$\Delta y\approx f'(x_0)\Delta x, \tag{1}$$

或

$$f(x_0+\Delta x)\approx f(x_0)+f'(x_0)\Delta x. \tag{2}$$

令 $x_0+\Delta x=x$,则

$$f(x)\approx f(x_0)+f'(x_0)(x-x_0). \tag{3}$$

特别地,当 $x_0=0$,$|x|$很小时,有

$$f(x)\approx f(0)+f'(0)x, \tag{4}$$

这里,式(1)可以用于求函数增量的近似值,而式(2)～式(4)可用来求函数的近似值.

应用式(4)可以推得一些常用的近似公式.当$|x|$很小时,有:

(1)$\sqrt[n]{1+x}\approx 1+\dfrac{1}{n}x$,$(1+x)^{\alpha}\approx 1+\alpha x$;

(2)$\sin x\approx x$(x 用弧度表示),$\tan x\approx x$(x 用弧度表示);

(3)$\mathrm{e}^x\approx 1+x$, $\ln(1+x)\approx x$.

证 (1)取 $f(x)=\sqrt[n]{1+x}$,于是 $f(0)=1$,

$$f'(0)=\frac{1}{n}(1+x)^{\frac{1}{n}-1}\bigg|_{x=0}=\frac{1}{n}.$$

代入式(4),得

$$\sqrt[n]{1+x}\approx 1+\frac{1}{n}x.$$

(2)取 $f(x)=\mathrm{e}^x$,于是 $f(0)=1$,$f'(0)=(\mathrm{e}^x)'|_{x=0}=1$,代入式(4),得

$$\mathrm{e}^x\approx 1+x.$$

其他几个公式也可用类似的方法证明,留给读者证明.

例 6 计算 $f(x)=\arctan 1.05$ 的近似值.

解 设 $f(x)=\arctan x$.由式(2),有

$$\arctan(x_0+\Delta x)\approx\arctan x_0+\frac{1}{1+x_0^2}\Delta x.$$

取 $x_0=1$,$\Delta x=0.05$,有

$$\begin{aligned}\arctan 1.05&=\arctan(1+0.05)\approx\arctan 1+\frac{1}{1+1^2}\times 0.05\\&=\frac{\pi}{4}+\frac{0.05}{2}\approx 0.810.\end{aligned}$$

例 7 计算$\sqrt[3]{65}$的近似值.

解 因为

$$\sqrt[3]{65}=\sqrt[3]{64+1}=\sqrt[3]{64\left(1+\frac{1}{64}\right)}=4\sqrt[3]{1+\frac{1}{64}},$$

故由近似公式$\sqrt[n]{1+x}\approx 1+\frac{1}{n}x$，得

$$\sqrt[3]{65}=4\sqrt[3]{1+\frac{1}{64}}\approx 4\left(1+\frac{1}{3}\times\frac{1}{64}\right)=4+\frac{1}{48}\approx 4.021.$$

例 8 某公司预测，在花费 x（千元）广告费以后，将卖出 N 件产品，其中

$$N(x)=-x^2+300x+6.$$

当广告费从 100（千元）增加到 101（千元）时，公司大约多卖出多少件产品？

解 由 $N'(x)=-2x+300$，知 $N'(100)=-2\cdot 100+300=100$，

$$\Delta N\approx N'(100)\mathrm{d}x=100,$$

所以，当广告费从 100（千元）增加到 101（千元）时，公司大约多卖出 100 件产品.

☞ 习题 3.5

1. 设函数 $y=x^2+x$. 计算在 $x=1$ 处，当 $\Delta x=10,1,0.1,0.001$ 时，相应的函数改变量 Δy 与微分 $\mathrm{d}y$，并观察两者之差 $\Delta y-\mathrm{d}y$ 随着 Δx 减少的变化情况.

2. 求下列函数的微分：

(1) $y=\sqrt{1+x^2}$；　　(2) $y=x\cos 2x$；

(3) $y=\ln(\mathrm{e}^{2x}-1)$；　　(4) $y=x^2\mathrm{e}^{2x}$；

(5) $y=\dfrac{x}{\sqrt{1-x^2}}$；　　(6) $y=\ln\tan\dfrac{x}{2}$；

(7) $y=\mathrm{e}^{-x}\cos(3-x)$；　　(8) $y=\ln^2(1+\sqrt{x})$.

3. 在下列各题的括号内填入一个适当的函数：

(1) $\mathrm{d}(\quad)=3\mathrm{d}x$；　　(2) $\mathrm{d}(\quad)=2x\mathrm{d}x$；

(3) $\mathrm{d}(\quad)=\cos 2x\mathrm{d}x$；　　(4) $\mathrm{d}(\quad)=\mathrm{e}^{-5x}\mathrm{d}x$；

(5) $\mathrm{d}(\quad)=\dfrac{1}{1+x}\mathrm{d}x$；　　(6) $\mathrm{d}(\quad)=\dfrac{1}{\sqrt{x}}\mathrm{d}x$.

4. 求下列方程确定的隐函数 $y=f(x)$ 的微分：

(1) $x^2y-\mathrm{e}^{2x}=\sin y$；　　(2) $\mathrm{e}^{xy}+y\ln x=\sin 2x$.

5. 证明当 $|x|$ 很小时，有近似公式：

(1) $\tan x\approx x$（x 用弧度表示）；　　(2) $\ln(1+x)\approx x$.

6. 求下列各数的近似值：

(1) $\sqrt[3]{1.02}$；　　(2) $\ln 1.002$；

(3) $\sin 30°30'$；　　(4) $\arctan 1.02$.

7. 某公司生产 q 件产品的平均成本可表示为 $A(q)=\dfrac{13q+100}{q}$. 当产量从 100 件增加到 101 件时，平均成本近似增加了多少？

8. 设药物在人体内浓度 N 随时间 t 的变化满足函数模型 $N(t)=\dfrac{0.8t+1\ 000}{5t+4}$.当时间从 2.8 小时变到 2.9 小时的时候,其浓度大约变化了多少?

9. 假设有一条很长很长的绳子,恰好可以绕地球赤道一周.如果把绳子再接长 15 米后,绕着赤道一周悬在空中(如果能做到的话),问在赤道的任何地方,一个身高 2.39 米的巨人是否可以在绳子下自由穿过?

第六节　导数在经济分析中的简单应用

在经济分析中,经常需要用变化率来描述一个变量关于另一个变量的变化情况.经济函数的变化率通常称为边际,即边际概念是导数概念的经济解释.利用导数研究经济变量的边际变化方法称为边际分析法,边际分析法是经济理论中的一个重要方法.

一、边际函数的概念

定义 1 设经济函数 $y=f(x)$是一个可导函数,其导数 $f'(x)$称为 $f(x)$的**边际函数**,$f'(x_0)$称为 $f(x)$在点 x_0 的**边际函数值**.

$f'(x_0)$的经济意义是:当 $x=x_0$ 时,x 改变 1 单位,y 改变 $f'(x_0)$单位.

对于经济函数 $y=f(x)$,设经济变量 x 在点 x_0 有一个改变量 Δx,则经济变量 y 有相应的改变量

$$\Delta y=f(x_0+\Delta x)-f(x_0).$$

若函数 $y=f(x)$在点 x_0 可微,则 $\Delta y\approx f'(x_0)\Delta x$;

当 $\Delta x=1$ 时,则 $\Delta y\approx f'(x_0)$.

这说明当 x 在点 x_0 改变 1 单位时,y 相应地近似改变 $f'(x_0)$单位.在经济应用中,常常略去"近似"两字,而直接说 y 改变 $f'(x_0)$单位,这就是边际函数值的含义.

经济分析中,常用的边际函数有边际成本 $C'(q)$、边际收益 $R'(q)$、边际利润 $L'(q)$等.

二、边际成本

总成本函数 $C=C(q)$的导数 $C'(q)=\lim\limits_{\Delta q\to 0}\dfrac{C(q+\Delta q)-C(q)}{\Delta q}$称为**边际成本**.边际成本 $C'(q)$表示生产 q 个单位产品时,再增加 1 单位的产品使总成本增加的数量.

一般情况下,总成本 $C(q)=C_1+C_2(q)$,其中 C_1 为固定成本,$C_2(q)$为可变成本.所以,边际成本为

$$C'(q)=[C_1+C_2(q)]'=C_2'(q).$$

因此,边际成本与固定成本无关,只与可变成本有关.

下面讨论边际成本与平均成本的关系.平均成本函数为$\overline{C}(q)=\frac{C(q)}{q}$,则有

$$\overline{C}'(q)=\left[\frac{C(q)}{q}\right]'=\frac{qC'(q)-C(q)}{q^2}=\frac{1}{q}\left[C'(q)-\frac{C(q)}{q}\right]=\frac{1}{q}[C'(q)-\overline{C}(q)].$$

$\overline{C}'(q)$称为**平均边际成本**.

由于产量$q>0$,则当$C'(q)<\overline{C}(q)$时,$\overline{C}'(q)<0$,此时增加产量将使平均成本减少;当$C'(q)>\overline{C}(q)$时,$\overline{C}'(q)>0$,此时增加产量将使平均成本增加.

例 1 设生产某种产品q单位的成本函数(单位:元)为

$$C(q)=0.001q^3-0.4q^2+60q+500.$$

求:(1)边际成本函数;(2)生产40单位产品时的平均成本和边际成本,并解释后者的经济意义.

解 (1)边际成本函数为

$$C'(q)=0.003q^2-0.8q+60.$$

(2)生产40单位产品时的平均成本为

$$\overline{C}(40)=\frac{C(40)}{40}=\frac{0.001\cdot 40^3-0.4\cdot 40^2+60\cdot 40+500}{40}=58.1(\text{元}).$$

生产40单位产品时的边际成本为

$$C'(40)=0.003\cdot 40^2-0.8\cdot 40+60=32.8(\text{元}).$$

它表示生产第40个单位产品时所追加的成本为32.8元.

三、边际收益

总收益函数$R=R(q)$的导数$R'(q)=\lim\limits_{\Delta q\to 0}\frac{R(q+\Delta q)-R(q)}{\Delta q}$称为**边际收益**.边际收益$R'(q)$表示已销售了$q$个单位产品后,再销售1单位的产品所增加的总收益.

若已知需求函数$P=P(q)$,其中P为价格,q为销售量,则总收益为$R(q)=qP(q)$,边际收益为$R'(q)=P(q)+qP'(q)$.

例 2 设某产品的需求函数为$P=20-\frac{q}{5}$,其中P为价格,q为销售量.求销售量为15单位时的总收益、平均收益和边际收益.

解 总收益$R(q)=qP(q)=20q-\frac{q^2}{5}$;平均收益$\overline{R}(q)=\frac{R(q)}{q}=20-\frac{q}{5}$;边际收益$R'(q)=20-\frac{2}{5}q$.

当销售量为15单位时,总收益$R(15)=20\cdot 15-\frac{15^2}{5}=255$;

平均收益$\overline{R}(15)=20-\frac{15}{5}=17$;边际收益$R'(15)=20-\frac{2\times 15}{5}=14$.

四、边际利润

总利润函数$L=L(q)$的导数$L'(q)=\lim\limits_{\Delta q\to 0}\frac{L(q+\Delta q)-L(q)}{\Delta q}$称为**边际利润**.边际收益

$L'(q)$表示已生产了 q 单位产品后，再多生产 1 单位的产品所增加的总利润.

一般情况下，总利润函数等于总收益函数与总成本函数之差，即 $L(q)=R(q)-C(q)$，故边际利润为 $L'(q)=R'(q)-C'(q)$.

例 3 设某厂每月生产的产品的固定成本为 1 000 元，生产 q 单位产品的可变成本为 $0.01q^2+10q$ 元.如果每单位产品销售 30 元，求边际成本、边际收入及边际利润为零时的产量.

解 总成本为可变成本与固定成本之和.依题设，总成本函数

$$C(q)=0.01q^2+10q+1\ 000,$$

总收入函数 $R(q)=pq=30q$，总利润函数

$$\begin{aligned}L(q)&=R(q)-C(q)=30q-0.01q^2-10q-1\ 000\\&=-0.01q^2+20q-1\ 000.\end{aligned}$$

所以边际成本 $C'(q)=0.02q+10$，边际收益 $R'(q)=30$，边际利润 $L'(q)=-0.02q+20$.

令 $L'(q)=0$，得 $-0.02q+20=0$，$q=1\ 000$.即每月产量为 1 000 单位时，边际利润为零.这说明，当月产量为 1 000 单位时，再多生产 1 单位产品不会增加利润.

☞习 题 3.6

1. 设生产某种产品 q 单位的总成本为 $C(q)=100+\frac{q^2}{4}$.求当 $q=10$ 时的总成本、平均成本及边际成本，并解释边际成本的经济意义.

2. 设生产某产品 q 单位的总收益函数为 $R(q)=200q-0.01q^2$.求生产 50 单位产品时的总收益和边际收益，并解释边际收益的经济意义.

3. 设某产品的价格函数为 $P(q)=20-\frac{q}{5}$，其中 P 为价格，q 为销售量.求：(1)销售量为 15 单位时的总收益、平均收益与边际收益；(2)销售量从 15 单位增加到 20 单位时收益的平均变化率.

4. 设生产某产品的固定成本为 60 000 元，可变成本为每件 20 元，价格函数为 $P=60-\frac{q}{1\ 000}$，其中 q 为销量，设供销平衡.求：(1)边际利润；(2)当 $P=10$ 元时价格上涨 1%收益增加(或减少)的百分数.

总习题三

1. 填空题

(1)若 $f(t)=\lim\limits_{x\to\infty}t\left(1+\frac{1}{x}\right)^{2tx}$，则 $f'(t)=$ ________.

(2)可导函数 $f(x)$的图形与曲线 $y=\sin x$ 相切于原点，则$\lim\limits_{n\to\infty}nf\left(\frac{2}{n}\right)=$ ________.

(3)设函数 $f(x)$ 可导，则 $\lim\limits_{x\to2}\frac{f(4-x)-f(2)}{x-2}=$ ________.

(4)曲线 $y=x+\sin^2 x$ 在点 $\left(\frac{\pi}{2},1+\frac{\pi}{2}\right)$ 处的切线方程为 ________.

(5)已知 $x=\begin{cases}\ln(1+t^2)\\ y=\arctan t\end{cases}$，则 $\frac{dy}{dx}=$ ________.

(6)设 $f(x)$ 二阶可导，$y=\sin f(x)$，则 $y''=$ ________.

(7)设函数 $f(x)=\frac{1-x}{1+x}$，则 $f^{(n)}(x)=$ ________.

(8) 设 $f(x)=\begin{cases}x^\alpha\sin\frac{1}{x} & x\neq0\\ 0 & x=0\end{cases}$，当 α ________ 时，$f(x)$ 在 $x=0$ 处可导.

(9)设 $y=y(x)$ 是由方程 $e^{x+y}-\cos xy=0$ 所确定的隐函数，则 $y'(0)=$ ________.

(10)设 $x=y^y$，则 $dy=$ ________.

2. 单项选择题

(1)函数 $y=\sqrt[3]{x}$ 在点 $x=0$ 处(　　).

(A)不连续　　(B)连续但其图形无切线

(C)其图形有垂直的切线　　(D)可微

(2)函数 $y=x|x|$ 在点 $x=0$ 处的导数为(　　).

(A)2　　(B)-2　　(C)0　　(D)不存在

(3)设函数 $f(x)$ 在点 $x=0$ 处连续，且 $\lim\limits_{x\to0}\frac{f(x)}{x}=a(a\neq0)$，则 $f(x)$ 在点 $x=0$ 处(　　).

(A)可导且 $f'(0)=0$　　(B)可导且 $f'(0)=a$

(C)不可导　　(D)不能断定是否可导

(4)设 $f(x)$ 在 $x=a$ 处可导，则 $\lim\limits_{x\to0}\frac{f(a+x)-f(a-x)}{x}=$(　　).

(A)$f'(a)$　　(B)$2f'(a)$　　(C)0　　(D)$f'(2a)$

(5)设 $f(x)=\sin 2x$，则 $f'[f(x)]=$(　　).

(A)$2\cos\sin 2x$　　(B)$2\cos 2x$

(C)$2\cos(2\sin x)$　　(D)$2\cos(2\sin 2x)$

(6)设 $y=f[e^{\varphi(x)}]$，其中 $f(u)$，$\varphi(x)$ 均可微，则 $dy=$(　　).

(A)$f'[e^{\varphi(x)}]dx$　　(B)$e^{\varphi(x)}f'[e^{\varphi(x)}]dx$

(C)$f'[e^{\varphi(x)}]d\varphi(x)$　　(D)$f'[e^{\varphi(x)}]e^{\varphi(x)}d\varphi(x)$

(7)曲线 $\begin{cases}x=t\cos t\\ y=t\sin t\end{cases}$ 在 $t=\frac{\pi}{2}$ 处的法线方程为(　　).

(A)$y=\frac{\pi}{2}(x+1)$　　(B)$y=\frac{\pi}{2}+\frac{2}{\pi}x$

(C)$y=\frac{\pi}{2}(1-x)$　　(D)$y=\frac{\pi}{2}-\frac{2}{\pi}x$

(8)若曲线 $y=x^2+ax+b$ 与 $2y=xy^3-1$ 在点$(1,-1)$处相切,则(　　).

(A)$a=0,b=2$　　(B)$a=1,b=-3$

(C)$a=-3,b=1$　　(D)$a=-1,b=-1$

(9)若函数 $y=f(x)$ 且 $f'(x_0)=2$,则当 $\Delta x\to 0$ 时,该函数在 $x=x_0$ 处的微分 $\mathrm{d}y$ 是(　　).

(A)与 Δx 等价的无穷小　　(B)与 Δx 同阶(非等价)的无穷小

(C)比 Δx 低阶的无穷小　　(D)比 Δx 高阶的无穷小

(10)设函数 $y=f(x)$ 在点 $x=a$ 处可导,$\Delta y=f(a+h)-f(a)$,$\mathrm{d}y=f'(a)h$,则 $\lim\limits_{h\to 0}\dfrac{\Delta y-\mathrm{d}y}{h}=$(　　).

(A)-1　　(B)0　　(C)1　　(D)∞

3. 求下列函数的导数:

(1)$y=\ln(\mathrm{e}^x+\sqrt{1+\mathrm{e}^{2x}})$;

(2)$y=(1+x^2)^{\sin x}$;

(3)$y=f[f(x)]+f(\sin^2 x)$,其中 $f(x)$可导;

(4)$y=f(x|x|)$,其中 $f(x)$具有连续导数.

4. 设函数 $f(x)=\begin{cases}\mathrm{e}^{-x} & x\leqslant 0\\ x^2+ax+b & x>0\end{cases}$.确定 a,b 的值,使 $f(x)$在 $x=0$ 处可导.

5. 设曲线 $f(x)=x^3+ax$ 与 $g(x)=bx^2+c$ 都通过点$(-1,0)$,且在点$(-1,0)$有公切线.求 a,b,c 的值.

6. 设函数 $f(x)=|x-a|\varphi(x)$,其中 $\varphi(x)$在 $x=a$ 处连续且 $\varphi(a)\neq 0$.试讨论 $f(x)$在 $x=a$ 处的可导性.

7. 设函数 $y=f(x)$由方程 $\mathrm{e}^{2x+y}-\cos(xy)=\mathrm{e}-1$ 所确定.求曲线 $y=f(x)$在$(0,1)$处的切线方程.

8. 设某产品的成本函数和收入函数分别为 $C(q)=100+5q+2q^2$,$R(q)=200q+q^2$,其中 q 表示产品的产量.求:

(1)边际成本函数、边际收入函数、边际利润函数;

(2)已生产并销售 25 单位产品,第 26 单位产品产生的利润.

9. 某厂每周生产 q(单位:百件)产品的总成本 C(单位:千元)是产量的函数:

$$C=C(q)=100+12q+q^2.$$

如果每百件产品销售价格为 4 万元,试写出利润函数及边际利润为零时的每周产量.

10. 读写练习:查阅有关文献,写一篇介绍牛顿和莱布尼茨在导数问题研究中的思想方法和成就的短文.

第四章　一元函数微分学应用

我们已经研究了导数与微分的概念及其计算，本章将介绍微分学的一些应用.首先介绍微分中值定理，它是用导函数研究函数在区间上整体性质的有力工具，并以中值定理为基础，利用导数研究未定式的极限、函数的性态、函数图形的描绘以及实际问题中的优化问题.

第一节　微分中值定理

一、罗尔定理

微分中值定理是微分学中的重要定理，微分中值定理的提出可以通过其几何特征来得到.

观察图 4—1，连续曲线弧 AB 是函数 $y=f(x)(a\leqslant x\leqslant b)$ 的图形，除了端点外曲线处处有不垂直于 x 轴的切线.如果 $f(a)=f(b)$，将线段 AB 平行移动，在区间 (a,b) 内总能找到某个点 ξ，使 AB 移动到点 $(\xi,f(\xi))$ 处与曲线相切且切线水平，即 $f'(\xi)=0$.将此几何特征用数量关系来表述就可得到下述罗尔定理.

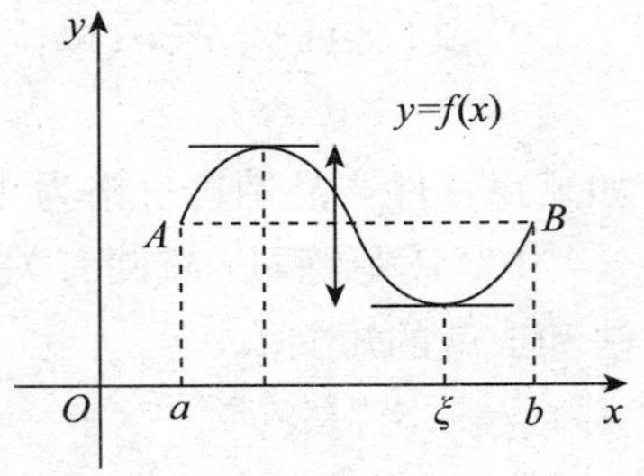

图 4—1

定理 1（罗尔[①]定理）　若 $f(x)$ 满足条件：① 在闭区间 $[a,b]$ 上连续；② 在开区间 (a,b) 内可导；③ 在区间 $[a,b]$

① 罗尔(Rolle)是 17 世纪法国著名的、自学成才的数学家.家庭生活十分清贫，只受过初等教育，但他发奋自学，刻苦钻研古希腊数学家丢番图的著作，解决了一个数论中的难题而一鸣惊人，三年后成为法国科学院院士.

端点处的函数值相等，即 $f(a)=f(b)$，则在开区间 (a,b) 内至少存在一点 ξ，使得 $f'(\xi)=0$.

罗尔定理的几何意义 在每一点都可导的一段连续曲线上，如果曲线的两端高度相等，则至少存在一条水平切线.

在证明罗尔定理之前，我们先看看满足罗尔定理条件的几个典型的函数图形，见图 4—2.

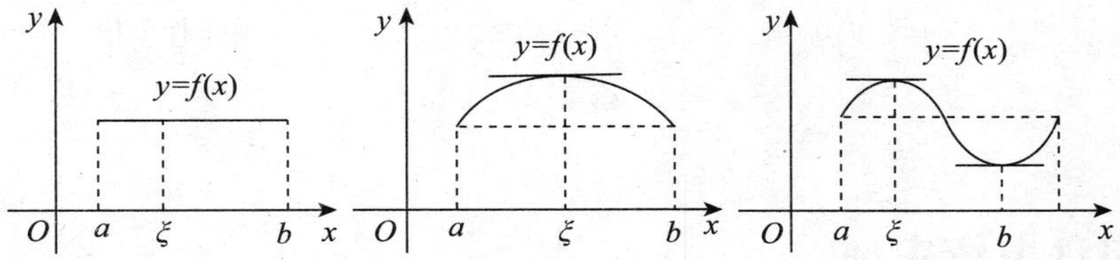

图 4—2

对于上述图形，显然每个图形中的曲线上至少有一点 $(\xi,f(\xi))$，在该点的切线是水平的，即 $f'(\xi)=0$.这些点为函数的最大值上或最小值点，据此可得罗尔定理的证明.

证 由条件①知，函数 $f(x)$ 必在区间 $[a,b]$ 上取得最大值 M 与最小值 m.

(1) 若 $M=m$，则函数 $f(x)$ 在 $[a,b]$ 上是常数，因而 $f'(x)=0$，这时 (a,b) 内的任意一点都可以选作为点 ξ.

(2) 若 $M\neq m$，由条件③知，M 与 m 中至少有一个不等于端点处的函数值，不妨设 $M\neq f(a)$，则必存在 $\xi\in(a,b)$，使 $f(\xi)=M$，下面证 $f'(\xi)=0$.

由条件②知，$f'(\xi)$ 存在，即有

$$\lim_{\Delta x\to 0}\frac{f(\xi+\Delta x)-f(\xi)}{\Delta x}=f'(\xi).$$

因为 $f(\xi)=M$ 是 $f(x)$ 在区间 $[a,b]$ 上的最大值，所以 $\xi+\Delta x\in(a,b)$，总有 $f(\xi+\Delta x)\leqslant f(\xi)$，即 $f(\xi+\Delta x)-f(\xi)\leqslant 0$.

当 $\Delta x>0$ 时，$\dfrac{f(\xi+\Delta x)-f(\xi)}{\Delta x}\leqslant 0$，由极限的保号性，知

$$f'(\xi)=\lim_{\Delta x\to 0^+}\frac{f(\xi+\Delta x)-f(\xi)}{\Delta x}\leqslant 0.$$

当 $\Delta x<0$ 时，$\dfrac{f(\xi+\Delta x)-f(\xi)}{\Delta x}\geqslant 0$，由极限的保号性，知

$$f'(\xi)=\lim_{\Delta x\to 0^-}\frac{f(\xi+\Delta x)-f(\xi)}{\Delta x}\geqslant 0.$$

所以 $f'(\xi)=0$.

需要说明的是，定理中的三个条件缺少任何一个，结论将不一定成立（图 4—3）.

例 1 设 $f(x)$ 在闭区间 $[0,1]$ 上连续，在开区间 $(0,1)$ 内可导，且 $f(1)=0$，则存在 $\xi\in(0,1)$，使 $\xi f'(\xi)=-f(\xi)$.

证 取 $\varphi(x)=xf(x)$，则 $\varphi(x)$ 在闭区间 $[0,1]$ 上连续，在开区间 $(0,1)$ 内可导，且 $\varphi(0)=\varphi(1)=0$，则存在 $\xi\in(0,1)$ 使得 $\varphi'(\xi)=0$，即

$$f(\xi)+\xi f'(\xi)=0 \quad 或 \quad \xi f'(\xi)=-f(\xi).$$

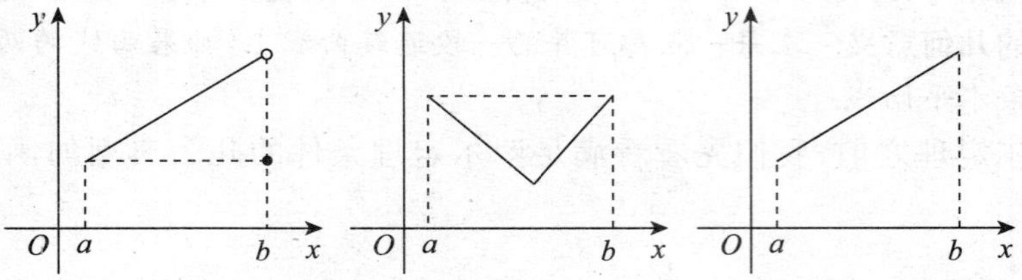

缺条件（1）　　缺条件（2）　　缺条件（3）

图 4—3

二、拉格朗日中值定理

在罗尔定理中的条件 $f(a)=f(b)$ 很特殊，多数函数不满足该条件，它限制了罗尔定理的使用范围，如果在罗尔定理中去掉该条件结果会怎样？

观察图 4—4，连续曲线弧 AB 是函数 $y=f(x)(a\leqslant x\leqslant b)$ 的图形，除了端点外曲线处处有不垂直于 x 轴的切线，将线段 AB 平行移动，在区间 (a,b) 内总能找到某个点 ξ，使 AB 移动到点 $(\xi,f(\xi))$ 处与曲线相切且在该点的切线平行于 AB.由于 AB 所在直线的斜率为 $k=\dfrac{f(b)-f(a)}{b-a}$，曲线在点 $(\xi,f(\xi))$ 的斜率为 $f'(\xi)$，所以

$$f'(\xi)=\frac{f(b)-f(a)}{b-a}.$$

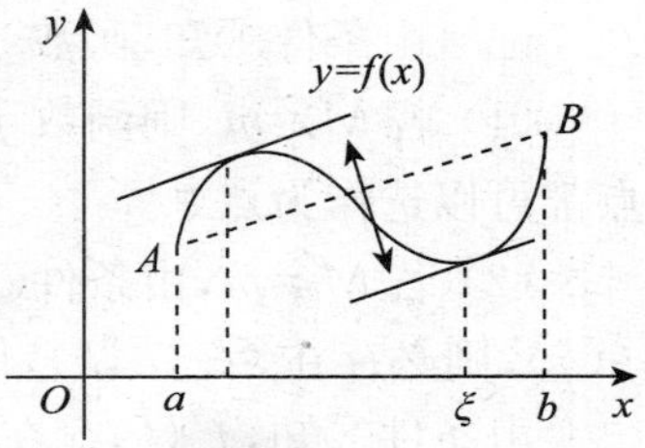

图 4—4

将此几何特征用数量关系来表述，就可得到下述拉格朗日定理.

定理 2（拉格朗日①中值定理）　如果函数 $f(x)$ 满足条件：①在闭区间 $[a,b]$ 上连续；②在开区间 (a,b) 内可导，那么，在 (a,b) 内至少有一点 ξ，使得

$$f'(\xi)=\frac{f(b)-f(a)}{b-a}\quad 或\quad f(b)-f(a)=f'(\xi)(b-a).$$

拉格朗日定理的几何意义　*在每一点都可导的一段连续曲线上，至少存在一点 $(\xi,f(\xi))$，曲线在该点的切线平行曲线两端点的连线.*

在证明拉格朗日中值定理之前，先分析如下：

由拉格朗日定理的几何特征可知，若在定理中增加 $f(a)=f(b)$ 条件，则化为罗尔定理，即罗尔定理为拉格朗日定理的特殊情形.本着由一般向特殊转化的原则，对拉格朗日定理的证明采取通过适当手段将其转化为罗尔定理的形式.

考虑到拉格朗日定理结论的几何特征是在曲线弧上至少有一点，使曲线在该点处的切线斜率与线段 AB 所在的直线斜率相等，即曲线与线段 AB 所对应的函数在该点的导数相

---

① 拉格朗日（Lagrange，1736—1818）是法国 18—19 世纪的大数学家、天文学家和力学家，17 岁时由于读哈雷的天文学和数学的论文《论分析法的优点》，从而致力于对数学的学习和研究，担任过柏林科学院主席，在数学上的地位处于欧拉与拉普拉斯之间，毕生从事数学教育工作，数学中的许多公式与定理都是以他的名字命名的.

等或两函数之差的导数为零，这正与罗尔定理的结论相一致（图 4—5）.

线段 AB 对应的函数为

$$y=f(a)+\frac{f(b)-f(a)}{b-a}(x-a).$$

曲线与线段 AB 所对应的函数之差为

$$\varphi(x)=f(x)-\left[f(a)+\frac{f(b)-f(a)}{b-a}(x-a)\right].$$

因此，函数 $\varphi(x)$ 在 $[a,b]$ 上满足罗尔定理并反映出了拉格朗日定理的结论特征.

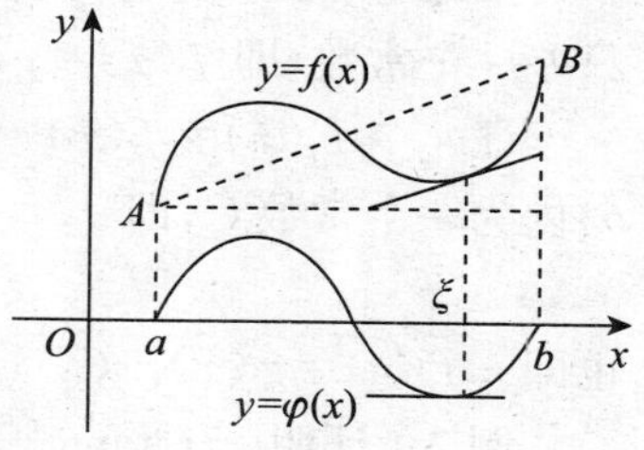

图 4—5

证 作辅助函数

$$\varphi(x)=f(x)-f(a)-\frac{f(b)-f(a)}{b-a}(x-a).$$

则 $\varphi(x)$ 在 $[a,b]$ 上连续，在 (a,b) 内可导，且 $\varphi(a)=\varphi(b)=0$. 由罗尔定理知，至少存在一点 $\xi\in(a,b)$，使得 $\varphi'(\xi)=0$，即

$$f'(\xi)-\frac{f(b)-f(a)}{b-a}=0,\quad \text{也即}\quad f'(\xi)=\frac{f(b)-f(a)}{b-a}.$$

需要指明的是，拉格朗日定理也可以采取其他构造函数来证明，如

$$\varphi(x)=f(x)-\frac{f(b)-f(a)}{b-a}(x-a).$$

读者不妨一试，并说明该辅助函数的几何意义.

在拉格朗日定理的证明中，所采用的证明方法称为构造函数法，该方法是证明数学命题的一种常用方法，其关键是根据命题的特征，由 $\varphi'(x)$ 的表达式构造辅助函数 $\varphi(x)$ 的表达式.

在拉格朗日定理中，若令 $x=a$，$\Delta x=b-a$，则拉格朗日定理的结论又可写成

$$f(x+\Delta x)-f(x)=f'(\xi)\Delta x,$$

其中 ξ 介于 x 与 $x+\Delta x$ 之间. 如果将 ξ 表成 $\xi=x+\theta\Delta x\,(0<\theta<1)$，上式也可写成

$$f(x+\Delta x)-f(x)=f'(x+\theta\Delta x)\Delta x\quad(0<\theta<1).$$

拉格朗日中值定理是微分学的一个基本定理，一般函数都满足拉格朗日中值定理的条件，所以应用比较广泛，在微分学中占有重要的地位. 它建立了函数在一个区间上的改变量和函数在这个区间内某点处的导数之间的联系，从而使我们有可能用导数去研究函数在区间上的性态.

推论 1 如果函数 $f(x)$ 在区间 (a,b) 内满足 $f'(x)\equiv 0$，则在 (a,b) 内 $f(x)=C$（C 为常数）.

证 设 x_1,x_2 是区间 (a,b) 内的任意两点，且 $x_1<x_2$，于是，在区间 $[x_1,x_2]$ 上函数 $f(x)$ 满足拉格朗日中值定理的条件，故得

$$f(x_2)-f(x_1)=f'(\xi)(x_2-x_1)\quad(x_1<\xi<x_2).$$

由于 $f'(\xi)=0$，所以 $f(x_2)-f(x_1)=0$，即 $f(x_1)=f(x_2)$. 因为 x_1,x_2 是 (a,b) 内的任意两点，于是上式表明 $f(x)$ 在 (a,b) 内任意两点的值总是相等的，即 $f(x)$ 在 (a,b) 内是一个常数.

推论 2 如果对(a,b)内任意x,均有$f'(x)=g'(x)$,则在(a,b)内$f(x)$与$g(x)$之间只差一个常数,即$f(x)=g(x)+C$(C为常数).

证 令$F(x)=f(x)-g(x)$,则$F'(x)=f'(x)-g'(x)=0$.由推论1知,$F(x)$在(a,b)内为一个常数C,即

$$f(x)-g(x)=C, \quad x\in(a,b),$$

也即 $f(x)=g(x)+C$.

例 2 证明 $|\arctan\beta-\arctan\alpha|\leqslant|\beta-\alpha|$.

证 令$f(x)=\arctan x, x\in(-\infty,+\infty)$,则$f(x)$满足拉格朗日中值定理的条件,故至少存在一个$\xi\in(\alpha,\beta)$或$\xi\in(\beta,\alpha)$,使得

$$\arctan\beta-\arctan\alpha=\frac{1}{1+\xi^2}(\beta-\alpha),$$

$$|\arctan\beta-\arctan\alpha|=\frac{1}{1+\xi^2}|\beta-\alpha|.$$

因为$\frac{1}{1+\xi^2}<1$,所以 $|\arctan\beta-\arctan\alpha|<|\beta-\alpha|$.

例 3 当$x>0$时,求证.$e^x>x+1$.

证 设$f(t)=e^t$,则$f(t)$在区间$[0,x]$上满足拉格朗日中值定理的条件,且$f'(t)=e^t$,所以

$$e^x-e^0=e^{\xi}(x-0), \quad 0<\xi<x,$$

即 $e^x=1+e^{\xi}x, \quad 0<\xi<x$.又因为$e^{\xi}>1$,所以$e^x=1+e^{\xi}x>1+x$.

例 4 证明 $\arcsin x+\arccos x=\frac{\pi}{2}$,其中$x\in[-1,1]$

证 设函数$f(x)=\arcsin x+\arccos x$,则$f(x)$在内$(-1,1)$可导,且$f'(x)=0$.由推论1,$f(x)$在$(-1,1)$内恒等于一个常数C,即

$$\arcsin x+\arccos x=C.$$

又当$x=0$时,$f(0)=\frac{\pi}{2}=C$,所以

$$\arcsin x+\arccos x=\frac{\pi}{2}.$$

三、柯西中值定理

如图 4—6 所示,连续曲线弧AB除了端点外处处有不垂直于x轴的切线.由拉格朗日定理知,在曲线弧AB上至少有一点C,使曲线在点C处的切线平行于线段AB.若将t看成参数,将曲线用参数方程表示:

$$x=g(t), \quad y=f(t), a\leqslant t\leqslant b.$$

图 4—6

这时曲线上某一点$C(g(\xi),f(\xi))$处切线的斜率为$\frac{f'(\xi)}{g'(\xi)}$.连接曲线两端点$A(g(a),f(a))$,$B(g(b),f(b))$的弦所在直线

的斜率为

$$\frac{f(b)-f(a)}{g(b)-g(a)},$$

则

$$\frac{f(b)-f(a)}{g(b)-g(a)}=\frac{f'(\xi)}{g'(\xi)}.$$

定理 3(柯西①中值定理) 如果函数 $f(x)$ 与 $g(x)$ 满足条件:①在闭区间 $[a,b]$ 上连续;②在开区间 (a,b) 内可导;③$g'(x)$ 在 (a,b) 内的每一点均不为零,那么,在 (a,b) 内至少有一点 ξ,使得

$$\frac{f(b)-f(a)}{g(b)-g(a)}=\frac{f'(\xi)}{g'(\xi)}.$$

若在柯西定理中取 $g(x)=x$,则可得到拉格朗日中值定理.由此可以得到启发:若在拉格朗日中值定理证明中的辅助函数 $\varphi(x)$ 中,把 x 换成 $g(x)$,把 $b-a$ 换成 $g(b)-g(a)$,便得到辅助函数

$$\varphi(x)=f(x)-f(a)-\frac{f(b)-f(a)}{g(b)-g(a)}[g(x)-g(a)].$$

证 因为 $g'(x)\neq 0$,由拉格朗日中值定理,可知

$$g(b)-g(a)=g'(\xi)(b-a)\neq 0 \quad (a<\xi<b).$$

引入辅助函数

$$\varphi(x)=f(x)-f(a)-\frac{f(b)-f(a)}{g(b)-g(a)}[g(x)-g(a)].$$

容易验证 $\varphi(x)$ 在 $[a,b]$ 上满足罗尔定理的条件,所以,在 (a,b) 内至少有一点 ξ,使得

$$\varphi'(\xi)=f'(\xi)-\frac{f(b)-f(a)}{g(b)-g(a)}g'(\xi)=0,$$

即

$$\frac{f(b)-f(a)}{g(b)-g(a)}=\frac{f'(\xi)}{g'(\xi)} \quad (a<\xi<b).$$

本节所讨论的三个定理是将函数值与区间 (a,b) 内的某个点 ξ 的导数值联系起来,因此统称为微分中值定理.三个定理之间的关系如下:

微分中值定理建立了函数在一个区间上的增量(整体性)与函数在该区间内某点处

① 柯西(Cauchy,1789—1857)是 19 世纪法国著名的数学家,他在数学上的最大贡献就是在微积分中引入了极限的概念.他以物理为背景,以极限为基础建立了逻辑清晰的分析体系,用清晰的无穷小——以零为极限的变量代替了牛顿、莱布尼茨神秘莫测的无穷小,其极限概念的创立是微积分严格化的关键,无论是从逻辑上还是数学思想方法上,都决定性地澄清了微积分基础中的混乱,是微积分发展史上的精华之一.1821 年,柯西编著的数学名著《分析教程》和他另外两本分析教程被长期作为标准教科书,其逻辑体系保持至今,因而柯西被称为近代分析的奠基人.以他的名字命名的定理、准则出现在许多教科书中.他思路敏捷,著作之丰仅次于大数学家欧拉,共发表论文 800 余篇、专著 7 本,汇总的全集共 27 本,平均每月有 2 篇大作问世.他有一句名言:“人总是要死的,但他们的业绩永存.”

的导数(局部性)之间的联系,搭建了导数与函数改变量之间的桥梁,使导数成为研究函数性态的工具.

☞习题 4.1

1. 验证函数 $f(x)=\ln\sin x$ 在区间$\left[\frac{\pi}{6},\frac{5\pi}{6}\right]$上是否满足罗尔定理的条件;若满足,试求出定理中的 ξ.

2. 验证函数 $f(x)=\arctan x$ 在区间$[0,1]$上是否满足拉格朗日中值定理的条件;若满足,试求出定理中的 ξ.

3. 验证函数 $f(x)=x^2,g(x)=x^3$ 在区间$[1,2]$上是否满足柯西中值定理的条件;若满足,试求出定理中的 ξ.

4. 不用求出函数 $f(x)=x(x-1)(x-2)(x-3)$的导数,判别方程 $f'(x)=0$ 的实根的个数,并指明其根所在的区间.

5. 设 $f(x)$在区间$(-\infty,+\infty)$内可导,且有 $f'(x)=k$(k 为常数).证明 $f(x)$必为线性函数.

6. 证明恒等式:$2\arctan x+\arcsin\frac{2x}{1+x^2}=\pi$,其中 $x\geqslant 1$.

7. 证明下列不等式:

(1)当 $x>0$ 时,有$\frac{1}{1+x}<\ln(1+x)-\ln x<\frac{1}{x}$;

(2)当 $0<x<y<1$ 时,有$|\arcsin x-\arcsin y|\geqslant|x-y|$.

8. 设 $f(x)$为可导函数,且 $f(0)=0$,$|f'(x)|<1$.试证明对于任意 $x\neq 0$,有$|f(x)|<|x|$.

9. 已知函数 $f(x)$在$[0,1]$上连续,在$(0,1)$内可导,且 $f(0)=1,f(1)=0$.证明:在$(0,1)$内至少存在一点 ξ,使得 $f'(\xi)=-\frac{f(\xi)}{\xi}$.

第二节 洛必达法则

确定未定式的极限是求极限的主要类型,洛必达(L'Hospital)法则就是以导数为工具求解这些未定式极限的主要方法.

常见的未定式主要有:在同一极限过程下,由无穷小的商和无穷大的商形成的$\frac{0}{0}$,$\frac{\infty}{\infty}$型未定式;由无穷小与无穷大的积形成的 $0\cdot\infty$型未定式;由无穷大与无穷大的差形成的$\infty-\infty$型未定式;以及由无穷小与无穷大之间的幂形成的 $0^0,1^\infty,\infty^0$型未定式.

一、洛必达法则与$\frac{0}{0}$，$\frac{\infty}{\infty}$型未定式极限

定理 1（洛必达[①]法则） 若函数 $f(x)$ 与 $g(x)$ 满足条件：

(1) $\lim\limits_{x \to x_0} f(x)=0$，$\lim\limits_{x \to x_0} g(x)=0$，

(2) $f(x)$ 与 $g(x)$ 在 x_0 的某邻域内（点 x_0 可除外）可导，且 $g'(x) \neq 0$，

(3) $\lim\limits_{x \to x_0} \frac{f'(x)}{g'(x)}=A$（$A$ 为有限数，也可为 $+\infty$ 或 $-\infty$），

则

$$\lim_{x \to x_0} \frac{f(x)}{g(x)}=\lim_{x \to x_0} \frac{f'(x)}{g'(x)}=A.$$

证 由于讨论的是函数在点 x_0 的极限，而极限与函数在点 x_0 的值无关，所以补充 $f(x)$ 与 $g(x)$ 在 x_0 的定义. 令 $f(x_0)=g(x_0)=0$，则 $f(x)$ 与 $g(x)$ 在点 x_0 连续. 在 x_0 附近任取一点 x，并应用柯西中值定理，得

$$\frac{f(x)}{g(x)}=\frac{f(x)-f(x_0)}{g(x)-g(x_0)}=\frac{f'(\xi)}{g'(\xi)} \quad (\xi \text{ 介于 } x \text{ 与 } x_0 \text{ 之间}).$$

由于 $x \to x_0$ 时，$\xi \to x_0$，所以，对上式取极限可得要证的结果.

定理 1 给出了求解$\frac{0}{0}$型未定式极限的法则，对于$\frac{\infty}{\infty}$型未定式的极限也有类似的法则.

定理 2（洛必达法则） 若函数 $f(x)$ 与 $g(x)$ 满足条件：

(1) $\lim\limits_{x \to x_0} f(x)=\infty$，$\lim\limits_{x \to x_0} g(x)=\infty$，

(2) $f(x)$ 与 $g(x)$ 在 x_0 的某邻域内（点 x_0 可除外）可导，且 $g'(x) \neq 0$，

(3) $\lim\limits_{x \to x_0} \frac{f'(x)}{g'(x)}=A$（$A$ 为有限数，也可为 $+\infty$ 或 $-\infty$），

则

$$\lim_{x \to x_0} \frac{f(x)}{g(x)}=\lim_{x \to x_0} \frac{f'(x)}{g'(x)}=A.$$

该定理的证明从略.

下面对洛必达法则及其使用做几点说明：

(1) 定理 1 与定理 2 只给出了 $x \to x_0$ 时，求解$\frac{0}{0}$与$\frac{\infty}{\infty}$型未定式极限的法则，对其他极限形式 $x \to x_0^{\pm}$，$x \to \infty$，$x \to \pm\infty$，法则同样适用.

(2) 在使用洛必达法则前先要判别洛必达法则的条件(1)，当所求极限为$\frac{0}{0}$或$\frac{\infty}{\infty}$型未定式时方可使用，若不是该两种类型未定式，就不能使用该法则；洛必达法则的条件(2)和(3)一般在求解过程中体现，使用中若不满足条件(3)，则洛必达法则失效，所求极限可能存在也

---

① 洛必达（L'Hospital，1661—1704），法国数学家，早年就显露出数学才华，曾解出了当时数学家提出的两个著名的数学难题，1696 年出版了第一本系统论述微分学的教科书《无穷小分析》，对传播新创立的微积分学起到了很大的作用，该书论述了后人所称的"洛必达法则"，其实该法则是他的老师约翰·伯努利在 1694 年给他的一封信中告诉他的.

可能不存在.

(3)在满足$\frac{0}{0}$或$\frac{\infty}{\infty}$型未定式的前提下,洛必达法则可以反复使用,如:

$$\lim_{x\to x_0}\frac{f(x)}{g(x)}=\lim_{x\to x_0}\frac{f'(x)}{g'(x)}=\lim_{x\to x_0}\frac{f''(x)}{g''(x)}.$$

例 1 求 $\lim_{x\to 1}\frac{x^3-3x+2}{x^3-x^2-x+1}$.

解 所求极限为$\frac{0}{0}$型未定式.由洛必达法则,有

$$\lim_{x\to 1}\frac{x^3-3x+2}{x^3-x^2-x+1}=\lim_{x\to 1}\frac{3x^2-3}{3x^2-2x-1}=\lim_{x\to 1}\frac{6x}{6x-2}=\frac{6}{4}=\frac{3}{2}.$$

例 2 求 $\lim_{x\to\pi}\frac{1+\cos x}{\tan x}$.

解 所求极限为$\frac{0}{0}$型未定式.由洛必达法则,有

$$\lim_{x\to\pi}\frac{1+\cos x}{\tan x}=\lim_{x\to\pi}\frac{-\sin x}{\frac{1}{\cos^2 x}}=-\lim_{x\to\pi}\sin x\cos^2 x=0.$$

例 3 求 $\lim_{x\to 0}\frac{\sin x-x+\frac{x^3}{6}}{x^5}$.

解 所求极限为$\frac{0}{0}$型未定式.连续使用洛必达法则,得

$$\begin{aligned}\lim_{x\to 0}\frac{\sin x-x+\frac{x^3}{6}}{x^5}&=\lim_{x\to 0}\frac{\cos x-1+\frac{x^2}{2}}{5x^4}=\lim_{x\to 0}\frac{-\sin x+x}{20x^3}\\&=\lim_{x\to 0}\frac{-\cos x+1}{60x^2}=\lim_{x\to 0}\frac{\sin x}{120x}=\frac{1}{120}.\end{aligned}$$

例 4 求 $\lim_{x\to+\infty}\frac{\ln x}{x^n}(n>0)$.

解 所求极限为$\frac{\infty}{\infty}$型未定式.使用洛必达法则,得

$$\lim_{x\to+\infty}\frac{\ln x}{x^n}=\lim_{x\to+\infty}\frac{\frac{1}{x}}{nx^{n-1}}=\lim_{x\to+\infty}\frac{1}{nx^n}=0.$$

例 5 求 $\lim_{x\to+\infty}\frac{x^n}{e^{\lambda x}}(\lambda>0,n\in\mathbf{N})$.

解 所求极限为$\frac{\infty}{\infty}$型未定式.连续使用洛必达法则,得

$$\begin{aligned}\lim_{x\to+\infty}\frac{x^n}{e^{\lambda x}}&=\lim_{x\to+\infty}\frac{nx^{n-1}}{e^{\lambda x}\cdot\lambda}=\lim_{x\to+\infty}\frac{n(n-1)x^{n-2}}{e^{\lambda x}\cdot\lambda^2}\\&=\cdots=\lim_{x\to+\infty}\frac{n(n-1)\cdots 1x^{n-n}}{e^{\lambda x}\cdot\lambda^n}=\lim_{x\to+\infty}\frac{n!}{e^{\lambda x}\cdot\lambda^n}=0.\end{aligned}$$

对于较复杂的极限，可以先使用等价无穷小代换、重要极限和运算法则将所求极限化为简单形式，再使用洛必达法则.

例 6 求 $\lim\limits_{x\to 0}\dfrac{\tan x-x}{x\ln(1+x^2)}$.

解 所求极限为$\dfrac{0}{0}$型未定式.先用等价无穷小代换化简，再使用洛必达法则，得

$$\begin{aligned}\lim_{x\to 0}\frac{\tan x-x}{x\ln(1+x^2)}&=\lim_{x\to 0}\frac{\tan x-x}{x^3}=\lim_{x\to 0}\frac{\sec^2 x-1}{3x^2}=\lim_{x\to 0}\frac{2\tan x\ \sec^2 x}{6x}\\&=\frac{1}{3}\lim_{x\to 0}\frac{\tan x}{x}\sec^2 x=\frac{1}{3}\lim_{x\to 0}\frac{\tan x}{x}\lim_{x\to 0}\sec^2 x=\frac{1}{3}.\end{aligned}$$

在使用洛必达法则时，应注意如下几点：

(1)每次使用法则前，必须检验是否属于$\dfrac{0}{0}$或$\dfrac{\infty}{\infty}$型定式，若不是这两类未定式，就不能使用该法则.

(2)使用法则时要注意必要的化简，如果有可约因子，则可先约去；如果有非零极限值的乘积因子，则可先按乘积极限法则分出，以简化演算步骤.

(3)洛必达法则要注意与重要极限、无穷小等价代换等方法结合使用，来简化法则的使用过程.

(4)当 $\lim\dfrac{f'(x)}{g'(x)}$不存在时(不包括∞的情形)，并不能断定 $\lim\dfrac{f(x)}{g(x)}$也不存在，此时应使用其他方法求极限.

例 7 证明$\lim\limits_{x\to\infty}\dfrac{x+\sin x}{x}$ 存在，但不能用洛必达法则求解.

证 因为$\lim\limits_{x\to\infty}\dfrac{x+\sin x}{x}=\lim\limits_{x\to\infty}\left(1+\dfrac{\sin x}{x}\right)=1+0=1$，所以所给极限存在.又因为$\lim\limits_{x\to\infty}\dfrac{(x+\sin x)'}{(x)'}=\lim\limits_{x\to\infty}\dfrac{1+\cos x}{1}=\lim\limits_{x\to\infty}(1+\cos x)$不存在，所以所给极限不能用洛必达法则求出.

二、其他未定式的极限

由无穷小与无穷大的乘积形成的 $0\cdot\infty$型未定式，无穷大与无穷大的差形成的$\infty-\infty$型未定式，经过变形可以转化为$\dfrac{0}{0}$，$\dfrac{\infty}{\infty}$型未定式.

例 8 求 $\lim\limits_{x\to 0^+}x\ln x$.

解 所求极限为 $0\cdot\infty$型未定式，先将其化成$\dfrac{\infty}{\infty}$型未定式，再使用洛必达法则，得

$$\lim_{x\to 0^+}x\ln x=\lim_{x\to 0^+}\frac{\ln x}{\dfrac{1}{x}}=\lim_{x\to 0^+}\frac{\dfrac{1}{x}}{-\dfrac{1}{x^2}}=\lim_{x\to 0^+}(-x)=0.$$

例 9 求 $\lim\limits_{x\to 1}\left(\dfrac{x}{x-1}-\dfrac{1}{\ln x}\right)$.

解 所求极限是$\infty-\infty$型未定式，通过“通分”将其化为$\frac{0}{0}$未定型：

$$\lim_{x\to1}\left(\frac{x}{x-1}-\frac{1}{\ln x}\right)=\lim_{x\to1}\frac{x\ln x-(x-1)}{(x-1)\ln x}=\lim_{x\to1}\frac{x\frac{1}{x}+\ln x-1}{\ln x+\frac{x-1}{x}}$$

$$=\lim_{x\to1}\frac{\ln x}{1-\frac{1}{x}+\ln x}=\lim_{x\to1}\frac{\frac{1}{x}}{\frac{1}{x^2}+\frac{1}{x}}=\frac{1}{2}.$$

由无穷小与无穷大之间的幂形成的0^0，1^∞，∞^0型未定式，可以通过对数运算化为$0\cdot\infty$型未定式后，再化为$\frac{0}{0}$与$\frac{\infty}{\infty}$型未定式.

例 10 求 $\lim\limits_{x\to0^+}x^x$.

解 所求极限是0^0型未定式.令$y=x^x$，则$\ln y=x\ln x$.因为

$$\lim_{x\to0^+}\ln y=\lim_{x\to0^+}x\ln x=\lim_{x\to0^+}\frac{\ln x}{\frac{1}{x}}=\lim_{x\to0^+}\frac{\frac{1}{x}}{-\frac{1}{x^2}}=\lim_{x\to0^+}(-x)=0,$$

所以 $\lim\limits_{x\to0^+}x^x=\lim\limits_{x\to0^+}e^{x\ln x}=e^0=1$.

例 11 求 $\lim\limits_{x\to e}(\ln x)^{\frac{1}{1-\ln x}}$.

解 所求极限是1^∞型未定式.令$y=(\ln x)^{\frac{1}{1-\ln x}}$，则$\ln y=\frac{\ln\ln x}{1-\ln x}$.因为

$$\lim_{x\to e}\ln y=\lim_{x\to e}\frac{\ln\ln x}{1-\ln x}=\lim_{x\to e}\frac{\frac{1}{x\ln x}}{-\frac{1}{x}}=\lim_{x\to e}\frac{-1}{\ln x}=-1,$$

所以$\lim\limits_{x\to e}(\ln x)^{\frac{1}{1-\ln x}}=\lim\limits_{x\to e}e^{\ln y}=e^{-1}$.

洛必达法则是求未定式极限的一种通用而有效的方法，只有$\frac{0}{0}$与$\frac{\infty}{\infty}$型未定式的极限才可以直接使用洛必达法则，其他类型未定式的极限可以按图 4—7 转化为$\frac{0}{0}$与$\frac{\infty}{\infty}$型未定式，然后再使用洛必达法则.

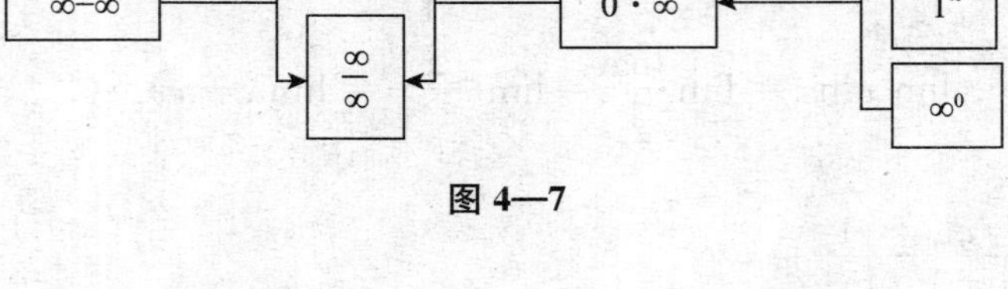

图 4—7

☞ 习题 4.2

1. 求下列极限：

(1) $\lim\limits_{x\to 0}\dfrac{e^x-1}{x^2-x}$； (2) $\lim\limits_{x\to 0}\dfrac{e^x+e^{-x}-2}{1-\cos x}$；

(3) $\lim\limits_{x\to 1}\dfrac{\ln x}{(x-1)^2}$； (4) $\lim\limits_{x\to \frac{\pi}{2}}\dfrac{\ln \sin x}{(\pi-2x)^2}$

(5) $\lim\limits_{x\to 0^+}\dfrac{\ln \sin 3x}{\ln \sin x}$； (6) $\lim\limits_{x\to \frac{\pi}{2}}\dfrac{\tan x}{\tan 3x}$；

(7) $\lim\limits_{x\to +\infty}\dfrac{\ln\left(1+\dfrac{1}{x}\right)}{\operatorname{arccot} x}$； (8) $\lim\limits_{x\to 0}\dfrac{1-\cos x^2}{x^2\sin x^2}$.

2. 求下列极限：

(1) $\lim\limits_{x\to 0}x\cot 2x$； (2) $\lim\limits_{x\to 0}x^2 e^{\frac{1}{x^2}}$；

(3) $\lim\limits_{x\to 0}\left(\dfrac{1}{\sin x}-\dfrac{1}{e^x-1}\right)$； (4) $\lim\limits_{x\to 0}\left[\dfrac{1}{x}-\dfrac{\ln(1+x)}{x^2}\right]$；

(5) $\lim\limits_{x\to 0}(\cos x)^{\frac{1}{x^2}}$； (6) $\lim\limits_{x\to \infty}\left(1+\dfrac{1}{x^2}\right)^x$；

(7) $\lim\limits_{x\to 0^+}\left(\dfrac{1}{\sin x}\right)^{\tan x}$； (8) $\lim\limits_{x\to 0^+}(\sin x)^{\frac{2}{1+\ln x}}$.

3. 验证下列极限存在，但不能用洛必达法则求其极限：

(1) $\lim\limits_{x\to \infty}\dfrac{x+\sin x}{x-\sin x}$； (2) $\lim\limits_{x\to 0}\dfrac{x^2\sin\dfrac{1}{x}}{\sin x}$； (3) $\lim\limits_{x\to +\infty}\dfrac{e^x-e^{-x}}{e^x+e^{-x}}$.

4. 确定常数 a,b，使极限 $\lim\limits_{x\to 0}\dfrac{\ln(1+x)-(ax+bx^2)}{x^2}=2$ 成立.

5. 设函数 $f(x)$ 在点 $x=0$ 的某邻域内有一阶连续导数，且 $f(x)>0$，$f(0)=1$. 求极限 $\lim\limits_{x\to 0}[f(x)]^{\frac{1}{x}}$.

第三节　函数的单调性与极值

函数的单调性与极值是函数的最基本特性，在此讨论函数的单调性和极值与其导数之间的关系，从而提供判别函数单调性和求函数极值的方法.

一、函数的单调性判别

设函数 $y=f(x)$ 是 $[a,b]$ 上单调增加（单调减少）的连续函数，并且在 (a,b) 内可导，那么它的图形是一条沿 x 轴正向上升（下降）的曲线，如图 4—8 所示.这时曲线每一点的切线与 x 轴正向的夹角都是锐角（钝角），即切线斜率都是非负的（非正的），从而 $f'(x)\geqslant 0$（$f'(x)\leqslant 0$）.

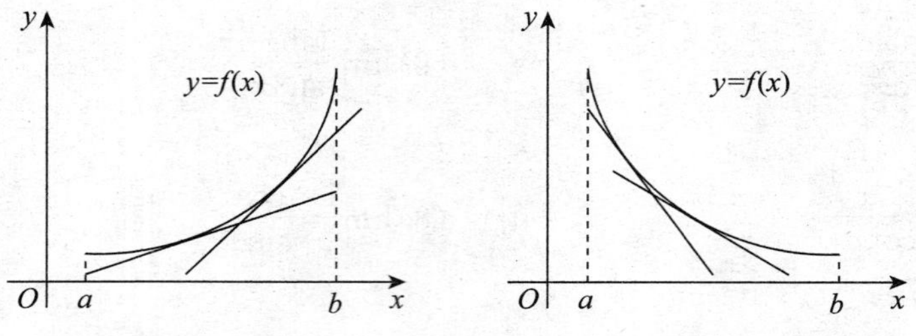

(a)单调增加函数 $f'(x)\geqslant 0$　　(b)单调减少函数 $f'(x)\leqslant 0$

图 4—8

这就直观地告诉我们：函数的单调性与其导数符号有内在联系.事实上，这一结论可以由函数 $y=\sin x$ 和其导函数 $y'=\cos x$ 的图形的关系得到验证（图 4—9）.

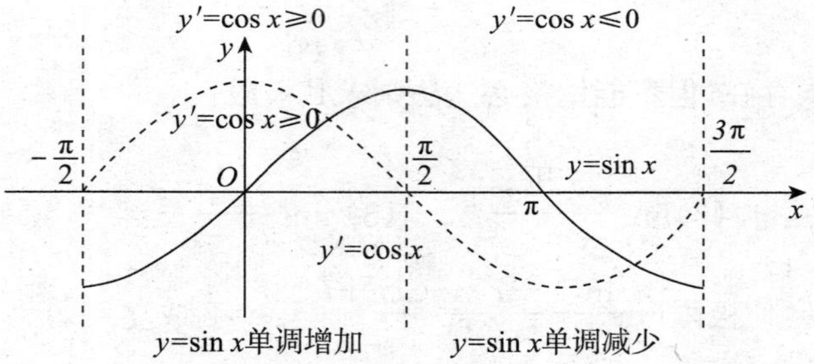

图 4—9

由上述讨论，我们可以看到可以利用导数的符号来判别函数的单调性，即有

定理 1（判别函数单调性的条件） 设函数 $f(x)$ 在 $[a,b]$ 上连续，在 (a,b) 可导，则有

(1) 如果在 (a,b) 内 $f'(x)>0$，则函数 $f(x)$ 在 $[a,b]$ 上单调增加；

(2) 如果在 (a,b) 内 $f'(x)<0$，则函数 $f(x)$ 在 $[a,b]$ 上单调减少.

证 设 x_1,x_2 是 $[a,b]$ 上任意两点，且 $x_1<x_2$.由拉格朗日中值定理，有

$$f(x_2)-f(x_1)=f'(\xi)(x_2-x_1)\quad (x_1<\xi<x_2).$$

如果 $f'(x)>0$，则必有 $f'(\xi)>0$.又 $x_2-x_1>0$，于是有

$$f(x_2)-f(x_1)>0,\quad 即\quad f(x_2)>f(x_1).$$

由于 $x_1,x_2(x_1<x_2)$ 是 $[a,b]$ 上任意两点，所以函数 $f(x)$ 在 $[a,b]$ 上单调增加.

同理可证，如果 $f'(x)<0$，则函数 $f(x)$ 在 $[a,b]$ 上单调减少.

定理 1 的两点说明：

(1)定理中的区间$[a,b]$换成其他各种类型区间,结论仍成立.

(2)定理中的导数符号条件 $f'(x)>0$(或 $f'(x)<0$)改成 $f'(x)\geqslant 0$(或 $f'(x)\leqslant 0$),但等号只在有限个 x 点成立,定理的结论依然成立.

在研究函数的单调性时,可能函数在其定义域上并不具有单调性,但在其各个部分区间上却具有单调性.如图 4—10 所示,函数 $f(x)$在区间$[a,x_1]$,$[x_2,x_4]$上单调增加,而在$[x_1,x_2]$,$[x_4,b]$上单调减少,将函数具有单调性的区间称为**单调区间**.从图上看到,函数 $f(x)$单调区间的分界点处的导数为零或不可导.导数为零的点称为驻点,即此刻速度为零.

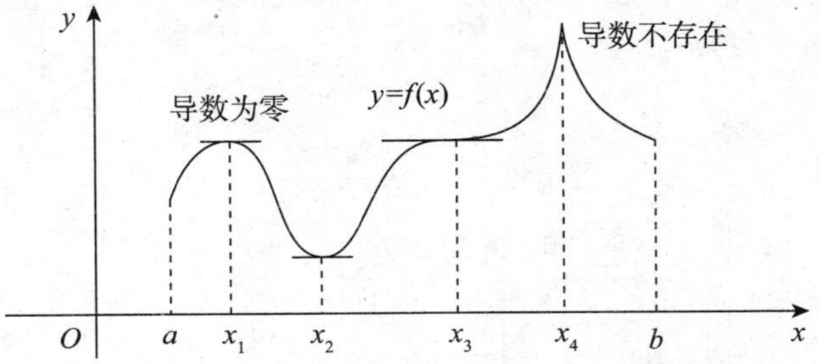

图 4—10

确定函数 $y=f(x)$单调区间的步骤:

(1)确定函数的定义域,求出使 $f'(x)=0$ 的驻点和不可导点;

(2)用这些点将 $f(x)$的定义域分成若干个子区间,再在每个子区间上用定理 1 判断函数的单调性.

例 1 讨论函数 $f(x)=3x^2-x^3$ 的单调性.

解 函数 $f(x)=3x^2-x^3$ 的定义域为$(-\infty,+\infty)$,

$$f'(x)=6x-3x^2=3x(2-x).$$

令 $f'(x)=0$,得驻点:$x_1=0$,$x_2=2$.用它们将 $f(x)$的定义区间$(-\infty,+\infty)$分成三个部分区间:$(-\infty,0)$,$(0,2)$,$(2,+\infty)$.

当 $x\in(-\infty,0)$时,$f'(x)<0$;当 $x\in(0,2)$时,$f'(x)>0$;当 $x\in(2,+\infty)$时,$f'(x)<0$.因此,由定理 1 知,函数 $f(x)$在区间$(-\infty,0]$与$[2,+\infty)$上单调减少,在区间$[0,2]$单调增加.

例 2 确定函数 $y=1+\sqrt[3]{x^2}$ 的单调区间.

解 函数的定义域为$(-\infty,+\infty)$,$y'=\dfrac{2}{3\sqrt[3]{x}}$,故 $x=0$ 是函数的不可导点.

当 $x<0$ 时,$y'<0$,函数在$(-\infty,0]$上单调减少;

当 $x>0$ 时,$y'>0$,函数在$[0,+\infty)$上单调增加.

二、函数的极值

函数的极值是函数的一个重要特征,它与函数的最大值与最小值密切相关,也是引发导数概念产生的一类重要问题.

定义 设函数 $f(x)$在 x_0 的某邻域 $U(x_0)$内有定义,任取 $x\in U(x_0)(x\neq x_0)$.

(1)若有 $f(x)<f(x_0)$，则称 x_0 为 $f(x)$ 的**极大值点**，$f(x_0)$ 为函数 $f(x)$ 的一个**极大值**；

(2)若有 $f(x)>f(x_0)$，则称 x_0 为 $f(x)$ 的**极小值点**，$f(x_0)$ 为函数 $f(x)$ 的一个**极小值**.

函数的极大值与极小值统称为函数的**极值**.使函数取得极值的点称为**极值点**.

由极值的定义可以看到，函数的极值是函数的一种局部性质，它们与函数的最大值、最小值不同.极值 $f(x_0)$ 是对点 x_0 附近的一个局部范围来说的，最大值与最小值是对 $f(x)$ 的整个定义域而言的.函数在一个区间上可能有几个极大值和几个极小值，其中有的极大值可能比极小值还小(图 4—11).

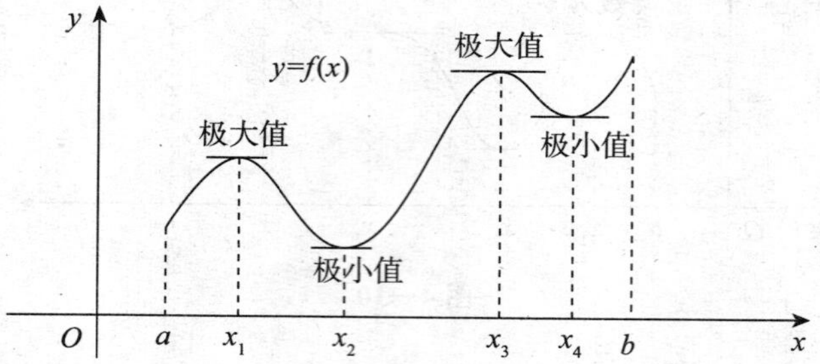

图 4—11

观察图 4—10 中曲线上各点处的切线位置，对于可导函数 $f(x)$，在取得极值处的切线是水平的，即极值点 x_0 处，必有 $f'(x_0)=0$，于是有下面的定理.

定理 2（极值的必要条件） 设 $f(x_0)$ 在点 x_0 处具有导数，且在点 x_0 取得极值，那么 $f'(x_0)=0$.

证 只证 $f(x_0)$ 是极大值的情形.由 $f'(x_0)$ 存在，可知

$$f'(x_0)=f'_-(x_0)=f'_+(x_0).$$

因为 $f(x_0)$ 是 $f(x)$ 的一个极大值，所以对于 x_0 的某邻域内的一切 x，只要 $x\neq x_0$，就恒有 $f(x)\leqslant f(x_0)$.因此，

当 $x>x_0$ 时，有 $\dfrac{f(x)-f(x_0)}{x-x_0}\leqslant 0$，于是 $f'_-(x_0)=\lim\limits_{x\to x_0^+}\dfrac{f(x)-f(x_0)}{x-x_0}\leqslant 0$；

当 $x<x_0$ 时，有 $\dfrac{f(x)-f(x_0)}{x-x_0}\geqslant 0$，于是 $f'_+(x_0)=\lim\limits_{x\to x_0^-}\dfrac{f(x)-f(x_0)}{x-x_0}\geqslant 0$.

所以 $f'(x_0)=0$.

类似可证 $f(x_0)$ 为极小值的情形.

此定理说明，对于可导函数 $f(x)$，其极值点必是其驻点.但反之不真，即函数 $f(x)$ 的驻点却不一定是 $f(x)$ 的极值点.例如，$x=0$ 是函数 $f(x)=x^3$ 的驻点，但不是其极值点(图 4—12).

对于一个连续函数，它的极值点还可能是使导数不存在的点，称这种点为尖点.例如，$f(x)=|x|$，$f'(0)$ 不存在，但 $x=0$ 是它的极小值点(图 4—13).

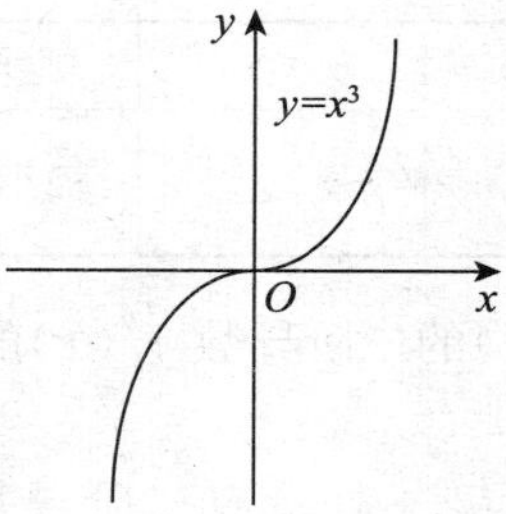

图 4—12

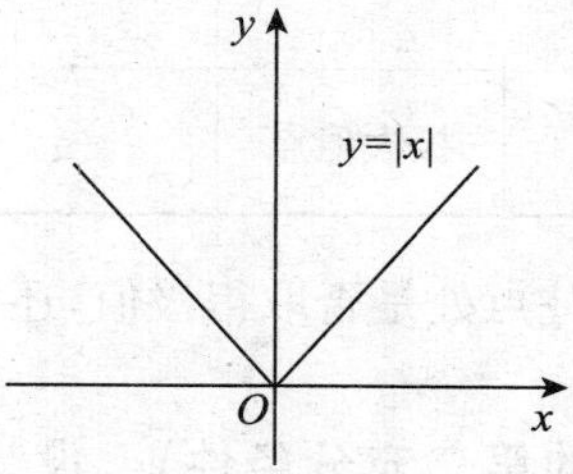

图 4—13

总之，连续函数 $f(x)$ 的可能极值点只能是其驻点或尖点，如何判别这些点是否为极值点，观察图 4—14，可以看到函数 $f(x)$ 在这些点处，若两侧附近导数的符号异号，则取得极值；若两侧附近导数的符号同号，则非极值，即有如下定理.

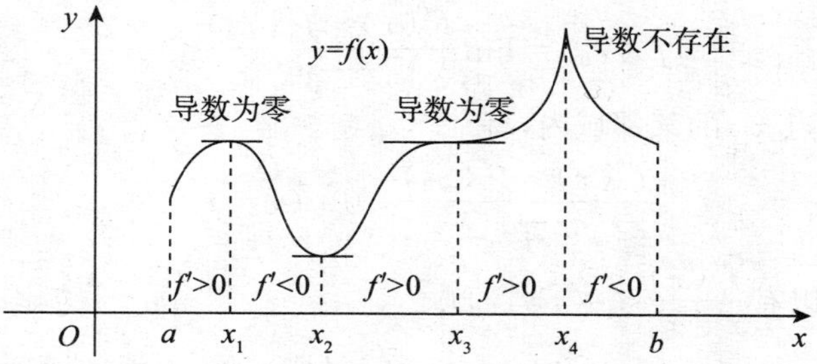

图 4—14

定理 3(极值判别法一) 设 $f(x)$ 在点 x_0 连续，在点 x_0 的去心邻域 $U^{\circ}(x_0)$ 内可导，且 $f'(x_0)=0$ 或 $f'(x_0)$ 不存在.

(1)若当 $x<x_0$ 时 $f'(x)>0$，当 $x>x_0$ 时 $f'(x)<0$，则 $f(x_0)$ 为极大值；

(2)若当 $x<x_0$ 时 $f'(x)<0$，当 $x>x_0$ 时 $f'(x)>0$，则 $f(x_0)$ 为极小值；

(3)若在 x_0 两侧导数符号有相同符号，则 $f(x_0)$ 非极值.

证 (1)由假设知，$f(x)$ 在点 x_0 的左侧邻近单调增加，在点 x_0 的右侧邻近单调减少，即当 $x<x_0$ 时，$f(x)<f(x_0)$；当 $x>x_0$ 时，$f(x)<f(x_0)$，因此点 x_0 是 $f(x)$ 的极大值点，$f(x_0)$ 是 $f(x)$ 的极大值.

类似可以证明(2).

(3)由假设知，当 x 在点 x_0 的某个邻域($x\neq x_0$)内取值时，$f'(x)>0(<0)$，所以，在这个邻域内是单调增加(减少)的，因此点 x_0 不是极值点.

极值判别法一为判别连续函数在驻点或不可导点处是否取得极值的充分性判别法.为了直观起见，将其列为表 4—1.

表 4—1

x	$x<x_0$	x_0	$x>x_0$	x	$x<x_0$	x_0	$x>x_0$
$f'(x)$	+	0(不可导)	−	$f'(x)$	+	0(不可导)	−

续前表

x	$x<x_0$	x_0	$x>x_0$	x	$x<x_0$	x_0	$x>x_0$
$f(x)$	↗	极大值点	↘	$f(x)$	↘	极小值点	↗

函数 $f(x)$在驻点处是否取得极值,还可用 $f(x)$的二阶导数 $f''(x)$的符号判别,有如下判别定理.

定理 4(极值的第二充分条件) 设 $f(x)$在点 x_0 处具有二阶导数,且 $f'(x_0)=0$, $f''(x_0)\neq0$.

(1)如果 $f''(x_0)<0$,则 $f(x)$在点 x_0 取得极大值;

(2)如果 $f''(x_0)>0$,则 $f(x)$在点 x_0 取得极小值;

(3)如果 $f''(x_0)=0$,不能判别 $f(x)$在点 x_0 是否取得极值.

证 (1)由于 $f''(x_0)<0$,所以

$$f''(x_0)=\lim_{x\to x_0}\frac{f'(x)-f'(x_0)}{x-x_0}<0.$$

由极限的保号性,在点 x_0 的某邻域内,有

$$\frac{f'(x)-f'(x_0)}{x-x_0}<0\quad(x\neq x_0).$$

因为 $f'(x_0)=0$,所以有$\dfrac{f'(x)}{x-x_0}<0(x\neq x_0)$.

因此,当 $x<x_0$ 时,$f'(x)>0$;当 $x>x_0$ 时,$f'(x)<0$.由定理 3 知 $f(x_0)$为 $f(x)$的极大值.

类似地可证明(2).

(3)对于 $f(x)=x^3$,$f'(0)=0$,$f''(0)=0$,但 $f(0)=0$ 非极值;对于 $g(x)=x^4$,$g'(0)=0$,$g''(0)=0$,但 $g(0)=0$ 为极小值.

求函数 $y=f(x)$极值的步骤:

(1)确定函数的定义域,求出使 $f'(x)=0$ 的驻点和不可导点;

(2)用极值判别法一判别驻点和不可导点左右导数的符号,或用极值判别法二判别二阶可导函数在驻点处导数的符号;

(3)求出极值点处的函数值,从而得函数的极值.

例 3 求函数 $f(x)=x^3-6x^2+9x$ 的极值.

解 方法一 $f(x)=x^3-6x^2+9x$ 的定义域为$(-\infty,+\infty)$,且

$$f'(x)=3x^2-12x+9=3(x-1)(x-3).$$

令 $f'(x)=0$,得驻点 $x_1=1$,$x_2=3$.列表讨论,见表 4—2.

表 4—2

x	$(-\infty,1)$	1	$(1,3)$	3	$(3,+\infty)$
$f'(x)$	+	0	−	0	+
$f(x)$	↗	极大值 $f(1)=4$	↘	极小值 $f(3)=0$	↗

由表 4—2，函数的极大值为 $f(1)=4$，极小值为 $f(3)=0$.

方法二 $f(x)=x^3-6x^2+9x$ 的定义域为 $(-\infty,+\infty)$，且

$$f'(x)=3x^2-12x+9,\quad f''(x)=6x-12.$$

令 $f'(x)=0$，得驻点 $x_1=1,x_2=3$.

因为 $f''(1)=-6<0$，所以 $f(1)=4$ 为极大值.

因为 $f''(3)=6>0$，所以 $f(3)=0$ 为极小值.

例 4 求函数 $f(x)=2-(x-1)^{\frac{2}{3}}$ 的极值.

解 $f(x)=2-(x-1)^{\frac{2}{3}}$ 的定义域为 $(-\infty,+\infty)$，且 $f(x)$ 在 $(-\infty,+\infty)$ 上连续，

$$f'(x)=-\frac{2}{3}(x-1)^{-\frac{1}{3}}=\frac{-2}{3(x-1)^{\frac{1}{3}}}\quad (x\neq 1)$$

当 $x=1$ 时，$f'(x)$ 不存在，所以 $x=1$ 为 $f(x)$ 的可能极值点.

在 $(-\infty,1)$ 内，$f'(x)>0$；在 $(1,+\infty)$ 内，$f'(x)<0$. 由定理 2 知，$f(x)$ 在 $x=1$ 处取得极大值 $f(1)=2$.

三、用函数的单调性与极值证明不等式

利用函数的单调性与极值可以证明不等式. 例如证明：对于 $x\in(a,b)$，$f(x)>g(x)$ 成立，其证明方法如下：

(1) 根据要证明的不等式，构造函数 $F(x)=f(x)-g(x)$；

(2) 利用导数的符号，判别函数 $F(x)$ 的单调性或极值；

(3) 利用单调性或极值的概念，说明不等式的成立.

例 5 证明：当 $x>1$ 时，$\ln x>\dfrac{2(x-1)}{x+1}$.

证 设 $F(x)=\ln x-2\dfrac{x-1}{x+1}$，则

$$F'(x)=\frac{1}{x}-\frac{4}{(1+x)^2}=\frac{(1-x)^2}{x(1+x)^2}>0.$$

所以，函数 $F(x)$ 在区间 $(1,+\infty)$ 上单调增加. 又 $F(1)=0$，由单调性的定义知，当 $x>1$ 时，$F(x)>F(1)=0$，即有 $F(x)=\ln x-\dfrac{2(x-1)}{x+1}>0$，所以 $\ln x>\dfrac{2(x-1)}{x+1}$.

例 6 证明：当 $x\neq 0$ 时，$e^x>x+1$.

证 方法一 设 $F(x)=e^x-x-1$，则 $F'(x)=e^x-1$.

当 $x>0$ 时，$F'(x)>0$，$F(x)$ 在 $[0,+\infty)$ 上单调增加，所以 $F(x)>F(0)=0$，即 $F(x)=e^x-x-1>0$，故 $e^x>x+1$.

当 $x<0$ 时，$F'(x)<0$，$F(x)$ 在 $(-\infty,0]$ 上单调减少，所以 $F(x)>F(0)=0$，即 $F(x)=e^x-x-1>0$，故 $e^x>x+1$.

综上，当 $x\neq 0$ 时，$e^x>x+1$.

方法二 设 $F(x)=e^x-x-1$，则 $F'(x)=e^x-1$，$F(x)$ 有唯一驻点 $x=0$. 又

$$F''(x)=e^x,\quad F''(0)=1>0,$$

故 $x=0$ 是 $F(x)$ 的极小值点，且极小值为 $F(0)=0$.

由极小值的定义，当 $x\neq 0$ 时，$F(x)>F(0)=0$，即 $e^x>x+1$ 成立.

☞习题 4.3

1. 确定下列函数的单调区间：

(1) $y=\arctan x-x$；　(2) $y=x^3-3x^2+5$；

(3) $y=x^2e^x$；　(4) $y=\ln(x+\sqrt{1+x^2})$；

(5) $y=(x-1)(x+1)^3$；　(6) $y=\dfrac{\ln x}{x}$.

2. 设函数 $f(x)$ 在区间 $[0,+\infty)$ 上连续，在 $(0,+\infty)$ 内可导，且 $f(0)=0$，$f'(x)$ 在 $(0,+\infty)$ 内单调减少.证明 $F(x)=\dfrac{f(x)}{x}$ 在 $(0,+\infty)$ 内单调减少.

3. 求下列函数的极值：

(1) $y=x^3-3x^2+7$；　(2) $y=\dfrac{2x}{1+x^2}$；

(3) $y=(x-1)x^{\frac{2}{3}}$；　(4) $y=x^2e^{-x}$；

(5) $y=x-\ln(1+x)$；　(6) $y=2-(x-1)^{\frac{2}{3}}$.

4. 求函数 $f(x)=x^3-3x^2+1$ 的单调区间与极值.

5. 设函数 $f(x)=a\ln x+bx^2+x$ 在 $x_1=1, x_2=2$ 处都取得极值.试定出 a,b 的值，并问这时 $f(x)$ 在 x_1,x_2 处是取得极大值还是极小值?

6. 试问 a 为何值时，函数 $f(x)=a\sin x+\dfrac{1}{3}\sin 3x$ 在 $x=\dfrac{\pi}{3}$ 处取得极值? 是极大值还是极小值?

7. 证明下列不等式：

(1) 当 $x>0$ 时，$\dfrac{x}{1+x}<\ln(1+x)<x$；

(2) 当 $x>0$ 时，$e^x>1+x+\dfrac{x^2}{2}$；

(3) 当 $0<x<\dfrac{\pi}{2}$ 时，$\sin x>x-\dfrac{x^3}{6}$.

第四节　曲线的凹凸性与拐点

为了准确地描绘函数的图形，仅知道函数的增减性和极值是不够的.如在区间 $[0,1]$ 上，函数 $f(x)=x^2$ 与 $g(x)=\sqrt{x}$ 都是单调增加函数，但它们的图形却有明显的差异：函数

$f(x)=x^2$ 的图形向上弯曲(曲线为凹的),而函数 $g(x)=\sqrt{x}$ 的图形向下弯曲(曲线为凸的).因此,需要对曲线的弯曲方向,即曲线的凹凸性进行研究.

观察图 4—15,曲线 $y=f(x)$ 为凹的,在曲线 $y=f(x)$ 上任取两点 $A(x_1,f(x_1))$ 和 $B(x_2,f(x_2))$,则连接点 A 与 B 的曲线弧 AB 位于弦 AB 之下,取 x_1,x_2 的中点 $\frac{x_1+x_2}{2}$,则弧 AB 上在中点处的函数值小于弦 AB 上在中点处的函数值,即

$$f\left(\frac{x_1+x_2}{2}\right)<\frac{f(x_1)+f(x_2)}{2}.$$

这样曲线的凹向就可以用该特征进行描述.类似地,用图 4—16 也可以描述曲线的凸向,下面给出曲线的凹凸性的定义.

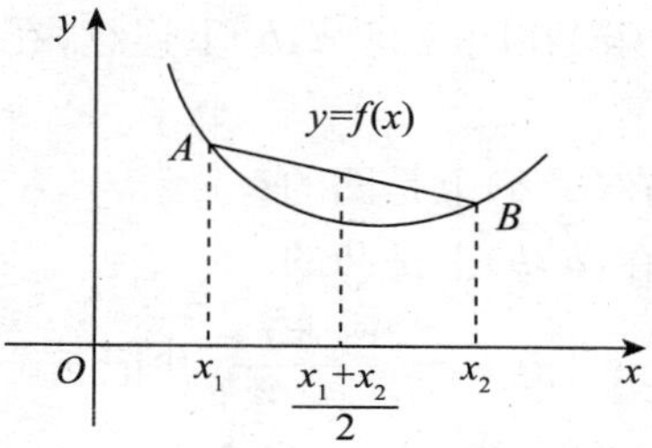

图 4—15

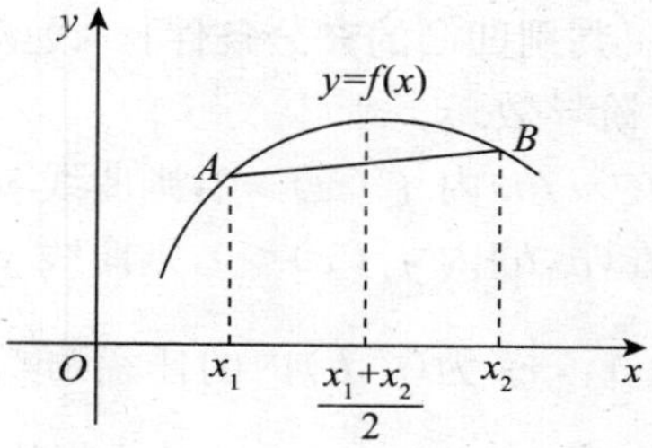

图 4—16

定义 1 设函数 $y=f(x)$ 在区间 I 上连续.取 I 上任意两点 x_1,x_2.

(1)若 $f\left(\frac{x_1+x_2}{2}\right)<\frac{f(x_1)+f(x_2)}{2}$,则称曲线弧 $y=f(x)$ 在 I 内是凹的.

(2)若 $f\left(\frac{x_1+x_2}{2}\right)>\frac{f(x_1)+f(x_2)}{2}$,则称曲线弧 $y=f(x)$ 在 I 内是凸的.

若 $y=f(x)$ 在区间 (a,b) 内可导,曲线 $y=f(x)$ 的切线与 x 轴正向的夹角为 α,从图 4—17中可以看到:当 x 从小变大时,切线斜率 $\tan\alpha$ 随之增大,即 $f'(x)$ 在 (a,b) 内单调增加,此时曲线 $y=f(x)$ 为凹的;类似地,从图 4—18 中可以看到,$f'(x)$ 在 (a,b) 内单调减少,此时曲线 $y=f(x)$ 为凸的.

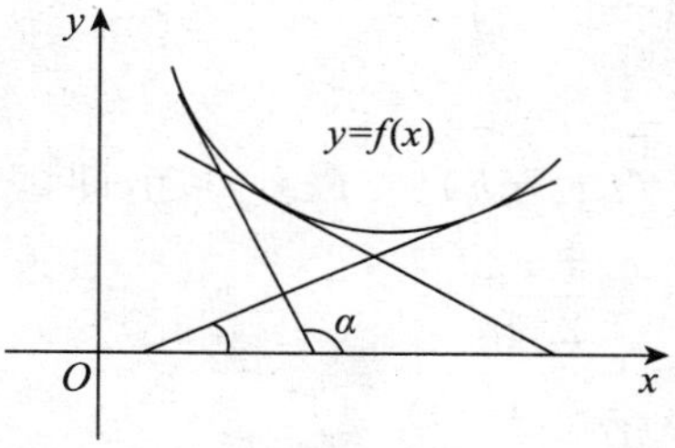

图 4—17 $f'(x)$单调增加

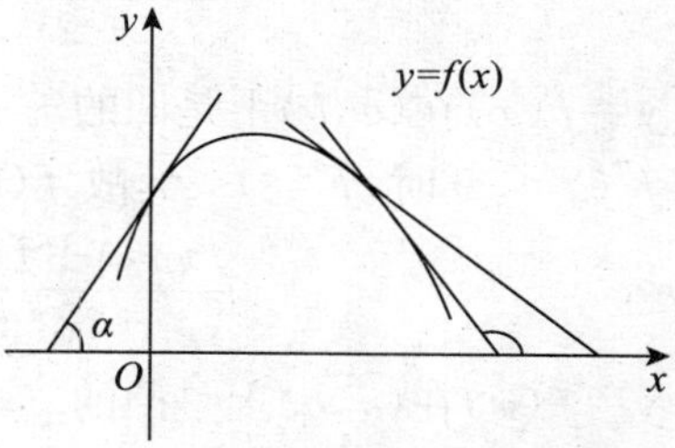

图 4—18 $f'(x)$单调减少

对于导数 $f'(x)$ 的单调性判别,在函数 $y=f(x)$ 具有二阶导数时,按照函数的单调性判别法,可以用 $f''(x)$ 的符号进行判别,由此可以看到,利用函数二阶导数的符号可以判别曲线的凹凸性.事实上,这一结论可以由函数 $y=\sin x$ 和其二阶导函数 $y''=-\sin x$ 的图形的关

系得到验证(图 4—19).

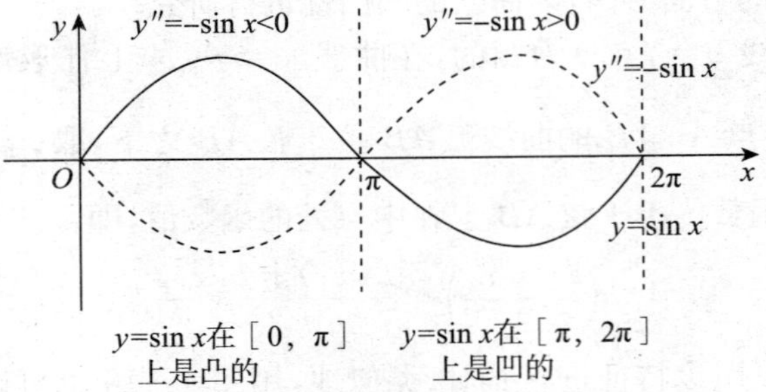

图 4—19

定理 1 (判别凹凸的充分条件) 设函数 $y=f(x)$在闭区间$[a,b]$上连续,在开区间(a,b)内具有二阶导数.

(1)若在(a,b)内 $f''(x)>0$,则曲线 $y=f(x)$在(a,b)上是凹的;

(2)若在(a,b)内 $f''(x)<0$,则曲线 $y=f(x)$在(a,b)上是凸的.

证 设x_1,x_2为(a,b)内的任意两点,且$x_1<x_2$.记$x_0=\dfrac{x_1+x_2}{2}$,并记$x_2-x_0=x_0-x_1=h$,则$x_1=x_0-h,x_2=x_0+h$.由拉格朗日中值定理,得

$$f(x_0+h)-f(x_0)=f'(\eta_1)h,\quad \eta_1\in(x_0,x_0+h),$$
$$f(x_0)-f(x_0-h)=f'(\eta_2)h,\quad \eta_2\in(x_0-h,x_0).$$

上面两式相减,得

$$f(x_0+h)+f(x_0-h)-2f(x_0)=[f'(\eta_1)-f'(\eta_2)]h.$$

再由拉格朗日中值定理,得

$$f'(\eta_1)-f'(\eta_2)=f''(\xi)(\eta_1-\eta_2),\quad \xi\in(\eta_2,\eta_1).$$

所以 $f(x_0+h)+f(x_0-h)-2f(x_0)=f''(\xi)(\eta_1-\eta_2)h$.

(1)当 $f''(x)>0$ 时,$f''(\xi)>0$,故 $f(x_0+h)+f(x_0-h)-2f(x_0)>0$,即

$$\frac{f(x_0+h)+f(x_0-h)}{2}>f(x_0),\text{也即}$$

$$\frac{f(x_1)+f(x_2)}{2}>f\left(\frac{x_1+x_2}{2}\right).$$

所以,曲线 $y=f(x)$在(a,b)上是凹的.

(2)当 $f''(x)<0$ 时,$f''(\xi)<0$,故 $f(x_0+h)+f(x_0-h)-2f(x_0)<0$,即

$$\frac{f(x_1)+f(x_2)}{2}<f\left(\frac{x_1+x_2}{2}\right).$$

所以,曲线 $y=f(x)$在(a,b)上是凸的.

若把定理中的区间$[a,b]$改为其他各种区间,结论仍然成立.

例 1 判定曲线 $y=\ln x$ 与 $y=x^3$ 的凹凸性.

解 函数 $y=\ln x$ 的定义域为$(0,+\infty)$,且

$$y'=\frac{1}{x},\quad y''=\frac{1}{-x^2}.$$

当 $x>0$ 时，$y''<0$，故曲线 $y=\ln x$ 在$(0,+\infty)$上是凸的.

函数 $y=x^3$ 的定义域为$(-\infty,+\infty)$，且

$$y'=3x^2,\quad y''=6x.$$

当 $x<0$ 时，$y''<0$；当 $x>0$ 时，$y''>0$.所以，曲线 $y=x^3$ 在区间$(-\infty,0)$上是凸的，在区间$(0,+\infty)$上是凹的，如图 4—20 所示.

若曲线在区间 I 内具有凹凸性，区间 I 称为凹凸区间.从图 4—21 上看到，曲线 $f(x)$上的点 $M_0(x_0,y_0)$是曲线凹与凸的分界点，这样的点称为拐点.

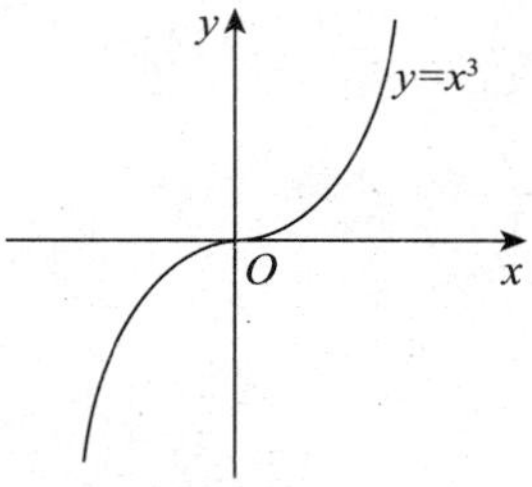

图 4—20

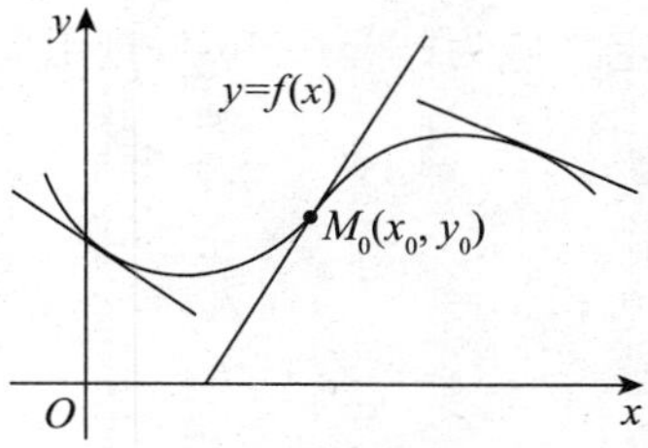

图 4—21

定义 2 若曲线 $y=f(x)$在点$(x_0,f(x_0))$处有穿过曲线的切线，且在切点两侧近旁曲线的凹向不同，则称点$(x_0,f(x_0))$为曲线 $y=f(x)$的**拐点**.

对于具有连续二阶导数的函数而言，由曲线的凹向判别条件知，拐点两侧的二阶导数符号相异，如图 4—20 所示，由此可得如下定理。

定理 2(拐点存在的必要条件) 设函数 $y=f(x)$在点 x_0 处具有连续的二阶导数.若点$(x_0,f(x_0))$为曲线 $y=f(x)$的拐点，则 $f''(x_0)=0$.

这里 $f''(x_0)=0$ 只是拐点的必要条件，并非充要条件.

例如 $f(x)=x^4$，$f''(x)=12x^2\geqslant 0$，$f''(0)=0$，但$(0,0)$非拐点(图 4—22).

除了二阶导数为零的点可能为拐点外，导数不存在的点也可能为拐点.例如 $y=\sqrt[3]{x}$，在 $x=0$ 处即为拐点(图 4—23).

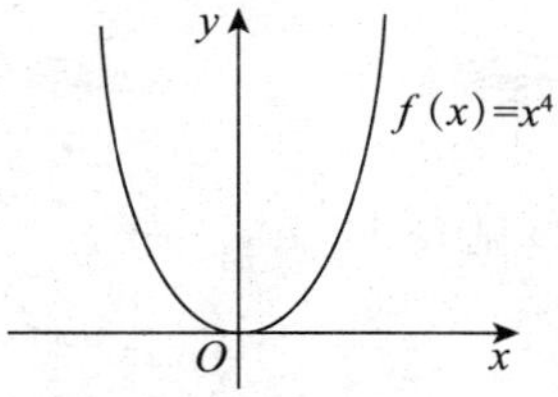

图 4—22

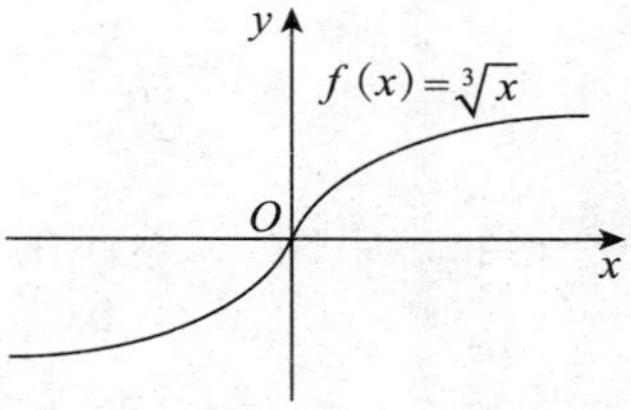

图 4—23

因此，曲线拐点的横坐标 x_0，只可能是使 $f''(x)=0$ 的点及 $f'(x)$或 $f''(x)$不存在的点.区分这些点是否为拐点，只需看这些点左右两侧近旁 $f''(x)$的符号是否相异.

定理 3 (拐点存在的充分条件) 设函数 $y=f(x)$在点 x_0 的邻域$(x_0-\delta,x_0+\delta)$内连续且二阶可导($f'(x_0)$或 $f''(x_0)$可以不存在).若在点 x_0 两侧二阶导数 $f''(x)$的符号相反，则曲线上点$(x_0,f(x_0))$为曲线 $y=f(x)$的拐点.

综上，可以归纳出确定曲线凹凸性与拐点的方法.

确定连续曲线凹凸性和拐点的步骤：

(1)先求出 $f''(x)$，找出在 (a,b) 内使 $f''(x)=0$ 的点和 $f''(x)$ 不存在的点 x_i；

(2)用上述各点 x_i 按照从小到大依次将 (a,b) 分成小区间，再在每个小区间上考察 $f''(x)$ 的符号；

(3)若 $f''(x)$ 在某点 x_i 两侧近旁异号，则 $(x_i, f(x_i))$ 是曲线 $y=f(x)$ 的拐点；

(4)写出具有凹凸性的区间.

例 2 求曲线 $y=\dfrac{x}{1+x^2}$ 的凹凸区间和拐点.

解 函数的定义域为 $(-\infty,+\infty)$，且函数是奇函数，

$$y'=\frac{1-x^2}{(1+x^2)^2},\quad y''=\frac{2x(x^2-3)}{(1+x^2)^3}.$$

令 $y''=0$，得 $x=0$ 和 $x=\pm\sqrt{3}$.列表讨论，见表 4—3.

表 4—3

x	$(-\infty,-\sqrt{3})$	$-\sqrt{3}$	$(-\sqrt{3},0)$	0	$(0,\sqrt{3})$	$\sqrt{3}$	$(\sqrt{3},+\infty)$
y''	$-$	0	$+$	0	$-$	0	$+$
y	凸的	拐点	凹的	0	凸的	拐点	凹的

由表 4—3，曲线在区间 $(-\infty,-\sqrt{3}]$ 和 $[0,\sqrt{3}]$ 上是凸的，在 $[-\sqrt{3},0]$ 和 $[\sqrt{3},+\infty)$ 上是凹的，拐点为 $(0,0)$，$\left(\pm\sqrt{3},\pm\dfrac{\sqrt{3}}{4}\right)$.

例 3 求曲线 $y=(x-1)\sqrt[3]{x^5}$ 的凹凸区间和拐点.

解 函数的定义域为 $(-\infty,+\infty)$，

$$y'=x^{\frac{5}{3}}+(x-1)\cdot\frac{5}{3}\cdot x^{\frac{2}{3}}=\frac{8}{3}x^{\frac{5}{3}}-\frac{5}{3}x^{\frac{2}{3}},$$

$$y''=\frac{40}{9}x^{\frac{2}{3}}-\frac{10}{9}x^{-\frac{1}{3}}=\frac{10}{9}\cdot\frac{4x-1}{\sqrt[3]{x}}.$$

令 $y''=0$，得 $x=\dfrac{1}{4}$；当 $x=0$ 时，y'' 不存在.列表讨论，见表 4—4.

表 4—4

x	$(-\infty,0)$	0	$(0,1/4)$	$1/4$	$(1/4,+\infty)$
y''	$+$	∞	$-$	0	$+$
y	凹的	拐点	凸的	拐点	凹的

由表 4—4，曲线的拐点为 $(0,0)$ 和 $\left(\dfrac{1}{4},\dfrac{-3}{16\sqrt[3]{16}}\right)$，凹区间为 $(-\infty,0]$ 和 $[1/4,+\infty)$，凸区间为 $[0,1/4]$.

☞ 习题 4.4

1. 讨论下列曲线的凹凸区间和拐点：

(1) $y=x^3-6x^2+3x$；　　(2) $y=\dfrac{1}{1+x^2}$；

(3) $y=(x-1)x^{\frac{2}{3}}$；　　(4) $y=\ln(1+x^2)-2x\arctan x$.

2. 问 a,b 为何值时，点 $(1,3)$ 为曲线 $y=ax^3+bx^2$ 的拐点？

3. 设曲线 $y=x^3+ax^2+bx+c$ 在 $x=0$ 处有水平切线，点 $(1,-1)$ 为曲线的拐点.试确定常数 a,b,c.

4. 利用曲线的凹凸性，证明下列不等式：

(1) $\dfrac{x^3+y^3}{2}>\left(\dfrac{x+y}{2}\right)^3\ (x>0,y>0,x\neq y)$；

(2) $\dfrac{e^x+e^y}{2}>e^{\frac{x+y}{2}}\ (x\neq y)$.

5. 设函数 $f(x)$ 在区间 I 上具有二阶导数，且曲线 $y=f(x)$ 在 I 上是凹的.证明曲线 $y=e^{f(x)}$ 也是凹的.

第五节　函数图形的描绘

如果知道了函数的单调性、极值，函数曲线的凹凸方向与拐点，就基本把握了函数曲线图形的基本特征，以此为基础就可以描绘出函数的图形.

一、曲线的渐近线

在讲极限时，介绍了曲线的水平渐近线和垂直渐近线.

若当 $x\to\infty$（或 $x\to\pm\infty$）时，$y\to C$（C 为常数），即 $\lim\limits_{x\to\infty}f(x)=C$，则称直线 $y=C$ 为曲线 $y=f(x)$ 的水平渐近线.

若当 $x\to C$ 时（或 $x\to C^{\pm}$，C 为常数），$y\to\infty$（或 $y\to\pm\infty$），即 $\lim\limits_{x\to C}f(x)=\infty$，则称直线 $x=C$ 为曲线 $y=f(x)$ 的铅直渐近线.

除此之外，曲线有时可能还有斜渐近线.

例如，双曲线 $\dfrac{x^2}{a^2}-\dfrac{y^2}{b^2}=1$ 有两条斜渐近线：$\dfrac{x}{a}+\dfrac{y}{b}=0$ 及 $\dfrac{x}{a}-\dfrac{y}{b}=0$（图 4—24）.

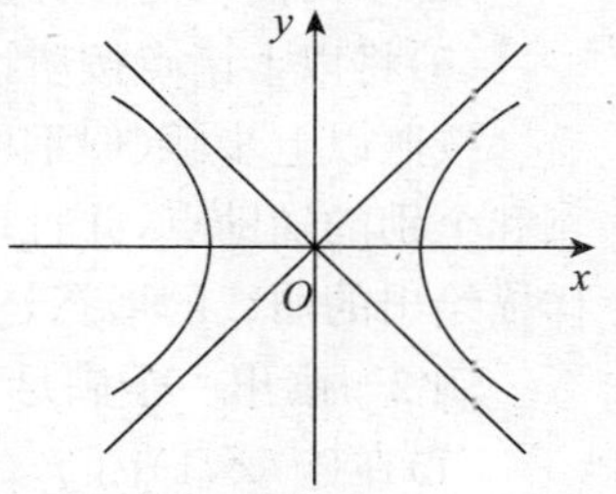

图 4—24

定义 1　若函数 $f(x)$ 满足：

(1) $\lim\limits_{x\to\infty}\frac{f(x)}{x}=k$；

(2) $\lim\limits_{x\to\infty}[f(x)-kx]=b$，

则称 $y=kx+b$ 为曲线 $y=f(x)$的**斜渐近线**.

当 $k=0$ 时，曲线的斜渐近线变为水平渐近线.对于渐近线的讨论，有时要对 $x\to+\infty$和 $x\to-\infty$分别讨论.

例 1 求曲线 $y=\frac{x^3}{x^2+2x-3}$的渐近线.

解 令 $f(x)=\frac{x^3}{x^2+2x-3}$.因为

$$k=\lim_{x\to\infty}\frac{f(x)}{x}=\lim_{x\to\infty}\frac{x^2}{x^2+2x-3}=1,$$

$$b=\lim_{x\to\infty}[f(x)-kx]=\lim_{x\to\infty}\left(\frac{x^3}{x^2+2x-3}-x\right)=-2,$$

故得曲线的渐近线方程为 $y=x-2$.

二、函数作图的一般步骤

利用函数的图形，能够直观地看到函数的某些变化规律，无论是对于定性的分析还是定量的计算都大有益处.

初等数学里学过的描点作图法，对于简单的平面曲线(如直线、抛物线)比较适用，但对于一般的平面曲线就不适用了.因为描点作图法既不能保证所取的点是曲线上的关键点(最高点或最低点)，又不能保证通过取点来判断曲线的增减与凹凸性.为了更准确、更全面地描绘平面曲线，必须确定出反映曲线主要特征的点与区间特性.这样就形成了利用导数描绘函数图形的方法.

微分作图法的步骤：

(1)确定函数的定义域和值域，并考察函数是否有奇偶性、周期性；

(2)考察函数是否有渐近线；

(3)确定函数的单调区间和极值点、函数曲线的凹凸区间和拐点，即求使得 $f'(x)=0$，$f''(x)=0$ 的点和一、二阶导数不存在的点；用这些点把定义域划分为若干个小区间，判定一阶导数和二阶导数在各个小区间上的符号，求出这些点的坐标；

(4)求出曲线与坐标轴交点的坐标，再根据需要求出曲线上一些辅助点的坐标；

(5)将以上诸点按所讨论的单调性和凹凸性用光滑的曲线连接起来，即得所要的图形.

按照以上步骤(但不可绝对化)绘图，虽然仍是描点连线绘图，但所求的点是全部的关键点和个别的辅助点，并且是在确知增减、凹凸和渐近线的基础上连线的，做到了心中有数.这样描绘出的曲线的形态是较为精确的.

例 2 画出一个满足下列条件的可导函数 $f(x)$的图形.

(1)在$(-\infty,1)$内 $f'(x)>0$，在$(1,+\infty)$内 $f'(x)<0$；

(2)在$(-\infty,-2)$和$(2,+\infty)$内 $f''(x)<0$，在$(-2,2)$内 $f''(x)<0$；

(3) $\lim_{x\to-\infty}f(x)=-2$, $\lim_{x\to+\infty}f(x)=0$;

(4) $f(1)=2, f(2)=1, f(-2)=0$.

解 条件(1)说明 $f(x)$ 在 $(-\infty,1)$ 内单调递增，在 $(1,+\infty)$ 内单调递减，在 $x=1$ 处取得极大值.

条件(2)说明 $f(x)$ 在 $(-\infty,2)$ 和 $(2,+\infty)$ 内是凹的，在 $(-2,2)$ 内是凸的，点 $(-2,f(-2))$ 与 $(2,f(2))$ 为拐点.

条件(3)说明 $f(x)$ 有两条水平渐近线：$y=-2$ 和 $y=0$.作图时先画出渐近线，再标明极值点与拐点，然后根据单调性与凹凸性连续、光滑地画出图形.如图 4—25 所示.

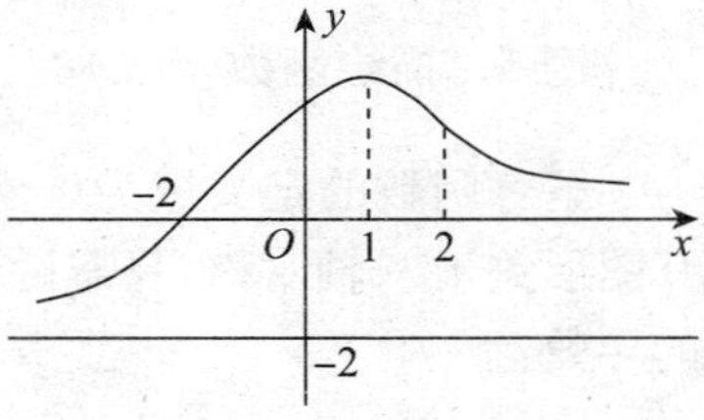

图 4—25

例 3 描绘函数 $y=x^3-6x^2+9x-2$ 的图形.

解 函数的定义域为 $(-\infty,+\infty)$，

$$y'=3x^2-12x+9=3(x-1)(x-3),$$
$$y''=6x-12=6(x-2).$$

令 $y'=0$，得驻点 $x=1, x=3$；令 $y''=0$ 得，$x=2$.

用 $x=1, x=2, x=3$ 将定义区间分开，作表讨论，见表 4—5.

表 4—5

x	$(-\infty,1)$	1	$(1,2)$	2	$(2,3)$	3	$(3,+\infty)$
y'	+	0	−	−	−	0	+
y''	−	−	−	0	+	+	+
y	↗	极大	↘	拐点	↘	极小	↗

由表 4—5，函数的极大值点为 $(1,2)$，极小值点为 $(3,-2)$，曲线的拐点为 $(2,0)$，曲线无渐近线.补充点 $(2\pm\sqrt{3},0)$，$(0,-2)$，作出函数图形，如图 4—26 所示.

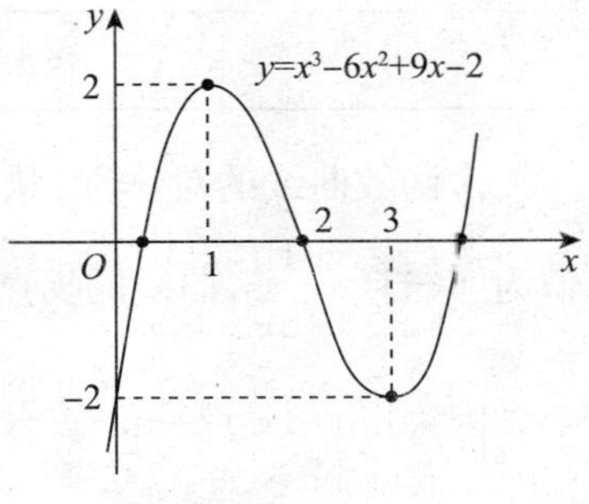

图 4—26

例 4 描绘函数 $y=\dfrac{e^x}{1+x}$ 的图形.

解 函数 $y=f(x)=\dfrac{e^x}{1+x}$ 的定义域为 $x\neq-1$ 的全体实数.

当 $x<-1$ 时，有 $f(x)<0$，即 $x<-1$ 时，图形在 x 轴下方；当 $x>-1$ 时，有 $f(x)>0$，即 $x>-1$ 时，图形在 x 轴上方.

由于 $\lim_{x\to-1}f(x)=\infty$，所以 $x=-1$ 为曲线 $y=f(x)$ 的铅直渐近线.

又因为 $\lim_{x\to-\infty}\dfrac{e^x}{1+x}=0$，所以 $y=0$ 为该曲线的水平渐近线.

计算得 $y'=\dfrac{xe^x}{(1+x)^2}$，$y''=\dfrac{e^x(x^2+1)}{(1+x)^3}$.令 $y'=0$，得 $x=0$.当 $x=-1$ 时，y'' 不存在.用 $x=0, x=-1$ 将定义区间分开.作表讨论，见表 4—6.

由表 4—6，极小值 $f(0)=\dfrac{e^0}{1+0}=1$.根据如上讨论，作出函数图形，如图 4—27 所示.

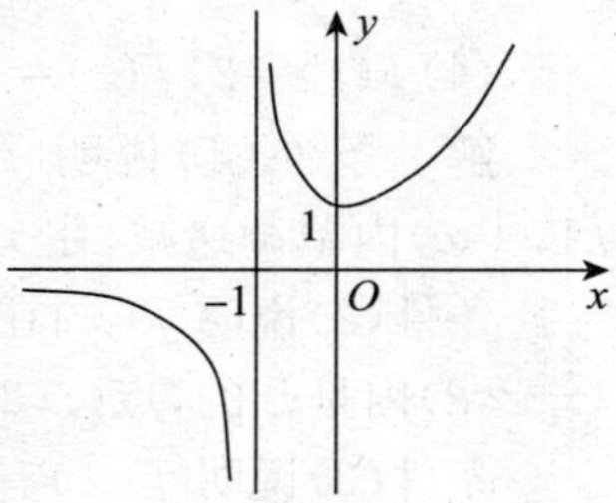

图 4—27

例 5　描绘函数 $f(x)=\dfrac{1}{\sqrt{2\pi}}e^{-\frac{x^2}{2}}$ 的图形.

解　函数的定义域为$(-\infty,+\infty)$，且函数 $f(x)$ 为偶函数，其图形关于 y 轴对称，只需讨论$[0,+\infty)$上的函数图形.求函数的导数：

$$f'(x)=-\frac{1}{\sqrt{2\pi}}xe^{-\frac{x^2}{2}};\quad f''(x)=\frac{1}{\sqrt{2\pi}}e^{-\frac{x^2}{2}}(x^2-1).$$

表 4—6

x	$(-\infty,-1)$	$(-1,0)$	0	$(0,+\infty)$
y'	$-$	$-$		$+$
y''	$-$	$+$		$+$
y	↘	↘	极小值	↗

令 $f'(x)=0$，得驻点 $x=0$；令 $f''(x)=0$，得 $x=\pm1$.列表讨论函数在区间$[0,+\infty)$上的特性，见表 4—7.

表 4—7

x	0	$(0,1)$	1	$(0,+\infty)$
y'	0	$-$	$-$	$-$
y''	$-$	$-$	0	$+$
y	极大	↘	拐点	↘

由函数曲线的对称性，从表 4—7 可以看出，函数的极大值为 $f(0)=\dfrac{1}{\sqrt{2\pi}}$，曲线的拐点为$\left(\pm1,\dfrac{1}{\sqrt{2\pi e}}\right)$.

因为$\lim\limits_{x\to\infty}f(x)=\lim\limits_{x\to\infty}\dfrac{1}{\sqrt{2\pi}}e^{-\frac{x^2}{2}}=0$，所以，曲线有水平渐近线 $y=0$.作出函数图形，如图 4—28 所示.

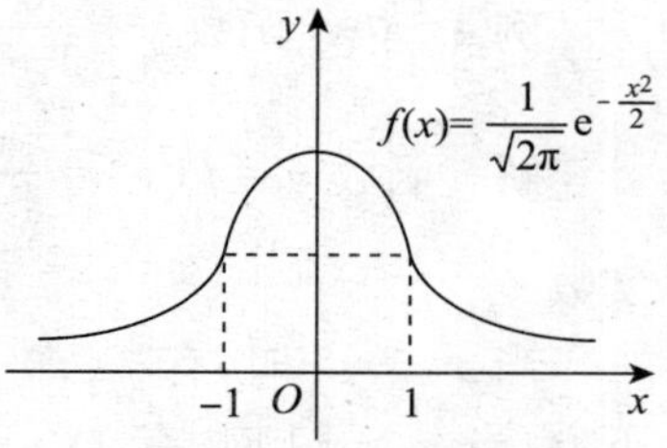

图 4—28

该曲线称为标准正态分布概率密度曲线，它是概率统计中最重要的一种分布.大量实际问题，如电子元件的使用寿命、零件误差、学生的考试成绩等都服从该分布.

例 6　作逻辑斯谛函数 $y=\dfrac{k}{1+ae^{-bx}}$$(x\geqslant0$，常数 $a>1,k>0,b>0)$的图形.

解　函数的定义域为$[0,+\infty)$，函数的导数为

$$y'=\frac{kabe^{-bx}}{(1+ae^{-bx})^2}>0,\quad y''=kab^2\frac{e^{-bx}(ae^{-bx}-1)}{(1+ae^{-bx})^3}.$$

令 $y''=0$，得 $x=\frac{\ln a}{b}$. 用点 $x=\frac{\ln a}{b}$ 分割定义域，作表讨论，见表 4—8.

表 4—8

x	$(0,(\ln a)/b)$	$(\ln a)/b$	$((\ln a)/b,+\infty)$
y'	+	+	+
y''	+	0	−
y	↗	拐点	↗

曲线的拐点为 $\left(\frac{\ln a}{b},\frac{k}{2}\right)$. 因为 $\lim\limits_{x\to+\infty}y=k$，所以曲线的水平渐近线为 $y=k$. 根据如上讨论，作出函数的图形，如图 4—29 所示.

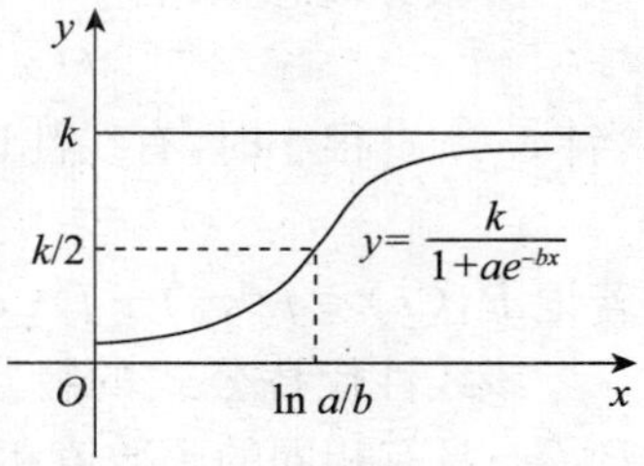

图 4—29

逻辑斯谛函数模型具有广泛的应用. 它在生物学、经济学、人口学等学科中经常可以见到.

☞ 习题 4.5

1. 求下列曲线的渐近线：

(1) $y=\frac{2}{1+3e^{-x}}$；　　(2) $y=\frac{e^x}{1+x}$；

(3) $y=\sqrt{x^2+1}$；　　(4) $y=\frac{1+e^{-x^2}}{1-e^{-x^2}}$.

2. 作下列函数的图形：

(1) $y=x^3-3x^2+6$；　　(2) $y=\frac{x}{1+x^2}$；

(3) $y=xe^{-x}$；　　(4) $y=\frac{4(x+1)}{x^2}-2$.

3. 如果水以常速注入（即单位时间内注入水的体积是常数）图 4—30 所示的罐中，试画出水面上升的高度 h 关于时间 t 的函数 $h=f(t)$ 的图形，在图形上标出水上升至罐体拐角处的时刻.

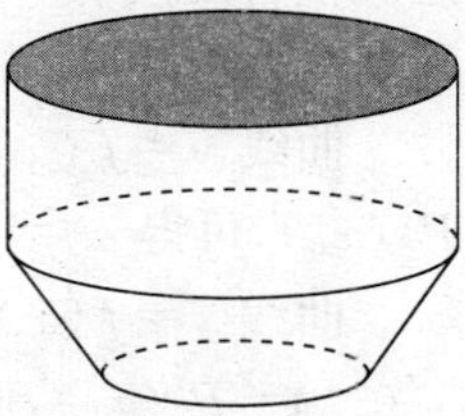

图 4—30

4. 一个位移函数为

$$s=s(t)=t^3-6t^2+9t$$

其中 t 的单位为秒，s 的单位为米. 试在同一坐标系中画出位移、速度和加速度的图形，并指出什么时候质点速度变快，什么时候质点速度减慢.

第六节　泰勒公式

在理论分析和实际计算中,我们经常用简单的函数近似表示和代替复杂的函数.由于多项式函数是最简单的一类函数,它具有任意阶导数,并且运算简单,因此,想到用多项式函数近似代替复杂的函数.泰勒(Taylor)公式提供了用多项式函数代替函数的一种有效形式.

由微分概念知,若 $f(x)$ 在点 x_0 处可微,则

$$f(x)=f(x_0)+f'(x_0)(x-x_0)+o(x-x_0).$$

当 $|x-x_0|$ 很小时,有线性近似代替公式

$$f(x)\approx f(x_0)+f'(x_0)(x-x_0).$$

若记 $P_1(x)=f(x_0)+f'(x_0)(x-x_0)$,则当 $|x-x_0|$ 很小时 $f(x)\approx P_1(x)$.

该线性代替公式的特点是,在点 x_0 处 $f(x)$ 与代替函数 $P_1(x)$ 具有相同的函数值和导数值,即

$$f(x_0)=P_1(x_0),\quad f'(x_0)=P_1'(x_0).$$

几何上看,就是在点 $(x_0,f(x_0))$ 附近,用曲线 $y=f(x)$ 在点 $(x_0,f(x_0))$ 处的切线 $y=P_1(x)$ 近似代替曲线.如图 4—31 所示.

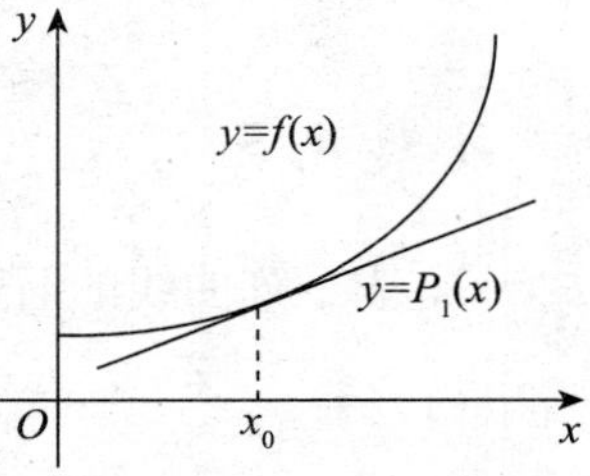

图 4—31

上述线性代替仅给出了在点 x_0 附近,可导函数 $f(x)$ 的近似代替一次多项式函数的表达式.虽然线性代替函数计算方便,但精度不高.为了进一步提高代替精度,在此引入高次多项式函数代替.

我们先来寻找在点 x_0 附近近似代替函数 $f(x)$ 的二次多项式函数.

设 $f(x)$ 在点 x_0 处具有二阶导数.几何上看,以二次多项式函数

$$P_2(x)=a_0+a_1(x-x_0)+a_2(x-x_0)^2$$

近似代替函数 $f(x)$,就是使曲线 $y=f(x)$ 与 $y=P_2(x)$ 在点 $(x_0,f(x_0))$ 邻近很靠近,这就需要:

曲线 $y=f(x)$ 与 $y=P_2(x)$ 相交于点 $(x_0,f(x_0))$(图 4—32),即满足 $f(x_0)=P_2(x_0)$,可得 $a_0=f(x_0)$.

曲线 $y=f(x)$ 与 $y=P_2(x)$ 在点 $(x_0,f(x_0))$ 处有相同的切线(图 4—32),即满足 $f'(x_0)=P_2'(x_0)$,可得 $a_1=f'(x_0)$.

曲线 $y=f(x)$ 与 $y=P_2(x)$ 在点 $(x_0,f(x_0))$ 邻近凹凸及弯曲程度相同(图 4—32),即满足 $f''(x_0)=P_2''(x_0)$,可得 $a_2=\dfrac{f''(x_0)}{2!}$.

所以,在点 x_0 附近函数 $f(x)$ 的近似代替二次多项式函数为

$$P_2(x)=f(x_0)+f'(x_0)(x-x_0)+\frac{f''(x_0)}{2!}(x-x_0)^2.$$

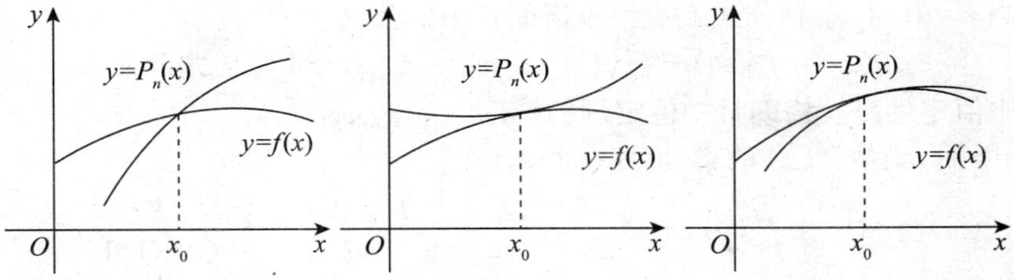

图 4—32

一般地，设函数 $f(x)$ 在点 x_0 处具有 n 阶导数，则在点 x_0 附近函数 $f(x)$ 的近似代替 n 次多项式函数为

$$P_n(x)=f(x_0)+\frac{f'(x_0)}{1!}(x-x_0)+\frac{f''(x_0)}{2!}(x-x_0)^2+\cdots+\frac{f^n(x_0)}{n!}(x-x_0)^n.$$

称上式为函数 $f(x)$ 在点 x_0 处关于 $x-x_0$ 的 **n 次泰勒①多项式**.

函数 $f(x)$ 在点 x_0 处的 n 次泰勒多项式 $P_n(x)$ 满足条件

$$f(x_0)=P_n(x_0),f'(x_0)=P_n'(x_0),\cdots,f^{(n)}(x_0)=P_n^{(n)}(x_0),$$

且当 $|x-x_0|$ 很小时，$f(x)\approx P_n(x)$.

那么，函数 $f(x)$ 与其泰勒多项式之间的关系如何呢？在此有下述泰勒中值定理.

定理 1(泰勒中值定理) 如果函数 $f(x)$ 在点 x_0 的某邻域内有直至 $n+1$ 阶的导数，则对此邻域内任意点 x，有 $f(x)$ 的 n 阶**泰勒公式**

$$f(x)=f(x_0)+\frac{f'(x_0)}{1!}(x-x_0)+\frac{f''(x_0)}{2!}(x-x_0)^2$$
$$+\cdots+\frac{f^{(n)}(x_0)}{n!}(x-x_0)^n+r_n(x)$$

成立，其中 $r_n(x)$ 为 n 阶**泰勒公式的余项**，且

$$r_n(x)=\frac{f^{(n+1)}(\xi)}{(n+1)!}(x-x_0)^{n+1}\quad(\xi \text{ 在 } x_0 \text{ 与 } x \text{ 之间}).$$

上式称为函数 $f(x)$ 在点 x_0 处 n 阶泰勒公式的**拉格朗日余项**.

若对点 x_0 的某邻域内的任意 x，有 $|f^{(n+1)}(x)|\leqslant M$，则

$$|r_n(x)|=\left|\frac{f^{(n+1)}(\xi)}{(n+1)!}(x-x_0)^{n+1}\right|\leqslant\frac{M}{(n+1)!}|x-x_0|^{n+1}.$$

这样，当 $x\to x_0$ 时，$r_n(x)=o((x-x_0)^n)$，因此，$f(x)$ 的 n 阶泰勒公式也可以写成

$$f(x)=f(x_0)+\frac{f'(x_0)}{1!}(x-x_0)+\frac{f''(x_0)}{2!}(x-x_0)^2$$
$$+\cdots+\frac{f^{(n)}(x_0)}{n!}(x-x_0)^n+o((x-x_0)^n)$$

称余项 $r_n(x)=o((x-x_0)^n)$ 为 $f(x)$ 在点 x_0 处 n 阶泰勒公式的**佩亚诺(Peano)余项**.

---

① 泰勒(B.Taylor,1685—1731)：英国数学家，是有限差分理论的奠基人，他在 1715 年出版的《正的和反的增量方法》中陈述了现在微积分中以他的名字命名的幂级数展开公式，泰勒级数的重要性最初并未引起人们的注意，直到 1755 年欧拉把泰勒级数用于微分学时其价值才被认识到，稍后拉格朗日用带余项的级数作为其函数的理论基础，从而进一步确认了泰勒级数的重要地位.

显然，当 $n=0$ 时，泰勒公式就成为拉格朗日中值公式

$$f(x)=f(x_0)+f'(\xi)(x-x_0) \quad (\xi \text{ 在 } x_0 \text{ 与 } x \text{ 之间}).$$

因此，泰勒中值定理是拉格朗日中值定理的推广.

当 $x_0=0$ 时，函数 $f(x)$ 的泰勒公式为

$$f(x)=f(0)+f'(0)x+\frac{f''(0)}{2!}x^2+\cdots+\frac{f^{(n)}(0)}{n!}x^n+\frac{f^{(n+1)}(\xi)}{(n+1)!}x^{n+1},$$

其中 ξ 在 0 与 x 之间.称上式为函数 $f(x)$ 带有拉格朗日余项的**麦克劳林①(Maclaurin)公式**.

若令 $\xi=\theta x$，则拉格朗日余项也可以写为

$$r_n(x)=\frac{f^{(n+1)}(\theta x)}{(n+1)!}x^{n+1} \quad (0<\theta<1).$$

函数 $f(x)$ 带有佩亚诺余项的麦克劳林(Maclaurin)公式为

$$f(x)=f(0)+f'(0)x+\frac{f''(0)}{2!}x^2+\cdots+\frac{f^{(n)}(0)}{n!}x^n+o(x^n).$$

例 1 写出 $f(x)=\mathrm{e}^x$ 带有拉格朗日余项的 n 阶麦克劳林公式.

解 因为 $f(x)=\mathrm{e}^x$，所以

$$f(x)=f'(x)=f''(x)=\cdots=f^{(n)}(x)=f^{(n+1)}(x)=\mathrm{e}^x.$$

因此，$f(x)=\mathrm{e}^x$ 的 n 阶麦克劳林公式为

$$\mathrm{e}^x=1+x+\frac{x^2}{2!}+\cdots+\frac{x^n}{n!}+\frac{\mathrm{e}^{\theta x}}{(n+1)!}x^{n+1} \quad (0<\theta<1).$$

上述公式对任意 $x\in(-\infty,+\infty)$ 都成立.若舍去余项，并取 $x=1$，可得 e 的近似值为

$$\mathrm{e}\approx 1+1+\frac{1}{2!}+\cdots+\frac{1}{n!}.$$

其误差为

$$r_n(1)=\frac{\mathrm{e}^{\theta}}{(n+1)!}<\frac{3}{(n+1)!} \quad (0<\theta<1).$$

当 $n=9$ 时，可得 $\mathrm{e}\approx 2.718\,281$，其误差 $r_n(1)<\frac{3}{10!}<10^{-6}$.

例 2 求函数 $f(x)=\sin x$ 带有拉格朗日余项的麦克劳林公式.

解 对于 $f(x)=\sin x$，有 $f^{(n)}(x)=\sin\left(x+\frac{n\pi}{2}\right)$.故

$$f(0)=0,f'(0)=1,f''(0)=0,f'''(0)=-1,\cdots,$$

因此，$f(x)=\sin x$ 的麦克劳林公式为

$$\sin x=x-\frac{x^3}{3!}+\frac{x^5}{5!}-\frac{x^7}{7!}+\cdots+(-1)^{m-1}\frac{x^{2m-1}}{(2m-1)!}+r_{2m}(x).$$

其中拉格朗日余项为

$$r_{2m}(x)=\frac{\sin\left(\theta x+(2m+1)\frac{\pi}{2}\right)}{(2m+1)!}x^{2m+1} \quad (0<\theta<1).$$

上述公式对任意 $x\in(-\infty,+\infty)$ 都成立.特别地，

当 $n=1$ 时，$P_1(x)=x$；

① 麦克劳林(Colin Maclaurin，1689—1746)，英国数学家.1742 年他在《流数论》中提出了著名的麦克劳林级数.

当 $n=2$ 时，$P_2(x)=x-\frac{x^3}{3!}$；

当 $n=3$ 时，$P_3(x)=x-\frac{x^3}{3!}+\frac{x^5}{5!}$.

图 4—33 给出了代替多项式曲线与 $y=\sin x$ 的图形.可以看出，随着代替多项式次数的增加，代替多项式曲线与 $y=\sin x$ 在 $x=0$ 处越来越靠近.

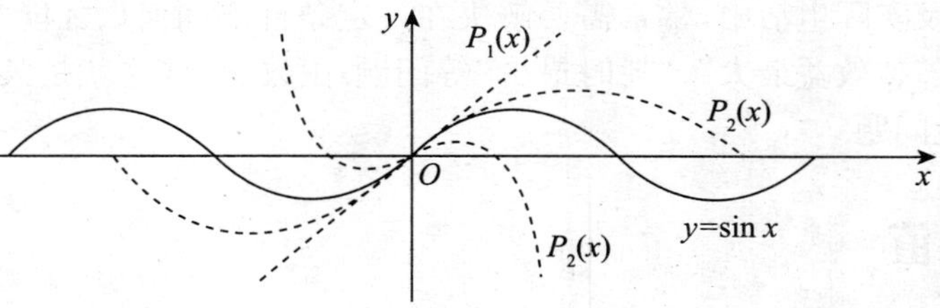

图 4—33

类似地，可得

$$\cos x=1-\frac{x^2}{2!}+\frac{x^4}{4!}-\cdots+(-1)^m\frac{x^{2m}}{(2m)!}+\frac{\cos[\theta x+(m+1)\pi]}{(2m+2)!}x^{2m+2}\quad(0<\theta<1).$$

例 3 求 $\lim\limits_{x\to 0}\frac{\sin x-x\cos x}{\sin^3 x}$.

解 将分式的分母进行等价代换：$\sin^3 x\sim x^3(x\to 0)$，分子 $\sin x$，$\cos x$ 分别用麦克劳林公式表示，

$$\sin x=x-\frac{x^3}{3!}+o(x^3),\quad x\cos x=x-\frac{x^3}{2!}+o(x^3).$$

于是

$$\sin x-x\cos x=x-\frac{x^3}{3!}+o(x^3)-x+\frac{x^3}{2!}-o(x^3)=\frac{1}{3}x^3+o(x^3).$$

所以

$$\lim_{x\to 0}\frac{\sin x-x\cos x}{\sin^3 x}=\lim_{x\to 0}\frac{\frac{1}{3}x^3+o(x^3)}{x^3}=\frac{1}{3}.$$

☞ 习题 4.6

1. 写出下列函数的麦克劳林公式：

(1) $f(x)=\ln(1+x)$；　　(2) $f(x)=xe^{-x}$；

(3) $f(x)=e^{-x^2}$；　　(4) $f(x)=\sin^2 x$.

2. 写出函数 $f(x)=\frac{1}{x}$ 在 $x=-1$ 处的泰勒公式.

3. 利用泰勒公式，求下列极限：

(1) $\lim\limits_{x\to 0}\frac{e^x+e^{-x}-2\cos x-2x^2}{x^6}$；　　(2) $\lim\limits_{x\to 0}\frac{\cos x-e^{-\frac{x^2}{2}}}{x^4}$.

第七节　优化问题

在生产实践及实际生活中，常常需要解决在一定条件下如何做才能“用料最省”、“产值最高”、“成本最低”、“效益最大”、“耗时最少”等问题.在数学上，这就是某一函数（通常称为目标函数）的优化问题.

一、函数的最值

由最值存在定理知，闭区间$[a,b]$上的连续函数$f(x)$一定存在着最大值和最小值.那么函数的最值可能在哪些点取得呢？

如图4—34所示，观察连续函数在不同区间上，最大值和最小值的变化情况.

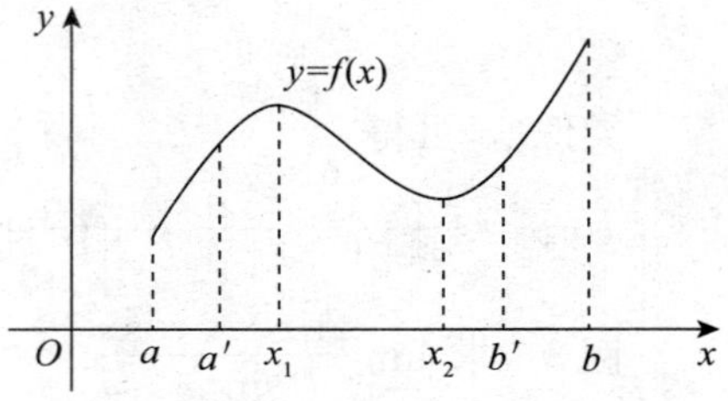

图4—34

在区间$[a,b]$上，$\max f(x)=f(b)$，$\min f(x)=f(a)$；

在区间$[a',b']$上，$\max f(x)=f(x_1)$，$\min f(x)=f(x_2)$；

在区间$[a,x_2]$上，$\max f(x)=f(x_1)$，$\min f(x)=f(a)$；

在区间$[x_1,b]$上，$\max f(x)=f(b)$，$\min f(x)=f(x_2)$.

显然，函数在闭区间$[a,b]$上的最大值和最小值只能在区间(a,b)内的极值点和区间端点处达到.

函数的极值点只能在驻点和不可导点处产生，这样，我们把所有的驻点和不可导点处的函数值求出来，这些值中一定包含所有的极值，再将端点处的函数值求出，最后，比较驻点和不可导点处的函数值与端点处的函数值的大小，即可得出函数的最大值和最小值.

例1　求函数$f(x)=x^3-3x^2+1$在$\left[-\dfrac{1}{2},4\right]$上的最大值和最小值.

解　因为$f(x)=x^3-3x^2+1$在$\left[-\dfrac{1}{2},4\right]$上连续，所以在该区间上存在着最大值和最小值.

又$f'(x)=3x^2-6x=3x(x-2)$，令$f'(x)=0$，得驻点$x_1=0$，$x_2=2$.由于$f(0)=1$，$f(2)=-3$，$f\left(-\dfrac{1}{2}\right)=\dfrac{1}{8}$，$f(4)=17$，比较各值可得函数$f(x)$的最大值为$f(4)=17$，最小值为$f(2)=-3$，如图4—35所示.

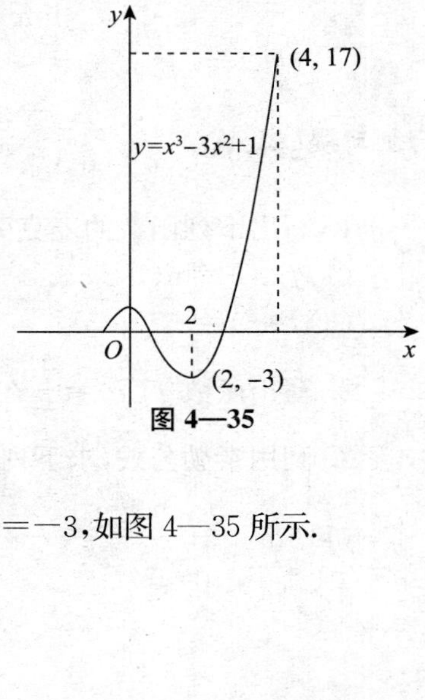

图4—35

二、实际问题的最值

在求解实际问题最值时，常常遇到下述两种情况：

(1)对于可导函数 $f(x)$，在定义区间内部(不是端点处)，如果可以根据实际问题的性质断定存在最大值或最小值，且区间的内部有唯一驻点 x_0，即 $f'(x_0)=0$，则可断定 $f(x)$ 在点 x_0 取得相应的最大值或最小值.

(2)若连续函数 $f(x)$ 在定义区间内只有一个可能极大值(极小值)点 x_0，则可断定 $f(x)$ 在点 x_0 取得相应的最大值(最小值).如图 4—36 所示.

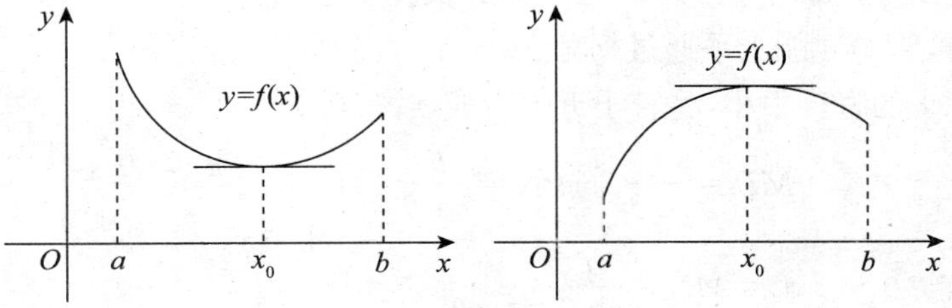

图 4—36

求解实际问题最值的一般步骤：

(1)根据实际问题意义建立函数关系，即建立目标函数模型；

(2)应用函数极值的知识，求目标函数的最大值或最小值；

(3)由实际问题意义对结论进行说明.

例 2 (运输问题)铁路线上 AB 的距离为 100 km，工厂 C 距 A 点 20 km，AC 垂直于 AB(图 4—37).今要在 AB 上选定一点 D 向工厂修筑一条公路，已知铁路与公路每千米货运费之比为 3∶5.问 D 选在何处，才能使从 B 到 C 的运费最少？

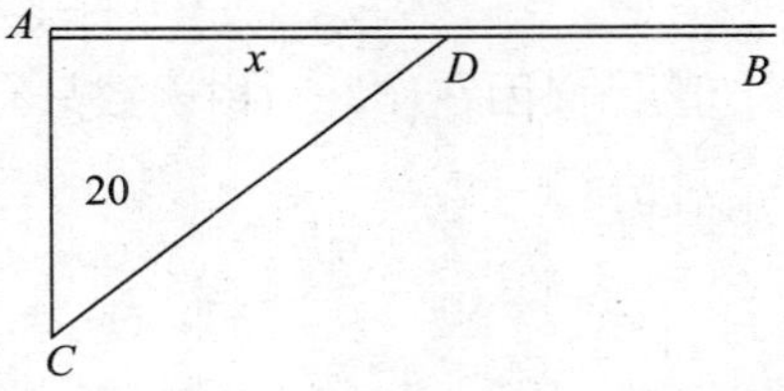

图 4—37

解 设 $AD=x$ (km)，则 $DB=100-x$，$CD=\sqrt{20^2+x^2}$.

由于铁路每千米货物运费与公路每千米货物运费之比为 3∶5，因此，不妨设铁路上每千米运费为 $3k$，则公路上每千米运费为 $5k$，并设从 B 到 C 点需要的总运费为 y，则有

$$y=5k\sqrt{20^2+x^2}+3k(100-x)\quad(0\leqslant x\leqslant 100).$$

由此可见，x 过大或过小，总运费 y 均不会变小，故有一个合适的 x 使总运费 y 达到最小值.

又因为 $y'=k\left(\dfrac{5x}{\sqrt{400+x^2}}-3\right)$，令 $y'=0$，即 $\dfrac{5x}{\sqrt{400+x^2}}-3=0$，得 $x=15$ 为函数 y 在其定义域内的唯一驻点，

故知 y 在 $x=15$ 处取得最小值，即 D 点应选在距 A 点 15 km 处，运费最少.

例 3 (拐角问题) 拐角问题是日常生活中经常遇到的现象，如:通常楼房的维修和装饰

时，将梯子、铁管和木板等物体搬过走廊的拐角，以及在河道中行驶的船在两河垂直相交处拐弯时，都要考虑能够顺利通过拐角（或拐弯）的物体的长度限制问题.在此我们以水平扛着一细钢管通过一“T”形楼道为例对拐角问题进行研究.

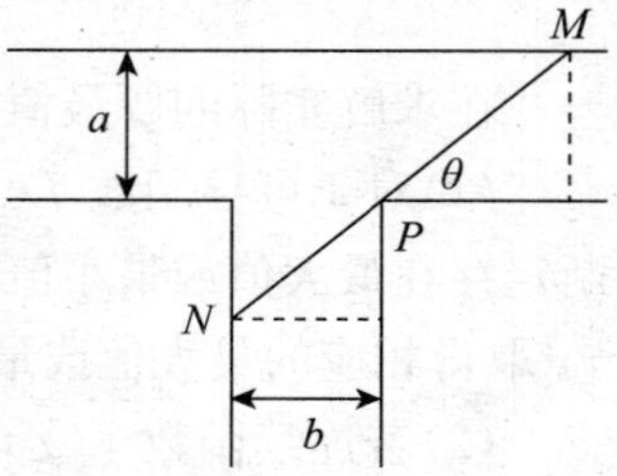

图 4—38

设有一“T”形楼道（图 4—38），现欲将 L m 长的钢管由 A 楼道水平扛至 B 楼道.若楼道宽分别为 a m 与 b m，问要想让管子从 A 楼道通过拐角至 B 楼道，对管子的长度有何限制？并说明当楼道宽度分为 2 m 和 3 m 时，8 m 长的管能否水平通过拐角？

分析 欲使钢管水平地从 A 楼道经过拐角到达 B 楼道，必须使管子能通过拐角的最窄处，只有当管子的长度不超过 $L=MN$ 的最小值时，管子才能水平通过拐角.

解 假设管子的直径很小，将管子近似看成线段.则

$$MP=\frac{a}{\sin\theta},\quad PN=\frac{b}{\cos\theta}\quad \left(0<\theta<\frac{\pi}{2}\right),$$

$$L=MN=\frac{a}{\sin\theta}+\frac{b}{\cos\theta}.$$

由

$$\frac{dL}{d\theta}=-\frac{a\cos\theta}{\sin^2\theta}+\frac{b\sin\theta}{\cos^2\theta}=\frac{b\cos^3\theta\left(\tan^3\theta-\frac{a}{b}\right)}{\sin^2\theta\cos^2\theta},$$

令 $\frac{dL}{d\theta}=0$，解得 $\theta_1=\arctan\sqrt[3]{\frac{a}{b}}$.当 θ 由小变大经过 θ_1 时，$\frac{dL}{d\theta}$ 的符号由负到正，因此 θ_1 是极小值点.又因在 $\left(0,\frac{\pi}{2}\right)$ 内函数只有一个极值点，所以 $\theta=\arctan\sqrt[3]{\frac{a}{b}}$ 时，L 达到最小值，其最小值为

$$L_{\min}=(a^{\frac{2}{3}}+b^{\frac{2}{3}})^{\frac{3}{2}}.$$

故钢管的长度不超过 $(a^{\frac{2}{3}}+b^{\frac{2}{3}})^{\frac{3}{2}}$ 时，才能通过拐角.

验证当 $a=2$ m，$b=3$ m 时，

$$\theta_1=\arctan\sqrt[3]{\frac{2}{3}}\approx 48°52',\quad L|_{\theta=\theta_1}=\frac{2}{\sin\theta_1}+\frac{3}{\cos\theta_1}<8.$$

这说明钢管的长度大于 L 的最小值，所以 8 m 长的钢管不能水平扛过拐角.

思考 如考虑楼道的高度，则管子可以有一倾角，这对能通过拐角的最大管长有何影响？

例 4 （血管分支问题）在生物学中，对于血管分支问题，要研究血管分支处分支血管的半径及血管间夹角对血液流动阻力的影响.现假设主动脉 A 从心脏引出，现在 P 和 Q 之间的某个地方设置一辅助动脉，以便心脏把营养送给在 M 处的一个器官.问接头点 S 应在何方，方能使得血液沿着通路 PSM 流动时，阻力 R 最小（图 4—39）？

解 设主动脉与辅助动脉的夹角为 θ，$PQ=a$，$QM=b$.根据黏性流体在管道中流动时

所受的阻力定律知，血液流动时所受阻力 $R=k\dfrac{L}{r^4}$，这里 L 为血管长度，r 为血管半径，R 为阻力，k 为比例常数.

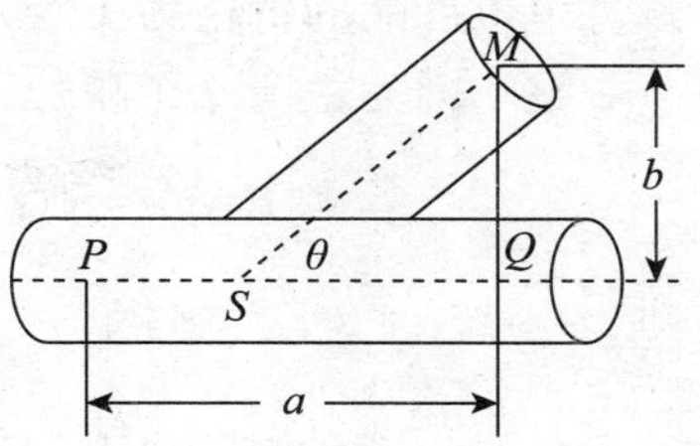

图 4—39

当血液沿着 PSM 通路流动时，所受阻力为

$$R(\theta)=k\cdot\frac{a-b\cot\theta}{r_1^4}+k\cdot\frac{b}{r_2^4\sin\theta}\quad\left(0<\theta<\frac{\pi}{2},r_1>r_2\right).$$

下面求 $R(\theta)$ 最小值.因为

$$R(\theta)=\frac{ka}{r_1^4}-\frac{kb}{r_1^4}\cot\theta+\frac{kb}{r_2^4}\cdot\csc\theta.$$

所以

$$R'(\theta)=\frac{kb}{r_1^4}\csc^2\theta-\frac{kb}{r_2^4}\csc\theta\cdot\cot\theta=kb\csc\theta\left(\frac{1}{r_1^4}\csc\theta-\frac{1}{r_2^4}\cot\theta\right).$$

令 $R'(\theta)=0$，得 $\dfrac{1}{r_1^4}\csc\theta-\dfrac{1}{r_2^4}\cot\theta=0$，即 $\cos\theta=\dfrac{r_2^4}{r_1^4}$.

由于驻点唯一，所以当 $\theta_0=\arccos\dfrac{r_2^4}{r_1^4}$ 时，通路 PSM 上血液流动阻力最小，此时 S 点距 P 点 $a-b\cot\theta$.

三、经济学中的优化问题

经济学中许多问题与优化问题相关，如销售产品的最大利润、生产投入的平均最低成本等.

1. 利润最大化问题

已知总收益函数 $R=R(q)$ 及总成本函数 $C=C(q)$，如何求出最大利润？这对任何产品的生产者来说是最基本的问题，这一问题可以借助导数加以解决.

从函数最值来看，就是求利润函数 $L(q)=R(q)-C(q)$ 在给定区间上的最值，具体步骤是：

(1)确定利润函数 $L(q)=R(q)-C(q)$ 及定义区间；

(2)求 $L(q)$ 的一阶导数及驻点，即 $L'(q)=R'(q)-C'(q)=0$，此式的经济意义是：要使总利润最大，必须使边际收益等于边际成本.

(3)根据极值存在的充分条件进行判别，这里可以用一阶导数 $L'(q)$ 的符号判别，也可以用二阶导数 $L''(q)$ 判别取得极大值.

由二阶导数极值判别法，当 $L''(q)=R''(q)-C''(q)<0$ 时，即 $R''(q)<C''(q)$ 时，总利润最大.

这说明：当边际成本与边际收益相等，并且边际收益的变化率小于边际成本的变化率时，取得最大利润.

例 5 设生产某产品 q 单位的总成本(单位：元)为

$$C(q)=\frac{1}{6}q^3-6q^2+142q+500.$$

若每单位产品的价格为 120 元，求使利润最大的产量.

解 因为生产 q 个单位产品时，总收益为 $R(q)=120q$，所以总利润函数为

$$L(q)=R(q)-C(q)=120q-\left(\frac{1}{6}q^3-6q^2+142q+500\right),$$

即

$$L(q)=-\frac{1}{6}q^3+6q^2-22q-500,\quad q\in[0,+\infty).$$

所以

$$L'(q)=-\frac{1}{2}q^2+12q-22=-\frac{1}{2}(q-2)(q-22).$$

令 $L'(q)=0$，得 $q=2$，$q=22$. 又

$$L''(q)=-q+12,\quad L''(2)=10>0,\quad L''(22)=-10<0.$$

综上，$L(2)$是极小值，$L(22)=\frac{436}{3}$是极大值，而端点值 $L(0)=-500$.

所以，当 $q=22$ 时，利润最大，最大利润为$\frac{436}{3}$元.

2. 平均成本最低问题

设产品的总成本为 $C=C(q)$，平均成本是平均到每个单位的成本，即 $\overline{C}(q)=\frac{C(q)}{q}$. 若控制产量，以使平均成本最低，这就是求平均成本的最小值问题.

下面讨论平均成本最低时，平均成本与边际成本之间的关系. 由 $\overline{C}=\frac{C(q)}{q}$，对 q 求导数得

$$\frac{\mathrm{d}\overline{C}}{\mathrm{d}q}=\frac{qC'(q)-C(q)}{q^2}=\frac{1}{q}[C'(q)-\overline{C}(q)].$$

由极值的必要条件，若产量为 q 时平均成本最小，则 $C'(q)=\overline{C}(q)$.

由极值的充分条件，

$$\frac{\mathrm{d}^2\overline{C}}{\mathrm{d}q^2}=\frac{\mathrm{d}}{\mathrm{d}q}\left\{\frac{1}{q}[C'(q)-\overline{C}(q)]\right\}=-\frac{1}{q^2}[C'(q)-\overline{C}]+\frac{1}{q}\left[C''(q)-\frac{\mathrm{d}\overline{C}}{\mathrm{d}q}\right]>0.$$

又 $C'(q)=\overline{C}(q)$，$\frac{\mathrm{d}\overline{C}}{\mathrm{d}q}=0$ 且 $q>0$，从上式得 $C''(q)>0$.

所以，在边际成本等于平均成本时，若再增加产量，使得边际成本将大于平均成本时，平均成本最低.

从图形上看，边际成本曲线在上升段交于平均成本曲线的最低点，边际成本曲线 $C'(q)$ 在 q_1 达到最低点，而平均成本曲线 $\overline{C}(q)$ 在 q_0 达到最低点(图 4—40).

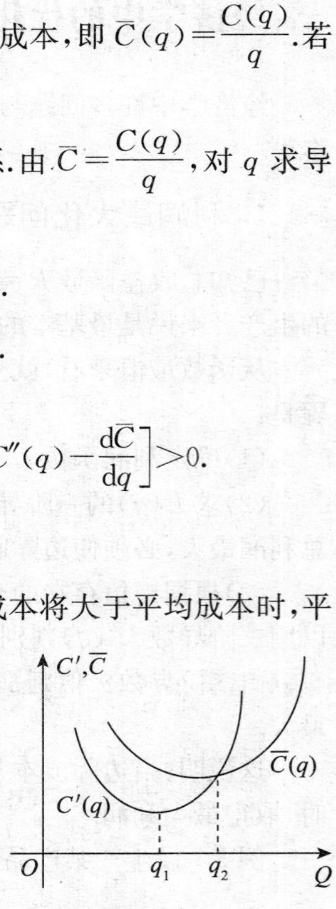

图 4—40

例 6 已知生产某产品的总成本函数

$$C(q)=6q^2+18q+54.$$

求平均成本最低时的产出水平与最低平均成本.

解 平均成本函数与边际成本函数分别为

$$\overline{C}(q)=6q+18+\frac{54}{q},\quad C'(q)=12q+18.$$

由 $\overline{C}(q)=C'(q)$ 即 $6q+18+\frac{54}{q}=12q+18$，得 $q=3$，$q=-5$（舍去）．又 $C''(q)=12>0$，所以，当产出为 $q=3$ 时，平均成本最低，最低平均成本为

$$\overline{C}(3)=\left(6q+18+\frac{54}{q}\right)\bigg|_{q=3}=54.$$

☞ 习题 4.7

1. 求下列函数的最大值与最小值：

(1) $y=2x^3+3x^2$，$x\in[-2,1]$；　　(2) $y=\ln(1+x^2)$，$x\in[-1,2]$；

(3) $y=|x|e^x$，$x\in[-2,1]$；　　(4) $y=(x-1)x^{\frac{3}{2}}$，$x\in[-1,1/2]$．

2. 下列函数是否存在最大值、最小值？若存在，求出其值．

(1) $y=x^2-\frac{54}{x}$，$x\in(-\infty,0)$；　　(2) $f(x)=\frac{x}{1+x^2}$，$x\in(0,+\infty)$．

3.（成本最小）要造一个容积为 V 的圆柱形闭合油罐，已知其两底面的材料单位面积的造价为 a 元，侧面材料单位面积的造价为 b．问底半径 r 和高 h 等于多少时，造价最小？

4.（面积最大）一页书纸的总面积为 536 cm^2，排印大字时上顶及下底要各留出 2.7 cm 的空白，两边各留出 2.4 cm 的空白．问如何设计书页的长与宽，使能用来排字的面积最大？

5.（费用最低）轮船航行每小时的费用由两部分组成，日常开销（固定部分）k_1（元），燃油费（变动部分）与速度的三次方成正比，比例系数 $k_2>0$．在航程确定的情况下，求使船航行的总费用最小的航速．

6.（距离最小）一城市分别距两条垂直的河道 64 km 和 27 km，今要在两条河之间修一条通过该城的直线铁路，问如何修使铁路最短？

7.（利润最大）某服装公司确定卖出 q 套服装，其单价应为 $p=150-0.5q$，同时生产 x 套服装，其成本可表示为 $C(q)=4\,000+0.25q^2$．问服装公司生产并销售多少套服装利润最大？最大利润为多少？为获得这个最大利润，其服装单价应定为多少？

8.（利润最大）一玩具经销商独家销售某种玩具，经销商的收入函数和成本函数分别为

$$R(q)=7.2q-0.001q^2,\quad C(q)=2.4q-0.000\,2q^2,$$

其中销售量 $q\leqslant 6\,000$．求该经销商的最佳销售方案及最大利润．

9.（平均成本最小）设生产某商品的总成本为 $C(q)=10\,000+50q+q^2$（q 为产量）．问产量为多少时，每件产品的平均成本最低？

总习题四

1. 填空题

(1)函数 $f(x)=x^3-x$ 在区间$[0,2]$上满足拉格朗日中值定理的 $\xi=$ ________.

(2)设曲线 $y=f(x)$ 经过原点，且在点$(x,f(x))$处的切线斜率为 $-2x$，则 $\lim\limits_{x\to 0}\dfrac{f(-2x)}{x^2}=$ ________.

(3) $\lim\limits_{x\to 0^+}(\sin 2x)^{\frac{1}{1+3\ln x}}=$ ________.

(4)曲线 $y=e^{-x^2}$ 的凸区间为 ________.

(5)曲线 $y=1+\dfrac{\ln x}{x}$ 的水平渐近线为 ________，铅直渐近线为 ________.

(6)函数 $f(x)=x^x(x>0)$ 的单调增加区间是 ________，单调减少区间是 ________.

(7)已知 $f(x)=x^3+ax^2+bx$ 在 $x=-1$ 处取得极小值 -2，则 $a=$ ________，$b=$ ________.

(8)已知 $f(1)=4$，且 $f(x)$满足 $xf'(x)+f(x)\equiv 0$.则 $f(2)=$ ________.

(9)设函数 $f(x)=xe^x$，则 $f''(x)$的极小值为 ________.

(10)曲线 $y=xe^{-x^2}$ 的水平渐近线为 ________.

2. 单项选择题

(1)当 $x<x_0$ 时，$f'(x)>0$；当 $x>x_0$ 时，$f'(x)<0$.则 x_0 必是函数 $f(x)$的(　　).

(A)驻点　　(B)极大值点　　(C)极小值点　　(D)以上均不可选

(2)设 $f(x)$连续且 $f(0)=0$，$\lim\limits_{x\to 0}\dfrac{f(x)}{1-\cos x}=2$，则在 $x=0$ 处，$f(x)$(　　).

(A)不可导　　(B)可导但 $f'(0)\neq 0$

(C)取极大值　　(D)取极小值

(3)若 $f(x)$在$[a,b]$上三阶可导，且 $f'(a)=f''(a)=0$ 及 $f'''(x)>0$，则 $f(x)$在(a,b)内(　　).

(A)单调增加且曲线为凸的　　(B)单调增加且曲线为凹的

(C)单调减少且曲线为凸的　　(D)单调减少且曲线为凹的

(4)设 $f(x)$的导数在 $x=a$ 处连续，又 $\lim\limits_{x\to a}\dfrac{f'(x)}{x-a}=-1$，则(　　).

(A)$x=a$ 是 $f(x)$的极小值点

(B)$x=a$ 是 $f(x)$的极大值点

(C)$(a,f(a))$是曲线 $y=f(x)$的拐点

(D)$x=a$ 不是 $f(x)$的极值点，$(a,f(a))$也不是曲线 $y=f(x)$的拐点

(5)设$\lim\limits_{x\to a}\frac{f(x)-f(a)}{(x-a)^2}=-1$,则在点$x=a$处(　　).

(A)$f(x)$的导数存在,且$f'(a)\neq 0$　　(B)$f(x)$取得极大值

(C)$f(x)$取得极小值　　(D)$f(x)$的导数不存在

(6)曲线$y=(x-1)^2(x-2)^2$的拐点个数为(　　).

(A)0　　(B)1　　(C)2　　(D)3

(7)设$f(x)=e^x+e^{-x}+2\cos x$,则$x=0$(　　).

(A)不是$f(x)$的驻点　　(B)是$f(x)$的驻点,但非极值点

(C)是$f(x)$的极小值点　　(D)是$f(x)$的极大值点

(8)设函数$y=f(x)$具有二阶导数,且$f'(x)>0,f''(x)>0$,Δx为自变量x在点x_0处的改变量,Δy与dy分别为$f(x)$在点x_0处对应的增量与微分.若$\Delta x>0$,则(　　).

(A)$0<dy<\Delta y$　　(B)$0<\Delta y<dy$

(C)$\Delta y<dy<0$　　(D)$dy<\Delta y<0$

(9)曲线$y=ax^3+bx^2+cx+d(a\neq 0)$有一拐点,且在此拐点有一水平切线,则$a,b,c$之间的关系为(　　).

(A)$a+b+c=0$　　(B)$b^2-3ac=0$

(C)$b^2-4ac=0$　　(D)$b^2-6ac=0$

(10)设$f(x)$具有二阶连续导数,且$f'(0)=0,\lim\limits_{x\to 0}\frac{f''(x)}{|x|}=1$,则(　　).

(A)$f(0)$是$f(x)$的极大值

(B)$f(0)$是$f(x)$的极小值

(C)$(0,f(0))$是曲线$y=f(x)$的拐点

(D)$f(0)$不是$f(x)$的极值,$(0,f(0))$也不是曲线$y=f(x)$的拐点

3. 求下列极限:

(1)$\lim\limits_{x\to 0}\frac{e^{2x}-2e^x+1}{x^2\cos x}$;　　(2)$\lim\limits_{x\to 0^+}x^{\frac{1}{1+\ln x}}$;

(3)$\lim\limits_{x\to 0}\left(\frac{\sin x}{x}\right)^{\frac{1}{1-\cos x}}$;　　(4)$\lim\limits_{x\to 0}\left(\frac{1}{\tan^2 x}-\frac{1}{x^2}\right)$.

4. 当$x>0$时,试证:$e^x=1+xe^{x\theta(x)}$,其中$0<\theta(x)<1$,且$\lim\limits_{x\to 0}\theta(x)=\frac{1}{2}$.

5. 求函数$f(x)=(2x-5)\sqrt[3]{x^2}$的极值.

6. 已知曲线$y=ax^3+bx^2+cx$在点(1,2)处有水平切线,且原点为该曲线的拐点.求a,b,c的值,并写出曲线的方程.

7. 设$f(x),g(x)$在(a,b)内可导,$g(x)\neq 0$;当$x\in(a,b)$时,$f'(x)g(x)+f(x)g'(x)=0$.证明:存在常数C,使得$f(x)=Cg(x),x\in(a,b)$.

8. 设$f(x)$是可导的奇函数.证明:对任意$a>0$,存在$\xi\in(-a,a)$,使$f'(\xi)=\frac{f(a)}{a}$.

9. 证明:当$0<a<b,n>1$时,有$na^{n-1}(b-a)<b^n-a^n<nb^{n-1}(b-a)$.

10. 设某厂每批生产某种产品 q 单位的总成本为

$$C(q)=aq^3-bq^2+cq \quad (a>0,b>0,c>0).$$

问每批生产多少单位的产品，其平均成本$\dfrac{C(q)}{q}$最小？并求其最小平均成本和相应的边际成本.

11. 应用研究：现实生活中罐头和饮料的包装外形以圆柱形居多，在圆柱形体积一定时，如何设计和加工圆柱形包装产品，才能使制作外包装的成本、制作过程中材料的消耗成本和加工费用最低？结合导数应用知识对该问题进行探讨和研究(参考第十一章第一节问题三).

第五章　不定积分

在微分学中，我们讨论了求已知函数的导数问题.但是，在解决实际问题中，常常需要解决相反的问题，就是要寻求一个可导函数，使它的导数等于已知函数，不定积分就是为了解决这类问题引进的，它也是积分学的基本内容之一.本章主要介绍不定积分的概念、性质和积分方法.

第一节　不定积分的概念与性质

为了解决微分学问题的反问题，即由一个函数的已知导数或微分，去寻求原来的函数，首先需要引入原函数与不定积分的概念.

一、原函数与不定积分的概念

1. 原函数概念

例 1　已知自由落体任意时刻 t 的运动速度为 $v(t)=gt$，求落体的运动规律(设运动开始时，物体在原点).这个问题就是要从关系 $s'(t)=gt$ 还原出函数 $s(t)$ 来.用导数公式反推，易知：所求的运动规律为 $s(t)=\frac{1}{2}gt^2$，这就是一个与微分学中求导数相反的问题.

一般地，为了讨论由某个函数已知的导数 $F'(x)=f(x)$，来确定函数 $F(x)$ 这类问题，我们引入下述原函数的定义.

定义 1　设函数 $f(x)$ 是定义在区间 I 上的已知函数.若存在函数 $F(x)$，使得对于任意一点 $x\in I$，都有

$$F'(x)=f(x)\quad 或\quad \mathrm{d}F(x)=f(x)\mathrm{d}x,$$

则称 $F(x)$ 为 $f(x)$ 在区间 I 上的一个**原函数**.

例如，在区间 $(-\infty,+\infty)$ 内 $(\sin x)'=\cos x$，所以 $\sin x$ 是函数 $\cos x$ 在区间 $(-\infty,+\infty)$ 内的一个原函数；在区间 $(-1,1)$ 内 $(\arcsin x)'=\dfrac{1}{\sqrt{1-x^2}}$，所以 $\arcsin x$ 是函数 $\dfrac{1}{\sqrt{1-x^2}}$ 在区间 $(-1,1)$ 内的一个原函数.

那么，一个函数满足什么条件一定存在原函数呢？这里给出一个结论，下一章将给出证明.

定理 1(原函数存在定理) 如果函数 $f(x)$ 在区间 I 上连续，那么在区间 I 上存在可导函数 $F(x)$，使得对于任意一点 $x\in I$，都有 $F'(x)=f(x)$.

这就是说，连续函数一定存在原函数.由于初等函数在其有定义的区间上是连续的，所以每个初等函数在其定义区间上都有原函数.

既然连续函数一定存在原函数，那么一个连续函数的原函数是否唯一呢？例如，在区间 $(-\infty,+\infty)$ 内，x^2 是 $2x$ 的一个原函数，但 $(x^2+1)'=(x^2+2)'=(x^2-\sqrt{3})'=\cdots=2x$，所以 $2x$ 的原函数不是唯一的，它的原函数有无穷多个.

由此可以看出，若 $f(x)$ 存在原函数，其原函数不是唯一的，那么，这些原函数之间有什么差异？能否写成统一的表达式呢？下面的定理回答了这个问题.

定理 2 若 $F(x)$ 是 $f(x)$ 在区间 I 上的一个原函数，则 $F(x)+C$ 是 $f(x)$ 的全部原函数，其中 C 为任意常数.

定理需要证明两个结论：

(1) $F(x)+C$ 是 $f(x)$ 的原函数；

(2) $f(x)$ 的任意一个原函数 $G(x)$ 都可表示成 $F(x)+C$ 的形式.

证 (1)已知 $F(x)$ 是 $f(x)$ 的一个原函数，即 $F'(x)=f(x)$.又

$$[F(x)+C]'=F'(x)=f(x),$$

所以，$F(x)+C$ 是 $f(x)$ 的原函数.

(2)设 $G(x)$ 是 $f(x)$ 的任一个原函数，即 $G'(x)=f(x)$，于是

$$[G(x)-F(x)]'=G'(x)-F'(x)=f(x)-f(x)=0.$$

由拉格朗日中值定理推论知，导数恒等于零的函数是常数，从而

$$G(x)-F(x)=C,\quad 即\quad G(x)=F(x)+C.$$

这就是说，$f(x)$ 的任一个原函数 $G(x)$ 均可表示成 $F(x)+C$ 的形式.

定理 2 说明，只要找到 $f(x)$ 的一个原函数 $F(x)$，就能写出 $f(x)$ 的原函数的一般表达式 $F(x)+C$，从而就只知道了 $f(x)$ 的全体原函数，其中 C 为任意常数.

2. 不定积分概念

定义 2 设函数 $f(x)$ 在区间 I 上有定义，称函数 $f(x)$ 的任一原函数为 $f(x)$ 的**不定积分**，用记号 $\int f(x)\mathrm{d}x$ 表示.符号中"$\int$"叫作**积分号**，x 叫作**积分变量**，$f(x)$ 叫作**被积函数**，$f(x)\mathrm{d}x$ 叫作**被积表达式**.

如果 $F(x)$ 为 $f(x)$ 在区间 I 上的一个原函数，则 $F(x)+C$ 就是 $f(x)$ 的不定积分，即 $\int f(x)\mathrm{d}x=F(x)+C$ (C 为一任意常数)，式中 C 叫作**积分常数**.

因此，求不定积分$\int f(x)\mathrm{d}x$，就归结为求出它的一个原函数，再加上一个任意常数C.切记要加"C"，否则求出的只是一个原函数，而不是任一原函数.

由不定积分的定义知，不定积分运算与微分运算之间有如下的互逆关系：

(1) $\frac{\mathrm{d}}{\mathrm{d}x}\left[\int f(x)\mathrm{d}x\right]=f(x)$ 或 $\mathrm{d}\left[\int f(x)\mathrm{d}x\right]=f(x)\mathrm{d}x$；

(2) $\int F'(x)\mathrm{d}x=F(x)+C$ 或 $\int \mathrm{d}F(x)=F(x)+C$.

这里，需要注意第(2)组等式，一个函数先进行微分运算，再进行积分运算，得到的不是这一个函数，而是一族函数，必须加上一个任意常数C.

例 2　求函数$f(x)=a^x$的不定积分.

解　因为$\left(\frac{a^x}{\ln a}\right)'=a^x$，所以$\int a^x\mathrm{d}x=\frac{a^x}{\ln a}+C$.

例 3　求函数$f(x)=x^\alpha$的不定积分.

解　当$\alpha\neq-1$时，因为$\left(\frac{1}{\alpha+1}x^{\alpha+1}\right)'=x^\alpha$，所以$\int x^\alpha\mathrm{d}x=\frac{1}{\alpha+1}x^{\alpha+1}+C$；

当$\alpha=-1, x\neq0$时，因为$(\ln|x|)'=\frac{1}{x}$，所以$\int\frac{1}{x}\mathrm{d}x=\ln|x|+C$.

综上所述，

$$\int x^\alpha\mathrm{d}x=\begin{cases}\frac{1}{\alpha+1}x^{\alpha+1}+C & \alpha\neq-1,\\ \ln|x|+C & \alpha=1, x\neq0.\end{cases}$$

不定积分的几何意义　通常我们把一个原函数$F(x)$的图形称为$f(x)$的一条积分曲线，其方程为$y=F(x)$.因此，不定积分$\int f(x)\mathrm{d}x$在几何上就表示全体积分曲线所组成的曲线族中的任一曲线$y=F(x)+C$.曲线族中每一条积分曲线，在曲线上横坐标相同的点处的切线斜率都等于$f(x)$.如图 5—1 所示.

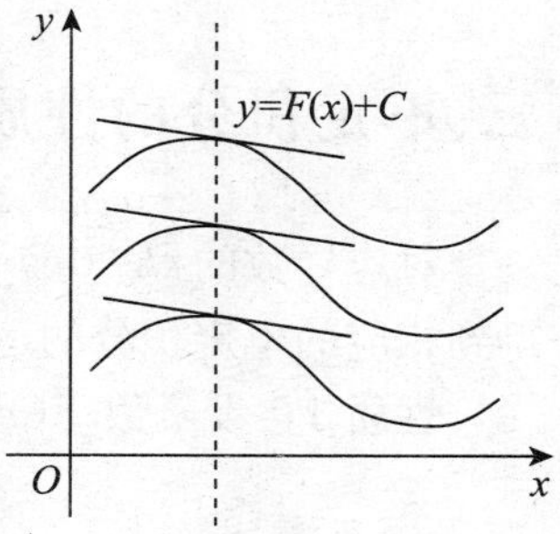

图 5—1

有时需要求$f(x)$过定点(x_0,y_0)的积分曲线，即满足条件$f(x_0)=y_0$的原函数，这个条件一般称为初始条件，由这个条件可以唯一确定常数C.即将坐标(x_0,y_0)代入积分曲线方程，有$y_0=F(x_0)+C$，得$C=y_0-F(x_0)$，从而得到所求积分曲线为$y=F(x)+[y_0-F(x_0)]$.

例 4　设曲线通过点(1,2)，且在任一点(x,y)处的切线斜率为$2x$.求此曲线方程.

解　设所求曲线方程为$y=f(x)$.按题意，在任一点(x,y)处的切线斜率为$\frac{\mathrm{d}y}{\mathrm{d}x}=2x$，即$y=f(x)$是$2x$的一个原函数.因为

$$\int 2x\mathrm{d}x=x^2+C,$$

所以曲线方程为$y=x^2+C$.又曲线过点(1,2)，代入上式，得$2=1+C$，所以$C=1$.于是，所求曲线方程为$y=x^2+1$.

二、基本积分公式

不定积分的基本公式是不定积分计算的基础.根据不定积分运算与导数运算之间的互逆关系,对照导数公式表可以相应地得出下面积分公式表,见表 5—1.

表 5—1

$\int 0\mathrm{d}x = C$	$\int k\mathrm{d}x = kx + C$
$\int x^{\alpha}\mathrm{d}x = \frac{1}{\alpha+1}x^{\alpha+1} + C(\alpha \neq -1)$	$\int \frac{1}{x}\mathrm{d}x = \ln\|x\| + C$
$\int \mathrm{e}^{x}\mathrm{d}x = \mathrm{e}^{x} + C$	$\int a^{x}\mathrm{d}x = \frac{a^{x}}{\ln a} + C$
$\int \cos x\mathrm{d}x = \sin x + C$	$\int \sin x\mathrm{d}x = -\cos x + C$
$\int \frac{1}{\cos^{2}x}\mathrm{d}x = \int \sec^{2}x\mathrm{d}x = \tan x + C$	$\int \frac{1}{\sin^{2}x}\mathrm{d}x = \int \csc^{2}x\mathrm{d}x = -\cot x + C$
$\int \sec x\tan x\mathrm{d}x = \sec x + C$	$\int \csc x\cot x\mathrm{d}x = -\csc x + C$
$\int \frac{1}{\sqrt{1-x^{2}}}\mathrm{d}x = \arcsin x + C$	$\int \frac{1}{1+x^{2}}\mathrm{d}x = \arctan x + C$

以上公式是积分法的基础,必须熟记,不仅要记住右端的结果,还要熟悉左端被积函数的形式.当然仅有这些基本公式还是不够的,下面还要用不定积分的性质和积分法则推导出一些其他的基本公式,逐步扩充不定积分公式.

三、不定积分的性质

对应导数的$[kf(x)]'=kf'(x)$和$[f(x)\pm g(x)]'=f'(x)\pm g'(x)$的运算法则,便可得到相应的不定积分的运算性质.

性质 1 设函数 $f(x)$的原函数存在,k 为非零常数,则

$$\int kf(x)\mathrm{d}x = k\int f(x)\mathrm{d}x \quad (k \neq 0),$$

即被积函数中不为零的常数因子可提到积分号外.

证 由求导法则和不定积分与导数的关系,得

$$\left[k\int f(x)\mathrm{d}x\right]' = k\left[\int f(x)\mathrm{d}x\right]' = kf(x).$$

这表明 $k\int f(x)\mathrm{d}x$ 为 $kf(x)$ 的任一个原函数,由不定积分的定义知结论成立.

性质 2 设函数 $f(x)$ 与 $g(x)$ 的原函数存在,则

$$\int [f(x)\pm g(x)]\mathrm{d}x = \int f(x)\mathrm{d}x \pm \int g(x)\mathrm{d}x,$$

即两个函数代数和的不定积分等于各函数不定积分的代数和.

证 由求导法则和不定积分与导数的关系,得

$$\left[\int f(x)\mathrm{d}x \pm \int g(x)\mathrm{d}x\right]' = \left[\int f(x)\mathrm{d}x\right]' \pm \left[\int g(x)\mathrm{d}x\right]' = f(x) \pm g(x).$$

这表明$\int f(x)\mathrm{d}x \pm \int g(x)\mathrm{d}x$ 为 $f(x) \pm g(x)$ 的任一个原函数.由不定积分的定义知结论成立.

此结论对有限多个函数的代数和也是成立的.

不定积分的性质 1 与性质 2 可以写成

$$\int[\alpha f(x) \pm \beta g(x)]\mathrm{d}x = \alpha\int f(x)\mathrm{d}x \pm \beta\int g(x)\mathrm{d}x \quad (\alpha,\beta \text{ 为常数}).$$

利用此性质和不定积分的基本公式,就可以直接求一些简单函数的不定积分.

例 5 求下列不定积分:

(1)$\int \frac{1}{x^2}\mathrm{d}x$; (2)$\int(2-\sqrt{x})x\mathrm{d}x$; (3)$\int \frac{x^4}{1+x^2}\mathrm{d}x$.

解 (1)$\int \frac{1}{x^2}\mathrm{d}x = \int x^{-2}\mathrm{d}x = \frac{x^{-2+1}}{-2+1} + C = -\frac{1}{x} + C.$

(2)$\int(2-\sqrt{x})x\mathrm{d}x = \int(2x - x^{\frac{3}{2}})\mathrm{d}x = \int 2x\mathrm{d}x - \int x^{\frac{3}{2}}\mathrm{d}x = x^2 - \frac{2}{5}x^{\frac{5}{2}} + C.$

说明:在分项积分后,不必在每一个积分结果中都加“C”,只要在总的结果中加一个 C 就行了.

(3) 因为$\frac{x^4}{1+x^2} = \frac{x^4-1+1}{1+x^2} = x^2 - 1 + \frac{1}{1+x^2}$,所以

$$\begin{aligned}\int \frac{x^4}{1+x^2}\mathrm{d}x &= \int\left(x^2 - 1 + \frac{1}{1+x^2}\right)\mathrm{d}x \\ &= \int x^2\mathrm{d}x - \int \mathrm{d}x + \int \frac{1}{1+x^2}\mathrm{d}x \\ &= \frac{x^3}{3} - x + \arctan x + C.\end{aligned}$$

验证

$$\left(\frac{x^3}{3} - x + \arctan x\right)' = x^2 - 1 + \frac{1}{1+x^2} = \frac{(x^2-1)(x^2+1)+1}{1+x^2} = \frac{x^4}{1+x^2}.$$

顺便指出,以后我们计算不定积分时,就可通过对所求结果求导数来检验积分结果是否正确.

在利用不定积分的性质和基本积分公式求不定积分时,通常需要对被积函数进行变形,然后利用不定积分的性质将所求的积分转化成基本积分表中具有的形式,再计算积分.

例 6 求下列不定积分:

(1)$\int \tan^2 x\mathrm{d}x$; (2)$\int (2^x + 3^x)^2\mathrm{d}x$; (3)$\int \sin^2\frac{x}{2}\mathrm{d}x$.

解 (1)$\int \tan^2 x\mathrm{d}x = \int(\sec^2 x - 1)\mathrm{d}x = \int \sec^2 x\mathrm{d}x - \int \mathrm{d}x = \tan x - x + C.$

$$\begin{aligned}(2)\int (2^x+3^x)^2\mathrm{d}x &= \int(4^x + 2\cdot 6^x + 9^x)\mathrm{d}x = \int 4^x\mathrm{d}x + 2\int 6^x\mathrm{d}x + \int 9^x\mathrm{d}x \\ &= \frac{4^x}{\ln 4} + \frac{2\cdot 6^x}{\ln 6} + \frac{9^x}{\ln 9} + C.\end{aligned}$$

(3) $\int \sin^2 \frac{x}{2} dx = \int \frac{1-\cos x}{2} dx = \frac{1}{2}\int (1-\cos x) dx = \frac{1}{2}(x-\sin x)+C.$

例 7 求下列不定积分：

(1) $\int \frac{1}{x^2(1+x^2)} dx$； (2) $\int \frac{\cos^2 x}{1-\sin x} dx$； (3) $\int \frac{1}{\sin^2 x \cos^2 x} dx$.

解 (1) $\int \frac{1}{x^2(1+x^2)} dx = \int \frac{1+x^2-x^2}{x^2(1+x^2)} dx = \int \left(\frac{1}{x^2} - \frac{1}{1+x^2}\right) dx$

$$= -\frac{1}{x} - \arctan x + C.$$

(2) $\int \frac{\cos^2 x}{1-\sin x} dx = \int \frac{1-\sin^2 x}{1-\sin x} dx = \int (1+\sin x) dx = x - \cos x + C.$

(3) $\int \frac{1}{\sin^2 x \cos^2 x} dx = \int \frac{\sin^2 x + \cos^2 x}{\sin^2 x \cos^2 x} dx = \int \frac{1}{\cos^2 x} dx + \int \frac{1}{\sin^2 x} dx$

$$= \tan x - \cot x + C.$$

例 8 某化工厂生产某种产品，每日生产的产品的边际成本是日产量 q 的函数，$C'(q) = 7 + \frac{25}{\sqrt{q}}$. 已知固定成本为 1 000 元，求总成本与日产量的函数关系.

解 因为总成本是边际成本 $C'(q)$ 的原函数，所以有

$$C(q) = \int \left(7 + \frac{25}{\sqrt{q}}\right) dq = 7q + 50\sqrt{q} + K \quad (K \text{ 为任意实数}).$$

已知固定成本为 1 000 元，即 $C(0) = 1\,000$，代入上式，有 $K = 1\,000$. 于是可得

$$C(q) = 7q + 50\sqrt{q} + 1\,000.$$

即总成本 C 与日产量 q 的函数关系为 $C(q) = 7q + 50\sqrt{q} + 1\,000$.

☞ 习题 5.1

1. 验证函数 $\frac{1}{2}\sin^2 x$，$-\frac{1}{4}\cos 2x$，$1-\frac{1}{2}\cos^2 x$ 均为同一个函数的原函数.

2. 证明：当 $x \in (1, +\infty)$ 时，$\ln(x+\sqrt{x^2-1})$ 为 $\frac{1}{\sqrt{x^2-1}}$ 的原函数.

3. 求下列不定积分：

(1) $\int \frac{dx}{x^2\sqrt{x}}$； (2) $\int (x+1)^3 dx$；

(3) $\int \frac{\sqrt{x} - 2\sqrt[3]{x^2} + 1}{\sqrt[4]{x}} dx$； (4) $\int \frac{3x^4 + 3x^2 + 1}{x^2+1} dx$；

(5) $\int \frac{2x^2}{1+x^2} dx$； (6) $\int \frac{1+x+x^2}{x(1+x^2)} dx$；

(7) $\int 3^x e^{2x} dx$； (8) $\int e^x \left(1 - \frac{e^{-x}}{\sqrt{x}}\right) dx$；

(9) $\int \cot^2 x \mathrm{d}x$；

(10) $\int \sin^2 \frac{x}{2} \mathrm{d}x$；

(11) $\int \left(\sin \frac{x}{2} + \cos \frac{x}{2}\right)^2 \mathrm{d}x$；

(12) $\int \frac{1}{1+\cos 2x} \mathrm{d}x$；

(13) $\int \frac{\cos 2x}{\cos x - \sin x} \mathrm{d}x$；

(14) $\int \frac{\cos 2x}{\sin^2 x \cos^2 x} \mathrm{d}x$；

(15) $\int \frac{1+\sin 2x}{\cos x + \sin x} \mathrm{d}x$；

(16) $\int \frac{1+\cos^2 x}{1+\cos 2x} \mathrm{d}x$；

(17) $\int \sec x(\sec x - \tan x) \mathrm{d}x$；

(18) $\int \frac{\sin^2 x}{1+\cos^2 x - \sin^2 x} \mathrm{d}x$.

4. 设一曲线通过点$(\mathrm{e}^2, 3)$，且在任一点处的切线斜率等于该点横坐标的倒数.求此曲线方程.

5. 某公司测定，生产某种产品 q 件的边际成本为$C'(q)=q^3-2q$.假定固定成本为 100 元，求总成本函数.

6. 在一次记忆实验中，测得记忆速率为$M'(t)=0.2 \cdot t - 0.003 \cdot t^2$，其中$M(t)$为$t$分钟内记住单词的数量.如果已知$M(0)=0$，求$M(t)$以及 8 分钟内记住的单词数？

第二节　换元积分法

利用不定积分的基本积分公式与性质，只能求出一些简单函数的不定积分.如果将复合函数的求导法则反过来用于求不定积分，就是通过变量代换，把一个被积表达式复杂的积分转化成一个被积表达式简单的积分，这就是换元积分法.换元积分法又分为第一换元积分法和第二换元积分法.

一、第一换元积分法

例 1　求$\int 2x\mathrm{e}^{x^2}\mathrm{d}x$.

解　因为在积分表中没有与被积函数形式一样的积分公式，难于由积分的公式与性质确定该积分，但注意到被积式中含有复合函数 e^{x^2}，而余下的部分恰好可以表示成微分的形式 $2x\mathrm{d}x=\mathrm{d}(x^2)$，于是，可作如下变换和计算：

$$\int 2x\mathrm{e}^{x^2}\mathrm{d}x \xlongequal{\text{凑微分}} \int \mathrm{e}^{x^2}\mathrm{d}(x^2) \xlongequal{\text{令 } u=x^2} \int \mathrm{e}^u \mathrm{d}u \xlongequal{\text{积分}} \mathrm{e}^u + C \xlongequal{\text{回代}} \mathrm{e}^{x^2} + C.$$

验证：因为$(\mathrm{e}^{x^2})' = 2x\mathrm{e}^{x^2}$，所以上述结论正确.

将上例解法概括成一般形式如下：如果要求的积分具有特征$\int f[\varphi(x)]\varphi'(x)\mathrm{d}x$，则可作变换 $u=\varphi(x)$，将原积分化为关于 u 的一个简单的积分$\int f(u)\mathrm{d}u$.若该积分由基本积分公式可求得$\int f(u)\mathrm{d}u=F(u)+C$,则有$\int f[\varphi(x)]\varphi'(x)dx=F[\varphi(x)]+C$,即有如下定理.

定理 1　设函数 $f(u)$ 连续,$u=\varphi(x)$ 具有连续的导数,且$\int f(u)\mathrm{d}u=F(u)+C$,则

$$\int f[\varphi(x)]\varphi'(x)\mathrm{d}x=F[\varphi(x)]+C$$

成立.

证　因为$\int f(u)\mathrm{d}u=F(u)+C$,所以 $F'(u)=f(u)$.于是,由复合函数求导法则,

$$\{F[\varphi(x)]\}'=F'[\varphi(x)]\varphi'(x)=F'(u)\varphi'(x)=f(u)\varphi'(x)=f[\varphi(x)]\varphi'(x).$$

由不定积分的定义,得

$$\int f[\varphi(x)]\varphi'(x)\mathrm{d}x=F[\varphi(x)]+C.$$

该定理表明:通过变换 $u=\varphi(x)$ 将积分$\int f[\varphi(x)]\varphi'(x)\mathrm{d}x$ 化为$\int f(u)\mathrm{d}u$,即

$$\int f[\varphi(x)]\varphi'(x)\mathrm{d}x=\left(\int f(u)\mathrm{d}u\right)_{u=\varphi(x)}.$$

上式称为**第一换元积分公式**.

应用定理 1 可以解决一些被积函数为复合函数的积分问题,其应用的计算过程为

$$\int f[\varphi(x)]\varphi'(x)\mathrm{d}x\overset{\text{凑微分}}{=\!=\!=\!=}\int f[\varphi(x)]\mathrm{d}\varphi(x)\overset{u=\varphi(x)}{=\!=\!=\!=}\int f(u)\mathrm{d}u$$

$$\overset{\text{积分}}{=\!=\!=}F(u)+C\overset{\text{回代}}{=\!=\!=}F[\varphi(x)]+C.$$

这种先"凑"成微分式,再作变量置换的方法,也叫作**凑微分法**.

例 2　求$\int\cos^2x\sin x\mathrm{d}x$.

解　因为$\int\cos^2x\sin x\mathrm{d}x=-\int\cos^2x\mathrm{d}\cos x$,所以可设 $u=\cos x$,则

$$\int\cos^2x\sin x\mathrm{d}x=-\int\cos^2x\mathrm{d}\cos x=-\int u^2\mathrm{d}u=-\frac{1}{3}u^3+C=-\frac{1}{3}\cos^3x+C.$$

例 3　求$\int\frac{\mathrm{d}x}{x\sqrt{1-\ln^2x}}$.

解　因为$\int\frac{\mathrm{d}x}{x\sqrt{1-\ln^2x}}=\int\frac{\mathrm{d}\ln x}{\sqrt{1-\ln^2x}}$,所以可设 $\ln x=u$,则

$$\int\frac{\mathrm{d}x}{x\sqrt{1-\ln^2x}}=\int\frac{\mathrm{d}\ln x}{\sqrt{1-\ln^2x}}=\int\frac{\mathrm{d}u}{\sqrt{1-u^2}}=\arcsin u=\arcsin\ln x+C.$$

对凑微分法较熟悉后,可略去中间的换元步骤,直接凑微分,将 $\varphi(x)$ 看作一个变量,然后求出积分.即

$$\int f[\varphi(x)]\varphi'(x)\mathrm{d}x=\int f[\varphi(x)]\mathrm{d}\varphi(x)=F[\varphi(x)]+C.$$

例 4　求$\int\frac{\sin\sqrt{x}}{\sqrt{x}}\mathrm{d}x$.

解　$\int\frac{\sin\sqrt{x}}{\sqrt{x}}\mathrm{d}x=2\int\sin\sqrt{x}\mathrm{d}\sqrt{x}=-2\cos\sqrt{x}+C.$

凑微分法运用时的难点在于，题目并未指明应该把哪一部分凑成 $\mathrm{d}\varphi(x)$，这需要一方面把握被积函数中的中间变量 $\varphi(x)$，另一方面要掌握一些常见的微分式.表 5—2 列出了一些常见的凑微分类型.

表 5—2

积分类型	凑微分公式
$\int f(ax+b)\mathrm{d}x=\frac{1}{a}\int f(ax+b)\mathrm{d}(ax+b)$	$\mathrm{d}x=\frac{1}{a}\mathrm{d}(ax+b)(a\neq 0)$
$\int x^{\alpha-1}f(x^{\alpha})dx=\frac{1}{\alpha}\int f(x^{\alpha})\mathrm{d}x^{\alpha}$	$x^{\alpha-1}\mathrm{d}x=\frac{1}{\alpha}\mathrm{d}x^{\alpha}$
$\int f(\mathrm{e}^x)\mathrm{e}^x\mathrm{d}x=\int f(\mathrm{e}^x)\mathrm{d}\mathrm{e}^x$	$\mathrm{e}^x\mathrm{d}x=\mathrm{d}\,\mathrm{e}^x$
$\int f(\ln x)\frac{1}{x}\mathrm{d}x=\int f(\ln x)\mathrm{d}\ln x$	$\frac{1}{x}\mathrm{d}x=\mathrm{d}\ln x$
$\int f(\sin x)\cos x\mathrm{d}x=\int f(\sin x)\mathrm{d}\sin x$	$\cos x\mathrm{d}x=\mathrm{d}\sin x$
$\int f(\cos x)\sin x\mathrm{d}x=-\int f(\cos x)\mathrm{d}\cos x$	$\sin x\mathrm{d}x=-\mathrm{d}\cos x$
$\int f(\arcsin x)\frac{1}{\sqrt{1-x^2}}\mathrm{d}x=\int f(\arcsin x)\mathrm{d}\arcsin x$	$\frac{1}{\sqrt{1-x^2}}\mathrm{d}x=\mathrm{d}\arcsin x$
$\int f(\arctan x)\frac{1}{1+x^2}\mathrm{d}x=\int f(\arctan x)\mathrm{d}\arctan x$	$\frac{1}{1+x^2}\mathrm{d}x=\mathrm{d}\arctan x$
$\int f(\tan x)\sec^2 x\mathrm{d}x=\int f(\tan x)\mathrm{d}\tan x$	$\sec^2 x\mathrm{d}x=\mathrm{d}\tan x$
$\int f(\cot x)\csc^2 x\mathrm{d}x=-\int f(\cot x)\mathrm{d}\cot x$	$-\csc^2 x\mathrm{d}x=\mathrm{d}\cot x$

例 5 求下列不定积分：

(1) $\int\frac{\mathrm{d}x}{\sqrt{a^2-x^2}}(a>0)$；　(2) $\int\frac{\mathrm{d}x}{a^2+x^2}$；　(3) $\int\frac{\mathrm{d}x}{x^2-a^2}$.

解 (1) $\int\frac{\mathrm{d}x}{\sqrt{a^2-x^2}}=\int\frac{1}{a\sqrt{1-\left(\frac{x}{a}\right)^2}}\mathrm{d}x=\int\frac{1}{\sqrt{1-\left(\frac{x}{a}\right)^2}}\mathrm{d}\left(\frac{x}{a}\right)=\arcsin\frac{x}{a}+C.$

(2) $\int\frac{\mathrm{d}x}{a^2+x^2}=\frac{1}{a}\int\frac{1}{1+\left(\frac{x}{a}\right)^2}\mathrm{d}\left(\frac{x}{a}\right)=\frac{1}{a}\arctan\frac{x}{a}+C.$

(3) $\int\frac{\mathrm{d}x}{x^2-a^2}=\frac{1}{2a}\int\left(\frac{1}{x-a}-\frac{1}{x+a}\right)\mathrm{d}x=\frac{1}{2a}\left[\int\frac{\mathrm{d}(x-a)}{x-x}-\int\frac{\mathrm{d}(x+a)}{x+a}\right]$

$$=\frac{1}{2a}(\ln|x-a|-\ln|x+a|)+C=\frac{1}{2a}\ln\left|\frac{x-a}{x+a}\right|+C.$$

例 6 求下列不定积分：

(1) $\int\tan x\mathrm{d}x$；　(2) $\int\sec x\mathrm{d}x$.

解 (1) $\int\tan x\mathrm{d}x=\int\frac{\sin x}{\cos x}\mathrm{d}x=-\int\frac{\mathrm{d}\cos x}{\cos x}=-\ln|\cos x|+C.$

类似可得$\int \cot x\,dx=\ln|\sin x|+C$.

(2)$\int \sec x\,dx=\int \frac{\sec x(\sec x+\tan x)}{\tan x+\sec x}dx=\int \frac{\sec^2 x+\sec x\tan x}{\tan x+\sec x}dx$

$$=\int \frac{1}{(\tan x+\sec x)}d(\tan x+\sec x)=\ln|\sec x+\tan x|+C.$$

类似可得$\int \csc x\,dx=\ln|\csc x-\cot x|+C$.

例 5 与例 6 中的不定积分经常使用,可作为常用积分公式补充到基本积分公式中.

例 7 求下列不定积分:

(1)$\int \frac{3+x}{\sqrt{4-x^2}}dx$; (2)$\int \frac{dx}{x(1+2\ln x)}$; (3)$\int \frac{1}{1+e^x}dx$.

解 本题积分前,先要对被积函数作适当变形,然后用凑微分法求解.

(1)$\int \frac{3+x}{\sqrt{4-x^2}}dx=3\int \frac{dx}{\sqrt{4-x^2}}+\int \frac{x}{\sqrt{4-x^2}}dx=3\arcsin\frac{x}{2}+\int \frac{-\frac{1}{2}}{\sqrt{4-x^2}}d(4-x^2)$

$$=3\arcsin\frac{x}{2}-\sqrt{4-x^2}+C.$$

(2)$\int \frac{dx}{x(1+2\ln x)}=\int \frac{d\ln x}{1+2\ln x}=\frac{1}{2}\int \frac{d(1+2\ln x)}{1+2\ln x}=\frac{1}{2}\ln|1+2\ln x|+C.$

(3)$\int \frac{1}{1+e^x}dx=\int \frac{1+e^x-e^x}{1+e^x}dx=\int \left(1-\frac{e^x}{1+e^x}\right)dx$

$$=\int dx-\int \frac{1}{1+e^x}d(1+e^x)=x-\ln(1+e^x)+C.$$

例 8 求下列不定积分:

(1)$\int \sin^2 x\,dx$; (2)$\int \sin^3 x\cos^2 x\,dx$; (3)$\int \frac{\arcsin\sqrt{x}}{\sqrt{x-x^2}}dx$.

解 (1)$\int \sin^2 x\,dx=\int \frac{1-\cos 2x}{2}dx=\frac{1}{2}\int dx-\frac{1}{2}\int \cos 2x\,dx$

$$=\frac{1}{2}x-\frac{1}{4}\int \cos 2x\,d(2x)=\frac{1}{2}x-\frac{1}{4}\sin 2x+C.$$

(2)$\int \sin^3 x\cos^2 x\,dx=-\int \sin^2 x\cos^2 x\,d\cos x=-\int (1-\cos^2 x)\cos^2 x\,d\cos x$

$$=-\int (\cos^2 x-\cos^4 x)\,d\cos x=-\frac{1}{3}\cos^3 x+\frac{1}{5}\cos^5 x+C.$$

(3)$\int \frac{\arcsin\sqrt{x}}{\sqrt{x-x^2}}dx=\int \frac{\arcsin\sqrt{x}}{\sqrt{x}\sqrt{1-x}}dx=2\int \frac{\arcsin\sqrt{x}}{\sqrt{1-x}}d\sqrt{x}$

$$=2\int \arcsin\sqrt{x}\,d\arcsin\sqrt{x}=\arcsin^2\sqrt{x}+C.$$

二、第二换元积分法

例 9 求$\int \frac{x\mathrm{d}x}{\sqrt{x-3}}$.

解 考虑到被积表达式中含有根式$\sqrt{x-3}$,则令 $t=\sqrt{x-3}$,即 $x=t^2+3(t>0)$. 此时 $\mathrm{d}x=2t\mathrm{d}t$,所以

$$\int \frac{x\mathrm{d}x}{\sqrt{x-3}}=\int \frac{t^2+3}{t}2t\mathrm{d}t=2\int (t^2+3)\mathrm{d}t=2\left(\frac{t^3}{3}+3t\right)+C.$$

再将 $t=\sqrt{x-3}$ 代回后整理,得 $\int \frac{x\mathrm{d}x}{\sqrt{x-3}}=\frac{2}{3}(x+6)(x-3)^{\frac{1}{2}}+C$.

一般地,如果积分$\int f(x)\mathrm{d}x$ 不易计算,可设 $x=\varphi(t)$,则积分变为$\int f[\varphi(t)]\varphi'(t)\mathrm{d}t$,求此积分,然后再将函数 $t=\varphi^{-1}(x)$ 代入,还原成变量 x 的形式,即可得所求积分.

定理 2 若 $x=\varphi(t)$ 单调可导,$\varphi'(t)\neq 0$,且有 $\int f[\varphi(t)]\varphi'(t)\mathrm{d}t=F(t)+C$,则

$$\int f(x)\mathrm{d}x=F[\varphi^{-1}(x)]+C,$$

其中 $t=\varphi^{-1}(x)$ 为 $x=\varphi(t)$ 的反函数.

证 利用复合函数与反函数的求导公式,有

$$\frac{\mathrm{d}}{\mathrm{d}x}\{F[\varphi^{-1}(x)]\}=\frac{\mathrm{d}F(t)}{\mathrm{d}t}\cdot\frac{\mathrm{d}t}{\mathrm{d}x}=f[\varphi(t)]\cdot\varphi'(t)\cdot\frac{1}{\varphi'(t)}=f[\varphi(t)]=f(x).$$

所以积分$\int f(x)\mathrm{d}x=F[\varphi^{-1}(x)]+C$ 成立.

利用定理 2 求解不定积分的方法称为**第二换元积分法**.

第二换元法的应用过程为

$$\int f(x)\mathrm{d}x \xlongequal{x=\varphi(t)} \int f[\varphi(t)]\varphi'(t)\mathrm{d}t \xlongequal{\text{积分}} F(t)+C \xlongequal{t=\varphi^{-1}(x)} F[\varphi^{-1}(x)]+C.$$

使用积分换元法的关键是恰当地选择变换函数 $x=\varphi(t)$,对于 $x=\varphi(t)$,要求其单调可导,$\varphi'(t)\neq 0$,且其反函数 $t=\varphi^{-1}(x)$ 存在.

例 10 求下列不定积分:

(1)$\int \frac{\sqrt{x}}{1+\sqrt{x}}\mathrm{d}x$; (2)$\int \frac{\mathrm{d}x}{1+\sqrt[3]{x+1}}$; (3)$\int \frac{\mathrm{d}x}{\sqrt{x}(1+\sqrt[3]{x})}$.

解 (1) 为了消去根式,可令$\sqrt{x}=t$,则 $x=t^2(t>0)$,$\mathrm{d}x=2t\mathrm{d}t$.于是

$$\begin{aligned}\int \frac{\sqrt{x}}{1+\sqrt{x}}\mathrm{d}x&=\int \frac{t}{1+t}2t\mathrm{d}t=2\int \frac{t^2}{1+t}\mathrm{d}t=2\int \frac{(t^2-1)+1}{1+t}\mathrm{d}t\\&=2\int\left(t-1+\frac{1}{1+t}\right)\mathrm{d}t=t^2-2t-2\ln|1+t|+C\\&=x-2\sqrt{x}-2\ln|1+\sqrt{x}|+C.\end{aligned}$$

(2) 令$\sqrt[3]{x+1}=t$,则 $x=t^3-1$,$\mathrm{d}x=3t^2\mathrm{d}t$.于是

$$\int \frac{dx}{1+\sqrt[3]{x+1}} = \int \frac{3t^2}{t+1}dt = 3\int \frac{t^2-1+1}{t+1}dt = 3\int\left(t-1+\frac{1}{t+1}\right)dt$$

$$= 3\left(\frac{1}{2}t^2 - t + \ln|t+1|\right) + C$$

$$= \frac{3}{2}(\sqrt[3]{x+1})^2 - 3\sqrt[3]{x+1} + 3\ln|\sqrt[3]{x+1}+1| + C.$$

(3) 令 $x=t^6$，则 $dx=6t^5dt$.于是

$$\int \frac{dx}{\sqrt{x}(1+\sqrt[3]{x})} = \int \frac{6t^5}{t^3(1+t^2)}dt = 6\int \frac{t^2}{1+t^2}dt = 6\int \frac{1+t^2-1}{1+t^2}dt$$

$$= 6t - 6\arctan t + C = 6\sqrt[6]{x} - 6\arctan\sqrt[6]{x} + C.$$

由上例可以看出，被积函数中含有的被开方因式为一次式的根式 $\sqrt[n]{ax+b}$ 时，令 $\sqrt[n]{ax+b}=t$，可以消去根号，从而求得积分.下面重点讨论被积函数含有的被开方因式为二次式的根式的情况.

例 11 求下列不定积分：

(1) $\int\sqrt{a^2-x^2}\,dx\,(a>0)$； (2) $\int\frac{dx}{\sqrt{x^2+a^2}}\,(a>0)$； (3) $\int\frac{dx}{\sqrt{x^2-a^2}}\,(a>0)$.

解 (1) 为了消去根式，令 $x=a\sin t\left(-\frac{\pi}{2}<t<\frac{\pi}{2}\right)$，则 $dx=a\cos t\,dt$，于是

$$\int\sqrt{a^2-x^2}\,dx = \int a^2\cos^2 t\,dt = a^2\int\frac{1+\cos 2t}{2}dt$$

$$= \frac{a^2}{2}t + \frac{a^2}{4}\sin 2t + C = \frac{a^2}{2}t + \frac{a^2}{2}\sin t\cos t + C.$$

因为 $x=a\sin t\left(-\frac{\pi}{2}<t<\frac{\pi}{2}\right)$，所以 $t=\arcsin\frac{x}{a}$，

$$\cos t = \sqrt{1-\sin^2 t} = \sqrt{1-\left(\frac{x}{a}\right)^2} = \frac{\sqrt{a^2-x^2}}{a}.$$

将 t 回代成 x 的函数，得

$$\int\sqrt{a^2-x^2}\,dx = \frac{a^2}{2}\arcsin\frac{x}{a} + \frac{1}{2}x\sqrt{a^2-x^2} + C.$$

(2) 令 $x=a\tan t\left(-\frac{\pi}{2}<t<\frac{\pi}{2}\right)$，则 $dx=a\sec^2 t\,dt$.于是

$$\int\frac{dx}{\sqrt{x^2+a^2}} = \int\frac{a\sec^2 t}{\sqrt{a^2\tan^2 t+a^2}}dt = \int\sec t\,dt = \ln|\sec t+\tan t| + C_1.$$

为了由变换 $x=a\tan t$ 确定 $\sec t$，可以根据 $\tan t=\frac{x}{a}$ 作辅助直角三角形(图 5—2) 可得 $\sec t=\frac{\sqrt{x^2+a^2}}{a}$，将其回代到所求积分中，得

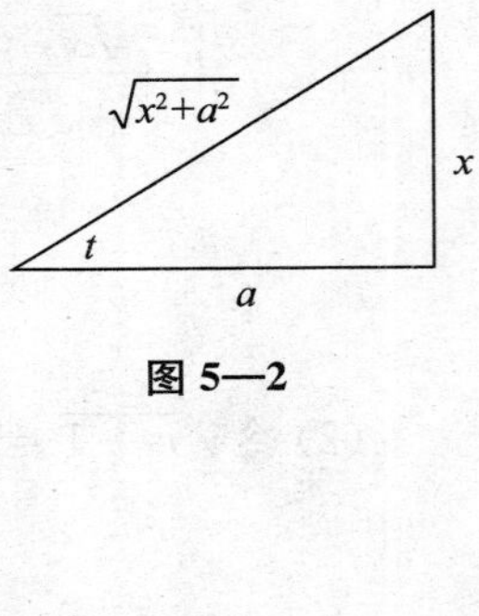

图 5—2

$$\int\frac{dx}{\sqrt{x^2+a^2}} = \ln\left|\frac{\sqrt{x^2+a^2}}{a}+\frac{x}{a}\right| + C_1 = \ln\left|\sqrt{x^2+a^2}+x\right| + C,$$

其中 $C=C_1-\ln a$.

(3) 令 $x=a\sec t\left(0<t<\frac{\pi}{2}\right)$，则 $\mathrm{d}x=a\sec t\tan t\,\mathrm{d}t$. 于是

$$\int\frac{\mathrm{d}x}{\sqrt{x^2-a^2}}=\int\frac{a\sec t\tan t}{a\tan t}\mathrm{d}t=\int\sec t\,\mathrm{d}t=\ln|\sec t+\tan t|+C_1.$$

为了由变换 $x=a\sec t$ 确定 $\tan t$，可以根据 $\cos t=\frac{a}{x}$ 作辅助直角三角形(图 5—3)，可得 $\tan t=\frac{\sqrt{x^2-a^2}}{a}$，将其回代到所求积分中，得

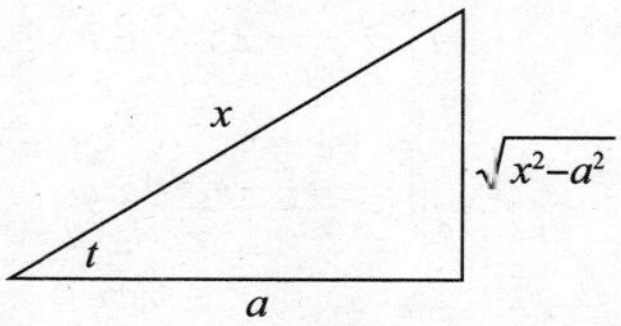

图 5—3

$$\int\frac{\mathrm{d}x}{\sqrt{x^2-a^2}}=\ln\left|\frac{x}{a}+\frac{\sqrt{x^2-a^2}}{a}\right|+C_1$$
$$=\ln\left|x+\sqrt{x^2-a^2}\right|+C,$$

其中 $C=C_1-\ln a$.

第二换元法主要用于求解无理式的积分，该方法的关键在于所选取的变换，常见的代换式如表 5—3 所示.

表 5—3

积分类型	变换式	积分类型	变换式
$\int f(\sqrt{a^2-x^2})\mathrm{d}x$	$x=a\sin t$	$\int f(\sqrt{x^2+a^2})\mathrm{d}x$	$x=a\tan t$
$\int f(\sqrt{x^2-a^2})\mathrm{d}x$	$x=a\sec t$	$\int f(\sqrt[n]{ax+b})\mathrm{d}x$	$\sqrt[n]{ax+b}=t$

例 12 求 $\int\frac{1}{x^2\sqrt{1+x^2}}\mathrm{d}x$.

解 **方法一** 令 $x=\tan t\left(-\frac{\pi}{2}<t<\frac{\pi}{2}\right)$，则 $\mathrm{d}x=\sec^2 t\,\mathrm{d}t$，所以

$$\int\frac{1}{x^2\sqrt{1+x^2}}\mathrm{d}x=\int\frac{\sec^2 t}{\tan^2 t\sec t}\mathrm{d}t=\int\frac{\cos t}{\sin^2 t}\mathrm{d}t$$
$$=\int\frac{\mathrm{d}\,\sin t}{\sin^2 t}=-\frac{1}{\sin t}+C=-\frac{\sqrt{1+x^2}}{x}+C.$$

方法二 令 $x=\frac{1}{t}$，则 $\mathrm{d}x=-\frac{1}{t^2}\mathrm{d}t$，所以

$$\int\frac{1}{x^2\sqrt{1+x^2}}\mathrm{d}x=\int t^2\frac{1}{\sqrt{1+(1/t)^2}}\left(-\frac{1}{t^2}\right)\mathrm{d}t=-\int\frac{t}{\sqrt{t^2+1}}\mathrm{d}t$$
$$=-\frac{1}{2}\int\frac{1}{\sqrt{t^2+1}}\mathrm{d}(t^2+1)=-\sqrt{t^2+1}+C=-\frac{\sqrt{1+x^2}}{x}+C.$$

在利用换元法求不定积分时，有时可以根据被积函数特征选择不同的变换. 但在具体解题时，还要具体分析，例如，$\int x\sqrt{x^2-a^2}\,\mathrm{d}x$ 就不必用三角代换，而用凑微分法更为方便.

☞ 习题 5.2

1. 用凑微分法求下列不定积分：

(1) $\int (3-2x)^3 dx$；

(2) $\int \frac{1}{1-2x} dx$；

(3) $\int \frac{1}{\sqrt[3]{2-3x}} dx$；

(4) $\int x\sqrt{2x^2+1}\, dx$；

(5) $\int x e^{-x^2} dx$；

(6) $\int \frac{1}{e^x+e^{-x}} dx$；

(7) $\int \frac{1}{x\ln^2 x} dx$；

(8) $\int \frac{1}{x\sqrt{1-\ln^2 x}} dx$；

(9) $\int \frac{\sin\sqrt{x}}{\sqrt{x}} dx$；

(10) $\int \frac{\sin x}{\cos^3 x} dx$；

(11) $\int \frac{1}{\arcsin^2 x\sqrt{1-x^2}} dx$；

(12) $\int \frac{e^{\arctan x}}{1+x^2} dx$；

(13) $\int \frac{\sec^2 x}{\sqrt{\tan x-1}} dx$；

(14) $\int \frac{\tan x\sec x}{(\sec x+1)^2} dx$；

(15) $\int \cos^2(2x+1)\sin(2x+1) dx$；

(16) $\int \frac{\arctan\sqrt{x}}{\sqrt{x}(1+x)} dx$；

(17) $\int \frac{\sin x+\cos x}{\sqrt[3]{\sin x-\cos x}} dx$；

(18) $\int \frac{x\cos x+\sin x}{(x\sin x)^2} dx$；

(19) $\int \frac{1+e^x}{\sqrt{x+e^x}} dx$；

(20) $\int \frac{1+\ln x}{(x\ln x)^2} dx$；

(21) $\int \frac{1-x}{\sqrt{9-4x^2}} dx$；

(22) $\int \frac{x^3}{9+x^2} dx$；

(23) $\int \frac{1}{2x^2-1} dx$；

(24) $\int \frac{1}{(x+1)(x-2)} dx$；

(25) $\int \frac{\cos x}{9-\sin^2 x} dx$；

(26) $\int \frac{e^x}{4-e^{2x}} dx$；

(27) $\int \cos^3 x\, dx$；

(28) $\int \sin 2x\cos 3x\, dx$；

(29) $\int \tan^3 x\sec x\, dx$；

(30) $\int \cos^2 x\sin^3 x\, dx$.

2. 用第二换元积分法求下列不定积分：

(1) $\int \frac{\sqrt{x}}{1+x} dx$；

(2) $\int \frac{1}{1+\sqrt[3]{x+1}} dx$；

(3) $\int \frac{x^2}{\sqrt{1-x^2}} dx$；

(4) $\int \frac{1}{x\sqrt{x^2-1}} dx$；

(5) $\int \frac{1}{(x^2+a^2)^{\frac{3}{2}}}\mathrm{d}x\ (a>0)$；　　(6) $\int \frac{\sqrt{x^2-9}}{x^2}\mathrm{d}x$.

第三节　分部积分法

对于乘积函数的导数，有乘积求导法则.相应地，在积分法中也有与乘积求导法则相对应的分部积分法，这也是一种重要的积分方法.

设函数 $u=u(x)$，$v=v(x)$ 具有连续导数.根据乘积微分公式，有

$$\mathrm{d}(uv)=u\mathrm{d}v+v\mathrm{d}u,$$

移项，得 $u\mathrm{d}v=\mathrm{d}(uv)-v\mathrm{d}u$，两边积分，得

$$\int u\mathrm{d}v=uv-\int v\mathrm{d}u.$$

由此可得如下定理.

定理 1　设函数 $u=u(x)$ 与 $v=v(x)$ 具有连续的导数，则

$$\int uv'\mathrm{d}x=uv-\int vu'\mathrm{d}x \quad \text{或} \quad \int u\mathrm{d}v=uv-\int v\mathrm{d}u.$$

分部积分公式可以将求 $\int u\mathrm{d}v$ 的积分问题转化为求 $\int v\mathrm{d}u$ 的积分.当后面这个积分较容易求时，分部积分公式就起到了化难为易的作用.

例 1　求 $\int x\cos x\mathrm{d}x$.

解　设 $u=x$，$\mathrm{d}v=\cos x\mathrm{d}x=\mathrm{d}\sin x$，于是 $\mathrm{d}u=\mathrm{d}x$，$v=\sin x$，代入公式，有

$$\int x\cos x\mathrm{d}x=\int x\mathrm{d}\sin x=x\sin x-\int \sin x\mathrm{d}x=x\sin x+\cos x+C.$$

说明：本题若设 $u=\cos x$，$\mathrm{d}v=x\mathrm{d}x$，则有 $\mathrm{d}u=-\sin x\mathrm{d}x$ 及 $v=\frac{1}{2}x^2$，代入公式，有

$$\int x\cos x\mathrm{d}x=\frac{1}{2}x^2\cos x+\frac{1}{2}\int x^2\sin x\mathrm{d}x.$$

新得到的积分 $\int x^2\sin x\mathrm{d}x$ 反而比原积分更难求，说明这样设 u，$\mathrm{d}v$ 是不合适的.

运用好分部积分法的关键是恰当地选择好 u 和 $\mathrm{d}v$，一般要考虑如下两点：

(1) v 要容易凑成微分形式；

(2) $\int v\mathrm{d}u$ 要比 $\int u\mathrm{d}v$ 简单易求.

例 2　求 $\int \ln x\mathrm{d}x$.

解　令 $u=\ln x$，$\mathrm{d}v=\mathrm{d}x$，则 $\mathrm{d}u=\frac{\mathrm{d}x}{x}$，$v=x$，于是

$$\int \ln x\mathrm{d}x=x\ln x-\int x\cdot\frac{\mathrm{d}x}{x}=x\ln x-x+C.$$

一般地，用分部积分法时可以不必设出函数 u,v，直接按下面过程求积分（恰当选择 u 与 v'）：

$$\int uv'\,dx \xlongequal{\text{微分}} \int u\,dv \xlongequal{\text{用公式}} uv-\int vu'\,dx \left(\int vu'\,dx \text{ 比} \int uv'\,dx \text{ 简单易求}\right)$$

例 3 求 $\int x^2e^x\,dx$.

解 $\int x^2e^x\,dx=\int x^2\,d\,e^x=x^2e^x-\int e^x\,d\,x^2$

$$=x^2e^x-2\int xe^x\,dx=x^2e^x-2\int x\,d\,e^x$$

$$=x^2e^x-2\left(xe^x-\int e^x\,dx\right)=x^2e^x-2xe^x+2e^x+C$$

$$=(x^2-2x+2)e^x+C.$$

此例表明，有时要多次使用分部积分法，才能求出结果.下面的例题又是一种情况，经两次分部后，出现了“循环现象”，这时所求积分是经过解方程而求得的.

例 4 求 $\int e^x\sin x\,dx$.

解 $\int e^x\sin x\,dx=\int \sin x\,d\,e^x=e^x\sin x-\int e^x\cos x\,dx$

$$=e^x\sin x-\int \cos x\,d\,e^x=e^x\sin x-e^x\cos x-\int e^x\sin x\,dx.$$

将再次出现的 $\int e^x\sin x\,dx$ 移至左端，合并后除以 2，得所求积分为

$$\int e^x\sin x\,dx=\frac{1}{2}e^x(\sin x-\cos x)+C.$$

表 5—4 给出了可以用分部积分法求解的常见的积分类型及 u 和 dv 的选取原则.

表 5—4

积分类型	u 和 dv 的选择
$\int x^ne^{ax}\,dx$	$u=x^n,dv=e^{ax}\,dx$
$\int x^n\sin ax\,dx,\int x^n\cos ax\,dx$	$u=x^n,dv=\sin ax\,dx,dv=\cos ax\,dx$
$\int x^n\ln x\,dx$	$u=\ln x,dv=x^n\,dx$
$\int x^n\arcsin x\,dx,\int x^n\arctan x\,dx$	$u=\arcsin x,u=\arctan x,dv=x^n\,dx$
$\int e^{ax}\sin bx\,dx,\int e^{ax}\cos bx\,dx$	$u=\sin bx,\cos bx$ 或 $u=e^{ax}$ 均可

注：上述情况将 x^n 改为常数，以及将 x^n 换为多项式 $P_n(x)$ 时仍成立.

例 5 求下列不定积分：

(1) $\int x\arctan x\,dx$；　　(2) $\int \frac{\ln\sin x}{\cos^2x}\,dx$；　　(3) $\int \sin\ln x\,dx$.

解 (1) $\int x\arctan x\mathrm{d}x=\frac{1}{2}\int\arctan x\mathrm{d}x^2=\frac{1}{2}x^2\arctan x-\frac{1}{2}\int\frac{x^2}{1+x^2}\mathrm{d}x$

$$=\frac{1}{2}x^2\arctan x-\frac{1}{2}\int\left(1-\frac{1}{1+x^2}\right)\mathrm{d}x$$

$$=\frac{1}{2}x^2\arctan x-\frac{1}{2}(x-\arctan x)+C$$

$$=\frac{1}{2}(x^2+1)\arctan x-\frac{1}{2}x+C.$$

(2) $\int\frac{\ln\sin x}{\cos^2x}\mathrm{d}x=\int\ln\sin x\mathrm{d}\tan x=\tan x\ln\sin x-\int\tan x\frac{\cos x}{\sin x}\mathrm{d}x$

$$=\tan x\ln\sin x-x+C.$$

(3) $\int\sin\ln x\mathrm{d}x=x\sin\ln x-\int x\frac{\cos\ln x}{x}\mathrm{d}x=x\sin\ln x-\int\cos\ln x\mathrm{d}x$

$$=x\sin\ln x-\left(x\cos\ln x+\int x\frac{\sin\ln x}{x}\mathrm{d}x\right)$$

$$=x(\sin\ln x-\cos\ln x)-\int\sin\ln x\mathrm{d}x.$$

所以$\int\sin\ln x\mathrm{d}x=\frac{x}{2}(\sin\ln x-\cos\ln x)+C.$

积分方法总结 恰当地选用积分法是积分计算的关键,对于积分法的掌握在于:一方面注意各种方法解决问题的特征,另一面,要注意换元法和分部积分法多种方法的结合.

例 6 求$\int\arctan\sqrt{x}\mathrm{d}x$.

解 令$\sqrt{x}=t$,则 $x=t^2(t>0)$,$\mathrm{d}x=2t\mathrm{d}t$.所以

$$\int\arctan\sqrt{x}\mathrm{d}x=\int\arctan t\cdot 2t\mathrm{d}t=\int\arctan t\mathrm{d}t^2$$

$$=t^2\arctan t-\int\frac{t^2}{1+t^2}\mathrm{d}t=t^2\arctan t-\int\left(1-\frac{1}{1+t^2}\right)\mathrm{d}t$$

$$=t^2\arctan t-t+\arctan t+C$$

$$=(x+1)\arctan\sqrt{x}-\sqrt{x}+C.$$

例 7 用多种方法求$\int\frac{x}{\sqrt{1+x}}\mathrm{d}x$.

解 方法一 分项,凑微分:

$$\int\frac{x}{\sqrt{1+x}}\mathrm{d}x=\int\frac{x+1-1}{\sqrt{1+x}}\mathrm{d}x=\int\sqrt{1+x}\mathrm{d}x-\int\frac{\mathrm{d}x}{\sqrt{1+x}}$$

$$=\int\sqrt{1+x}\mathrm{d}(1+x)-\int\frac{\mathrm{d}(1+x)}{\sqrt{1+x}}$$

$$=\frac{2}{3}(1+x)^{\frac{3}{2}}-2\sqrt{1+x}+C.$$

方法二 换元,凑微分:令 $1+x=u$,则 $\mathrm{d}x=\mathrm{d}u$,于是

$$\int \frac{x}{\sqrt{1+x}}dx=\int \frac{u-1}{\sqrt{u}}du=\int \sqrt{u}\,du-\int \frac{du}{\sqrt{u}}.$$

方法三　换元：令$\sqrt{1+x}=u$，则$1+x=u^2(u>0)$，$dx=2u\,du$，于是

$$\int \frac{x}{\sqrt{1+x}}dx=\int \frac{u^2-1}{u}2u\,du=2\int (u^2-1)du.$$

方法四　换元：令$x=\tan^2 t$，则$dx=2\tan t\sec^2 t\,dt$，所以

$$\int \frac{x}{\sqrt{1+x}}dx=\int \frac{\tan^2 t}{\sec t}2\tan t\ \sec^2 t\,dt=2\int (\sec^2 t-1)d\ \sec t.$$

方法五　分部积分，凑微分：

$$\int \frac{x}{\sqrt{1+x}}dx=\int x\,d(2\sqrt{1+x})=2x\sqrt{1+x}-2\int \sqrt{1+x}\,dx.$$

由上例可以看出，求解不定积分的思路比较开阔，方法多样，各种解法都有各自的特点，学习中要注意不断积累经验.

在结束本节时，还应指出一点，有些不定积分，如$\int e^{-x^2}dx$，$\int \frac{\sin x}{x}dx$，$\int \frac{dx}{\ln x}$等，虽然这些不定积分都存在，却不能用初等函数表达所求的原函数.

☞ 习题 5.3

1. 求下列不定积分：

(1)$\int x e^{-x}dx$；　　(2)$\int x^2\sin 2x\,dx$；

(3)$\int \arctan x\,dx$；　　(4)$\int x\ln(x-1)dx$；

(5)$\int e^{-x}\cos x\,dx$；　　(6)$\int \ln^2 x\,dx$；

(7)$\int x\ \tan^2 x\,dx$；　　(8)$\int \sec^3 x\,dx$；

(9)$\int \frac{\ln\ \tan x}{\sin^2 x}dx$；　　(10)$\int \frac{x\arcsin x}{\sqrt{1-x^2}}dx$；

(11)$\int \cos\ \ln x\,dx$；　　(12)$\int e^x\ \sin^2 x\,dx$.

2. 求下列不定积分：

(1)$\int \sin\sqrt{x}\,dx$；　　(2)$\int \frac{\ln\ \ln x}{x}dx$；

(3)$\int \frac{\arccos x}{(1-x^2)^{\frac{3}{2}}}dx$；　　(4)$\int \frac{\arctan e^x}{e^x}dx$.

3. 已知$f(x)$的一个原函数为$\ln^2 x$.求$\int xf'(x)dx$.

第四节　简单有理式积分*

有理函数(或有理分式)是指两个多项式之比,即

$$R(x)=\frac{P(x)}{Q(x)}=\frac{a_0x^m+a_1x^{m-1}+\cdots+a_{m-1}x+a_m}{b_0x^n+b_1x^{n-1}+\cdots+b_{n-1}x+b_n},$$

其中m为正整数,n为非负整数,$a_0\neq 0$,$b_0\neq 0$, $P(x)$与$Q(x)$是不可约.当$n>m$时,$R(x)$叫作真分式;当$m\geqslant n$时,叫作假分式,可以用多项式除法把假分式化为一个多项式与一个真分式之和.例如

$$\frac{x^4-3}{x^2+2x-1}=x^2-2x+5-\frac{12x-2}{x^2+2x-1}.$$

对多项式部分可以逐项积分,因此对有理分式积分只讨论真分式的积分法.

一、化有理真分式为部分分式

由代数学可知,下述结论成立:

(1) n次实系数多项式$Q(x)=x^n+a_1a^{n-1}+\cdots+a_{n-1}x+a_n$总可以分解为一些实系数的一次因式与二次质因式的乘积,即总有

$$Q(x)=(x-a)^k\cdots(x-b)^t\,(x^2+px+q)^l\cdots(x^2+rx+s)^h.$$

其中$a,\cdots,b,p,q,\cdots,r,s$为常数,且$p^2-4q<0,\cdots,r^2-4s<0;k,\cdots,t,l,\cdots,h$为正整数.

(2) 如果$Q(x)$已分解为上述形式,则真分式$\frac{P(x)}{Q(x)}$可唯一地分解为如下形式的部分分式:

$$\begin{aligned}\frac{P(x)}{Q(x)}=&\frac{A_1}{x-a}+\frac{A_2}{(x-a)^2}+\cdots+\frac{A_k}{(x-a)^k}+\cdots\\&+\frac{B_1}{x-b}+\frac{B_2}{(x-b)^2}+\cdots+\frac{B_t}{(x-b)^t}\\&+\frac{C_1x+D_1}{x^2+px+q}+\frac{C_2x+D_2}{(x^2+px+q)^2}+\cdots+\frac{C_lx+D_l}{(x^2+px+q)^l}+\cdots\\&+\frac{E_1x+F_1}{x^2+rx+s}+\frac{E_2x+F_2}{(x^2+rx+s)^2}+\cdots+\frac{E_hx+F_h}{(x^2+px+q)^h}.\end{aligned}$$

其中$A_1,A_2,\cdots,A_k,B_1,B_2,\cdots,B_t,C_1,C_2,\cdots,C_l,D_1,D_2\cdots,D_l,E_1,E_2,\cdots,E_h,F_1,F_2,\cdots,F_h$都是常数.

例如,真分式$\frac{2x-1}{x^2-5x+6}=\frac{2x-1}{(x-3)(x-2)}=\frac{A}{x-3}+\frac{B}{x-2}$.

上面各式中的A,B称为待定系数、确定待定系数的方法通常有两种:一种方法是将分解式两端的分母消去,得到一个x的恒等式,比较恒等式两端x同次项的系数,可得出一组

线性方程,解这个方程组,即可求出待定系数;另一种方法是将两端的分母消去后,给 x 以适当的值代入恒等式,从而可得出一组线性方程,解此方程组,即可求出待定系数.

例 1 将真分式$\dfrac{2x-1}{x^2-5x+6}$分解为部分分式.

解 **方法一** 将等式$\dfrac{2x-1}{x^2-5x+6}=\dfrac{A}{x-3}+\dfrac{B}{x-2}$两端同乘以$(x-3)(x-2)$,得

$$2x-1=A(x-2)+B(x-3),\qquad 即\ 2x-1=(A+B)x-(2A+3B).$$

比较两端同次项系数,得

$$\begin{cases}A+B=2\\2A+3B=1\end{cases},$$

解方程组,得 $A=5,B=-3$.

方法二 对于上述恒等式 $2x-1=A(x-2)+B(x-3)$,令 $x=2$,得 $B=-3$;令 $x=3$,得 $A=5$.因此

$$\frac{2x-1}{x^2-5x+6}=\frac{5}{x-3}-\frac{3}{x-2}.$$

例 2 将$\dfrac{x^2+2x-1}{(x-1)(x^2-x+1)}$分解为部分分式.

解 设

$$\frac{x^2+2x-1}{(x-1)(x^2-x+1)}=\frac{A}{x-1}+\frac{Bx+C}{x^2-x+1}.$$

去分母,得 $x^2+2x-1=A(x^2-x+1)+(Bx+C)(x-1)$.

令 $x=1$,得 $A=2$;

令 $x=0$,得 $-1=A-C$,所以 $C=3$;

令 $x=2$,得 $7=3A+2B+C$,所以 $B=-1$.

因此

$$\frac{x^2+2x-1}{(x-1)(x^2-x+1)}=\frac{2}{x-1}-\frac{x-3}{x^2-x+1}.$$

例 3 将$\dfrac{x^2+1}{x(x-1)^2}$分解为部分分式.

解 设

$$\frac{x^2+1}{x(x-1)^2}=\frac{A}{x}+\frac{B}{x-1}+\frac{C}{(x-1)^2}.$$

去分母,得 $x^2+1=A(x-1)^2+Bx(x-1)+Cx$.

令 $x=0$,得 $A=1$;

令 $x=1$,得 $C=2$;

令 $x=2$,得 $5=A+2B+2C$,所以 $B=0$.

因此

$$\frac{x^2+1}{x(x-1)^2}=\frac{1}{x}+\frac{2}{(x-1)^2}.$$

二、有理真分式的积分

由有理真分式的分解可见，任何真分式的积分可以化为下面四类分式积分之一：

(1) $\int \frac{A}{x-a}\mathrm{d}x$；　　(2) $\int \frac{A}{(x-a)^m}\mathrm{d}x$；

(3) $\int \frac{Mx+N}{x^2+px+q}\mathrm{d}x$；　　(4) $\int \frac{Mx+N}{(x^2+px+q)^n}\mathrm{d}x$.

其中 A,M,N 和 a,p,q 都是常数，且 $p^2-4p<0$，m,n 为大于 1 的整数.

前两种积分可用凑微分法求出，即

$$\int \frac{A}{x-a}\mathrm{d}x = A\ln|x-a|+C,$$

$$\int \frac{A}{(x-a)^m}\mathrm{d}x = \frac{A}{(1-m)(x-a)^{m-1}}+C.$$

对于第(3)类积分，可用配方化简的方法求得，这里用下例说明.

例 4　求 $\int \frac{x+1}{x^2-2x+5}\mathrm{d}x$.

解

$$\begin{aligned}\int \frac{x+1}{x^2-2x+5}\mathrm{d}x &= \frac{1}{2}\int \frac{2x-2+4}{x^2-2x+5}\mathrm{d}x \\ &= \frac{1}{2}\int \frac{2x-2}{x^2-2x+5}\mathrm{d}x + 2\int \frac{\mathrm{d}x}{x^2-2x+5} \\ &= \frac{1}{2}\int \frac{\mathrm{d}(x^2-2x+5)}{x^2-2x+5} + 2\int \frac{\mathrm{d}(x-1)}{(x-1)^2+2^2} \\ &= \frac{1}{2}\ln(x^2-2x+5)+\arctan\frac{x-1}{2}+C.\end{aligned}$$

对于第(4)类积分，可通过递推公式查积分表确定，这里从略.

例 5　求 $\int \frac{2x-1}{x^2-5x+6}\mathrm{d}x$.

解　由例 1 的结果，有

$$\begin{aligned}\int \frac{2x-1}{x^2-5x+6}\mathrm{d}x &= \int\left(\frac{5}{x-3}-\frac{3}{x-2}\right)\mathrm{d}x = 5\int \frac{1}{x-3}\mathrm{d}x - 3\int \frac{1}{x-2}\mathrm{d}x \\ &= 5\ln|x-3|-3\ln|x-2|+C = \ln\left|\frac{(x-3)^5}{(x-2)^3}\right|+C.\end{aligned}$$

例 6　求 $\int \frac{x^2+1}{x(x-1)^2}\mathrm{d}x$.

解　由例 3 的结果，有

$$\begin{aligned}\int \frac{x^2+1}{x(x-1)^2}\mathrm{d}x &= \int\left[\frac{1}{x}+\frac{2}{(x-1)^2}\right]\mathrm{d}x = \int \frac{1}{x}\mathrm{d}x + \int \frac{2}{(x-1)^2}\mathrm{d}x \\ &= \ln|x| - \frac{2}{x-1}+C.\end{aligned}$$

综合上面的例题可以看出，有理函数的原函数都是初等函数，因此可以说有理函数的积分都是可以积得出来的.

还需指出的是,上面所讲的是有理分式积分的一般方法,实际计算较繁,因此解题时我们总是首先考虑别的更简便的方法.

例如,积分$\int \frac{x^2}{x^3+1}\mathrm{d}x$,直接用凑微分法更简便:

$$\int \frac{x^2}{x^3+1}\mathrm{d}x=\frac{1}{3}\int \frac{\mathrm{d}(x^3+1)}{x^3+1}=\frac{1}{3}\ln|x^3+1|+C.$$

有理函数的积分是一种常见的积分类型.由于有理函数的积分都是可以积得出来的,因此,有些函数的积分可以通过变量代换化成有理函数的积分进行求解. 如无理式积分$\int \frac{\sqrt{x}}{1+x}\mathrm{d}x$与$\int \frac{\mathrm{d}x}{1+\sqrt[3]{1+x}}$可以通过变换$\sqrt{x}=t$与$\sqrt[3]{1+x}=t$化为有理式积分.另外,一些三角有理式积分也可以通过三角变换化为有理式积分.

对三角有理式积分$\int R(\sin x,\cos x)\mathrm{d}x$ 作变换 $\tan\frac{x}{2}=t(-\pi<x<\pi)$,有

$$\sin x=\frac{2t}{1+t^2},\quad \cos x=\frac{1-t^2}{1+t^2},\quad \mathrm{d}x=\frac{2}{1+t^2}\mathrm{d}t.$$

将上式代入积分,得

$$\int R(\sin x,\cos x)\mathrm{d}x=\int R\left(\frac{2t}{1+t^2},\frac{1-t^2}{1+t^2}\right)\cdot\frac{2}{1+t^2}\mathrm{d}x.$$

这样就把三角有理式积分化成有理式积分.

例 7 求$\int \frac{\mathrm{d}x}{\cos x+2}$.

解 作变换 $\tan\frac{x}{2}=t(-\pi<x<\pi)$,则 $\cos x=\frac{1-t^2}{1+t^2}$,$\mathrm{d}x=\frac{2}{1+t^2}\mathrm{d}t$,于是

$$\int \frac{\mathrm{d}x}{\cos x+2}=\int \frac{1}{\frac{1-t^2}{1+t^2}+2}\cdot\frac{2}{1+t^2}\mathrm{d}t=\int \frac{2}{t^2+3}\mathrm{d}t$$

$$=\frac{2}{\sqrt{3}}\arctan\frac{t}{\sqrt{3}}+C=\frac{2}{\sqrt{3}}\arctan\left(\frac{1}{\sqrt{3}}\tan\frac{x}{2}\right)+C.$$

☞ 习题 5.4

求下列不定积分:

(1)$\int \frac{x^3}{x+3}\mathrm{d}x$;

(2)$\int \frac{2x+3}{x^2+3x-10}\mathrm{d}x$;

(3)$\int \frac{x}{(x+1)(x+2)(x+3)}\mathrm{d}x$;

(4)$\int \frac{x^2+1}{(x+1)^2(x-1)}\mathrm{d}x$;

(5)$\int \frac{1}{x(x^2+1)}\mathrm{d}x$;

(6)$\int \frac{1}{(x+1)^2(x^2+x)}\mathrm{d}x$;

(7)$\int \frac{\mathrm{d}x}{3+\cos x}$;

(8)$\int \frac{\mathrm{d}x}{2+\sin x}$.

总习题五

1. 填空题

(1) 设 $f'(\ln x)=1+2x$，则 $f(x)=$________.

(2) 若 $\int xf(x)\mathrm{d}x=x^2\mathrm{e}^x+C$，则 $\int \frac{\mathrm{e}^x}{f(x)}\mathrm{d}x=$________.

(3) 积分 $\int \frac{f'(\ln x)}{x\sqrt{f(\ln x)}}\mathrm{d}x=$________.

(4) 积分 $\int \frac{\ln \sin x}{\sin^2 x}\mathrm{d}x=$________.

(5) 积分 $\int xf''(x)\mathrm{d}x=$________.

(6) 设 $f(x)$ 的一个原函数为 $x\ln x$，则 $\int xf(x)\mathrm{d}x=$________.

(7) 若 $\int \frac{f'(\ln x)}{x}\mathrm{d}x=x^2+C$，则 $f(x)=$________.

(8) 积分 $\int \mathrm{e}^{-|x|}\mathrm{d}x=$________.

(9) 若 $F(x)$ 是 $\frac{\ln x}{x}$ 的一个原函数，则 $\mathrm{d}F(\sin x)=$________.

(10) 若 $f'(x)=\begin{cases}\mathrm{e}^x & x>0\\ x & x\leqslant 0\end{cases}$，且 $f(1)=2\mathrm{e}$，则 $f(x)=$________.

2. 单项选择题

(1) 若 $f(x)$ 的一个原函数为 $\frac{\ln x}{x}$，则 $\int xf'(x)\mathrm{d}x=$(　　).

(A) $\frac{\ln x}{x}+C$　　(B) $\frac{1+\ln x}{x^2}+C$

(C) $\frac{1}{x}+C$　　(D) $\frac{1}{x}-\frac{2\ln x}{x}+C$

(2) 已知 $\int f\left(\frac{1}{\sqrt{x}}\right)\mathrm{d}x=x^2+C$，则 $\int f(x)\mathrm{d}x=$(　　).

(A) $\frac{2}{\sqrt{x}}+C$　　(B) $-\frac{2}{\sqrt{x}}+C$　　(C) $-\frac{2}{x}+C$　　(D) $\frac{2}{x}+C$

(3) 若 $\int f(x)\mathrm{d}x=x^2\mathrm{e}^{2x}$，则 $f(x)=$(　　).

(A) $2x\mathrm{e}^{2x}$　　(B) $2x^2\mathrm{e}^{2x}$　　(C) $x\mathrm{e}^{2x}$　　(D) $2x\mathrm{e}^{2x}(1+x)$

(4) 设 $f'(x)=\sin x$，且 $f(0)=0$，则 $f(x)$ 的一个原函数为(　　).

(A) $1+\sin x$ (B) $1-\sin x$ (C) $1+\cos x$ (D) $1-\cos x$

(5) 若 $f'(\sin^2 x)=\cos^2 x$，则 $f(x)=($ $)$.

(A) $\sin x-\frac{1}{2}\sin^2 x+C$ (B) $x-\frac{1}{2}x^2+C$

(C) $\frac{1}{2}x^2-x+C$ (D) $\cos x-\sin x+C$

(6) 设 $f(x)=\sin|x|$，则 $f(x)$ 的原函数 $F(x)=($ $)$.

(A) $\cos x+C$ (B) $-\cos x+C$

(C) $\begin{cases}-\cos x+C_1 & x>0\\ \cos x+C_2 & x\leqslant 0\end{cases}$ (D) $\begin{cases}-\cos x+1+C & x\geqslant 0\\ \cos x+C-1 & x<0\end{cases}$

(7) 若 $\int f(x)\mathrm{d}x=F(x)+C, a\neq 0$，则 $\int f(b-ax)\mathrm{d}x=($ $)$.

(A) $F(b-ax)+C$ (B) $-\frac{1}{a}F(b-ax)+C$

(C) $aF(b-ax)+C$ (D) $\frac{1}{a}F(b-ax)+C$

(8) 设 $\int f(x)\mathrm{d}x=x^2+C$，则 $\int xf(-x^2)\mathrm{d}x=($ $)$.

(A) $\frac{1}{2}x^4+C$ (B) $-\frac{1}{2}x^4+C$

(C) x^4+C (D) $-x^4+C$

(9) 设 $\int f(x)\mathrm{d}x=F(x)+C$ 且 $x=t^2$，则 $\int f(t)\mathrm{d}t=($ $)$.

(A) $F(t)+C$ (B) $F(t^2)+C$ (C) $F(x)+C$ (D) $2tF(t^2)+C$

(10) 下列等式中，正确的是( ).

(A) $\int f'(x)\mathrm{d}x=f(x)$ (B) $\frac{\mathrm{d}}{\mathrm{d}x}\int f(x)\mathrm{d}x=f(x)+C$

(C) $\int \mathrm{d}f(x)=f(x)$ (D) $\mathrm{d}\int f(x)\mathrm{d}x=f(x)\mathrm{d}x$

3. 求下列积分：

(1) $\int \mathrm{e}^{\sin x}\sin 2x\,\mathrm{d}x$； (2) $\int \frac{\mathrm{d}x}{(2x^2+1)\sqrt{x^2+1}}$；

(3) $\int \sin\sqrt{x}\,\mathrm{d}x$； (4) $\int \frac{1+\ln x}{1+(x\ln x)^2}\mathrm{d}x$；

(5) $\int \frac{x\ln x}{(x^2+3)^2}\mathrm{d}x$； (6) $\int \frac{\sin\ln x}{x^2}\mathrm{d}x$.

4. 分别用变换 $x=\sec t, x=\frac{1}{t}, x=\sqrt{t^2+1}$，求积分 $\int \frac{1}{x\sqrt{x^2-1}}\mathrm{d}x$.

5. 设 $f(x)$ 的一个原函数为 $\frac{\sin x}{x}$. 求 $\int x^3 f'(x)\mathrm{d}x$.

6. 设 $\int xf(x)\mathrm{d}x=\arcsin x+C$. 求 $\int \frac{1}{f(x)}\mathrm{d}x$.

7. 设 $f'(\sin^2 x) = \cos 2x + 2\tan^2 x(0 < x < 1)$.求 $f(x)$.

8. 建立下列不定积分的递推公式(n 为正整数)：

(1)$I_n = \int x^n b^{ax}\,\mathrm{d}x\ (a \neq 0, b > 0, b \neq 1)$；

(2)$I_n = \int \tan^n x\,\mathrm{d}x$.

第六章　定积分

定积分是积分学的第二个基本问题.定积分概念是由计算平面图形的面积和变速直线运动的路程问题而产生的,它归结为特定结构的和式的极限,定积分具有广泛的实际应用,本章主要介绍定积分的概念、积分方法与定积分的应用.

第一节　定积分的概念与性质

定积分不论在理论上还是实际应用上,都有着十分重要的意义.本节在分析两个典型实例的基础上,引出定积分的概念,进而讨论其性质.

一、两个典型实例

定积分概念源于两个典型问题的研究:一个是平面图形的面积问题,另一个是变速直线运动的路程问题.

1. 曲边梯形的面积

在初等数学中,我们主要掌握了直边形及圆的面积的求法.对于矩形的面积,可以通过测量定义其面积等于长乘宽,三角形面积为矩形面积的一半,而多边形的面积可通过分割,切分成三角形面积之和,即直边图形的面积可以通过分割转化成矩形面积之和.而圆的面积视为圆内接正多边形面积在边数无限增多时的极限,即将圆的面积由多边形代替,通过极限实现由直到曲的转化.见图 6—1.

图 6—1　多边形与圆的面积的转化

这样来看，解决曲边图形的面积可以通过对图形分割，用矩形的面积之和代替曲边图形的面积，通过极限实现直边图形面积与曲边图形面积的转化，以此来求曲边图形的面积.

这里我们将研究任意平面曲线所围成的平面图形面积的计算.任意平面曲线所围成的平面图形面积的计算，依赖于曲边梯形的面积计算(可以转化成曲边梯形的面积).

在直角坐标系中，由连续曲线 $y=f(x)$，直线 $x=a$，$x=b$ 及 x 轴所围成的平面图形，叫作**曲边梯形**，如图 6—2 所示.

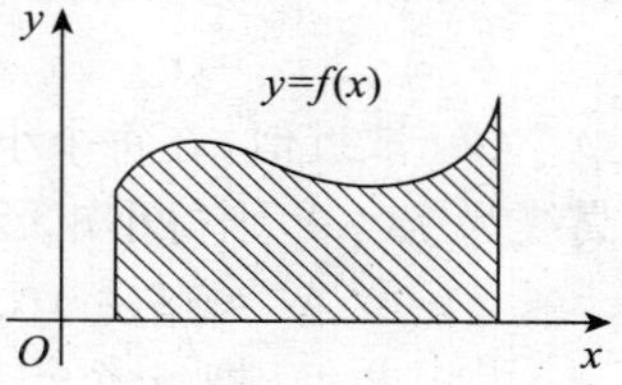

图 6—2

在讨论曲边梯形面积计算之前，我们先看一看如下问题中，由抛物线所围成的曲边图形面积的计算.

例 1 计算由抛物线 $y=x^2$、直线 $x=1$ 和 x 轴所围成的曲边图形 OAB 的面积 S①(图 6—3).

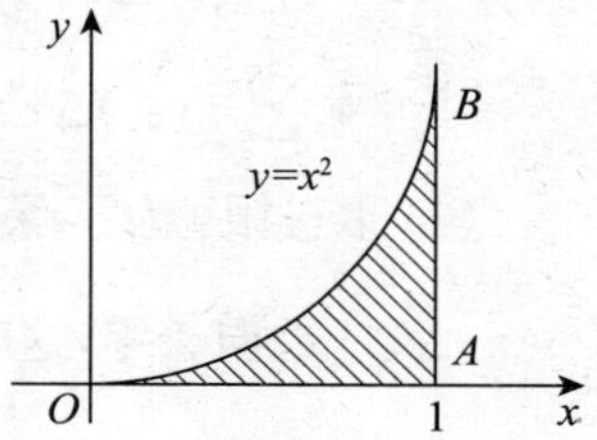

图 6—3

解 用下列各点 $0,\frac{1}{n},\frac{2}{n},\cdots,\frac{n-1}{n},1$ 把区间 $[0,1]$ 分成 n 个相等的小区间.则小阴影矩形面积的总和(图 6—4) 为

$$S_n=0\cdot\frac{1}{n}+\left(\frac{1}{n}\right)^2\cdot\frac{1}{n}+\left(\frac{2}{n}\right)^2\cdot\frac{1}{n}+\cdots+\left(\frac{n-1}{n}\right)^2\cdot\frac{1}{n}$$

$$=\frac{1}{n^3}[1^2+2^2+\cdots+(n-1)^2]$$

$$=\frac{1}{n^3}\cdot\frac{(n-1)n(2n-1)}{6}$$

$$=\frac{1}{3}\left(1-\frac{1}{n}\right)\left(1-\frac{1}{2n}\right).$$

该值可以作为曲边图形 OAB 面积的近似值，分点越多(n 越大)，则近似程度越高(图 6—4).若要得到精确值，则令 $n\to\infty$，取极限，得所求曲边图形的面积为

$$S=\lim_{n\to\infty}S_n=\lim_{n\to\infty}\frac{1}{3}\left(1-\frac{1}{n}\right)\left(1-\frac{1}{2n}\right)=\frac{1}{3}.$$

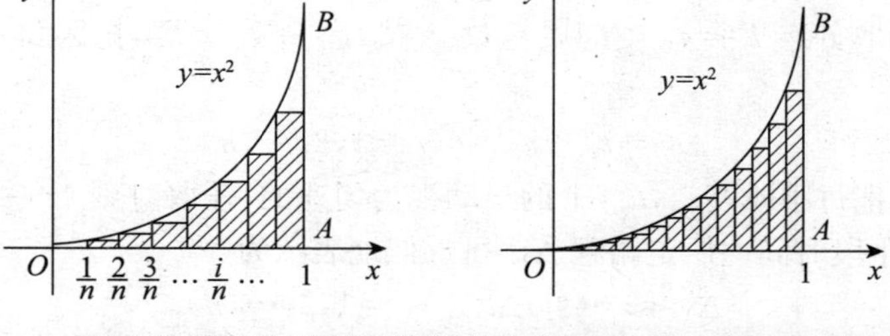

图 6—4 用矩形面积之和近似代替曲边图形面积且分割越细近似程度越高

现在讨论由曲线 $y=f(x)$(这里 $y=f(x)>0$)，直线 $x=a$，$x=b$ 和 x 轴所围成的曲边梯形的面积.如图 6—5 所示.

具体求解分为下述四步：

① 阿基米德曾用穷竭法计算过该曲边三角形的面积.

(1) 分割。任取分点 $a=x_0<x_1<x_2<\cdots<x_{n-1}<x_n=b$，把底边 $[a,b]$ 分成 n 个小区间 $[x_{i-1},x_i]$ $(i=1,2,\cdots,n)$.小区间长度记为

$$\Delta x_i=x_i-x_{i-1}\quad(i=1,2,\cdots,n).$$

(2) 取近似。在每个小区间 $[x_{i-1},x_i]$ 上任取一点 ξ_i，高线为 $f(\xi_i)$，则得小矩形面积 ΔA_i 的近似值为

$$\Delta A_i\approx f(\xi_i)\Delta x_i\quad(i=1,2,\cdots,n).$$

(3) 求和。把 n 个小矩形面积相加（即阶梯形的面积），就得到曲边梯形面积 A 的近似值：

$$A\approx f(\xi_1)\Delta x_1+f(\xi_2)\Delta x_2+\cdots+f(\xi_n)\Delta x_n=\sum_{i=1}^{n}f(\xi_i)\Delta x_i.$$

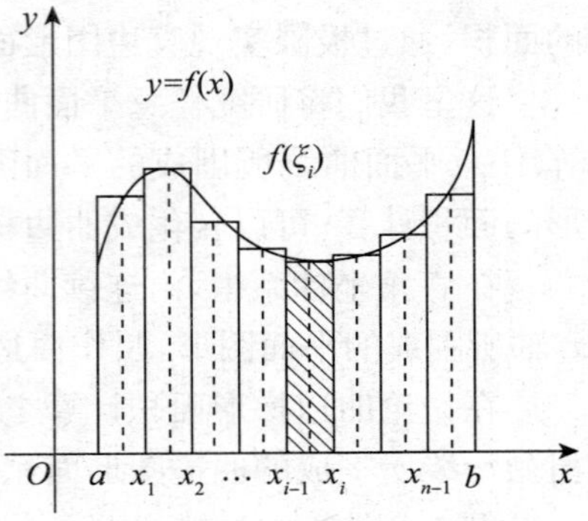

图 6—5

(4) 取极限。为了保证全部 Δx_i 都无限缩小，我们要求小区间长度中的最大值 $\lambda=\max\limits_{1\leqslant i\leqslant n}\{\Delta x_i\}$ 趋向于零，这时和式 $\sum\limits_{i=1}^{n}f(\xi_i)\Delta x_i$ 的极限就是曲边梯形面积 A 的精确值，即

$$A=\lim_{\lambda\to 0}\sum_{i=1}^{n}f(\xi_i)\Delta x_i.$$

曲边梯形面积的求解过程与辩证思想在于：通过分割化整体为部分，即将曲边梯形整体分割成部分小曲边梯形；在局部范围内，以直代曲；进行求和，将局部的小矩形面积相加得到曲边梯形面积的近似值，通过极限由**有限过渡到无限，将近似转化为精确**，求得曲边梯形的面积.

2. 变速直线运动的路程

设某物体做直线运动，已知速度 $v=v(t)$ 是时间间隔 $[T_1,T_2]$ 上的连续函数，且 $v(t)\geqslant 0$，要计算这段时间内所走的路程.

如果是匀速运动，则路程 $s=v\times(T_2-T_1)$；若 $v=v(t)$ 是变化的，路程就不能用初等方法求得了.

解决这个问题的思路和步骤与求解曲边梯形面积相类似：

(1) 分割。任取分点 $T_1=t_0<t_1<t_2<\cdots<t_{n-1}<t_n=T_2$，把区间 $[T_1,T_2]$ 分成 n 小段，每小段长为

$$\Delta t_i=t_i-t_{i-1}\quad(i=1,2,\cdots,n).$$

(2) 取近似。把每小段 $[t_{i-1},t_i]$ 上的运动视为匀速的，任取时刻 $\xi_i\in[t_{i-1},t_i]$，作乘积 $v(\xi_i)\Delta t_i$，显然这小段时间内所走路程 Δs_i 可近似地表示为

$$\Delta s_i\approx v(\xi_i)\Delta t_i\quad(i=1,2,\cdots,n).$$

(3) 求和。把 n 个小段时间内的路程相加，就得到总路程 s 的近似值，

$$s\approx\sum_{i=1}^{n}v(\xi_i)\Delta t_i.$$

(4) 取极限。取 $\lambda=\max\limits_{1\leqslant i\leqslant n}\{\Delta t_i\}$，当 $\lambda\to 0$ 时，上述总和的极限就是 s 的精确值，即

$$s=\lim_{\lambda\to 0}\sum_{i=1}^{n}v(\xi_i)\Delta t_i.$$

变速直线运动的路程问题的求解思想方法在于：整体进行分割，局部以匀代变，通过极

限由有限过渡到无限，将近似转化为精确，以此求得变速直线运动的路程.

曲边梯形的面积与变速直线运动的路程两个问题的实际意义虽然不同，但处理这两个问题所遇到的矛盾性质、解决问题的思想方法却完全相同.如果抽去其实际意义，其结果都归结为同一种数学结构的和式极限，对这种特定和式极限的研究就引出了定积分概念.

二、定积分的概念

定义 设函数 $y=f(x)$ 在$[a,b]$上有定义，用分点

$$a=x_0<x_1<\cdots<x_{n-1}<x_n=b$$

将区间$[a,b]$分成 n 个小区间$[x_{i-1},x_i](i=1,2,\cdots,n)$.记 $\Delta x_i=x_i-x_{i-1}$，再在每个小区间$[x_{i-1},x_i]$上任取一点 ξ_i，作乘积 $f(\xi_i)\Delta x_i$ 的和式 $\sum\limits_{i=1}^{n}f(\xi_i)\Delta x_i$（该和式称为黎曼①和）.取 $\lambda=\max\limits_{1\leqslant i\leqslant n}\{\Delta x_i\}$，如果 $\lambda\to 0$ 时该和式的极限存在（即这个极限与$[a,b]$的分割及点 ξ_i 的取法均无关），则称此极限值为函数 $f(x)$ 在区间$[a,b]$上的**定积分**，记为

$$\int_a^b f(x)\mathrm{d}x=\lim_{\lambda\to 0}\sum_{i=1}^{n}f(\xi_i)\Delta x_i.$$

其中称 $f(x)$ 为**被积函数**，$f(x)\mathrm{d}x$ 为**被积式**，x 为**积分变量**，$[a,b]$为**积分区间**，a,b 分别称为**积分下限和上限**，“$\int$”叫作**积分号**.

有了定积分的定义，前面两个实际问题可用定积分表示为：

曲边梯形面积 $A=\int_a^b f(x)\mathrm{d}x$；变速直线运动路程 $s=\int_{T_1}^{T_2}v(t)\mathrm{d}x$.

关于定积分的几点说明：

(1) 定积分表示一个数，它只取决于被积函数与积分上下限，而与积分变量采用什么字母无关，即

$$\int_a^b f(x)\mathrm{d}x=\int_a^b f(t)\mathrm{d}t=\int_a^b f(u)\mathrm{d}u.$$

(2) 定义中曾要求积分限 $a<b$，我们补充如下规定：

当 $a>b$ 时，$\int_a^b f(x)\mathrm{d}x=-\int_b^a f(x)\mathrm{d}x$.特别当 $a=b$ 时，$\int_a^b f(x)\mathrm{d}x=0$.

定积分可积条件如下：

(1) 若 $f(x)$ 在$[a,b]$上连续，则 $f(x)$ 在$[a,b]$上可积；

(2) 若 $f(x)$ 在$[a,b]$上有界，且只有有限多个间断点，则 $f(x)$ 在$[a,b]$上可积；

(3) 初等函数在定义区间内都是可积的.

三、定积分的几何意义

由前面的曲边梯形面积问题的讨论，不难看到定积分具有如下几何意义：

---

① 黎曼(Riemann，1826—1866)：德国数学家，被称为“具有创造性、积极的和真实的数学思想并具有广泛创新”的数学家，定积分的定义就是黎曼给出的，定积分定义中的和称为黎曼和，定积分又叫黎曼积分.黎曼还给出了积分存在的充要条件，黎曼关于几何和空间的广义概念在 50 年后，由爱因斯坦的相对论得以证明.

(1) 如果 $f(x) > 0$,则曲线 $y = f(x)$ 位于 x 轴之上,积分值为正,有

$$\int_a^b f(x)\mathrm{d}x = A.$$

A 为曲线 $y = f(x)$ 与 $x = a, x = b$ 及 x 轴所围成的曲边梯形的面积.如图 6—6(a) 所示.

(2) 如果 $f(x) \leqslant 0$,则曲线 $y = f(x)$ 位于 x 轴下方,积分值为负,有

$$\int_a^b f(x)\mathrm{d}x = -A.$$

即定积分等于曲边梯形面积 A 的负值.

(3) 如果 $f(x)$ 在$[a,b]$上有正有负,则积分值就等于曲线 $y = f(x)$ 在 x 轴上方部分与下方部分面积的代数和.如图 6—6(b) 所示,有

$$\int_a^b f(x)\mathrm{d}x = A_1 - A_2 + A_3.$$

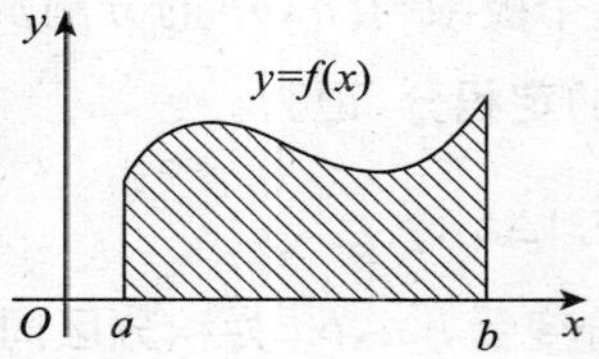

图 6—6(a)

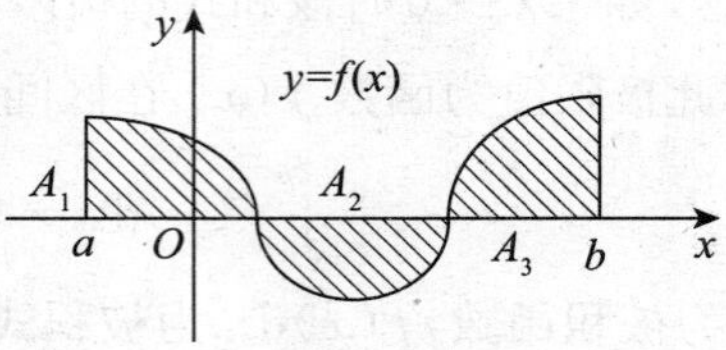

图 6—6(b)

四、定积分的性质

在下面定积分的性质讨论中,若不作说明,都假设所讨论的函数 $f(x)$ 与 $g(x)$ 在给定的区间上可积,在作几何解释时,假设所给的函数是非负的.

性质 1 被积函数的常数因子可提到积分号外面,即

$$\int_a^b kf(x)\mathrm{d}x = k\int_a^b f(x)\mathrm{d}x \quad (k \text{ 为常数}).$$

性质 2 函数的代数和的积分等于积分的代数和,即

$$\int_a^b [f(x) \pm g(x)]\mathrm{d}x = \int_a^b f(x)\mathrm{d}x \pm \int_a^b g(x)\mathrm{d}x.$$

性质 3(积分区间的分割性质) 若 $a < c < b$,则

$$\int_a^b f(x)\mathrm{d}x = \int_a^c f(x)\mathrm{d}x + \int_c^b f(x)\mathrm{d}x.$$

注 对于 a,b,c 三点的任何其他相对位置,上述性质仍成立,如 $a < b < c$,如图 6—7 所示,有

$$\int_a^c f(x)\mathrm{d}x = \int_a^b f(x)\mathrm{d}x + \int_b^c f(x)\mathrm{d}x = \int_a^b f(x)\mathrm{d}x - \int_c^b f(x)\mathrm{d}x.$$

因此,仍有

$$\int_a^b f(x)\mathrm{d}x = \int_a^c f(x)\mathrm{d}x + \int_c^b f(x)\mathrm{d}x.$$

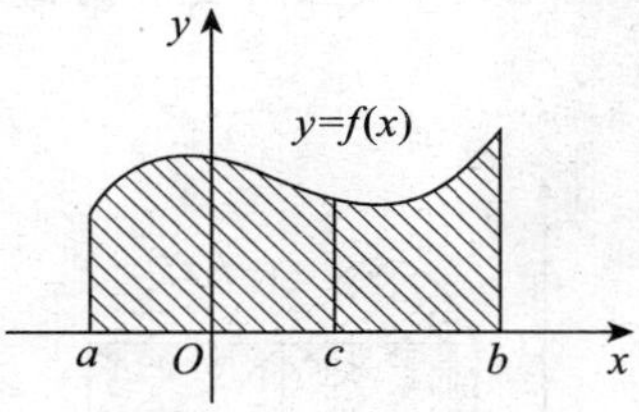

图 6—7

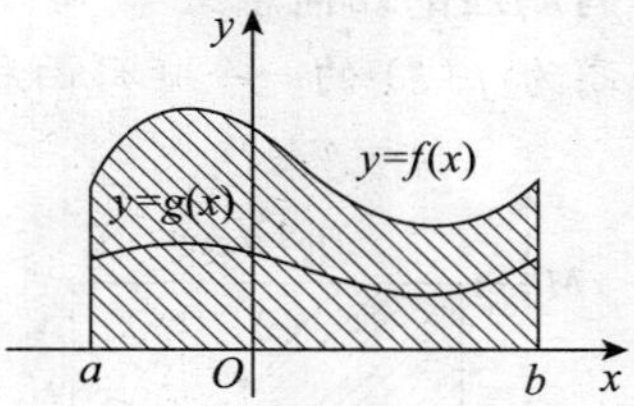

图 6—8

性质 4(积分的比较性质) 若在$[a,b]$上 $f(x)\geqslant g(x)$,则

$$\int_a^b f(x)\mathrm{d}x \geqslant \int_a^b g(x)\mathrm{d}x.$$

该性质的几何解释如图 6—8 所示.特别地,若在$[a,b]$上 $f(x)\geqslant 0$,则$\int_a^b f(x)\mathrm{d}x\geqslant 0$.

上述性质 1 ~ 4 均可由定积分的定义与极限的运算法则证得(从略).

性质 5 若 $f(x)$ 在$[a,b]$上可积,则$\left|\int_a^b f(x)\mathrm{d}x\right| \leqslant \int_a^b |f(x)|\mathrm{d}x$.

证 因为$-|f(x)|\leqslant f(x)\leqslant |f(x)|$,由性质 4 得

$$-\int_a^b |f(x)|\mathrm{d}x \leqslant \int_a^b f(x)\mathrm{d}x \leqslant \int_a^b |f(x)|\mathrm{d}x,$$

从而$\left|\int_a^b f(x)\mathrm{d}x\right| \leqslant \int_a^b |f(x)|\mathrm{d}x$.

性质 6(积分估值性质) 设 M 与 m 分别是 $f(x)$ 在$[a,b]$上的最大值与最小值,则

$$m(b-a)\leqslant \int_a^b f(x)\mathrm{d}x \leqslant M(b-a).$$

证 因为 M 与 m 分别是 $f(x)$ 在$[a,b]$上的最大值与最小值,所以有 $m\leqslant f(x)\leqslant M$. 由性质 4 得

$$\int_a^b m\mathrm{d}x \leqslant \int_a^b f(x)\mathrm{d}x \leqslant \int_a^b M\mathrm{d}x.$$

再将常数因子提出,并利用$\int_a^b \mathrm{d}x = b-a$ 即可得证(图 6—9).

性质 7(积分中值定理) 如果 $f(x)$ 在$[a,b]$上连续,则至少存在一点 $\xi\in[a,b]$,使得

$$\int_a^b f(x)\mathrm{d}x = f(\xi)(b-a).$$

证 将性质 6 中的不等式除以 $b-a$,得

$$m\leqslant \frac{1}{b-a}\int_a^b f(x)\mathrm{d}x \leqslant M.$$

设$\frac{1}{b-a}\int_a^b f(x)\mathrm{d}x=\mu$,即 $m\leqslant\mu\leqslant M$.

由于 $f(x)$ 为$[a,b]$区间上的连续函数,由介值定理可知.在$[a,b]$上至少有一点 ξ,使得 $f(\xi)=\mu$,即

$$\frac{1}{b-a}\int_a^b f(x)\mathrm{d}x = f(\xi),$$

也即$\int_a^b f(x)\mathrm{d}x = f(\xi)(b-a)$.

中值定理有明显的几何意义 曲线 $y=f(x)$ 在 $[a,b]$ 底上所围成的曲边梯形面积，等于同一底边而高为 $f(\xi)$ 的一个矩形面积(图 6—10).

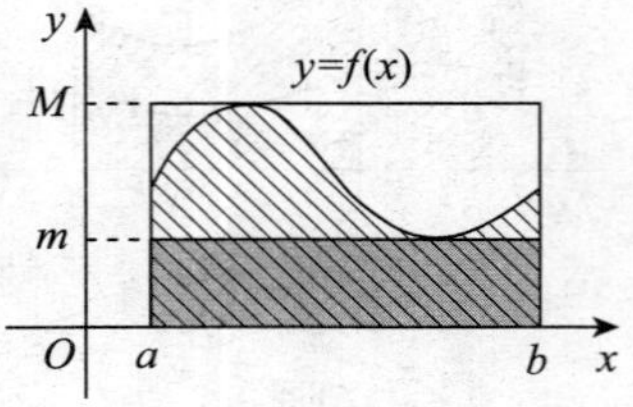

图 6—9

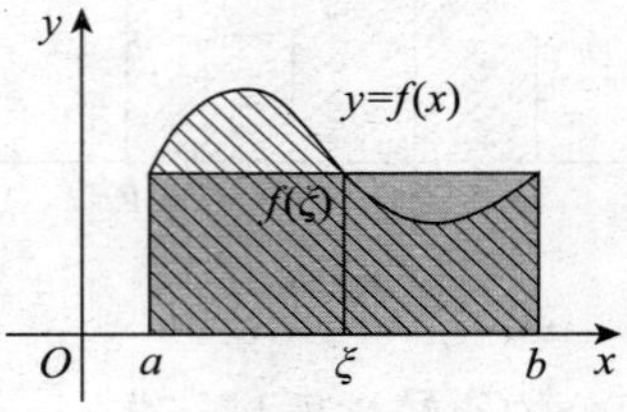

图 6—10

从几何角度容易看出，数值 $\mu=\dfrac{1}{b-a}\displaystyle\int_a^b f(x)\mathrm{d}x$ 表示连续曲线 $y=f(x)$ 在 $[a,b]$ 上的平均高度，也就是函数 $f(x)$ 在 $[a,b]$ 上的平均值，称积分 $\dfrac{1}{b-a}\displaystyle\int_a^b f(x)\mathrm{d}x$ 为函数 $f(x)$ 在 $[a,b]$ 上的**平均值**，这是有限个数平均值概念的推广.

例 2 估计定积分 $\displaystyle\int_{-1}^1 \mathrm{e}^{-x^2}\mathrm{d}x$ 的值.

解 先求 $f(x)=\mathrm{e}^{-x^2}$ 在 $[-1,1]$ 上的最大值和最小值.

因为 $f'(x)=-2x\mathrm{e}^{-x^2}$，令 $f'(x)=0$，得驻点 $x=0$. 比较 $f(x)$ 在驻点及区间端点处的函数值

$$f(0)=\mathrm{e}^0=1,\quad f(-1)=f(1)=\mathrm{e}^{-1}=\frac{1}{\mathrm{e}}.$$

故最大值 $M=1$，最小值 $m=\dfrac{1}{\mathrm{e}}$. 由估值性质得

$$\frac{2}{\mathrm{e}}\leqslant\int_{-1}^1 \mathrm{e}^{-x^2}\mathrm{d}x\leqslant 2.$$

例 3 求函数 $y=\sqrt{1-x^2}$ 在区间 $[-1,1]$ 上的平均值.

解 由平均值公式，函数 $y=\sqrt{1-x^2}$ 在区间 $[-1,1]$ 上的平均值为

$$\bar{y}=\frac{1}{1-(-1)}\int_{-1}^1\sqrt{1-x^2}\,\mathrm{d}x=\frac{1}{2}\int_{-1}^1\sqrt{1-x^2}\,\mathrm{d}x.$$

根据定积分的几何意义知，$\displaystyle\int_{-1}^1\sqrt{1-x^2}\,\mathrm{d}x$ 的值为上半圆 $y=\sqrt{1-x^2}$ 与 x 轴所围图形的面积，即 $\displaystyle\int_{-1}^1\sqrt{1-x^2}\,\mathrm{d}x=\frac{1}{2}\pi$，所以 $\bar{y}=\dfrac{1}{2}\displaystyle\int_{-1}^1\sqrt{1-x^2}\,\mathrm{d}x=\frac{\pi}{4}$.

☞ 习题 6.1

1. 利用定积分的定义，计算由抛物线 $y=x^2+1$，两直线 $x=1$，$x=2$ 及 x 轴所围成的图形的面积.

2. 利用定积分表示下列量：

(1) 由抛物线 $y=x^2$，直线 $y=2-x$ 及 x 轴所围成的曲边梯形的面积 A；

(2) 以 $v=2+t^2$ 为速度的直线运动质点，在时间间隔[0,3]内所走的路程 s.

3. 用定积分的几何意义求下列积分：

(1) $\int_0^1 |x-1|\mathrm{d}x$；　(2) $\int_0^1 \sqrt{1-x^2}\,\mathrm{d}x$；　(3) $\int_{-\pi}^{\pi} \sin x\,\mathrm{d}x$.

4. 证明定积分的性质：

(1) $\int_a^b kf(x)\mathrm{d}x = k\int_a^b f(x)\mathrm{d}x$ （k 为常数）；

(2) $\int_a^b \mathrm{d}x = b-a$.

5. 利用定积分的性质比较下列定积分的大小：

(1) $\int_0^1 x^2\mathrm{d}x$ 与 $\int_0^1 x^3\mathrm{d}x$；　(2) $\int_1^2 x^2\mathrm{d}x$ 与 $\int_1^2 x^3\mathrm{d}x$；

(3) $\int_3^4 \ln x\,\mathrm{d}x$ 与 $\int_3^4 \ln^2 x\,\mathrm{d}x$；　(4) $\int_0^1 \mathrm{e}^x\mathrm{d}x$ 与 $\int_0^1 \mathrm{e}^{-x^2}\mathrm{d}x$.

6. 估计下列定积分的值：

(1) $\int_1^4 (x^2+1)\mathrm{d}x$；　(2) $\int_{\frac{\pi}{4}}^{\frac{5\pi}{4}} (1+\sin^2 x)\mathrm{d}x$；

(3) $\int_{\frac{1}{\sqrt{3}}}^{\sqrt{3}} x\arctan x\,\mathrm{d}x$；　(4) $\int_{-1}^{2} \mathrm{e}^{-x^2}\mathrm{d}x$.

第二节　微积分基本公式

微积分基本公式是微积分中最重要的公式，微积分基本公式在定积分与原函数概念之间建立起了定量关系，为定积分计算找到了一条简捷的途径，并且在理论上架起了微分学与积分学沟通的桥梁.

一、原函数存在定理

设函数 $f(x)$ 在$[a,b]$上连续，$x\in[a,b]$. 现在考察 $f(x)$ 在区间$[a,x]$上的定积分 $\int_a^x f(x)\mathrm{d}x$. 但这种写法有一个不方便之处，就是 x 既表示积分上限，又表示积分变量，因为定积分与积分变量无关，所以，为避免混淆，我们把积分变量改写成 t，于是这个积分就写成了 $\int_a^x f(t)\mathrm{d}t$.

显然，当 x 在$[a,b]$上变动时，对应于每一个 x 值，积分 $\int_a^x f(t)\mathrm{d}t$ 就有一个确定的值，因此 $\int_a^x f(t)\mathrm{d}t$ 是定义在$[a,b]$上的变上限 x 的一个函数，记作 $\Phi(x)$，即

$$\Phi(x)=\int_a^x f(t)\mathrm{d}t \quad (a\leqslant x\leqslant b).$$

通常称函数 $\Phi(x)$ 为**变上限积分函数**或**变上限积分**，其几何意义如图 6—11 所示.

对于变上限积分函数，有如下重要定理.

定理 1(微积分基本定理)　如果函数 $f(x)$ 在区间 $[a,b]$ 上连续，则变上限积分函数 $\Phi(x)=\int_a^x f(t)\mathrm{d}t$ 在 $[a,b]$ 上可导，且其导数为

$$\Phi'(x)=\frac{\mathrm{d}}{\mathrm{d}x}\int_a^x f(t)\mathrm{d}t=f(x)\quad(a\leqslant x\leqslant b).$$

证　当上限 x 有改变量 Δx 时，相应地函数 $\Phi(x)$ 有改变量 $\Delta\Phi$.由图 6—12 知

$$\Delta\Phi=\Phi(x+\Delta x)-\Phi(x)=\int_x^{x+\Delta x}f(t)\mathrm{d}t.$$

由定积分中值定理，得 $\Delta\Phi=f(\xi)\Delta x$($\xi$ 在 x 及 $x+\Delta x$ 之间)，所以

$$\frac{\Delta\Phi}{\Delta x}=f(\xi).$$

再令 $\Delta x\to 0$，从而 $\xi\to x$.由 $f(x)$ 的连续性，得

$$\lim_{\Delta x\to 0}\frac{\Delta\Phi}{\Delta x}=\lim_{\xi\to x}f(\xi)=f(x),$$

即 $\Phi'(x)=f(x)$.

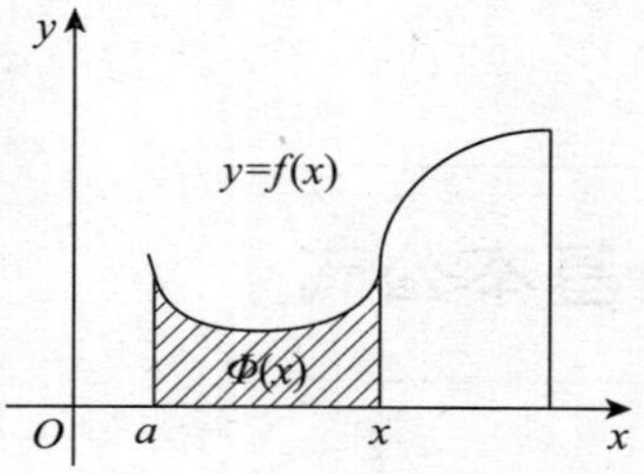

图 6—11

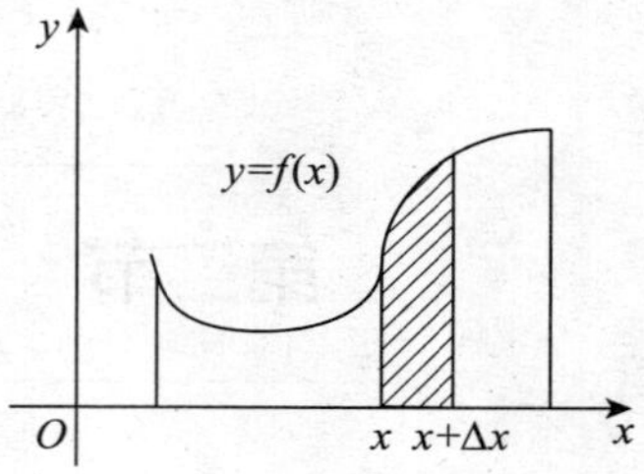

图 6—12

该定理揭示了导数与定积分之间的内在联系:求导数运算恰是求变上限定积分运算的逆运算，即对连续函数 $f(x)$ 取变上限 x 的定积分，然后求导，其结果还原为 $f(x)$ 本身.这样，由原函数的定义，可知变上限积分函数 $\Phi(x)$ 是 $f(x)$ 的一个原函数.

定理 2(原函数存在定理)　如果函数 $f(x)$ 在区间 $[a,b]$ 上连续，则变上限积分函数 $\Phi(x)=\int_a^x f(t)\mathrm{d}t$ 就是 $f(x)$ 在区间 $[a,b]$ 上的一个原函数.

这个定理的意义是:一方面肯定了连续函数的原函数是存在的，另一方面初步揭示了积分学中定积分与原函数之间的内在联系.

对应变上限积分函数还有变下限积分函数，对于变上(下)限积分函数也可以进行函数的复合，这样由变上限积分函数导数与复合函数求导法则有如下结论:

若函数 $\varphi(x)$，$\psi(x)$ 可微，函数 $f(x)$ 连续，则

(1) $\frac{\mathrm{d}}{\mathrm{d}x}\left[\int_x^a f(t)\mathrm{d}t\right]=\frac{\mathrm{d}}{\mathrm{d}x}\left[-\int_a^x f(t)\mathrm{d}t\right]=-f(x)$;

(2) $\frac{\mathrm{d}}{\mathrm{d}x}\left[\int_a^{\varphi(x)} f(t)\mathrm{d}t\right]=f[\varphi(x)]\varphi'(x)$;

(3) $\frac{\mathrm{d}}{\mathrm{d}x}\left[\int_{\psi(x)}^{\varphi(x)} f(t)\mathrm{d}t\right]=\frac{\mathrm{d}}{\mathrm{d}x}\left[\int_{\psi(x)}^{a} f(t)\mathrm{d}t+\int_{a}^{\varphi(x)} f(t)\mathrm{d}t\right]$

$$=f[\varphi(x)]\varphi'(x)-f[\psi(x)]\psi'(x).$$

例 1 求下列函数的导数：

(1)$\Phi(x)=\int_0^x \sin t^2\mathrm{d}t$；　　(2)$\Phi(x)=\int_a^{\mathrm{e}^x}\frac{\ln t}{t}\mathrm{d}t(a>0)$.

解 由变上限积分函数的导数，知：

(1) $\frac{\mathrm{d}}{\mathrm{d}x}\int_0^x \sin t^2\mathrm{d}t=\sin x^2$；

(2) $\frac{\mathrm{d}\Phi(x)}{\mathrm{d}x}=\frac{\ln \mathrm{e}^x}{\mathrm{e}^x}\cdot(\mathrm{e}^x)'=\frac{\ln \mathrm{e}^x}{\mathrm{e}^x}\cdot \mathrm{e}^x=x$.

例 2 求下列极限：

(1) $\lim\limits_{x\to 0}\frac{\int_0^x \mathrm{e}^{-t^2}\mathrm{d}t}{2x}$；　　(2) $\lim\limits_{x\to 0}\frac{\int_0^{x^2}\cos t^2\mathrm{d}t}{x\sin x}$.

解 (1) 极限为$\frac{0}{0}$型未定式.由洛必达法则，得

$$\lim_{x\to 0}\frac{\int_0^x \mathrm{e}^{-t^2}\mathrm{d}t}{2x}=\lim_{x\to 0}\frac{\mathrm{e}^{-x^2}}{2}=\frac{1}{2}.$$

(2) 极限为$\frac{0}{0}$型未定式.由 $\sin x\sim x(x\to 0)$ 与洛必达法则，得

$$\lim_{x\to 0}\frac{\int_0^{x^2}\cos t^2\mathrm{d}t}{x\sin x}=\lim_{x\to 0}\frac{\int_0^{x^2}\cos t^2\mathrm{d}t}{x^2}=\lim_{x\to 0}\frac{2x\cos x^4}{2x}=\lim_{x\to 0}\cos x^4=1.$$

二、微积分基本公式

设物体作变速直线运动，在时间间隔$[T_1,T_2]$内，物体运动所经过的路程可以由路程函数$s=s(t)$在区间$[T_1,T_2]$上的增量$s(T_2)-s(T_1)$来表达，另一方面，在时间间隔$[T_1,T_2]$内，物体运动所经过的路程也可以用定积分$\int_{T_1}^{T_2}v(t)\mathrm{d}t$表达.

由此可见，路程函数$s=s(t)$与速度函数$v=v(t)$之间有如下关系：

$$\int_{T_1}^{T_2}v(t)\mathrm{d}t=s(T_2)-s(T_1).$$

因为$s'(t)=v(t)$，即路程函数$s=s(t)$是速度函数$v=v(t)$的原函数，所以上式表明速度函数$v=v(t)$在区间$[T_1,T_2]$上的定积分等于$v=v(t)$的原函数$s=s(t)$在区间$[T_1,T_2]$上的增量$s(T_2)-s(T_1)$.如果抽去该问题的实际意义，一个函数在某一个区间上的定积分与其原函数在该区间上的增量的这种关系是否存在呢？答案是肯定的.

定理 3 设函数$f(x)$在闭区间$[a,b]$上连续，又$F(x)$是$f(x)$的一个原函数，则有

$$\int_a^b f(x)\mathrm{d}x=F(b)-F(a).$$

证 **方法一** 由原函数存在定理知，变上限积分$\Phi(x)=\int_a^x f(t)\mathrm{d}t$是$f(x)$的一个原函数，于是

$$\Phi(x)-F(x)=C_0 \quad (C_0 \text{为一常数}),$$

即

$$\int_a^x f(t)\mathrm{d}t=F(x)+C_0.$$

令$x=a$，代入上式，

$$\int_a^a f(t)\mathrm{d}t=F(a)+C_0,$$

得$C_0=-F(a)$.因此有

$$\int_a^x f(t)\mathrm{d}t=F(x)-F(a).$$

再令$x=b$，得所求积分为

$$\int_a^b f(t)\mathrm{d}t=F(b)-F(a).$$

由于积分值与积分变量的记号无关，仍用x表示积分变量，即得

$$\int_a^b f(x)\mathrm{d}x=F(b)-F(a),$$

其中$F'(x)=f(x)$.

方法二 在区间$[a,b]$内任意插入$n-1$个分点：

$$a=x_0<x_1<\cdots<x_n=b.$$

那么$[a,b]$被分割为n个子区间$[x_{k-1},x_k](k=1,2,\cdots,n)$.设$\Delta x_k=x_k-x_{k-1}$，由拉格朗日中值定理知，必存在$\xi_k\in(x_{k-1},x_k)$，使

$$F(x_k)-F(x_{k-1})=F'(\xi_k)\Delta x_k.$$

所以

$$F(b)-F(a)=\sum_{k=1}^n[F(x_k)-F(x_{k-1})]=\sum_{k=1}^n F'(\xi_k)\Delta x_k=\sum_{k=1}^n f(\xi_k)\Delta x_k.$$

在上式中令$\lambda=\max\limits_{1\leqslant k\leqslant n}\{\Delta x_k\}\to 0$，即得

$$F(b)-F(a)=\lim_{\lambda\to 0}\sum_{k=1}^n f(\xi_k)\Delta x_k=\int_a^b f(x)\mathrm{d}x.$$

公式$\int_a^b f(x)\mathrm{d}x=F(b)-F(a)$称为**微积分基本公式**，也称**牛顿①-莱布尼茨②公式**，该公

---

① 牛顿(Newton，1642—1727)：英国数学家、物理学家和哲学家.17世纪下半叶，在前人创造性研究的基础上，牛顿从物理学的角度研究微积分，他为了解决运动问题，创立了一种和物理概念直接联系的数学理论，即牛顿称之为"流数术"的理论，这实际上就是微积分理论.牛顿的有关"流数术"的主要著作是《求曲边形面积》、《运用无穷多项方程的计算法》和《流数术和无穷级数》、《自然哲学之数学原理》.牛顿对微积分的研究使用的是无穷小分析方法，他明确地讨论极限，并强调极限是微积分的最基本概念.

② 莱布尼茨(Leibniz，1646—1716)：德国数学家，他是从几何方面独立发现了微积分的.莱布尼茨创立微积分的途径与方法与牛顿是不同的.莱布尼茨是经过研究曲线的切线和曲线包围的面积，运用分析学方法引进微积分概念，得出运算法则的，既简洁又准确地揭示出微积分的实质，强有力地促进了变量数学的发展.莱布尼茨还被誉为数学史上最伟大的符号学家，他在1684年出版的《微积分教程》中建立了一套计算导数和积分的记号和规则，这些记号和规则被人们一直沿用至今.

牛顿、莱布尼茨是微积分的主要奠基人，他们从不同的角度提出了著名的微积分基本公式，使微分与积分构成一个整体.

式可叙述为：定积分的值等于其原函数在上、下限处值的差.

为计算方便，上述公式常记成下面的格式：

$$\int_a^b f(x)\mathrm{d}x = F(x)\Big|_a^b = F(b)-F(a).$$

导数与积分是微积分的主体和核心，不定积分与定积分是独立定义的，但在连续的条件下，微积分基本公式把定积分与原函数这两个本来似乎并不相干的概念之间建立起了定量关系，这不仅为定积分计算找到了一条简捷的途径，在理论上把微分学与积分学沟通了起来，同时它还将微分中值定理与积分中值定理沟通到一起(图 6—13).所以微积分基本公式是整个微积分中最重要的公式.

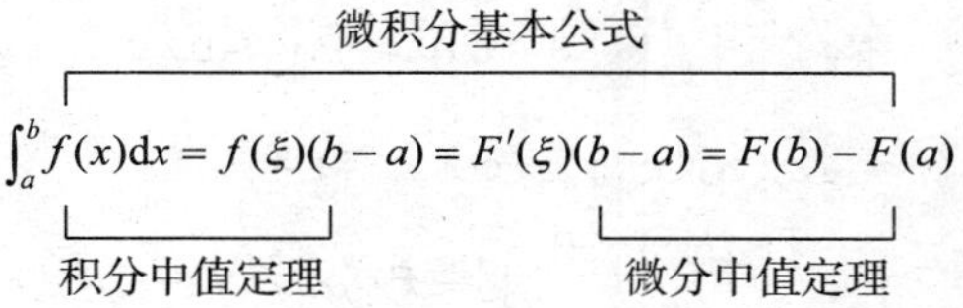

图 6—13

下面利用微积分基本公式求解一些简单函数的定积分.

例 3 求下列定积分：

(1) $\int_{-1}^1 3x^2\mathrm{d}x$； (2) $\int_0^\pi \cos x\mathrm{d}x$； (3) $\int_0^1 \frac{1}{1+x^2}\mathrm{d}x$.

解 (1) 因为$(x^3)'=3x^2$，所以 x^3 为 $3x^2$ 的原函数.由微积分基本公式，

$$\int_{-1}^1 3x^2\mathrm{d}x = x^3\Big|_{-1}^1 = 1^3-(-1)^3=2.$$

(2) 因为$(\sin x)'=\cos x$，所以 $\sin x$ 为 $\cos x$ 的原函数.由微积分基本公式，

$$\int_0^\pi \cos x\mathrm{d}x = \sin x\Big|_0^\pi = \sin\pi-\sin 0=0-0=0.$$

(3) 因为$(\arctan x)'=\frac{1}{1+x^2}$，所以 $\arctan x$ 为$\frac{1}{1+x^2}$ 的原函数.由微积分基本公式，

$$\int_0^1 \frac{1}{1+x^2}\mathrm{d}x = \arctan x\Big|_0^1 = \frac{\pi}{4}.$$

注意 如果函数在所讨论的区间上不满足可积条件，则微积分基本公式不能使用.例如，$\int_{-1}^1 \frac{1}{x^2}\mathrm{d}x$，按基本公式计算，有

$$\int_{-1}^1 \frac{1}{x^2}\mathrm{d}x = -\frac{1}{x}\Big|_{-1}^1 = -1-1=-2.$$

但这个做法是错误的，因为在区间$[-1,1]$上函数 $f(x)=\frac{1}{x^2}$ 在点 $x=0$ 处为无穷间断.

在利用微积分基本公式求积分时，经常要对被积函数进行恒等变形，然后利用定积分的性质计算积分.

例 4 求下列定积分：

(1) $\int_0^1 \frac{x^2}{1+x^2}\mathrm{d}x$； (2) $\int_0^{\frac{\pi}{2}} \sin^2\frac{x}{2}\mathrm{d}x$； (3) $\int_{-\pi}^\pi \sqrt{1-\cos 2x}\,\mathrm{d}x$.

解 (1) $\int_0^1 \frac{x^2}{1+x^2}dx = \int_0^1 \frac{x^2+1-1}{1+x^2}dx = \int_0^1 \left(1-\frac{1}{1+x^2}\right)dx$

$$=(x-\arctan x)\Big|_0^1 = 1-\frac{\pi}{4}.$$

(2) $\int_0^{\frac{\pi}{2}} \sin^2\frac{x}{2}dx = \int_0^{\frac{\pi}{2}} \frac{1-\cos x}{2}dx = \frac{1}{2}\int_0^{\frac{\pi}{2}}(1-\cos x)dx$

$$=\frac{1}{2}\left(\int_0^{\frac{\pi}{2}}dx - \int_0^{\frac{\pi}{2}}\cos x dx\right) = \frac{1}{2}(x-\sin x)\Big|_0^{\frac{\pi}{2}} = \frac{1}{2}\left(\frac{\pi}{2}-1\right).$$

(3) $\int_{-\pi}^{\pi}\sqrt{1-\cos 2x}\,dx = \int_{-\pi}^{\pi}\sqrt{2\sin^2 x}\,dx = \sqrt{2}\int_{-\pi}^{\pi}|\sin x|dx$

$$=\sqrt{2}\left[\int_{-\pi}^{0}(-\sin x)dx + \int_0^{\pi}\sin x dx\right]$$

$$=\sqrt{2}\left(\cos x\Big|_{-\pi}^{0} - \cos x\Big|_0^{\pi}\right) = 4\sqrt{2}.$$

例 5 设 $f(x)=\begin{cases}e^x & -1\leqslant x<0\\ x^2 & 0\leqslant x\leqslant 2\end{cases}$.求定积分$\int_{-1}^{2}f(x)dx$.

解 $\int_{-1}^{2}f(x)dx = \int_{-1}^{0}f(x)dx + \int_0^2 f(x)dx$

$$=\int_{-1}^{0}e^x dx + \int_0^2 x^2 dx = e^x\Big|_{-1}^{0} + \frac{x^3}{3}\Big|_0^2 = \frac{11}{3}-\frac{1}{e}.$$

说明在积分$\int_{-1}^{0}f(x)dx$ 中,为了应用微积分基本公式,补充定义 $f(0)=1$,使得函数 $f(x)$ 在区间$[-1,0]$上连续,而题中 $f(0)=0$,这并不改变所求的积分值.事实上,改变被积函数在有限个点上的函数值都不会改变积分值.

☞ 习题 6.2

1. 求下列函数的导数:

(1)$\Phi(x)=\int_0^x \cos(1+t^2)dt$; (2)$\Phi(x)=\int_x^0 \sqrt{1+t^4}\,dt$;

(3)$\Phi(x)=\int_0^{x^3} t\sqrt{1+t}\,dt$; (4)$\Phi(x)=\int_{x^2}^{\sin x}\sin t^2 dt$.

2. 求下列极限:

(1) $\lim\limits_{x\to 0}\frac{\int_0^x \cos t^2 dt}{x}$; (2) $\lim\limits_{x\to 0}\frac{1}{2x}\int_0^{\sin x} e^{-t^2}dt$;

(3) $\lim\limits_{x\to 0}\frac{\int_0^x (1+\sin 2t)^{\frac{1}{t}}dt}{\sin x}$; (4) $\lim\limits_{x\to 0^+}\frac{\int_0^{x^2} t^{\frac{3}{2}}dt}{\int_0^x t(t-\sin t)dt}$.

3. 求由方程$\int_0^y e^{-t^2}dt + \int_0^x \cos t^2 dt = 0$ 所确定的函数 $y=y(x)$ 的导数$\frac{dy}{dx}$.

4. 计算下列定积分：

(1) $\int_0^1 (3x^2-x+1)\mathrm{d}x$；　　(2) $\int_1^2 \left(x^2+\frac{1}{x^4}\right)\mathrm{d}x$；

(3) $\int_4^9 \sqrt{x}(1+\sqrt{x})\mathrm{d}x$；　　(4) $\int_0^{\frac{1}{2}} \frac{1}{\sqrt{1-x^2}}\mathrm{d}x$；

(5) $\int_0^{\frac{\pi}{4}} \tan^2 x\mathrm{d}x$；　　(6) $\int_0^{\frac{\pi}{2}} \cos^2\frac{x}{2}\mathrm{d}x$；

(7) $\int_0^{2\pi} |\sin x|\mathrm{d}x$；　　(8) $\int_a^b x|x|\mathrm{d}x(a<b)$.

5. 设函数 $f(x)=\begin{cases} x+1 & x\leqslant 1 \\ \frac{x^2}{2} & x>1 \end{cases}$.求定积分$\int_0^2 f(x)\mathrm{d}x$.

6. 设 $f(x)=\begin{cases} \mathrm{e}^{-x} & 0\leqslant x\leqslant 1 \\ 2x & 1<x\leqslant 2 \end{cases}$.求 $F(x)=\int_0^x f(t)\mathrm{d}t$ 在$[0,2]$上的表达式.

第三节　定积分的计算

由微积分基本公式可以把定积分的计算问题归结为求原函数问题.不定积分的换元积分法和分部积分法是求原函数的最主要方法，对比不定积分的换元积分法和分部积分法可推出定积分的对应方法.

一、定积分的换元积分法

定理 1　设 $f(x)$ 在$[a,b]$上连续，函数 $x=\varphi(t)$ 满足下列条件：

(1)$x=\varphi(t)$ 在区间$[\alpha,\beta]$上有连续导数；

(2)$\varphi(a)=\alpha,\varphi(b)=\beta$，且当 t 在$[\alpha,\beta]$上变化时，$x=\varphi(t)$ 的值在区间$[a,b]$上变化，则有换元公式：

$$\int_a^b f(x)\mathrm{d}x=\int_\alpha^\beta f[\varphi(t)]\varphi'(t)\mathrm{d}t.$$

证　因为 $f(x)$ 在$[a,b]$上连续，故存在原函数，设 $F(x)$ 是 $f(x)$ 的一个原函数，则有

$$\int_a^b f(x)\mathrm{d}x=F(b)-F(a).$$

又 $F[\varphi(x)]$ 是 $f[\varphi(t)]\varphi'(t)$ 的一个原函数，故

$$\int_\alpha^\beta f[\varphi(t)]\varphi'(t)\mathrm{d}t=F[\varphi(t)]\Big|_\alpha^\beta=F[\varphi(\beta)]-F[\varphi(\alpha)]=F(b)-F(a).$$

即

$$\int_a^b f(x)\mathrm{d}x=\int_\alpha^\beta f[\varphi(t)]\varphi'(t)\mathrm{d}t.$$

需要说明的是：① 定理 1 中的两个条件是为了保证两端的被积函数在相应区间上连续，从而可积.使用定理时只要 $x=\varphi(t)$ 在区间 $[a,b]$ 上单调且有连续的导数即可.② 在换元积分时，不仅定积分的表达式要变换，积分上下限也要随之更换，（原）上限对（新）上限，（原）下限对（新）下限.

例 1 计算下列定积分：

(1) $\int_0^{\frac{\pi}{2}} \frac{\cos x}{1+\sin^2 x}\mathrm{d}x$； (2) $\int_1^{\mathrm{e}} \frac{1}{x\sqrt{1+2\ln x}}\mathrm{d}x$.

解 (1) $\int_0^{\frac{\pi}{2}} \frac{\cos x}{1+\sin^2 x}\mathrm{d}x=\int_0^{\frac{\pi}{2}} \frac{1}{1+\sin^2 x}\mathrm{d}\sin x \xlongequal{\sin x=t} \int_0^1 \frac{1}{1+t^2}\mathrm{d}t=\arctan t\Big|_0^1=\frac{\pi}{4}$.

(2) $$\int_1^{\mathrm{e}} \frac{1}{x\sqrt{1+2\ln x}}\mathrm{d}x=\frac{1}{2}\int_1^{\mathrm{e}} \frac{1}{\sqrt{1+2\ln x}}\mathrm{d}(1+2\ln x)$$

$$\xlongequal{1+2\ln x=t} \frac{1}{2}\int_1^3 \frac{1}{\sqrt{t}}\mathrm{d}t=\sqrt{t}\Big|_1^3=\sqrt{3}-1.$$

需要说明的是，在不进行代换的前提下（不引入新的积分变量），可以利用凑微分法和基本公式直接求定积分.即

$$\int_a^b f[\varphi(x)]\varphi'(x)\mathrm{d}x=\int_a^b f[\varphi(x)]\mathrm{d}\varphi(x)=F[\varphi(x)]\Big|_a^b=F[\varphi(b)]-F[\varphi(a)].$$

例 2 计算 $\int_0^{\frac{\pi}{4}} \frac{\sin\arctan x}{1+x^2}\mathrm{d}x$.

解 换元后，再计算

$$\int_0^{\frac{\pi}{4}} \frac{\sin\arctan x}{1+x^2}x=\int_0^{\frac{\pi}{4}} \sin\arctan x\,\mathrm{d}\arctan x$$

$$\xlongequal{\arctan x=t} \int_0^1 \sin t\,\mathrm{d}t=-\cos t\Big|_0^1=1-\cos 1.$$

不换元，直接计算

$$\int_0^{\frac{\pi}{4}} \frac{\sin\arctan x}{1+x^2}\mathrm{d}x=\int_0^{\frac{\pi}{4}} \sin\arctan x\,\mathrm{d}\arctan x$$

$$=-\cos\arctan x\Big|_0^{\frac{\pi}{4}}=1-\cos 1.$$

例 3 计算下列定积分：

(1) $\int_0^3 \frac{x^2}{\sqrt{1+x}}\mathrm{d}x$； (2) $\int_0^8 \frac{\mathrm{d}x}{1+\sqrt[3]{x}}$； (3) $\int_a^{2a} \frac{\sqrt{x^2-a^2}}{x^4}\mathrm{d}x\ (a>0)$.

解 (1) 令 $x=t^2-1$，则 $\mathrm{d}x=2t\mathrm{d}t$.当 $x=0$ 时，$t=1$；当 $x=3$ 时，$t=2$.于是

$$\int_0^3 \frac{x^2}{\sqrt{1+x}}\mathrm{d}x=\int_1^2 \frac{(t^2-1)^2}{t}2t\mathrm{d}t=2\int_1^2 (t^4-2t^2+1)\mathrm{d}t=\frac{76}{15}.$$

(2) 令 $x=t^3$，则 $\mathrm{d}x=3t^2\mathrm{d}t$.当 $x=0$ 时，$t=0$；当 $x=8$ 时，$t=2$.于是

$$\int_0^8 \frac{\mathrm{d}x}{1+\sqrt[3]{x}}=\int_0^2 \frac{3t^2}{1+t}\mathrm{d}t=3\left[\frac{t^2}{2}-t+\ln(1+t)\right]\Big|_0^2=3\ln 3.$$

(3) 设 $x=a\sec t$，则 $\mathrm{d}x=a\sec t\tan t\,\mathrm{d}t$.当 $x=a$ 时，$t=0$ 时；当 $x=2a$ 时，$t=\frac{\pi}{3}$.于是

$$\int_a^{2a}\frac{\sqrt{x^2-a^2}}{x^4}\mathrm{d}x=\int_0^{\frac{\pi}{3}}\frac{a\tan t}{a^4\sec^4 t}a\sec t\tan t\,\mathrm{d}t=\int_0^{\frac{\pi}{3}}\frac{1}{a^2}\sin^2 t\cos t\,\mathrm{d}t$$

$$=\frac{1}{a^2}\int_0^{\frac{\pi}{3}}\sin^2 t\,\mathrm{d}\sin t=\frac{1}{a^2}\cdot\frac{\sin^3 t}{3}\bigg|_0^{\frac{\pi}{3}}=\frac{\sqrt{3}}{8a^2}.$$

下面利用定积分的换元法,来推证一些有用的结论.

例 4 设 $f(x)$ 在对称区间$[-a,a]$上连续,试证明:

(1) 当 $f(x)$ 为偶函数时,$\int_{-a}^{a}f(x)\mathrm{d}x=2\int_0^a f(x)\mathrm{d}x$;

(2) 当 $f(x)$ 为奇函数时,$\int_{-a}^{a}f(x)\mathrm{d}x=0$.

证 因为

$$\int_{-a}^{a}f(x)\mathrm{d}x=\int_{-a}^{0}f(x)\mathrm{d}x+\int_0^a f(x)\mathrm{d}x.$$

对积分$\int_{-a}^{0}f(x)x$ 作变量代换 $x=-t$,由定积分换元法,得

$$\int_{-a}^{0}f(x)\mathrm{d}x=-\int_a^0 f(-t)\mathrm{d}t=\int_0^a f(-t)\mathrm{d}t=\int_0^a f(-x)\mathrm{d}x.$$

于是

$$\int_{-a}^{a}f(x)\mathrm{d}x=\int_0^a f(-x)\mathrm{d}x+\int_0^a f(x)\mathrm{d}x=\int_0^a[f(-x)+f(x)]\mathrm{d}x.$$

(1) 若 $f(x)$ 为偶函数,即 $f(-x)=f(x)$,由上式得$\int_{-a}^{a}f(x)\mathrm{d}x=2\int_0^a f(x)\mathrm{d}x$.

(2) 若 $f(x)$ 为奇函数,即 $f(-x)=-f(x)$,由上式有 $\int_{-a}^{a}f(x)\mathrm{d}x=0$.

利用这个结果,奇、偶函数在对称区间上的积分计算可以得到简化,甚至不经计算即可得出结果,如$\int_{-1}^{1}x^3\cos x\,\mathrm{d}x=0$.

例 5 设函数 $f(x)$ 在区间$[0,1]$上连续,试证明

$$\int_0^{\frac{\pi}{2}}f(\sin x)\mathrm{d}x=\int_0^{\frac{\pi}{2}}f(\cos x)\mathrm{d}x.$$

证 令 $x=\frac{\pi}{2}-t$,则 $\mathrm{d}x=-\mathrm{d}t$.当 $x=0$ 时,$t=\frac{\pi}{2}$;当 $x=\frac{\pi}{2}$ 时,$t=0$.于是

$$\int_0^{\frac{\pi}{2}}f(\sin x)\mathrm{d}x=-\int_{\frac{\pi}{2}}^{0}f\left[\sin\left(\frac{\pi}{2}-t\right)\right]\mathrm{d}t=\int_0^{\frac{\pi}{2}}f(\cos t)\mathrm{d}t=\int_0^{\frac{\pi}{2}}f(\cos x)\mathrm{d}x.$$

特别地,$\int_0^{\frac{\pi}{2}}\sin^n x\,\mathrm{d}x=\int_0^{\frac{\pi}{2}}\cos^n x\,\mathrm{d}x$($n$ 为正整数).

二、定积分的分部积分法

与不定积分的分部积分法类似,定积分的分部积分法有如下定理.

定理 2 设函数 $u=u(x)$ 与 $v=v(x)$ 在区间$[a,b]$上有连续的导数,则

$$\int_a^b uv'\mathrm{d}x=uv\Big|_a^b-\int_a^b vu'\mathrm{d}x \quad 或 \quad \int_a^b u\mathrm{d}v=uv\Big|_a^b-\int_a^b v\mathrm{d}u$$

分部积分公式可以将积分$\int_a^b u\mathrm{d}v$ 的计算转化为积分$\int_a^b v\mathrm{d}u$ 的计算.当后面这个积分较容易求时,分部积分公式就起到了化难为易的作用.定积分的分部积分法使用的过程如下:

$$\int_a^b uv'\mathrm{d}x \xlongequal{\text{凑微分}} \int_a^b u\mathrm{d}v \xlongequal{\text{用公式}} uv\Big|_a^b - \int_a^b vu'\mathrm{d}x.$$

例 6 计算下列定积分:

(1) $\int_1^4 \frac{\ln x}{\sqrt{x}}\mathrm{d}x$; (2) $\int_0^{\frac{\pi}{2}} x^2\sin x\mathrm{d}x$;

(3) $\int_0^{\frac{1}{2}} \arcsin x\mathrm{d}x$; (4) $\int_0^1 \mathrm{e}^{\sqrt{x}}\mathrm{d}x$.

解 (1) $\int_1^4 \frac{\ln x}{\sqrt{x}}\mathrm{d}x = 2\int_1^4 \ln x\mathrm{d}\sqrt{x} = 2\left(\sqrt{x}\ln x\Big|_1^4 - \int_1^4 \sqrt{x}\cdot\frac{1}{x}\mathrm{d}x\right)$

$$= 2(2\ln 4 - 2\sqrt{x}\,|_1^4) = 4(2\ln 2 - 1).$$

(2) $\int_0^{\frac{\pi}{2}} x^2\sin x\mathrm{d}x = -\int_0^{\frac{\pi}{2}} x^2\mathrm{d}\cos x = -x^2\cos x\Big|_0^{\frac{\pi}{2}} + 2\int_0^{\frac{\pi}{2}} x\cos x\mathrm{d}x$

$$= 0 + 2\int_0^{\frac{\pi}{2}} x\mathrm{d}\sin x = 2x\sin x\Big|_0^{\frac{\pi}{2}} - 2\int_0^{\frac{\pi}{2}}\sin x\mathrm{d}x$$

$$= \pi + 2\cos x\Big|_0^{\frac{\pi}{2}} = \pi - 2.$$

(3) $\int_0^{\frac{1}{2}} \arcsin x\mathrm{d}x = x\arcsin x\Big|_0^{\frac{1}{2}} - \int_0^{\frac{1}{2}} x\cdot\frac{1}{\sqrt{1-x^2}}\mathrm{d}x$

$$= \frac{1}{2}\cdot\frac{\pi}{6} - \left(-\sqrt{1-x^2}\right)\Big|_0^{\frac{1}{2}} = \frac{\pi}{12} + \frac{\sqrt{3}}{2} - 1.$$

(4) $\int_0^1 \mathrm{e}^{\sqrt{x}}\mathrm{d}x \xlongequal{\sqrt{x}=t} 2\int_0^1 t\mathrm{e}^t\mathrm{d}t = 2\int_0^1 t\mathrm{d}(\mathrm{e}^t) = 2t\mathrm{e}^t\Big|_0^1 - 2\int_0^1 \mathrm{e}^t\mathrm{d}t = 2\mathrm{e} - 2\mathrm{e}^t\Big|_0^1 = 2.$

例 7 计算 $I_n = \int_0^{\frac{\pi}{2}} \sin^n x\mathrm{d}x$($n$ 为正整数).

解 当 $n=0$ 时,$I_0 = \int_0^{\frac{\pi}{2}}\mathrm{d}x = \frac{\pi}{2}$.

当 $n=1$ 时,$I_1 = \int_0^{\frac{\pi}{2}}\sin x\mathrm{d}x = -\cos x\Big|_0^{\frac{\pi}{2}} = 1$.

当 $n\geqslant 2$ 时,用分部积分法,得

$$I_n = \int_0^{\frac{\pi}{2}}\sin^n x\mathrm{d}x = -\int_0^{\frac{\pi}{2}}\sin^{n-1}x\mathrm{d}\cos x = -\sin^{n-1}x\cos x\Big|_0^{\frac{\pi}{2}} + \int_0^{\frac{\pi}{2}}\cos x\mathrm{d}\sin^{n-1}x$$

$$= (n-1)\int_0^{\frac{\pi}{2}}\cos x\sin^{n-2}x\cos x\mathrm{d}x = (n-1)\int_0^{\frac{\pi}{2}}(1-\sin^2 x)\sin^{n-2}x\mathrm{d}x$$

$$= (n-1)\int_0^{\frac{\pi}{2}}(\sin^{n-2}x - \sin^n x)\mathrm{d}x.$$

即

$$I_n = (n-1)I_{n-2} - (n-1)I_n.$$

移项得 $I_n=\dfrac{n-1}{n}I_{n-2}$，这个公式叫递推公式，重复应用这一公式，得到

$$I_{n-2}=\frac{n-3}{n-2}I_{n-4},\quad I_{n-4}=\frac{n-5}{n-4}I_{n-6},\cdots.$$

这样，每用一次递推公式，n 减少 2，继续下去最后减至 $I_0=\dfrac{\pi}{2}$（n 为偶数）或 $I_1=1$（n 为奇数）.最后得到：

（1）当 n 为偶数时，$I_n=\dfrac{n-1}{n}\cdot\dfrac{n-3}{n-2}\cdot\cdots\cdot\dfrac{3}{4}\cdot\dfrac{1}{2}\cdot\dfrac{\pi}{2}$；

（2）当 n 为奇数时，$I_n=\dfrac{n-1}{n}\cdot\dfrac{n-3}{n-2}\cdot\cdots\cdot\dfrac{4}{5}\cdot\dfrac{2}{3}\cdot 1$.

例如，$\displaystyle\int_0^{\frac{\pi}{2}}\sin^5 x\,\mathrm{d}x=\frac{4}{5}\cdot\frac{2}{3}=\frac{8}{15}$.

☞ 习题 6.3

1. 计算下列定积分：

(1) $\displaystyle\int_0^{\frac{\pi}{2}}\sin x\cos^3 x\,\mathrm{d}x$；　　(2) $\displaystyle\int_0^{\pi}(1-\sin^3 x)\,\mathrm{d}x$；

(3) $\displaystyle\int_0^1\frac{\arctan x^2}{1+x^2}\mathrm{d}x$；　　(4) $\displaystyle\int_1^{\mathrm{e}^2}\frac{1}{x\sqrt{1+\ln x}}\mathrm{d}x$；

(5) $\displaystyle\int_0^4\frac{x+2}{\sqrt{2x+1}}\mathrm{d}x$；　　(6) $\displaystyle\int_0^1\frac{1}{x^2+2x+2}\mathrm{d}x$；

(7) $\displaystyle\int_{-\frac{\pi}{2}}^{\frac{\pi}{2}}\sqrt{\cos x-\cos^3 x}\,\mathrm{d}x$；　　(8) $\displaystyle\int_0^{\pi}\sqrt{1+\cos 2x}\,\mathrm{d}x$.

2. 计算下列定积分：

(1) $\displaystyle\int_{\frac{3}{4}}^1\frac{1}{\sqrt{1-x}-1}\mathrm{d}x$；　　(2) $\displaystyle\int_{\frac{1}{\sqrt{2}}}^1\frac{\sqrt{1-x^2}}{x^2}\mathrm{d}x$；

(3) $\displaystyle\int_1^{\sqrt{3}}\frac{1}{x^2\sqrt{1+x^2}}\mathrm{d}x$；　　(4) $\displaystyle\int_1^2\frac{\sqrt{x^2-1}}{x^4}\mathrm{d}x$.

3. 计算下列定积分：

(1) $\displaystyle\int_0^{\frac{\pi}{4}}x\cos 2x\,\mathrm{d}x$；　　(2) $\displaystyle\int_0^1 x\arctan x^2\,\mathrm{d}x$；

(3) $\displaystyle\int_1^4\frac{\ln x}{\sqrt{x}}\mathrm{d}x$；　　(4) $\displaystyle\int_{\frac{\pi}{4}}^{\frac{\pi}{3}}\frac{x}{\sin^2 x}\mathrm{d}x$；

(5) $\displaystyle\int_0^{\frac{\pi}{2}}\mathrm{e}^{2x}\cos x\,\mathrm{d}x$；　　(6) $\displaystyle\int_{\frac{1}{\mathrm{e}}}^{\mathrm{e}}|\ln x|\,\mathrm{d}x$.

4. 利用函数的奇偶性求下列积分：

(1) $\displaystyle\int_{-\frac{1}{2}}^{\frac{1}{2}}\frac{\arcsin^2 x}{\sqrt{1-x^2}}\mathrm{d}x$；　　(2) $\displaystyle\int_{-5}^{5}\frac{x^3\sin^2 x}{x^4+2x^2+1}\mathrm{d}x$；

(3) $\int_{-5}^{5} \frac{1-e^x}{1+e^x} \sin^4 x\,dx$;　　　　　　　　(4) $\int_{-a}^{a} (x^3+1)\sqrt{a^2-x^2}\,dx$.

5. 证明下列等式：

(1) $\int_{x}^{1} \frac{dx}{1+x^2} = \int_{1}^{\frac{1}{x}} \frac{dx}{1+x^2} (x>0)$;

(2) $\int_{0}^{1} x^m (1-x)^n dx = \int_{0}^{1} (1-x)^m x^n dx$ (m, n 为正整数).

6. 证明：若 $f(x)$ 是连续的奇函数，则 $F(x)=\int_{0}^{x} f(t)dt$ 为偶函数；若 $f(x)$ 是连续的偶函数，则 $F(x)=\int_{0}^{x} f(t)dt$ 为奇函数.

第四节　反常积分

定积分的积分区间是有限区间，被积函数为有界函数，但在实际问题中，往往需要突破这两个限制，来考察无穷区间上的积分或无界函数的积分，从而形成了反常积分的概念.相应地，前面所讨论的定积分也叫作常义积分.

一、无穷限的反常积分

例 1　(1) 求曲线 $y=e^{-x}$ 与 x 轴、y 轴、$x=a(a>0)$ 所围成图形的面积 S_a；

(2) 求曲线 $y=e^{-x}$ 与 x 轴、y 轴所围成图形的面积.

解　(1) 如图 6—14 所示，由定积分的几何意义知，所求图形的面积为

$$S_a=\int_{0}^{a} e^{-x} dx = -e^{-x}\Big|_{0}^{a} = 1-e^{-a}.$$

(2) 如图 6—15 所示，在问题(1) 中，显然当 a 无限增大时，S_a 将无限趋近所求图形的面积.于是，所求图形的面积可以认为是

$$S=\lim_{a\to+\infty}\int_{0}^{a} e^{-x} dx = \lim_{a\to+\infty}(1-e^{-a})=1.$$

这个极限可以看成是无穷区间上的积分，显然它有别于定积分，这就引出了无穷区间上的反常积分概念.

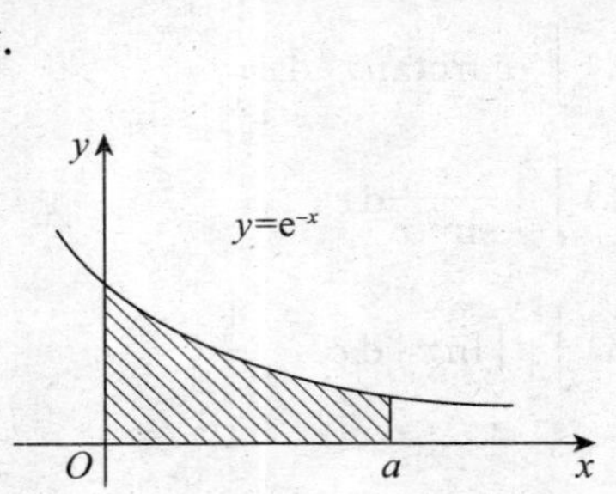

图 6—14

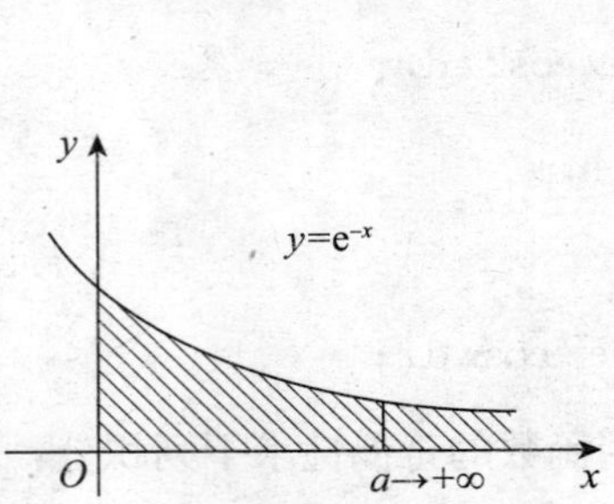

图 6—15

定义1 设函数 $f(x)$ 在 $[a,+\infty)$ 上连续，取 $b>a$，称 $\lim\limits_{b\to+\infty}\int_a^b f(x)\mathrm{d}x$ 为 $f(x)$ 在 $[a,+\infty)$ 上的**反常积分**，记作 $\int_a^{+\infty} f(x)\mathrm{d}x$，即

$$\int_a^{+\infty} f(x)\mathrm{d}x=\lim_{b\to+\infty}\int_a^b f(x)\mathrm{d}x.$$

若极限 $\lim\limits_{b\to+\infty}\int_a^b f(x)\mathrm{d}x$ 存在，则称反常积分 $\int_a^{+\infty} f(x)\mathrm{d}x$ **收敛**；若极限 $\lim\limits_{b\to+\infty}\int_a^b f(x)\mathrm{d}x$ 不存在，则称反常积分 $\int_a^{+\infty} f(x)\mathrm{d}x$ **发散**.

类似地，函数 $f(x)$ 在 $(-\infty,b]$ 上连续，取 $a<b$，则定义 $f(x)$ 在 $(-\infty,b]$ 上的反常积分为

$$\int_{-\infty}^b f(x)\mathrm{d}x=\lim_{a\to-\infty}\int_a^b f(x)\mathrm{d}x.$$

若极限 $\lim\limits_{a\to-\infty}\int_a^b f(x)\mathrm{d}x$ 存在，则称反常积分 $\int_{-\infty}^b f(x)\mathrm{d}x$ **收敛**；若极限 $\lim\limits_{a\to-\infty}\int_a^b f(x)\mathrm{d}x$ 不存在，则称反常积分 $\int_{-\infty}^b f(x)\mathrm{d}x$ **发散**.

函数 $f(x)$ 在区间 $(-\infty,+\infty)$ 上的反常积分定义为

$$\int_{-\infty}^{+\infty} f(x)\mathrm{d}x=\int_{-\infty}^{c} f(x)\mathrm{d}x+\int_{c}^{+\infty} f(x)\mathrm{d}x,$$

其中 c 为任意实数.当上式右端两个反常积分都收敛时，反常积分 $\int_{-\infty}^{+\infty} f(x)\mathrm{d}x$ 才是收敛的，否则是发散的.

例2 讨论下列无穷限反常积分的敛散性：

(1) $\int_0^{+\infty}\frac{1}{1+x^2}\mathrm{d}x$；　(2) $\int_{-\infty}^0 \mathrm{e}^x\mathrm{d}x$；　(3) $\int_{-\infty}^{+\infty}\sin x\mathrm{d}x$.

解 (1) 对于任意 $b>0$，

$$\int_0^b\frac{1}{1+x^2}\mathrm{d}x=\arctan x\Big|_0^b=\arctan b.$$

由无穷限反常积分的定义，

$$\int_0^{+\infty}\frac{1}{1+x^2}\mathrm{d}x=\lim_{b\to+\infty}\int_0^b\frac{1}{1+x^2}\mathrm{d}x=\lim_{b\to+\infty}\arctan b=\frac{\pi}{2}.$$

(2) $\int_{-\infty}^0 \mathrm{e}^x\mathrm{d}x=\lim\limits_{a\to-\infty}\int_a^0 \mathrm{e}^x\mathrm{d}x=\lim\limits_{a\to-\infty}\mathrm{e}^x\Big|_a^0=\lim\limits_{a\to-\infty}(1-\mathrm{e}^a)=1.$

(3) $\int_{-\infty}^{+\infty}\sin x\mathrm{d}x=\int_{-\infty}^0\sin x\mathrm{d}x+\int_0^{+\infty}\sin x\mathrm{d}x=\lim\limits_{a\to-\infty}\int_a^0\sin x\mathrm{d}x+\lim\limits_{b\to+\infty}\int_0^b\sin x\mathrm{d}x.$

因为 $\lim\limits_{a\to-\infty}\int_a^0\sin x\mathrm{d}x=\lim\limits_{a\to-\infty}[-\cos x]\Big|_a^0=\lim\limits_{a\to-\infty}(\cos a-1)$ 不存在，所以，反常积分 $\int_{-\infty}^{+\infty}\sin x\mathrm{d}x$ 发散.

同定积分类似，定积分的许多特性可以平行地运用到无穷限反常积分上，即无穷限反常积分也有类似于定积分的微积分基本公式、线性运算法则、换元积分法与分部积分法等，但要注意每一步运算过程必须是收敛的.

设 $F(x)$ 为 $f(x)$ 的原函数.若极限 $\lim\limits_{x\to\pm\infty}F(x)$ 存在,记 $F(\pm\infty)=\lim\limits_{x\to\pm\infty}F(x)$,则有反常积分公式:

(1) $\int_a^{+\infty}f(x)\mathrm{d}x=F(x)\Big|_a^{+\infty}=F(+\infty)-F(a)$;

(2) $\int_{-\infty}^{b}f(x)\mathrm{d}x=F(x)\Big|_{-\infty}^{b}=F(b)-F(-\infty)$;

(3) $\int_{-\infty}^{+\infty}f(x)\mathrm{d}x=F(x)\Big|_{-\infty}^{+\infty}=F(+\infty)-F(-\infty)$.

若所讨论的无穷限反常积分都收敛,则有:

(1) 线性运算:$\int_a^{+\infty}[\alpha f(x)+\beta g(x)]\mathrm{d}x=\alpha\int_a^{+\infty}f(x)\mathrm{d}x+\beta\int_a^{+\infty}g(x)\mathrm{d}x$;

(2) 分部积分公式:$\int_a^{+\infty}uv'\mathrm{d}x=uv\Big|_a^{+\infty}-\int_a^{+\infty}u'v\mathrm{d}x$.

例 3 讨论下列反常积分的敛散性:

(1) $\int_2^{+\infty}\dfrac{\mathrm{d}x}{x\ln x}$; (2) $\int_{-\infty}^{+\infty}\dfrac{\mathrm{d}x}{1+x^2}$; (3) $\int_0^{+\infty}t\mathrm{e}^{-t}\mathrm{d}t$.

解 (1) 计算得 $\int_2^{+\infty}\dfrac{\mathrm{d}x}{x\ln x}=\int_2^{+\infty}\dfrac{\mathrm{d}\ln x}{\ln x}=\ln|\ln x|\Big|_2^{+\infty}$.因为 $\lim\limits_{x\to+\infty}\ln|\ln x|$ 不存在,所以反常积分 $\int_2^{+\infty}\dfrac{\mathrm{d}x}{x\ln x}$ 发散.

(2) $\int_{-\infty}^{+\infty}\dfrac{\mathrm{d}x}{1+x^2}=\arctan x\Big|_{-\infty}^{+\infty}=\dfrac{\pi}{2}-\left(-\dfrac{\pi}{2}\right)=\pi$.

(3) $\int_0^{+\infty}t\mathrm{e}^{-t}\mathrm{d}t=-\int_0^{+\infty}t\mathrm{d}(\mathrm{e}^{-t})=-t\mathrm{e}^{-t}\Big|_0^{+\infty}+\int_0^{+\infty}\mathrm{e}^{-t}\mathrm{d}t=\int_0^{+\infty}\mathrm{e}^{-t}\mathrm{d}t=-\mathrm{e}^{-t}\Big|_0^{+\infty}=1$.

在此,$t\mathrm{e}^{-t}$ 中用 $+\infty$ 代入,实际是计算极限 $\lim\limits_{t\to+\infty}t\mathrm{e}^{-t}=\lim\limits_{t\to+\infty}\dfrac{t}{\mathrm{e}^t}=\lim\limits_{t\to+\infty}\dfrac{1}{\mathrm{e}^t}=0$.

例 4 计算下列反常积分:

(1) $\int_1^{+\infty}\dfrac{\mathrm{d}x}{x^2+2x}$; (2) $\int_{-\infty}^{+\infty}\dfrac{\mathrm{e}^x\mathrm{d}x}{1+\mathrm{e}^{2x}}$.

解 (1) 因为 $\dfrac{1}{x^2+2x}=\dfrac{1}{x(x+2)}=\dfrac{1}{2}\left(\dfrac{1}{x}-\dfrac{1}{x+2}\right)$,所以

$$\int_1^{+\infty}\frac{\mathrm{d}x}{x^2+2x}=\frac{1}{2}\int_1^{+\infty}\left(\frac{1}{x}-\frac{1}{x+2}\right)\mathrm{d}x=\frac{1}{2}\ln\left|\frac{x}{x+2}\right|\Bigg|_1^{+\infty}=\frac{1}{2}\ln 2.$$

需要说明的是,在此不能写成如下形式:

$$\int_1^{+\infty}\frac{\mathrm{d}x}{x^2+2x}=\frac{1}{2}\int_1^{+\infty}\left(\frac{1}{x}-\frac{1}{x+2}\right)\mathrm{d}x=\frac{1}{2}\int_1^{+\infty}\frac{\mathrm{d}x}{x}-\frac{1}{2}\int_1^{+\infty}\frac{\mathrm{d}x}{x+2},$$

因为 $\int_1^{+\infty}\dfrac{\mathrm{d}x}{x}$ 与 $\int_1^{+\infty}\dfrac{\mathrm{d}x}{x+2}$ 都发散.

(2) 作变量代换 $u=\mathrm{e}^x$.当 $x\to-\infty$ 时,$u\to 0$;当 $x\to+\infty$ 时,$u\to+\infty$.于是

$$\int_{-\infty}^{+\infty}\frac{\mathrm{e}^x\mathrm{d}x}{1+\mathrm{e}^{2x}}=\int_{-\infty}^{+\infty}\frac{\mathrm{d}\mathrm{e}^x}{1+(\mathrm{e}^x)^2}=\int_0^{+\infty}\frac{\mathrm{d}u}{1+u^2}=\arctan u\Big|_0^{+\infty}=\frac{\pi}{2}.$$

例 5 试确定积分$\int_1^{+\infty}\frac{\mathrm{d}x}{x^a}$在$a$取什么值时收敛，取什么值时发散.

解 (1) 当$a\neq 1$时，因为$\int_1^{+\infty}\frac{\mathrm{d}x}{x^a}=\lim\limits_{b\to+\infty}\int_1^b\frac{\mathrm{d}x}{x^a}=\lim\limits_{b\to+\infty}\frac{1}{1-a}(b^{1-a}-1)$，所以：

当$a>1$时，$\int_1^{+\infty}\frac{\mathrm{d}x}{x^a}=\frac{1}{a-1}$，即反常积分收敛；

当$a<1$时，$\int_1^{+\infty}\frac{\mathrm{d}x}{x^a}=+\infty$，即反常积分发散.

(2) 当$a=1$时，$\int_1^{+\infty}\frac{\mathrm{d}x}{x}=\ln x\Big|_1^{+\infty}=+\infty$，即反常积分发散.

所以，反常积分$\int_1^{+\infty}\frac{\mathrm{d}x}{x^a}$，当$a>1$时收敛，当$a\leqslant 1$时发散.

二、无界函数的反常积分

例 6 求由曲线$y=\frac{1}{\sqrt{1-x}}$，直线$x=0$，$x=1$和$y=0$所围成图形的面积，如图 6—16 所示.

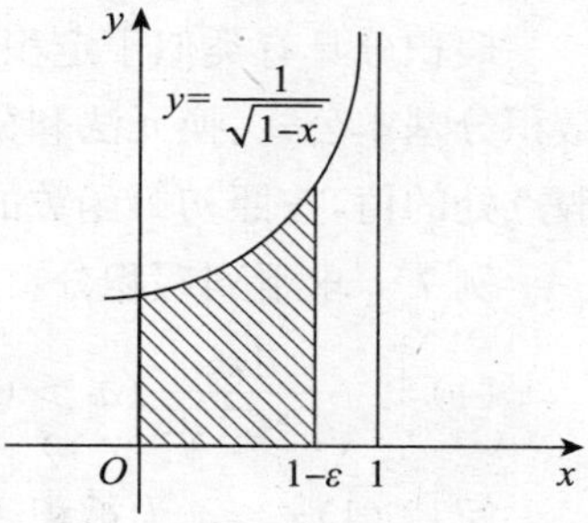

图 6—16

解 因为$\lim\limits_{x\to1^-}\frac{1}{\sqrt{1-x}}=+\infty$，所以$x=1$为函数$y=\frac{1}{\sqrt{1-x}}$的无穷间断点，即$y=\frac{1}{\sqrt{1-x}}$在区间$[0,1)$上无界.

任取$\varepsilon>0$，则函数$y=\frac{1}{\sqrt{1-x}}$在区间$[0,1-\varepsilon]$上连续，所以

$$\int_0^{1-\varepsilon}\frac{\mathrm{d}x}{\sqrt{1-x}}=-\int_0^{1-\varepsilon}\frac{\mathrm{d}(1-x)}{\sqrt{1-x}}=-2\sqrt{1-x}\Big|_0^{1-\varepsilon}=2-2\sqrt{\varepsilon}.$$

这样，所求图形的面积可以认为是

$$\lim_{\varepsilon\to0^+}\int_0^{1-\varepsilon}\frac{\mathrm{d}x}{\sqrt{1-x}}=\lim_{\varepsilon\to0^+}(2-2\sqrt{\varepsilon})=2.$$

这个极限可以看成是无界函数的积分，这就引出了无界函数的反常积分概念.

定义 2 设$f(x)$在$[a,b)$上连续，且$\lim\limits_{x\to b^-}f(x)=\infty$(即$x=b$为无穷间断点).取$\varepsilon>0$，称极限$\lim\limits_{\varepsilon\to0^+}\int_a^{b-\varepsilon}f(x)\mathrm{d}x$为$f(x)$在$[a,b)$上的**无界函数的反常积分**，记为

$$\int_a^b f(x)\mathrm{d}x=\lim_{\varepsilon\to0^+}\int_a^{b-\varepsilon}f(x)\mathrm{d}x.$$

若极限$\lim\limits_{\varepsilon\to0^+}\int_a^{b-\varepsilon}f(x)\mathrm{d}x$存在，则称无界函数的反常积分$\int_a^b f(x)\mathrm{d}x$ **收敛**；若极限$\lim\limits_{\varepsilon\to0^+}\int_a^{b-\varepsilon}f(x)\mathrm{d}x$不存在，则称无界函数的反常积分$\int_a^b f(x)\mathrm{d}x$ **发散**.

类似地，若 $f(x)$ 在 $(a,b]$ 上连续，且 $\lim\limits_{x\to a^+}f(x)=\infty$（即 $x=a$ 为无穷间断点），则函数 $f(x)$ 在 $(a,b]$ 上的无界函数的反常积分为

$$\int_a^b f(x)\mathrm{d}x=\lim_{\varepsilon\to0^+}\int_{a+\varepsilon}^b f(x)\mathrm{d}x\quad(\varepsilon>0).$$

若极限 $\lim\limits_{\varepsilon\to0^+}\int_{a+\varepsilon}^b f(x)\mathrm{d}x$ 存在，则称无界函数的反常积分 $\int_a^b f(x)\mathrm{d}x$ **收敛**；若极限 $\lim\limits_{\varepsilon\to0^+}\int_{a+\varepsilon}^b f(x)\mathrm{d}x$ 不存在，则称无界函数的反常积分 $\int_a^b f(x)\mathrm{d}x$ **发散**.

当无穷间断点 $x=c$ 位于区间 $[a,b]$ 内部时 $(a<c<b)$，函数 $f(x)$ 在 $[a,b]$ 上的无界函数的反常积分为

$$\int_a^b f(x)\mathrm{d}x=\int_a^c f(x)\mathrm{d}x+\int_c^b f(x)\mathrm{d}x.$$

上式右端两个积分均为无界函数的反常积分.仅当这两个反常积分都收敛时，才称反常积分 $\int_a^b f(x)\mathrm{d}x$ 是收敛的；否则，称反常积分 $\int_a^b f(x)\mathrm{d}x$ 是发散的.

上述无界函数的反常积分也称为**瑕积分**，相应的无穷间断点称为**瑕点**.

瑕积分具有类似于定积分的性质.在计算瑕积分时，当瑕积分收敛时，可以类似地使用微积分基本公式、换元法和分部积分法，但须指出瑕点，以示区分于定积分，并且被积函数在瑕点处的值，按照初等函数的连续性来求.

例 7 求下列瑕积分：

(1) $\int_0^a \dfrac{\mathrm{d}x}{\sqrt{a^2-x^2}}\,(a>0)$；　　(2) $\int_0^1 \ln x\mathrm{d}x$.

解 (1) $x=a$ 为被积函数的瑕点.取 $\varepsilon>0$，于是

$$\int_0^a \frac{\mathrm{d}x}{\sqrt{a^2-x^2}}=\lim_{\varepsilon\to0^+}\int_0^{a-\varepsilon}\frac{\mathrm{d}x}{\sqrt{a^2-x^2}}=\lim_{\varepsilon\to0^+}\arcsin\frac{x}{a}\Big|_0^{a-\varepsilon}$$

$$=\lim_{\varepsilon\to0^+}\arcsin\frac{a-\varepsilon}{a}=\frac{\pi}{2}.$$

(2) $x=0$ 是被积函数的瑕点.取 $\varepsilon>0$，于是

$$\int_0^1 \ln x\mathrm{d}x=\lim_{\varepsilon\to0^+}\int_\varepsilon^1 \ln x\mathrm{d}x=\lim_{\varepsilon\to0^+}\left(x\ln x\Big|_\varepsilon^1-\int_\varepsilon^1\mathrm{d}x\right)$$

$$=\lim_{\varepsilon\to0^+}(-\varepsilon\ln\varepsilon-1+\varepsilon)=-1.$$

在上式中，由洛必达法则有

$$\lim_{\varepsilon\to0^+}\varepsilon\ln\varepsilon=\lim_{\varepsilon\to0^+}\frac{\ln\varepsilon}{\dfrac{1}{\varepsilon}}=\lim_{\varepsilon\to0^+}\frac{\dfrac{1}{\varepsilon}}{-\dfrac{1}{\varepsilon^2}}=0.$$

例 8 讨论瑕积分 $\int_0^2 \dfrac{\mathrm{d}x}{(x-1)^2}$ 的收敛性.

解 在 $[0,2]$ 内部有被积函数的瑕点 $x=1$.取 $\varepsilon_1,\varepsilon_2>0$，于是有

$$\int_0^2 \frac{dx}{(x-1)^2} = \int_0^1 \frac{dx}{(x-1)^2} + \int_1^2 \frac{dx}{(x-1)^2} \quad \text{（让瑕点在小区间的端点处）}$$

$$= \lim_{\varepsilon_1 \to 0^+} \int_0^{1-\varepsilon_1} \frac{dx}{(x-1)^2} + \lim_{\varepsilon_2 \to 0^+} \int_{1+\varepsilon_2}^2 \frac{dx}{(x-1)^2}$$

$$= \lim_{\varepsilon_1 \to 0^+} \left(-\frac{1}{x-1}\right)\Bigg|_0^{1-\varepsilon_1} + \lim_{\varepsilon_2 \to 0^+} \left(-\frac{1}{x-1}\right)\Bigg|_{1+\varepsilon_2}^2$$

$$= \lim_{\varepsilon_1 \to 0^+} \left(\frac{1}{\varepsilon_1} + 1\right) + \lim_{\varepsilon_2 \to 0^+} \left(-1 + \frac{1}{\varepsilon_2}\right).$$

因为 $\lim\limits_{\varepsilon_1 \to 0^+} \left(\frac{1}{\varepsilon_1} + 1\right)$ 与 $\lim\limits_{\varepsilon_2 \to 0^+} \left(-1 + \frac{1}{\varepsilon_2}\right)$ 不存在，所以，瑕积分 $\int_0^2 \frac{dx}{(x-1)^2}$ 发散.

例 9 讨论瑕积分 $\int_0^1 \frac{dx}{x^q}$ 的敛散性.

解 $x=0$ 是被积函数的瑕点.

(1) 当 $q<1$ 时，

$$\int_0^1 \frac{dx}{x^q} = \lim_{\varepsilon \to 0^+} \int_\varepsilon^1 \frac{1}{x^q} dx = \lim_{\varepsilon \to 0^+} \frac{x^{1-q}}{1-q}\Bigg|_\varepsilon^1 = \frac{1}{1-q} \lim_{\varepsilon \to 0^+} (1-\varepsilon^{1-q}) = \frac{1}{1-q},$$

所以瑕积分收敛.

(2) 当 $q>1$ 时，

$$\int_0^1 \frac{dx}{x^q} = \lim_{\varepsilon \to 0^+} \int_\varepsilon^1 \frac{1}{x^q} dx = \lim_{\varepsilon \to 0^+} \frac{x^{1-q}}{1-q}\Bigg|_\varepsilon^1 = \frac{1}{1-q} \lim_{\varepsilon \to 0^+} (1-\varepsilon^{1-q}) = \infty,$$

所以瑕积分发散.

(3) 当 $q=1$ 时，

$$\int_0^1 \frac{dx}{x} = \lim_{\varepsilon \to 0^+} \int_\varepsilon^1 \frac{dx}{x} = \lim_{\varepsilon \to 0^+} \ln|x|\Bigg|_\varepsilon^1 = \lim_{\varepsilon \to 0^+} (-\ln\varepsilon) = \infty,$$

所以瑕积分发散.

综上，瑕积分 $\int_0^1 \frac{dx}{x^q}$ 当 $q<1$ 时收敛于 $\frac{1}{1-q}$，当 $q \geqslant 1$ 时发散.

三、Γ 函数

下面讨论一个在理论和应用上都有重要意义的 Γ 函数（读作 Gamma 函数）.

定义 3 反常积分 $\Gamma(r) = \int_0^{+\infty} x^{r-1} e^{-x} dx \ (r>0)$ 是参变量 r 的函数，该函数称为 Γ 函数.

Γ 函数有一个重要性质：递推公式 $\Gamma(r+1) = r\Gamma(r) \ (r>0)$. 这是因为

$$\Gamma(r+1) = \int_0^{+\infty} x^r e^{-x} dx = -x^r e^{-x}\Big|_0^{+\infty} + r\int_0^{+\infty} x^{r-1} e^{-x} dx = r\int_0^{+\infty} x^{r-1} e^{-x} dx = r\Gamma(r).$$

特别地，当 r 为正整数时，可得 $\Gamma(n+1) = n!$，这是因为 $\Gamma(1) = \int_0^{+\infty} e^{-x} dx = 1$. 因此

$$\Gamma(n+1) = n\Gamma(n) = n \cdot (n-1)\Gamma(n-1) = \cdots = n!\ \Gamma(1) = n!.$$

利用 Γ 函数的递推公式，Γ 函数的任意一个函数值都可化为 Γ 函数在 $[0,1]$ 上的函数值.

例如：

$$\Gamma(3.4)=\Gamma(2.4+1)=2.4\times\Gamma(2.4)=2.4\times\Gamma(1.4+1)=2.4\times1.4\times\Gamma(1.4)$$
$$=2.4\times1.4\times\Gamma(0.4+1)=2.4\times1.4\times0.4\times\Gamma(0.4).$$

例 10 计算下列积分：

(1) $\int_0^{+\infty} x^3 e^{-x} dx$；　　(2) $\int_0^{+\infty} x^{r-1} e^{-\lambda x} dx$.

解 (1) $\int_0^{+\infty} x^3 e^{-x} dx = \Gamma(4) = 3! = 6$.

(2) 令 $\lambda x = y$，则 $\lambda dx = dy$. 于是

$$\int_0^{+\infty} x^{r-1} e^{-\lambda x} dx = \frac{1}{\lambda}\int_0^{+\infty} \left(\frac{y}{\lambda}\right)^{r-1} e^{-y} dy = \frac{1}{\lambda^r}\int_0^{+\infty} y^{r-1} e^{-y} dy = \frac{\Gamma(r)}{\lambda^r}.$$

Γ 函数还可写成另一种形式. 例如，在 Γ 函数中令 $x = y^2$，则有

$$\Gamma(r) = 2\int_0^{+\infty} y^{2r-1} e^{-y^2} dy.$$

上式右端的反常积分是概率论中常用的泊松积分，可以证明这个积分存在而且等于$\sqrt{\pi}$，因此

$$\Gamma\left(\frac{1}{2}\right) = 2\int_0^{+\infty} e^{-y^2} dy = \sqrt{\pi}.$$

☞ 习题 6.4

1. 判别下列反常积分的收敛性，如果收敛，计算反常积分的值：

(1) $\int_1^{+\infty} \frac{1}{x^2} dx$；　　(2) $\int_1^{+\infty} \frac{1}{\sqrt{x}} dx$；

(3) $\int_1^{+\infty} \frac{1}{x^2(x+1)} dx$；　　(4) $\int_0^{+\infty} x e^{-2x} dx$；

(5) $\int_{-\infty}^{0} \frac{e^x}{1+e^x} dx$；　　(6) $\int_0^{+\infty} e^{-x} \sin x dx$.

2. 讨论反常积分$\int_2^{+\infty} \frac{1}{x\ln^p x} dx$，$p$ 取何值时收敛？p 取何值时发散？

3. 判别下列反常积分的收敛性，如果收敛，计算反常积分的值：

(1) $\int_0^1 \frac{x}{\sqrt{1-x^2}} dx$；　　(2) $\int_1^2 \frac{1}{\sqrt{x-1}} dx$；

(3) $\int_1^e \frac{1}{x\sqrt{1-\ln^2 x}} dx$；　　(4) $\int_{\frac{1}{e}}^{e} \frac{\ln x}{(x-1)^2} dx$.

4. 用 Γ 函数表示下列积分，并计算积分值：

(1) $\int_0^{+\infty} \sqrt{x} e^{-x} dx$；　　(2) $\int_0^{+\infty} x^m e^{-x} dx$（$m$ 为自然数）.

第五节　定积分的应用

定积分具有广泛的实际应用，本节主要介绍定积分在几何方面和经济方面的应用.

一、定积分的几何应用

定积分概念源于几何问题，利用定积分可以求解平面图形的面积和特殊类型的几何体的体积.

1. 定积分应用的微元法

微元法是将实际问题表示成定积分的基本分析方法.在引入定积分概念时，我们曾用定积分方法解决了曲边梯形面积的计算问题(图 6—17)，从中可以看出，用定积分计算的量一般具有如下两个特点：

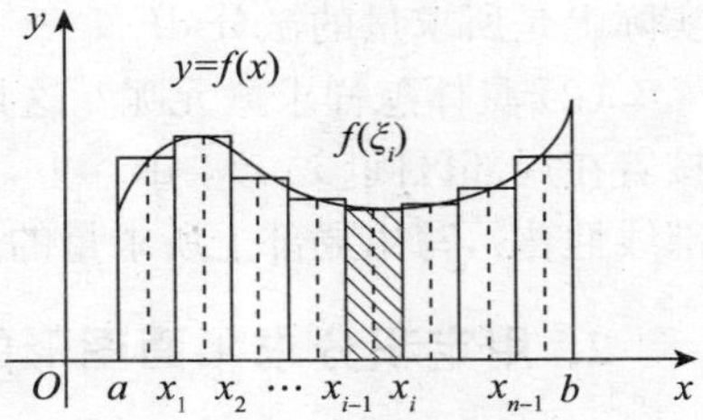

图 6—17

(1) 所求量 F 与一个给定区间$[a,b]$有关，且在该区间上 F 具有可加性.就是说，F 是确定于$[a,b]$上的整体量，当把$[a,b]$分成许多小区间时，整体量等于各部分量之和，即 $F=\sum\limits_{i=1}^{n}\Delta F_i$.

(2) 所求量 F 在区间$[a,b]$上的分布是不均匀的，且部分量 ΔF_i 的近似值可以表示为 $f(\xi_i)\Delta x_i$ 的形式，即

$$\Delta F_i \approx f(\xi_i)\Delta x_i,\quad i=1,2,\cdots,n,\quad x_{i-1}\leqslant \xi_i \leqslant x_i.$$

这里 $f(x)(x\in[a,b])$ 是根据具体问题所得到的函数.

在我们讨论定积分的应用之前，先来介绍化所求量为定积分的一般思路和方法，这就是所谓的“微元法”.

为此，先回顾一下应用定积分概念解决实际问题的四个步骤：

(1) 将所求量 F 分为部分量之和，$F=\sum\limits_{i=1}^{n}\Delta F_i$；

(2) 求出每个部分量的近似值，$\Delta F_i \approx f(\xi_i)\Delta x_i (i=1,2,\cdots,n)$；

(3) 写出整体量 F 的近似值，$F=\sum\limits_{i=1}^{n}\Delta F_i \approx \sum\limits_{i=1}^{n} f(\xi_i)\Delta x_i$；

(4) 取 $\lambda=\max\{\Delta x_i\}\to 0$ 时的极限，得

$$F=\lim_{\lambda\to 0}\sum_{i=1}^{n} f(\xi_i)\Delta x_i=\int_a^b f(x)\mathrm{d}x.$$

观察上述四步我们发现，第二步是关键，因为最后的被积表达式的形式就是在这一步被确定的，这只要把近似式 $f(\xi_i)\Delta x_i$ 中的变量记号改变一下即可(ξ_i 换为 x，Δx_i 换为 $\mathrm{d}x$)；而

第三、第四两步可以合并成一步，在区间$[a,b]$上无限累加，也即在$[a,b]$上积分；至于第一步，它只是指明所求量具有可加性，这是 F 能用定积分计算的前提，于是，上述四步就简化成了实用的两步：

(1) 求微元在区间$[a,b]$上任取一个微小区间$[x,x+\mathrm{d}x]$，然后写出在这个小区间上的部分量 ΔF 的近似值，记为 $\mathrm{d}F=f(x)\mathrm{d}x$，它称为 F 的**微元**；

(2) 求积分将微元 $\mathrm{d}F$ 在$[a,b]$上积分(无限累加)，即得积分表达式 $F=\int_a^b f(x)\mathrm{d}x$.

由上述两步建立所求整体量积分表达式的方法称为**微元法**，即

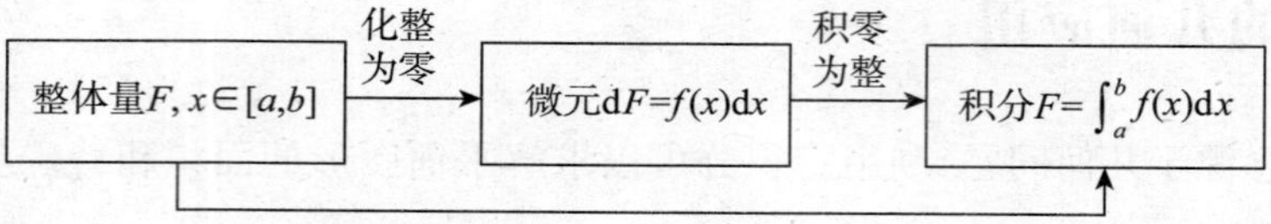

关于微元 $\mathrm{d}F=f(x)\mathrm{d}x$ 的说明：

(1)$f(x)\mathrm{d}x$ 作为 ΔF 的近似表达式，应该足够准确，确切地说，就是要求两者之差是关于 Δx 的高阶无穷小，即 $\Delta F-f(x)\mathrm{d}x=o(\Delta x)$.这样我们就知道了，称作微元的量 $f(x)\mathrm{d}x$，实际上是所求量的微分 $\mathrm{d}F$.

(2) 具体怎样求微元呢？这是问题的关键，这要分析问题的实际意义及数量关系，一般按着在局部区间$[x,x+\mathrm{d}x]$上，“以常代变”、“以直代曲”、“以均匀代替非均匀”的思路(局部线性化)，写出局部上所求量的近似值，即为微元 $\mathrm{d}F=f(x)\mathrm{d}x$.

2. 用定积分求平面图形的面积

在直角坐标系下，用微元法容易将平面图形的面积表示为定积分.下面根据不同情形，给出平面图形面积的定积分表达式.

(1) 由曲线 $y=f(x)$，$x=a$，$x=b$ 及 Ox 轴所围成的图形(图 6—18)，其面积微元为 $\mathrm{d}A=|f(x)|\mathrm{d}x$，面积为 $A=\int_a^b|f(x)|\mathrm{d}x$.

(2) 由上、下两条曲线 $y=f(x)$，$y=g(x)$ 及 $x=a$，$x=b$ 所围成的图形(图 6—19)，其面积微元为 $\mathrm{d}A=|f(x)-g(x)|\mathrm{d}x$，面积为 $A=\int_a^b|f(x)-g(x)|\mathrm{d}x$.

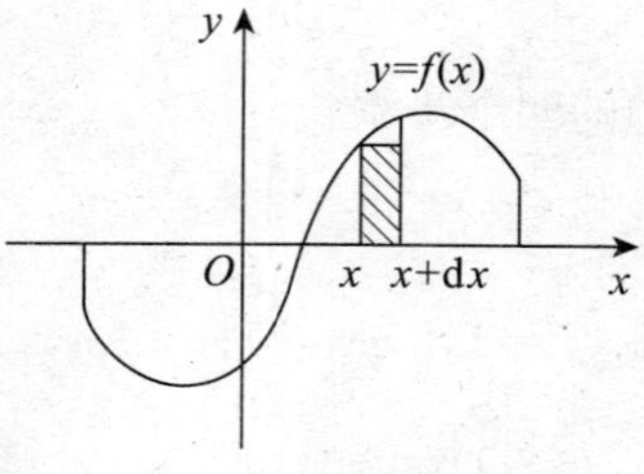

图 6—18

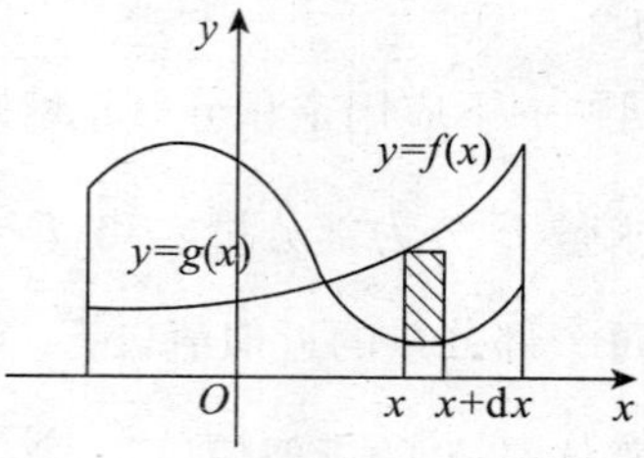

图 6—19

特别地，若 $f(x)\geqslant g(x)$，则 $A=\int_a^b[f(x)-g(x)]\mathrm{d}x$(图 6—20).

(3) 由左、右两条曲线 $x=\varphi(y)$，$x=\psi(y)$ 及 $y=c$，$y=d$ 所围成图形(图 6—21)，其面积微元为 $\mathrm{d}A=[\psi(y)-\varphi(y)]\mathrm{d}y$，面积为 $A=\int_c^d[\psi(y)-\varphi(y)]\mathrm{d}y$.

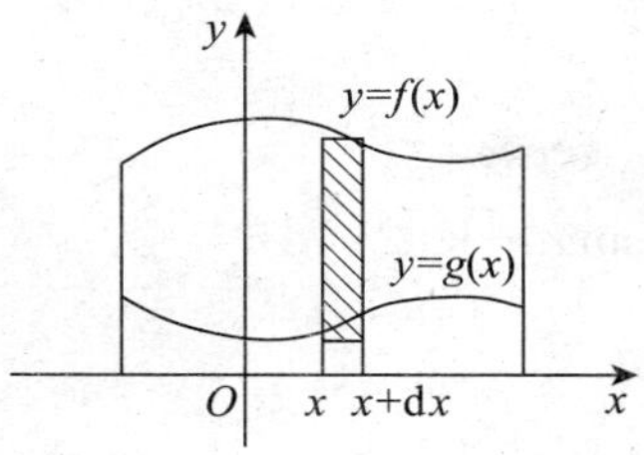

图 6—20

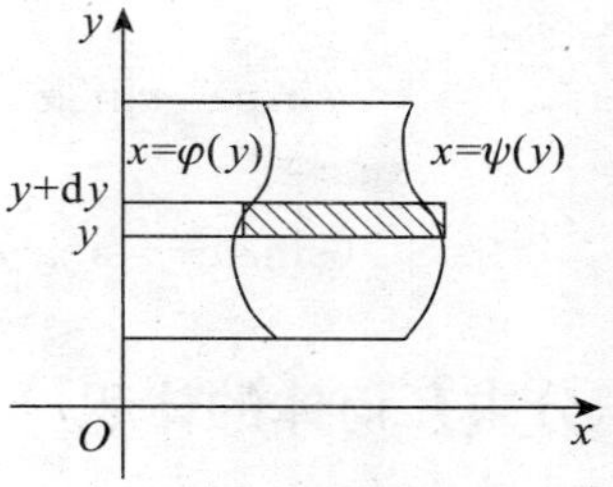

图 6—21

求平面图形面积的步骤:

(1) 画出平面图形,求出曲线交点以确定积分区间;

(2) 根据图形特征选择积分变量和面积公式;

(3) 写出面积积分表达式,求积分.

例 1 求抛物线 $y=2-x^2$ 与直线 $y=x$ 所围成图形的面积(图 6—22).

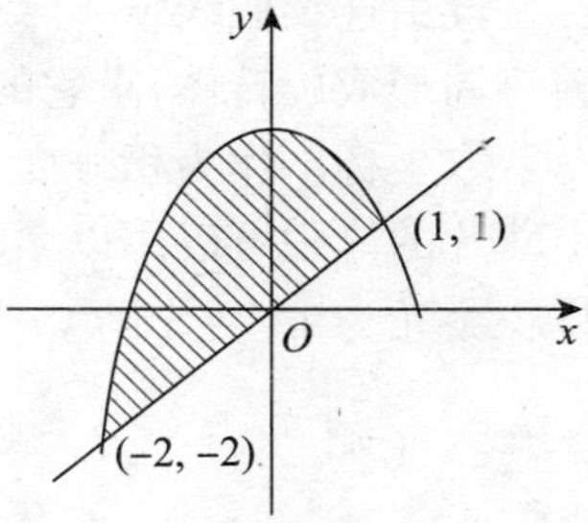

图 6—22

解 解方程组 $\begin{cases} y=x \\ y=2-x^2 \end{cases}$,得交点$(-2,-2)$ 及$(1,1)$.取 x 为积分变量,x 的变化范围为$[-2,1]$,于是所求图形面积为

$$A=\int_{-2}^{1}[(2-x^2)-x]\mathrm{d}x=\left(2x-\frac{x^3}{3}-\frac{x^2}{2}\right)\Big|_{-2}^{1}=\frac{9}{2}.$$

例 2 求抛物线 $y=x^2$,$y=(x-2)^2$ 与 Ox 轴所围平面图形的面积.

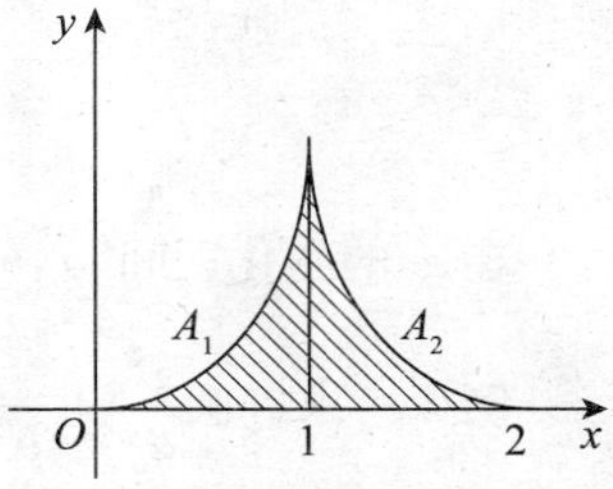

图 6—23

解 由方程组 $\begin{cases} y=x^2 \\ y=(x-2)2 \end{cases}$,解得交点$(1,1)$(图 6—23).

(1) 取 x 为积分变量,用直线 $x=1$ 将图形分成 A_1 与 A_2 两部分,则

$$A=\int_0^1 x^2\mathrm{d}x+\int_1^2(2-x)^2\mathrm{d}x$$

$$=\frac{1}{3}\left[x^3\Big|_0^1-(2-x)^3\Big|_1^2\right]=\frac{2}{3}.$$

(2) 取 y 为积分变量,则

$$A=\int_0^1[(2-\sqrt{y})-\sqrt{y}]\mathrm{d}y=\int_0^1 2(1-\sqrt{y})\mathrm{d}y=\left(2y-\frac{4}{3}y^{\frac{3}{2}}\right)\Big|_0^1=\frac{2}{3}.$$

计算定积分时,应注意根据图形特点来选择积分变量,选择积分变量时需注意:一是积分要较简单易求,二是要尽量少分块.

例 3 求曲线 $y=\sin x$,$y=\sin 2x$ 在 $x=0$ 与 $x=\pi$ 之间所围成图形的面积.

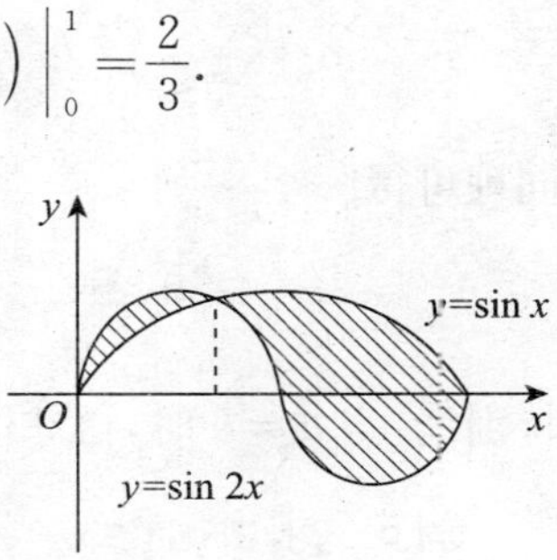

图 6—24

解 如图 6—24 所示.由 $\sin x-\sin 2x=\sin x(1-2\cos x)=0$,解得 $x=0$,$x=\frac{\pi}{3}$,$x=\pi$.

取 x 为积分变量,x 的变化范围为$[0,\pi]$,于是所求图形面

积为

$$A=\int_0^{\pi}|\sin x-\sin 2x|\,\mathrm{d}x$$

$$=\int_0^{\frac{\pi}{3}}(\sin 2x-\sin x)\,\mathrm{d}x+\int_{\frac{\pi}{3}}^{\pi}(\sin x-\sin 2x)\,\mathrm{d}x=\frac{5}{2}.$$

3. 用定积分求几何体的体积

(1) 旋转体的体积

旋转体是指一个平面图形绕该平面内一条直线旋转一周而成的立体，这条直线称为旋转轴.如圆柱体、圆锥体和球都是旋转体.

设由连续曲线 $y=f(x)$ 和直线 $x=a$，$x=b(a<b)$ 及 x 轴所围成的曲边梯形绕 x 轴旋转一周形成旋转体，求它的体积 V.

取坐标 x 作为积分变量，其变化区间为 $[a,b]$，任取一小区间 $[x,x+\mathrm{d}x]$，落在该小区间上薄片的体积可以用以 $f(x)$ 为底半径、$\mathrm{d}x$ 为高的圆柱体的体积作为近似值(图 6—25)，即体积微元为 $\mathrm{d}V=\pi[f(x)]^2\mathrm{d}x$.

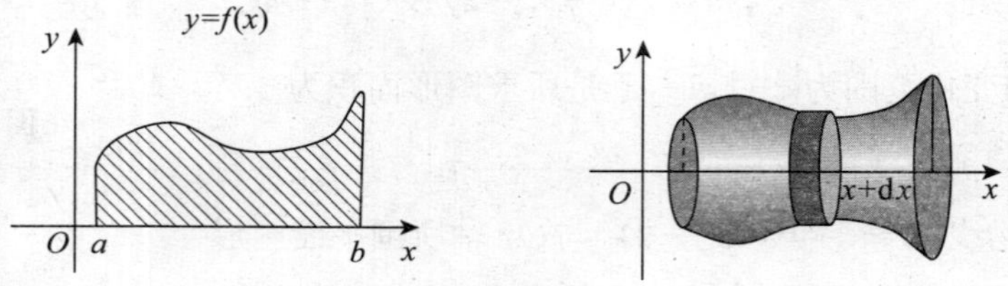

图 6—25

在 x 的变化区间 $[a,b]$ 内积分得旋转体体积为 $V=\pi\int_a^b f^2(x)\,\mathrm{d}x$.

例 4 求椭圆 $\frac{x^2}{a^2}+\frac{y^2}{b^2}=1$ 分别绕 x 轴与 y 轴旋转所产生的旋转体的体积.

解 由于椭圆图形与坐标轴对称，所以只需考虑第一象限内的曲边梯形绕坐标轴旋转所产生的旋转体(图 6—26) 的体积.

$$V_x=2\cdot\pi\int_0^a y^2\mathrm{d}x=2\cdot\pi\frac{b^2}{a^2}\int_0^a(a^2-x^2)\,\mathrm{d}x$$

$$=2\cdot\pi\frac{b^2}{a^2}\left(a^2x-\frac{x^3}{3}\right)\Big|_0^a=\frac{4}{3}\pi ab^2.$$

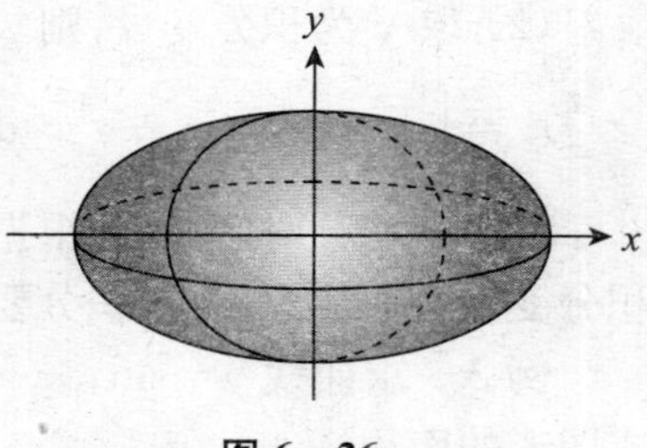

图 6—26

同理可得

$$V_y=2\pi\int_0^b x^2\mathrm{d}y=2\pi\int_0^b\frac{a^2}{b^2}(b^2-y^2)\,\mathrm{d}y=\frac{4}{3}\pi a^2b.$$

特别地，当 $a=b$ 时，得球体积 $V=\frac{4}{3}\pi a^3$.

例 5 求由抛物线 $y=x^2$，直线 $x=2$ 及 x 轴所围平面图形分别绕 x 轴、y 轴旋转所得立体的体积 V(图 6—27).

解 ① 绕 x 轴旋转所生成的立体(图 6—28) 的体积为

$$V=\pi\int_0^2 y^2\mathrm{d}x=\pi\int_0^2 x^4\mathrm{d}x=\frac{\pi}{5}x^5\Big|_0^2=\frac{32}{5}\pi.$$

② 绕 y 轴旋转所生成的旋转体(图 6—29)的体积,为直线 $x=2$ 绕 y 轴旋转得到的柱体体积与抛物线 $y=x^2$ 绕 y 轴旋转得到的旋转体体积之差.所以,绕 y 轴旋转所生成的旋转体的体积为

$$V=\pi\int_0^4[2^2-(\sqrt{y})^2]\mathrm{d}y=\pi\int_0^4(4-y)\mathrm{d}y=\pi\left(4y-\frac{1}{2}y^2\right)\Big|_0^4=8\pi.$$

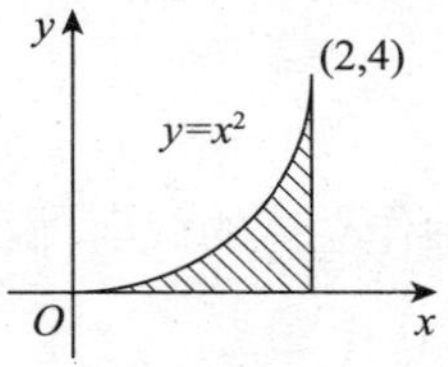

图 2—27

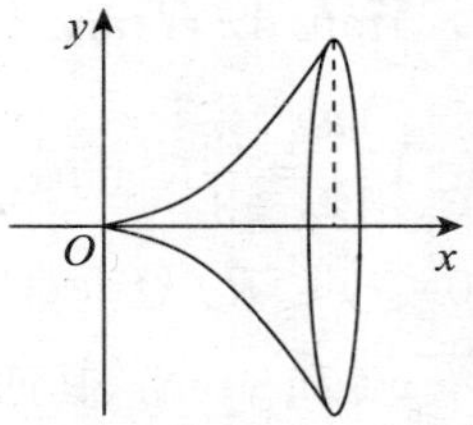

图 2—28

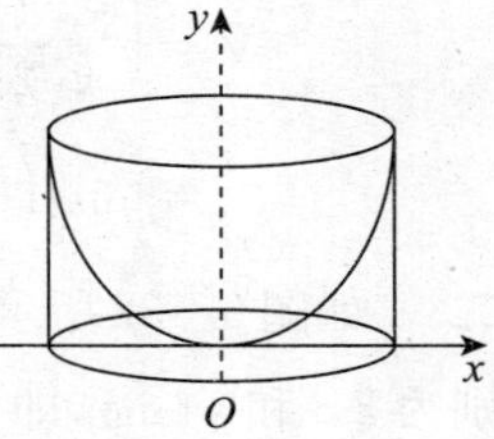

图 2—29

(2) 平行截面面积已知的几何体体积

设某立体由一曲面和垂直于 x 轴的两平面 $x=a$, $x=b$ 围成,用过任意点 $x(a\leqslant x\leqslant b)$ 且垂直于 x 轴的平面去截,如果所截得的截面面积已知为 $A(x)$,当 $A(x)$ 是连续函数时,求该立体介于 $x=a$ 和 $x=b(a<b)$ 之间的体积(图 6—30).

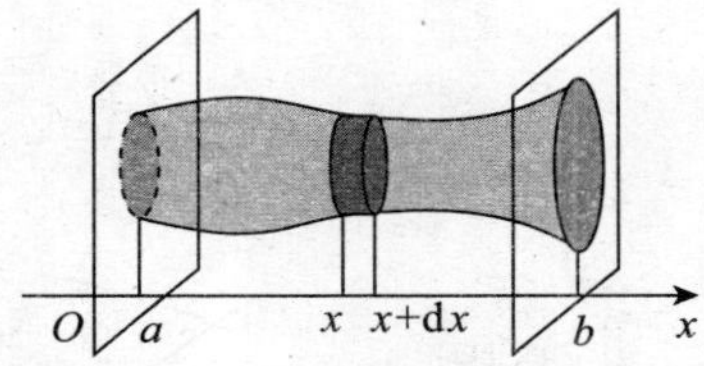

图 6—30

为求体积微元,在小区间 $[x,x+\mathrm{d}x]$ 上视 $A(x)$ 不变,即把 $[x,x+\mathrm{d}x]$ 上的立体薄片近似看作以 $A(x)$ 为底、$\mathrm{d}x$ 为高的柱片,则体积微元为 $\mathrm{d}V=A(x)\mathrm{d}x$.

在 x 的变化区间 $[a,b]$ 上积分,则得公式

$$V=\int_a^b A(x)\mathrm{d}x.$$

即夹在过点 $x=a$ 和 $x=b(a<b)$ 且垂直于 x 轴的两个平面之间,且平行截面的面积为 $A(x)$ 的立体体积为 $V=\int_a^b A(x)\mathrm{d}x$.

由上述公式可知,若两个立体的对应于同一 x 的平行截面的面积恒相等,则两立体的体积必相等.我国古代数学家早就知道这一原理了.在南北朝时期,大数学家祖冲之①和他的儿子祖暅在计算球体体积时就指出(后人称之为"祖暅原理"):"夫叠基成立积,缘幂势既同,则积不容异."其意思是:一个几何体("立积")是由一系列很薄的小片("积")叠成的,若两个几何体相应的小片的截面积("幂势")都相同,那么它们的体积("积")必然相等.在国外,这一原理直到一千多年后才被意大利数学家卡瓦列里②提出来.

例 6 设有底圆半径为 R 的圆柱,被与圆柱底面交成 α 角且过底圆直径的平面所截.求

① 祖冲之(429—500)是中国古代数学家,早年"专攻数术",提出了球体体积的计算方法,给出了圆周率的近似值,继刘徽之后将圆周率的计算达到了更精确的程度,是当时世界上最精确的记录,这一记录一直保持了近一千年.

② 卡瓦列里(Cavalieri,1589—1647),意大利数学家,对数学的最大贡献是建立了"不可分原理".他认为几何图形是由无数多个维数较低的不可分量组成的.这一原理给出了计算面积和体积的有效方法.

截下的楔形体的体积.

解　方法一　取坐标系如图 6—31 所示,则底圆方程为 $x^2+y^2=R^2$.

在 $x(-R\leqslant x\leqslant R)$ 处垂直于 x 轴作立体的截面,截面为直角三角形,两条直角边分别为 y 和 $y\tan\alpha$,即$\sqrt{R^2-x^2}$ 和$\sqrt{R^2-x^2}\tan\alpha$,其面积为

$$A(x)=\frac{1}{2}(R^2-x^2)\tan\alpha.$$

从而得楔形体的体积为

$$V=\int_{-R}^{R}\frac{1}{2}(R^2-x^2)\tan\alpha\,\mathrm{d}x=\tan\alpha\int_0^R(R^2-x^2)\mathrm{d}x$$
$$=\tan\alpha\left(R^2x-\frac{x^2}{3}\right)\Big|_0^R=\frac{2}{3}R^3\tan\alpha.$$

方法二　如图 6—32 所示,在 $y(0\leqslant y\leqslant R)$ 处垂直于 y 轴作立体的截面,截面为矩形,两条边分别为 $2x$ 和 $y\tan\alpha$,即 $2\sqrt{R^2-y^2}$ 和 $y\tan\alpha$,其面积为

$$A(y)=2y\sqrt{R^2-y^2}\tan\alpha,$$

从而得楔形体积为

$$V=\int_0^R 2y\sqrt{R^2-y^2}\tan\alpha\,\mathrm{d}y=-\tan\alpha\int_0^R\sqrt{R^2-y^2}\,\mathrm{d}(R^2-y^2)$$
$$=-\frac{2}{3}\tan\alpha\,(R^2-y^2)^{\frac{3}{2}}\Big|_0^R=\frac{2}{3}R^3\tan\alpha.$$

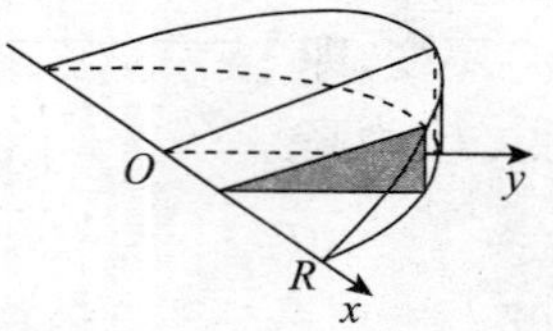

图 6—31

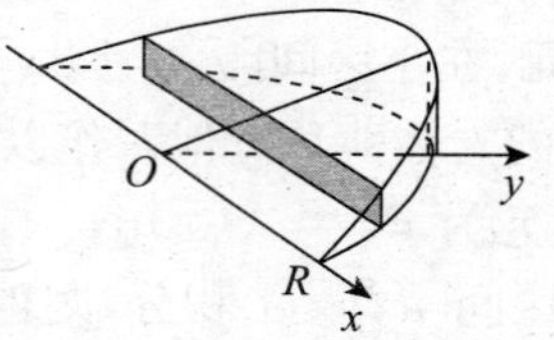

图 6—32

二、积分在经济学中的应用

积分在经济学中有着广泛的应用,在此,我们列举一些积分在经济方面常见的应用实例,旨在使读者了解积分在经济方面的应用,提高解决经济问题的能力.

1. 由边际函数求总函数

由于总函数(如总成本、总收益、总利润等)的导数就是边际函数(如边际成本、边际收益、边际利润等),当已知初始条件时,即可用不定积分求总函数,也可用定积分求出总函数.

若已知生产产品的边际成本 $C'(q)$、边际收益 $R'(q)$、固定成本 C_0,试确定总成本 $C(q)$、总收益 $R(q)$ 和总利润 $L(q)$.

(1) 由不定积分确定总成本 $C(q)$、总收益 $R(q)$ 和总利润 $L(q)$.

$C(q)=\int C'(q)\mathrm{d}q+c$ (c 为常数),其中 c 由条件$C(0)=C_0$ 确定.

$R(q)=\int R'(q)\mathrm{d}q+c$（$c$ 为常数），其中 c 由条件 $R(0)=0$ 确定.

(2) 由定积分确定总成本 $C(q)$、总收益 $R(q)$ 和总利润 $L(q)$.

$$C(q)=\int_0^q C'(q)\mathrm{d}q+C_0,$$

$$R(q)=\int_0^q R'(q)\mathrm{d}q,$$

$$L(q)=\int_0^q [R'(q)-C'(q)]\mathrm{d}q-C_0.$$

当产量由 a 个单位改变到 b 个单位时，总成本的改变量与总收益的改变量分别用积分 $\int_a^b C'(q)\mathrm{d}q$ 与 $\int_a^b R'(q)\mathrm{d}q$ 计算.

例 7 已知某产品的边际成本函数为 $C'(q)=25+30q-9q^2$，固定成本为 55.求总成本和平均成本函数.

解 **方法一** 用不定积分求解，由 $C(q)=\int C'(q)\mathrm{d}q+C$，得

$$C(q)=\int C'(q)dq=\int (25+30q-9q^2)\mathrm{d}q=25q+15q^2-3q^3+C.$$

把 $C(0)=55$ 代入上式，解得 $C=55$，所以，总成本函数为

$$C(q)=25q+15q^2-3q^3+55,$$

平均成本函数为

$$\overline{C}(q)=\frac{C(q)}{q}=25+15q-3q^2+\frac{55}{q}.$$

方法二 用定积分求解：

$$\begin{aligned}C(q)&=\int_0^q C'(q)\mathrm{d}q+C_0=\int_0^q (25+30q-9q^2)\mathrm{d}q+55\\&=(25q+15q^2-3q^3)\Big|_0^q+55=25q+15q^2-3q^3+55.\end{aligned}$$

例 8 已知生产某种产品 q 单位时，边际收益为 $R'(q)=200-\dfrac{q}{200}$（元/单位）.求：(1) 总收益函数 $R(q)$ 和平均收益 $\overline{R}(q)$；(2) 生产 100 个单位产品的总收益；(3) 生产 100 单位产品后再生产 100 单位产品的总收益.

解 (1) $$\begin{aligned}R(q)&=\int_0^q R'(q)\mathrm{d}q=\int_0^q\left(200-\frac{q}{200}\right)\mathrm{d}q\\&=\left(200q-\frac{q^2}{400}\right)\Big|_0^q=200q-\frac{q^2}{400}.\end{aligned}$$

$$\overline{R}(q)=\frac{R(q)}{q}=200-\frac{q}{400}(\text{元}/\text{单位}).$$

(2) $R(100)=\left(200q-\dfrac{q^2}{400}\right)_{q=100}=19\ 975(\text{元})$.

(3) $R=\displaystyle\int_{100}^{200}\left(200-\frac{q}{200}\right)\mathrm{d}q=\left(200q-\frac{q^2}{400}\right)\Big|_{100}^{200}=19\ 925(\text{元})$.

2. 由边际函数求总函数的极值

设生产 q 单位产品的边际收益为 $R'(q)$，边际成本为 $C'(q)$，固定成本为 C_0. 由极值的必要条件知，要使产品的利润 $L(q)=R(q)-C(q)$ 最大，q 应满足 $R'(q)=C'(q)$. 如果 $q=q_0$ 时利润最大，则最大利润可由积分表示为

$$L(q_0)=\int_0^{q_0}[R'(q)-C'(q)]\mathrm{d}q-C_0.$$

例 9 某种产品每天生产 q 单位时的固定成本为 $C_0=100$ 元，边际成本为 $C'(q)=0.6q+20$(元/单位)，边际收益 $R'(q)=38$(元/单位).

(1) 每天生产多少单位时利润最大？最大利润是多少？

(2) 当利润最大时又生产了 10 单位的产品，总利润为多少？

解 (1) 由利润最大原则知，当 $R'(q)=C'(q)$ 时利润最大，即

$$38=0.6q+20.$$

从而得 $q_0=30$，即 $q_0=30$ 时利润最大，这时最大利润为

$$\begin{aligned}L(30)&=\int_0^{30}[R'(q)-C'(q)]\mathrm{d}q-C_0\\&=\int_0^{30}(38-0.6q-20)\mathrm{d}q-100=170(\text{元}).\end{aligned}$$

$$\begin{aligned}(2)L&=\int_{30}^{40}[R'(q)-C'(q)]\mathrm{d}q=\int_{30}^{40}(-0.6q+18)\mathrm{d}q\\&=(-0.3q^2+18q)\Big|_{30}^{40}=-30(\text{元}).\end{aligned}$$

即从最大利润的生产量 $q=30$ 单位，再生产 10 个单位产品利润减少 30 元.

例 10 设某种商品每天生产 q 单位时固定成本为 20 元，边际成本函数为 $C'(q)=0.4q+2$(元/单位). 求总成本函数 $C(q)$. 如果这种商品规定的销售单价为 18 元，且产品可以全部售出，求总利润函数 $L(q)$，并问每天生产多少单位时才能获得最大利润？

解 总成本函数为

$$\begin{aligned}C(q)&=\int_0^q C'(q)\mathrm{d}q+C_0=\int_0^q(0.4q+2)\mathrm{d}q+20\\&=(0.2q^2+2q)\Big|_0^q+20=0.2q^2+2q+20.\end{aligned}$$

设销售 q 单位商品得到的总收益为 $R(q)$. 根据题意，有 $R(q)=18q$. 因为 $L(q)=R(q)-C(q)$，所以

$$L(q)=18q-(0.2q^2+2q+20)=-0.2q^2+16q-20.$$

由 $L'(q)=-0.4q+16=0$，得 $q=40$，而 $L''(40)=-0.4<0$，所以每天生产 40 单位时才能获得最大利润，最大利润为

$$L(40)=-0.2\times 40^2+16\times 40-20=300(\text{元}).$$

☞ 习题 6.5

1. 求下列曲线所围成图形的面积：

(1) $y=\sqrt{x}$ 与 $y=x^2$；　　(2) $y=e^x, y=e^{-x}$ 与 $x=1$；

(3) $y=\frac{1}{x}, y=x$ 与 $x=2$；　　(4) $y=\sin x, y=\cos x, x=0, x=\frac{\pi}{2}$；

(5) $y^2=x$ 与 $x+y-2=0$；　　(6) $x=5y^2$ 与 $x=1+y^2$.

2. 求抛物线 $y=-x^2+4x-3$ 及其在点 $(0,-3)$ 和 $(3,0)$ 处的切线所围成图形的面积.

3. 确定正数 a 的值，使曲线 $y^2=x$ 与 $y=ax$ 所围成图形的面积为 $\frac{1}{6}$.

4. 曲线 $y=1-x^2$，x 轴与 y 轴在第一象限所围成的图形被曲线 $y=ax^2(a>0)$ 分为面积相等的两部分.试确定常数 a 的值.

5. 求下列曲线所围成的图形绕指定的轴旋转所成的旋转体的体积：

(1) $xy=4, x=2, x=4, y=0$ 所围成的图形，绕 x 轴；

(2) $x=y^2, y=x^2$ 所围成的图形，绕 y 轴；

(3) $y=\sqrt{x}, x=1, x=4, y=0$ 所围成的图形，分别绕 x 轴、y 轴；

(4) $x^2+(y-5)^2=16$ 所围成的图形，绕 x 轴.

6. 过坐标原点作曲线 $y=\ln x$ 的切线与曲线 $y=\ln x$ 及 x 轴所围成的平面图形记为 D. (1) 求平面图形 D 的面积；(2) 求平面图形 D 绕 $x=e$ 旋转一周所得旋转体的体积.

7. 证明：由平面图形 $0\leqslant a\leqslant x\leqslant b, 0\leqslant y\leqslant f(x)$ 绕 y 轴旋转所得的旋转体的体积为

$$V=2\pi\int_a^b xf(x)\mathrm{d}x.$$

8. 某产品的边际成本为 $C'(q)=2-q$，边际收益为 $R'(q)=20-4q$（万元 / 台），固定成本为 $C_0=100$.(1) 求总成本函数与收益函数；(2) 产量为多少台时，总利润最大？

9. 某产品的边际收益为 $R'(q)=7-2q$（万元 / 百台）.若生产该产品的固定成本为 3 万元，每增加 1 百台的变动成本为 2 万元，(1) 求总收益函数；(2) 生产多少台时，总利润最大？

10. 生产某产品的固定成本为 100，边际成本函数为 $C'(q)=21.2+0.8q$，需求函数为 $q=100-\frac{1}{3}p$.问产量为多少时可获最大利润？最大利润为多少？

11. 设生产某产品的固定成本为 1 万元，边际成本和边际收益分别为

$$C'(q)=4+0.25q\text{（万元 / 百台）},\quad R'(q)=8-q\text{（万元 / 百台）}.$$

(1) 产量由 1 百台增加到 5 百台时，总收益和总成本各增加多少万元？

(2) 产量为多少台时，总利润最大？

总习题六

1. 填空题

(1) $\int_{-1}^{2} x|x|\mathrm{d}x=$ ________.

(2) 设 $f(x)$ 是连续函数,且 $f(x)=x+2\int_0^1 f(t)\mathrm{d}t$,则 $f(x)=$________.

(3) $\int_0^{+\infty}\frac{1}{\mathrm{e}^x+\mathrm{e}^{-x}}\mathrm{d}x=$________.

(4) $\frac{\mathrm{d}}{\mathrm{d}x}\int_0^x \sin(x-t)^2\mathrm{d}t=$________.

(5) $\int_0^1\sqrt{2x-x^2}\,\mathrm{d}x=$________.

(6) $\int_{-\pi}^{\pi}(x+1)\sqrt{1-\cos 2x}\,\mathrm{d}x=$________.

(7) $\int_0^{+\infty}\frac{\mathrm{d}x}{x\ln^2 x}=$________.

(8) 设 $f(x)=\begin{cases}1+x^2 & x\leqslant 0\\ \mathrm{e}^{-x} & x>0\end{cases}$,则 $\int_1^3 f(x-2)\mathrm{d}x=$________.

(9) 设 $f(x)$ 连续,且 $\int_0^{x^3-1}f(t)\mathrm{d}t=x$,则 $f(7)=$________.

(10) 介于曲线 $y=\mathrm{e}^{-2x}(0\leqslant x<+\infty)$ 与 x 轴之间图形的面积为________.

2. 单项选择题

(1) 下列结论正确的是(　　).

(A) $\frac{\mathrm{d}}{\mathrm{d}x}\int_a^b f(x)\mathrm{d}x=f(x)$　　(B) $\frac{\mathrm{d}}{\mathrm{d}x}\int_a^x f(x)\mathrm{d}x=f(x)$

(C) $\int_a^b f'(x)\mathrm{d}x=f(x)$　　(D) $\int_a^b f'(x)\mathrm{d}x=f(x)+C$

(2) 设 $f(x)$ 为连续函数,则 $\int_0^1 f(\sqrt{1-x})\mathrm{d}x=$(　　).

(A) $2\int_0^1 xf(x)\mathrm{d}x$　　(B) $-2\int_0^1 xf(x)\mathrm{d}x$

(C) $\frac{1}{2}\int_0^1 f(x)\mathrm{d}x$　　(D) $-\frac{1}{2}\int_0^1 f(x)\mathrm{d}x$

(3) 若 $F(x)=\int_0^x\frac{1}{1+t^2}\mathrm{d}t+\int_0^{\frac{1}{x}}\frac{1}{1+t^2}\mathrm{d}t\,(x\neq 0)$,则 $F(x)=$(　　).

(A) 0　　(B) $\frac{\pi}{2}$　　(C) $\arctan x$　　(D) $2\arctan x$

(4) 函数 $f(x)=\int_0^x \mathrm{e}^{\sqrt{t}}\mathrm{d}t$ 在 $[0,1]$ 上的最大值为(　　).

(A) e　　(B) 1　　(C) $\sqrt{\mathrm{e}}$　　(D) 2

(5) 设 $f(x)$ 连续,则 $\frac{\mathrm{d}}{\mathrm{d}x}\int_0^x tf(x^2-t^2)\mathrm{d}t=$(　　).

(A) $xf(x^2)$　　(B) $-xf(x^2)$　　(C) $2xf(x^2)$　　(D) $-2xf(x^2)$

(6) 下列反常积分发散的是(　　).

(A) $\int_0^{+\infty}\frac{\mathrm{d}x}{1+x^2}$　　(B) $\int_0^1\frac{\mathrm{d}x}{\sqrt{1-x^2}}$　　(C) $\int_0^{+\infty}\frac{\ln x}{x}\mathrm{d}x$　　(D) $\int_0^{+\infty}\mathrm{e}^{-x}\mathrm{d}x$

(7) 设在区间$[a,b]$上，$f(x)>0,f'(x)<0,f''(x)>0,S_1=\int_a^b f(x)\mathrm{d}x,S_2=f(b)(b-a),S_3=\frac{b-a}{2}[f(a)+f(b)]$，则必有(　　).

(A)$S_1<S_2<S_3$　　(B)$S_2<S_1<S_3$

(C)$S_3<S_1<S_2$　　(D)$S_2<S_3<S_1$

(8) $\int_0^{\pi}\sqrt{\sin x-\sin^3 x}\,\mathrm{d}x=$(　　).

(A)0　　(B) $\frac{2}{3}$　　(C) $\frac{4}{3}$　　(D)2

(9) 设 $f(x)=\begin{cases}x+1 & 0\leqslant x<1\\ x-1 & 1\leqslant x\leqslant 2\end{cases}$，且 $F(x)=\int_0^x f(t)\mathrm{d}t$，则 $x=1$ 是函数 $F(x)$ 的(　　).

(A) 跳跃间断点　　(B) 可去间断点

(C) 连续但不可导点　　(D) 可导点

(10) 设 $F(x)=\frac{x^2}{x-a}\int_a^x f(t)\mathrm{d}t$，其中 $f(x)$ 为连续函数，则 $\lim\limits_{x\to a}F(x)=$(　　).

(A)a^2　　(B)$a^2f(a)$　　(C)0　　(D) 不存在

3. 求下列极限：

(1) $\lim\limits_{x\to 0}\dfrac{x-\sin x}{\int_0^x\frac{\ln(1+t^3)}{t}\mathrm{d}t}$；

(2) $\lim\limits_{n\to\infty}\frac{1}{n}\left(\sin\frac{\pi}{n}+\sin\frac{2\pi}{n}+\sin\frac{3\pi}{n}+\cdots+\sin\frac{n\pi}{n}\right)$.

4. 求下列积分：

(1) $\int_{-1}^{1}\arcsin^2 x\,\mathrm{d}x$；　　(2) $\int_{-1}^{1}x^2\mathrm{e}^{|x|}\,\mathrm{d}x$；

(3) $\int_0^1\frac{x\mathrm{e}^x}{(1+x)^2}\mathrm{d}x$；　　(4) $\int_1^{+\infty}\frac{\mathrm{d}x}{x^2+2x}$；

(5) $\int_1^{\mathrm{e}}\frac{1}{x\sqrt{1-\ln^2 x}}\mathrm{d}x$；　　(6) $\int_1^{+\infty}\frac{\arctan x}{x^2}\mathrm{d}x$.

5. 已知 $f(0)=1,f(2)=3,f'(2)=5$.求$\int_0^1 xf''(x)\mathrm{d}x$.

6. 已知 $f(\pi)=1$，且$\int_0^{\pi}[f(x)+f''(x)]\sin x\,\mathrm{d}x=3$.求 $f(0)$.

7. 设 $f(x)$ 连续，且满足 $\int_0^x(t-x)f(x)\mathrm{d}t=1-\cos x$.求 $f(x)$.

8. 设 $f(x)$ 在$[a,b]$上连续.证明：$\int_a^b f(x)\mathrm{d}x=(b-a)\int_0^1 f(a+(b-a)x)\mathrm{d}x$.

9. 设函数 $f(x)$ 连续，且 $f(x)=\frac{1}{1+x^2}-3x^2\int_0^1 f(t)\mathrm{d}t$.求 $f(x)$.

10. 从抛物线 $y=x^2-1$ 上的点 $P(a,a^2-1)$ 引抛物线 $y=x^2$ 的切线.求由曲线 $y=x^2$ 与所引切线围成图形的面积.

11. 已知某产品的边际成本和边际收益分别为

$$C'(q)=3q^2-20q-40,\quad R'(q)=32+10q,$$

且固定成本为 10,其中 q 为销售量.求总利润函数及使总利润最大的产量.

12. 读写练习：查阅有关文献,以微积分基本公式为核心,写一篇介绍牛顿和莱布尼茨对微积分创立所做的巨大贡献的短文.

第七章　多元函数微积分

多元函数微积分是一元函数微积分的推广.因此,多元函数微积分的许多内容与一元函数微积分的相关内容类似或密切相关,在这部分内容的学习中应注意与一元函数微积分的对比和联系.

第一节　空间曲面

在讨论多元函数微积分之前,首先要了解空间曲面的知识. 这些知识是学习多元函数微积分的基础.

一、空间直角坐标系

1. 空间直角坐标系的定义

过空间一个定点 O 作三条相互垂直的数轴,它们都以 O 为原点且一般具有相同单位长度, 这三条数轴分别叫作 x 轴(横轴)、y 轴(纵轴) 和 z 轴(竖轴). 一般是将 x 轴和 y 轴放置在水平面上,那么 z 轴就垂直于水平面;它们的方向通常符合右手螺旋法则,即伸出右手,让四指与大拇指垂直,并使四指先指向 x 轴,然后让四指沿握拳方向旋转 $90°$ 指向 y 轴,此时大拇指的方向即为 z 轴方向. O 称为**坐标原点**.这样就构成了空间直角坐标系,见图 7—1.

在空间直角坐标系中,每两轴所确定的平面称为**坐标平面**,简称**坐标面**,即 xOy 坐标面、yOz 坐标面和 zOx 坐标面.坐标面把空间分为八个部分,每一个部分称为一个卦限.在 xOy 坐标面上方有四个卦限,下方有四个卦限.含 x 轴、y 轴和 z 轴正向的卦限称为第 Ⅰ 卦限,然后逆着 z 轴正向看时,按逆时针顺序依次为第 Ⅱ,Ⅲ,Ⅳ 卦限,对于分别位于 Ⅰ,Ⅱ,Ⅲ,Ⅳ 卦限下面的四个卦限,依次为第 Ⅴ,Ⅵ,Ⅶ,Ⅷ 卦限.见图 7—2.

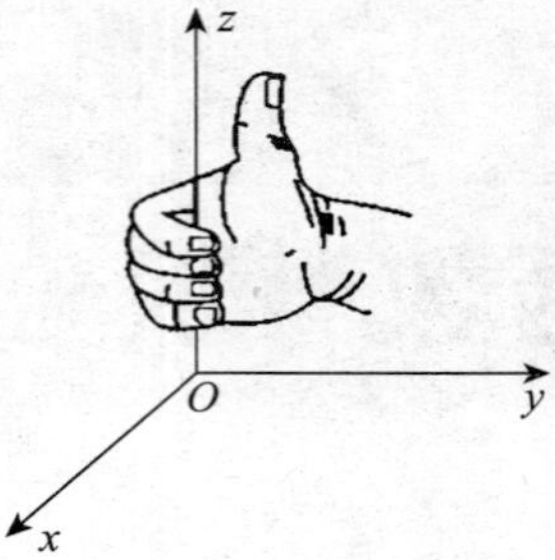

图 7—1

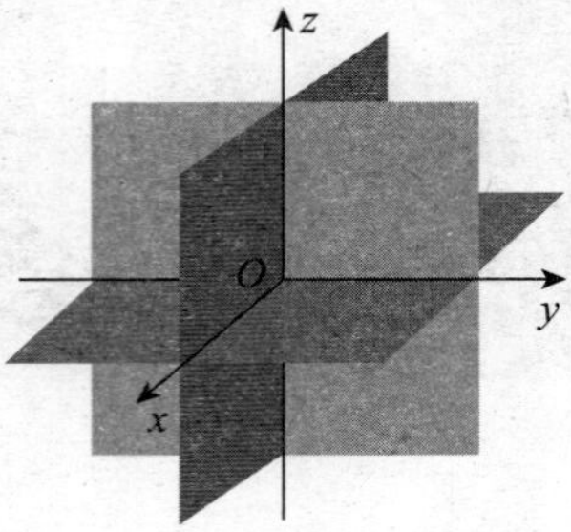

图 7—2

2. 点的坐标

设M为空间的任意一点，过点M作垂直于三个坐标轴的平面，与x轴，y轴，z轴的垂足分别为P,Q,R.设x,y,z分别是P,Q,R点在数轴上的坐标.这样空间内任一点M就确定了唯一的一组有序的数组x,y,z，用(x,y,z)表示.

反之，任给出一组有序数组x,y,z，它们分别在x轴，y轴，z轴上对应于点P,Q,R.过P,Q,R分别作垂直于三个坐标轴的平面相交于点M.这样一组有序数组就确定了空间内唯一的一个点M.根据上面的法则，建立了空间一点M与一组有序数(x,y,z)之间的一一对应关系.有序数组(x,y,z)称为点M的坐标，记为$M(x,y,z)$.见图 7—3.

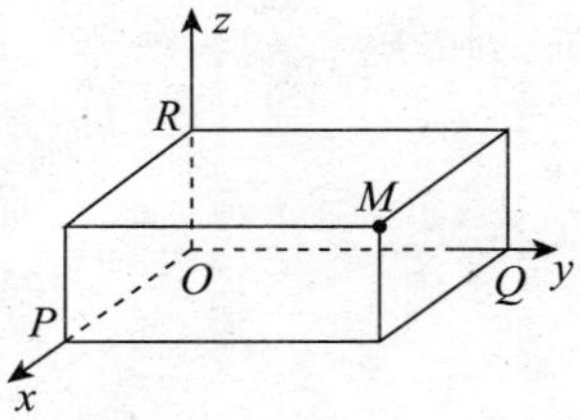

图 7—3

xOy，yOz和zOx坐标面上点的坐标分别为$(x,y,0)$，$(0,y,z)$和$(x,0,z)$.

Ox，Oy和Oz坐标轴上点的坐标分别为$(x,0,0)$，$(0,y,0)$和$(0,0,z)$.

空间直角坐标系中各卦限中点的坐标符号见表 7—1.

表 7—1　空间直角坐标系中各卦限中点的坐标符号

卦限	点的坐标(x,y,z)的符号	卦限	点的坐标(x,y,z)的符号
Ⅰ	(+，+，+)	Ⅴ	(+，+，−)
Ⅱ	(−，+，+)	Ⅵ	(−，+，−)
Ⅲ	(−，−，+)	Ⅶ	(−，−，−)
Ⅳ	(+，−，+)	Ⅷ	(+，−，−)

3. 空间两点间的距离公式

设空间中任意两点为$M_1(x_1,y_1,z_1)$与$M_2(x_2,y_2,z_2)$，两点间的距离记为$|M_1M_2|$，过点M_1和M_2分别作平行于坐标面的平面，这六个平面构成一个长方体，它的三条边长分别为$|x_2-x_1|$，$|y_2-y_1|$，$|z_2-z_1|$，见图 7—4；由勾股定理，可得M_1与M_2的距离

$|M_1M_2|$ 为

$$\begin{aligned}|M_1M_2|^2 &= |M_1P|^2+|M_2P|^2 \\ &= |M_1Q|^2+|M_1R|^2+|M_2P|^2 \\ &= (x_2-x_1)^2+(y_2-y_1)^2 \\ &\quad +(z_2-z_1)^2.\end{aligned}$$

所以

$$|M_1M_2|=\sqrt{(x_2-x_1)^2+(y_2-y_1)^2+(z_2-z_1)^2}.$$

该公式称为**空间两点间的距离公式**,它是平面上两点间的距离公式的推广.

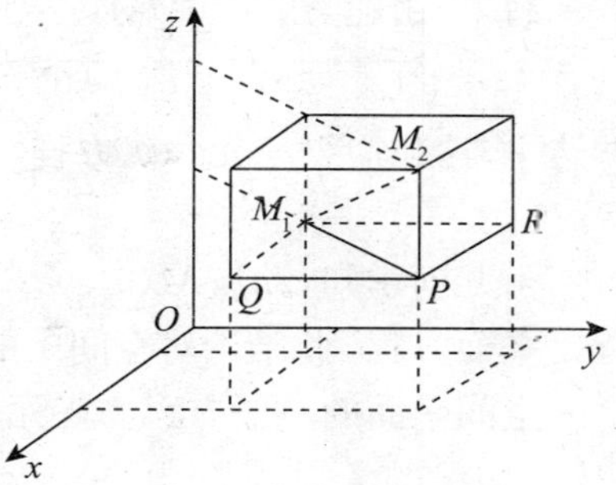

图 7—4

二、空间曲面与方程

1. 曲面方程的概念

定义 如果曲面 S 上每一点的坐标都满足方程 $F(x,y,z)=0$,而不在曲面 S 上的点的坐标都不满足这个方程,则称方程 $F(x,y,z)=0$ 为**曲面 S 的方程**,而称曲面 S 为此方程的图形.见图 7—5.

例 1 求球心在 (x_0,y_0,z_0)、半径为 R 的球面方程.

解 设定点 M_0 的坐标为 (x_0,y_0,z_0),则点 $M(x,y,z)$ 在以 M_0 为球心、以 R 为球半径的球面上的充要条件为 $|M_0M|=R$,即

$$\sqrt{(x-x_0)^2+(y-y_0)^2+(z-z_0)^2}=R.$$

两边平方,得

$$(x-x_0)^2+(y-y_0)^2+(z-z_0)^2=R^2.$$

显然,球面上点的坐标满足方程,不在球面上点的坐标不满足方程,所以方程就是以 $M_0(x_0,y_0,z_0)$ 为球心、以 R 为球半径的**球面方程**.

当 $x_0=y_0=z_0=0$ 时,得球心在坐标原点的球面(图 7—6),其方程为

$$x^2+y^2+z^2=R^2.$$

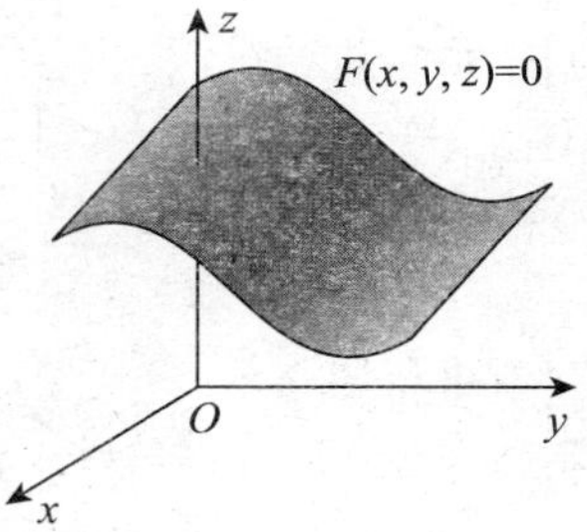

图 7—5

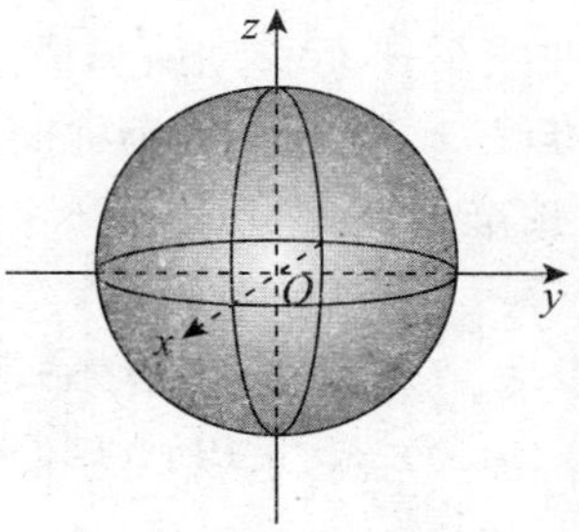

图 7—6

2. 平面的方程

例 2 求与两定点 $M_1(1,0,2)$,$M_2(2,1,-2)$ 等距离的动点 $M(x,y,z)$ 的轨迹方程.

解　由题意,有 $|MM_1|=|MM_2|$.由两点间的距离公式,得

$$\sqrt{(x-1)^2+(y-0)^2+(z-2)^2}=\sqrt{(x-2)^2+(y-1)^2+(z+2)^2}.$$

两边平方,化简得三元一次方程

$$x+y-4z-2=0.$$

由几何学知,动点 $M(x,y,z)$ 的轨迹是线段 M_1M_2 的垂直平分面,因此上述三元一次方程是平面方程. 此结论对空间中的一般平面也成立.

空间平面的一般方程为三元一次方程

$$Ax+By+Cz+D=0,$$

其中 A,B,C,D 均为常数,且不全为零.

对于平面 $Ax+By+Cz+D=0$,当 A,B,C,D 均不为零时,平面图形用连接平面与三个坐标轴的交点的三角形表示. 如平面 $x+y+z=1$ 的图形如图 7—7 所示.

下面介绍几种特殊位置的平面方程与图形:

(1) 若 $D=0$,则平面 $Ax+By+Cz=0$ 过坐标原点;

(2) 若 $C=0$,则平面 $Ax+By+D=0$ 平行于 Oz 轴(图 7—8);

(3) 若 $C=D=0$,则平面 $Ax+By=0$ 过 Oz 轴;

(4) 若 $B=C=0$,则平面 $Ax+D=0$ 平行于 yOz 平面(图 7—9).

特殊位置平面图形在空间直角坐标系中通常用平行四边形表示.其他特殊位置的平面方程与图形与上述类似.

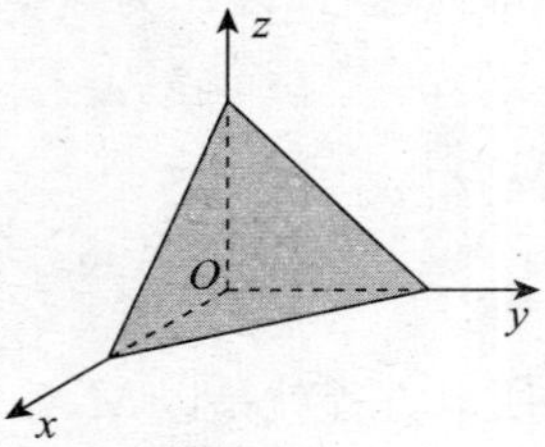

图 7—7

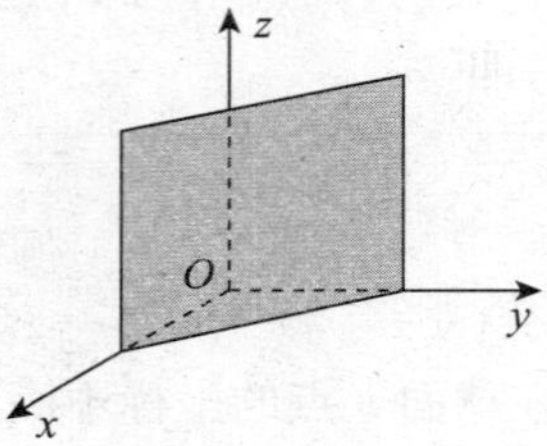

图 7—8

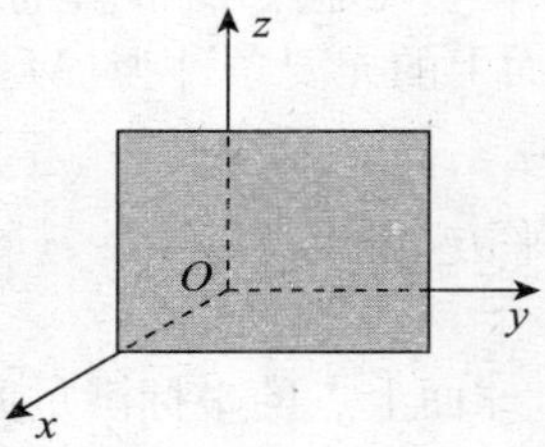

图 7—9

3. 母线平行于坐标轴的柱面

直线 L 沿定曲线 C 平行移动所形成的曲面称为**柱面**.定曲线 C 称为柱面的**准线**,动直线 L 称为柱面的**母线**,见图 7—10.

在此,主要讨论准线在坐标面上母线垂直于该坐标面的柱面方程.

设柱面的准线是 xOy 面上的曲线 C,它在平面直角坐标系 xOy 中的方程为 $f(x,y)=0$.求以 C 为准线、母线平行于 z 轴的柱面方程.

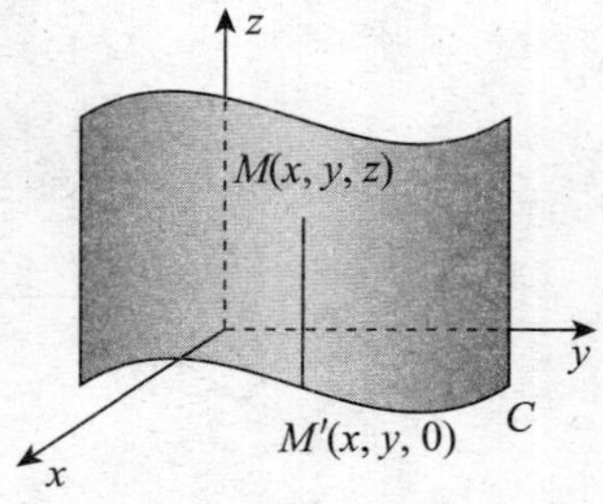

图 7—10

在柱面上任取一点 $M(x,y,z)$,过 M 作 xOy 平面的垂线与曲线 C 相交于点 $M'(x,y,0)$(图 7—10).因为 M' 在曲线 C 上,所以其坐标满足方程 $f(x,y)=0$.由于该方程不含变量 z,所以柱面上任意点 $M(x,y,z)$ 的坐标也满足 $f(x,y)=0$.

反之，不在柱面上的点都不满足方程 $f(x,y)=0$，故此方程为以 C 为准线、母线平行于 z 轴的柱面方程.

类似地，方程 $g(y,z)=0$ 表示母线平行于 x 轴的柱面，方程 $h(x,z)=0$ 表示母线平行于 y 轴的柱面.

在空间直角坐标系 $Oxyz$ 下，含两个变量的方程为柱面方程，并且方程中缺哪个变量，该柱面的母线就平行于哪一个坐标轴.下面给出母线平行于 Oz 轴的常见柱面方程及图形.

圆柱面：$x^2+y^2=R^2$；椭圆柱面：$\frac{x^2}{a^2}+\frac{y^2}{b^2}=1$（图 7—11）；

双曲柱面：$\frac{y^2}{b^2}-\frac{x^2}{a^2}=1$（图 7—12）；抛物柱面：$x^2-2py=0$（图 7—13）.

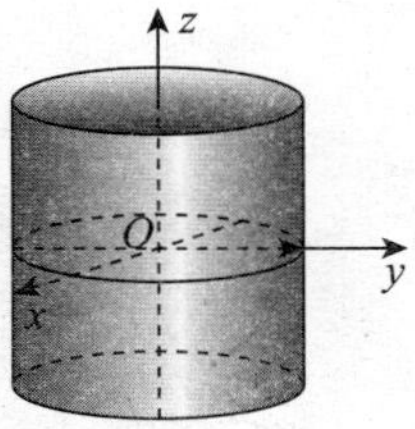

图 7—11

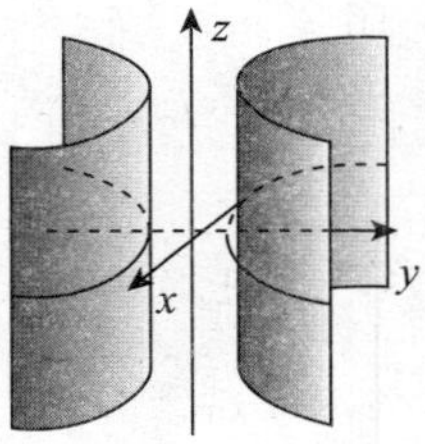

图 7—12

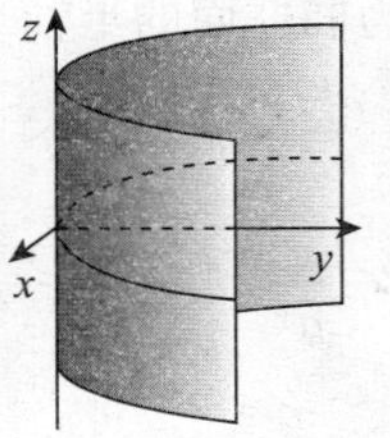

图 7—13

4. 旋转曲面

一平面曲线 C 绕同一平面上的一条定直线 L 旋转所形成的曲面称为**旋转曲面**.曲线 C 称为旋转曲面的母线，直线 L 称为**旋转曲面的轴**.

设在 yOz 平面上有一条已知曲线 C，它在平面直角坐标系中的方程是 $f(y,z)=0$.求此曲线 C 绕 z 轴旋转一周所形成的旋转曲面的方程.

在旋转曲面上任取一点 $M(x,y,z)$、设该点是由母线上点 $M_1(0,y_1,z_1)$ 绕 z 轴旋转一定角度而得到的.由图 7—14 可知，点 M 与 z 轴的距离等于点 M_1 与 z 轴的距离，且有同一竖坐标，即 $\sqrt{x^2+y^2}=|y_1|$，$z=z_1$.又因为点 M_1 在母线 C 上，所以 $f(y_1,z_1)=0$，于是有 $f(\pm\sqrt{x^2+y^2},z)=0$，即旋转曲面上的点都满足方程

$$f(\pm\sqrt{x^2+y^2},z)=0,$$

而不在旋转曲面上的点都不满足该方程，故此方程是母线为 C、旋转轴为 z 轴的旋转曲面的方程.可见，只要在 yOz 坐标面上曲线 C 的方程 $f(y,z)=0$ 中，将 y 换成 $\pm\sqrt{x^2+y^2}$，就得到曲线 C 绕 z 轴旋转的旋转曲面方程.

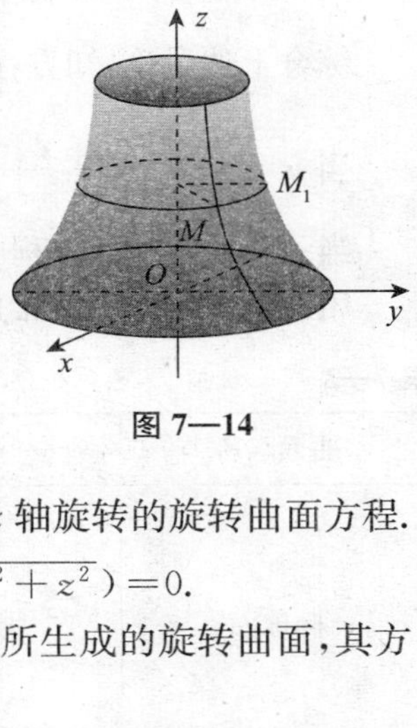

图 7—14

同理，曲线 C 绕 y 轴旋转生成的旋转曲面方程为 $f(y,\pm\sqrt{x^2+z^2})=0$.

对于其他坐标面上的曲线，绕该坐标系上任何一条坐标轴旋转所生成的旋转曲面，其方程都可以用上述类似方法求得.

例 3 求由 yOz 平面上的直线 $z=ky(k>0)$ 绕 z 轴旋转所形成的旋转曲面方程.

解 在 $z=ky$ 中，把 y 换成 $\pm\sqrt{x^2+y^2}$ 得所求旋转曲面方程为

$$z=\pm k\sqrt{x^2+y^2}, \quad 即 \quad z^2=k^2(x^2+y^2).$$

此曲面为顶点在原点、对称轴为 z 轴的圆锥面,见图 7—15.

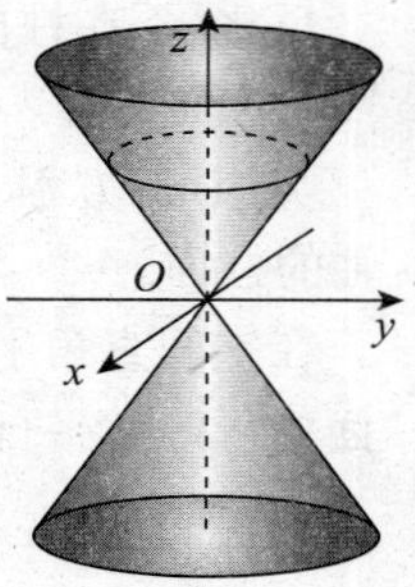

图 7—15

5. 二次曲面

在空间直角坐标系中,若 $F(x,y,z)=0$ 是二次方程,则称其图形为**二次曲面**.

用一系列平行于坐标面的平面去截曲面,求得一系列的交线,对这些交线进行分析,从而把握曲面的轮廓特征,这种方法称为**截痕法**.

方程 $\frac{x^2}{a^2}+\frac{y^2}{b^2}+\frac{z^2}{c^2}=1\ (a>0,b>0,c>0)$ 所表示的曲面称为**椭球面**,a,b,c 称为椭球面的半轴.见图 7—16.

由方程 $\frac{x^2}{a^2}+\frac{y^2}{b^2}+\frac{z^2}{c^2}=1$,可知

$$\frac{x^2}{a^2}\leqslant 1, \quad \frac{y^2}{b^2}\leqslant 1, \quad \frac{z^2}{c^2}\leqslant 1,$$

即

$$|x|\leqslant a, \quad |y|\leqslant b, \quad |z|\leqslant c$$

由此可见,曲面包含在 $x=\pm a$, $y=\pm b$, $z=\pm c$ 这六个平面所围成的长方体内.

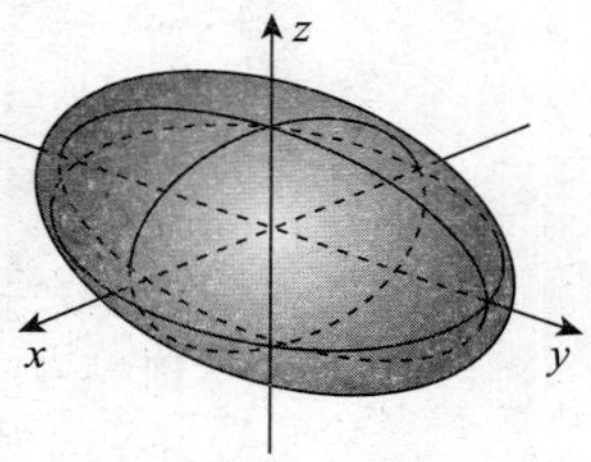

图 7—16

现用截痕法来讨论这个曲面的形状.

用 xOy 坐标面 $z=0$ 和平行于 xOy 坐标面的平面 $z=h(|h|\leqslant c)$ 去截曲面,其截痕分别为椭圆,且 $|h|$ 由 0 逐渐增大到 c 时,椭圆由大变小,逐渐缩为一点.

同样,用 zOx 坐标面与平行于 zOx 坐标面的平面去截曲面,以及用 yOz 坐标面与平行于 yOz 坐标面的平面去截曲面,它们的交线与上述结果类同.

综合上述讨论,知方程 $\frac{x^2}{a^2}+\frac{y^2}{b^2}+\frac{z^2}{c^2}=1$ 所表示的曲面形状见图 7—16.

当 $a=b$ 时,方程 $\frac{x^2+y^2}{a^2}+\frac{z^2}{c^2}=1$ 是椭圆绕 z 轴旋转而成的旋转椭球面.

当 $a=b=c$ 时,方程 $x^2+y^2+z^2=a^2$ 是球心在原点、球半径为 a 的球面.

用截痕法可知一些常用的二次曲面图形,见表 7—2.

表 7—2 **常用的二次曲面方程与图形**

曲面名称	曲面方程	曲面图形
椭球面	$\frac{x^2}{a^2}+\frac{y^2}{b^2}+\frac{z^2}{c^2}=1$ $(a>0,b>0,c>0)$	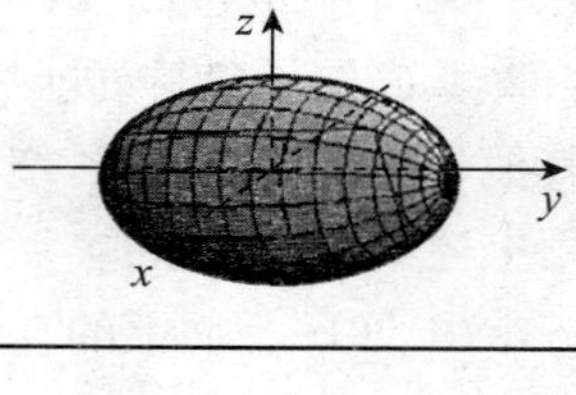

续前表

曲面名称	曲面方程	曲面图形
椭圆抛物面	$\frac{x^2}{2p}+\frac{y^2}{2q}=z(p>0,q>0)$	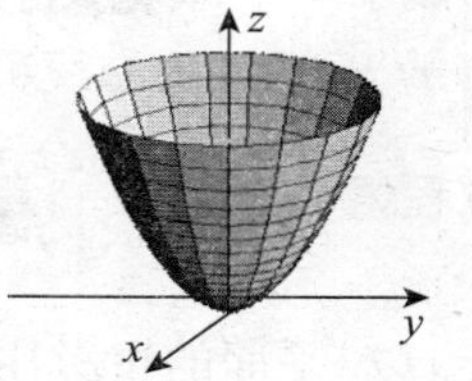
单叶双曲面	$\frac{x^2}{a^2}+\frac{y^2}{b^2}-\frac{z^2}{c^2}=1$ $(a>0,b>0,c>0)$	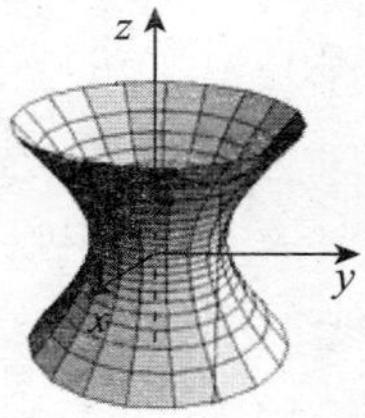
双叶双曲面	$\frac{x^2}{a^2}+\frac{y^2}{b^2}-\frac{z^2}{c^2}=-1$ $(a>0,b>0,c>0)$	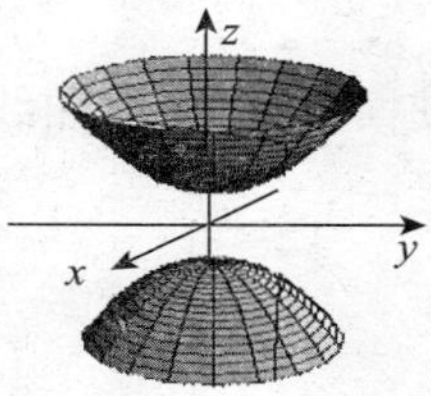
双曲抛物面	$\frac{x^2}{2p}-\frac{y^2}{2q}=z(p>0,q>0)$	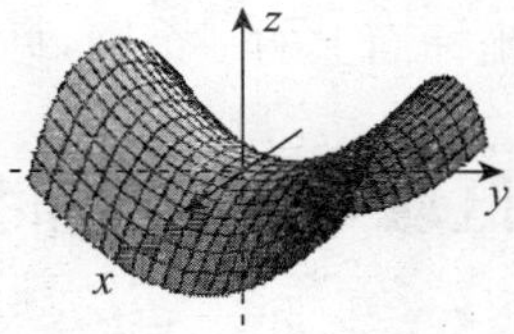

三、空间曲线及其在坐标面上的投影

空间两平面相交为直线.因此,可以把空间直线看作是两平面的交线.相应地,可以把空间曲线看作是两曲面的交线.

设曲面Σ_1的方程是$F_1(x,y,z)=0$,曲面Σ_2的方程是$F_2(x,y,z)=0$,则交线C上的点必定同时满足Σ_1,Σ_2的方程.不在C上的点一定不能同时满足这两个方程.因此,联立方程组$\begin{cases}F_1(x,y,z)=0\\F_2(x,y,z)=0\end{cases}$,即为空间曲线$C$的方程,它称为空间曲线的一般式方程.

例如,$\begin{cases}z=\sqrt{1-x^2-y^2}\\\left(x-\frac{1}{2}\right)^2+y^2=\frac{1}{2}\end{cases}$表示由圆柱面与半球面的交线,如图 7—17 所示.

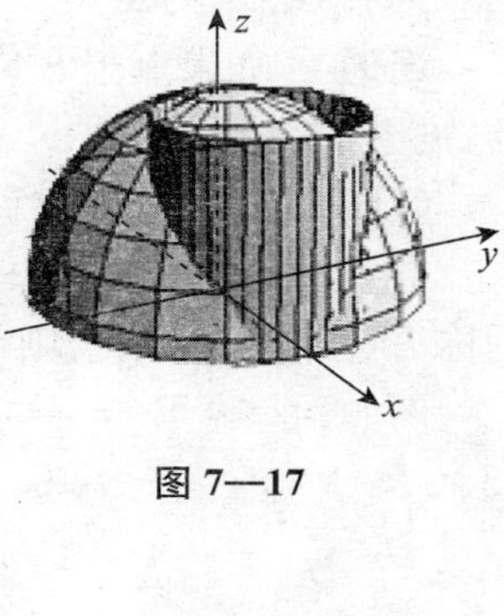

图 7—17

设空间曲线 C 的方程为$\begin{cases}F_1(x,y,z)=0\\F_2(x,y,z)=0\end{cases}$,过曲线 C 上的每一点作 xOy 坐标面的垂线,这些垂线形成了一个母线平行于 z 轴且过 C 的柱面,称为曲线 C 关于 xOy 平面的**投影柱面**.这个柱面与 xOy 平面的交线称为曲线 C 在 xOy 平面上的**投影曲线**,简称**投影**.

若在方程组$\begin{cases}F_1(x,y,z)=0\\F_2(x,y,z)=0\end{cases}$中消去变量 z 得方程 $F(x,y)=0$,则方程 $F(x,y)=0$ 就是曲线 C 关于 xOy 平面的投影柱面方程.它与 xOy 平面的交线 $\begin{cases}F(x,y)=0\\z=0\end{cases}$ 就是 C 在 xOy 平面上的投影方程.

例 4 求曲线 C:$\begin{cases}z=\sqrt{x^2+y^2}\\x^2+y^2+z^2=1\end{cases}$ 在 xOy 平面上的投影方程,并问它在 xOy 平面上是怎样的一条曲线?

解 消去变量 z,得 $x^2+y^2=\dfrac{1}{2}$.这是曲线 C 关于 xOy 坐标面的投影柱面方程,所以曲线 C 在 xOy 坐标面上的投影方程为

$$\begin{cases}x^2+y^2=\dfrac{1}{2}\\z=0\end{cases}.$$

它是 xOy 坐标面上的一个圆,见图 7—18.

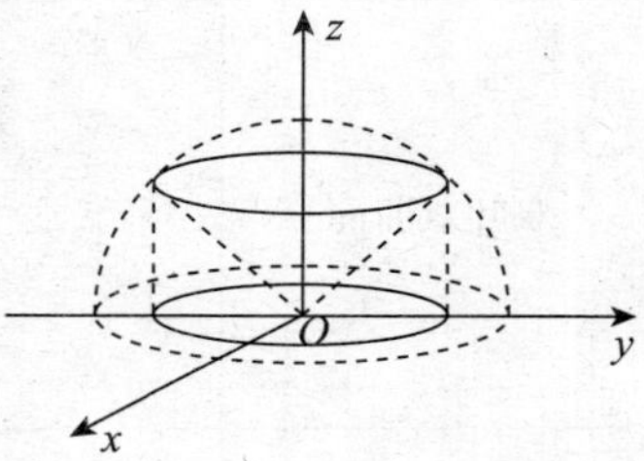

图 7—18

四、平面区域与 *n* 维空间

邻域 给定平面内点 $P_0(x_0,y_0)$,实数 $\delta>0$,以点 P_0 为圆心、为 δ 为半径作圆,则该圆内所有点的全体,即 $\{(x,y)\mid(x-x_0)^2+(y-y_0)^2<\delta^2\}$,称为点 P_0 的 δ 圆邻域,记作 $U(P_0,\delta)$,简记为 $U(P_0)$,见图 7—19.

内点 设平面点集为 E.若存在 P_0 的一个邻域 $U(P_0)$,使得 $U(P_0)\subset E$,则称 P_0 为 E 的内点,见图 7—20.

开集 若平面点集 E 内的所有点都是内点,则称点集 E 为开集.

边界点 若在平面上某个点 P 的任何邻域内,既含有点集 E 的点,又含有不是点集 E 的点,则称点 P 为点集 E 的边界点.所有边界点组成的集合称为边界,见图 7—20.

连通 如果点集 E 内任意两点都能用全属于 E 的折线或曲线连接起来,则称 E 为连通的,见图 7—21.

区域 连通的开集称为开区域,简称区域.区域及其边界所成的集合称为闭区域.

有界与无界区域 对于平面点集 E,如果存在一个以原点为圆心的圆盘 D,使 $E\subset D$,则称 E 为有界区域;否则称 E 为无界区域.

例如,区域 $D=\{(x,y)\mid x+y>0\}$ 为无界开区域,见图 7—22;区域 $D=\{(x,y)\mid 0\leqslant x\leqslant 1,x\leqslant y\leqslant 1\}$ 为有界闭区域,见图 7—23.

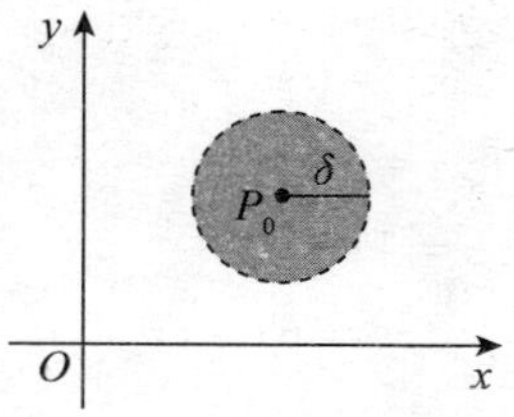

图 7—19

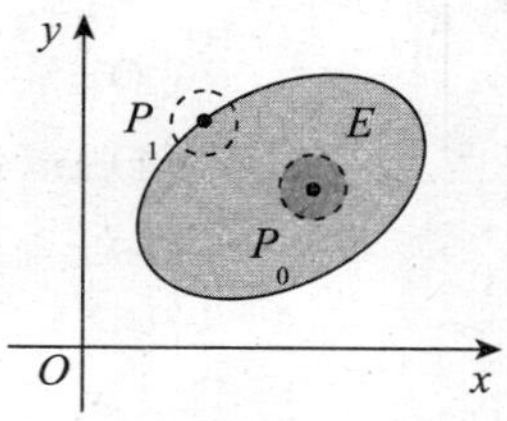

图 7—20

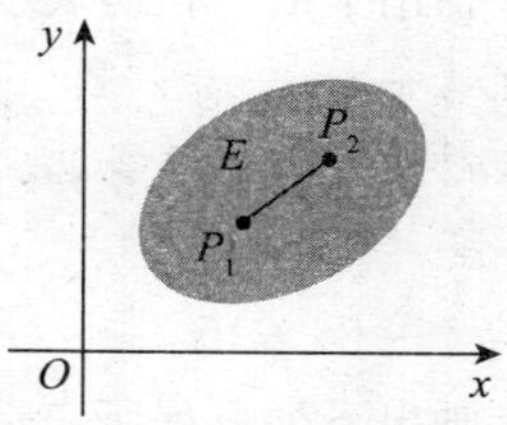

图 7—21

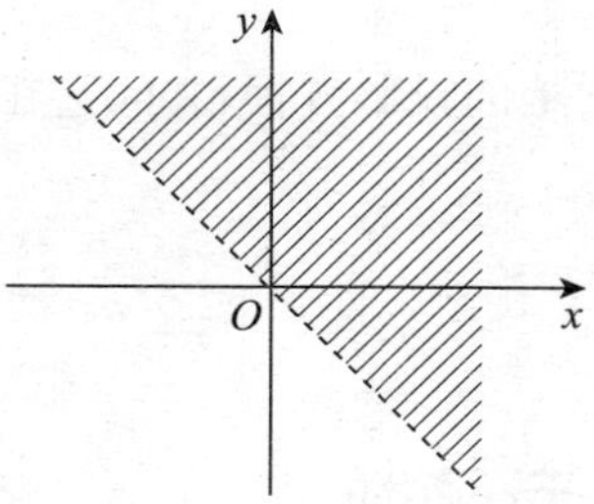

图 7—22

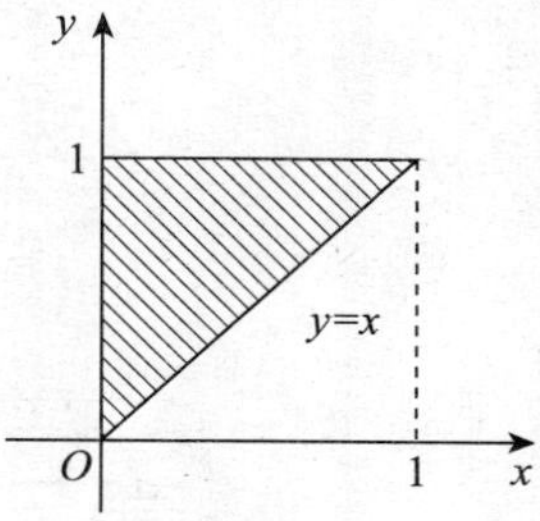

图 7—23

由 n 元有序实数组$(x_1,x_2,\cdots,x_n)$的全体组成的集合称为 **n 维空间**,记作 $\mathbf{R}^n$,即

$$\mathbf{R}^n=\{(x_1,x_2,\cdots,x_n)\mid x_i\in\mathbf{R},i=1,2,\cdots,n\},$$

其中每个有序数组$(x_1,x_2,\cdots,x_n)$称为 $\mathbf{R}^n$ 中的一个点,也称为该点的坐标,n 个实数 x_1,x_2,$\cdots$,x_n 就是这个点的坐标分量.

n 维空间 $\mathbf{R}^n$ 中任意两点 $P(x_1,x_2,\cdots,x_n)$ 与 $Q(y_1,y_2,\cdots,y_n)$ 间的距离定义为

$$|PQ|=\sqrt{(x_1-y_1)^2+(x_2-y_2)^2+\cdots(x_n-y_n)^2}.$$

☞ 习题 7.1

1. 在空间直角坐标系中,指出下列各点在哪个卦限?

$A(3,-2,1)$, $B(2,2,-2)$, $C(2,-3,-3)$, $D(-1,-2,3)$.

2. 在坐标面上和坐标轴上的点的坐标各有什么特征?指出下列各点的位置:

$A(3,2,0)$, $B(0,2,4)$, $C(2,0,0)$, $D(0,-2,0)$.

3. 求点(a,b,c)关于(1) 各坐标面;(2) 各坐标轴;(3) 坐标原点的对称点的坐标.
4. 求点 $M(4,-3,5)$ 到各坐标轴和坐标面的距离.
5. 在 z 轴上求与两点 $A(-4,1,7)$ 和 $B(3,5,-2)$ 等距离的点.
6. 由平面的一般方程 $Ax+By+Cz+D=0$ 写出下面的方程:

(1) 过原点的平面; (2) 过 y 轴的平面; (3) 平行 xOy 坐标面的平面;
(4) 平行于 x 轴的平面; (5) yOz 坐标面.

7. 确定平面 $x+2y-3z-6=0$ 在三个坐标轴上的截距,并画出该平面图形.
8. 求球面 $x^2+y^2+z^2-2x+4y-4z-7=0$ 的球心和半径.
9. 已知球面过原点,球心在$(1,3,-2)$.求球面方程.

10. 指出下面方程所表示图形的名称：

(1) $x^2+y^2+z^2-2x-3=0$；　　(2) $x^2+y^2-2z^2=0$；

(3) $x^2+y^2-2z^2=1$；　　(4) $2x^2+y^2-4=0$；

(5) $x^2+y^2-z=1$；　　(6) $x+y-2z=1$；

(7) $x^2-2z=0$；　　(8) $x^2+2y^2+3z^2=6$.

11. 画出下列方程所表示的曲面：

(1) $x^2+y^2-z^2=0$；　　(2) $x^2+y^2-z=0$；

(3) $y^2-z=0$；　　(4) $2x^2+y^2-4=0$.

12. 求曲线 $C:\begin{cases} z=x^2+y^2 \\ x^2+y^2+z^2=2 \end{cases}$ 在 xOy 平面上的投影方程，并问它在 xOy 平面上是怎样的一条曲线？

第二节　多元函数

多元函数是多元函数微积分学研究的对象，同一元函数类似，多元函数也有极限、连续等基本概念.这些内容作为一元函数在多元函数中的推广，它与一元函数的相关内容类似且密切相关.在这部分内容的学习中，应注意与一元函数的对比.在研究方法上把握一般与特殊之间的辩证关系.

一、二元函数

在许多自然现象和经济现象中，经常遇到多个变量之间的依赖关系.

例 1　设矩形的边长分别为 x 和 y，则矩形的面积 $S=xy$.在此，当 x 和 y 每取定一组值时，就有一确定的面积值 S，即 S 是依赖于 x 和 y 的变化而变化的量.

例 2　在西方经济学中，著名的 Cobb-Douglas 生产函数为 $Q=cK^{\alpha}L^{\beta}$，这里 c,α,β 为常数，$L>0$，$K>0$ 分别表示投入的劳动力数量和资本数量，Q 表示产量，Q 是一个依赖于 K 和 L 的变化而变化的量.

定义 1　设 D 为 $\mathbf{R}^2$ 中的一个非空点集.若有一个映射 f，使得对于 D 中每一个有序实数对 (x,y)，都有唯一确定的实数 z 与之对应，则称映射 f 为定义在 D 上的**二元函数**，记为 f：$D\to\mathbf{R}$，$(x,y)\mapsto f(x,y)\in D$.又记为 $z=f(x,y)$，$(x,y)\in D$，其中 x,y 称为**自变量**，z 称为**因变量**，(x,y) 的变化范围 D 称为函数的**定义域**，记为 $D(f)$，实数 z 的取值范围称为**值域**，记为 $f(D)$，即

$$f(D)=\{z\mid z=f(x,y),(x,y)\in D\}\subset\mathbf{R}.$$

图 7—24 反映了二元函数 $z=f(x,y)$ 的定义域与值域之间的对应关系.

与一元函数类似，当用某个解析式表达二元函数时，凡是使解析式有意义的自变量所组

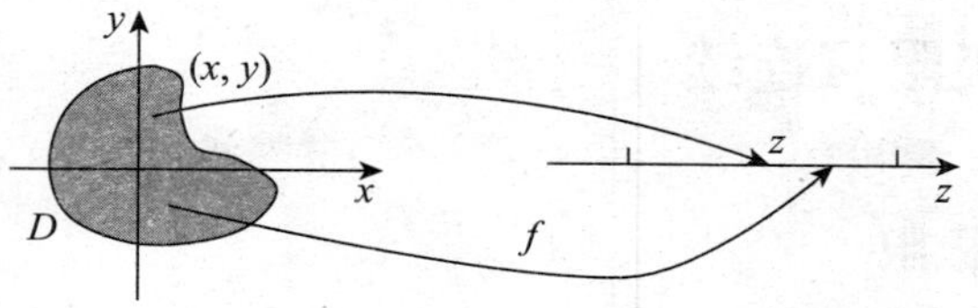

图 7—24

成的平面点集为该二元函数的定义域，一元函数的定义域一般来说是一个或几个区间，二元函数的定义域通常为平面区域.

例 3 二元函数 $z=\sqrt{R^2-x^2-y^2}$ 的定义域为所有满足 $x^2+y^2\leqslant R^2$ 的点 (x,y) 的集合，即 $D=\{(x,y)\mid x^2+y^2\leqslant a^2\}$，见图 7—25.

例 4 函数 $z=\dfrac{1}{\sqrt{x}}\ln(x+y)$ 的定义域为满足 $x+y>0,x>0$ 的点 (x,y) 的集合，即 $D=\{(x,y)\mid x+y>0,x>0\}$，见图 7—26.

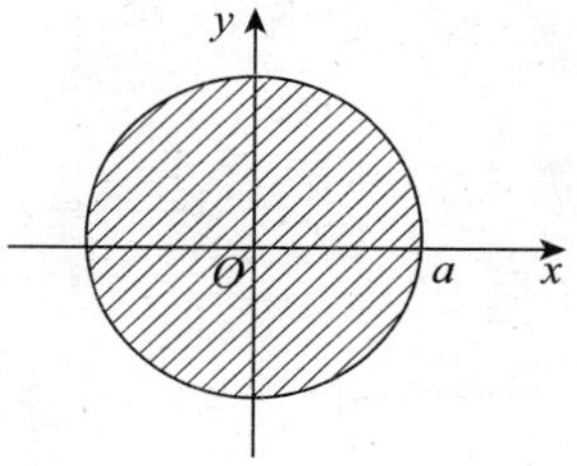

图 7—25

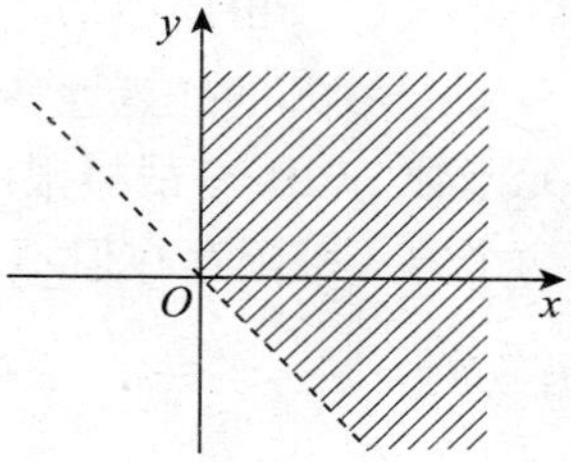

图 7—26

二元函数 $z=f(x,y)((x,y)\in D)$ 的图形 $\{(x,y,z)\mid z=f(x,y),(x,y)\in D\}$ 一般表示空间中的一张曲面.在直角坐标系中，这张曲面在坐标面 xOy 上的投影区域，就是函数 $z=f(x,y)$ 的定义域 D，见图 7—27.

例 5 函数 $z=\sqrt{1-x^2-y^2}$ 的定义域为平面圆域 $D:x^2+y^2\leqslant 1$. 函数 $z=\sqrt{1-x^2-y^2}$ 的图形为上半球面.见图 7—28.

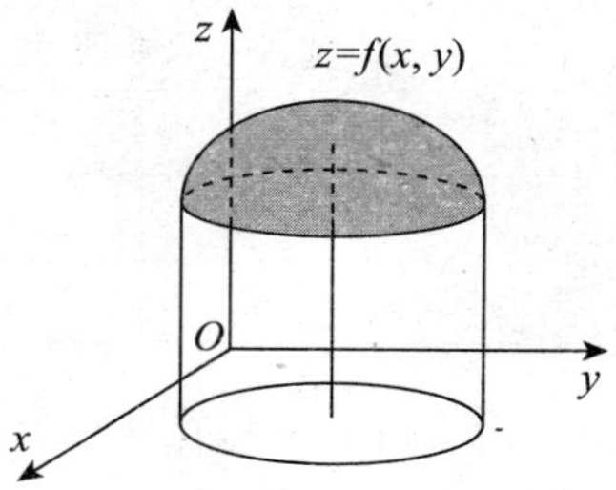

图 7—27

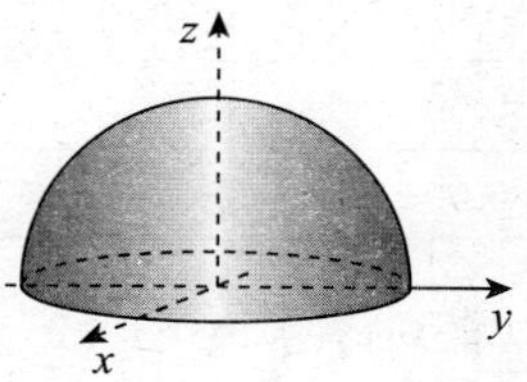

图 7—28

二、二元函数的极限与连续

1. 二元函数的极限

与一元函数的极限概念类似，二元函数的极限反映了函数值随自变量变化而变化的趋势.对比一元函数的极限概念可以定义二元函数的极限.

定义 2 设函数 $z=f(x,y)$ 在点 $P_0(x_0,y_0)$ 的某邻域内有定义(点 P_0 可除外)，A 是一个常数.若点 $P(x,y)$ 以任何方式趋近于 $P_0(x_0,y_0)$ 时，$f(x,y)$ 总趋向于 A，则称 A 是二元函数 $f(x,y)$ 当 (x,y) 趋近于 (x_0,y_0) 时的**极限**，记为

$$\lim_{\substack{x\to x_0\\ y\to y_0}} f(x,y)=A \quad 或 \quad \lim_{(x,y)\to(x_0,y_0)} f(x,y)=A.$$

值得注意的是，动点 $P(x,y)$ 可以以任意方式趋近定点 $P_0(x_0,y_0)$，只有点 $P(x,y)$ 以任意方式趋近于 $P_0(x_0,y_0)$ 时，$f(x,y)$ 总趋向于常数 A，才能称二元函数 $f(x,y)$ 当 (x,y) 趋于 (x_0,y_0) 时的极限存在.这里体现了二元函数 $f(x,y)$ 的极限逼近条件 $(x,y)\to(x_0,y_0)$ 的任意性特征.见图 7—29.

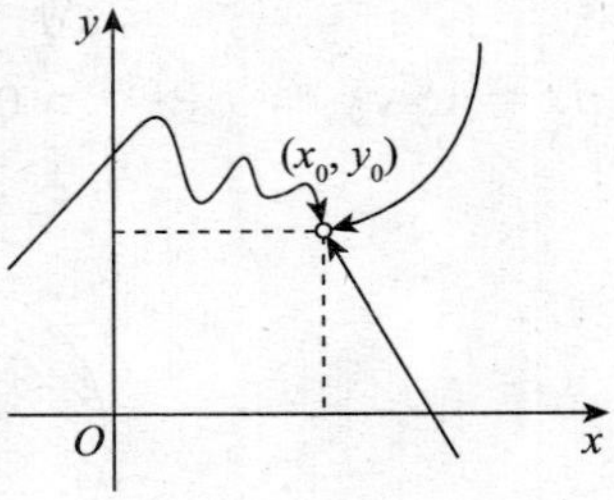

图 7—29

但要说明二元函数 $f(x,y)$ 的极限不存在，只需说明一个方式极限不存在或两个方式极限存在但不等即可.

例如，考察函数 $f(x,y)=\dfrac{x^2-y^2}{x^2+y^2}$ 在 $(0,0)$ 处的极限是否存在.做出函数在点 $(0,0)$ 附近的函数值表，见表 7—3.

表 7—3

$f(x,y)$ \ x / y	-1.0	-0.5	-0.2	0	0.2	0.5	1.0
-1.0	0.00	0.60	0.92	1.00	0.92	0.60	0.00
-0.5	-0.60	0.00	0.72	1.00	0.72	0.00	-0.60
-0.2	-0.92	-0.72	0.00	1.00	0.00	-0.72	-0.92
0	-1.00	-1.00	-1.00		-1.00	-1.00	-1.00
0.2	-0.92	-0.72	0.00	1.00	0.00	-0.72	-0.92
0.5	-0.60	0.00	0.72	1.00	0.72	0.00	-0.60
1.0	0.00	0.60	0.92	1.00	0.92	0.60	0.00

从表中可以看到，在 $y=0$ 上 $(x,y)\to(0,0)$ 时，$f(x,y)\to 1$，在 $x=0$ 上 $(x,y)\to(0,0)$ 时，$f(x,y)\to -1$，所以，当 $(x,y)\to(0,0)$ 时，$f(x,y)=\dfrac{xy}{x^2+y^2}$ 不趋近于任何数.其证明见下例.

例 6 证明：函数 $f(x,y)=\dfrac{x^2-y^2}{x^2+y^2}$ 在 $(0,0)$ 处的极限不存在.

证 让(x,y)沿直线 $y=kx$ 趋于$(0,0)$,则有

$$\lim_{\substack{x\to 0\\ y=kx}}\frac{x^2-y^2}{x^2+y^2}=\lim_{x\to 0}\frac{x^2(1-k^2)}{x^2(1+k^2)}=\frac{1-k^2}{1+k^2}.$$

它将随 k 的不同而具有不同的值,因此,极限$\lim\limits_{x\to 0}\frac{x^2-y^2}{x^2+y^2}$不存在.

二元函数的极限与一元函数的极限具有类似的性质与运算法则,在此不再讨论.

例 7 求极限 $\lim\limits_{\substack{x\to 0\\ y\to 2}}\frac{\sin xy}{x}$.

解 $\lim\limits_{\substack{x\to 0\\ y\to 2}}\frac{\sin xy}{x}=\lim\limits_{\substack{x\to 0\\ y\to 2}}\frac{\sin xy}{xy}y=\lim\limits_{\substack{x\to 0\\ y\to 2}}\frac{\sin xy}{xy}\lim\limits_{\substack{x\to 0\\ y\to 2}}y=2.$

2. 二元函数的连续性

有了二元函数极限的概念后,仿照一元函数连续性的定义,可以定义二元函数的连续性.

定义 3 设函数 $z=f(x,y)$ 在点 $P_0(x_0,y_0)$ 的某邻域内有定义.若

$$\lim_{\substack{x\to x_0\\ y\to y_0}}f(x,y)=f(x_0,y_0),$$

则称函数 $z=f(x,y)$ 在点 $P_0(x_0,y_0)$ 处连续;否则称 $z=f(x,y)$ 在点(x_0,y_0) **间断**.

二元函数的连续性也可以等价地定义为:

设函数 $z=f(x,y)$ 在点 $P_0(x_0,y_0)$ 的某邻域内有定义.若

$$\lim_{\substack{\Delta x\to 0\\ \Delta y\to 0}}\Delta z=\lim_{\substack{\Delta x\to 0\\ \Delta y\to 0}}[f(x_0+\Delta x,y_0+\Delta y)-f(x_0,y_0)]=0,$$

则称 $f(x,y)$ 在点(x_0,y_0) 处**连续**.

若 $f(x,y)$ 在区域 D 内每一点都连续,则称函数 $f(x,y)$ 在区域 D 内连续,也称 $f(x,y)$ 为区域 D 内的连续函数.若 $f(x,y)$ 在区域 D 内连续,则 $f(x,y)$ 在区域 D 内的图形就是一张连续曲面.

与一元函数一样,二元初等函数就是指由 x 的初等函数、y 的初等函数及二者经过有限次四则运算和有限次复合运算并能由一个解析式表示的函数.例如,$z=x^2y\sin(x^2+y^2)$,$z=(x^2+y^2)e^{xy}+2$ 都是二元初等函数.

对比一元连续函数的性质,二元函数具有如下类似于一元连续函数的性质:

(1) 二元连续函数的和、差、积、商(分母不为零)仍为连续函数;

(2) 若二元函数 $f(x,y)$ 在有界闭区域 D 上连续,则二元函数 $f(x,y)$ 在 D 上存在最大值和最小值;

(3) 二元初等函数在其定义区域内处处连续.

三、多元函数

以二元函数为基础,可以将函数概念推广到 n 维空间上的 n 元函数.

一般地,称函数 $u=f(x_1,x_2,\cdots,x_n)$,$(x_1,x_2,\cdots,x_n)\in D\subset \mathbf{R}^n$ 为$\mathbf{R}^n$ 上的 ***n* 元函数**.

若 n 元有序实数组$(x_1,x_2,\cdots,x_n)$ 用点 $P(x_1,x_2,\cdots,x_n)$ 表示,这样 n 元函数 $u=$

$f(x_1,x_2,\cdots,x_n)$ 也可以表示为 $u=f(P)$，称其为**点函数**.

例如，一个公司用 n 种原料制造食品，每种原料 i 的单价为 c_i，在食品的制造中，有数量为 x_i 的原料 i 被使用，因此，总费用是受原料影响的函数：

$$C=f(x_1,x_2,\cdots,x_n)=c_1x_1+c_2x_2+\cdots+c_nx_n.$$

二元函数及二元以上的函数统称为**多元函数**.同二元函数类似，可以定义多元函数的极限与连续概念，并将其统一为点函数形式

多元函数的极限定义：$\lim\limits_{P\to P_0}f(P)=A$；

多元函数的连续定义：$\lim\limits_{P\to P_0}f(P)=f(P_0)$.

这种形式上的统一使得多元函数的一些主要概念、性质与二元函数类似.因此，对于多元函数微积分的研究主要以二元函数为主，多元函数微积分可以由二元函数微积分类似推广.

☞ 习题 7.2

1. 求下列函数的定义域，并画出定义域的图形：

(1) $z=\sqrt{x-\sqrt{y}}$；　(2) $z=\dfrac{1}{\sqrt{x+y}}+\dfrac{1}{\sqrt{x-y}}$；

(3) $z=\dfrac{\sqrt{4x-y^2}}{\ln(1-x^2-y^2)}$；　(4) $z=\dfrac{\ln(y-x)}{\sqrt{4-x^2-y^2}}+\arcsin\dfrac{1}{x^2+y^2}$.

2. 由已知条件确定函数的表达式 $f(x,y)$：

(1) $f(x+y,x-y)=2(x^2+y^2)\mathrm{e}^{x^2-y^2}$；(2) $f\left(x+y,\dfrac{y}{x}\right)=x^2-y^2$.

3. 设函数 $f(x,y)=\dfrac{x^2+y^2}{xy}$.求 $f(2,1)$，$f(x,1)$，$f(2,y)$，$f\left(1,\dfrac{x}{y}\right)$.

4. 求下列极限：

(1) $\lim\limits_{(x,y)\to(0,1)}\dfrac{1-xy}{x^2+y^2}$；　(2) $\lim\limits_{(x,y)\to(0,0)}\dfrac{xy}{\sqrt{xy+1}-1}$；

(3) $\lim\limits_{(x,y)\to(0,0)}\dfrac{\sin xy}{x}$；　(4) $\lim\limits_{(x,y)\to(0,0)}(x^2+y^2)\sin\dfrac{1}{x^2y^2}$.

5. 讨论极限 $\lim\limits_{(x,y)\to(0,0)}\dfrac{x^2y}{x^4+y^2}$ 是否存在.

6. 下列函数在哪些点不连续？

(1) $f(x,y)=\dfrac{y^2+2x}{y^2-2x}$；　(2) $f(x,y)=\begin{cases}1 & xy\neq 0\\ 0 & xy=0\end{cases}$.

7. 设某商品的生产函数为 $Q(K,L)=30K^{\frac{1}{4}}L^{\frac{3}{4}}$.(1) 当资本 K 投入 10 000 元时，求劳动 L 投入 625 小时的产量；(2) 验证当 K 与 L 都扩大 2 倍时，产量也扩大 2 倍.

第三节　偏导数

在一元函数中，我们知道导数就是函数的变化率，它反映了函数在一点处变化的快慢程度.对于二元函数，同样需要研究它的变化率.

一、偏导数

1. 偏导数概念

在西方经济学中，Cobb-Douglas 生产函数为 $Q=cK^{\alpha}L^{\beta}$（c,α,β 为常数），L 和 K 分别表示投入的劳动力数量和资本数量，Q 表示产量，Q 是 L 和 K 的二元函数.

当劳动力投入保持不变，而资本投入变化时，产量的变化率

$$\frac{\mathrm{d}Q}{\mathrm{d}K}=c\alpha K^{\alpha-1}L^{\beta}=\alpha\frac{Q}{K}.$$

当资本投入保持不变，而劳动力投入变化时，产量的变化率

$$\frac{\mathrm{d}Q}{\mathrm{d}L}=c\beta K^{\alpha}L^{\beta-1}=\beta\frac{Q}{L}.$$

该问题说明，有时需要求多元函数在特定条件下对某个变量的变化率.

事实上，二元函数在其中一个自变量固定不变时，二元函数实际上转化为一元函数.因此，可以利用一元函数的导数概念，得到二元函数对某个自变量的变化率，或者说将二元函数对某个变量的变化率转化为一元函数的导数.

对于函数 $z=f(x,y)$，在点 (x_0,y_0) 处，当 x,y 取互不依赖的改变量 $\Delta x,\Delta y$ 时，函数的改变量

$$\Delta z=f(x_0+\Delta x,y_0+\Delta y)-f(x_0,y_0)$$

称为函数 $z=f(x,y)$ 在点 (x_0,y_0) 处的**全增量**.

函数 $z=f(x,y)$ 在点 (x_0,y_0) 处，当 $y=y_0$ 不变，变量 x 有改变量 Δx，即点 (x_0,y_0) 沿平行于 x 轴的方向移动到点 $(x_0+\Delta x,y_0)$ 时，见图 7—30，函数的改变量

$$\Delta z_x=f(x_0+\Delta x,y_0)-f(x_0,y_0)$$

称为 $z=f(x,y)$ 在点 (x_0,y_0) 处关于 x 的**偏增量**.同样，$z=f(x,y)$ 在点 (x_0,y_0) 处关于 y 的**偏增量**为

$$\Delta z_y=f(x,y+\Delta y)-f(x,y).$$

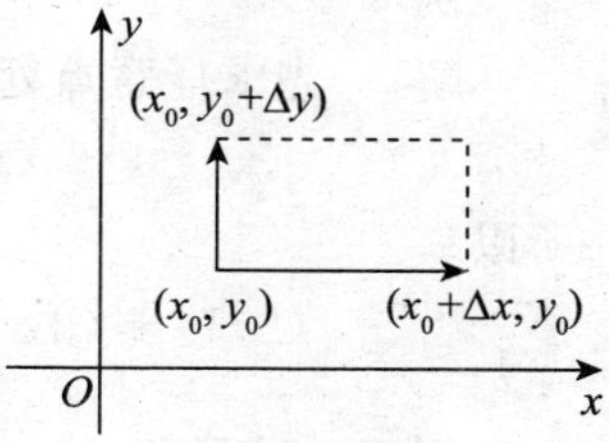

图 7—30

定义　设二元函数 $z=f(x,y)$ 在区域 D 内有定义，$P_0(x_0,y_0)\in D$，令 $y=y_0$ 保持不变，因而 z 成了单变量 x 的函数 $z=f(x,y_0)$.如果

$$\lim_{\Delta x \to 0} \frac{f(x_0+\Delta x, y_0)-f(x_0,y_0)}{\Delta x}$$

存在，则称此极限为函数 $f(x,y)$ 在 (x_0,y_0) 处**对于 x 的偏导数**，记为

$$f_x(x_0,y_0), \quad z_x\Big|_{(x_0,y_0)}, \quad \frac{\partial z}{\partial x}\Big|_{\substack{x=x_0\\ y=y_0}}, \quad \frac{\partial f}{\partial x}\Big|_{\substack{x=x_0\\ y=y_0}}.$$

若当 x 固定在 x_0，极限 $\lim\limits_{\Delta y \to 0} \dfrac{f(x_0, y_0+\Delta y)-f(x_0,y_0)}{\Delta y}$ 存在，则称此极限为函数 $f(x,y)$ 在 (x_0,y_0) 处对于 y 的偏导数，记为

$$f_y(x_0,y_0), \quad z_y\Big|_{(x_0,y_0)}, \quad \frac{\partial z}{\partial y}\Big|_{\substack{x=x_0\\ y=y_0}}, \quad \frac{\partial f}{\partial y}\Big|_{\substack{x=x_0\\ y=y_0}}.$$

如果 $z=f(x,y)$ 在区域 D 内每一点 (x,y) 都具有对 x 或 y 的偏导数，显然此偏导数是变量 x,y 的二元函数，称作函数 $f(x,y)$ 在 D 内对 x 或 y 的**偏导函数**，简称为**偏导数**，记为

$$\frac{\partial z}{\partial x}, \ \frac{\partial f}{\partial x}, \ z_x, \ f_x(x,y), \quad \frac{\partial z}{\partial y}, \ \frac{\partial f}{\partial y}, \ z_y, \ f_y(x,y).$$

由偏导数的定义可知，求函数 $f(x,y)$ 的偏导数 $f_x(x,y)$，就是在函数 $f(x,y)$ 中视 y 为常数（此时 $f(x,y)$ 视为 x 的一元函数），只对 x 求导数，即

$$f_x(x,y)=\frac{\mathrm{d}}{\mathrm{d}x}f(x,y)\Big|_{y\text{不变}}.$$

类似地，$f_y(x,y)=\dfrac{\mathrm{d}}{\mathrm{d}y}f(x,y)\Big|_{x\text{不变}}$. 这样求偏导数实际上是一元函数求导问题.

显然，函数 $f(x,y)$ 在 (x_0,y_0) 的偏导数 $f_x(x_0,y_0)$ 与 $f_y(x_0,y_0)$ 分别为

$$f_x(x_0,y_0)=f_x(x,y)|_{(x_0,y_0)}=f_x(x,y_0)|_{x=x_0},$$
$$f_y(x_0,y_0)=f_y(x,y)|_{(x_0,y_0)}=f_y(x_0,y)|_{y=y_0}.$$

例 1 求函数 $z=x^y(x>0)$ 的偏导数 $\dfrac{\partial z}{\partial x}, \dfrac{\partial z}{\partial y}$.

解 对 x 求偏导数时，视 y 为常数，这时 $z=x^y$ 是幂函数，有 $\dfrac{\partial z}{\partial x}=yx^{y-1}$.

对 y 求偏导数时，视 x 为常数，这时 $z=x^y$ 是指数函数，有 $\dfrac{\partial z}{\partial y}=x^y\ln x$.

例 2 求 $f(x,y)=x^3-3xy^2+y^4$ 在点 $(2,1)$ 处的偏导数.

解 先求任意点处的偏导数：

$$f_x(x,y)=3x^2-3y^2, \quad f_y(x,y)=-6xy+4y^3.$$

所以

$$f_x(2,1)=(3x^2-3y^2)|_{(2,1)}=9, \quad f_y(x,y)=(-6xy+4y^3)|_{(2,1)}=-8.$$

例 3 设函数 $f(x,y)=(x-2)^2y^2+(y-1)\arcsin\sqrt{\dfrac{x}{y}}$. 求 $f_x(2,1), f_y(0,1)$.

解 因为 $f(x,1)=(x-2)^2, f(0,y)=4y^2$，所以

$$f_x(2,1)=f_x(x,1)|_{x=2}=2(x-2)|_{x=2}=0,$$
$$f_y(0,1)=f_y(0,y)=8y|_{y=1}=8.$$

此例说明，有时在求定点处的导数时，先代入固定变量取值，然后再求导，可简化求导

计算.

二元函数偏导数的概念与计算也可以推广到一般的多元函数.

例 4　求三元函数 $u=e^z\sin(x^2+y^3)$ 的偏导数.

解　三元函数的偏导数包括 u 对 x,y,z 的偏导数.

u 对 x 求偏导数就是视 y,z 为常数,按照一元函数对 x 求导数,所以

$$\frac{\partial u}{\partial x}=2xe^z\cos(x^2+y^3).$$

同理,可得 $\frac{\partial u}{\partial y}=3y^2e^z\cos(x^2+y^3)$,　$\frac{\partial u}{\partial z}=e^z\sin(x^2+y^3)$.

2. 二元函数偏导数的几何意义

设二元函数 $z=f(x,y)$ 在点 (x_0,y_0) 处有偏导数,点 $P_0(x_0,y_0,f(x_0,y_0))$ 为曲面 $z=f(x,y)$ 上的点,过点 P_0 作平面 $y=y_0$,此平面与曲线相交得一曲线,曲线的方程为 $\begin{cases}z=f(x,y)\\y=y_0\end{cases}$.由于偏导数 $f_x(x_0,y_0)$ 等于一元函数 $f(x,y_0)$ 的导数,即 $f'(x,y_0)|_{x=x_0}$,故由一元函数导数的几何意义可知:

偏导数的几何意义　偏导数 $f_x(x_0,y_0)$ 为曲线 $\begin{cases}z=f(x,y)\\y=y_0\end{cases}$ 在点 P_0 处对 x 轴的切线斜率,即 $f'_x(x_0,y_0)=\tan\alpha$,见图 7—31.

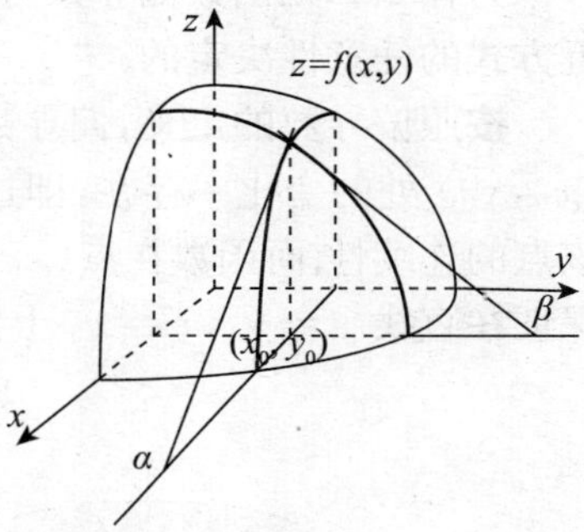

图 7—31

类似可知,偏导数 $f_y(x_0,y_0)$ 为曲线 $\begin{cases}z=f(x,y)\\x=x_0\end{cases}$ 在点 P_0 处对 y 轴的切线斜率,即 $f'_y(x_0,y_0)=\tan\beta$.

3. 偏导数与连续的关系

我们知道一元函数若可导,则一定连续,对于二元函数来说,在某点的偏导数都存在,但在该点未必连续. 反之,二元函数在某点连续,但在该点的偏导数也未必存在.

例 5　讨论函数

$$f(x,y)=\begin{cases}\dfrac{xy}{x^2+y^2} & x^2+y^2\neq 0\\ 0 & x^2+y^2=0\end{cases}$$

在 $(0,0)$ 处偏导数与连续性的关系.

解　由偏导数的定义,知

$$f'_x(0,0)=\lim_{\Delta x\to 0}\frac{f(0+\Delta x,0)-f(0,0)}{\Delta x}=0,$$

$$f'_y(0,0)=\lim_{\Delta y\to 0}\frac{f(0,0+\Delta y)-f(0,0)}{\Delta y}=0.$$

所以,$f(x,y)$ 在 $(0,0)$ 处偏导数都存在.

让(x,y)沿直线 $y=kx(k\neq 0)$ 趋于$(0,0)$，则有

$$\lim_{\substack{x\to 0\\ y=kx}}\frac{xy}{x^2+y^2}=\lim_{x\to 0}\frac{kx^2}{x^2(1+k^2)}=\frac{k}{1+k^2}.$$

它将随 k 的不同而具有不同的值，因此极限$\lim\limits_{\substack{x\to 0\\ y\to 0}}\dfrac{xy}{x^2+y^2}$不存在. 所以函数在$(0,0)$处不连续.

例 6 函数 $z=\sqrt{x^2+y^2}$ 在点$(0,0)$处连续.但不可导.

解 因为$\lim\limits_{\substack{x\to 0\\ y\to 0}}\sqrt{x^2+y^2}=f(0,0)$，所以，函数 $z=\sqrt{x^2+y^2}$ 在点$(0,0)$处连续.又

$$\lim_{\Delta x\to 0}\frac{\sqrt{(\Delta x)^2+0^2}-0}{\Delta x}=\lim_{\Delta x\to 0}\frac{|\Delta x|}{\Delta x},$$

极限不存在，所以偏导数不存在. 见图 7—32.

为什么二元函数偏导数与连续之间的关系有别于一元函数？这是由二元函数极限的趋近方式的任意性决定的.

按照偏导数的定义，偏导数存在仅保证函数 $z=f(x,y)$ 在直线 $y=y_0$ 与 $x=x_0$ 上点(x_0,y_0)处的变化率存在，即这两条直线以外函数值的变化均不影响该点的偏导数，但影响该点的连续性.而函数在点(x_0,y_0)连续只保证该点的极限存在且为该点的函数值，但不能保证在直线 $y=y_0$，$x=x_0$ 上的变化率存在，见图 7—33.

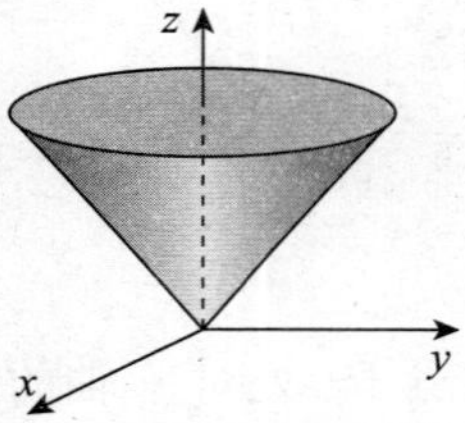

图 7—32

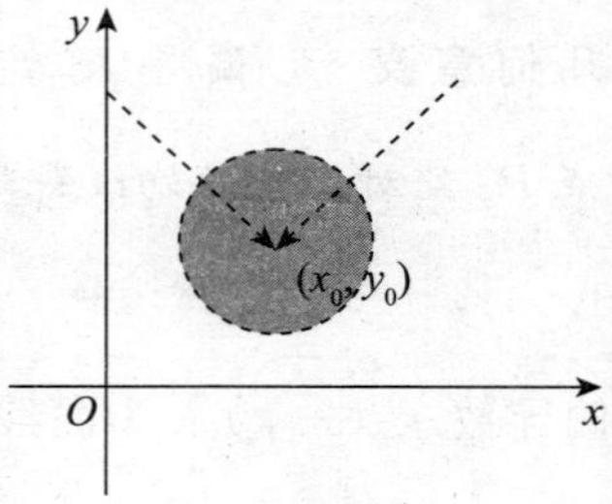

图 7—33

二、高阶偏导数

函数 $z=f(x,y)$ 的偏导数$\dfrac{\partial z}{\partial x}$，$\dfrac{\partial z}{\partial y}$，一般来说仍是$(x,y)$的二元函数.如果它们对于$(x,y)$的偏导数存在，可以对$(x,y)$继续求偏导数，则称这两个偏导数的偏导数为 $z=f(x,y)$ 的**二阶偏导数**.二阶偏导数共有四个：

$$\frac{\partial}{\partial x}\left(\frac{\partial z}{\partial x}\right)=\frac{\partial^2 z}{\partial x^2}=f_{xx}(x,y),\quad \frac{\partial}{\partial y}\left(\frac{\partial z}{\partial x}\right)=\frac{\partial^2 z}{\partial x\partial y}=f_{xy}(x,y),$$

$$\frac{\partial}{\partial x}\left(\frac{\partial z}{\partial y}\right)=\frac{\partial^2 z}{\partial y\partial x}=f_{yx}(x,y),\quad \frac{\partial}{\partial y}\left(\frac{\partial z}{\partial y}\right)=\frac{\partial^2 z}{\partial y^2}=f_{yy}(x,y),$$

其中 $f_{xy}(x,y)$ 和 $f_{yx}(x,y)$ 称为**混合偏导数**.

类似地，可定义三阶、四阶以至于更高阶偏导数，二阶偏导数及二阶以上的偏导数统称为**高阶偏导数**.

例 7 求函数 $z=x^3+y^3-3x^2y^3$ 的二阶偏导数.

解 $\dfrac{\partial z}{\partial x}=3x^2-6xy^3$，　　$\dfrac{\partial z}{\partial y}=3y^2-9x^2y^2$，

$\dfrac{\partial^2 z}{\partial x^2}=6x-6y^3$，　　$\dfrac{\partial^2 z}{\partial x\partial y}=-18xy^2$，

$\dfrac{\partial^2 z}{\partial y^2}=6y-18x^2y$，　　$\dfrac{\partial^2 z}{\partial y\partial x}=-18xy^2$.

例 8 求函数 $z=\mathrm{e}^{xy}+y\mathrm{e}^x$ 的二阶偏导数.

解 $\dfrac{\partial z}{\partial x}=y\mathrm{e}^{xy}+y\mathrm{e}^x$，　　$\dfrac{\partial z}{\partial y}=x\mathrm{e}^{xy}+\mathrm{e}^x$，

$\dfrac{\partial^2 z}{\partial x^2}=y^2\mathrm{e}^{xy}+y\mathrm{e}^x$，　　$\dfrac{\partial^2 z}{\partial x\partial y}=\mathrm{e}^{xy}+xy\mathrm{e}^{xy}+\mathrm{e}^x$，

$\dfrac{\partial^2 z}{\partial y^2}=x^2\mathrm{e}^{xy}$，　　$\dfrac{\partial^2 z}{\partial y\partial x}=\mathrm{e}^{xy}+xy\mathrm{e}^{xy}+\mathrm{e}^x$.

上面两例中都有 $\dfrac{\partial^2 z}{\partial x\partial y}=\dfrac{\partial^2 z}{\partial y\partial x}$，但要注意，由于求偏导数运算的次序不同，两个混合偏导数也未必一定相等，但是，可以证明在二阶混合偏导数是 x,y 的连续函数时，这两个混合偏导数相等.

定理 若函数 $z=f(x,y)$ 的二阶混合偏导数 $\dfrac{\partial^2 z}{\partial x\partial y}$ 和 $\dfrac{\partial^2 z}{\partial y\partial x}$ 在区域 D 内连续，则它们在 D 内必相等，即 $\dfrac{\partial^2 z}{\partial x\partial y}=\dfrac{\partial^2 z}{\partial y\partial x}$.（证明略.）

该定理说明，二阶混合偏导数在连续的条件下与求偏导的次序无关.

对于二元以上的多元函数，可以类似地定义高阶偏导数，而且它们的高阶混合偏导数在连续的条件下与求偏导的次序无关.

三、偏导数在经济学中的应用

一元函数微分学中的边际概念可以推广到多元函数微分学中，并被赋予了更丰富的经济含义，这里简单介绍多元函数边际问题.

一元函数的导数在经济学中称为**边际函数**，同样，二元函数 $z=f(x,y)$ 的偏导数 $f_x(x,y)$ 与 $f_y(x,y)$ 分别称为函数 $f(x,y)$ 对变量 x 与 y 的边际函数，边际函数在该点的值称为**边际函数值**，边际函数概念也可以推广到多元函数上.

1. 边际产量

设某企业只生产一种产品，这种产品的生产数量 Q 取决于投资的资本数量 K（即该企业所拥有的机器设备数量、厂房的规模等）及可获得的劳动力数量 L. 通常假定满足 Cobb-Douglas 生产函数

$$Q=cK^{\alpha}L^{\beta}\quad（其中\ c,\alpha,\beta\ 是正常数，且\ 0<\alpha<1,0<\beta<1）.$$

由偏导数的定义，可知

$$\frac{\partial Q}{\partial K}=c\alpha K^{\alpha-1}L^{\beta}=\alpha\frac{Q}{K},\quad \frac{\partial Q}{\partial L}=c\beta K^{\alpha}L^{\beta-1}=\beta\frac{Q}{L}.$$

这里$\frac{\partial Q}{\partial K}$表示资本的边际产量函数，$\frac{\partial Q}{\partial L}$表示劳动力的边际产量函数.

例 9 某工厂的生产函数是$Q=200K^{\frac{1}{2}}L^{\frac{2}{3}}$，其中$Q$是产量(单位：件)，$K$是资本投入(单位：千元)，$L$是劳动力投入(单位：千工时).求当$L=8,K=9$时的边际产量，并解释其意义.

解 资本的边际产量

$$\frac{\partial Q}{\partial K}=100\frac{L^{\frac{2}{3}}}{K^{\frac{1}{2}}}=\frac{1}{2}\frac{Q}{K},$$

劳动力的边际产量

$$\frac{\partial Q}{\partial L}=\frac{400}{3}\frac{K^{\frac{1}{2}}}{L^{\frac{1}{3}}}=\frac{2}{3}\frac{Q}{L}.$$

当$L=8,K=9$时，产量为

$$Q\Big|_{\substack{L=8\\K=9}}=200\times 3\times 4=2\,400.$$

所以，当$L=8,K=9$时，边际产量为

$$\frac{\partial Q}{\partial K}\Big|_{\substack{L=8\\K=9}}=\frac{400}{3},\quad \frac{\partial Q}{\partial L}\Big|_{\substack{L=8\\K=9}}=200.$$

这就是说，当劳动力投入 8 千工时，资本投入 9 千元时，产量是 2 400 件.若劳动力投入保持不变，对每一单位资本投入的增加，产量增加 400/3 件；若资本投入保持不变，对每一单位劳动力投入的增加，产量增加 200 件.

2. 边际成本与边际利润

当厂商生产 A，B 两种不同的产品时，总成本、总收入和总利润均为 A，B 两种产品产量q_1,q_2的二元函数，即总成本函数为$C(q_1,q_2)$，总收益函数为$R(q_1,q_2)$，总利润函数为$L(q_1,q_2)$.这些函数分别对q_1与q_2的偏导数就是 A，B 两种不同产品的边际成本、边际收益和边际利润.

例 10 某工厂生产两种不同的产品，其数量为q_1,q_2，总成本为

$$C(q_1,q_2)=3q_1^2+7q_1+1.5q_1q_2+6q_2+2q_2^2.$$

(1) 求两种不同产品的边际成本；

(2) 确定当$q_1=5,q_2=3$时，q_1的边际成本；

(3) 当出售两种产品的单价分别为 30 元和 20 元时，求每种产品的边际利润.

解 (1) 产品q_1的边际成本为

$$\frac{\partial C}{\partial q_1}=6q_1+7+1.5q_2,$$

产品q_2的边际成本为

$$\frac{\partial C}{\partial q_2}=1.5q_1+6+4q_2.$$

(2) $\frac{\partial C}{\partial q_1}\Big|_{\substack{q_1=5\\q_2=3}}=(6q_1+7+1.5q_2)\Big|_{\substack{q_1=5\\q_2=3}}=41.5.$

(3) 利润函数

$$L(q_1,q_2)=30q_1+20q_2-C(q_1,q_2)=23q_1+14q_2-3q_1^2-1.5q_1q_2-2q_2^2.$$

q_1,q_2 的边际利润分别为

$$\frac{\partial L}{\partial q_1}=23-6q_1-1.5q_2,\quad \frac{\partial L}{\partial q_2}=14-1.5q_1-4q_2.$$

☞ 习题 7.3

1. 求下列函数的偏导数:

(1) $z=x^3y-y^3x$; (2) $z=\dfrac{xy}{x-y}$;

(3) $z=\sin(x+y)\mathrm{e}^{xy}$; (4) $z=\ln\sin(x-2y)$;

(5) $z=\arctan\dfrac{x+y}{x-y}$; (6) $z=(1+xy)^y$;

(7) $u=x^{\frac{y}{z}}$; (8) $u=x\sin(xy+\mathrm{e}^z)$.

2. 求下列函数在指定点处的偏导数:

(1) $f(x,y)=x\sin(x+y)$,求 $f_x(\pi,0)$,$f_y(\pi,0)$;

(2) $f(x,y)=x+(y-1)\arcsin\sqrt{\dfrac{x}{y}}$,求 $f_x(x,1)$.

3. 求下列函数的二阶偏导数:

(1) $z=x^3+y^3-3x^2y^2$; (2) $z=\arctan\dfrac{x+y}{1-xy}$.

4. 设函数 $f(x,y)=\ln(1+x^2+y)$.求 $f_{xy}(1,1)$,$f_{xy^2}(1,1)$.

5. 设 $z=\dfrac{x-y}{x+y}\ln\dfrac{y}{x}$.验证方程 $x\dfrac{\partial z}{\partial x}+y\dfrac{\partial z}{\partial y}=0$.

6. 某产品的生产函数为 $Q=40K^{\frac{2}{3}}L^{\frac{1}{3}}$,其中 Q 是产量,K 是资本投入,L 是劳动力投入.求使得资本 K 的边际产量等于劳动力 L 的边际产量的点 (K,L).

7. 证明:Cobb-Douglas 生产函数 $Q=cK^{\alpha}L^{\beta}$(c,α,β 为常数)满足方程

$$L\frac{\partial Q}{\partial L}+K\frac{\partial Q}{\partial K}=(\alpha+\beta)Q.$$

8. 设两种产品的产量 q_1 与 q_2 的成本函数为

$$C(q_1,q_2)=50q_1+100q_2+q_1^2+q_1q_2+q_2^2+10\,000.$$

(1) 求 $C(q_1,q_2)$ 关于 q_1 与 q_2 的边际成本;

(2) 当 $q_1=3$,$q_2=6$ 时,求出边际成本值,并解释所得结果的经济意义.

第四节　全微分

同一元函数微分类似，多元函数也有相应的微分概念，下面主要讨论二元函数的全微分概念.

一、全微分的定义

对一元函数 $y=f(x)$，如果

$$\Delta y=f(x+\Delta x)-f(x)=A\Delta x+o(\Delta x),$$

其中 A 与 Δx 无关，仅与 x 有关，$o(\Delta x)$ 是当 $\Delta x\to 0$ 时比 Δx 高阶的无穷小，则称 $y=f(x)$ 在点 x 处**可微**，且微分为 $\mathrm{d}y=A\Delta x=f'(x)\mathrm{d}x$.

从微分的定义可以看到，微分 $\mathrm{d}y=A\Delta x$ 具有两个特性：① 它是 Δx 的线性函数；② 当 $\Delta x\to 0$ 时，$\Delta y-\mathrm{d}y=o(\Delta x)$，$\Delta y\approx \mathrm{d}y=f'(x)\mathrm{d}x$.

对于二元函数 $z=f(x,y)$，也有类似的问题需要研究，即考察函数的全增量

$$\Delta z=f(x+\Delta x,y+\Delta y)-f(x,y)$$

的结构特征.

例 1　对于长和宽分别为 x,y 的矩形，面积为 $S=xy$，当点 (x,y) 在点 (x_0,y_0) 处各有增量 $\Delta x,\Delta y$ 时，其矩形面积 S 的改变量 ΔS 可以表示为

$$\begin{aligned}\Delta S&=(x_0+\Delta x)(y_0+\Delta y)-x_0y_0\\&=y_0\Delta x+x_0\Delta y+\Delta x\Delta y.\end{aligned}$$

这里 $y_0\Delta x+x_0\Delta y$ 是自变量改变 $\Delta x,\Delta y$ 的线性函数，而 $\Delta x\Delta y$ 是比 $\rho=\sqrt{(\Delta x)^2+(\Delta y)^2}$ 高阶的无穷小，即 $\Delta x\Delta y=o(\rho)(\Delta x\to 0,\Delta y\to 0)$.

如图 7—34 所示，当 $\Delta x,\Delta y$ 很小时，$\Delta S\approx y_0\Delta x+x_0\Delta y$，这种近似的方法具有普遍的应用意义.由此引出二元函数的全微分概念.

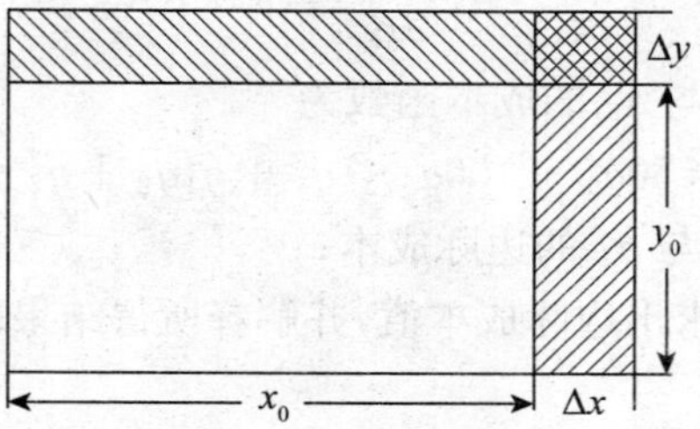

图 7—34

定义　设有二元函数 $z=f(x,y)$，对于自变量在点 (x_0,y_0) 处的改变量 $\Delta x,\Delta y$，函数 $z=f(x,y)$ 有相应的全增量

$$\Delta z = f(x_0 + \Delta x, y_0 + \Delta y) - f(x_0, y_0).$$

如果它可以表示为

$$\Delta z = A\Delta x + B\Delta y + o(\rho),$$

其中A,B与Δx,Δy无关,$\rho = \sqrt{(\Delta x)^2 + (\Delta y)^2}$,$o(\rho)$是当$\rho \to 0$时比$\rho$高阶的无穷小,则称二元函数$z = f(x,y)$在点$(x_0, y_0)$处**可微**,并称$A\Delta x + B\Delta y$是$z = f(x,y)$在点$(x_0, y_0)$处的**全微分**,记作

$$\mathrm{d}z\big|_{(x_0,y_0)} = A\Delta x + B\Delta y.$$

习惯上,规定$\mathrm{d}x = \Delta x$,$\mathrm{d}y = \Delta y$.于是,$\mathrm{d}z\big|_{(x_0,y_0)} = A\mathrm{d}x + B\mathrm{d}y$.

当函数$z = f(x,y)$在平面区域D内处处可微时,称函数$z = f(x,y)$为区域D内的**可微函数**.

那么,函数$z = f(x,y)$满足什么条件时在点(x_0, y_0)处可微?全微分$\mathrm{d}z$表达式中的A与B如何呢?对于一元函数,可导与可微是等价关系,那么对于二元函数偏导数与可微的关系如何?

二、函数可微的必要条件与充分条件

定理1(可微的必要条件) 若函数$z = f(x,y)$在点(x_0, y_0)处可微,则

(1) 函数$z = f(x,y)$在点(x_0, y_0)处连续;

(2) 函数$z = f(x,y)$在点(x_0, y_0)处的偏导数存在,且

$$A = f_x(x_0, y_0), \quad B = f_y(x_0, y_0).$$

证 (1) 由于$z = f(x,y)$在点(x_0, y_0)处可微,由全微分的定义,$\Delta z = f(x_0 + \Delta x, y_0 + \Delta y) - f(x_0, y_0)$可以表示为

$$\Delta z = A\Delta x + B\Delta y + o(\rho).$$

所以

$$\lim_{\substack{\Delta x \to 0 \\ \Delta y \to 0}} \Delta z = \lim_{\substack{\Delta x \to 0 \\ \Delta y \to 0}} [A\Delta x + B\Delta y + o(\rho)] = 0.$$

故函数$z = f(x,y)$在点(x_0, y_0)处连续.

(2) 全微分对一切Δx,Δy都成立,对$\Delta y = 0$自然也成立.在全微分表达式中,令$\Delta y = 0$,则有偏增量

$$\Delta z_x = f(x_0 + \Delta x, y_0) - f(x_0, y_0) = A\Delta x + o(|\Delta x|).$$

两端除以Δx,并令$\Delta x \to 0$,有

$$\lim_{\Delta x \to 0} \frac{f(x_0 + \Delta x, y_0) - f(x_0, y_0)}{\Delta x} = \lim_{\Delta x \to 0} \left(A + \frac{o(|\Delta x|)}{\Delta x}\right) = A,$$

即$A = f_x(x_0, y_0)$.同理,可得$B = f_y(x_0, y_0)$.

这样,若函数$z = f(x,y)$在点(x_0, y_0)处可微,则$f(x,y)$在点(x_0, y_0)的全微分可以记为

$$\mathrm{d}z\big|_{(x_0,y_0)} = f_x(x_0, y_0)\mathrm{d}x + f_y(x_0, y_0)\mathrm{d}y.$$

若函数$z = f(x,y)$在平面区域D内处处可微,则函数$z = f(x,y)$在区域D内任意点(x,y)处的全微分可记为

$$dz=f_x(x,y)dx+f_y(x,y)dy.$$

注意,对于一元函数$y=f(x)$来说,函数可微与导数存在是一致的,且可导必然连续,但对二元函数$z=f(x,y)$就不是这样.即使$f_x(x,y)$,$f_y(x,y)$都存在,函数z也不一定可微,也未必连续.

例如,上节已经证明函数$f(x,y)=\begin{cases}\dfrac{xy}{x^2+y^2} & x^2+y^2\neq 0\\ 0 & x^2+y^2=0\end{cases}$在$(0,0)$处的偏导数存在但不连续,从而函数在点$(0,0)$处不可微.

定理2(可微的充分条件) 若函数$z=f(x,y)$在点(x_0,y_0)的某邻域内偏导数$f_x(x_0,y_0)$,$f_y(x_0,y_0)$存在,且这两个偏导数在点(x_0,y_0)都连续,则$z=f(x,y)$在点(x_0,y_0)处一定可微.

这个定理给出了二元函数在一点处可微的充分条件,该定理的证明从略.

综上讨论可知,二元函数的可微性、偏导数存在性和连续性之间关系如下:

$$\text{函数偏导数存在且连续}\Rightarrow\text{函数可微}\Rightarrow\begin{cases}\text{函数连续}\\ \text{偏导数存在}\end{cases}$$

但上述关系一般情况下是不可逆的,即偏导数存在且连续只是可微的充分条件而不是必要条件;函数可微只是函数连续或偏导数存在的充分条件而不是必要条件;

全微分的概念也可以推广到二元以上的多元函数.例如,若三元函数$u=f(x,y,z)$具有连续偏导数,则其全微分的表达式为

$$du=\frac{\partial u}{\partial x}dx+\frac{\partial u}{\partial y}dy+\frac{\partial u}{\partial z}dz.$$

例2 求函数$z=x^2y^2+x^3+y^4$的全微分.

解 因为$\dfrac{\partial z}{\partial x}=2xy^2+3x^2$,$\dfrac{\partial z}{\partial y}=2x^2y+4y^3$,所以全微分为

$$dz=(2xy^2+3x^2)dx+(2x^2y+4y^3)dy.$$

例3 求函数$z=e^x\sin(x+y)$的全微分.

解 因为$\dfrac{\partial z}{\partial x}=e^x\sin(x+y)+e^x\cos(x+y)$,$\dfrac{\partial z}{\partial y}=e^x cos(x+y)$,所以,

$$\begin{aligned}dz&=\frac{\partial z}{\partial x}dx+\frac{\partial z}{\partial y}dy\\&=e^x[\sin(x+y)+\cos(x+y)]dx+e^x\cos(x+y)dy.\end{aligned}$$

例4 求函数$z=x^2y^2$在点$(2,-1)$处,当$\Delta x=0.02$,$\Delta y=0.01$时的全增量与全微分.

解 函数的全增量为

$$\Delta z=(x+\Delta x)^2(y+\Delta y)^2-x^2y^2.$$

全微分为

$$dz=\frac{\partial z}{\partial x}\Delta x+\frac{\partial z}{\partial y}\Delta y=2xy^2\Delta x+2x^2y\Delta y.$$

代入点$(2,-1)$及$\Delta x=0.02$,$\Delta y=-0.01$,得

$$\Delta z=(2+0.02)^2(-1-0.01)^2-2^2(-1)^2=0.162\,4.$$

$$dz=4\times 0.02+(-8)\times(-0.01)=0.16.$$

由二元函数全微分的定义可知，若函数 $z=f(x,y)$ 在点 (x_0,y_0) 可微，则当 $|\Delta x|$，$|\Delta y|$ 很小时，

$$\Delta z\approx f_x(x_0,y_0)\Delta x+f_y(x_0,y_0)\Delta y,$$

或

$$f(x_0+\Delta x,y_0+\Delta y)\approx f(x_0,y_0)+f_x(x_0,y_0)\Delta x+f_y(x_0,y_0)\Delta y.$$

用这两个公式可以计算二元函数的近似值.

例 5　利用全微分公式计算 $0.98^{2.03}$ 的值.

解　设函数 $z=f(x,y)=x^y$.取 $x=1,y=2,\Delta x=-0.02,\Delta y=0.03$,于是

$$\begin{aligned}f(0.98,2.03)&=f(1-0.02,2+0.03)\\&\approx f(1,2)+f_x(1,2)\times(-0.02)+f_y(1,2)\times 0.03.\end{aligned}$$

因为

$$f(1,2)=1,f_x(x,y)=yx^{y-1},f_x(1,2)=2,f_y(x,y)=x^y\ln x,f_y(1,2)=0,$$

所以

$$0.98^{2.03}\approx 1+2\times(-0.02)+0\times 0.03=0.96.$$

例 6　某企业的成本 C 与产出的商品 A 和 B 的数量 q_1,q_2 之间的关系为

$$C=q_1^2-0.5q_1q_2+q_2^2.$$

现 A 的产量从 100 增加到 105，而 B 的产量由 50 增加到 52，问成本大约增加多少？

解　因为

$$\begin{aligned}\Delta C\approx \mathrm{d}C&=\frac{\partial C}{\partial q_1}\Delta q_1+\frac{\partial C}{\partial q_2}\Delta q_2\\&=(2q_1-0.5q_2)\cdot\Delta q_1+(2q_2-0.5q_1)\cdot\Delta q_2,\end{aligned}$$

由题意知，$q_1=100,\Delta q_1=5,q_2=50,\Delta q_2=2$，则

$$\Delta C\approx(2\times 100-0.5\times 50)\times 5+(2\times 50-0.5\times 100)\times 2=975,$$

即成本大约增加 975.

☞ 习题 7.4

1. 求下列函数的全微分：

(1) $z=xy+\dfrac{x}{y}$；　　(2) $z=\ln\sqrt{1+x^2+y^2}$；

(3) $z=\dfrac{y}{\sqrt{x^2+y^2}}$；　　(4) $u=xe^{xy+2z}$.

2. 求函数 $z=\sqrt{x+y}(\ln x+\ln y)$ 在点 (e,e) 处的全微分.

3. 求函数 $z=e^{xy}$ 当 $x=1,y=1,\Delta x=0.15,\Delta y=0.1$ 时的全微分.

4. 求下列近似值：

(1) $\sqrt{1.02^2+1.97^2}$；　　(2) $1.97^{1.05}$.

第五节　多元函数微分法

本节要将一元函数微分学中复合函数的求导法则推广到多元复合函数的情况，并对隐函数的存在性与求导问题进行讨论.

一、复合函数微分法

复合运算是函数的一种最基本运算，由复合运算形成的复合函数是函数最常见的形式，同一元复合函数求导法则相同，多元复合函数求导法在多元函数微分学中起着重要作用，它是多元函数微分学的核心.

设函数 $z=f(u,v)$，而 $u=\varphi(x)$，$v=\psi(x)$，于是 $z=f[\varphi(x),\psi(x)]$，称一元函数 $z=f[\varphi(x),\psi(x)]$ 为 $z=f(u,v)$ 与 $u=\varphi(x)$，$v=\psi(x)$ 的复合函数.

定理 1　设 $u=\varphi(x)$，$v=\psi(x)$ 在点 x 处可导，$z=f(u,v)$ 在相应的点 (u,v) 处有连续偏导数，则复合函数 $z=f[\varphi(x),\psi(x)]$ 在点 x 处可导，且

$$\frac{\mathrm{d}z}{\mathrm{d}x}=\frac{\partial z}{\partial u}\frac{\mathrm{d}u}{\mathrm{d}x}+\frac{\partial z}{\partial v}\frac{\mathrm{d}v}{\mathrm{d}x}.$$

证　设自变量 x 有改变量 Δx，则 u,v 分别有改变

$$\Delta u=\varphi(x+\Delta x)-\varphi(x),\quad \Delta v=\psi(x+\Delta x)-\psi(x).$$

函数 $z=f(u,v)$ 在相应点 (u,v) 的全增量（它也是关于变量 x 的改变量）是

$$\Delta z=f(u+\Delta u,v+\Delta v)-f(u,v).$$

已知 $z=f(u,v)$ 在点 (u,v) 有连续的偏导数，根据上节定理 2 知，$z=f(u,v)$ 在点 (u,v) 处可微，即

$$\Delta z=f(u+\Delta u,v+\Delta v)-f(u,v)=\frac{\partial z}{\partial u}\Delta u+\frac{\partial z}{\partial v}\Delta v+o(\rho),$$

其中 $\rho=\sqrt{(\Delta u)^2+(\Delta v)^2}$，上式两边同除以 Δx，得

$$\frac{\Delta z}{\Delta x}=\frac{\partial z}{\partial u}\frac{\Delta u}{\Delta x}+\frac{\partial z}{\partial v}\frac{\Delta v}{\Delta x}+\frac{o(\rho)}{\Delta x}.$$

因为 $u=\varphi(x)$，$v=\psi(x)$ 在点 x 处可导，故一定连续，从而当 $\Delta x\to 0$ 时，$\frac{\Delta u}{\Delta x}\to\frac{\mathrm{d}u}{\mathrm{d}x}$，$\frac{\Delta v}{\Delta x}\to\frac{\mathrm{d}v}{\mathrm{d}x}$，$\Delta u\to 0$，$\Delta v\to 0$，因此 $\rho\to 0$，于是

$$\left|\frac{o(\rho)}{\Delta x}\right|=\left|\frac{o(\rho)}{\rho}\frac{\rho}{\Delta x}\right|=\left|\frac{o(\rho)}{\rho}\right|\sqrt{\left(\frac{\Delta u}{\Delta x}\right)^2+\left(\frac{\Delta v}{\Delta x}\right)^2}.$$

所以

$$\lim_{\Delta x\to 0}\left|\frac{o(\rho)}{\Delta x}\right|=0\Rightarrow\lim_{\Delta x\to 0}\frac{o(\rho)}{\Delta x}=0.$$

因此，当 $\Delta x \to 0$ 时，对式(1)的两边取极限，由导数的定义，得

$$\frac{\mathrm{d}z}{\mathrm{d}x}=\frac{\partial z}{\partial u}\frac{\mathrm{d}u}{\mathrm{d}x}+\frac{\partial z}{\partial v}\frac{\mathrm{d}v}{\mathrm{d}x}.$$

上面讨论了多元复合函数的中间变量均为一元函数的求导法则，类似地可以得到多元复合函数的中间变量为二元函数的求导法则.

定理 2 设函数 $u=\varphi(x,y)$，$v=\psi(x,y)$ 在点 (x,y) 处有偏导数，$z=f(u,v)$ 在相应 (u,v) 处有连续偏导数，则复合函数 $z=f[\varphi(x,y),\psi(x,y)]$ 在点 (x,y) 处有偏导数，且

$$\frac{\partial z}{\partial x}=\frac{\partial z}{\partial u}\frac{\partial u}{\partial x}+\frac{\partial z}{\partial v}\frac{\partial v}{\partial x},\quad \frac{\partial z}{\partial y}=\frac{\partial z}{\partial u}\frac{\partial u}{\partial y}+\frac{\partial z}{\partial v}\frac{\partial v}{\partial y}.$$

例 1 设 $z=u^2v$，$u=\cos x$，$v=\sin x$. 求 $\dfrac{\mathrm{d}z}{\mathrm{d}x}$.

解 由复合函数的求导法则得

$$\begin{aligned}\frac{\mathrm{d}z}{\mathrm{d}x}&=\frac{\partial z}{\partial u}\frac{\mathrm{d}u}{\mathrm{d}x}+\frac{\partial z}{\partial v}\frac{\mathrm{d}v}{\mathrm{d}x}\\&=2uv(-\sin x)+u^2\cos x=\cos^3 x-2\sin^2 x\cos x.\end{aligned}$$

例 2 求函数 $z=\mathrm{e}^{u\cos v}$，$u=xy$，$v=\ln(x-y)$ 的偏导数 $\dfrac{\partial z}{\partial x}$，$\dfrac{\partial z}{\partial y}$.

解 因为

$$\frac{\partial z}{\partial u}=\mathrm{e}^{u\cos v}\cos v,\quad \frac{\partial z}{\partial v}=\mathrm{e}^{u\cos v}u(-\sin v),$$

$$\frac{\partial u}{\partial x}=y,\quad \frac{\partial u}{\partial y}=x,\quad \frac{\partial v}{\partial x}=\frac{1}{x-y},\quad \frac{\partial v}{\partial y}=\frac{-1}{x-y},$$

所以

$$\begin{aligned}\frac{\partial z}{\partial x}&=\frac{\partial z}{\partial u}\frac{\partial u}{\partial x}+\frac{\partial z}{\partial v}\frac{\partial v}{\partial x}=\mathrm{e}^{u\cos v}\left(y\cos v-\frac{u\sin v}{x-y}\right)\\&=\mathrm{e}^{xy\cos\ln(x-y)}\left[y\cos\ln(x-y)-\frac{xy\sin\ln(x-y)}{x-y}\right],\end{aligned}$$

$$\begin{aligned}\frac{\partial z}{\partial y}&=\frac{\partial z}{\partial u}\frac{\partial u}{\partial y}+\frac{\partial z}{\partial v}\frac{\partial v}{\partial y}\\&=\mathrm{e}^{xy\cos\ln(x-y)}\left[x\cos\ln(x-y)+\frac{xy\sin\ln(x-y)}{x-y}\right].\end{aligned}$$

多元复合函数的复合关系是多种多样的，我们不可能把所有的公式都写出来，也没必要把所有的公式都写出来. 只要我们把握住函数间的复合关系，对某个自变量求偏导数时，应通过一切有关的中间变量，用复合函数微分法于该自变量这一原则，就可以灵活地掌握复合函数求导法则.

设函数 $z=f(u,v)$，且 $u=\varphi(x,y)$，$v=\psi(x,y)$，则其复合函数为

$$z=f[\varphi(x,y),\psi(x,y)].$$

为了更清楚地表示这些变量之间的关系，可用变量之间的关系图表示，见图 7—35，其中线段表示所连的两个变量有关系. 图中表示出 z 是 u，v 的函数，而 u 和 v 又是 x 和 y 的函数，其中 x，y 是自变量，而 u，v 是中间变量.

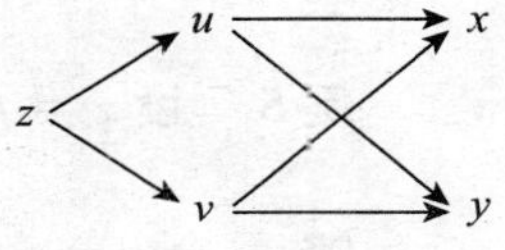

图 7—35

复合函数 $z=f[\varphi(x,y),\psi(x,y)]$ 的求导法则：

$$\frac{\partial z}{\partial x}=\frac{\partial z}{\partial u}\frac{\partial u}{\partial x}+\frac{\partial z}{\partial v}\frac{\partial v}{\partial x},\quad \frac{\partial z}{\partial y}=\frac{\partial z}{\partial u}\frac{\partial u}{\partial y}+\frac{\partial z}{\partial v}\frac{\partial v}{\partial y}.$$

与变量之间的关系图的联系是：函数有几个自变量，就有几个求导公式；函数有几个中间变量，求导公式中就有几项，各项之间相加；函数有几层复合，每项就有几个逐层导数因子，各因子之间相乘.其规律概括为：**“分支相加，连线相乘，分清变量，逐层求导”**.按照此规律可以得到下述多元复合函数的求导公式，见表 7—4.

表 7—4

复合函数	求导法则	关系图
$z=f(u,x)$ $u=\varphi(x,y)$ $z=f[\varphi(x,y),x]$	$\frac{\partial z}{\partial x}=\frac{\partial f}{\partial u}\frac{\partial u}{\partial x}+\frac{\partial f}{\partial x}$ $\frac{\partial z}{\partial y}=\frac{\partial f}{\partial u}\frac{\partial u}{\partial y}$	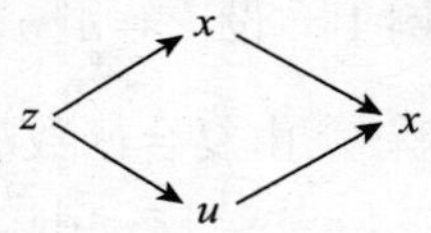
$z=f(u,v)$ $u=\varphi(x,y),v=\psi(y)$ $z=f[\varphi(x,y),\psi(y)]$	$\frac{\partial z}{\partial x}=\frac{\partial f}{\partial u}\frac{\partial u}{\partial x}$ $\frac{\partial z}{\partial y}=\frac{\partial z}{\partial u}\frac{\partial u}{\partial y}+\frac{\partial z}{\partial v}\frac{\partial v}{\partial y}$	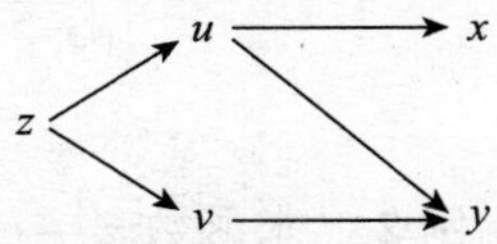

注意上面第一式中，$\frac{\partial z}{\partial x}$ 表示在复合函数 $z=f[\varphi(x,y),x]$ 中，把 y 看作常量求得的 z 对变量 x 的偏导数. $\frac{\partial f}{\partial x}$ 表示在函数 $z=f(u,x)$ 中，把 u 看作常量(尽管它与 x 有关)求得的 z 对变量 x 的偏导数.所以 $\frac{\partial z}{\partial x}$ 与 $\frac{\partial f}{\partial x}$ 的意义是不同的，不可混淆.

例 3 设 $z=f(x^2-y^2,xy)$ 且 f 可微.求 $\frac{\partial z}{\partial x},\frac{\partial z}{\partial y}$.

解 令 $u=x^2-y^2,v=xy$，则 $z=f(u,v)$.由复合函数求导法则，得

$$\frac{\partial z}{\partial x}=\frac{\partial z}{\partial u}\frac{\partial u}{\partial x}+\frac{\partial z}{\partial v}\frac{\partial v}{\partial x}=2x\frac{\partial z}{\partial u}+y\frac{\partial z}{\partial v},$$

$$\frac{\partial z}{\partial y}=\frac{\partial z}{\partial u}\frac{\partial u}{\partial y}+\frac{\partial z}{\partial v}\frac{\partial v}{\partial y}=-2y\frac{\partial z}{\partial u}+x\frac{\partial z}{\partial v}.$$

例 4 设 $u=(x-y)^z,z=x^2+y^2(x-y>0)$.求 $\frac{\partial u}{\partial x}$ 及 $\frac{\partial u}{\partial y}$.

解 令 $u=f(x,y,z)=(x-y)^z$，$z=x^2+y^2$，则

$$\frac{\partial u}{\partial x}=\frac{\partial f}{\partial x}+\frac{\partial f}{\partial z}\frac{\partial z}{\partial x}=z(x-y)^{z-1}+(x-y)^z[\ln(x-y)]2x.$$

同理

$$\frac{\partial u}{\partial y}=-z(x-y)^{z-1}+(x-y)^z[\ln(x-y)]2y.$$

例 5 设 $z=f\left(xy,\frac{y}{x}\right)$，其中 f 具有二阶连续偏导数.求 $\frac{\partial^2 z}{\partial x^2},\frac{\partial^2 z}{\partial x\partial y}$.

解 令 $u=xy,v=\frac{y}{x}$，则 $z=f(u,v)$.由复合函数求导法则，得

$$\frac{\partial z}{\partial x}=\frac{\partial z}{\partial u}\frac{\partial u}{\partial x}+\frac{\partial z}{\partial v}\frac{\partial v}{\partial x}=yf_u-\frac{y}{x^2}f_v.$$

注意到 $f_u=f_u\left(xy,\frac{y}{x}\right)$，$f_v=f_v\left(xy,\frac{y}{x}\right)$，再由复合函数求导法则，有

$$\frac{\partial^2 z}{\partial x^2}=y\left(yf_{uu}-\frac{y}{x^2}f_{uv}\right)+\frac{2y}{x^3}f_v-\frac{y}{x^2}\left(yf_{vu}-\frac{y}{x^2}f_{vv}\right).$$

因为 f 具有二阶连续偏导数，所以 $f_{uv}=f_{vu}$，

$$\frac{\partial^2 z}{\partial x^2}=\frac{2y}{x^3}f_v+y^2f_{uu}-2\frac{y^2}{x^2}f_{uv}+\frac{y^2}{x^4}f_{vv}.$$

类似地

$$\begin{aligned}\frac{\partial^2 z}{\partial x\partial y}&=f_u+y\left(xf_{uu}+\frac{1}{x}f_{uv}\right)-\frac{1}{x^2}f_2-\frac{y}{x^2}\left(xf_{21}+\frac{1}{x}f_{22}\right)\\&=f_u-\frac{1}{x^2}f_v+xyf_{uu}-\frac{y}{x^3}f_{vv}.\end{aligned}$$

为了书写方便，f_u，f_v 通常也记为 f_1，f_2，它们分别表示 $f\left(xy,\frac{y}{x}\right)$ 对第一、第二个中间变量，即对 xy 和 $\frac{y}{x}$ 的偏导数.

二、一阶全微分形式的不变性

与一元函数微分类似，对于多元函数，其一阶微分也具有形式不变性的特征.

设二元函数 $z=f(u,v)$ 可微，当 u，v 为自变量时，函数 $z=f(u,v)$ 的全微分为

$$\mathrm{d}z=\frac{\partial z}{\partial u}\mathrm{d}u+\frac{\partial z}{\partial v}\mathrm{d}v.$$

当 u，v 为中间变量，$u=\varphi(x,y)$，$v=\psi(x,y)$ 时，函数 $z=f[u(x,y),v(x,y)]$ 的全微分，由复合函数求导法则，

$$\begin{aligned}\mathrm{d}z&=\frac{\partial z}{\partial x}\mathrm{d}x+\frac{\partial z}{\partial y}\mathrm{d}y=\left(\frac{\partial z}{\partial u}\frac{\partial u}{\partial x}+\frac{\partial z}{\partial v}\frac{\partial v}{\partial x}\right)\mathrm{d}x+\left(\frac{\partial z}{\partial u}\frac{\partial u}{\partial y}+\frac{\partial z}{\partial v}\frac{\partial v}{\partial y}\right)\mathrm{d}y\\&=\frac{\partial z}{\partial u}\left(\frac{\partial u}{\partial x}\mathrm{d}x+\frac{\partial u}{\partial y}\mathrm{d}y\right)+\frac{\partial z}{\partial v}\left(\frac{\partial v}{\partial x}\mathrm{d}x+\frac{\partial v}{\partial y}\mathrm{d}y\right)=\frac{\partial z}{\partial u}\mathrm{d}u+\frac{\partial z}{\partial v}\mathrm{d}v.\end{aligned}$$

所以，不论 u，v 为自变量还是中间变量，其一阶微分形式是不变的. 这就是二元函数的一阶微分形式不变性.

例 6　求函数 $z=(x-y)\mathrm{e}^{xy}$ 的偏导数和全微分.

解　由二元函数的一阶微分形式不变性，得

$$\begin{aligned}\mathrm{d}z&=\mathrm{d}[(x-y)\mathrm{e}^{xy}]=(x-y)\mathrm{d}\mathrm{e}^{xy}+\mathrm{e}^{xy}\mathrm{d}(x-y)\\&=(x-y)\mathrm{e}^{xy}\mathrm{d}(xy)+\mathrm{e}^{xy}(\mathrm{d}x-\mathrm{d}y)\\&=(x-y)\mathrm{e}^{xy}(y\mathrm{d}x+x\mathrm{d}y)+\mathrm{e}^{xy}(\mathrm{d}x-\mathrm{d}y)\\&=\mathrm{e}^{xy}(1+xy-y^2)\mathrm{d}x+\mathrm{e}^{xy}(x^2-xy-1)\mathrm{d}y.\end{aligned}$$

因此

$$\frac{\partial z}{\partial x}=e^{xy}(1+xy-y^2),\quad \frac{\partial z}{\partial y}=e^{xy}(x^2-xy-1).$$

三、隐函数的微分法

一元函数微分学中，在求由方程 $F(x,y)=0$ 所确定的隐函数 $y=f(x)$ 的导数时，是在 $y=f(x)$ 存在和可导的前提下，利用复合函数求导法则，通过方程两边直接对 x 求导来求得导数 y'.在此，对隐函数的存在问题作进一步的阐述，并给出求导公式.

定理 3(隐函数存在定理)　设函数 $F(x,y)$ 在包含点 (x_0,y_0) 的某区域 D 内具有连续的偏导数 $F_x(x,y)$ 和 $F_y(x,y)$，且 $F(x_0,y_0)=0$，$F_y(x_0,y_0)\neq 0$，则

(1) 方程 $F(x,y)=0$ 在 $U(x_0)$ 内能唯一确定隐函数 $y=f(x)$，使得

$$F(x,f(x))=0,\quad x\in U(x_0),\quad \text{且 } y_0=f(x_0);$$

(2) 函数 $y=f(x)$ 在 $U(x_0)$ 内有连续的导数，且 $\frac{dy}{dx}=-\frac{F_x(x,y)}{F_y(x,y)}$.

这个定理的证明从略，仅给出(2)中公式 $\frac{dy}{dx}=-\frac{F_x(x,y)}{F_y(x,y)}$ 的推导.

设方程 $F(x,y)=0$ 确定了函数 $y=f(x)$，且偏导数 $F_x(x,y)$，$F_y(x,y)$ 连续，$F_y(x,y)\neq 0$.将函数 $y=f(x)$ 代入方程 $F(x,y)=0$，得

$$F(x,f(x))=0.$$

此式两端对 x 求导，由复合函数求导法则，得

$$F_x+F_y\frac{dy}{dx}=0.$$

因为 $F_y(x,y)\neq 0$，所以 $\frac{dy}{dx}=-\frac{F_x(x,y)}{F_y(x,y)}$. 此式称为**一元隐函数求导公式**.

类似地，设方程 $F(x,y,z)=0$ 确定具有连续偏导数的二元函数 $z=z(x,y)$，且 $F_z(x,y,z)\neq 0$，则有偏导公式

$$\frac{\partial z}{\partial x}=-\frac{F_x(x,y,z)}{F_z(x,y,z)},\quad \frac{\partial z}{\partial y}=-\frac{F_y(x,y,z)}{F_z(x,y,z)}.$$

例 7　设方程 $F(x,y,z)=0$ 可以确定任一变量为其余两个变量的函数，且知 $F(x,y,z)$ 的所有偏导数存在且不为零.求证：$\frac{\partial z}{\partial x}\frac{\partial x}{\partial y}\frac{\partial y}{\partial z}=-1$.

证　由于

$$\frac{\partial z}{\partial x}=-\frac{\frac{\partial F}{\partial x}}{\frac{\partial F}{\partial z}},\quad \frac{\partial x}{\partial y}=-\frac{\frac{\partial F}{\partial y}}{\frac{\partial F}{\partial x}},\quad \frac{\partial y}{\partial z}=-\frac{\frac{\partial F}{\partial z}}{\frac{\partial F}{\partial y}},$$

所以 $\frac{\partial z}{\partial x}\frac{\partial x}{\partial y}\frac{\partial y}{\partial z}=-1$.

这说明偏导数 $\frac{\partial z}{\partial x}$ 是一个整体的符号，不能像一元函数的导数那样，看成 ∂z 与 ∂x 之商.

例 8 求由方程 $e^z-xyz=0$ 所确定的隐函数 $z=z(x,y)$ 的偏导数$\frac{\partial z}{\partial x},\frac{\partial z}{\partial y}$.

解 **方法一** 因为 $e^z-xyz=0$ 确定了函数 $z=z(x,y)$,所以方程两边对 x 求偏导数,得

$$e^z\frac{\partial z}{\partial x}-yz-xy\frac{\partial z}{\partial x}=0,$$

解得$\frac{\partial z}{\partial x}=\frac{yz}{e^z-xy}$.

类似可得$\frac{\partial z}{\partial y}=\frac{xz}{e^z-xy}$.

方法二 令 $F(x,y,z)=e^z-xyz$.因为 $F_x=-yz$, $F_y=-xz$, $F_z=e^z-xy$,于是由求导公式,得

$$\frac{\partial z}{\partial x}=-\frac{F_x}{F_z}=\frac{yz}{e^z-xy},\quad \frac{\partial z}{\partial y}=-\frac{F_y}{F_z}=\frac{xz}{e^z-xy}.$$

方法三 对方程 $e^z-xyz=0$ 两边求全微分,得

$$e^z\mathrm{d}z-(yz\mathrm{d}x+xz\mathrm{d}y+xy\mathrm{d}z)=0,$$

即

$$\mathrm{d}z=\frac{yz}{e^z-xy}\mathrm{d}x+\frac{xz}{e^z-xy}\mathrm{d}y.$$

所以

$$\frac{\partial z}{\partial x}=\frac{yz}{e^z-xy},\quad \frac{\partial z}{\partial y}=\frac{xz}{e^z-xy}.$$

☞ 习题 7.5

1. 求下列复合函数的偏导数或导数:

(1)$z=uv,u=e^x,v=\sin x$,求$\frac{\mathrm{d}z}{\mathrm{d}x}$;

(2)$z=\arcsin(u-v),u=3x,v=4x^3$,求$\frac{\mathrm{d}z}{\mathrm{d}x}$;

(3)$z=u^2\ln v,u=\frac{y}{x},v=x^2+y^2$,求$\frac{\partial z}{\partial x},\frac{\partial z}{\partial y}$;

(4)$z=e^{uv},u=\ln\sqrt{x^2+y^2},v=\arctan\frac{y}{x}$,求$\frac{\partial z}{\partial x},\frac{\partial z}{\partial y}$.

2. 求下列函数的一阶偏导数(其中 f 具有一阶连续偏导数):

(1)$z=f(\sqrt{xy},\sin x)$; (2)$z=f(x^2-y^2,e^{xy})$;

(3)$u=f(x,xy,xyz)$; (4)$u=f(x+y+z,x^2+y^2+z^2)$.

3. 设 $z=xy+xF\left(\frac{y}{x}\right)$,其中 $F(u)$ 为可导函数.证明:$x\frac{\partial z}{\partial x}+y\frac{\partial z}{\partial y}=z+xy$.

4. 求下列函数的二阶偏导数(其中 f 具有二阶连续偏导数):

(1)$z=f(x^2+y^2)$; (2)$z=f(xy,y)$; (3)$z=f(xy^2,x^2y)$.

5. 求由下列方程所确定的隐函数的导数或偏导数：

(1) $\sin y+e^x-xy^2=0$；　　(2) $y=1+y^x$；

(3) $x+2y+z-2\sqrt{xyz}=0$；　　(4) $x\cos y+y\cos z+z\cos x=1$.

6. 设 $2\sin(x+2y-3z)=x+2y-3z$.证明：$\frac{\partial z}{\partial x}+\frac{\partial z}{\partial y}=1$.

7. 设 $z=x^2+y^2$，其中函数 $y=f(x)$ 由方程 $x^2+y^2-xy=1$ 所确定.求$\frac{dz}{dx}$.

8. 设$F(u,v)$ 具有连续的偏导数.证明：由方程 $F(2x-z,2y-z)=0$ 所确定的函数 $z=f(x,y)$ 满足$\frac{\partial z}{\partial x}+\frac{\partial z}{\partial y}=2$.

第六节　多元函数的极值

在一元函数微分学中，可以利用一元函数的导数研究函数的极值，相类似的可以利用偏导数讨论二元函数的极值问题，这些方法还可推广到更多变量的情形.

一、二元函数的极值

二元函数与一元函数的极值类似也是函数的一种局部性质.对比一元函数极值的定义，给出下述二元函数极值的定义.

定义　设函数 $z=f(x,y)$ 在点 (x_0,y_0) 的某邻域内有定义.如果对于该邻域内任何异于 (x_0,y_0) 的点 (x,y)，恒有不等式

$$f(x,y)<f(x_0,y_0)\quad(\text{或 } f(x,y)>f(x_0,y_0)),$$

则称函数 $f(x,y)$ 在点 (x_0,y_0) 取得**极大值**（或**极小值**）$f(x_0,y_0)$，极大值或极小值统称为**极值**，使函数取得极值的点 (x_0,y_0) 称为**极值点**.见图 7—36.

例 1　求函数 $z=f(x,y)=x^2+y^2-1$ 的极值（图 7—37）.

解　因为当 $(x,y)\neq(0,0)$ 时，$f(x,y)=x^2+y^2-1>-1=f(0,0)$，所以，函数 $z=f(x,y)=x^2+y^2-1$ 在 $(0,0)$ 处取得极小值 $f(0,0)=-1$.

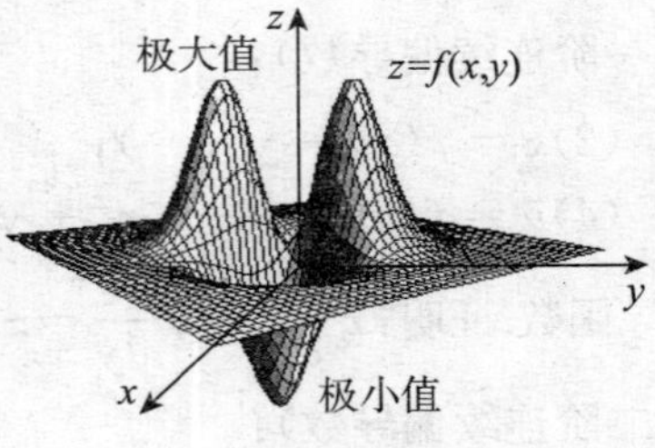

图 7—36

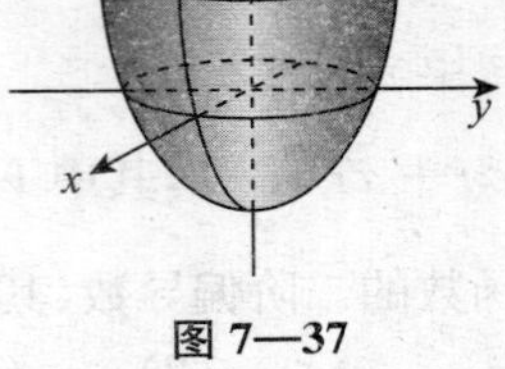

图 7—37

例 2 求函数 $z=\sqrt{1-x^2-y^2}$ 的极值(图 7—38).

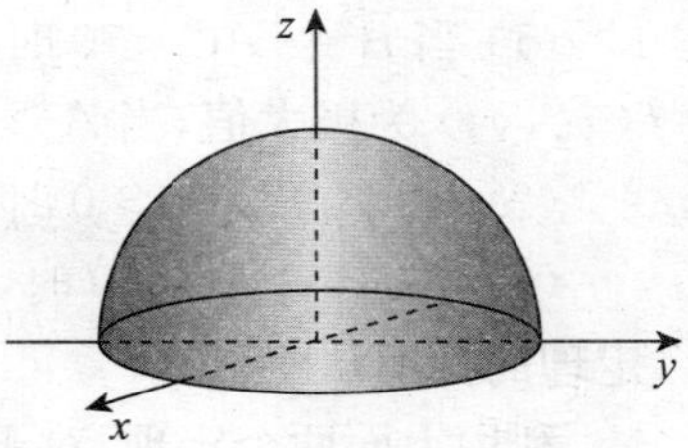

图 7—38

解 因为在(0,0) 附近,当$(x,y)\neq(0,0)$时,

$$f(x,y)=\sqrt{1-x^2-y^2}<1=f(0,0),$$

所以,函数 $z=\sqrt{1-x^2-y^2}$ 在(0,0) 取得极大值 $f(0,0)=1$.

在一般情况下,极值并不容易看出,因此要讨论极值的判定条件.

定理 1(极值存在的必要条件) 若函数 $z=f(x,y)$ 在点(x_0,y_0)处的一阶偏导数存在,且函数在点(x_0,y_0)处有极值,则有

$$f_x(x_0,y_0)=f_y(x_0,y_0)=0.$$

证 不妨设 $z=f(x,y)$ 点(x_0,y_0)处有极大值.由极大值的定义,在点(x_0,y_0)的某邻域内任何异于(x_0,y_0)的点(x,y)都满足不等式 $f(x,y)<f(x_0,y_0)$.

特别地,对该邻域内的点$(x,y_0)\neq(x_0,y_0)$,有

$$f(x,y_0)<f(x_0,y_0).$$

这表明一元函数 $f(x,y_0)$ 在点 $x=x_0$ 处取得极大值,由一元函数极值的必要条件,可知

$$f_x(x_0,y_0)=0.$$

类似地,可证 $f_y(x_0,y_0)=0$.

使 $f_x(x,y)=0$,$f_y(x,y)=0$ 同时成立的点(x,y)称为函数的**驻点**.由定理 1 知,偏导数存在的函数的极值点必为驻点,但驻点不一定是极值点.

例 3 讨论函数 $z=x^2-y^2$ 的极值(图 7—39).

解 由$\begin{cases}z_x=2x\\z_y=2y\end{cases}$得驻点(0,0),而在(0,0) 点的任一邻域内,函数既可取正值也可取负值,所以(0,0) 不是 $z=x^2-y^2$ 的极值点,即驻点不一定是极值点.

另外,极值点也可能是偏导数不存在的点.例如,上半锥面 $z=\sqrt{x^2+y^2}$ 在点(0,0) 的偏导数不存在,但(0,0) 是函数的极小值点,函数的极小值为 0.见图 7—40.

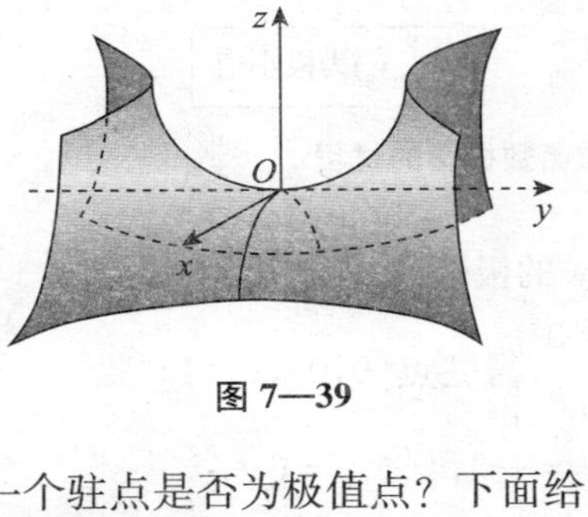

图 7—39

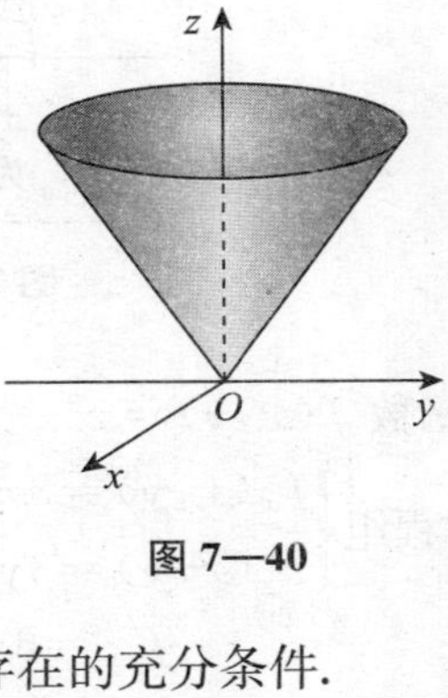

图 7—40

如何判定一个驻点是否为极值点? 下面给出极值存在的充分条件.

定理 2(极值存在的充分条件) 设函数 $z=f(x,y)$ 在点 $P_0(x_0,y_0)$ 的某邻域内具有二阶连续偏导数,且点 $P_0(x_0,y_0)$ 是函数的驻点,即

$$f_x(x_0,y_0)=f_y(x_0,y_0)=0.$$

若记 $A=f_{xx}(x_0,y_0)$,$B=f_{xy}(x_0,y_0)$,$C=f_{yy}(x_0,y_0)$,则

(1) 当 $B^2-AC<0$ 时，点 $P_0(x_0,y_0)$ 是 $f(x,y)$ 的极值点，且 $A<0$（或 $C<0$）时 $f(x_0,y_0)$ 为极大值，当 $A>0$（或 $C>0$）时点 $f(x_0,y_0)$ 为极小值；

(2) 当 $B^2-AC>0$ 时，点 $P_0(x_0,y_0)$ 不是 $f(x,y)$ 的极值点；

(3) 当 $B^2-AC=0$ 时，点 $P_0(x_0,y_0)$ 可能是极值点也可能不是极值点，还需另作讨论（定理的证明从略）.

利用上面两个定理，对于具有二阶连续偏导数的函数 $z=f(x,y)$，可以给出求其极值的步骤(图 7—41)：

(1) 求驻点：解方程组 $\begin{cases} f_x(x,y)=0 \\ f_y(x,y)=0 \end{cases}$ 得驻点；

(2) 极值判定：计算驻点 (x_0,y_0) 处的 B^2-AC，其中

$$A=f_{xx}(x_0,y_0),\quad B=f_{xy}(x_0,y_0),\quad C=f_{yy}(x_0,y_0),$$

用极值存在的充分条件进行判别；

(3) 求出极值：求出极值点处的函数值.

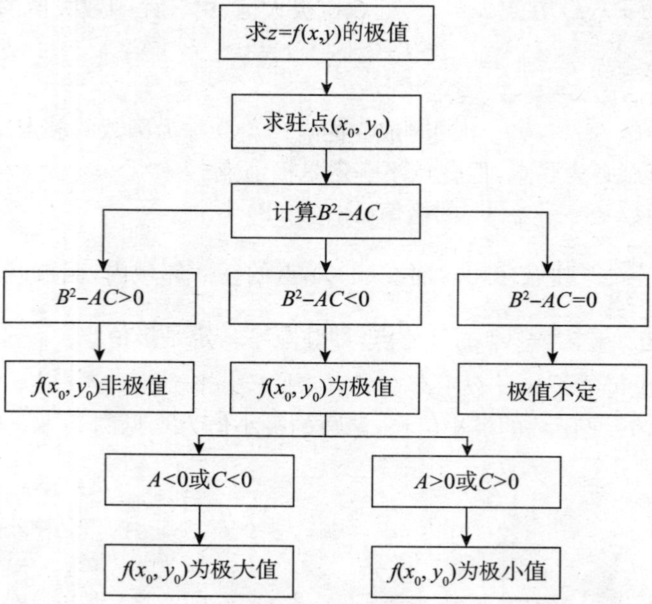

图 7—41　求函数极值的过程

例 4　求函数 $f(x,y)=x^3+y^3-3xy$ 的极值.

解　解方程组 $\begin{cases} f_x(x,y)=3x^2-3y=0 \\ f_y(x,y)=3y^2-3x=0 \end{cases}$，得驻点 $(0,0)$，$(1,1)$. 又

$$f_{xx}=6x,\quad f_{xy}=-3,\quad f_{yy}=6y,$$

在驻点 $(0,0)$ 处，$A=0,B=-3,C=0$，且 $B^2-AC>0$，所以，点 $(0,0)$ 不是极值点. 在驻点 $(1,1)$ 处，$A=6,B=3,C=6$，且 $B^2-AC<0$，所以，函数有极小值 $f(1,1)=-1$.

二、条件极值

上面讨论的极值问题，自变量在定义域内可以任意取值，未受任何条件约束，通常称为**无条件极值**.在实际问题中，对自变量的取值往往要附加一定的条件限制，这种附有约束条件的极值问题，称为**条件极值**.

对于无条件极值与条件极值之间的区别，可以从表 7—5 中问题的对比中看到.

表 7—5

无条件极值	条件极值
求函数 $z=x^2+y^2$ 的极小值. 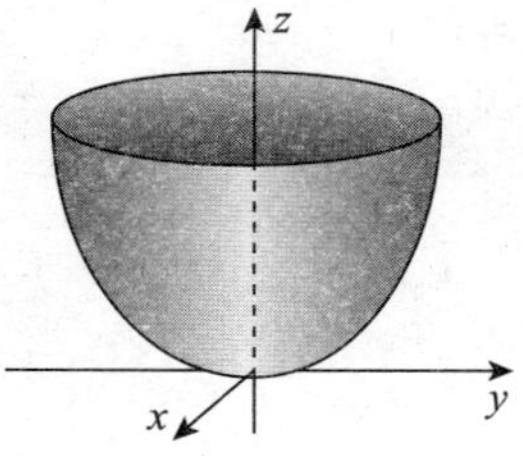	求函数 $z=x^2+y^2$ 在条件 $x=1$ 下的极小值. 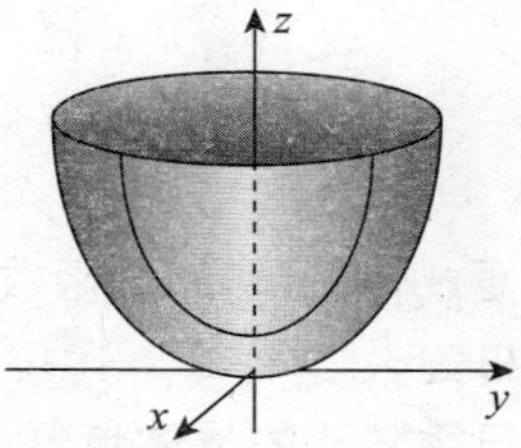
极小值点为曲面 $z=x^2+y^2$ 上的最低点(0,0)，极小值为 $z=0$	极小值点为曲线 $\begin{cases} z=x^2+y^2 \\ x=1 \end{cases}$ 上的最低点(1,0)，极小值为 $z=1$

对于函数 $z=f(x,y)$ 在条件 $\varphi(x,y)=0$ 下的条件极值问题，称函数 $z=f(x,y)$ 为**目标函数**，方程 $\varphi(x,y)=0$ 称为**约束条件**.

几何上看，目标函数 $z=f(x,y)$ 在条件 $\varphi(x,y)=0$ 下的极值是指，当点 $P(x,y)$ 在 xOy 坐标面上的曲线 $\varphi(x,y)=0$ 上变动时，相应函数值 $f(x,y)$ 的极值，即曲线 $\begin{cases} z=f(x,y) \\ \varphi(x,y)=0 \end{cases}$ 上的极值点. 见图 7—42.

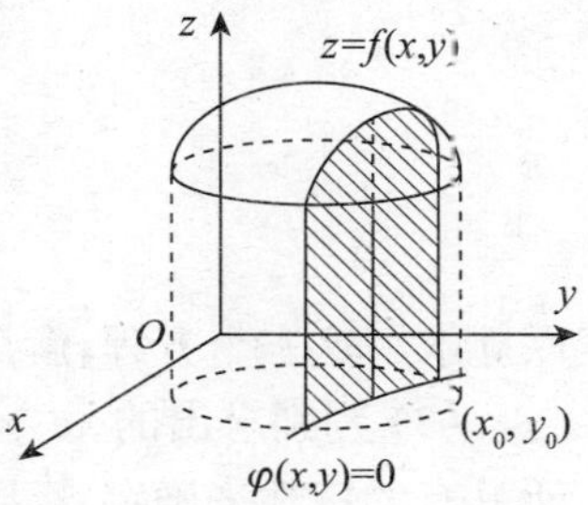

图 7—42

对于条件极值，有时可以将其转化为无条件极值，如在上例中，将约束条件 $x=1$ 代入目标函数 $z=x^2+y^2$ 中，这样就可以将条件极值转化为无条件极值 $z=1+y^2$，求得 $y=0$ 时，即点(1,0)为函数 $z=x^2+y^2$ 在条件 $x=1$ 的极小值点.

但并不是条件极值都可以转化为无条件极值，因为，有时很难在约束条件中解出其一个变量.为此，下面介绍一种求解条件极值的方法 —— 拉格朗日乘数法.

考虑函数 $z=f(x,y)$ 在满足约束条件 $\varphi(x,y)=0$ 时的条件极值问题，求解这一条件极值问题的常用方法是拉格朗日乘数法.

设方程 $\varphi(x,y)=0$ 确定隐函数 $y=y(x)$，将其代入目标函数，有

$$z=f[x,y(x)].$$

若函数 $z=f(x,y)$ 在点 (x_0,y_0) 处取得条件极值，则函数 $z=f[x,y(x)]$ 在 $x=x_0$ 处也取得极值.由极值的必要条件知

$$\left.\frac{\mathrm{d}z}{\mathrm{d}x}\right|_{x=x_0}=f_x(x_0,y_0)+f_y(x_0,y_0)\left.\frac{\mathrm{d}y}{\mathrm{d}x}\right|_{x=x_0}=0.$$

由隐函数求导公式，有 $\left.\frac{\mathrm{d}y}{\mathrm{d}x}\right|_{x=x_0}=-\frac{\varphi_x(x_0,y_0)}{\varphi_y(x_0,y_0)}$.将其代入上式，得

$$f_x(x_0,y_0)-f_y(x_0,y_0)\frac{\varphi_x(x_0,y_0)}{\varphi_y(x_0,y_0)}=0,\quad 即\quad \frac{f_x(x_0,y_0)}{\varphi_x(x_0,y_0)}=\frac{f_y(x_0,y_0)}{\varphi_y(x_0,y_0)}.$$

令

$$\frac{f_x(x_0,y_0)}{\varphi_x(x_0,y_0)}=\frac{f_y(x_0,y_0)}{\varphi_y(x_0,y_0)}=-\lambda,$$

则上述必要条件可写成

$$\begin{cases}f_x(x_0,y_0)+\lambda\varphi_x(x_0,y_0)=0\\ f_y(x_0,y_0)+\lambda\varphi_y(x_0,y_0)=0.\\ \varphi(x_0,y_0)=0\end{cases}$$

为了应用方便，引入拉格朗日函数 $L=L(x,y,\lambda)=f(x,y)+\lambda\varphi(x,y)$，其中 λ 为待定常数，称为**拉格朗日乘数**.这样有下述拉格朗日乘数法.

拉格朗日乘数法的具体步骤：

(1) 构造拉格朗日辅助函数 $L=L(x,y,\lambda)=f(x,y)+\lambda\varphi(x,y)$，将原条件极值问题化为求三元函数 $L(x,y,\lambda)$ 的无条件极值问题.

(2) 由无条件极值问题的必要条件，有

$$\begin{cases}\dfrac{\partial L}{\partial x}=f_x+\lambda\varphi_x=0\\ \dfrac{\partial L}{\partial y}=f_y+\lambda\varphi_y=0.\\ \dfrac{\partial L}{\partial \lambda}=\varphi(x,y)=0\end{cases}$$

联立求解这三个方程，解出可能的极值点 (x,y) 和乘数 λ.

(3) 判别求出的 (x,y) 是否为极值点，至于这个点是否为极值点，往往由实际问题本身所具有的特性来确定.若某一问题确有极值，而且求出的又只有一个可能极值点，则这一点就是要求的极值点.

对于多于两个自变量的函数或多于一个约束条件的情形，也有类似的结果.如求 $u=f(x,y,z)$ 在约束条件 $\varphi(x,y,z)=0,\psi(x,y,z)=0$ 下的极值.构造拉格朗日函数

$$L=L(x,y,z)=f(x,y,z)+\lambda_1\varphi(x,y,z)+\lambda_2\psi(x,y,z),$$

其中 λ_1,λ_2 是拉格朗日乘数.由方程组

$$\begin{cases}L_x=f_x+\lambda_1\varphi_x+\lambda_2\psi_x=0\\ L_y=f_y+\lambda_1\varphi_y+\lambda_2\psi_y=0\\ L_z=f_z+\lambda_1\varphi_z+\lambda_2\psi_z=0,\\ \varphi(x,y,z)=0\\ \psi(x,y,z)=0\end{cases}$$

解得 $\lambda_1,\lambda_2,(x,y,z)$ 就是可能的极值点，然后判别求出的 (x,y,z) 是否为极值点.

例 5 求原点 $(0,0,0)$ 到平面 $x+y+z=1$ 的距离.

解 设平面 $x+y+z=1$ 上的任一点为 (x,y,z)，它与原点 $(0,0,0)$ 的距离为 $d=\sqrt{x^2+y^2+z^2}$，问题就是求 d 在条件 $x+y+z=1$ 下的最小值.为此，考虑函数 $d^2=x^2+y^2+z^2$ 在条件 $x+y+z=1$ 下的最小值.

作拉格朗日函数 $L(x,y,z,\lambda)=x^2+y^2+z^2+\lambda(x+y+z-1)$.构造方程组

$$\begin{cases} L'_x=2x+\lambda=0 \\ L'_y=2y+\lambda=0 \\ L'_z=2z+\lambda=0 \\ L'_\lambda=x+y+z-1=0 \end{cases}.$$

将前三式相加，再利用第四式，可得 $\lambda=-\dfrac{2}{3}$. 将其代入前三式，得 $x=y=z=\dfrac{1}{3}$.

从几何意义来看，显然 d 的最小值存在，且有唯一驻点，因此当 $x=y=z=\dfrac{1}{3}$ 时，d 取得最小值 $d=\sqrt{\left(\dfrac{1}{3}\right)^2+\left(\dfrac{1}{3}\right)^2+\left(\dfrac{1}{3}\right)^2}=\dfrac{\sqrt{3}}{3}$.即原点 $(0,0,0)$ 到平面 $x+y+z=1$ 的距离为 $d=\dfrac{\sqrt{3}}{3}$.

☞ 习题 7.6

1. 求下列函数的极值：

(1) $f(x,y)=x^3-y^3+3x^2+3y^2-9x$；

(2) $f(x,y)=e^{2x}(x+y^2+2y)$；

(3) $f(x,y)=x^2+y^2-2\ln x-x\ln y$.

2. 设 $z=f(x,y)$ 是由方程 $x^2+y^2+z^2-2x+4y-6z-11=0$ 确定的隐函数.求函数 $f(x,y)$ 的极值.

3. 求下列函数在给定条件下的条件极值：

(1) $z=xy,x+y=2$；

(2) $z=x+y,\dfrac{1}{x}+\dfrac{1}{y}=1\ (x>0,y>0)$；

(3) $z=xyz,\dfrac{1}{x}+\dfrac{1}{y}+\dfrac{1}{z}=\dfrac{1}{a}\ (x>0,y>0,z>0,a>0)$.

第七节 多元函数的最优化问题

在实际问题中，经常会遇到多元函数的最优化问题，求解多元函数最优化问题的前提是

要根据实际问题的特征建立目标函数模型，然后用求函数极值的方法进行求解.

一、函数最值

与一元函数类似，若 $z=f(x,y)$ 在有界闭区域 D 上连续，则 $f(x,y)$ 在 D 上必有最大值和最小值.

对于有界闭区域 D 上的二元可微函数 $z=f(x,y)$，如果该函数的最大值(最小值)在区域内部取得，这个最大值(最小值)点必在函数的驻点之中；如果函数的最大值(最小值)在区域的边界上取得，那么它也一定是函数在边界上的最大值(最小值).

求函数最值的方法：将函数在所讨论区域内的所有驻点处的函数值与函数在区域的边界上的最大值和最小值相比较，其中最大者就是函数在闭区域上的最大值，最小者就是函数在闭区域上的最小值.

例 1 求函数 $z=x^2y(5-x-y)$ 在闭区域 $D: x\geqslant 0, y\geqslant 0, x+y\leqslant 4$ 上的最大值与最小值.

解 函数在 D 内(图 7—43)处处可导，且

$$\frac{\partial z}{\partial x}=10xy-3x^2y-2xy^2=xy(10-3x-2y),$$

$$\frac{\partial z}{\partial y}=5x^2-x^3-2x^2y=x^2(5-x-2y).$$

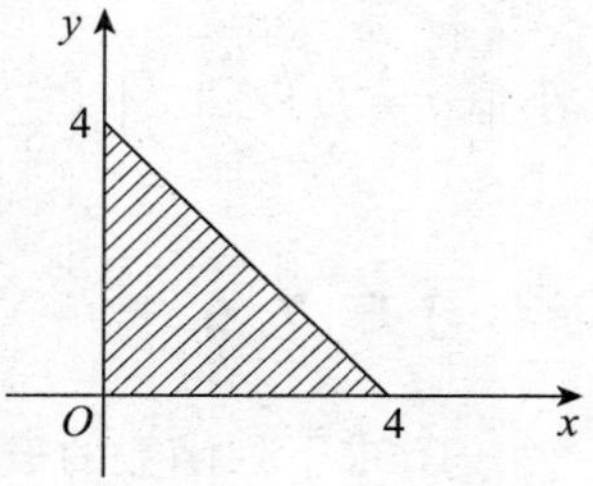

图 7—43

解方程组 $\dfrac{\partial z}{\partial x}=0, \dfrac{\partial z}{\partial y}=0$，得 D 内的驻点 $\left(\dfrac{5}{2},\dfrac{5}{4}\right)$ 及对应的函数值 $z=\dfrac{625}{64}$.

考虑函数在区域 D 边界上的情况.在边界 $x=0$ 及 $y=0$ 上的函数 z 的值恒为零.在边界 $x+y=4$ 上，函数 z 成为 x 的一元函数 $z=x^2(4-x)$，$0\leqslant x\leqslant 4$，此函数求导有 $\dfrac{\mathrm{d}z}{\mathrm{d}x}=x(8-3x)$ 所以 $z=x^2(4-x)$ 在 $[0,4]$ 上的驻点为 $x=\dfrac{8}{3}$，相应的函数值为 $z=\dfrac{256}{27}$.

所以函数在闭域 D 上的最大值为 $z=\dfrac{625}{64}$，它在点 $\left(\dfrac{5}{2},\dfrac{5}{4}\right)$ 处取得；最小值为 $z=0$，它在 D 的边界 $x=0$ 及 $y=0$ 上取得.

二、实际问题中的最值

对于实际问题中的最值问题，往往从问题本身能断定它的最大值或最小值一定存在，且在定义区域的内部取得.这时，如果函数为可微函数且在定义区域内有唯一的驻点，则该驻点的函数值就是函数的最大值或最小值.因此求实际问题中的最值问题的步骤是：

(1) 根据实际问题建立函数关系，确定其定义域；

(2) 求出驻点；

(3) 结合实际意义判定最大值或最小值.

例 2 某工厂要用钢板制作一个容积为 $a^3 \mathrm{m}^3$ 的无盖长方体的容器，若不计钢板的厚度，怎样制作材料最省？

解 **方法一** 从这个实际问题知，材料最省的长方体容器一定存在.设容器的长为 x，宽为 y，高为 z，如图 7—44 所示，则无盖容器所需钢板的面积为

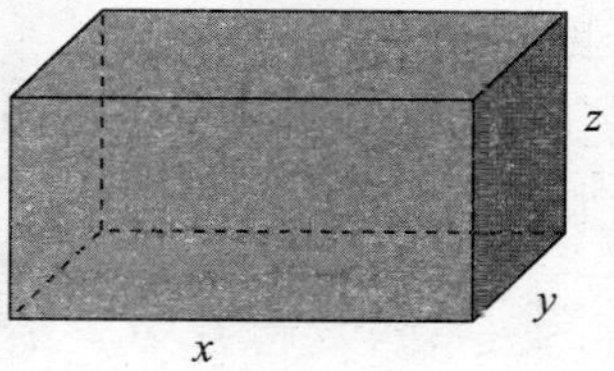

图 7—44

$$A = xy + 2yz + 2xz.$$

又已知 $V = xyz = a^3$.于是把 $z = \dfrac{a^3}{xy}$ 代入 A 中，得

$$A = xy + \frac{2a^3(x+y)}{xy} \quad (x > 0, y > 0).$$

求 A 的偏导数：

$$\frac{\partial A}{\partial x} = y - \frac{2a^3}{x^2}, \quad \frac{\partial A}{\partial y} = x - \frac{2a^3}{y^2}.$$

求驻点，解方程组 $\begin{cases} y - \dfrac{2a^3}{x^2} = 0 \\ x - \dfrac{2a^3}{y^2} = 0 \end{cases}$.

因为 $x > 0, y > 0$，解方程组，得 $x = y = \sqrt[3]{2}a$，代入 $z = \dfrac{a^3}{xy}$ 中，得 $z = \dfrac{\sqrt[3]{2}}{2}a$，于是驻点唯一，所以当长方体容器的长与宽取 $\sqrt[3]{2}a$ m，高取 $\dfrac{\sqrt[3]{2}}{2}a$ m 时，所需的材料最省.

方法二 设拉格朗日函数为 $L(x,y,z,\lambda) = xy + 2xz + 2yz + \lambda(xyz - a^3)$.由

$$\begin{cases} L_x = y + 2z + \lambda yz = 0 \\ L_y = x + 2z + \lambda xz = 0 \\ L_z = 2x + 2y + \lambda xy = 0 \\ L_\lambda = xyz - a^3 = 0 \end{cases},$$

将方程组的第一个方程乘以 x，第二个方程乘以 y，第三个方程乘以 z，再两两相减得

$$\begin{cases} 2xz - 2yz = 0 \\ xy - 2xz = 0 \end{cases}.$$

因为 $x > 0, z > 0$，所以有 $x = y = 2z$，代入第四个方程得唯一的可能极值点

$$x = y = \sqrt[3]{2}a, \quad z = \frac{\sqrt[3]{2}}{2}a.$$

由实际意义可知最小值一定存在，因此当 $x = y = \sqrt[3]{2}a$ m，$z = \dfrac{\sqrt[3]{2}}{2}a$ m 时，容器所需材料最省.

例3 在医院的外科手术室，经常需要将病人安置在活动病床上，通过走廊将病人送到手术室或送回病房，然而有的医院走廊较窄，病床必须沿走廊推过直角拐角. 设拐角走廊的宽度分别为 a 和 b，求能通过拐角的病床尺寸的最小值.

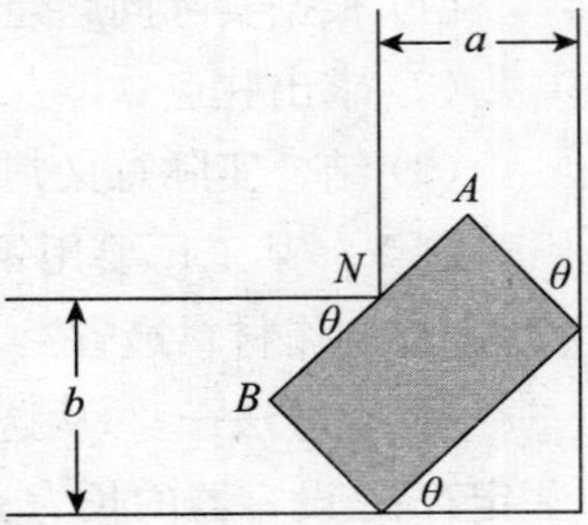

图 7—45

解 设病床的尺寸为 $S=p\times q$，如图 7—45 所示，有

$$|AB|=|AN|+|NB|,$$

即

$$p=(a-q\sin\theta)\sec\theta+(b-q\cos\theta)\csc\theta.$$

从而

$$S(q,\theta)=q[(a-q\sin\theta)\sec\theta+(b-q\cos\theta)\csc\theta]\quad\left(0<\theta<\frac{\pi}{2}\right).$$

下面求函数 $S(q,\theta)$ 的最小值：

$$\frac{\partial S}{\partial q}=[(a-q\sin\theta)\sec\theta+(b-q\cos\theta)\csc\theta]-q(\sin\theta\sec\theta+\cos\theta\csc\theta),$$

$$\frac{\partial S}{\partial\theta}=q[q\cos\theta\sec\theta+(a-q\sin\theta)\sec\theta\tan\theta+q\sin\theta\csc\theta-(b-q\cos\theta)\csc\theta\cot\theta],$$

令 $\dfrac{\partial S}{\partial q}=0,\dfrac{\partial S}{\partial\theta}=0$，得

$$a\sin\theta+b\cos\theta=2q,\quad b\cos^3\theta-a\sin^3\theta=q\cos^2 2\theta.$$

解得 $\tan\theta=\dfrac{b}{a},q=\dfrac{ab}{\sqrt{a^2+b^2}},p=\sqrt{a^2+b^2}$. 因为，当 $0<\theta<\dfrac{\pi}{2}$ 时，$S(q,\theta)$ 的驻点唯一，所以当 $q=\dfrac{ab}{\sqrt{a^2+b^2}},p=\sqrt{a^2+b^2}$ 时，$S(q,\theta)$ 取得最小值.

三、经济学中的最值问题

多元函数极值问题在经济学中应用广泛，这里主要列举一些常见的最大利润、最小成本等实例.

例4(最大利润) 某工厂生产两种产品 A 和 B，其销售单价分别为 $P_1=10,P_2=9$(单位:元)，总成本函数(单位:万元) 是两种产品产量 q_1 和 q_2(单位:千件) 的函数，

$$C(q_1,q_2)=400+2q_1+3q_2+0.01\cdot(3q_1^2+q_1q_2+3q_2^2).$$

当两种产品的产量为多少时，可获利润最大？最大利润是多少？

解 收益函数

$$R(q_1,q_2)=P_1\cdot q_1+P_2\cdot q_2=10q_1+9q_2.$$

利润函数

$$\begin{aligned}L(q_1,q_2)&=R(q_1,q_2)-C(q_1,q_2)\\&=(10q_1+9q_2)-[400+2q_1+3q_2+0.01\cdot(3q_1^2+q_1q_2+3q_2^2)]\\&=8q_1+6q_2-0.01\cdot(3q_1^2+q_1q_2+3q_2^2)-400.\end{aligned}$$

由

$$\begin{cases}L_{q_1}(q_1,q_2)=8-0.01\cdot(6q_1+q_2)=0\\L_{q_2}(q_1,q_2)=6-0.01\cdot(q_1+6q_2)=0\end{cases},$$

解得唯一驻点(120,80)，而 $L(120,80)=320$.由题意知，生产 120 单位产品 A、80 单位产品 B 利润最大，最大利润为 320(万元).

例 5(最小成本) 某工厂生产两种商品的日产量分别为 q_1 和 q_2(件)，总成本函数为

$$C(q_1,q_2)=8q_1^2-q_1q_2+12q_2^2(\text{元}),$$

商品的限额为 $q_1+q_2=42$.求最小成本.

解 约束条件为 $\Phi(q_1,q_2)=q_1+q_2-42=0$.设拉格朗日函数

$$L(q_1,q_2)=8q_1^2-q_1q_2+12q_2^2+\lambda\cdot(q_1+q_2-42).$$

解方程组

$$\begin{cases}L_{q_1}(q_1,q_2)=16q_1-q_2+\lambda=0\\L_{q_2}(q_1,q_2)=-q_1+24q_2+\lambda=0,\\q_1+q_2-42=0\end{cases}$$

得唯一的驻点(25,17).由问题本身知，最小成本 $L(25,17)=8\,043$(元).

例 6 某工厂生产两种产品，其产量分别为 q_1 和 q_2(件)，总成本函数

$$C(q_1,q_2)=q_1^2+2q_1q_2+q_2^2+5(\text{元}).$$

两种产品的需求函数分别是 $q_1=2\,600-p_1$ 及 $q_2=1\,000-\frac{p_2}{4}$，其中 p_1 和 p_2 分别是两种产品的单价(单位:元 / 件).为使工厂获得最大利润，试确定两种产品的产出水平.

解 由于 $q_1=2\,600-p_1$，$q_2=1\,000-\frac{p_2}{4}$，所以两种产品的单价

$$p_1=2\,600-q_1,\quad p_2=4\,000-4q_2.$$

于是总收益函数为

$$\begin{aligned}R&=q_1\cdot p_1+q_2\cdot p_2=q_1(2\,600-q_1)+q_2(400-4q_2)\\&=2\,600q_1+4\,000q_2-q_1^2-4q_2^2.\end{aligned}$$

所以利润函数为

$$\begin{aligned}L=R-C&=(2\,600q_1+4\,000q_2-q_1^2-4q_2^2)-(q_1^2+2q_1^2q_2^2+q_2^2+5)\\&=2\,600q_1+4\,000q_2-2q_1^2-5q_2^2-2q_1q_2-5.\end{aligned}$$

确定函数 $L(q_1,q_2)$ 的极值:由

$$\begin{cases}\dfrac{\partial L}{\partial q_1}=2\,600-4q_1-2q_2=0\\\dfrac{\partial L}{\partial q_2}=4\,000-10q_2-2q_1=0\end{cases},$$

解得 $q_1=500$，$q_2=300$.

所以(500,300) 为 $L(q_1,q_2)$ 的唯一驻点，因此当两种产品的产量分别为 500(件) 与 300(件) 时利润最大，利润的最大值为 $L(500,300)=1\,249\,995$(元).

☞ 习题 7.7

1. 求函数 $z=x+y+1$ 在闭区域 $x^2+y^2\leqslant 1$ 上的最大值和最小值.

2. 求函数 $z=x^2+12xy+2y^2$ 在闭区域 $4x^2+y^2\leqslant 25$ 上的最大值和最小值.

3. 求函数 $f(x,y)=\sin x+\sin y-\sin(x+y)$ 在有界闭区域 D 上的最大值和最小值,其中 D 是由直线 $x+y=2\pi$,x 轴和 y 轴所围成的三角形区域.

4. 设某工厂生产甲、乙两种产品,产量分别为 q_1 和 q_2(千件),利润函数为

$$L(q_1,q_2)=6q_1-q_1^2+16q_2-4q_2^2-2(\text{万元}).$$

已知生产这两种产品时,每千件产品均消耗某种原料 12 000 kg.问两种产品各生产多少千件时,总利润最大?最大利润是多少?

5. 工厂生产两种产品,总成本函数为

$$C(q_1,q_2)=2q_1^2-2q_1q_2+q_2^2+37.5.$$

两种产品的价格函数分别为 $p_1=70-2q_1-3q_2$,$p_2=110-3q_1-5q_2$.为使利润最大,试确定两种产品的产量和最大利润.

6. 一个工厂生产两种产品,总成本函数为

$$C(q_1,q_2)=q_1^2+2q_1q_2+q_2^2+5.$$

两种产品的需求函数分别为 $q_1=26-p_1$,$q_2=10-0.25p_2$.试确定利润最大时两种产品的产量.

7. 一厂商经营两个工厂,并生产同一种产品,且在同一市场上销售.设其成本函数分别为 $C_1=2q_1^2+4$,$C_2=6q_2^2+8$,而价格函数为 $p=88-4q$,$q=q_1+q_2$.厂商追求最大利润,试确定每个工厂的产量及产品的价格.

8. 某公司通过电视和报刊两种方式做某种产品的推销广告,经统计,销售收入 R(万元)与电视广告费用 x 及报刊广告费 y 之间的关系为

$$R(x,y)=16x+22y-x^2-2xy-2y^2+50.$$

现准备投入广告费 10 万元,问如何分配电视和报纸的广告费用,可使销售收入最大?

第八节　二重积分

本节我们将一元函数定积分的概念和思想扩展到二元函数的二重积分上.由于二重积分是一元函数定积分在二元函数中的进一步推广,因此,二重积分的概念、性质与定积分类似,二重积分的计算方法也是借助定积分.学习中要注意与定积分的对比,把握两者之间的共性与区别.

一、二重积分的概念与性质

1. 定积分概念回顾

在讨论二重积分概念之前,不妨先回顾一下定积分的概念与思想方法.定积分概念的形成,是从求解曲边梯形面积问题中抽象出来的.

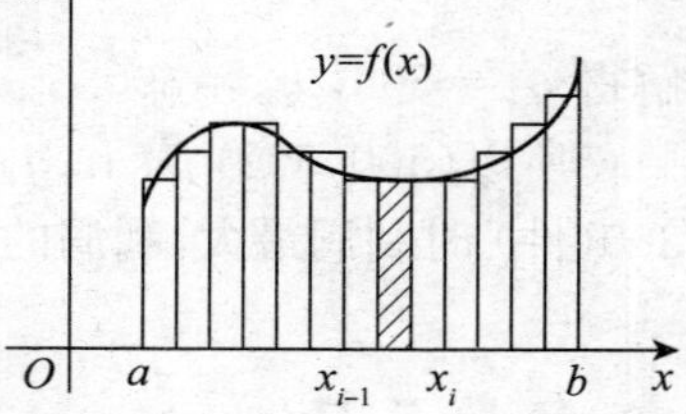

图 7—46

对于由 Ox 轴，直线 $x=a, x=b$，曲线 $y=f(x)\geqslant 0$ 所围成的曲边梯形面积 A，见图 7—46，可以通过下面四个步骤求得：

(1) 分割　任取分点，把 $[a,b]$ 分为 n 个小区间 $[x_{i-1},x_i]$，$\Delta x_i=x_i-x_{i-1}(i=1,2,\cdots,n)$.

(2) 取近似　小曲边梯形面积 ΔA_i 由矩形面积近似代替：

$$\Delta A_i\approx f(\xi_i)\Delta x_i\quad(i=1,2,\cdots,n),\ \xi_i\in[x_{i-1},x_i].$$

(3) 求和　曲边梯形面积 A 的近似值：$A\approx\sum_{i=1}^{n}f(\xi_i)\Delta x_i$.

(4) 取极限　令 $\lambda=\max\limits_{1\leqslant i\leqslant n}\{\Delta x_i\}$，曲边梯形的面积

$$A=\lim_{\lambda\to 0}\sum_{i=1}^{n}f(\xi_i)\Delta x_i=\int_a^b f(x)\mathrm{d}x.$$

通过求解定积分可以得到曲边梯形的面积值.如果将面积问题改为体积问题就可形成二重积分的概念.

2. 曲顶柱体的体积

所谓**曲顶柱体**是指这样的一种几何体，以 xOy 平面上的有界闭区域 D 为底、其侧面为以 D 的边界线为准线，而母线平行 z 轴的柱面，其顶是连续曲面 $z=f(x,y)\geqslant 0$ 所围成的几何体，如图 7—47 所示.下面讨论如何计算曲顶柱体的体积 V.

类似于曲边梯形面积的计算，曲顶柱体的体积可以由下面过程得到：

(1) 分割　用一组曲线网分割区域 D(图 7—48) 为 n 个小区域：

$$\Delta\sigma_1,\Delta\sigma_2,\cdots,\Delta\sigma_n,$$

并用 $\Delta\sigma_i$ 表示该小区域的面积，分别以这些小闭区域的边界为准线，作母线平行于 z 轴的柱面，这些柱面把曲顶柱体分成 n 个细曲顶柱体，其体积为 ΔV_i(图 7—49) 则 $V=\sum_{i=1}^{n}\Delta V_i$.

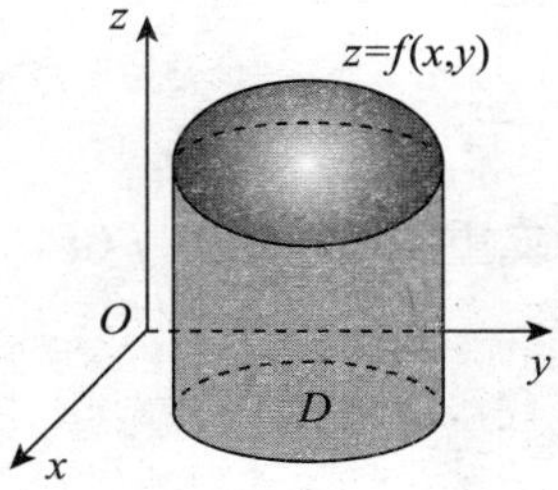

图 7—47

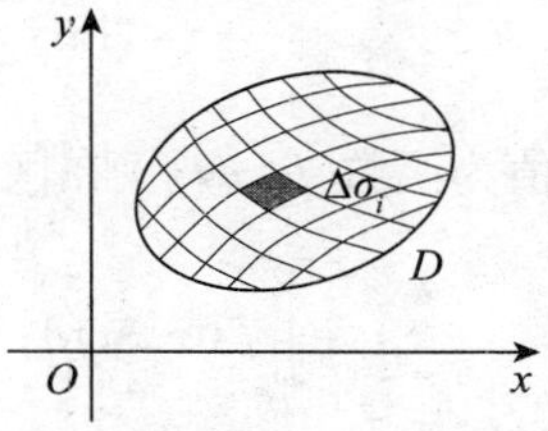

图 7—48

(2) 近似代替　在每个小区域 $\Delta\sigma_i$ 上任取一点 (ξ_i,η_i)，小曲顶柱体的体积近似地等于以 $f(\xi_i,\eta_i)$ 为高、以 $\Delta\sigma_i$ 为底的小平顶柱体体积(图 7—50)，即

$$\Delta V_i\approx f(\xi_i,\eta_i)\Delta\sigma_i.$$

(3) 求和　曲顶柱体的体积 V 近似地为

$$V=\sum_{i=1}^{n}\Delta V_i\approx\sum_{i=1}^{n}f(\xi_i,\eta_i)\Delta\sigma_i.$$

(4) 取极限　区域 $\Delta\sigma_i$ 中任意两点间距离的最大值称为 $\Delta\sigma_i$ 的直径，并记为 d_i.令 $\lambda=$

$\max\{d_1, d_2, \cdots, d_n\}$，当 $\lambda \to 0$ 时，和式 $\sum_{i=1}^{n} f(\xi_i, \eta_i)\Delta\sigma_i$ 的极限为曲顶柱体体积，即

$$V = \lim_{\lambda \to 0} \sum_{i=1}^{n} f(\xi_i, \eta_i)\Delta\sigma_i.$$

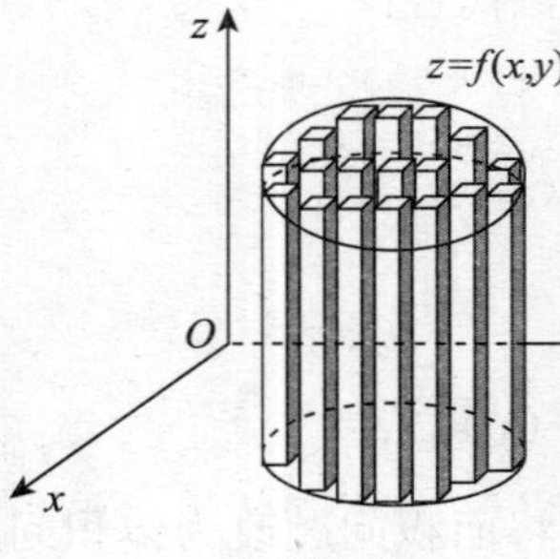

图 7—49

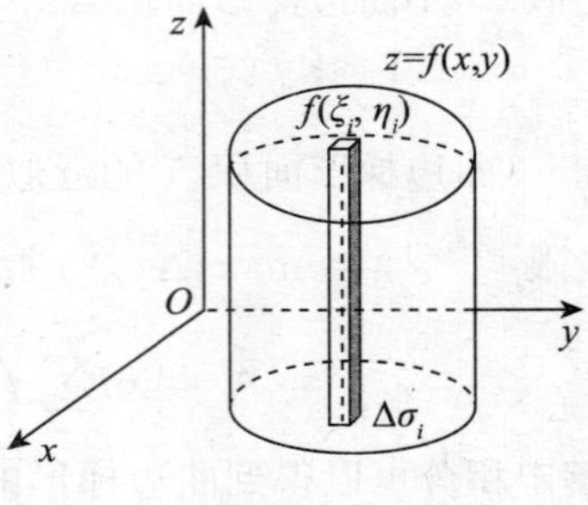

图 7—50

事实上，有很多实际问题都是采取分割、近似代替、求和、取极限的方法解决并归结为这种特定的和式极限的数学结构形式，抽去问题的实际背景，只从数量关系上的共性加以概括和抽象，由上述和式的极限就得到了二重积分的概念.

3. 二重积分的概念

定义 设 $z = f(x, y)$ 是有界闭区域 D 上的有界函数，用一组任意曲线网分割区域 D 为 n 个小区域：

$$\Delta\sigma_1, \Delta\sigma_2, \cdots, \Delta\sigma_n.$$

其中 $\Delta\sigma_i (i=1,2,\cdots,n)$ 表示第 i 个小区域，也表示它的面积，在每个小区域 $\Delta\sigma_i$ 上任取一点 (ξ_i, η_i)，作乘积 $f(\xi_i, \eta_i)\Delta\sigma_i (i=1,2,\cdots,n)$，并作和 $\sum_{i=1}^{n} f(\xi_i, \eta_i)\Delta\sigma_i$，$d_i$ 表示区域 $\Delta\sigma_i$ 的直径，取 $\lambda = \max\{d_1, d_2, \cdots, d_n\}$.若极限

$$\lim_{\lambda \to 0} \sum_{i=1}^{n} f(\xi_i, \eta_i)\Delta\sigma_i$$

存在，则称其极限值为函数 $f(x, y)$ 在区域 D 上的**二重积分**，记为 $\iint_D f(x, y)\mathrm{d}\sigma$，即

$$\iint_D f(x, y)\mathrm{d}\sigma = \lim_{\lambda \to 0} \sum_{i=1}^{n} f(\xi_i, \eta_i)\Delta\sigma_i.$$

其中 $f(x, y)$ 称为**被积函数**，D 称为**积分区域**，$f(x, y)\mathrm{d}\sigma$ 称为**被积表达式**，$\mathrm{d}\sigma$ 称为**面积元素**，x 与 y 称为**积分变量**.

对于二重积分作几点说明：

(1) 二重积分的积分值与区域的分割方式与取点无关，即分割与取点具有任意性；

(2) 二重积分的积分值是一数值，该值与区域及被积函数相关，与积分变量无关；

(3) 若被积函数 $f(x, y)$ 在有界闭区域 D 上连续，则一定可积.

二重积分的几何意义 当 $f(x, y) \geqslant 0$ 且连续时，二重积分 $\iint_D f(x, y)\mathrm{d}\sigma$ 代表以积分区域为底、曲面 $z = f(x, y)$ 为曲顶的曲顶柱体的体积.

特别地，当 $f(x,y)\equiv 1$ 时，且区域 D 的面积为 σ，则 $\iint\limits_D \mathrm{d}\sigma=\sigma$，这时二重积分 $\iint\limits_D \mathrm{d}\sigma$ 理解为以平面 $z=1$ 为顶、D 为底的平顶柱体的体积，该体积在数量值上与区域 D 的面积相等.

4. 二重积分的性质

比较二重积分与定积分的定义可以看到，这两种积分有着相似的形成过程，并且是同一类型的和式极限，所以二重积分有与定积分相类似的性质.这些性质也可以类似地证明，在此从略.

性质 1　设函数 $f(x,y)$ 在有界闭区域 D 上可积，k 为常数，则

$$\iint\limits_D kf(x,y)\mathrm{d}\sigma=k\iint\limits_D f(x,y)\mathrm{d}\sigma.$$

性质 2　设函数 $f(x,y),g(x,y)$ 在有界闭区域 D 上可积，则

$$\iint\limits_D [f(x,y)\pm g(x,y)]\mathrm{d}\sigma=\iint\limits_D f(x,y)\mathrm{d}\sigma\pm\iint\limits_D g(x,y)\mathrm{d}\sigma.$$

性质 3　设函数 $f(x,y)$ 在有界闭区域 D 上可积.若积分区域 D 分割为 D_1 与 D_2 两部分，则有

$$\iint\limits_D f(x,y)\mathrm{d}\sigma=\iint\limits_{D_1} f(x,y)\mathrm{d}\sigma+\iint\limits_{D_2} f(x,y)\mathrm{d}\sigma.$$

性质 4　设函数 $f(x,y),g(x,y)$ 在有界闭区域 D 上可积.若 $f(x,y)\leqslant g(x,y)$，则

$$\iint\limits_D f(x,y)\mathrm{d}\sigma\leqslant\iint\limits_D g(x,y)\mathrm{d}\sigma.$$

特别地，有

$$\left|\iint\limits_D f(x,y)\mathrm{d}\sigma\right|\leqslant\iint\limits_D |f(x,y)|\mathrm{d}\sigma.$$

性质 5　设 M 与 m 分别是函数 $f(x,y)$ 在有界闭区域 D 上的最大值与最小值，σ 是区域 D 的面积，则

$$m\sigma\leqslant\iint\limits_D f(x,y)\mathrm{d}\sigma\leqslant M\sigma.$$

性质 6（二重积分中值定理）　设 $f(x,y)$ 在有界闭域 D 上连续，σ 是区域 D 的面积，则在 D 上至少有一点 (ξ,η)，使得下式成立：

$$\iint\limits_D f(x,y)\mathrm{d}\sigma=f(\xi,\eta)\sigma.$$

当 $f(x,y)\geqslant 0$ 时，上式左端是以 D 为底的曲顶柱体的体积，右端为以 D 为底、$f(\xi,\eta)$ 为高的平顶柱体的体积，因此 $\dfrac{1}{\sigma}\iint\limits_D f(x,y)\mathrm{d}\sigma$ 表示函数 $f(x,y)$ 在区域 D 上函数值的平均值.

二、二重积分在直角坐标系中的计算

在直角坐标系中采用平行于 x 轴和 y 轴的直线把区域 D 分成许多小矩形（图 7—51），于是面积元素 $\mathrm{d}\sigma=\mathrm{d}x\mathrm{d}y$，二重积分可以写成

$$\iint_D f(x,y)\mathrm{d}x\mathrm{d}y.$$

下面用二重积分的几何意义来导出二重积分的计算方法.

1. x 型区域

设 $f(x,y)$ 在有界闭域 D 上连续，D 可表示为(图 7—52)

$$D=\{(x,y)\mid y_1(x)\leqslant y\leqslant y_2(x),a\leqslant x\leqslant b\}.$$

区域 D 习惯上称为 x 型区域.

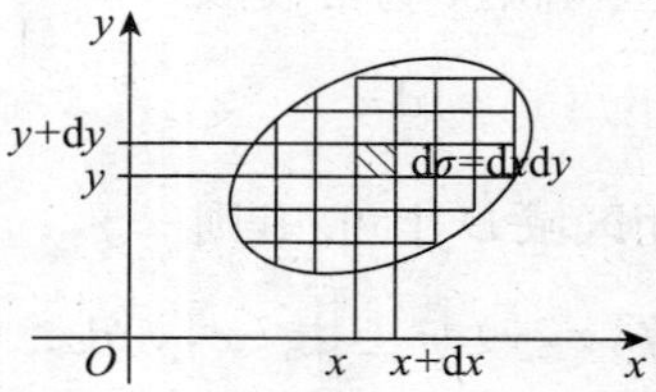

图 7—51

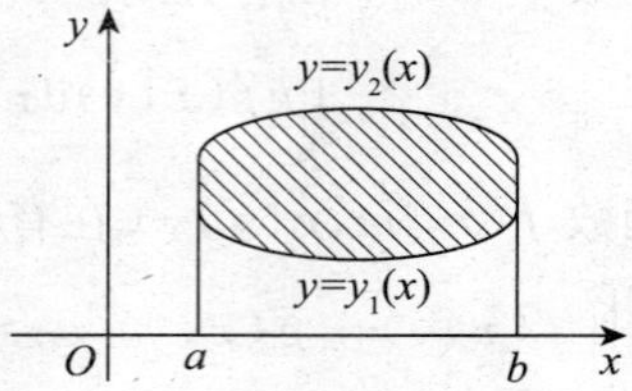

图 7—52

在此用定积分的“切片法”来求以 $z=f(x,y)$ 为顶、以 D 为底的曲顶柱体的体积.

在$[a,b]$上任取一点 x，过 x 作垂直于 x 轴的平面与柱体相交，截出的面积设为 $S(x)$，如图 7—53 所示.由定积分可知

$$S(x)=\int_{y_1(x)}^{y_2(x)}f(x,y)\mathrm{d}y.$$

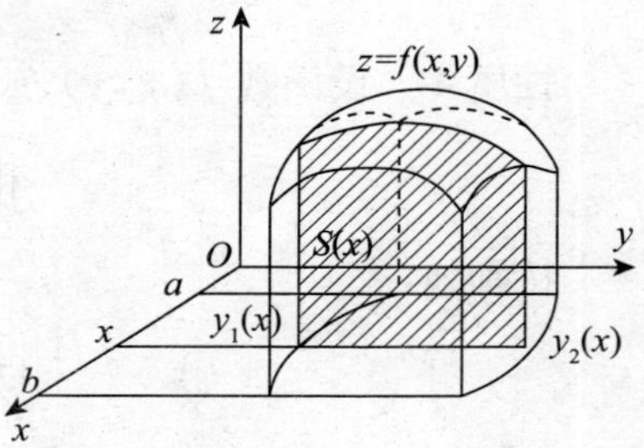

图 7—53

所求曲顶柱体的体积为

$$V=\int_a^b S(x)\mathrm{d}x=\int_a^b\left[\int_{y_1(x)}^{y_2(x)}f(x,y)\mathrm{d}y\right]\mathrm{d}x.$$

所以

$$\iint_D f(x,y)\mathrm{d}x\mathrm{d}y=\int_a^b\left[\int_{y_1(x)}^{y_2(x)}f(x,y)\mathrm{d}y\right]\mathrm{d}x,$$

或记为

$$\iint_D f(x,y)dxdy=\int_a^b\mathrm{d}x\int_{y_1(x)}^{y_2(x)}f(x,y)\mathrm{d}y.$$

此公式就是二重积分化为定积分的计算公式，该方法称为累次积分法，即二重积分可以化为求两次定积分.计算第一次积分时，视 x 为常量，对变量 y 由下限 $y_1(x)$ 积到上限 $y_2(x)$，这时计算结果是一个关于 x 的函数；计算第二次积分时，x 是积分变量，积分限是常数，计算结果是一个定值.

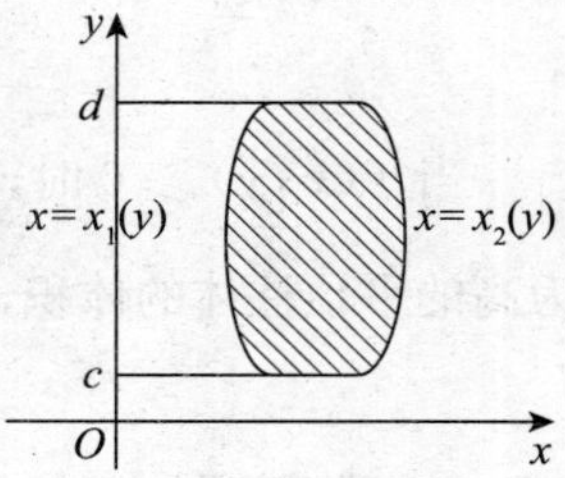

图 7—54

2. y 型区域

设积分区域 $D=\{(x,y)\mid x_1(y)\leqslant x\leqslant x_2(y),c\leqslant y\leqslant d\}$(图 7—54)，区域 D 习惯上称为 y 型区域. 则在区域 D 上，

$$\iint_D f(x,y)\mathrm{d}\sigma=\int_c^d\left[\int_{x_1(y)}^{x_2(y)}f(x,y)\mathrm{d}x\right]\mathrm{d}y,$$

或

$$\iint_D f(x,y)\mathrm{d}\sigma=\int_c^d\mathrm{d}y\int_{x_1(y)}^{x_2(y)}f(x,y)\mathrm{d}x.$$

特别地，若积分区域 D 为矩形区域，

$$D=\{(x,y)\mid x_1(y)\leqslant x\leqslant x_2(y),c\leqslant y\leqslant d\},$$

则 $f(x,y)$ 在 D 上的二重积分可以化为先对 y 后对 x 的累次积分，也可以化为先对 x 后对 y 的累次积分，即

$$\iint_D f(x,y)d\sigma=\int_a^b\mathrm{d}x\int_c^d f(x,y)\mathrm{d}y=\int_c^d\mathrm{d}y\int_a^b f(x,y)\mathrm{d}x.$$

计算二重积分的步骤如下：

(1) 画出积分区域的图形，求出区域边界曲线的交点坐标；

(2) 根据被积函数和积分区域的特征选择积分次序；

(3) 确定积分限上下限，将二重积分转化为累次积分；

(4) 利用积分法计算累次积分.

化二重积分为累次积分时，需注意以下几点：

(1) 累次积分的下限必须小于上限.如果第一次积分先对 y 积分(或对 x 积分)，可以引平行于 y 轴(x 轴)且与 y 轴(x 轴)同向的直线，穿过积分区域，则先穿入的边界曲线方程作为下限，穿出的边界曲线方程作为上限.第二次积分从区域的左端点的 x 值(下端的 y 值)到右端点的 x 值(上端的 y 值)，见图 7—55 和图 7—56.

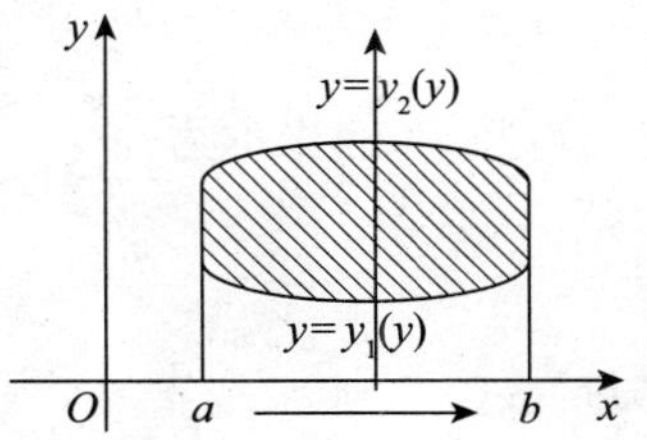

图 7—55

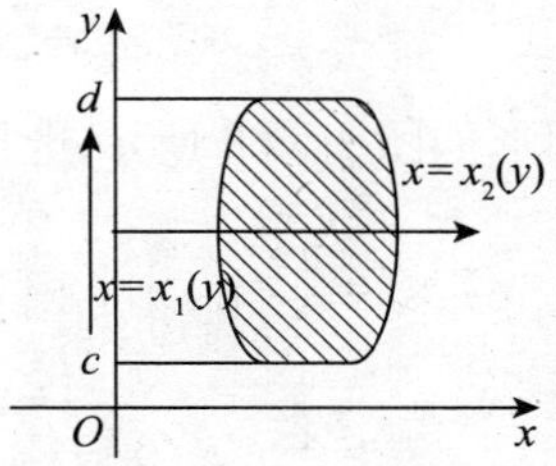

图 7—56

(2) 区域 D 需满足：平行于 y 轴或 x 轴的直线与 D 的边界相交不多于两点.若多于两个，则需要对积分区域进行适当的分割(图 7—57). 另外，积分区域的边界方程必须由一个表达式表示，由多个表达式表式的边界需要过其交点，引平行于坐标轴的直线分割积分区域(图 7—58).

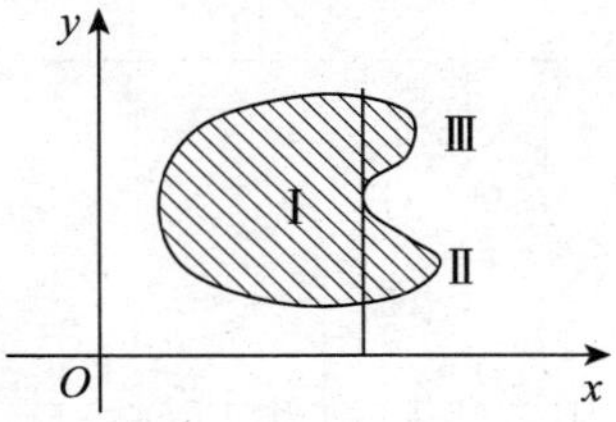

图 7—57

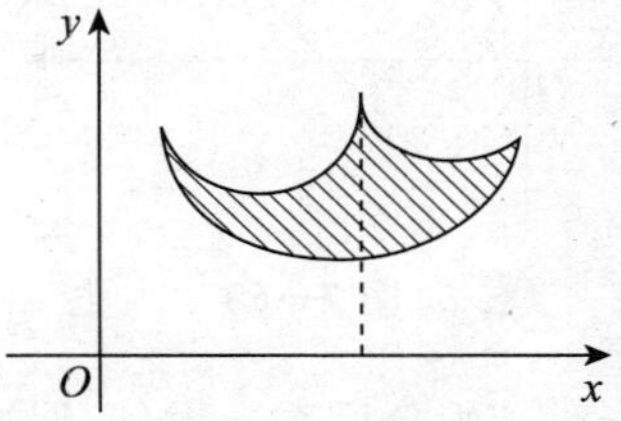

图 7—58

(3) 一个重积分常常是既可以先对 y 积分，又可以先对 x 积分，而这两种不同的积分次序，往往导致计算的繁简程度差别很大，应用时根据被积函数、积分区域、积分限的情况恰当地选择积分次序.

例 1 计算 $\iint\limits_D (x^2+y^2)\mathrm{d}x\mathrm{d}y$，其中 $D=\{(x,y) \mid |x|\leqslant 1, |y|\leqslant 1\}$.

解 积分区域 D 为矩形区域，则

$$\iint\limits_D (x^2+y^2)\mathrm{d}x\mathrm{d}y=\int_{-1}^{1}\mathrm{d}x\int_{-1}^{1}(x^2+y^2)\mathrm{d}y=\int_{-1}^{1}\left(x^2y+\frac{y^3}{3}\right)\Big|_{-1}^{1}\mathrm{d}x$$

$$=\int_{-1}^{1}\left(x^2y+\frac{y^3}{3}\right)\Big|_{-1}^{1}\mathrm{d}x=2\int_{-1}^{1}\left(x^2+\frac{1}{3}\right)\mathrm{d}x=\frac{8}{3}.$$

例 2 计算 $\iint\limits_D xy\mathrm{d}x\mathrm{d}y$，其中 $D=\{(x,y) \mid x^2+y^2\leqslant 1, x\geqslant 0, y\geqslant 0\}$.

解 作 D 的图形（图 7—59）. 先对 y 积分（固定 x），y 的变化范围由 0 到 $\sqrt{1-x^2}$，然后再在 x 的最大变化范围 $[0,1]$ 内对 x 积分，于是得

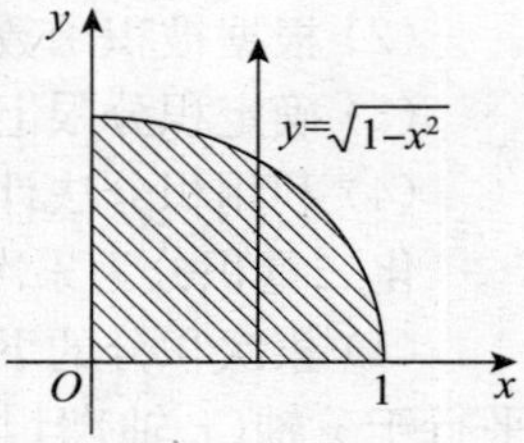

图 7—59

$$\iint\limits_D xy\mathrm{d}x\mathrm{d}y=\int_0^1\mathrm{d}x\int_0^{\sqrt{1-x^2}}xy\mathrm{d}y=\int_0^1 x\left(\frac{1}{2}y^2\right)\Big|_0^{\sqrt{1-x^2}}\mathrm{d}x$$

$$=\int_0^1\frac{1}{2}x(1-x^2)\mathrm{d}x=\frac{1}{2}\left(\frac{x^2}{2}-\frac{x^4}{4}\right)\Big|_0^1=\frac{1}{8}.$$

本题若先对 x 积分，解法类似. 由读者完成.

例 3 计算 $\iint\limits_D 2xy^2\mathrm{d}x\mathrm{d}y$，其中 D 由抛物线 $y^2=x$ 及直线 $y=x-2$ 所围成.

解 D 的图形如图 7—60 所示. 选择先对 x 积分，将 D 的表示为 $\begin{cases} y^2\leqslant x\leqslant y+2 \\ -1\leqslant y\leqslant 2 \end{cases}$，则

$$\iint\limits_D 2xy^2\mathrm{d}x\mathrm{d}y=\int_{-1}^{2}\mathrm{d}y\int_{y^2}^{y+2}2xy^2\mathrm{d}x$$

$$=\int_{-1}^{2}y^2(x^2)\Big|_{y^2}^{y+2}\mathrm{d}y=\int_{-1}^{2}(y^4+4y^3+4y^2-y^6)\mathrm{d}y$$

$$=\left(\frac{y^5}{5}+y^4+\frac{4}{3}y^3-\frac{y^7}{7}\right)\Big|_{-1}^{2}=15\frac{6}{35}.$$

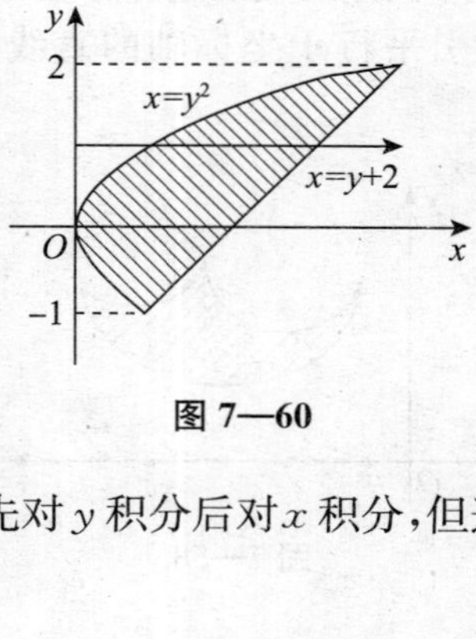

图 7—60

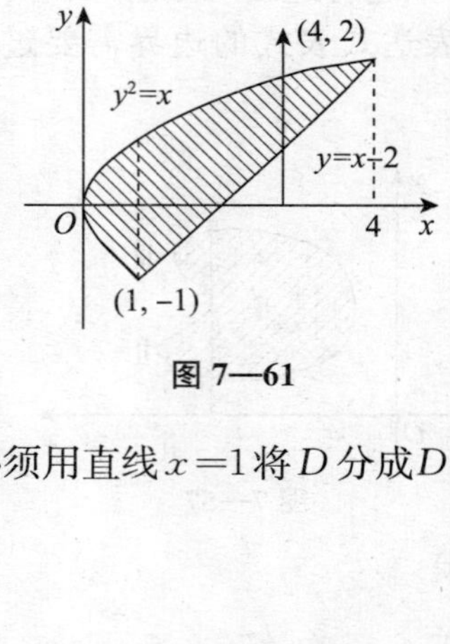

图 7—61

本题也可先对 y 积分后对 x 积分，但这时就必须用直线 $x=1$ 将 D 分成 D_1 和 D_2 两块（图 7—60），其中

$$D_1:\begin{cases}-\sqrt{x}\leqslant y\leqslant\sqrt{x}\\0\leqslant x\leqslant 1\end{cases},\quad D_2:\begin{cases}x-2\leqslant y\leqslant\sqrt{x}\\1\leqslant x\leqslant 4\end{cases}.$$

由此得

$$\begin{aligned}\iint_D 2xy^2\mathrm{d}x\mathrm{d}y&=\iint_{D_1}2xy^2\mathrm{d}x\mathrm{d}y+\iint_{D_2}2xy^2\mathrm{d}x\mathrm{d}y\\&=\int_0^1\mathrm{d}x\int_{-\sqrt{x}}^{\sqrt{x}}2xy^2\mathrm{d}y+\int_1^4\mathrm{d}x\int_{x-2}^{\sqrt{x}}2xy^2\mathrm{d}y.\end{aligned}$$

计算起来要比先对 x 后对 y 积分麻烦得多，所以恰当地选择积分次序是化二重积分为累次积分的关键.

例 4　计算累次积分 $I=\int_0^1\mathrm{d}y\int_y^1 x^2\sin xy\mathrm{d}x$.

解　若按所给的次序计算积分 I，则需要进行两次分部积分.如果我们设想交换一下积分次序，先对 y 积分，这时因子 x^2 可移出，求积分就简单多了.

为此，先将积分区域 D 用不等式表示出：$\begin{cases}y\leqslant x\leqslant 1\\0\leqslant y\leqslant 1\end{cases}$.按照先对 y 积分的考虑，将 D 表示为 $\begin{cases}0\leqslant y\leqslant x\\0\leqslant x\leqslant 1\end{cases}$（图 7—62）.于是，$I$ 的积分次序可以交换为

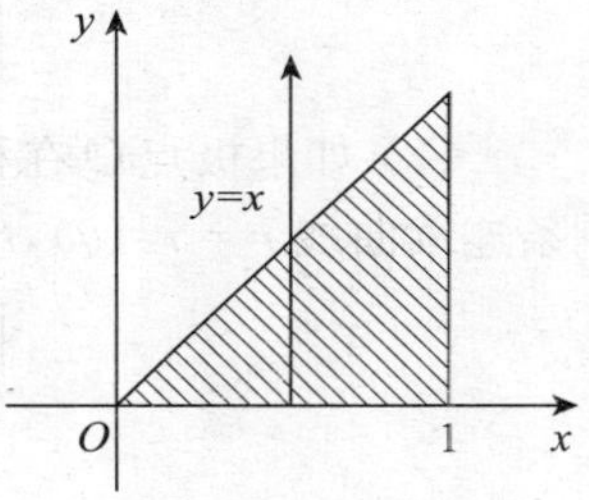

图 7—62

$$\begin{aligned}I&=\int_0^1\mathrm{d}x\int_0^x x^2\sin xy\mathrm{d}y=\int_0^1 x(-\cos xy)\Big|_0^x\mathrm{d}x\\&=\int_0^1 x(1-\cos x^2)\mathrm{d}x=\frac{1}{2}(x^2-\sin x^2)\Big|_0^1\\&=\frac{1}{2}(1-\sin 1).\end{aligned}$$

交换积分次序是二重积分计算中常见的处理方法，交换积分次序的步骤如下：

(1) 根据给定的累次积分写出积分区域不等式，做出积分区域的图形；

(2) 将积分区域按照转化的类型用不等式表示，然后化成新的积分次序下的累次积分.

三、二重积分在极坐标系中的计算

1. 极坐标系下的面积元素

设函数的积分区域为 D，用一系列常数 r（得到一族中心在极点的同心圆）和一系列常数 θ（得到一族过极点的射线）的两组曲线，将 D 分成许多小区域（图 7—63），对于任意小区域 $\Delta\sigma$，其面积由以 $rd\theta$ 为宽、以 $\mathrm{d}r$ 为长的矩形面积代替，于是得到了极坐标系下的面积元素为

$$\mathrm{d}\sigma=r\mathrm{d}r\mathrm{d}\theta.$$

再分别用 $x=r\cos\theta$，$y=r\sin\theta$ 代换被积函数 $f(x,y)$ 中的 x，y，这样二重积分在极坐标系下的表达形式为

$$\iint\limits_D f(x,y)\mathrm{d}\sigma = \iint\limits_D f(r\cos\theta, r\sin\theta)r\mathrm{d}r\mathrm{d}\theta.$$

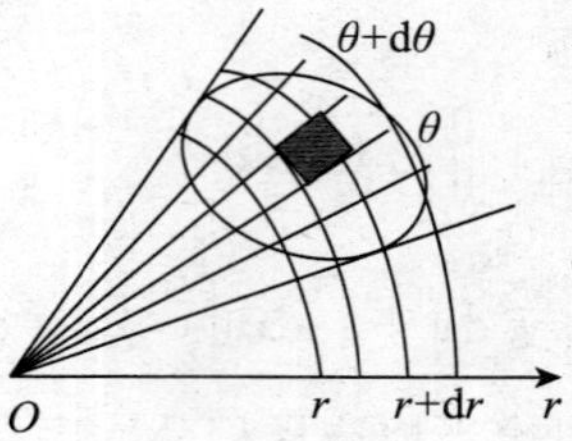

图 7—63

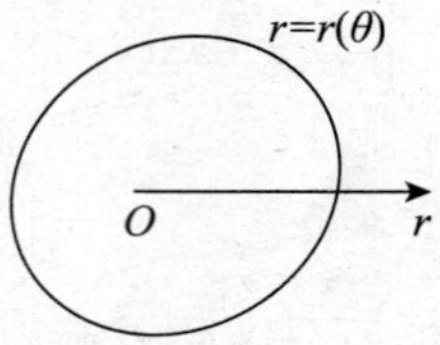

图 7—64

2. 极坐标系下化二重积分为累次积分

(1) 如果极点 O 在积分区域 D 的内部，区域 D 的边界是连续封闭曲线 $r=r(\theta)$（图 7—64），$D=\{(r,\theta)\mid 0\leqslant\theta\leqslant 2\pi, 0\leqslant r\leqslant r(\theta)\}$，则二重积分可化为累次积分：

$$\iint\limits_D f(x,y)\mathrm{d}\sigma = \int_0^{2\pi}\mathrm{d}\theta\int_0^{r(\theta)} f(r\cos\theta, r\sin\theta)r\mathrm{d}r.$$

(2) 如果极点 O 在积分区域 D 的外部，区域 D 的边界是由两条射线 $\theta=\alpha$ 和 $\theta=\beta$ 以及两条连续曲线 $r=r_1(\theta)$，$r=r_2(\theta)$ 围成（图 7—65），则二重积分就可化为累次积分：

$$\iint\limits_D f(x,y)\mathrm{d}\sigma = \int_\alpha^\beta\mathrm{d}\theta\int_{r1(\theta)}^{r2(\theta)} f(r\cos\theta, r\sin\theta)r\mathrm{d}r.$$

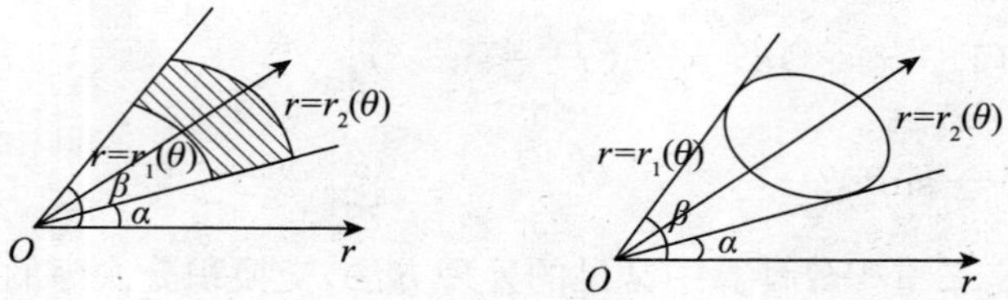

图 7—65

(3) 如果极点 O 在积分区域 D 的边界上，区域 D 的边界是由两条射线 $\theta=\alpha$ 和 $\theta=\beta$ 以及连续曲线 $r=r(\theta)$ 围成（图 7—66），则二重积分就可化为累次积分：

$$\iint\limits_D f(x,y)\mathrm{d}\sigma = \int_\alpha^\beta\mathrm{d}\theta\int_0^{r(\theta)} f(r\cos\theta, r\sin\theta)r\mathrm{d}r.$$

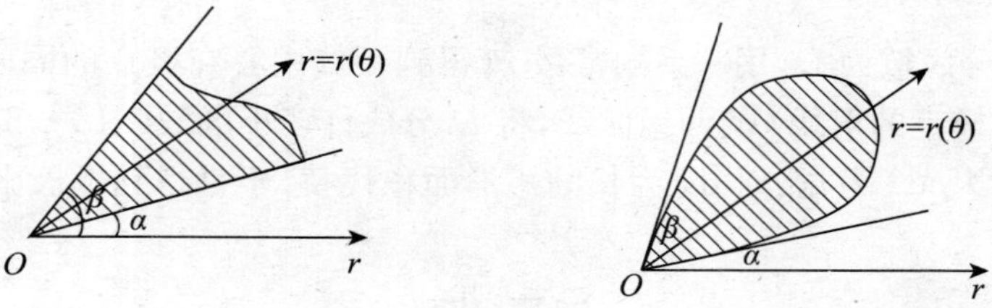

图 7—66

例 5 将$\iint\limits_D f(x,y)\mathrm{d}\sigma$化为极坐标系下的累次积分，$D:x^2+y^2\leqslant 2Rx, y\geqslant 0$.

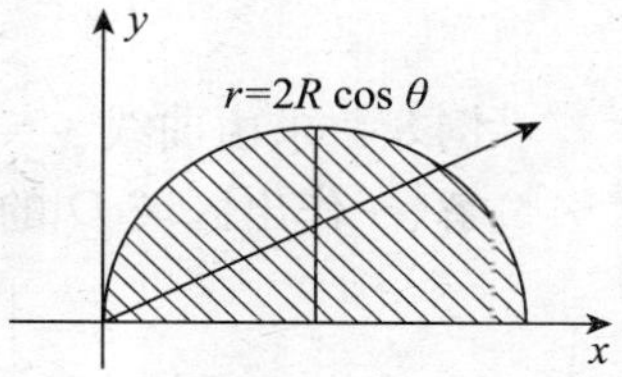

图 7—67

解 画出 D 的图形，见图 7—67，$D: 0\leqslant\theta\leqslant\frac{\pi}{2}, 0\leqslant r\leqslant 2R\cos\theta$，则

$$\iint\limits_D f(x,y)\mathrm{d}\sigma=\int_0^{\frac{\pi}{2}}\mathrm{d}\theta\int_0^{2R\cos\theta}f(r\cos\theta,r\sin\theta)r\mathrm{d}r.$$

例 6 计算$\iint\limits_D \mathrm{e}^{-(x^2+y^2)}\mathrm{d}x\mathrm{d}y$，$D:x^2+y^2\leqslant a^2$.

解 选用极坐标系计算，$D:0\leqslant r\leqslant a, 0\leqslant\theta\leqslant 2\pi$，故有

$$\iint\limits_D \mathrm{e}^{-(x^2+y^2)}\mathrm{d}x\mathrm{d}y=\iint\limits_D \mathrm{e}^{-r^2}r\mathrm{d}r\mathrm{d}\theta=\int_0^{2\pi}\mathrm{d}\theta\int_0^a \mathrm{e}^{-r^2}r\mathrm{d}r$$

$$=\int_0^{2\pi}\left(-\frac{1}{2}\mathrm{e}^{-r^2}\right)\Big|_0^a\mathrm{d}\theta=\pi(1-\mathrm{e}^{-a^2}).$$

例 7 计算$\iint\limits_D x^2\mathrm{d}x\mathrm{d}y$，其中 D 是两圆 $x^2+y^2=1$ 和 $x^2+y^2=4$ 之间的环形区域.

解 作 D 图形(图 7—68)，选用极坐标，$D:1\leqslant r\leqslant 2, 0\leqslant\theta\leqslant 2\pi$，于是

$$\iint\limits_D x^2\mathrm{d}x\mathrm{d}y=\int_0^{2\pi}\mathrm{d}\theta\int_1^2 r^2\cos^2\theta r\mathrm{d}r$$

$$=\int_0^{2\pi}\cos^2\theta\mathrm{d}\theta\int_1^2 r^3\mathrm{d}r$$

$$=\int_0^{2\pi}\frac{1+\cos 2\theta}{2}\mathrm{d}\theta\int_1^2 r^3\mathrm{d}r=\frac{15}{4}\pi.$$

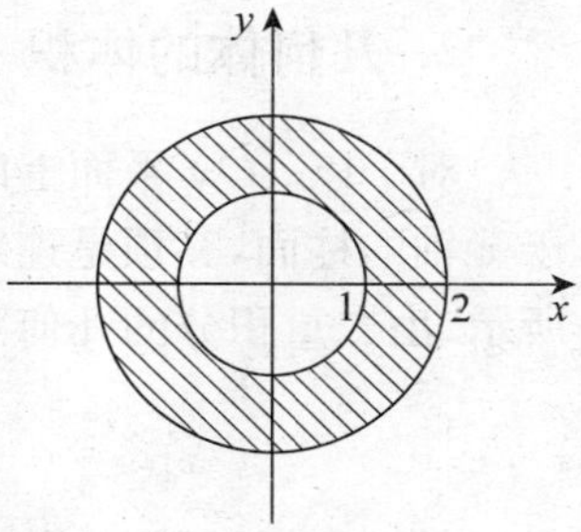

图 7—68

二重积分的计算总结 二重积分在两种坐标系中的计算时选取适当的坐标系对计算二重积分的计算是至关重要的.一般说来，当积分区域为圆形、扇形、环行区域，而被积函数中含有 x^2+y^2 的项时，在极坐标系下计算往往比较简便. 当积分区域由直线和除圆以外的其他曲线围成时，通常选择在直角坐标系下计算.二重积分计算过程如下：

选择坐标系 ⇒ 选择积分次序 ⇒ 化为累次积分 ⇒ 计算累次积分

四、二重积分的几何应用

利用二重积分的几何意义可以求解平面图形的面积和空间几何体的体积.

1. 平面图形的面积

由二重积分的几何意义可知，xOy 平面上封闭曲线所围成的平面区域 D 的面积值 σ 可表示成二重积分

$$\sigma=\iint_D d\sigma.$$

例 8 求由曲线 $y=2-x, y^2=4x+4$ 所围成的区域 D 的面积.

解 作出区域 D 的图形,如图 7—69 所示.所求面积为

$$\sigma=\iint_D d\sigma=\int_{-6}^{2} dy \int_{\frac{y^2-4}{4}}^{2-y} dx=\int_{-6}^{2}\left(2-y-\frac{y^2-4}{4}\right) dy$$

$$=\left(2y-\frac{y^2}{2}-\frac{y^3}{12}+\frac{y}{4}\right)\Big|_{-6}^{2}=\frac{64}{3}.$$

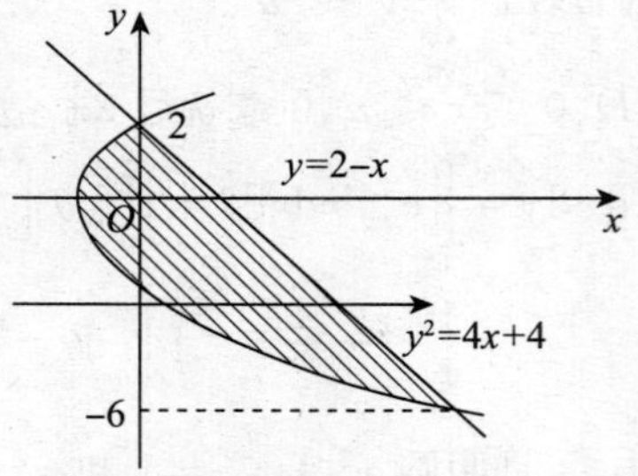

图 7—69

2. 几何体的体积

对于以 xOy 平面上的有界闭区域 D 为底,其侧面为以 D 的边界线为准线,而母线平行于 z 轴的柱面,其顶是连续曲面 $z=f(x,y)\geqslant 0$,所围成的曲顶柱体的体积为 V.如图 7—70 所示,由二重积分的几何意义可知

$$V=\iint_D f(x,y) d\sigma.$$

对于空间区域 Ω,其在 xOy 平面上的投影区域为 D.若以 D 的边界线为准线,而母线平行于 z 轴的柱面,将 Ω 分成上、下两个曲面 $z=f(x,y)$ 和 $z=g(x,y)$,如图 7—71 所示,则空间区域 Ω 的体积为

$$V=\iint_D [f(x,y)-g(x,y)] d\sigma.$$

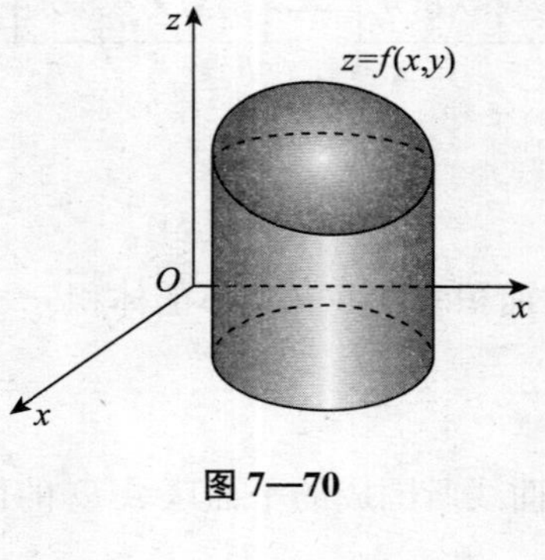

图 7—70

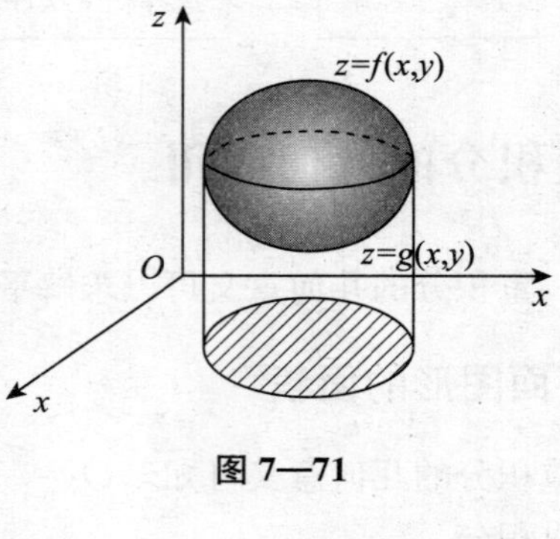

图 7—71

例 9 求抛物面 $z=4-x^2-y^2$ 与平面 $z=0$ 所围成的立体体积.

解 画出曲面所围成立体的图形(图 7—72),考虑到图形的对称性,只需计算第一卦限部分即可.

在直角坐标系下计算,积分区域为 $D: 0\leqslant y\leqslant\sqrt{4-x^2}, 0\leqslant x\leqslant 2$(图 7—73),

$$V=4\iint_D(4-x^2-y^2)\mathrm{d}x\mathrm{d}y=4\int_0^2\mathrm{d}x\int_0^{\sqrt{4-x^2}}(4-x^2-y^2)\mathrm{d}y$$

$$=4\int_0^2\left(4y-x^2y-\frac{1}{3}y^3\right)\Big|_0^{\sqrt{4-x^2}}\mathrm{d}x=\frac{2}{3}\int_0^2(4-x^2)^{\frac{3}{2}}\mathrm{d}x=8\pi.$$

在极坐标系下计算,积分区域为 $D: 0\leqslant\theta\leqslant\frac{\pi}{2}, 0\leqslant r\leqslant 2$,

$$V=4\iint_D(4-x^2-y^2)\mathrm{d}x\mathrm{d}y=4\int_0^{\frac{\pi}{2}}\mathrm{d}\theta\int_0^2(4-r^2)r\mathrm{d}r$$

$$=4\cdot\frac{\pi}{2}\left(2r^2-\frac{r^4}{4}\right)\Big|_0^2=8\pi$$

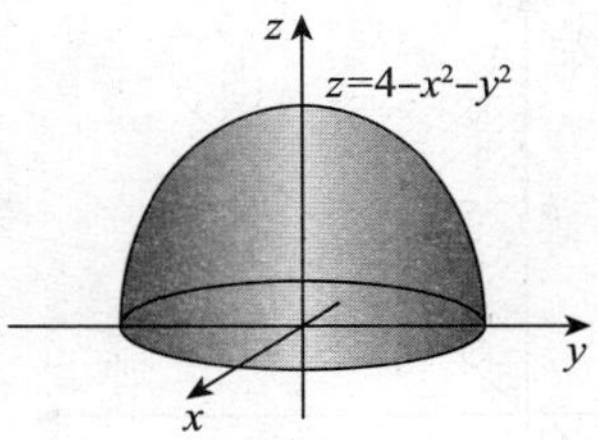

图 7—72

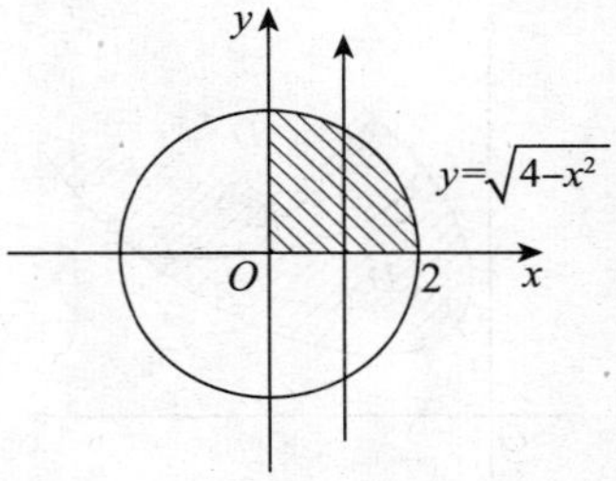

图 7—73

例 10 求由锥面 $z=4-\sqrt{x^2+y^2}$ 与旋转抛物面 $2z=x^2+y^2$ 所围立体的体积.

解 如图 7—74 所示,选用极坐标计算.

$$V=\iint_D\left[(4-\sqrt{x^2+y^2})-\frac{1}{2}(x^2+y^2)\right]\mathrm{d}x\mathrm{d}y$$

$$=\iint_D\left(4-r-\frac{r^2}{2}\right)r\mathrm{d}r\mathrm{d}\theta.$$

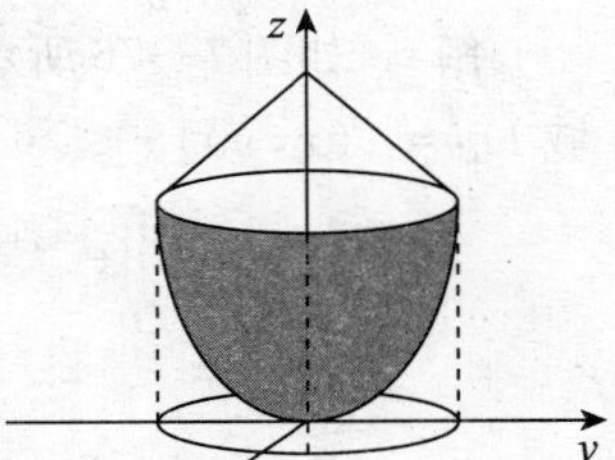

图 7—74

求立体在 xOy 面上的投影区域 D. 由 $\begin{cases}z=4-\sqrt{x^2+y^2}\\2z=x^2+y^2\end{cases}$ 消去 x,y,得

$$z^2-10z+16=(z-2)(z-8)=0,$$

所以 $z=2, z=8$(舍去). 因此,D 由 $x^2+y^2=4$ 即 $r=2$ 围成. 从而得

$$V=\int_0^{2\pi}\mathrm{d}\theta\int_0^2\left(4r-r^2-\frac{r^3}{2}\right)\mathrm{d}r=2\pi\left(2r^2-\frac{r^3}{3}-\frac{r^4}{8}\right)\Big|_0^2=\frac{20}{3}\pi.$$

五、无界区域上的反常二重积分*

与一元函数无限区间的反常积分类似，二元函数也有无界区域上的反常二重积分.

定义 设函数 $f(x,y)$ 在无界区域 D 上连续，D_C 为 D 中任意光滑曲线 C 划分出的有界闭区域(图 7—75).记号 $\iint\limits_D f(x,y)\mathrm{d}\sigma$ 称为函数 $f(x,y)$ 在无界区域 D 上的**反常二重积分**.若当曲线 C 连续变动，使区域 D_C 以任意方式无限扩展趋于 D 时，极限

$$\lim_{D_C\to D}\iint\limits_{D_C} f(x,y)\mathrm{d}\sigma$$

存在，则称**反常二重积分收敛**，其极限值称为**反常二重积分的值**，即

$$\iint\limits_D f(x,y)\mathrm{d}\sigma=\lim_{D_C\to D}\iint\limits_{D_C} f(x,y)\mathrm{d}\sigma.$$

若极限不存在，则称**反常二重积分发散**.

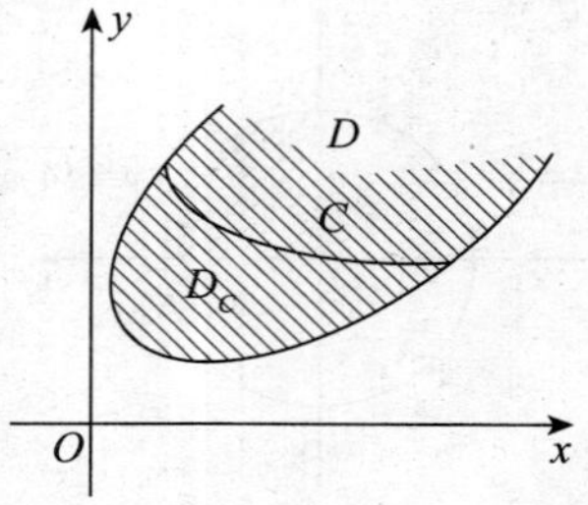

图 7—75

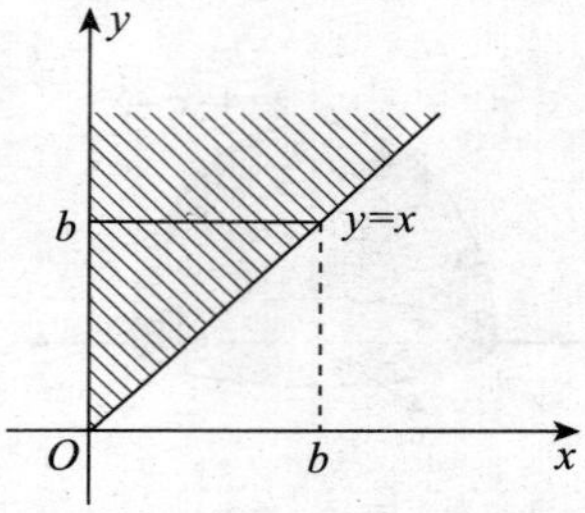

图 7—76

例 11 计算 $\iint\limits_D \mathrm{e}^{-(x+2y)}\mathrm{d}\sigma$，其中 $D=\{(x,y)\mid 0\leqslant x\leqslant y\}$.

解 如图 7—76 所示，$D=\{(x,y)\mid 0\leqslant x\leqslant y\}$ 为无界区域，作直线 $y=b$，得有界闭区域 $D_C=\{(x,y)\mid x\leqslant y\leqslant b,0\leqslant x\leqslant b\}$.显然当 $b\to+\infty$ 时，$D_C\to D$，于是

$$\begin{aligned}\iint\limits_D \mathrm{e}^{-(x+2y)}\mathrm{d}\sigma&=\lim_{b\to+\infty}\iint\limits_{D_C}\mathrm{e}^{-(x+2y)}\mathrm{d}\sigma=\lim_{b\to+\infty}\int_0^b\mathrm{d}x\int_x^b\mathrm{e}^{-(x+2y)}\mathrm{d}y\\&=\lim_{b\to+\infty}\int_0^b\mathrm{e}^{-x}\left(-\frac{1}{2}\mathrm{e}^{-2y}\Big|_x^b\right)\mathrm{d}x\\&=-\frac{1}{2}\lim_{b\to+\infty}\int_0^b\mathrm{e}^{-x}(\mathrm{e}^{-2b}-\mathrm{e}^{-2x})\mathrm{d}x\\&=-\frac{1}{2}\lim_{b\to+\infty}\left(-\mathrm{e}^{-2b}\mathrm{e}^{-x}+\frac{1}{3}\mathrm{e}^{-3x}\right)\Big|_0^b\\&=-\frac{1}{2}\lim_{b\to+\infty}\left(-\frac{2}{3}\mathrm{e}^{-3b}-\mathrm{e}^{-2b}-\frac{1}{3}\right)=\frac{1}{6}.\end{aligned}$$

为了书写方便，上述积分也可以写成

$$\iint\limits_D \mathrm{e}^{-(x+2y)}\mathrm{d}\sigma=\int_0^{+\infty}\mathrm{d}x\int_x^{+\infty}\mathrm{e}^{-(x+2y)}\mathrm{d}y=\int_0^{+\infty}\mathrm{e}^{-x}\left(-\frac{1}{2}\mathrm{e}^{-2y}\Big|_x^{+\infty}\right)\mathrm{d}x$$

$$=\frac{1}{2}\int_0^{+\infty}\mathrm{e}^{-3x}\mathrm{d}x=\frac{1}{6}.$$

例 12 计算 $I=\iint\limits_D \mathrm{e}^{-(x^2+y^2)}\mathrm{d}\sigma$,其中 $D=\{(x,y)\mid -\infty<x<+\infty,-\infty<y<+\infty\}$.并求积分 $\int_{-\infty}^{+\infty}\mathrm{e}^{-x^2}\mathrm{d}x$.

解 将积分区域用极坐标表示为 $D=\{(r,\theta)\mid 0\leqslant r<+\infty,0\leqslant\theta\leqslant 2\pi\}$.

在极坐标系下,计算二重积分

$$I=\iint\limits_D \mathrm{e}^{-(x^2+y^2)}\mathrm{d}\sigma=\int_0^{2\pi}\mathrm{d}\theta\int_0^{+\infty}\mathrm{e}^{-r^2}r\mathrm{d}r=2\pi\int_0^{+\infty}\mathrm{e}^{-r^2}r\mathrm{d}r=-\pi\mathrm{e}^{-r^2}\Big|_0^{+\infty}=\pi.$$

由于

$$I=\iint\limits_D \mathrm{e}^{-(x^2+y^2)}\mathrm{d}\sigma=\int_{-\infty}^{+\infty}\mathrm{e}^{-x^2}\mathrm{d}x\cdot\int_{-\infty}^{+\infty}\mathrm{e}^{-y^2}\mathrm{d}y=\left(\int_{-\infty}^{+\infty}\mathrm{e}^{-x^2}\mathrm{d}x\right)^2,$$

所以 $\int_{-\infty}^{+\infty}\mathrm{e}^{-x^2}\mathrm{d}x=\sqrt{\pi}$.

反常积分 $\int_{-\infty}^{+\infty}\mathrm{e}^{-x^2}\mathrm{d}x$ 称为泊松积分,它在概率论中占有重要地位.

☞ 习题 7.8

1. 利用二重积分的几何意义,确定下列二重积分的值:

(1) $\iint\limits_D \sqrt{a^2-x^2-y^2}\,\mathrm{d}\sigma$,其中 $D=\{(x,y)\mid x^2+y^2\leqslant a^2\}$;

(2) $\iint\limits_D (3-\sqrt{x^2+y^2})\mathrm{d}\sigma$,其中 $D=\{(x,y)\mid x^2+y^2\leqslant 9\}$.

2. 根据二重积分的性质,比较下列积分的大小:

(1) $\iint\limits_D (x+y)^2\mathrm{d}\sigma$ 与 $\iint\limits_D (x+y)^3\mathrm{d}\sigma$,其中积分区域 D 由 x 轴、y 轴与直线 $x+y=1$ 所围成;

(2) $\iint\limits_D \ln(x+y)\mathrm{d}\sigma$ 与 $\iint\limits_D [\ln(x+y)]^2\mathrm{d}\sigma$,其中积分区域 $D=\{(x,y)\mid 3\leqslant x\leqslant 5,0\leqslant y\leqslant 1\}$.

3. 将二重积分 $\iint\limits_D f(x,y)\mathrm{d}x\mathrm{d}y$ 按两种不同的积分次序化为累次积分,积分区域如下:

(1) 由曲线 $y=\ln x$,直线 $x=2$ 及 x 轴所围成的闭区域;

(2) 由直线 $y=x$,$x=2$ 及曲线 $y=\frac{1}{x}(x>0)$ 所围成的闭区域;

(3) 由曲线 $y^2=2x$,直线 $y=x-4$ 所围成的闭区域.

4. 计算下列二重积分:

(1) $\iint\limits_D \mathrm{e}^{x+y}\mathrm{d}\sigma$,其中 $D=\{(x,y)\mid 0\leqslant x\leqslant 1,0\leqslant y\leqslant 1\}$;

(2) $\iint\limits_D (x^2+y)\mathrm{d}\sigma$,其中 D 由 $y=x^2$,$y^2=x$ 围成;

(3) $\iint\limits_D (2x-y)\mathrm{d}\sigma$，其中 D 由 $y=1, 2x-y+3=0, x+y-3=0$ 围成；

(4) $\iint\limits_D x^2 \mathrm{e}^{-y^2} \mathrm{d}x\mathrm{d}y$，其中 D 由 $x=0, y=1, y=x$ 围成.

5. 交换累次积分的次序：

(1) $\int_0^1 \mathrm{d}x \int_{x^2}^{x} f(x,y)\mathrm{d}y$；　　(2) $\int_0^1 \mathrm{d}x \int_{1-x^2}^{1} f(x,y)\mathrm{d}y + \int_1^{\mathrm{e}} \mathrm{d}x \int_{\ln x}^{1} f(x,y)\mathrm{d}y$；

(3) $\int_0^1 \mathrm{d}y \int_{\sqrt{1-y}}^{1+y} f(x,y)\mathrm{d}x$；　　(4) $\int_0^4 \mathrm{d}y \int_0^{\frac{y}{2}} f(x,y)\mathrm{d}x + \int_4^6 \mathrm{d}y \int_0^{6-y} f(x,y)\mathrm{d}x$.

6. 将 $\iint\limits_D f(x,y)\mathrm{d}\sigma$ 化为极坐标系下的累次积分，积分区域如下：

(1) $D=\{(x,y)\mid 1\leqslant x^2+y^2\leqslant 4, x\geqslant 0\}$；

(2) $D=\{(x,y)\mid x^2+y^2\leqslant 2x\}$.

7. 用极坐标计算下列二重积分：

(1) $\iint\limits_D \mathrm{e}^{x^2+y^2}\mathrm{d}\sigma$，其中 D 由圆 $x^2+y^2=4$ 围成；

(2) $\iint\limits_D \sqrt{R^2-x^2-y^2}\,\mathrm{d}\sigma$，其中 D 由圆 $x^2+y^2=Rx$ 围成；

(3) $\iint\limits_D \arctan\dfrac{y}{x}\mathrm{d}\sigma$，其中 D 是由圆 $x^2+y^2=1, x^2+y^2=4$，直线 $y=x, y=0$ 围成的第一象限的区域；

(4) $\iint\limits_D \ln(1+x^2+y^2)\mathrm{d}\sigma$，其中 D 是由圆 $x^2+y^2=1$ 及坐标轴围成的第一象限区域.

8. 把下列累次积分化为极坐标形式，并计算积分值：

(1) $\int_0^{2a} \mathrm{d}x \int_0^{\sqrt{2ax-x^2}} (x^2+y^2)\mathrm{d}y$；　　(2) $\int_0^a \mathrm{d}x \int_0^{\sqrt{a^2-x^2}} (x^2+y^2)\mathrm{d}y$.

9. 选用适当的坐标计算下列积分：

(1) $\iint\limits_D \dfrac{x^2}{y^2}\mathrm{d}\sigma$，其中 D 由直线 $x=2, y=x$ 及曲线 $xy=1$ 围成；

(2) $\iint\limits_D \sqrt{|y-x^2|}\,\mathrm{d}\sigma$，其中 $D=\{(x,y)\mid 0\leqslant x\leqslant 1, 0\leqslant y\leqslant 1\}$；

(3) $\iint\limits_D \sqrt{x^2+y^2}\,\mathrm{d}\sigma$，其中 $D=\{(x,y)\mid 2x\leqslant x^2+y^2\leqslant 4\}$；

(4) $\iint\limits_D |1-x^2-y^2|\,\mathrm{d}\sigma$，其中 $D=\{(x,y)\mid x^2+y^2\leqslant 4\}$.

10. 计算由曲线 $y=2x-1, y=2-x^2, x=0, y=0$ 所围成的平面图形的面积.

11. 求由 $z=y^2, x^2+y^2=1, z=0$ 所围成的立体的体积.

12. 求由曲面 $z=x^2+y^2$ 与 $z=2-x^2-y^2$ 所围成的立体的体积.

13. 计算下列无界区域的反常积分：

(1) $\iint\limits_D \mathrm{e}^{-(x+y)}\mathrm{d}\sigma$，其中 $D=\{(x,y)\mid 0\leqslant x\leqslant y\}$；

(2) $\iint\limits_D x\mathrm{e}^{-y^2}\mathrm{d}\sigma$,其中 D 是由 $y=4x^2$,$y=9x^2$ 在第一象限所围成的区域.

总习题七

1. 填空题

(1) 函数 $z=\sqrt{x-\sqrt{y}}$ 的定义域为 ________.

(2) 极限 $\lim\limits_{(x,y)\to(2,0)}\dfrac{1-\cos xy}{y\sin xy}=$ ________.

(3) 若 $f(x,y)=x^2+(y-1)\arccos\sqrt{\dfrac{x}{y}}$,则 $f_x(1,1)=$ ________.

(4) 设 $z=f(x^2+y^2)$,则 $\dfrac{\partial^2 z}{\partial x^2}=$ ________.

(5) 设 $u=f(x-y,y-z)$,则 $\dfrac{\partial u}{\partial x}+\dfrac{\partial u}{\partial y}+\dfrac{\partial u}{\partial z}=$ ________.

(6) 已知 $(axy^3-y^2\cos x)\mathrm{d}x+(1+by\sin x+3x^2y^2)\mathrm{d}y$ 为某一函数的全微分,则 $a=$ ________ , $b=$ ________.

(7) 函数 $z=x^2+y^2$ 在条件 $x+y=1$ 下的极值为 ________.

(8) 设积分区域 $D=\{(x,y)\mid x^2+y^2\leqslant a^2\}$,则 $\iint\limits_D 2\mathrm{d}x\mathrm{d}y=$ ________.

(9) 积分 $\int_0^2\mathrm{d}x\int_x^2\mathrm{e}^{-y^2}\mathrm{d}y=$ ________ .

(10) 设 $D=\{(x,y)\mid x^2+y^2\leqslant a^2\}$,则 $\iint\limits_D f'(x^2+y^2)\mathrm{d}x\mathrm{d}y=$ ________.

2. 单项选择题

(1) 极限 $\lim\limits_{(x,y)\to(0,0)}\dfrac{2xy}{x^2+y^2}=($ $)$.

(A) 1　　(B) 0　　(C) 2　　(D) 不存在

(2) 函数 $f(x,y)=\begin{cases}1 & xy\neq 0\\ 0 & xy=0\end{cases}$ 在点 $(0,0)$ 处(　　).

(A) 连续但偏导数不存在　　(B) 偏导数存在但不可微

(C) 连续但不可微　　(D) 偏导数存在且连续

(3) 设方程 $F(x-y,y-z,z-x)=0$ 确定 $z=z(x,y)$,函数 F 可微,则 $\dfrac{\partial z}{\partial x}=($ $)$.

(A) $-\dfrac{F_1}{F_3}$　　(B) $\dfrac{F_1}{F_3}$　　(C) $\dfrac{F_3-F_1}{F_3-F_2}$　　(D) $\dfrac{F_1-F_3}{F_3-F_2}$

(4) 设 $x=x(y,z)$,$y=y(z,x)$,$z=z(x,y)$ 都是由方程 $F(x,y,z)=0$ 所确定的隐函

数,则下列等式中不正确的一个是(　　).

(A) $\frac{\partial x}{\partial y}\cdot\frac{\partial y}{\partial x}=1$　　(B) $\frac{\partial x}{\partial z}\cdot\frac{\partial z}{\partial x}=1$

(C) $\frac{\partial x}{\partial y}\cdot\frac{\partial y}{\partial z}\cdot\frac{\partial z}{\partial x}=1$　　(D) $\frac{\partial x}{\partial y}\cdot\frac{\partial y}{\partial z}\cdot\frac{\partial z}{\partial x}=-1$

(5) 设 $f(x,y)$ 在 D 上连续,且 $f(x,y)=xy+\iint\limits_D f(x,y)\mathrm{d}\sigma$,其中 D 是由 $y=0,y=x^2$,$x=1$ 所围成的闭区域,则 $f(x,y)=$(　　).

(A)xy　　(B)$2xy$　　(C)$xy+\frac{1}{8}$　　(D)$xy+1$

(6) 已知函数 $F(x,y)$ 可微,且 $F(x,y)(y\mathrm{d}x+x\mathrm{d}y)$ 为函数 $f(x,y)$ 的全微分,则 $F(x,y)$ 满足条件(　　).

(A)$F_x(x,y)=F_y(x,y)$　　(B)$xF_x(x,y)=yF_y(x,y)$

(C)$xF_y(x,y)=yF_x(x,y)$　　(D)$-xF_x(x,y)=yF_y(x,y)$

(7) 考虑二元函数 $f(x,y)$ 在点 $P_0(x_0,y_0)$ 的相关命题:① 在 P_0 处连续;② 在 P_0 处两个偏导数连续;③ 在 P_0 处可微;④ 在 P_0 处两个偏导数存在,则有(　　).

(A)③⇒②⇒①　　(B)②⇒③⇒①

(C)③⇒①⇒④　　(D)③⇒④⇒①

(8) 若二元函数 $f(x,y)$ 在点 $P_0(x_0,y_0)$ 处具有二阶偏导数,则结论正确的是(　　).

(A) 必有 $f_{xy}(x_0,y_0)=f_{yx}(x_0,y_0)$　　(B)$f(x,y)$ 在 P_0 处必可微

(C)$f(x,y)$ 在 P_0 处必连续　　(D) 以上三个结论都不对

(9) 设 $f(x,y)$ 为连续函数,$a>0$,则$\int_0^a\mathrm{d}x\int_y^a f(x,y)\mathrm{d}y=$(　　).

(A) $\int_0^a\mathrm{d}y\int_0^y f(x,y)\mathrm{d}x$　　(B) $\int_0^a\mathrm{d}y\int_y^a f(x,y)\mathrm{d}x$

(C) $\int_0^a\mathrm{d}y\int_a^y f(x,y)\mathrm{d}x$　　(D) $\int_0^a\mathrm{d}y\int_0^a f(x,y)\mathrm{d}x$

(10) 累次积分$\int_0^{\frac{\pi}{2}}\mathrm{d}\theta\int_0^{\cos\theta}f(r\cos\theta,r\sin\theta)r\mathrm{d}r$ 可以写成(　　).

(A) $\int_0^1\mathrm{d}y\int_0^{\sqrt{y-y^2}}f(x,y)\mathrm{d}x$　　(B) $\int_0^1\mathrm{d}y\int_0^{\sqrt{1-y^2}}f(x,y)\mathrm{d}x$

(C) $\int_0^1\mathrm{d}x\int_0^1 f(x,y)\mathrm{d}y$　　(D) $\int_0^1\mathrm{d}x\int_0^{\sqrt{x-x^2}}f(x,y)\mathrm{d}y$

3. 证明极限 $\lim\limits_{(x,y)\to(0,0)}\frac{xy^2}{x^3+y^3}$ 不存在.

4. 求下列函数的偏导数或全微分:

(1) 设 $z=(x+y)^{x+y}$,求 $\mathrm{d}z$;

(2) 设 $f(x,y)$ 可微,$\varphi(x)=f(x,f(x,f(x,x)))$,求 $\varphi'(x)$;

(3) 设 $z=f(x+y,xy)$,且 $f(u,v)$ 的二阶偏导数都连续,求$\frac{\partial^2 z}{\partial x\partial y}$;

(4) 设 $z=z(x,y)$ 由方程 $xyz=\mathrm{e}^{x+y+z}$ 确定,求 $\mathrm{d}z$.

5. 设 $f(x,y,z)=xy^2z^3$，其中 $z=\varphi(x,y)$ 由方程 $x^2+y^2+z^2-3xyz=0$ 所确定.求 $f_x(1,1,1)$.

6. 设函数 $z=z(x,y)$ 由方程 $F\left(x+\frac{z}{y},y+\frac{z}{x}\right)=0$ 确定.证明：$x\frac{\partial z}{\partial x}+y\frac{\partial z}{\partial y}=z-xy$.

7. 设 $u=f(x,y,z)$ 有连续偏导数，且 $z=z(x,y)$ 由方程 $xe^x-ye^y=ze^z$ 所确定.求 du.

8. 计算下列二重积分：

(1) 计算 $\iint\limits_D\sqrt{y^2-xy}\,d\sigma$，其中 D 由直线 $y=x,y=1,x=0$ 围成；

(2) 计算 $\iint\limits_D\sqrt{x^2+y^2}\,d\sigma$，其中 $D:Rx\leqslant x^2+y^2\leqslant R^2$；

(3) 计算 $\iint\limits_D y\,dx\,dy$，其中 D 由直线 $x=-2,y=0,y=2$ 及曲线 $x=-\sqrt{2y-y^2}$ 围成；

(4) 计算 $\iint\limits_D|\sin(x+y)|\,d\sigma$，其中 $D=\{(x,y)\mid 0\leqslant x\leqslant\pi,0\leqslant y\leqslant\pi\}$；

(5) 计算 $\int_0^{\frac{1}{\sqrt{2}}}e^{-x^2}dx\int_x^{\sqrt{1-x^2}}e^{-y^2}dy$.

9. 求由方程 $x^2+y^2+z^2-xz-yz+2x+2y+2z-2=0$ 所确定的函数的极值.

10. 求曲面 $\frac{x^2+y^2}{4}=8-z$ 与 $z=\sqrt{x^2+y^2}$ 所围成的立体的体积.

11. 某厂家生产的一种产品同时在两个市场销售，售价分别为 p_1 和 p_2，销售量分别为 q_1 和 q_2，需求函数分别为 $q_1=24-0.2p_1,q_2=10-0.5p_2$，总成本函数为 $C=34+40(q_1+q_2)$.问厂家如何确定两个市场的售价，能使得获得的总利润最大？最大利润为多少？

12. 某工厂的同一种产品分销两个独立的市场，两个市场的需求情况不同，设价格函数分别为 $p_1=60-3q_1,p_2=20-2q_2$，厂商的总成本函数为 $C=12(q_1+q_2)+4$，工厂以最大利润为目标，求投放每个市场的产量，并确定此时每个市场中的价格.

13. 应用研究：在经济管理科学中经常遇到多元函数最优问题，结合多元函数最优方法，写一篇短文，对经济管理中常见的多元函数最优问题进行分类论述.

第八章　无穷级数

无穷级数是研究无限个离散量之和的数学模型.它是表示函数、研究函数的性质以及进行数值计算的有力工具.本章主要介绍数项级数的概念、性质与敛散性判别法,以及幂级数的收敛性,并介绍如何将函数展开为幂级数.

第一节　数项级数的概念与性质

本节讨论数项级数的概念与性质.在学习这部分内容的时候,应当注意它与数列极限相应内容之间的关系.

一、数项级数的概念

求和运算是数学的最基本运算,从初等数学到高等数学随时都可以遇到,这些求和主要是有限项之和,如数值相加、函数相加、数列求和、积分求和等.那么无限项之和的含义如何? 无限项相加有没有和? 这就是我们这里所要讨论的问题.

设数列为$\frac{1}{2},\frac{1}{4},\frac{1}{8},\frac{1}{16},\frac{1}{32},\cdots,\frac{1}{2^n},\cdots$.将数列的所有项按照给定的次序相加,得到表达式

$$\frac{1}{2}+\frac{1}{4}+\frac{1}{8}+\frac{1}{16}+\frac{1}{32}+\cdots+\frac{1}{2^n}+\cdots, \tag{1}$$

那么这无穷多个数相加是否有意义呢?

用 S_n 表示式(1) 的前 n 项和,即

$$S_1=\frac{1}{2},S_2=\frac{1}{2}+\frac{1}{4},S_3=\frac{1}{2}+\frac{1}{4}+\frac{1}{8},\cdots,S_n=\frac{1}{2}+\frac{1}{4}+\frac{1}{8}+\cdots+\frac{1}{2^n},\cdots.$$

这样就得到一个数列$\{S_n\}$：$S_1,S_2,S_3,\cdots,S_n,\cdots$.

从表 8—1 和图 8—1 可以看到，随着项数 n 的充分增大，部分和越来越接近于 1.

表 8—1

n	前 n 项和 S_n
1	0.500 000 00
2	0.750 000 00
3	0.875 000 00
4	0.937 500 00
5	0.968 750 00
10	0.999 023 44
15	0.999 969 48
20	0.999 999 05
25	0.999 999 97

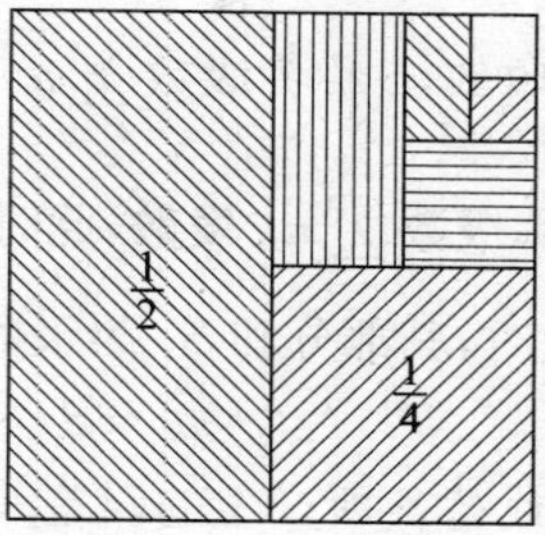

图 8—1

事实上，由数列极限的概念，可以认为数列$\{S_n\}$在 $n\to\infty$时的极限，可以看成式(1) 的和.由等比数列的求和公式得

$$S_n=\frac{\frac{1}{2}\left[1-\left(\frac{1}{2}\right)^n\right]}{1-\frac{1}{2}}=1-\frac{1}{2^n}.$$

于是

$$\lim_{n\to\infty}S_n=\lim_{n\to\infty}\left(1-\frac{1}{2^n}\right)=1.$$

所以，式(1) 的和存在，其和为 1，并记作

$$\frac{1}{2}+\frac{1}{4}+\frac{1}{8}+\frac{1}{16}+\cdots+\frac{1}{2^n}+\cdots=1.$$

上例反映了无穷项相加问题.为了解决无穷项相加问题，按照有限与无限之间的辩证转化关系，通过数列极限给出数项级数的相关概念.

定义 1　设给定数列 $u_1,u_2,u_3,\cdots,u_n,\cdots$，则表达式

$$u_1+u_2+u_3+\cdots+u_n+\cdots$$

称为**常数项无穷级数**，简称为**数项级数**，记作$\sum\limits_{n=1}^{\infty}u_n$，其中第 n 项 u_n 称为**一般项**或**通项**. 级数的前 n 项和

$$S_n=u_1+u_2+u_3+\cdots+u_n=\sum_{k=1}^{n}u_k$$

称为级数的**前 n 项部分和**. 当取 $n=1,2,3,\cdots$ 时，得到的数列

$$S_1=u_1,S_2=u_1+u_2,\cdots,S_n=u_1+u_2+u_3+\cdots+u_n,\cdots$$

称为级数$\sum\limits_{n=1}^{\infty}u_n$ 的**部分和数列**.

恩格斯说:"在数学上,为了达到不确定的、无限的东西,必须从确定、有限的东西出发."我们先把级数的前 n 项加起来,再取 $n\to\infty$时的极限,这样就可给出级数和的定义.

定义 2 若级数 $\sum_{n=1}^{\infty}u_n$ 的部分和数列 $\{S_n\}$ 在 $n\to\infty$时的极限存在,设为 S,即

$$\lim_{n\to\infty}S_n=S,$$

则称级数 $\sum_{n=1}^{\infty}u_n$ **收敛**,S 称为级数 $\sum_{n=1}^{\infty}u_n$ 的和,记作 $\sum_{n=1}^{\infty}u_n=S$.若此级数的部分和数列 $\{S_n\}$ 的极限不存在,则称级数 $\sum_{n=1}^{\infty}u_n$ **发散**,此时级数没有和.

当级数收敛时,其部分和 S_n 为级数和 S 的近似值,称 $S-S_n$ 为级数的**余项**,记作 r_n,即

$$r_n=S-S_n=u_{n+1}+u_{n+2}+\cdots.$$

$|r_n|$ 表示用 S_n 代替 S 所产生的误差.

由定义可知,级数的收敛与其部分和数列的收敛是一致的,这样数项级数的敛散性问题就转化为数列的敛散性问题.

例 1 判别数项级数 $\sum_{n=1}^{\infty}\frac{1}{n(n+1)}$ 的敛散性.

解 由 $u_n=\frac{1}{n(n+1)}=\frac{1}{n}-\frac{1}{n+1}(n=1,2,\cdots)$,得

$$\begin{aligned}S_n&=\frac{1}{1\cdot 2}+\frac{1}{2\cdot 3}+\cdots+\frac{1}{n(n+1)}\\&=\left(1-\frac{1}{2}\right)+\left(\frac{1}{2}-\frac{1}{3}\right)+\cdots+\left(\frac{1}{n}-\frac{1}{n+1}\right)=1-\frac{1}{n+1}.\end{aligned}$$

所以

$$\lim_{n\to\infty}S_n=\lim_{n\to\infty}\left(1-\frac{1}{n+1}\right)=1.$$

由级数敛散性的定义知,级数 $\sum_{n=1}^{\infty}\frac{1}{n(n+1)}$ 收敛,且 $\sum_{n=1}^{\infty}\frac{1}{n(n+1)}=1$.

例 2 判别数项级数 $\sum_{n=1}^{\infty}\ln\frac{n+1}{n}$ 的敛散性.

解 由 $u_n=\ln\frac{n+1}{n}=\ln(n+1)-\ln n$,得

$$\begin{aligned}S_n&=u_1+u_2+\cdots+u_n\\&=(\ln 2-\ln 1)+(\ln 3-\ln 2)+\cdots+[\ln(n+1)-\ln n]\\&=\ln(n+1).\end{aligned}$$

所以

$$\lim_{n\to\infty}S_n=\lim_{n\to\infty}\ln(n+1)=+\infty.$$

由级数敛散性的定义知,级数 $\sum_{n=1}^{\infty}\ln\frac{n+1}{n}$ 是发散的.

例 3 讨论等比级数 $\sum_{n=1}^{\infty}aq^{n-1}=a+aq+aq^2+\cdots+aq^{n-1}+\cdots(a\neq 0)$ 的敛散性.

解　若 $q \neq 1$，则级数的部分和为

$$S_n = a + aq + aq^2 + \cdots + aq^{n-1} = \frac{a - aq^n}{1-q}.$$

当 $|q| < 1$ 时，由于 $\lim\limits_{n\to\infty} q^n = 0$，从而 $\lim\limits_{n\to\infty} S_n = \frac{a}{1-q}$，所以级数收敛，且 $\sum\limits_{n=1}^{\infty} aq^{n-1} = \frac{a}{1-q}$.

当 $|q| > 1$ 时，由于 $\lim\limits_{n\to\infty} q^n = \infty$，从而 $\lim\limits_{n\to\infty} S_n = \infty$，所以级数发散.

若 $|q| = 1$，则当 $q = 1$ 时，$S_n = na \to \infty (n \to \infty)$，所以级数发散.

当 $q = -1$ 时，级数为 $a - a + a - a \cdots (a \neq 0)$. 显然，当 $n = 2k$ 时，$S_n = 0$；当 $n = 2k+1$ 时，$S_n = a (a \neq 0)$. 所以 S_n 的极限不存在，此时级数发散.

综合上述讨论结果，等比级数 $\sum\limits_{n=1}^{\infty} aq^{n-1} = a + aq + aq^2 + \cdots + aq^{n-1} + \cdots$，当 $|q| < 1$ 时收敛，当 $|q| \geqslant 1$ 时发散.

下面介绍等比级数的几个实际应用实例.

例 4　把循环小数 $0.\dot{3}\dot{6}$ 化为分数.

解　把 $0.\dot{3}\dot{6}$ 化为无穷级数：

$$0.\dot{3}\dot{6} = \frac{36}{100} + \frac{36}{100^2} + \frac{36}{100^3} + \cdots \frac{36}{100^n} + \cdots.$$

这是公比为 $\frac{1}{100}$ 的等比级数. 由等比数列求和公式，

$$S_n = \frac{\frac{36}{100}\left(1 - \frac{1}{100^n}\right)}{1 - \frac{1}{100}}.$$

所以

$$\lim_{n\to\infty} S_n = \lim_{n\to\infty} \frac{\frac{36}{100}\left(1 - \frac{1}{100^n}\right)}{1 - \frac{1}{100}} = \frac{\frac{36}{100}}{1 - \frac{1}{100}} = \frac{36}{99} = \frac{4}{11}.$$

这个无穷级数的和为 $\frac{4}{11}$，即 $0.\dot{3}\dot{6} = \frac{4}{11}$.

例 5　(芝诺悖论) 乌龟与阿基里斯赛跑问题：芝诺(古希腊哲学家) 认为如果先让乌龟爬行一段路程后，再让阿基里斯(古希腊神话中的赛跑英雄) 去追它，那么阿基里斯将永远追不上乌龟.

芝诺的理论根据是：阿基里斯在追上乌龟前，必须先到达乌龟的出发点，这时乌龟已向前爬行了一段路程. 于是，阿基里斯必须赶上这段路程，可是乌龟此时又向前爬行了一段路程. 如此下去，虽然阿基里斯离乌龟越来越接近，但却永远追不上乌龟.

该结论显然是错误的，但从逻辑上讲这种推论却没有任何矛盾. 这就是著名的芝诺悖论. 在此，我们用数学的方法进行分析反驳.

设乌龟的出发点为 A_1，阿基里斯的起跑点为 A_0，两者的间距为 s_1(图 8—2)，乌龟的速度为 v，阿基里斯的速度是乌龟的 100 倍，即为 $100v$.

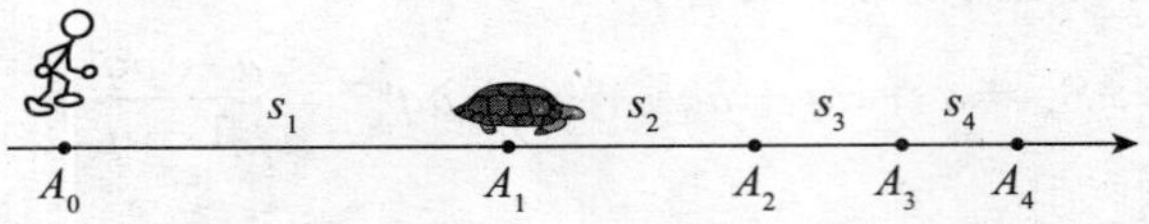

图 8—2

由于乌龟爬行到 A_2 的时间与阿基里斯到达 A_1 的时间相等，所以有

$$\frac{s_2}{v}=\frac{s_1}{100v} \quad 即 \quad s_2=\frac{s_1}{100}.$$

以此类推，$s_n=\frac{s_{n-1}}{100}$，$s_{n-1}=\frac{s_{n-2}}{100}$，因此 $s_n=\left(\frac{1}{100}\right)^{n-1}s_1$．阿基里斯在追赶乌龟时所跑的路程为

$$\begin{aligned}s&=s_1+s_2+s_3+\cdots+s_n+\cdots\\&=s_1+\frac{1}{100}s_1+\left(\frac{1}{100}\right)^2s_1+\left(\frac{1}{100}\right)^3s_1+\cdots+\left(\frac{1}{100}\right)^{n-1}s_1+\cdots\\&=s_1\cdot\left[1+\frac{1}{100}+\left(\frac{1}{100}\right)^2+\left(\frac{1}{100}\right)^3+\cdots+\left(\frac{1}{100}\right)^{n-1}+\cdots\right]\\&=s_1\cdot\lim_{n\to\infty}\frac{1\cdot\left[1-\left(\frac{1}{100}\right)^n\right]}{1-\frac{1}{100}}=\frac{100}{99}s_1.\end{aligned}$$

因此，表面上看，阿基里斯在追赶乌龟的过程中总跑不完，但由计算可知，当阿基里斯追到离起点处 $\frac{100}{99}s_1$ 时，已经追赶上了乌龟.

二、数项级数及其性质

因为发散级数没有和，如果使用了发散级数的和，会导致错误的结果，所以判别级数是否收敛是非常重要的，应用数列极限的有关性质可推得级数的一系列重要性质.

性质 1 设常数 $k\neq 0$，则级数 $\sum\limits_{n=1}^{\infty}u_n$ 与级数 $\sum\limits_{n=1}^{\infty}ku_n$ 的敛散性相同，且若级数 $\sum\limits_{n=1}^{\infty}u_n$ 收敛于 S，则级数 $\sum\limits_{n=1}^{\infty}ku_n$ 收敛于 kS.

证 设级数 $\sum\limits_{n=1}^{\infty}u_n$ 与级数 $\sum\limits_{n=1}^{\infty}ku_n$ 的部分和分别为 S_n 与 T_n，则

$$T_n=ku_1+ku_2+\cdots+ku_n=kS_n.$$

由于 $T_n=kS_n(k\neq 0)$，于是极限 $\lim\limits_{n\to\infty}T_n$ 与 $\lim\limits_{n\to\infty}S_n$ 同时收敛或同时发散，从而级数 $\sum\limits_{n=1}^{\infty}u_n$ 与级数 $\sum\limits_{n=1}^{\infty}ku_n$（常数 $k\neq 0$）的敛散性相同.

当级数 $\sum\limits_{n=1}^{\infty}u_n$ 收敛于 S 时，有

$$\lim_{n\to\infty}T_n=\lim_{n\to\infty}kS_n=k\lim_{n\to\infty}S_n=kS.$$

所以,级数 $\sum_{n=1}^{\infty}ku_n$ 收敛于 kS.

性质 2 若级数 $\sum_{n=1}^{\infty}u_n$ 与 $\sum_{n=1}^{\infty}v_n$ 分别收敛于 S 与 T,则级数 $\sum_{n=1}^{\infty}(u_n\pm v_n)$ 收敛于 $S\pm T$.

证 设级数 $\sum_{n=1}^{\infty}u_n$, $\sum_{n=1}^{\infty}v_n$ 与 $\sum_{n=1}^{\infty}(u_n\pm v_n)$ 的部分和分别为 S_n,T_n 与 R_n,则

$$R_n=(u_1\pm v_1)+(u_2\pm v_2)+\cdots+(u_n\pm v_n)=S_n\pm T_n.$$

因为级数 $\sum_{n=1}^{\infty}u_n$ 与 $\sum_{n=1}^{\infty}v_n$ 分别收敛于 S 与 T,所以 $\lim_{n\to\infty}S_n=S$, $\lim_{n\to\infty}T_n=T$.于是

$$\lim_{n\to\infty}R_n=\lim_{n\to\infty}(S_n\pm T_n)=\lim_{n\to\infty}S_n\pm\lim_{n\to\infty}T_n=S\pm T.$$

所以,级数 $\sum_{n=1}^{\infty}(u_n\pm v_n)$ 收敛于 $S\pm T$.

例 6 判别级数 $\sum_{n=1}^{\infty}\left[\frac{3}{2^n}+\left(\frac{2}{3}\right)^n\right]$ 的敛散性.

解 因为级数 $\sum_{n=1}^{\infty}\frac{1}{2^n}$ 与 $\sum_{n=1}^{\infty}\left(\frac{2}{3}\right)^n$ 均收敛,由性质 1 知 $\sum_{n=1}^{\infty}\frac{3}{2^n}$ 收敛,再由性质 2 知级数 $\sum_{n=1}^{\infty}\left[\frac{3}{2^n}+\left(\frac{2}{3}\right)^n\right]$ 收敛.

性质 3 在级数 $\sum_{n=1}^{\infty}u_n$ 中添加、去掉或改变级数的有限项,级数的敛散性不变.

证 级数 $\sum_{n=1}^{\infty}u_n$ 的部分和 $\{S_n\}$ 与从第 k 项列出的部分和数列

$$S_k, S_{k+1}, S_{k+2}, \cdots \tag{2}$$

具有相同的敛散性.

不妨设级数 $\sum_{n=1}^{\infty}u_n$ 的前 k 项中增加了 m 项,且这 m 项之和为 M,这样增加了 m 项之后所得的新级数,若部分和数列从第 $k+m$ 项起列出,则为

$$S_k+M, S_{k+1}+M, S_{k+2}+M, \cdots. \tag{3}$$

显然,数列(2)、(3) 与 $\{S_n\}$ 具有相同的敛散性,因此,在级数 $\sum_{n=1}^{\infty}u_n$ 中添加有限项,级数的敛散性不变.

同样可证明,在级数 $\sum_{n=1}^{\infty}u_n$ 中去掉或改变级数的有限项,级数的敛散性不变.

性质 4 若级数 $\sum_{n=1}^{\infty}u_n$ 收敛,则对级数 $\sum_{n=1}^{\infty}u_n$ 的项任意加括号后所成的级数仍收敛.且其和不变.

性质 4 的证明从略.该性质说明收敛的级数满足加法的结合律,但需要注意,收敛级数去掉括号后所成级数不一定收敛.例如,级数

$$(1-1)+(1-1)+(1-1)+\cdots+(1-1)+\cdots$$

收敛于 0，但该级数去掉括号后所成的级数

$$\sum_{n=1}^{\infty}(-1)^{n-1}=1-1+1-1+\cdots+(-1)^{n-1}+\cdots$$

却是发散的.

性质 5（级数收敛的必要条件） 若级数$\sum_{n=1}^{\infty}u_n$收敛，则$\lim\limits_{n\to\infty}u_n=0$.

证 设级数$\sum_{n=1}^{\infty}u_n$的部分和为S_n.由于级数$\sum_{n=1}^{\infty}u_n$收敛，可设$\lim\limits_{n\to\infty}S_n=S$.由于$u_n=S_n-S_{n-1}$，所以

$$\lim_{n\to\infty}u_n=\lim_{n\to\infty}(S_n-S_{n-1})=\lim_{n\to\infty}S_n-\lim_{n\to\infty}S_{n-1}=S-S=0.$$

由性质 5 与反证法可得：若$\lim\limits_{n\to\infty}u_n\neq 0$（包括这个极限不存在的情形），则级数$\sum_{n=1}^{\infty}u_n$必发散.该结论常常用来判别级数的发散性.

例 7 判别级数$\sum_{n=1}^{\infty}\dfrac{(-1)^n n}{2n+1}$的敛散性.

解 由于$\lim\limits_{n\to\infty}\dfrac{(-1)^n n}{2n+1}$不存在，由性质 5 可知此级数是发散的.

需要注意，条件$\lim\limits_{n\to\infty}u_n=0$只是级数$\sum_{n=1}^{\infty}u_n$收敛的必要条件，而非充分条件.

例如，对于调和级数$\sum_{n=1}^{\infty}\dfrac{1}{n}$，虽然$\lim\limits_{n\to\infty}\dfrac{1}{n}=0$，但是它是发散的.下例给出其证明.

例 8 证明：调和级数$\sum_{n=1}^{\infty}\dfrac{1}{n}=1+\dfrac{1}{2}+\dfrac{1}{3}+\cdots+\dfrac{1}{n}+\cdots$发散.

证 **方法一** 在区间$[n,n+1]$上，对函数$y=\ln x$使用拉格朗日中值定理，有

$$\ln(n+1)-\ln n=\frac{1}{\xi}<\frac{1}{n}\quad(n<\xi<n+1).$$

这样

$$\begin{aligned}S_n&=1+\frac{1}{2}+\frac{1}{3}+\cdots+\frac{1}{n}\\&>(\ln2-\ln1)+(\ln3-\ln2)+\cdots[\ln(n+1)-\ln n]\\&=\ln(n+1).\end{aligned}$$

所以$\lim\limits_{n\to\infty}S_n=+\infty$，从而调和级数$\sum_{n=1}^{\infty}\dfrac{1}{n}$发散.

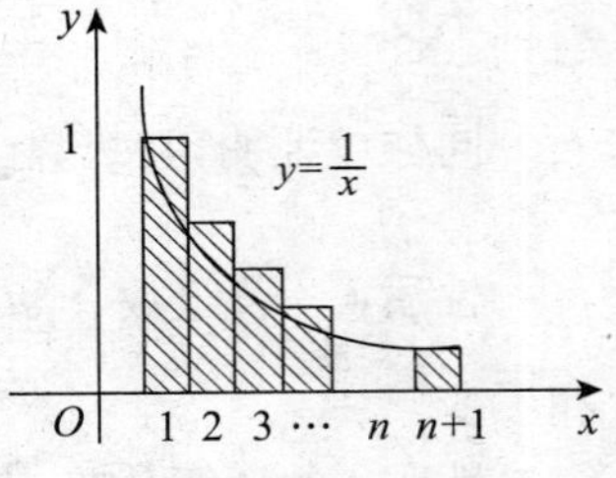

图 8—3

方法二 利用定积分的几何意义证明. 调和级数部分和$S_n=\sum_{k=1}^{n}\dfrac{1}{k}$.如图 8—3 所示.考察曲线$y=\dfrac{1}{x}$，$x=1$，$x=n+1$和$y=0$所围成的曲边梯形的面积$S$与阴影表示的阶梯形面积$A_n$之间的关系，可以看到阴影部分的面积：

第一个矩形面积$A_1=1$；

第二个矩形面积 $A_2=\frac{1}{2}$；

第三个矩形面积 $A_3=\frac{1}{3}$；

……；

第 n 个矩形面积 $A_n=\frac{1}{n}$.

所以阴影部分的总面积为

$$A_n=\sum_{k=1}^{n}A_k=1+\frac{1}{2}+\frac{1}{3}+\cdots+\frac{1}{n}=\sum_{k=1}^{n}\frac{1}{k}.$$

它显然大于曲边梯形的面积 S，即有

$$A_n=\sum_{k=1}^{n}A_k>\int_1^{n+1}\frac{1}{x}\mathrm{d}x=\ln x\Big|_1^{n+1}=\ln(n+1).$$

而 $\lim\limits_{n\to\infty}\ln(n+1)=\infty$，这表明 A_n 的极限不存在，所以该级数发散.

☞ 习题 8.1

1. 写出下列级数的一般项：

(1) $\frac{2}{1}-\frac{3}{2}+\frac{4}{3}-\frac{5}{4}+\frac{6}{5}-\cdots$；　　(2) $\frac{1}{1\cdot 3}+\frac{2}{3\cdot 5}+\frac{4}{5\cdot 7}+\frac{8}{7\cdot 9}+\cdots$；

(3) $\frac{a^2}{3}-\frac{a^3}{5}+\frac{a^4}{7}-\frac{a^5}{9}+\cdots$；　　(4) $\frac{\sqrt{x}}{2\cdot 4}+\frac{x}{4\cdot 6}+\frac{x\sqrt{x}}{6\cdot 8}+\frac{x^2}{8\cdot 10}+\cdots$.

2. 已知下列级数的 n 项部分和为 S_n，写出该级数的一般项，并求级数的和：

(1) $S_n=\frac{n+1}{n}$；　　(2) $S_n=\frac{2^n-1}{2^n}$.

3. 用级数收敛和发散的定义判别下列级数的敛散性，若收敛求其和：

(1) $\sum\limits_{n=1}^{\infty}(\sqrt{n+1}-\sqrt{n})$；　　(2) $\sum\limits_{n=1}^{\infty}\frac{1}{n(n+3)}$；

(3) $\sum\limits_{n=1}^{\infty}\ln\frac{n+1}{n}$；　　(4) $\sum\limits_{n=1}^{\infty}\sin\frac{n\pi}{6}$.

4. 判别下列级数的敛散性：

(1) $\sum\limits_{n=1}^{\infty}\frac{n}{100n+1}$；　　(2) $\sum\limits_{n=1}^{\infty}(-1)^n\frac{8^n}{9^n}$；

(3) $\sum\limits_{n=1}^{\infty}\frac{2}{3n}$；　　(4) $\sum\limits_{n=1}^{\infty}\left(\frac{1}{2^n}-\frac{3}{5^n}\right)$；

(5) $\sum\limits_{n=1}^{\infty}\left(\frac{n+1}{n}\right)^n$；　　(6) $\sum\limits_{n=1}^{\infty}2^n\sin\frac{\pi}{2^n}$.

5. 证明：若级数 $\sum\limits_{n=1}^{\infty}u_n$ 收敛，级数 $\sum\limits_{n=1}^{\infty}v_n$ 发散，则 $\sum\limits_{n=1}^{\infty}(u_n+v_n)$ 发散.

6. 若级数 $\sum\limits_{n=1}^{\infty}u_n$ 收敛且其和为 S，证明级数 $\sum\limits_{n=1}^{\infty}(u_n+u_{n+3})$ 收敛，并求其和.

第二节　数项级数敛散性判别法

本节主要介绍数项级数敛散性的判别方法，其中正项级数是学习的重点，许多级数的敛散性问题都可以归结为正项级数的收敛性问题.

一、正项级数及其敛散性

数项级数中比较简单且重要的一类级数为正项级数，在研究其他类型的级数时，常常要用到正项级数的有关结果.

定义 1　若 $u_n \geqslant 0(n=1,2,3\cdots)$，则称级数 $\sum\limits_{n=1}^{\infty} u_n$ 为**正项级数**.

对于正项级数 $\sum\limits_{n=1}^{\infty} u_n$，由于 $u_n \geqslant 0$，因而

$$S_{n+1}=S_n+u_{n+1} \geqslant S_n.$$

所以，正项级数 $\sum\limits_{n=1}^{\infty} u_n$ 的部分和数列 $\{S_n\}$ 单调递增.

由数列极限的存在定理可得如下定理.

定理 1　（正项级数收敛的充要条件）　正项级数 $\sum\limits_{n=1}^{\infty} u_n$ 收敛的充要条件是它的部分和数列有界.

证　充分性　若部分和数列 $\{S_n\}$ 有界，则因为 $\{S_n\}$ 单调递增，由单调有界数列存在准则，可得 $\lim\limits_{n\to\infty} S_n=S$ 存在，从而级数 $\sum\limits_{n=1}^{\infty} u_n$ 收敛.

必要性　用反正法.若部分和数列 $\{S_n\}$ 没有上界，则因 $\{S_n\}$ 单调递增，故 $\lim\limits_{n\to\infty} S_n=+\infty$，从而级数 $\sum\limits_{n=1}^{\infty} u_n$ 发散.与正项级数 $\sum\limits_{n=1}^{\infty} u_n$ 收敛矛盾.这表明当正项级数 $\sum\limits_{n=1}^{\infty} u_n$ 收敛时，其部分和数列 $\{S_n\}$ 必有界.

例 1　证明正项级数 $\sum\limits_{n=0}^{\infty} \dfrac{1}{n!}=1+\dfrac{1}{1!}+\dfrac{1}{2!}+\cdots+\dfrac{1}{n!}+\cdots$ 是收敛的.

证　因为

$$\frac{1}{n!}=\frac{1}{1\cdot 2\cdot 3\cdot \cdots \cdot n} \leqslant \frac{1}{1\cdot 2\cdot 2\cdot \cdots \cdot 2}=\frac{1}{2^{n-1}} \quad (n=2,3,4,\cdots),$$

于是对于任意的 n，有

$$S_n=1+\frac{1}{1!}+\frac{1}{2!}+\cdots+\frac{1}{(n-1)!}<1+1+\frac{1}{2}+\frac{1}{2^2}+\cdots+\frac{1}{2^{n-2}}$$

$$=1+\frac{1-\frac{1}{2^{n-1}}}{1-\frac{1}{2}}=3-\frac{1}{2^{n-2}}<3.$$

即正项级数的部分和数列有界，故级数 $\sum_{n=0}^{\infty}\frac{1}{n!}$ 收敛.

由定理 1，可得到判别正项级数敛散性的比较判别法.

定理 2（比较判别法） 设 $\sum_{n=1}^{\infty}u_n$ 和 $\sum_{n=1}^{\infty}v_n$ 是两个正项级数，且

$$u_n\leqslant v_n\quad(n=1,2,3,\cdots).$$

(1) 若级数 $\sum_{n=1}^{\infty}v_n$ 收敛，则级数 $\sum_{n=1}^{\infty}u_n$ 也收敛；

(2) 若级数 $\sum_{n=1}^{\infty}u_n$ 发散，则级数 $\sum_{n=1}^{\infty}v_n$ 也发散.

证 设 S_n 和 T_n 分别表示 $\sum_{n=1}^{\infty}u_n$ 和 $\sum_{n=1}^{\infty}v_n$ 的部分和.由 $u_n\leqslant v_n$，可得 $S_n\leqslant T_n$.

(1) 若 $\sum_{n=1}^{\infty}v_n$ 收敛，则 T_n 有界，所以 S_n 有界，因此，级数 $\sum_{n=1}^{\infty}u_n$ 也收敛.

(2) 若 $\sum_{n=1}^{\infty}u_n$ 发散，则 S_n 无界，所以 T_n 无界，因此，级数 $\sum_{n=1}^{\infty}v_n$ 也发散.

说明 若将比较判别法中不等式“$u_n\leqslant v_n$”改为“如果对于 $n\geqslant N$（N 为某一自然数）的 n，恒成立不等式 $u_n\leqslant kv_n$（$k>0$ 为常数）”，则结论仍然成立.

例 2 判别下列级数的敛散性：

(1) $\sum_{n=1}^{\infty}\frac{1}{2n-1}$； (2) $\sum_{n=1}^{\infty}\left(\frac{n}{2n+1}\right)^n$.

解 (1) 级数 $\sum_{n=1}^{\infty}\frac{1}{2n-1}$ 为正项级数.因为 $u_n=\frac{1}{2n-1}>\frac{1}{2n}(n=1,2,\cdots)$，而级数 $\sum_{n=1}^{\infty}\frac{1}{2n}$ 发散，所以由比较判别法知，级数 $\sum_{n=1}^{\infty}\frac{1}{2n-1}$ 发散.

(2) 级数 $\sum_{n=1}^{\infty}\left(\frac{n}{2n+1}\right)^n$ 为正项级数.因为 $u_n=\left(\frac{n}{2n+1}\right)^n<\left(\frac{1}{2}\right)^n(n=1,2,\cdots)$，而级数 $\sum_{n=1}^{\infty}\left(\frac{1}{2}\right)^n$ 收敛，所以由比较判别法知，级数 $\sum_{n=1}^{\infty}\left(\frac{n}{2n+1}\right)^n$ 收敛.

例 3 讨论 p-级数 $\sum_{n=1}^{\infty}\frac{1}{n^p}=1+\frac{1}{2^p}+\frac{1}{3^p}+\cdots+\frac{1}{n^p}+\cdots(p>0)$ 的敛散性.

解 当 $p\leqslant 1$ 时，$\frac{1}{n^p}\geqslant\frac{1}{n}$.因为 $\sum_{n=1}^{\infty}\frac{1}{n}$ 发散，所以由比较判别法知，$p\leqslant 1$ 时，$\sum_{n=1}^{\infty}\frac{1}{n^p}$ 发散.

当 $p>1$ 时，顺次把 p-级数的第 1 项、第 2 项到第 3 项、第 4 项到第 7 项、第 8 项到第 15 项 …… 括在一起，得

$$1+\left(\frac{1}{2^p}+\frac{1}{3^p}\right)+\left(\frac{1}{4^p}+\frac{1}{5^p}+\frac{1}{6^p}+\frac{1}{7^p}\right)+\left(\frac{1}{8^p}+\cdots+\frac{1}{15^p}\right)+\cdots.$$

它的各项显然小于级数

$$1+\left(\frac{1}{2^p}+\frac{1}{2^p}\right)+\left(\frac{1}{4^p}+\cdots+\frac{1}{4^p}\right)+\left(\frac{1}{8^p}+\cdots+\frac{1}{8^p}\right)+\cdots$$

$$=1+\frac{1}{2^{p-1}}+\left(\frac{1}{2^{p-1}}\right)^2+\left(\frac{1}{2^{p-1}}\right)^3+\cdots$$

对应的各项，而所得级数是等比级数，其公比为 $q=\frac{1}{2^{p-1}}<1$，故收敛，于是当 $p>1$ 时，级数 $\sum_{n=1}^{\infty}\frac{1}{n^p}$ 收敛.

综合上述讨论，p -级数 $\sum_{n=1}^{\infty}\frac{1}{n^p}$，当 $p\leqslant 1$ 时发散，当 $p>1$ 时收敛.

例 4　判定下列级数的敛散性：

(1) $\sum_{n=1}^{\infty}\frac{1}{(n+1)(n+4)}$；　　(2) $\sum_{n=1}^{\infty}\frac{1}{n\sqrt{n+2}}$.

解　(1) 级数 $\sum_{n=1}^{\infty}\frac{1}{(n+1)(n+4)}$ 为正项级数.因为 $u_n=\frac{1}{(n+1)(n+4)}<\frac{1}{n^2}$，而级数 $\sum_{n=1}^{\infty}\frac{1}{n^2}$ 收敛，所以由比较判别法知，级数 $\sum_{n=1}^{\infty}\frac{1}{(n+1)(n+4)}$ 收敛.

(2) 级数 $\sum_{n=1}^{\infty}\frac{1}{n\sqrt{n+2}}$ 为正项级数.因为 $u_n=\frac{1}{n\sqrt{n+2}}<\frac{1}{n\cdot\sqrt{n}}=\frac{1}{n^{\frac{3}{2}}}$，而级数 $\sum_{n=1}^{\infty}\frac{1}{n^{\frac{3}{2}}}$ 收敛，所以由比较判别法知，级数 $\sum_{n=1}^{\infty}\frac{1}{n\sqrt{n+2}}$ 收敛.

在使用比较判别法时，首先，需要根据待判别级数的特征，选择一个已知敛散性的比较级数，通过比较级数去衡量待判别级数的敛散性.常用来作比较的级数有等比级数、调和级数和 p -级数；然后，根据问题特征构造待判别级数的一般项与比较级数一般项之间满足判别法条件的不等式关系，再使用比较判别法.

为了使用上的方便，比较判别法可以写成极限形式.

定理 3(比较法的极限形式)　设级数 $\sum_{n=1}^{\infty}u_n$ 与级数 $\sum_{n=1}^{\infty}v_n$ 均为正项级数，且 $v_n>0(n=1,2,\cdots)$.如果极限 $\lim_{n\to\infty}\frac{u_n}{v_n}=l\ (0\leqslant l\leqslant+\infty)$，则

(1) 当 $0<l<+\infty$ 时，级数 $\sum_{n=1}^{\infty}u_n$ 与级数 $\sum_{n=1}^{\infty}v_n$ 同时收敛或同时发散；

(2) 当 $l=0$ 时，如果级数 $\sum_{n=1}^{\infty}v_n$ 收敛，则级数 $\sum_{n=1}^{\infty}u_n$ 收敛；

(3) 当 $l=+\infty$，如果级数 $\sum_{n=1}^{\infty}v_n$ 发散，则级数 $\sum_{n=1}^{\infty}u_n$ 发散.

证　(1) 当 $0<l<+\infty$ 时，因为 $\lim_{n\to\infty}\frac{u_n}{v_n}=l$，由数列极限的定义，对于任意给定的 $\varepsilon>0$(设 $\varepsilon<l$)，存在正整数 N，当 $n>N$ 时，总有

$$\left|\frac{u_n}{v_n}-l\right|<\varepsilon, \quad 即 \quad (l-\varepsilon)v_n<u_n<(l+\varepsilon)v_n.$$

由比较判别法知，级数$\sum_{n=1}^{\infty}u_n$与级数$\sum_{n=1}^{\infty}v_n$同时收敛或同时发散.

(2) 当$l=0$时，有$u_n<(l+\varepsilon)v_n$.由比较判别法知，若级数$\sum_{n=1}^{\infty}v_n$收敛，则级数$\sum_{n=1}^{\infty}u_n$收敛.

(3) 当$l=+\infty$时，对于任意给定的$M>0$，存在正整数N，当$n>N$时，有

$$\frac{u_n}{v_n}>M, \quad 即 \quad u_n>Mv_n \quad (n>N).$$

于是，由比较判别法知，若级数$\sum_{n=1}^{\infty}v_n$发散，则级数$\sum_{n=1}^{\infty}u_n$发散.

此定理说明无穷级数收敛与否最终取决于级数一般项趋于零的程度，即无穷小阶的大小，用此定理判别级数的敛散性时，需要选择与判别级数一般项同阶(或等价)的无穷小作为级数一般项的比较级数来判别.

例5 判别下列级数的敛散性：

(1) $\sum_{n=2}^{\infty}\frac{n}{\sqrt{n^3-2n}}$； (2) $\sum_{n=1}^{\infty}\left(1-\cos\frac{1}{n}\right)$； (3) $\sum_{n=1}^{\infty}2^n\ln\left(1+\frac{1}{3^n}\right)$.

解 (1) 由于

$$\lim_{n\to\infty}\frac{\frac{n}{\sqrt{n^3-2n}}}{\frac{1}{n^{1/2}}}=\lim_{n\to\infty}\frac{\sqrt{n^3}}{\sqrt{n^3-2n}}=\lim_{n\to\infty}\sqrt{\frac{n^2}{n^2-2}}=1,$$

又级数$\sum_{n=2}^{\infty}\frac{1}{n^{\frac{1}{2}}}$发散，所以由比较判别法知，级数$\sum_{n=2}^{\infty}\frac{n}{\sqrt{n^3-2n}}$发散.

(2) 由于

$$\lim_{n\to\infty}\frac{1-\cos\frac{1}{n}}{\frac{1}{n^2}}=\frac{1}{2},$$

又级数$\sum_{n=1}^{\infty}\frac{1}{n^2}$收敛，所以由比较判别法知，级数$\sum_{n=1}^{\infty}\left(1-\cos\frac{1}{n}\right)$收敛.

(3) 由于当$n\to\infty$时，$\ln\left(1+\frac{1}{3^n}\right)\sim\frac{1}{3^n}$，且级数$\sum_{n=1}^{\infty}(2^n\cdot\frac{1}{3^n})=\sum_{n=1}^{\infty}\left(\frac{2}{3}\right)^n$收敛，所以由比较判别法知，级数$\sum_{n=1}^{\infty}2^n\ln\left(1+\frac{1}{3^n}\right)$收敛.

对于一般项为有理式、无理式的数项级数可以采用比较法，使用比较法时，也可以将级数的通项或部分因子用等价无穷小代换，代换后的新级数与原级数的敛散性相同.

使用比较判别法有时不易找到作比较的已知级数，这样就提出一个问题，能否从级数本身就能判定级数的敛散性呢？下面两个判别法就是如此.

定理 4（达朗贝尔比值判别法） 设$\sum_{n=1}^{\infty}u_n$为正项级数.若$\lim_{n\to\infty}\frac{u_{n+1}}{u_n}=\rho$,则

(1) 当$\rho<1$时,级数收敛;

(2) 当$1<\rho\leqslant+\infty$时,级数发散;

(3) 当$\rho=1$时,级数可能收敛也可能发散.

证 (1) 当$\rho<1$时,取一常数q,满足$\rho<q<1$.由于$\lim_{n\to\infty}\frac{u_{n+1}}{u_n}=\rho$,由极限的性质,对于取定的$q$,存在正整数$N$,当$n>N$时,有

$$\frac{u_{n+1}}{u_n}<q,\quad \text{即}\quad u_{n+1}<qu_n\quad(n=N+1,N+2,\cdots).$$

由此推得

$$\begin{aligned}&u_{N+2}<qu_{N+1},\\&u_{N+3}<qu_{N+2}<q^2u_{N+1},\\&u_{N+4}<qu_{N+3}<q^3u_{N+1},\\&\cdots\cdots,\\&u_{N+k}<qu_{N+k-1}<q^{k-1}u_{N+1}.\end{aligned}$$

因为上述不等式右侧构成的正项等比级数$\sum_{n=1}^{\infty}q^nu_{N+1}$(公比$q<1$)收敛,由比较判别法知,上述不等式左侧构成的正项级数$\sum_{k=2}^{\infty}u_{N+k}$收敛,所以级数$\sum_{n=1}^{\infty}u_n$收敛.

(2) 当$1<\rho<+\infty$时,由于$\lim_{n\to\infty}\frac{u_{n+1}}{u_n}=\rho$,由极限的性质,存在正整数$N$,当$n>N$时,有$\frac{u_{n+1}}{u_n}>1$,即$u_{n+1}>u_n(n=N+1,N+2,\cdots)$,所以,当$n>N$时,数列$\{u_n\}$单调上升,故$\lim_{n\to\infty}u_n\neq0$,从而,级数$\sum_{n=1}^{\infty}u_n$发散.

当$\rho=+\infty$时,对充分大的n,必有$u_{n+1}>u_n$,故级数$\sum_{n=1}^{\infty}u_n$发散.

(3) 当$\rho=1$时,级数可能收敛也可能发散.此时比值法失效.例如,对于p-级数$\sum_{n=1}^{\infty}\frac{1}{n^p}$,有

$$\lim_{n\to\infty}\frac{u_{n+1}}{u_n}=\lim_{n\to\infty}\frac{n^p}{(n+1)^p}=\lim_{n\to\infty}\left(\frac{n}{n+1}\right)^p=1.$$

但当$p\leqslant1$时,$\sum_{n=1}^{\infty}\frac{1}{n^p}$发散;当$p>1$时,$\sum_{n=1}^{\infty}\frac{1}{n^p}$收敛.

例 6 判别下列级数的敛散性:

(1) $\sum_{n=1}^{\infty}\frac{3^n}{n^2 2^n}$;　　(2) $\sum_{n=1}^{\infty}\frac{1}{(n-1)!}$.

解 (1) 因为

$$\lim_{n\to\infty}\frac{u_{n+1}}{u_n}=\lim_{n\to\infty}\frac{3^{n+1}}{(n+1)^2 2^{n+1}}\cdot\frac{n^2 2^n}{3^n}=\lim_{n\to\infty}\frac{3n^2}{2(n+1)^2}=\frac{3}{2}>1,$$

所以级数$\sum\limits_{n=1}^{\infty}\dfrac{3^n}{n^2 2^n}$发散.

(2) 因为

$$\lim_{n\to\infty}\frac{u_{n+1}}{u_n}=\lim_{n\to\infty}\frac{(n-1)!}{n!}=\lim_{n\to\infty}\frac{1}{n}=0<1,$$

所以级数$\sum\limits_{n=1}^{\infty}\dfrac{1}{(n-1)!}$收敛.

定理 5 (柯西根值判别法) 设$\sum\limits_{n=1}^{\infty}u_n$为正项级数.如果$\lim\limits_{n\to\infty}\sqrt[n]{u_n}=\rho$,则

(1) 当$\rho<1$时,级数收敛;

(2) 当$1<\rho\leqslant+\infty$时,级数发散;

(3) 当$\rho=1$时,级数可能收敛也可能发散.

定理 5 的证明与定理 4 相仿,这里从略.

例 7 判别下列级数的敛散性:

(1) $\sum\limits_{n=1}^{\infty}\left(\dfrac{n}{2n+1}\right)^n$; (2) $\sum\limits_{n=1}^{\infty}\left(2n\sin\dfrac{1}{n}\right)^n$.

解 (1) 因为$\lim\limits_{n\to\infty}\sqrt[n]{u_n}=\lim\limits_{n\to\infty}\sqrt[n]{\left(\dfrac{n}{2n+1}\right)^n}=\lim\limits_{n\to\infty}\dfrac{n}{2n+1}=\dfrac{1}{2}$,故级数收敛.

(2) 因为$\lim\limits_{n\to\infty}\sqrt[n]{u_n}=\lim\limits_{n\to\infty}\sqrt[n]{\left(2n\sin\dfrac{1}{n}\right)^n}=\lim\limits_{n\to\infty}2n\sin\dfrac{1}{n}=2$,故级数发散.

如果正项级数的一般项中含有乘积、幂、阶乘等形式,可试用比值判别法;一般项为n次幂形式时,可以使用柯西根值判别法.

正项级数与无穷区间上的反常积分有着密切关系,因此,可以利用反常积分的敛散性判别正项级数的敛散性,积分判别法就是利用反常积分的敛散性来判别正项级数的敛散性的方法.

定理 6 (积分判别法) 设$f(x)$是$[1,+\infty)$上的非负单调连续函数,则$\sum\limits_{n=1}^{\infty}f(n)$与$\int_1^{+\infty}f(x)\mathrm{d}x$同时敛散.

例 8 判别级数$\sum\limits_{n=2}^{\infty}\dfrac{1}{n\ln n^2}$的敛散性

解 因为

$$\int_2^{+\infty}\frac{1}{x\ln x^2}\mathrm{d}x=\int_2^{+\infty}\frac{1}{\ln^2 x}\mathrm{d}\ln x=-\frac{1}{\ln x}\bigg|_2^{+\infty}=\frac{1}{\ln 2},$$

所以级数$\sum\limits_{n=2}^{\infty}\dfrac{1}{n\ln n^2}$的收敛.

二、交错级数及其敛散性

定义 2 设$u_n>0(n=1,2,\cdots)$,则级数$\sum\limits_{n=1}^{\infty}(-1)^{n-1}u_n$或$\sum\limits_{n=1}^{\infty}(-1)^n u_n$称为**交错级数**.

交错级数就是各项正负相间，即

$$\sum_{n=1}^{\infty}(-1)^{n-1}u_n=u_1-u_2+u_3-u_4+\cdots+(-1)^{n-1}u_n+\cdots.$$

关于交错级数敛散性的判定，有下面的重要定理.

定理 7(莱布尼茨判别法)　如果交错级数 $\sum_{n=1}^{\infty}(-1)^{n-1}u_n$ 满足条件：

(1) $u_n\geqslant u_{n+1}(n=1,2,\cdots)$；

(2) $\lim_{n\to\infty}u_n=0$，

则交错级数 $\sum_{n=1}^{\infty}(-1)^{n-1}u_n$ 收敛，且其和 $S\leqslant u_1$，其余项 r_n 的绝对值 $|r_n|\leqslant u_{n+1}$.

在证明定理之前，先观察下定理条件的几何特征，如图 8—4 所示. 从图中可以看到级数 $\sum_{n=1}^{\infty}(-1)^{n-1}u_n$ 的部分和 $\{S_n\}$ 中，偶数部分和 $\{S_{2n}\}$ 单调增加，奇数部分和 $\{S_{2n+1}\}$ 单调减少，两者同趋于同一个数 S.

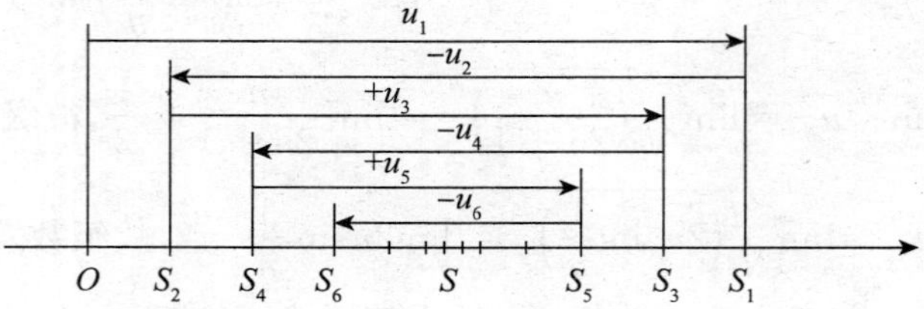

图 8—4

证　先考察交错级数 $\sum_{n=1}^{\infty}(-1)^{n-1}u_n$ 的前 $2n$ 项的和 S_{2n}，并写成

$$S_{2n}=(u_1-u_2)+(u_3-u_4)+\cdots+(u_{2n-1}-u_{2n}),$$

或

$$S_{2n}=u_1-(u_2-u_3)-(u_4-u_5)-\cdots-(u_{2n-2}-u_{2n-1})-u_{2n}.$$

根据条件(1) 可知，S_{2n} 是单调增加的，且 $S_{2n}<u_1$，即 S_{2n} 有界，故 $\lim_{n\to\infty}S_{2n}=S\leqslant u_1$.

再考察级数的前 $2n+1$ 项的和 S_{2n+1}，显然 $S_{2n+1}=S_{2n}+u_{2n+1}$. 由条件(2)，得

$$\lim_{n\to\infty}S_{2n+1}=\lim_{n\to\infty}(S_{2n}+u_{2n+1})=\lim_{n\to\infty}S_{2n}+\lim_{n\to\infty}u_{2n+1}=S.$$

最后，由 $\lim_{n\to\infty}S_{2n}=\lim_{n\to\infty}S_{2n+1}=S$，得 $\lim_{n\to\infty}S_n=S$，即交错级数 $\sum_{n=1}^{\infty}(-1)^{n-1}u_n$ 收敛于 S，且 $S\leqslant u_1$.

对于余项 r_n，可写成 $r_n=\pm(u_{n+1}-u_{n+2}+\cdots)$，从而

$$|r_n|=u_{n+1}-u_{n+2}+\cdots.$$

上式右端也是交错级数，且满足定理的条件，因此 $|r_n|\leqslant u_{n+1}$.

例 9　判断交错级数 $1-\frac{1}{2}+\frac{1}{3}-\frac{1}{4}+\cdots+(-1)^{n-1}\frac{1}{n}+\cdots$ 的敛散性.

解　此交错级数 $u_n=\frac{1}{n}$，$u_{n+1}=\frac{1}{n+1}$，满足：

(1) $\frac{1}{n} > \frac{1}{n+1}$；　　　　(2) $\lim\limits_{n\to\infty} u_n = \lim\limits_{n\to\infty} \frac{1}{n} = 0$.

由定理 7 知它是收敛的，且其和 $S \leqslant 1$.

三、绝对收敛与条件收敛

对于任意项级数 $\sum\limits_{n=1}^{\infty} u_n$，若将其各项取绝对值，则构成正项级数

$$\sum_{n=1}^{\infty} |u_n| = |u_1| + |u_2| + |u_3| + \cdots + |u_n| + \cdots.$$

该级数称为级数 $\sum\limits_{n=1}^{\infty} u_n$ 对应的绝对值级数，一定意义下，可以利用绝对值级数 $\sum\limits_{n=1}^{\infty} |u_n|$ 的敛散性推断级数 $\sum\limits_{n=1}^{\infty} u_n$ 的敛散性.

定义 3　若级数 $\sum\limits_{n=1}^{\infty} |u_n|$ 收敛，则称级数 $\sum\limits_{n=1}^{\infty} u_n$ **绝对收敛**；若级数 $\sum\limits_{n=1}^{\infty} u_n$ 收敛而级数 $\sum\limits_{n=1}^{\infty} |u_n|$ 发散，则称级数 $\sum\limits_{n=1}^{\infty} u_n$ **条件收敛**.

定理 8　若任意项级数 $\sum\limits_{n=1}^{\infty} u_n$ 绝对收敛，则级数 $\sum\limits_{n=1}^{\infty} u_n$ 必收敛.

证　由 $-|u_n| \leqslant u_n \leqslant |u_n|$，有 $0 \leqslant |u_n| + u_n \leqslant 2|u_n|$. 如果 $\sum\limits_{n=1}^{\infty} |u_n|$ 收敛，则级数 $\sum\limits_{n=1}^{\infty} 2|u_n|$ 收敛. 由正项级数的比较判别法知，级数 $\sum\limits_{n=1}^{\infty} (|u_n| + u_n)$ 收敛.

所以，级数 $\sum\limits_{n=1}^{\infty} u_n = \sum\limits_{n=1}^{\infty} [(|u_n| + u_n) - |u_n|]$ 收敛.

利用定理 8 可以对某些任意项级数取绝对值后，用正项级数的敛散性判别法判别级数的敛散性. 对于所采用的正项级数敛散性判别法有下面的结论：

(1) 正项级数比较判别法只适用于判别任意项级数绝对收敛.

即若级数 $\sum\limits_{n=1}^{\infty} |u_n|$ 收敛，则可以推出级数 $\sum\limits_{n=1}^{\infty} u_n$ 收敛，且为绝对收敛；若级数 $\sum\limits_{n=1}^{\infty} |u_n|$ 发散，则不能断定级数 $\sum\limits_{n=1}^{\infty} u_n$ 的敛散性.

(2) 正项级数的比值判别法与根值判别法对判别任意项级数收敛与发散均适用.

即若级数 $\sum\limits_{n=1}^{\infty} |u_n|$ 收敛，则可以推出级数 $\sum\limits_{n=1}^{\infty} u_n$ 收敛，且为绝对收敛；若级数 $\sum\limits_{n=1}^{\infty} |u_n|$ 发散，则级数 $\sum\limits_{n=1}^{\infty} u_n$ 的发散.

以上结论可以从比值判别法与根值判别法的证明中得到.

例 10　判断级数 $\sum\limits_{n=1}^{\infty} \frac{\sin na}{2^n}$ 的敛散性.

解　考虑级数$\sum_{n=1}^{\infty}\frac{|\sin na|}{2^n}$.由于$0\leqslant\frac{|\sin na|}{2^n}\leqslant\frac{1}{2^n}$,而级数$\sum_{n=1}^{\infty}\frac{1}{2^n}$收敛,由比较法知级数$\sum_{n=1}^{\infty}\frac{|\sin na|}{2^n}$收敛.根据定理8知，级数$\sum_{n=1}^{\infty}\frac{\sin na}{2^n}$绝对收敛.

例 11　讨论级数$\sum_{n=1}^{\infty}\frac{x^n}{n}$的敛散性.

解　因为x可取任意实数,所以级数$\sum_{n=1}^{\infty}\frac{x^n}{n}$为任意项级数.由于

$$\lim_{n\to\infty}\left|\frac{u_{n+1}}{u_n}\right|=\lim_{n\to\infty}\left|\frac{x^{n+1}}{n+1}\right|\cdot\left|\frac{n}{x^n}\right|=|x|,$$

所以,当$|x|<1$时,级数绝对收敛;当$|x|>1$时,级数发散;当$x=1$时,级数为调和级数$\sum_{n=1}^{\infty}\frac{1}{n}$,级数发散;当$x=-1$时,级数$\sum_{n=1}^{\infty}\frac{(-1)^n}{n}$条件收敛.

四、判别数项级数敛散性的方法与步骤

数项级数敛散性的判别法多,难以把握,现将判别数项级数敛散性的方法和步骤概括如下:

(1) 正项级数敛散性的判别方法

比较判别法适用于一般项具有与等比级数$\sum_{n=1}^{\infty}aq^{n-1}$和$p$-级数$\sum_{n=1}^{\infty}\frac{1}{n^p}$类似的形式,如有理式、无理式;基于极限形式的比较判别法也可以用于一般项或一般项部分因子与常见等价无穷小代换相类似的形式.

比值法适用于一般项中含有幂(a^n,n^n)、阶乘($n!$)多个因子乘积与商的形式;根值判别法适用于一般项为n次幂的形式.

若$u_n=f(n)$,其中$\int_1^{+\infty}f(x)\mathrm{d}x$很容易求出,则积分判别法有效.

对于用比较判别法、比值判别法、根值判别法与及积分判别法不便解决的问题,考虑敛散性的定义和性质.

(2) 任意项级数的敛散性判别方法

对于任意项级数,若级数为交错级数$\sum_{n=1}^{\infty}(-1)^{n-1}u_n$,可考虑莱布尼茨判别法,使用该方法时,对于不等式$u_n\geqslant u_{n+1}$的判别,对于复杂问题可以考虑函数的单调性判别.

任意项级数一般可以加绝对值而转化为正项级数$\sum_{n=1}^{\infty}|u_n|$.但对其使用比较判别法只能判别级数的收敛性(不能判别发散性);比值判别法与根值判别法可以判别收敛,也可以判别发散.

(3) 判别级数敛散性的一般步骤

判别级数敛散性的一般步骤如图 8—5 所示.

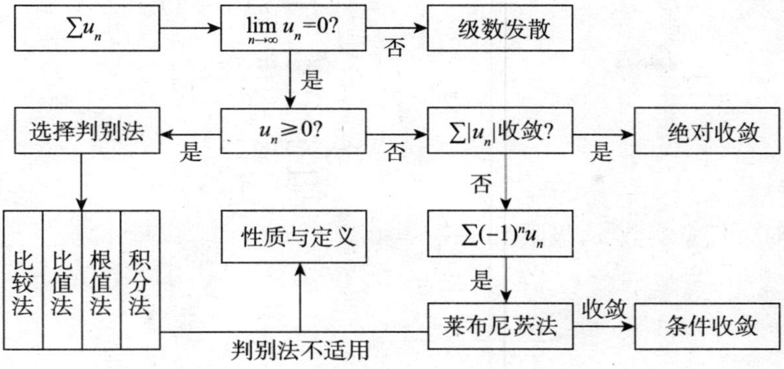

图 8—5

☞ 习题 8.2

1. 用比较判别法或比较法的极限形式判别下列级数的敛散性：

(1) $\sum\limits_{n=1}^{\infty}\dfrac{1}{n\sqrt{n+1}}$；　　(2) $\sum\limits_{n=1}^{\infty}\dfrac{1+n}{1+n^2}$；

(3) $\sum\limits_{n=1}^{\infty}2^n\sin\dfrac{\pi}{3^n}$；　　(4) $\sum\limits_{n=1}^{\infty}\dfrac{\ln n}{\sqrt{n}}$.

2. 用比值判别法判别下列级数的敛散性：

(1) $\sum\limits_{n=1}^{\infty}\dfrac{3^n}{n\cdot 2^n}$；　　(2) $\sum\limits_{n=1}^{\infty}\dfrac{n^2}{3^n}$；

(3) $\sum\limits_{n=1}^{\infty}\dfrac{2^n\cdot n!}{n^n}$；　　(4) $\sum\limits_{n=1}^{\infty}\dfrac{n^{n+1}}{(n+1)!}$.

3. 用根值判别法判别下列级数的敛散性：

(1) $\sum\limits_{n=1}^{\infty}\left(\dfrac{2n}{n+1}\right)^n$；　　(2) $\sum\limits_{n=1}^{\infty}\dfrac{1}{\ln^n(1+n)}$.

4. 用适当的方法判别下列级数的敛散性：

(1) $\sum\limits_{n=1}^{\infty}\dfrac{2+(-1)^n}{2^n}$；　　(2) $\sum\limits_{n=1}^{\infty}\dfrac{n+1}{n(n+2)}$；

(3) $\sum\limits_{n=1}^{\infty}\sqrt{\dfrac{n+1}{n}}$；　　(4) $\sum\limits_{n=1}^{\infty}\dfrac{n^{n+1}}{(n+1)^{n+2}}$.

5. 判别下列交错级数的敛散性：

(1) $\sum\limits_{n=0}^{\infty}\dfrac{(-1)^{n-1}}{1+n^2}$；　　(2) $\sum\limits_{n=2}^{\infty}\dfrac{(-1)^{n-1}}{\ln n}$；

(3) $\sum\limits_{n=1}^{\infty}\dfrac{(-1)^n n}{n+1}$.

6. 判别下列级数是否收敛，如果收敛，是绝对收敛还是条件收敛？

(1) $\sum_{n=1}^{\infty} \frac{(-1)^{n-1}}{\sqrt{n}}$;　　(2) $\sum_{n=1}^{\infty} \frac{(-1)^{n-1}}{n(n+1)}$;

(3) $\sum_{n=1}^{\infty} \frac{(-1)^n + \sqrt{n}}{n}$;　　(4) $\sum_{n=1}^{\infty} \frac{n\cos n\pi}{2n+1}$;

(5) $\sum_{n=1}^{\infty} (-1)^{n-1} \frac{n^2}{3^{n-1}}$;　　(6) $\sum_{n=1}^{\infty} \frac{(-1)^n}{n^p}$.

7. 证明:对于任意实数 x,极限 $\lim_{n\to\infty}\frac{x^n}{n!}=0$.

第三节　幂级数

幂级数是级数中最重要且应用最广泛的一种级数.本节主要介绍幂级数的概念、运算与性质.

一、幂级数的概念

前面讨论了由数列形成的数项级数,现在来讨论由函数列构成的函数项级数.

1. 函数项级数

定义 1　设定义在区间 I 的函数列为 $u_1(x), u_2(x), \cdots, u_n(x)\cdots$,其中 $x \in I$,则表达式

$$\sum_{n=1}^{\infty} u_n(x) = u_1(x) + u_2(x) + \cdots + u_n(x) + \cdots$$

称为定义在区间 I 上的**函数项级数**,$u_n(x)$ 为其**通项**.

在函数项级数中,对于给定的 x_0,函数项级数成为数项级数 $\sum_{n=1}^{\infty} u_n(x_0)$,该数项级数可能收敛,也可能发散,为此有下述定义.

定义 2　设定义在区间 I 上函数项级数为 $\sum_{n=1}^{\infty} u_n(x)$.若对于给定的 $x_0 \in I$,数项级数 $\sum_{n=1}^{\infty} u_n(x_0)$ 收敛,则称 x_0 为函数项级数的一个**收敛点**;如果数项级数 $\sum_{n=1}^{\infty} u_n(x_0)$ 发散,则称 x_0 为函数项级数的一个**发散点**.函数项级数所有收敛点的集合 $D \subset I$ 称为**收敛域**.收敛域内的点与其和数之间的对应关系称为**和函数**,记为 $S(x)$,即

$$\sum_{n=1}^{\infty} u_n(x) = u_1(x) + u_2(x) + \cdots + u_n(x) + \cdots = S(x), \quad x \in D.$$

将函数项级数的前 n 项和记作 $S_n(x)$,即

$$S_n(x) = u_1(x) + u_2(x) + \cdots + u_n(x),$$

则在收敛域 D 上,有

$$\lim_{n\to\infty} S_n(x) = S(x), \quad x \in D.$$

若记 $r_n(x)=S(x)-S_n(x)$，则称 $r_n(x)$ 为函数项级数 $\sum_{n=1}^{\infty} u_n(x)$ 的余项，且对收敛域 D 内的每一点都有 $\lim_{n\to\infty} r_n(x)=0$.

因此函数项级数的收敛性问题完全归结为其部分和函数列 $\{S_n(x)\}$ 的收敛性问题.

例 1 求函数项级数 $1+x+x^2+x^3+\cdots+x^n+\cdots$ 的收敛域与和函数.

解 对于给定的 x，由等比级数知，当 $|x|<1$ 时，

$$1+x+x^2+x^3+\cdots+x^n+\cdots=\frac{1}{1-x}.$$

而当 $|x|\geqslant 1$ 时，级数 $1+x+x^2+x^3+\cdots+x^n+\cdots$ 发散.所以，幂级数的收敛域为 $(-1,1)$，和函数为 $S(x)=\dfrac{1}{1-x}$.

2. 幂级数概念

函数项级数中有一类重要的级数，其各项都是幂函数，这类函数项级数称为**幂级数**.

定义 3 一般项为 $u_n(x)=a_n(x-x_0)^n$ 的函数项级数，即

$$\sum_{n=0}^{\infty} a_n(x-x_0)^n = a_0 + a_1(x-x_0) + a_2(x-x_0)^2 + \cdots + a_n(x-x_0)^n + \cdots,$$

称为关于 $x-x_0$（或点 x_0）的**幂级数**，其中常数 $a_0,a_1,a_2,\cdots,a_n,\cdots$ 称为幂级数的系数.

特别地，若 $x_0=0$，则幂级数

$$\sum_{n=0}^{\infty} a_n x^n = a_0 + a_1 x + a_2 x + \cdots + a_n x^n + \cdots$$

称为关于 x 的**幂级数**.

对于形如 $\sum_{n=0}^{\infty} a_n(x-x_0)^n$ 的幂级数，如果将 $x-x_0$ 换成 x，则可将其变形为如 $\sum_{n=0}^{\infty} a_n x^n$ 的幂级数.因此，对于幂级数主要讨论形如 $\sum_{n=0}^{\infty} a_n x^n$ 的幂级数.

3. 幂级数的收敛域

对于幂级数 $\sum_{n=0}^{\infty} a_n x^n$，显然，当 $x=0$ 时幂级数收敛，即幂级数至少有一个收敛点 $x=0$.幂级数 $\sum_{n=0}^{\infty} a_n x^n$ 除了收敛点 $x=0$ 外，其他收敛点的分布情况如何？

例 2 求幂级数 $\sum_{n=1}^{\infty} \dfrac{1}{n^2} x^n$ 的收敛域.

解 对于任意给定的 $x\neq 0$，考察正项级数 $\sum_{n=1}^{\infty} \left|\dfrac{1}{n^2}x^n\right| = \sum_{n=1}^{\infty} \dfrac{|x|^n}{n^2}$.由比值判别法知

$$\lim_{n\to\infty}\left[\frac{|x|^{n+1}}{(n+1)^2}\Big/\frac{|x|^n}{n^2}\right]=\lim_{n\to\infty}\left(\frac{n}{n+1}\right)^2|x|=|x|.$$

当$|x|>1$时,级数$\sum_{n=1}^{\infty}\left|\frac{1}{n^2}x^n\right|$发散;当$|x|<1$时,级数$\sum_{n=1}^{\infty}\left|\frac{1}{n^2}x^n\right|$收敛;当$|x|=1$时,$\sum_{n=1}^{\infty}\left|\frac{1}{n^2}x^n\right|=\sum_{n=1}^{\infty}\frac{1}{n^2}$收敛.所以,级数$\sum_{n=1}^{\infty}\frac{1}{n^2}x^n$的收敛域为$[-1,1]$.

由上例可以看出,幂级数的收敛域是一个以原点为中心的对称区间.这一结论是否具有一般性?答案是肯定的,并有如下定理.

定理1(阿贝尔[①]定理) 设幂级数$\sum_{n=0}^{\infty}a_nx^n$,则

(1) 若幂级数在$x=x_0(x_0\neq 0)$处收敛,则对于满足条件$|x|<|x_0|$的一切x,幂级数绝对收敛;

(2) 若幂级数在$x=x_0$处发散,则对一切适合不等式$|x|>|x_0|$的x,幂级数发散.

证 (1) 设$x_0(x_0\neq 0)$为幂级数$\sum_{n=0}^{\infty}a_nx^n$的收敛点,即级数$\sum_{n=0}^{\infty}a_nx_0^n$收敛,则由级数收敛的必要条件有$\lim\limits_{n\to\infty}a_nx_0{}^n=0$,从而数列$\{a_nx_0{}^n\}$有界,即存在$M>0$,对任意$n=0,1,2,\cdots$,有$|a_nx_0{}^n|\leqslant M$.

对于幂级数$\sum_{n=0}^{\infty}a_nx^n$的一般项的绝对值,有

$$|a_nx^n|=\left|a_nx_0^n\cdot\frac{x^n}{x_0^n}\right|=|a_nx_0^n|\cdot\left|\frac{x^n}{x_0^n}\right|\leqslant M\left|\frac{x}{x_0}\right|^n.$$

当$|x|<|x_0|$,即$\left|\frac{x}{x_0}\right|<1$时,由于等比级数$\sum_{n=0}^{\infty}M\left|\frac{x}{x_0}\right|^n$收敛,因此,由比较收敛法知级数$\sum_{n=0}^{\infty}|a_nx^n|$收敛,即级数$\sum_{n=0}^{\infty}a_nx^n$绝对收敛.

(2) 若幂级数$\sum_{n=0}^{\infty}a_nx^n$在$x_0(x_0\neq 0)$处发散,则对于满足不等式$|x|>|x_0|$的$x$,幂级数发散.若不然,则至少有一个$x_1$,满足$|x_1|>|x_0|$,但$\sum_{n=0}^{\infty}a_nx_1^n$收敛,则由(1)知$\sum_{n=0}^{\infty}a_nx_0^n$必绝对收敛,与假设矛盾.

阿贝尔定理的特征如下:设α为任一收敛点,β为任一发散点,则必有$|\alpha|\leqslant|\beta|$.若将收敛点处染成蓝色,发散点处染成红色,显然蓝点必集中在以原点为中心的对称区间$(-|\alpha|,|\alpha|)$内,红点分布在$(-\infty,-|\beta|)$和$(|\beta|,+\infty)$内.这样,蓝色与红色就必有一个分界点$x=R$.如图8—6所示.

推论 如果幂级数$\sum_{n=0}^{\infty}a_nx^n$不是在$(-\infty,+\infty)$上每一点都收敛,也不是只在$x=0$处收敛,则一定存在唯一的正数$R$,使得:当$|x|<R$时,幂级数$\sum_{n=0}^{\infty}a_nx^n$绝对收敛;当$|x|>R$时,幂级数$\sum_{n=0}^{\infty}a_nx^n$发散;当$x=R$或$x=-R$时,幂级数$\sum_{n=0}^{\infty}a_nx^n$可能收敛,也可能发散.

---

① 阿贝尔(Abel,1802—1829),挪威数学家,阿贝尔有惊人的早慧,虽然他的一生短促,却在数学史上留下了光辉的篇章.

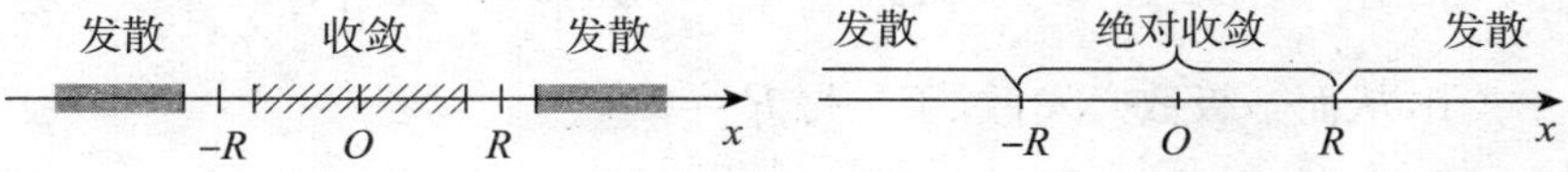

图 8—6　幂级数收敛点与发散点的分布

通常称正数 R 为幂级数 $\sum\limits_{n=0}^{\infty}a_nx^n$ 的收敛半径.而区间 $(-R,R)$ 称为收敛区间.若幂级数在 $(-\infty,+\infty)$ 上每一点都收敛，就规定 $R=+\infty$；若幂级数仅在 $x=0$ 处收敛，就规定 $R=0$.

由此可得，若求得幂级数 $\sum\limits_{n=0}^{\infty}a_nx^n$ 的收敛半径 R，再由幂级数 $\sum\limits_{n=0}^{\infty}a_nx^n$ 在点 $x=\pm R$ 处的敛散性就可以决定幂级数 $\sum\limits_{n=0}^{\infty}a_nx^n$ 的收敛域，由于在点 $x=\pm R$ 处幂级数的敛散性不确定，因此幂级数的收敛域为 $(-R,R)$，$[-R,R)$，$(-R,R]$ 或 $[-R,R]$ 这四个区间之一.由此可见，幂级数的收敛问题主要在于确定收敛半径，下面的定理给出了收敛半径的一种求法.

定理 2　设幂级数为 $\sum\limits_{n=0}^{\infty}a_nx^n$，当 $n\geqslant N$（N 为某一个正整数）时 $a_n\neq 0$，且存在极限 $\lim\limits_{n\to\infty}\left|\dfrac{a_{n+1}}{a_n}\right|=\rho$，则

(1) 当 $0<\rho<+\infty$ 时，收敛半径 $R=\dfrac{1}{\rho}$；

(2) 当 $\rho=0$ 时，收敛半径 $R=+\infty$；

(3) 当 $\rho=+\infty$ 时，收敛半径 $R=0$.

证　当 $x=0$ 时，级数必收敛.下面考察 $x\neq 0$ 的情形.

对幂级数 $\sum\limits_{n=0}^{\infty}a_nx^n$，各项取绝对值，形成正项级数

$$\sum_{n=0}^{\infty}|a_nx^n|=|a_0|+|a_1x|+|a_2x^2|+\cdots+|a_nx^n|+\cdots.$$

由比值判别法，得 $\lim\limits_{n\to\infty}\left|\dfrac{a_{n+1}x^{n+1}}{a_nx^n}\right|=|x|\lim\limits_{n\to\infty}\left|\dfrac{a_{n+1}}{a_n}\right|=\rho|x|$.

(1) 如果 $0<\rho<+\infty$，则当 $\rho|x|<1$，即 $|x|<\dfrac{1}{\rho}$ 时，级数 $\sum\limits_{n=0}^{\infty}|a_nx^n|$ 收敛，即 $\sum\limits_{n=0}^{\infty}a_nx^n$ 绝对收敛.当 $\rho|x|>1$，即 $|x|>\dfrac{1}{\rho}$ 时，从某一个 n 开始，有 $|a_{n+1}x^{n+1}|>|a_nx^n|$，因此，级数 $\sum\limits_{n=0}^{\infty}|a_nx^n|$ 的一般项极限 $\lim\limits_{n\to\infty}|a_nx^n|\neq 0$.所以 $\lim\limits_{n\to\infty}a_nx^n\neq 0$，从而级数 $\sum\limits_{n=0}^{\infty}a_nx^n$ 发散.于是得收敛半径 $R=\dfrac{1}{\rho}$.

(2) 当 $\rho=0$ 时，对任意 x，$\rho|x|=0<1$，因此对任意 x（包括 $x=0$）幂级数收敛，从而级数绝对收敛，于是收敛半径 $R=+\infty$.

(3) 当 $\rho=+\infty$ 时，对一切 $x\neq 0$ 及充分大的 n，都有 $\left|\dfrac{a_{n+1}}{a_n}x\right|>1$，此时

$$|a_{n+1}x^{n+1}| = |a_n x^n| \cdot \left|\frac{a_{n+1}}{a_n}x\right| > |a_n x^n|,$$

所以$\lim\limits_{n\to\infty}a_n x^n \neq 0$，从而幂级数必发散，于是得$R=0$.

综上讨论，可得确定幂级数收敛域的方法如下：

① 求收敛半径$R=\dfrac{1}{\rho}\left(\rho=\lim\limits_{n\to\infty}\left|\dfrac{a_{n+1}}{a_n}\right|\right)$或$R=\lim\limits_{n\to\infty}\left|\dfrac{a_n}{a_{n+1}}\right|$；

② 写出收敛区间$(-R,R)$；

③ 判别$x=\pm R$处幂级数的敛散性；

④ 写出收敛域.

例 3　求下列幂级数的收敛域：

(1) $\sum\limits_{n=0}^{\infty}\dfrac{x^n}{n!}$；　　　　(2) $\sum\limits_{n=1}^{\infty}\dfrac{x^n}{n}$.

解　(1) 对于幂级数$\sum\limits_{n=0}^{\infty}\dfrac{x^n}{n!}$，因为

$$\rho=\lim_{n\to\infty}\left|\frac{a_{n+1}}{a_n}\right|=\lim_{n\to\infty}\left|\frac{\frac{1}{(n+1)!}}{\frac{1}{n!}}\right|=\lim_{n\to\infty}\frac{1}{n+1}=0,$$

所以收敛半径$R=+\infty$，幂级数的收敛域为$(-\infty,+\infty)$.

(2) 对于幂级数$\sum\limits_{n=1}^{\infty}\dfrac{x^n}{n}$，因为

$$\rho=\lim_{n\to\infty}\left|\frac{a_{n+1}}{a_n}\right|=\lim_{n\to\infty}\left|\frac{\frac{1}{n+1}}{\frac{1}{n}}\right|=\lim_{n\to\infty}\frac{n}{n+1}=1,$$

所以收敛半径$R=1$，幂级数的收敛区间为$(-1,1)$.

当$x=-1$时，级数为交错级数$\sum\limits_{n=1}^{\infty}\dfrac{(-1)^n}{n}$，级数收敛，所以$x=-1$为收敛点；当$x=1$时，级数为调和级数$\sum\limits_{n=1}^{\infty}\dfrac{1}{n}$，级数发散，所以$x=1$为发散点.

综上，幂级数$\sum\limits_{n=1}^{\infty}\dfrac{x^n}{n}$的收敛域为$[-1,1)$.

例 4　求幂级数$\sum\limits_{n=1}^{\infty}\dfrac{(x-1)^n}{2^n\cdot n}$的收敛域.

解　令$t=x-1$，则级数变为$\sum\limits_{n=1}^{\infty}\dfrac{t^n}{2^n\cdot n}$.因为

$$\rho=\lim_{n\to\infty}\left|\frac{a_{n+1}}{a_n}\right|=\lim_{n\to\infty}\left|\frac{\frac{1}{2^{n+1}(n+1)}}{\frac{1}{2^n\cdot n}}\right|=\lim_{n\to\infty}\frac{n}{2(n+1)}=\frac{1}{2},$$

所以，收敛半径$R=2$.由$|t|<2$，得收敛区间为$-1<x<3$.

当 $x=-1$ 时，级数为交错级数 $\sum_{n=1}^{\infty}\frac{(-1)^n}{n}$，级数收敛；当 $x=3$ 时，级数为调和级数 $\sum_{n=1}^{\infty}\frac{1}{n}$，级数发散.所以，幂级数 $\sum_{n=1}^{\infty}\frac{(x-1)^n}{2^n\cdot n}$ 的收敛域为 $[-1,3)$.

例 5 求幂级数 $\sum_{n=1}^{\infty}\frac{(-1)^n}{3^n}x^{2n}$ 的收敛域.

解 由于级数 $\sum_{n=1}^{\infty}\frac{(-1)^n}{3^n}x^{2n}$ 缺少奇次项，因此不能直接使用收敛半径的计算公式，这时可以采用比值判别法求收敛半径.

对于给定的 x，考虑正项级数 $\sum_{n=1}^{\infty}\left|\frac{(-1)^n}{3^n}x^{2n}\right|=\sum_{n=1}^{\infty}\left|\frac{x^{2n}}{3^n}\right|$.

由比值判别法，

$$\lim_{n\to\infty}\left(\frac{|x|^{2(n+1)}}{3^{n+1}}\Big/\frac{|x|^{2n}}{3^n}\right)=\frac{1}{3}|x|^2.$$

当 $\frac{1}{3}|x|^2<1$，即 $|x|<\sqrt{3}$ 时，级数 $\sum_{n=1}^{\infty}\frac{(-1)^n}{3^n}x^{2n}$ 收敛；当 $\frac{1}{3}|x|^2>1$，即 $|x|>\sqrt{3}$ 时，级数 $\sum_{n=1}^{\infty}\frac{(-1)^n}{3^n}x^{2n}$ 发散.所以收敛半径 $R=\sqrt{3}$.

当 $x=\pm\sqrt{3}$ 时，级数成为 $\sum_{n=1}^{\infty}(-1)^n$，发散.所以幂级数的收敛域为 $(-\sqrt{3},\sqrt{3})$.

二、幂级数的运算与性质

在运用幂级数解决问题时，往往要对幂级数进行加、减、乘以及求导数和求积分运算，这就要了解幂级数的运算法则和一些基本性质，在此略去这些性质的证明.

1. 幂级数的加法与乘法运算

设幂级数 $\sum_{n=0}^{\infty}a_nx^n$ 与 $\sum_{n=0}^{\infty}b_nx^n$ 的收敛半径分别为 R_1 与 R_2，记 $R=\min\{R_1,R_2\}$，则在区间 $(-R,R)$ 内，有

(1) $\sum_{n=0}^{\infty}a_nx^n\pm\sum_{n=0}^{\infty}b_nx^n=\sum_{n=0}^{\infty}(a_n\pm b_n)x^n,x\in(-R,R)$；

(2) $\left(\sum_{n=0}^{\infty}a_nx^n\right)\cdot\left(\sum_{n=0}^{\infty}b_nx^n\right)=\sum_{n=0}^{\infty}c_nx^n$，其中 $c_n=\sum_{k=0}^{n}a_kb_{n-k}$.

2. 幂级数的分析性质

设幂级数 $\sum_{n=0}^{\infty}a_nx^n$ 的收敛半径为 R，和函数为 $S(x)$，则

(1) 幂级数的和函数 $S(x)$ 在收敛区间 $(-R,R)$ 内连续；

(2) 幂级数的和函数 $S(x)$ 在收敛区间 $(-R,R)$ 内可导，且有

$$\left(\sum_{n=0}^{\infty} a_n x^n\right)' = \sum_{n=0}^{\infty} (a_n x^n)' = \sum_{n=0}^{\infty} n a_n x^{n-1} = S'(x),$$

逐项求导后所得级数 $\sum_{n=0}^{\infty} n a_n x^{n-1}$ 的收敛半径仍为 R；

(3) 幂级数的和函数 $S(x)$ 在收敛区间 $(-R,R)$ 内可积，且有

$$\int_0^x \left(\sum_{n=0}^{\infty} a_n x^n\right) \mathrm{d}x = \sum_{n=0}^{\infty} \int_0^x a_n x^n \mathrm{d}x = \sum_{n=0}^{\infty} \frac{a_n}{n+1} x^{n+1} = \int_0^x S(x) \mathrm{d}x,$$

逐项积分后所得级数 $\sum_{n=0}^{\infty} \frac{a_n}{n+1} x^{n+1}$ 的收敛半径仍为 R.

利用幂级数和函数的这些性质可以求出一些幂级数的和函数.例如，已知等比级数的和函数公式

$$\sum_{n=0}^{\infty} x^n = 1 + x + x^2 + \cdots + x^n + \cdots = \frac{1}{1-x} \quad (-1 < x < 1).$$

(1) 作变换 $x = -t^2$，把所得的幂级数仍写成 x 的幂级数，可得

$$\sum_{n=0}^{\infty} (-1)^n x^{2n} = 1 - x^2 + x^4 + \cdots + (-1)^n x^{2n} + \cdots = \frac{1}{1+x^2} \quad (-1 < x < 1).$$

(2) 逐项求导可得

$$\sum_{n=1}^{\infty} n x^{n-1} = 1 + 2x + 3x^2 + \cdots + n x^{n-1} + \cdots = \frac{1}{(1-x)^2} \quad (-1 < x < 1).$$

(3) 逐项积分可得

$$\sum_{n=0}^{\infty} \frac{x^{n+1}}{n+1} = x + \frac{x^2}{2} + \frac{x^3}{3} + \cdots + \frac{x^{n+1}}{n+1} + \cdots = -\ln(1-x) \quad (-1 \leqslant x < 1).$$

在上式中作变换 $x = -t$，把所得幂级数的各项系数反号后仍写成 x 的幂级数，可得

$$\sum_{n=0}^{\infty} (-1)^n \frac{x^{n+1}}{n+1} = x - \frac{x^2}{2} + \frac{x^3}{3} + \cdots + (-1)^n \frac{x^{n+1}}{n+1} + \cdots$$
$$= \ln(1+x) \quad (-1 < x \leqslant 1).$$

需要注意的是，通过逐项求导、逐项积分后所得到的级数收敛区间不变，但在区间的端点处的敛散性可能改变.

例 6 求级数 $\sum_{n=1}^{\infty} (-1)^{n-1} n x^{n-1}$ 的和函数.

解 **方法一** 由幂级数

$$\sum_{n=0}^{\infty} x^n = 1 + x + x^2 + \cdots + x^n + \cdots = \frac{1}{1-x} \quad (-1 < x < 1),$$

因为收敛区间是关于原点对称的区间，所以 $-x$ 也在收敛区间内，用 $-x$ 代换级数中的 x，得

$$\sum_{n=0}^{\infty} (-1)^n x^n = \frac{1}{1+x} \quad (-1 < x < 1)$$

上式两端乘以 x，得

$$\sum_{n=1}^{\infty} (-1)^{n-1} x^n = \frac{x}{1+x} \quad (-1 < x < 1).$$

等式两端求导数，得

$$\sum_{n=1}^{\infty}(-1)^{n-1}nx^{n-1}=\left(\frac{x}{1+x}\right)'=\frac{1}{(1+x)^2}\quad(-1<x<1).$$

方法二 对于幂级数$\sum_{n=1}^{\infty}(-1)^{n-1}nx^{n-1}$，其收敛半径为

$$R=\lim_{n\to\infty}\left|\frac{a_n}{a_{n+1}}\right|=\lim_{n\to\infty}\left|\frac{(-1)^{n-1}n}{(-1)^n(n+1)}\right|=1.$$

所以幂级数$\sum_{n=1}^{\infty}(-1)^{n-1}nx^{n-1}$的收敛区间为$(-1,1)$.设$\sum_{n=1}^{\infty}(-1)^{n-1}nx^{n-1}=S(x)$，即

$$S(x)=1-2x+3x^2-\cdots+(-1)^{n-1}nx^{n-1}+\cdots\quad(-1<x<1).$$

上式两端积分，得

$$\int_0^x S(x)\mathrm{d}x=x-x^2+\cdots+(-1)^{n-1}x^n+\cdots=\frac{x}{1+x}\quad(-1<x<1).$$

上式两端求导，得

$$\begin{aligned}S(x)&=1-2x+3x^2-\cdots+(-1)^{n-1}nx^{n-1}+\cdots\\&=\left(\frac{x}{1+x}\right)'=\frac{1}{(1+x)^2}\quad(-1<x<1).\end{aligned}$$

例 7 求$\sum_{n=0}^{\infty}(-1)^n\frac{1}{2n+1}x^{2n+1}$的和函数及级数$\sum_{n=0}^{\infty}(-1)^n\frac{1}{2n+1}$的值.

解 设

$$S(x)=\sum_{n=0}^{\infty}(-1)^n\frac{1}{2n+1}x^{2n+1}.$$

两端求导，得

$$S'(x)=\sum_{n=0}^{\infty}(-1)^n x^{2n}=\sum_{n=0}^{\infty}(-x^2)^n=\frac{1}{1+x^2}\quad(-1<x<1).$$

两端积分，得

$$S(x)=\int_0^x\frac{1}{1+x^2}\mathrm{d}x=\arctan x,$$

即

$$\sum_{n=0}^{\infty}(-1)^n\frac{1}{2n+1}x^{2n+1}=\arctan x\quad(-1<x<1).$$

当$x=-1$时，$\sum_{n=0}^{\infty}(-1)^n\frac{-1}{2n+1}$收敛；当$x=1$时，$\sum_{n=0}^{\infty}(-1)^n\frac{1}{2n+1}$收敛.所以

$$\sum_{n=0}^{\infty}(-1)^n\frac{1}{2n+1}x^{2n+1}=\arctan x\quad(-1\leqslant x\leqslant 1).$$

在上式中取$x=1$，得$\sum_{n=0}^{\infty}(-1)^n\frac{1}{2n+1}=\frac{\pi}{4}$.

☞ 习题 8.3

1. 求下列幂级数的收敛域：

(1) $\sum_{n=0}^{\infty} n!x^n$；　　(2) $\sum_{n=1}^{\infty} \frac{(-1)^n x^n}{n^2}$；

(3) $\sum_{n=1}^{\infty} \frac{x^n}{n \cdot 2^n}$；　　(4) $\sum_{n=1}^{\infty} \frac{(x-5)^n}{\sqrt{n}}$.

2. 求下列级数在收敛区间内的和函数：

(1) $\sum_{n=1}^{\infty} \frac{x^n}{n}$；　　(2) $\sum_{n=1}^{\infty} nx^{2n-1}$；

(3) $\sum_{n=1}^{\infty} n(n+1)x^{n-1}$.

第四节　函数的幂级数展开

前面我们讨论了幂级数在收敛区间内求和函数的问题.幂级数形式简单、易于计算并且具有良好的运算性质，这就使人们想到与其相反的问题，即若给出一个函数 $f(x)$，能否在一个区间上将函数 $f(x)$ 用幂级数来表示呢？这就是幂级数发展的源泉之一.

一、泰勒级数

对于给定的函数 $f(x)$，如果能在一个区间上将函数 $f(x)$ 用幂级数来表示，就是说能够找到一个幂级数，它在某区间内收敛，且其和函数恰好为给定的函数 $f(x)$，则称函数 $f(x)$ 在该区间内能够展开成幂级数.

那么 $f(x)$ 展开成幂级数的形式又如何？满足什么条件才能展开成幂级数？

由泰勒中值定理可以看到，当函数 $f(x)$ 满足泰勒中值定理条件时，函数 $f(x)$ 可以由多项式表示，即

如果函数 $f(x)$ 在点 x_0 的某邻域内有至 $n+1$ 阶导数，则对此邻域内的任意点 x，有 $f(x)$ 的 n 阶泰勒公式

$$f(x)=f(x_0)+\frac{f'(x_0)}{1!}(x-x_0)+\frac{f''(x_0)}{2!}(x-x_0)^2+\cdots+\frac{f^{(n)}(x_0)}{n!}(x-x_0)^n+r_n(x)$$

成立，其中 $r_n(x)$ 为拉格朗日余项，即

$$r_n(x)=\frac{f^{(n+1)}(\theta x)}{(n+1)!}(x-x_0)^{n+1}\quad(0<\theta<1).$$

记 $P_n(x)=\sum_{k=0}^{n} \frac{f^{(k)}(x_0)}{k!}(x-x_0)^k$（这里记 $f^{(0)}(x)=f(x)$，$0!=1$）.

泰勒公式表明，在点 x_0 的某邻域内，函数 $f(x)$ 可以用多项式 $P_n(x)$ 来近似表达，其误差为 $|r_n(x)|$. 显然，如果随着 n 的增大，$|r_n(x)|$ 随着减少，这样可以通过增加多项式

$P_n(x)$ 的次数的办法来提高用多项式 $P_n(x)$ 代替函数 $f(x)$ 的近似精度.基于这种思想,如果函数 $f(x)$ 在点 x_0 的某邻域内具有任意阶导数,就可以构造幂级数

$$f(x_0)+\frac{f'(x_0)}{1!}(x-x_0)+\frac{f''(x_0)}{2!}(x-x_0)^2+\cdots+\frac{f^{(n)}(x_0)}{n!}(x-x_0)^n+\cdots \quad (1)$$

去逼近函数 $f(x)$,称级数(1) 为函数 $f(x)$ 在点 x_0 处的**泰勒级数**,简记为

$$\sum_{n=0}^{\infty}\frac{f^{(n)}(x_0)}{n!}(x-x_0)^n \quad (这里记\ f^{(0)}(x)=f(x),0!\ =1).$$

特别地,当 $x_0=0$ 时,幂级数

$$f(0)+f'(0)x+\frac{f''(0)}{2!}x^2+\cdots\frac{f^{(n)}(0)}{n!}x^n+\cdots=\sum_{n=0}^{\infty}\frac{f^{(n)}(0)}{n!}x^n$$

称为函数 $f(x)$ 关于 x 的**麦克劳林级数**.

下面回答前面提出的问题:如果函数 $f(x)$ 可以展开成幂级数的形式,则该幂级数一定为它的泰勒级数.

假设函数 $f(x)$ 在点 x_0 的某邻域 D 内可以展开成幂级数,则对于 $x\in D$,有

$$\begin{aligned}f(x)&=a_0+a_1(x-x_0)+a_2(x-x_0)^2+\cdots+a_n(x-x_0)^n+\cdots\\&=\sum_{n=0}^{\infty}a_n(x-x_0)^n.\end{aligned}$$

显然,当 $x=x_0$,有 $a_0=f(x_0)$.

根据幂级数的可导性,

$$f'(x)=\sum_{n=1}^{\infty}na_n(x-x_0)^{n-1},$$

从而 $f'(x_0)=1\cdot a_1=1!\ \cdot a_1$,即 $a_1=\dfrac{f'(x_0)}{1!}$;

$$f''(x)=\sum_{n=2}^{\infty}n(n-1)a_n(x-x_0)^{n-2},$$

从而 $f''(x_0)=2!\ \cdot a_2$,即 $a_2=\dfrac{f''(x_0)}{2!}$.

一般地,对每个正整数 k,有

$$f^{(k)}(x)=\sum_{n=k}^{\infty}n(n-1)\cdots(n-k+1)a_n(x-x_0)^{n-k} \quad (x\in D).$$

令 $x=x_0$,得 $f^{(k)}(x_0)=k!\cdot a_k$,即 $a_k=\dfrac{f^{(k)}(x_0)}{k!}(k=0,1,2,\cdots)$.

由此可得,若函数 $f(x)$ 在点 x_0 的某邻域 D 内具有任意阶导数,且 $f(x)$ 可以展开成幂级数,则该幂级数的展开式唯一,且为函数 $f(x)$ 的泰勒级数.

进一步讨论,函数 $f(x)$ 在点 x_0 的某邻域 D 内满足什么条件才能展开成幂级数.为了寻找函数 $f(x)$ 在点 x_0 的某邻域内展开成幂级数的条件,还是要利用泰勒公式.

设函数 $f(x)$ 在点 x_0 的某邻域 D 内具有任意阶导数,则由泰勒公式得

$$f(x)=\sum_{k=0}^{n}\frac{f^{(k)}(x_0)}{k!}(x-x_0)^k+r_n(x) \quad (x\in D),$$

其中 $r_n(x)$ 为拉格朗日余项.

另外，函数 $f(x)$ 在点 x_0 的某邻域 D 内泰勒级数 $\sum\limits_{n=0}^{\infty}\frac{f^{(n)}(x_0)}{n!}(x-x_0)^n$ 的前 $n+1$ 项部分和为

$$S_{n+1}(x)=\sum_{k=0}^{n}\frac{f^{(k)}(x_0)}{k!}(x-x_0)^k.$$

所以 $f(x)=S_{n+1}(x)+r_n(x)$，即 $r_n(x)=f(x)-S_{n+1}(x)$.

由幂级数收敛性的定义可知，若函数 $f(x)$ 在点 x_0 的某邻域 D 内可展开成泰勒级数，则 $\lim\limits_{n\to\infty}S_{n+1}(x)=f(x)$，所以

$$\lim_{n\to\infty}r_n(x)=\lim_{n\to\infty}[f(x)-S_{n+1}(x)]=0.$$

反之，若 $\lim\limits_{n\to\infty}r_n(x)=0$，则可得 $\lim\limits_{n\to\infty}S_{n+1}(x)=\lim\limits_{n\to\infty}[f(x)-r_n(x)]=f(x)$，即函数 $f(x)$ 在点 x_0 的某邻域 D 内的泰勒级数收敛于 $f(x)$.

由此可以得到函数展开成泰勒级数的充要条件.

定理 设函数 $f(x)$ 在点 x_0 的某邻域 D 内具有任意阶导数，则 $f(x)$ 在该邻域 D 内能展开成泰勒级数的充要条件是，$f(x)$ 的泰勒公式中的余项 $r_n(x)$，当 $n\to\infty$ 时的极限为零，即 $\lim\limits_{n\to\infty}r_n(x)=0(x\in D)$.

此时，有函数 $f(x)$ 在点 x_0 泰勒级数展开式

$$f(x)=\sum_{n=0}^{\infty}\frac{f^{(n)}(x_0)}{n!}(x-x_0)^n\quad(x\in D).$$

特别地，取 $x_0=0$，则有 $f(x)$ 关于 x 的麦克劳林级数展开式

$$f(x)=f(0)+f'(0)x+\frac{f''(0)}{2!}+\cdots\frac{f^{(n)}(0)}{n!}x^n+\cdots\quad(x\in D).$$

泰勒级数反映了通过无限认识有限的辩证思想，虽然从形式上是将简单形式表达成整体复杂形式，但实质是将整体的未知表达成个体的已知的简单形式.

二、将函数展开成幂级数

关于函数的幂级数展开，在此主要讨论函数 $f(x)$ 的麦克劳林级数展开.在点 x_0 的泰勒级数展开可以通过变换转化为麦克劳林级数展开.

1. 直接展开法

所谓直接展开法，是指应用幂级数展开定理直接将函数展开成幂级数，其步骤为：

(1) 求出函数 $f(x)$ 的各阶导数 $f^{(n)}(x)$，算出 $f^{(n)}(0)$；

(2) 写出函数 $f(x)$ 的麦克劳林级数 $\sum\limits_{n=0}^{\infty}\frac{f^{(n)}(0)}{n!}x^n$，并求出收敛半径 R 和收敛域 D；

(3) 写出拉格朗日余项 $r_n(x)$，对于收敛域 D 内任一点 x，证明

$$\lim_{n\to\infty}r_n(x)=\lim_{n\to\infty}\frac{f^{(n+1)}(\theta x)}{(\mathrm{n}+1)!}x^{n+1}=0\quad(0<\theta<1).$$

若 $\lim\limits_{n\to\infty}r_n(x)=0$ 成立，则函数 $f(x)$ 在收敛域 D 内有幂级数展开式

$$f(x)=f(0)+f'(0)x+\frac{f''(0)}{2!}+\cdots\frac{f^{(n)}(0)}{n!}x^n+\cdots\quad(x\in D).$$

例 1　将函数 $f(x)=\mathrm{e}^x$ 展开成麦克劳林级数.

解　因为 $f^{(n)}(x)=\mathrm{e}^x$，$f^{(n)}(0)=1$，所以，$f(x)$ 的麦克劳林级数为 $\sum\limits_{n=0}^{\infty}\frac{x^n}{n!}$，其收敛区间为$(-\infty,+\infty)$.拉格朗日余项为

$$r_n(x)=\frac{\mathrm{e}^{\theta x}}{(n+1)!}x^{n+1}\quad(0<\theta<1).$$

对于任意固定的 $x\in(-\infty,+\infty)$，余项的绝对值

$$|r_n(x)|=\left|\frac{\mathrm{e}^{\theta x}}{(n+1)!}x^{n+1}\right|=\frac{|x|^{n+1}}{(n+1)!}\mathrm{e}^{\theta x}<\mathrm{e}^{|x|}\ \frac{|x|^{n+1}}{(n+1)!}.$$

因为 $\mathrm{e}^{|x|}$ 为有限数，而$\frac{|x|^{n+1}}{(n+1)!}$为正项级数$\sum\limits_{n=0}^{\infty}\frac{|x|^{n+1}}{(n+1)!}$的一般项，由比值判别法知$\sum\limits_{n=0}^{\infty}\frac{|x|^{n+1}}{(n+1)!}$收敛.由级数收敛的必要条件知$\lim\limits_{n\to\infty}\frac{|x|^{n+1}}{(n+1)!}=0$，故 $\lim\limits_{n\to\infty}r_n(x)=0$. 所以

$$\mathrm{e}^x=1+x+\frac{x^2}{2!}+\cdots+\frac{x^n}{n!}+\cdots\quad(-\infty<x<+\infty).$$

取函数 e^x 在点 $x=0$ 处的多项式代替

$$\mathrm{e}^x\approx P_1(x)=1+x,$$

$$\mathrm{e}^x\approx P_2(x)=1+x+\frac{x^2}{2},$$

$$\mathrm{e}^x\approx P_3(x)=1+x+\frac{x^2}{2}+\frac{x^3}{6}.$$

图 8—7 显示了在 $x=0$ 处附近，函数 e^x 的幂级数部分和(即多项式)逼近函数 e^x 的情况.

表 8—2 中的数值给出了多项式 $P_n(x)$ 逼近于函数 e^x 的数值特征.很明显，$x=0.2$ 比$x=0.3$ 的多项式 $P_n(x)$ 更逼近于函数 e^x，即越靠近 $x=0$ 多项式 $P_n(x)$ 逼近于函数 e^x 的精度越高.

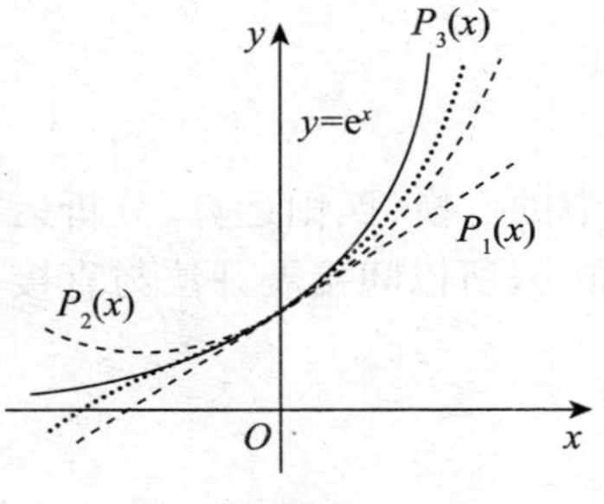

图 8—7

表 8—2

	$x=0.2$	$x=0.3$
$P_2(x)$	1.220 000	8.500 000
$P_4(x)$	1.221 400	16.375 000
$P_6(x)$	1.221 403	19.412 500
$P_8(x)$	1.221 403	20.009 152
$P_{10}(x)$	1.221 403	20.079 665
e^x	1.221 403	20.085 537

例 2　将函数 $f(x)=\sin x$ 展开成麦克劳林级数.

解　对于 $f(x)=\sin x$，有

$$f^{(n)}(x)=\sin\left(x+\frac{n\pi}{2}\right)\quad(n=1,2,\cdots),$$

所以

$$f^{(k)}(0)=\begin{cases}0 & k=2n\\(-1)^n & k=2n+1\end{cases}\quad(n=1,2,\cdots).$$

写出麦克劳林级数

$$x-\frac{x^3}{3!}+\frac{x^5}{5!}-\frac{x^7}{7!}+\cdots+(-1)^{m-1}\frac{x^{2m-1}}{(2m-1)!}+\cdots\quad(-\infty<x<+\infty).$$

对于任意固定的 $x\in(-\infty,+\infty)$，余项的绝对值

$$|r_n(x)|=\left|\frac{\sin\left[\theta x+\frac{(n+1)\pi}{2}\right]x^{n+1}}{(n+1)!}\right|\leqslant\frac{|x|^{n+1}}{(n+1)!}\to 0\quad(n\to\infty).$$

于是得展开式

$$\sin x=x-\frac{x^3}{3!}+\frac{x^5}{5!}+\cdots+(-1)^{n-1}\frac{x^{2n-1}}{(2n-1)!}+\cdots\quad(-\infty<x<+\infty).$$

图 8—8 显示了在 $x=0$ 处附近，函数 $\sin x$ 的幂级数部分和(即多项式)逼近函数 $\sin x$ 的情况.

$$P_1(x)=x,$$

$$P_3(x)=x-\frac{x^3}{3!},$$

$$P_5(x)=x-\frac{x^3}{3!}+\frac{x^5}{5!}.$$

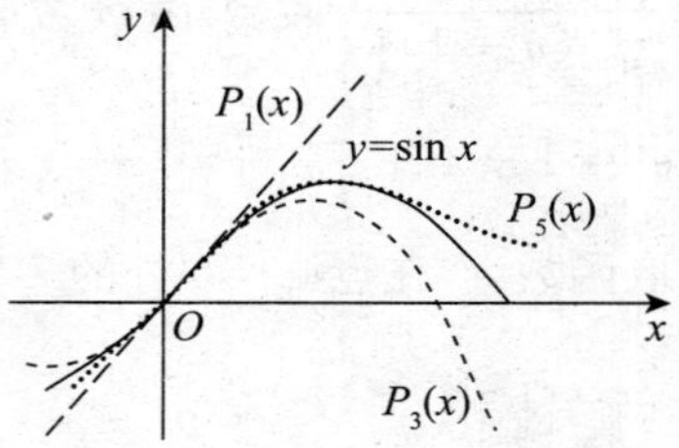

图 8—8

类似地，可以证明下面的展开公式：

$$(1+x)^m=1+mx+\frac{m(m-1)}{2!}x^2+\cdots$$

$$+\frac{m(m-1)\cdots(m-n+1)}{n!}x^n+\cdots\quad(|x|<1.)$$

这里 m 为任意实常数.当 m 为正整数时，就退化成中学所学的二项式定理.最常见的是 $m=\frac{1}{2}$ 和 $m=-\frac{1}{2}$ 的情形，请读者自己写出这两个式子.

2. 间接展开法

间接展开法是指从已知函数的展开式出发，利用幂级数的变换、四则运算、分析运算法则将函数展开成幂级数的方法.因为函数的幂级数展开式唯一，所以间接展开法与直接展开法得到的结果相同.

例 3 将函数 $f(x)=e^{-2x}$ 展开成麦克劳林级数.

解 因为 $e^x=\sum\limits_{n=0}^{\infty}\frac{x^n}{n!}$，$x\in(-\infty,+\infty)$，所以有

$$e^{-2x}=\sum_{n=0}^{\infty}\frac{(-2x)^n}{n!}=\sum_{n=1}^{\infty}(-1)^n\frac{2^n}{n!}x^n,\quad(-\infty<x<+\infty).$$

例 4 将函数 $f(x)=\frac{x}{1-x^2}$ 展开成麦克劳林级数.

解 因为

$$\frac{1}{1-x}=1+x+x^2+x^3+\cdots+x^n+\cdots \quad (-1<x<1),$$

所以

$$\frac{x}{1-x^2}=x\cdot\sum_{n=0}^{\infty}(x^2)^{n-1}=x^3+x^4+x^5+\cdots+x^{2n+1}+\cdots \quad (-1<x<1).$$

例 5 将函数 $f(x)=\cos x$ 展开成幂级数.

解 对展开式

$$\sin x=x-\frac{x^3}{3!}+\frac{x^5}{5!}+\cdots+(-1)^{n-1}\frac{x^{2n-1}}{(2n-1)!}+\cdots \quad (-\infty<x<+\infty),$$

逐项求导,得

$$\cos x=1-\frac{x^2}{2!}+\frac{x^4}{4!}-\cdots+(-1)^n\frac{x^{2n}}{(2n)!}+\cdots \quad (-\infty<x<+\infty).$$

例 6 将函数 $y=\ln(1+x)$,$y=\arctan x$ 展开成麦克劳林级数.

解 由 $\frac{1}{1-x}=1+x+x^2+\cdots+x^n+\cdots(|x|<1)$,得

$$\frac{1}{1+x}=1-x+x^2-x^3+\cdots\cdots+(-1)^n x^n+\cdots.$$

上式两边积分,得

$$\int_0^x\frac{1}{1+x}\mathrm{d}x=\int_0^x(1-x+x^2-x^3+\cdots)\mathrm{d}x,$$

即

$$\ln(1+x)=x-\frac{x^2}{2}+\frac{x^3}{3}-\frac{x^4}{4}+\cdots+(-1)^n\frac{x^{n+1}}{n+1}+\cdots \quad (-1<x\leqslant 1).$$

又

$$\frac{1}{1+x^2}=1-x^2+x^4-\cdots+(-1)^n x^{2n}+\cdots \quad (-1<x<1),$$

上式积分,得

$$\arctan x=x-\frac{x^3}{3}+\frac{x^5}{5}-\cdots+(-1)^n\frac{x^{2n+1}}{2n+1}+\cdots \quad (-1\leqslant x\leqslant 1).$$

常用函数的麦克劳林级数展开式见表 8—3.

表 8—3

常用函数的麦克劳林级数展开式	收敛域
$e^x=\sum_{n=0}^{\infty}\frac{x^n}{n!}=1+x+\frac{x^2}{2!}+\cdots+\frac{x^n}{n!}+\cdots$	$(-\infty,+\infty)$
$\sin x=\sum_{n=0}^{\infty}(-1)^n\frac{x^{2n+1}}{(2n+1)!}=x-\frac{x^3}{3!}+\frac{x^5}{5!}-\cdots+(-1)^n\frac{x^{2n+1}}{(2n+1)!}+\cdots$	$(-\infty,+\infty)$
$\cos x=\sum_{n=0}^{\infty}(-1)^n\frac{x^{2n}}{(2n)!}=1-\frac{x^2}{2!}+\frac{x^4}{4!}-\cdots+(-1)^n\frac{x^{2n}}{(2n)!}+\cdots$	$(-\infty,+\infty)$
$\frac{1}{1-x}=\sum_{n=0}^{\infty}x^n=1+x+x^2+\cdots+x^n+\cdots$	$(-1,1)$

续前表

常用函数的麦克劳林级数展开式	收敛域
$\ln(1+x)=\sum_{n=0}^{\infty}(-1)^n\frac{x^{n+1}}{n+1}=x-\frac{x^2}{2}+\frac{x^3}{3}-\frac{x^4}{4}+\cdots+(-1)^n\frac{x^{n+1}}{n+1}+\cdots$	$(-1,1]$
$\arctan x=\sum_{n=0}^{\infty}(-1)^n\frac{x^{2n+1}}{2n+1}=x-\frac{x^3}{3}+\frac{x^5}{5}-\cdots+(-1)^n\frac{x^{2n+1}}{2n+1}+\cdots$	$[-1,1]$
$(1+x)^m=1+mx+\frac{m(m-1)}{2!}x^2+\cdots+\frac{m(m-1)\cdots(m-n+1)}{n!}x^n+\cdots$	$(-1,1)$

上述函数展开式比较重要，是将函数间接展开成幂级数的基础，应将其记住.

函数 $f(x)$ 在 $x=0$ 处并不都是可以展开的，例如，$\ln x$ 在 $x=0$ 处就不能展开，即使 $f(x)$ 在 $x=0$ 处可展开，当 x 绝对值较大时可能超出了收敛域或者收敛得太慢，因此，有必要考虑 $f(x)$ 在非零点 x_0 处的展开问题.

在 $x=x_0$ 点的展开与在 $x=0$ 处类似，可直接按 $f(x)$ 的泰勒级数展开.但也可以通过作变换 $x=x_0+t$，将问题转化为 $f(x_0+t)$ 在 $t=0$ 处的展开问题.

例 7 求 $f(x)=\ln x$ 在 $x_0=3$ 处的展开式.

解 令 $x=3+t$，则 $\ln x=\ln(3+t)$.先求 $\ln(3+t)$ 在 $t=0$ 处的展开式. 由

$$\ln(3+t)=\ln 3+\ln\left(1+\frac{t}{3}\right)$$

$$=\ln 3+\left[\frac{t}{3}-\frac{t^2}{2\cdot 3^2}+\frac{t^3}{3\cdot 3^3}+\cdots+(-1)^n\frac{t^{n+1}}{(n+1)\cdot 3^{n+1}}+\cdots\right]\quad(-3<t\leqslant 3),$$

把上式中的 t 改写为 $x-3$，即得

$$\ln x=\ln 3+\frac{x-3}{3}-\frac{(x-3)^2}{2\cdot 3^2}+\frac{(x-3)^3}{3\cdot 3^3}+\cdots$$

$$+(-1)^n\frac{(x-3)^{n+1}}{(n+1)\cdot 3^{n+1}}+\cdots\quad(0<x\leqslant 6).$$

同理，在展开式

$$\ln(1+x)=\sum_{n=0}^{\infty}(-1)\frac{1}{n+1}x^{n+1}\quad(-1<x\leqslant 1).$$

中把 x 改写为 $x-1$，则得

$$\ln x=\sum_{n=0}^{\infty}(-1)\frac{1}{n+1}(x-1)^{n+1}\quad(0<x\leqslant 2).$$

这就是 $\ln x$ 在 $x=1$ 处的展开式.

☞ 习题 8.4

1. 用直接展开法将函数 $f(x)=\cos x$ 展开成麦克劳林级数.

2. 将下列函数展开成 x 的幂级数，并求展开式成立的区间：

(1) $f(x)=a^x$； (2) $f(x)=\ln(2+x)$； (3) $f(x)=\sin^2 x$；

(4) $f(x)=x^2e^{x^2}$；　　(5) $f(x)=\dfrac{x}{x^2-x-2}$；　　(6) $f(x)=\int_0^x \dfrac{\sin x}{x}dx$.

3. 将下列函数展开成 $x-1$ 的幂级数，并求其收敛区间：

(1) $f(x)=\dfrac{1}{x}$；　　(2) $f(x)=\ln x$；　　(3) $f(x)=e^x$.

4. 将函数 $f(x)=\sin x$ 在 $x=\dfrac{\pi}{4}$ 处展开成幂级数.

第五节　幂级数的应用

用幂级数可以表示函数，因此幂级数给函数的运算带来了方便，也使得幂级数有着广泛的应用，运用幂级数可以计算函数值的近似值、极限、定积分等.

一、函数值的近似计算

如今我们借助计算器、计算机可以很容易计算 $\sin x$，$\cos x$，$\tan x$，$\cot x$，e^x，$\ln x$ 等初等函数的值. 以及特殊数 π，e 等的近似值.那么，这些函数值是通过什么程式计算的呢？其答案就是幂级数.

例 1　计算 e 的近似值，要求精确到10^{-10}.

解　由指数函数 e^x 的展开式

$$e^x=1+x+\frac{x^2}{2!}+\cdots+\frac{x^n}{n!}+\cdots\quad(-\infty<x<+\infty),$$

取 $x=1$ 时的函数值，即

$$e=\sum_{n=0}^{\infty}\frac{1}{n!}=1+1+\frac{1}{2!}+\cdots+\frac{1}{n!}+\cdots.$$

取

$$e\approx 1+1+\frac{1}{2!}+\cdots+\frac{1}{n!},$$

则误差

$$\begin{aligned}|r_n|&=\frac{1}{(n+1)!}+\frac{1}{(n+2)!}+\cdots+\frac{1}{(n+k)!}+\cdots\\&<\frac{1}{(n+1)!}+\frac{1}{(n+1)!(n+1)}+\cdots+\frac{1}{(n+1)!(n+1)^{k-1}}+\cdots\\&=\frac{1}{(n+1)!}\left[1+\frac{1}{n+1}+\frac{1}{(n+1)^2}+\cdots+\frac{1}{(n+1)^{k-1}}+\cdots\right]\\&=\frac{1}{(n+1)!}\,\frac{1}{1-\frac{1}{n+1}}=\frac{1}{n!n}.\end{aligned}$$

故若要求精确到10^{-k}，则只需$\frac{1}{n!n}<10^{-k}$，即$n!n>10^k$即可.由于$13!\cdot 13\approx 8\times 10^{10}>10^{10}$，所以取$n=13$，即

$$e\approx 1+1+\frac{1}{2!}+\frac{1}{3!}+\cdots+\frac{1}{13!}.$$

可以在计算机上求值：e＝2.718 281 828 459 0….

例 2 计算 ln2 的近似值，要求精确到10^{-4}.

解 由函数$\ln(1+x)$的展开式

$$\ln(1+x)=x-\frac{x^2}{2}+\frac{x^3}{3}-\frac{x^4}{4}+\cdots+(-1)^n\frac{x^{n+1}}{n+1}+\cdots\quad(-1<x\leqslant 1),$$

取$x=1$，得

$$\ln 2=1-\frac{1}{2}+\frac{1}{3}-\frac{1}{4}+\cdots+(-1)^n\frac{1}{n+1}+\cdots.$$

由此计算 ln2 的近似值，其误差为$|r_n(x)|\leqslant\frac{1}{n+1}$.为了保证误差不超过$10^{-4}$，就需要取级数的前 10 000 项进行计算，计算量过大，为此需要用收敛速度快的级数来代替它.

把展开式

$$\ln(1+x)=x-\frac{x^2}{2}+\frac{x^3}{3}-\frac{x^4}{4}+\cdots+(-1)^n\frac{x^{n+1}}{n+1}+\cdots\quad(-1<x\leqslant 1).$$

中的x换成$-x$，得

$$\ln(1-x)=-x-\frac{x^2}{2}-\frac{x^3}{3}-\frac{x^4}{4}-\cdots-\frac{x^{n+1}}{n+1}+\cdots\quad(-1\leqslant x<1).$$

两式相减，得

$$\ln\frac{1+x}{1-x}=2\left(x+\frac{x^3}{3}+\frac{x^5}{5}+\cdots+\frac{x^{2n+1}}{2n+1}+\cdots\right)\quad(-1<x<1).$$

令$\frac{1+x}{1-x}=2$，解得$x=\frac{1}{3}$，代入上式，得

$$\ln 2=2\left(\frac{1}{3}+\frac{1}{3}\cdot\frac{1}{3^3}+\frac{1}{5}\cdot\frac{1}{3^5}+\frac{1}{7}\cdot\frac{1}{3^7}+\cdots\right).$$

若取前四项作为 ln2 的近似值，则误差为

$$|r_4|=2\left(\frac{1}{9}\cdot\frac{1}{3^9}+\frac{1}{11}\cdot\frac{1}{3^{11}}+\frac{1}{13}\cdot\frac{1}{3^{13}}+\cdots\right)<\frac{2}{13^{11}}\left[1+\frac{1}{9}+\left(\frac{1}{9}\right)^2+\cdots\right]$$

$$=\frac{2}{3^{11}}\cdot\frac{1}{1-\frac{1}{9}}=\frac{1}{4\cdot 3^9}<\frac{1}{70\ 000}<10^{-4}.$$

于是

$$\ln 2\approx 2\left(\frac{1}{3}+\frac{1}{3}\cdot\frac{1}{3^3}+\frac{1}{5}\cdot\frac{1}{3^5}+\frac{1}{7}\cdot\frac{1}{3^7}\right)\approx 0.693\ 1.$$

二、求积分的近似值

对于那些原函数不能由基本初等函数表示的积分问题，也可以通过幂级数的运算来确

定积分值.

例 3 计算$\int_0^1 e^{-x^2}dx$,要求精确到10^{-4}.

解 由于函数 e^{-x^2} 的原函数不能用初等函数表示,因而不能用微积分基本公式直接计算积分,为此用幂级数求其积分值. 由指数函数 e^x 的展开式

$$e^x=1+x+\frac{x^2}{2!}+\cdots+\frac{x^n}{n!}+\cdots \quad (-\infty<x<+\infty),$$

得

$$e^{-x^2}=1-x^2+\frac{x^4}{2!}-\frac{x^6}{3!}+\cdots+\frac{(-1)^n x^{2n}}{n!}+\cdots \quad (-\infty<x<+\infty).$$

对上式在区间[0,1] 上逐项积分,得

$$\int_0^1 e^{-x^2}dx=1-\frac{1}{3}-\frac{1}{5\cdot 2!}-\frac{1}{7\cdot 3!}+\frac{1}{9\cdot 4!}-\cdots.$$

由莱布尼茨判别法知,上式右端的级数收敛,而且用级数的前 n 项的和作为其近似值时,其误差不超过级数的第$n+1$项的绝对值,由于第6项$\frac{1}{15\cdot 7!}<1.5\times 10^{-5}$,因此前面7 项之和具有四位有效数字,于是

$$\begin{aligned}\int_0^1 e^{-x^2}dx &\approx 1-\frac{1}{3}-\frac{1}{5\cdot 2!}-\frac{1}{7\cdot 3!}+\frac{1}{9\cdot 4!}-\frac{1}{11\cdot 5!}+\frac{1}{13\cdot 6!}\\ &\approx 0.746\ 8.\end{aligned}$$

三、其他应用

利用幂级数还可以求极限、求积分、解方程和证明等式等.

例 4 求极限 $\lim\limits_{x\to 0}\frac{\cos x-e^{-\frac{x^2}{2}}}{x^4}$.

解 把 $\cos x$ 和 $e^{-\frac{x^2}{2}}$ 的幂级数展开式代入上式,有

$$\begin{aligned}\lim_{x\to 0}\frac{\cos x-e^{-\frac{x^2}{2}}}{x^4}&=\lim_{x\to 0}\frac{\left(1-\frac{x^2}{2}+\frac{x^4}{24}-\cdots\right)-\left(1-\frac{x^2}{2}+\frac{x^4}{2\cdot 2^2}-\cdots\right)}{x^4}\\ &=\lim_{x\to 0}\frac{-\frac{1}{12}x^4+\cdots}{x^4}=-\frac{1}{12}.\end{aligned}$$

例 5 求不定积分$\int\frac{\sin x}{x}dx$.

解 由于$\frac{\sin x}{x}$ 的原函数不是初等函数,所以这一积分“积不出来”,但如果用幂级数表示函数,就能“积出来”. 函数$\frac{\sin x}{x}$ 的幂级数展开式

$$\frac{\sin x}{x}=1-\frac{x^2}{3!}+\frac{x^4}{5!}-\frac{x^6}{7!}+\cdots+\frac{(-1)^n x^{2n}}{(2n+1)!}+\cdots \quad (-\infty<x<+\infty).$$

所以

$$\int \frac{\sin x}{x}\mathrm{d}x=\int\left[1-\frac{x^2}{3!}+\frac{x^4}{5!}-\frac{x^6}{7!}+\cdots+\frac{(-1)^n x^{2n}}{(2n+1)!}+\cdots\right]\mathrm{d}x$$

$$=C+x-\frac{x^3}{3\cdot 3!}+\frac{x^5}{5\cdot 5!}-\frac{x^7}{7\cdot 7!}+\cdots$$

$$+\frac{(-1)^n x^{2n+1}}{(2n+1)\cdot(2n+1)!}+\cdots\quad(-\infty<x<+\infty).$$

这里我们把积分常数 C 写在了最前面.

例 6 证明欧拉①公式：$e^{ix}=\cos x+i\sin x$.且 $e^{i\pi}=-1$.

证 公式 $e^x=1+x+\frac{x^2}{2!}+\cdots+\frac{x^n}{n!}+\cdots$ 不仅对实变量成立，而且对复变量仍然成立，所以

$$e^{ix}=1+xi-\frac{x^2}{2!}+\frac{x^3}{3!}i\cdots-\frac{x^{2n}}{(2n)!}+\frac{x^{2n+1}}{(2n+1)!}i-\cdots$$

$$=\left[1-\frac{x^2}{2!}+\frac{x^4}{4!}-\cdots+(-1)^n\frac{x^{2n}}{(2n)!}+\cdots\right]$$

$$+i\left[x-\frac{x^3}{3!}+\frac{x^5}{5!}+\cdots+(-1)^{n-1}\frac{x^{2n-1}}{(2n-1)!}+\cdots\right]$$

$$=\cos x+i\sin x.$$

所以

$$e^{ix}=\cos x+i\sin x.$$

若在欧拉公式中令 $x=\pi$，则有关系式 $e^{i\pi}=-1$ 或 $e^{i\pi}+1=0$.

表达式 $e^{i\pi}+1=0$ 如此奇妙！它把数学中最重要的数 0，1，e，π，i 融合在一个表达式中，充分体现了数学奇异美的特征.

☞ 习题 8.5

1. 利用函数的幂级数展开式求下列各数的近似值：

(1) ln3（误差不超过 10^{-4}）；　　(2) $\sqrt{e}$（误差不超过 10^{-3}）；

(3) $\sqrt[3]{1.015}$（误差不超过 10^{-3}）；　　(4) $\cos 2^\circ$（误差不超过 10^{-4}）.

2. 利用幂级数展开式求下列积分的近似值（误差不超过 10^{-3}）：

(1) $\int_0^2 \frac{\sin x}{x}\mathrm{d}x$；　　(2) $\int_0^{0.5}\frac{\arctan x}{x}\mathrm{d}x$；

(3) $\int_0^{0.5}\frac{1}{1+x^4}\mathrm{d}x$.

---

① 欧拉(Euler，1707—1783)，瑞士数学家.他一生论著数量巨大，涉猎面广，开创性成果多，发表论文和著作 500 多篇，加上生前未及出版和发表的手稿共 886 篇之多，其中《欧拉全集》共计 72 卷.在数学的各领域中留下了举不胜数的数学公式、数学定理.欧拉因过度劳累，双目失明，但他以非凡的毅力和勤奋刻苦的拼搏精神继续研究.在双目失明的 17 年中，他口授论文达 400 篇，包括经典名著《积分学原理》、《代数基础》.法国著名的数学家拉普拉斯曾深情地说："读读欧拉，他是大家的老师"，他不愧为"数学家之英雄"，他这种精神境界至今仍是人们学习的榜样.

3. 求下列极限：

(1) $\lim\limits_{x\to 0}\dfrac{e^{-x^2}-1}{\ln(1+x)-x}$；　　(2) $\lim\limits_{x\to 0}\dfrac{\sin x-x}{x\ln(1+x^2)}$.

总习题八

1. 填空题

(1) 若级数 $\sum\limits_{n=1}^{\infty}u_n$ 的部分和数列 $\{S_n\}$ 为 $\left\{\dfrac{2n}{n+1}\right\}$，则 $u_n=$ ________.

(2) 若级数 $\sum\limits_{n=1}^{\infty}\dfrac{(-1)^n+a}{n}$（$a$ 为常数）收敛，则 a 的取值为 ________.

(3) 级数 $\sum\limits_{n=1}^{\infty}n!x^n$ 的收敛半径为 ________.

(4) 设幂级数 $\sum\limits_{n=1}^{\infty}a_nx^n$ 的收敛区间为 $(-3,3)$，则幂级数 $\sum\limits_{n=1}^{\infty}na_n(x-1)^{n-1}$ 的收敛区间为 ________.

(5) 若级数 $\sum\limits_{n=1}^{\infty}(-1)^{n-1}\dfrac{(x-a)^n}{n}$ 在 $x>0$ 时发散，在 $x=0$ 处收敛，则 $a=$ ________.

(6) 积分 $\int_0^1 x\left(1-\dfrac{x^2}{1!}+\dfrac{x^4}{2!}-\dfrac{x^6}{3!}+\cdots\right)dx=$ ________.

(7) 级数 $\sum\limits_{n=0}^{\infty}(-1)^n\dfrac{1}{n+1}$ 的和 $S=$ ________.

(8) 设 $f(x)=\begin{cases}\dfrac{\sin x}{x} & x\neq 0\\ 1 & x=0\end{cases}$，则 $f^{(50)}(0)=$ ________.

(9) 幂级数 $\sum\limits_{n=0}^{\infty}\dfrac{x^{2n+1}}{n!}$ 的和函数为 ________.

(10) 级数 $\sum\limits_{n=1}^{\infty}\dfrac{\ln^n 3}{2^n}$ 的和为 ________.

2. 单项选择题

(1) 若级数 $\sum\limits_{n=1}^{\infty}u_n$ 收敛，且其部分和为 $S_n=\sum\limits_{i=1}^{n}u_i$，则下列命题正确的是(　　).

(A) $\lim\limits_{n\to\infty}S_n=0$　　(B) $\lim\limits_{n\to\infty}S_n$ 存在

(C) $\lim\limits_{n\to\infty}S_n$ 可能不存在　　(D) $\{S_n\}$ 为单调数列

(2) 下列级数中条件收敛的是(　　).

(A) $\sum\limits_{n=1}^{\infty}(-1)^n\dfrac{n^3}{n+1}$　　(B) $\sum\limits_{n=1}^{\infty}(-1)^n\dfrac{1}{\sqrt{n}}$

(C) $\sum_{n=1}^{\infty}(-1)^n\frac{1}{n^2}$　　(D) $\sum_{n=1}^{\infty}(-1)^n\sqrt{n}$

(3) 若$\{u_n\}$为单调递减数列，且$u_n>0(n=1,2,\cdots)$，级数$\sum_{n=1}^{\infty}(-1)^n u_n$发散，则下列命题正确的是(　　).

(A) $\lim\limits_{n\to\infty}u_n=0$　　(B) $\lim\limits_{n\to\infty}u_n=a\neq 0$

(C) $\lim\limits_{n\to\infty}u_n$ 可能不存在　　(D) $\lim\limits_{n\to\infty}u_n$ 存在，但可能为零也可能不为零

(4) 级数$\sum_{n=1}^{\infty}(-1)^n\left(1-\cos\frac{\alpha}{n}\right)$(常数$\alpha>0$)(　　).

(A) 发散　　(B) 条件收敛

(C) 绝对收敛　　(D) 收敛性与α有关

(5) 正项级数$\sum_{n=1}^{\infty}u_n$收敛的充要条件是(　　).

(A) $\lim\limits_{n\to\infty}u_n=0$　　(B) $\lim\limits_{n\to\infty}u_n=0$ 且 $u_{n+1}\leqslant u_n(n=1,2,\cdots)$

(C) $\lim\limits_{n\to\infty}\frac{u_{n+1}}{u_n}=\rho<1$　　(D) 部分和数列有界

(6) 设常数$k>0$，则级数$\sum_{n=1}^{\infty}(-1)^n\frac{k+n}{n^2}$(　　).

(A) 发散　　(B) 绝对收敛

(C) 条件收敛　　(D) 敛散性与k的取值有关

(7) 若$\sum_{n=1}^{\infty}a_n(x-1)^n$在$x=-1$处收敛，则此级数在$x=2$处(　　).

(A) 条件收敛　　(B) 绝对收敛

(C) 发散　　(D) 收敛性不能确定

(8) 设$0\leqslant u_n<\frac{1}{n}(n=1,2,\cdots)$，则下列级数中肯定收敛的是(　　).

(A) $\sum_{n=1}^{\infty}u_n$　　(B) $\sum_{n=1}^{\infty}(-1)^n u_n$　　(C) $\sum_{n=1}^{\infty}\sqrt{u_n}$　　(D) $\sum_{n=1}^{\infty}(-1)^n u_n^2$

(9) 设$u_n=(-1)^n\ln\left(1+\frac{1}{\sqrt{n}}\right)$，则级数(　　).

(A) $\sum_{n=1}^{\infty}u_n$ 与 $\sum_{n=1}^{\infty}u_n^2$ 都收敛　　(B) $\sum_{n=1}^{\infty}u_n$ 与 $\sum_{n=1}^{\infty}u_n^2$ 都发散

(C) $\sum_{n=1}^{\infty}u_n$ 收敛而 $\sum_{n=1}^{\infty}u_n^2$ 发散　　(D) $\sum_{n=1}^{\infty}u_n$ 发散而 $\sum_{n=1}^{\infty}u_n^2$ 收敛

(10) 设$\sum_{n=1}^{\infty}(-1)^n 2^n u_n$收敛，则$\sum_{n=1}^{\infty}u_n$(　　).

(A) 发散　　(B) 条件收敛　　(C) 绝对收敛　　(D) 敛散性不确定

3. 判别下列正项级数的敛散性：

(1) $\sum_{n=1}^{\infty}\frac{1}{n^3+3n^2+2n}$；　　(2) $\sum_{n=1}^{\infty}\frac{\sin\frac{1}{n}}{\sqrt[n]{n}}$；

(3) $\sum_{n=1}^{\infty} \frac{n^{n-1}}{(n+1)^{n+1}}$；　　(4) $\sum_{n=1}^{\infty} \frac{n^n}{(n!)^2}$.

4. 讨论下列级数的绝对收敛与条件收敛：

(1) $\sum_{n=1}^{\infty} (-1)^n \sin \frac{1}{\ln n}$；　　(2) $\sum_{n=1}^{\infty} \frac{\sin n\alpha}{n^2}$；

(3) $\sum_{n=1}^{\infty} 2^n \sin \frac{x}{e^n}$；　　(4) $\sum_{n=1}^{\infty} (-1)^n \ln\left(1+\frac{1}{\sqrt{n}}\right)$.

5. 判别下列级数的敛散性：

(1) $\sum_{n=1}^{\infty} n \sin \frac{\pi}{n}$；　　(2) $\sum_{n=1}^{\infty} \left(\frac{\cos 2n}{n^3} - \frac{1}{\sqrt{n}}\right)$；

(3) $\sum_{n=1}^{\infty} (-1)^n \frac{n \cos^2 \frac{n}{3}\pi}{2^n}$；　　(4) $\sum_{n=1}^{\infty} (-1)^n \frac{\ln n}{\sqrt{n}}$.

6. 求下列幂级数的收敛域：

(1) $\sum_{n=1}^{\infty} \frac{x^n}{2^n \cdot n!}$；　　(2) $\sum_{n=1}^{\infty} \frac{2+(-1)^n}{2^n} x^n$；

(3) $\sum_{n=1}^{\infty} (\sqrt{n+1} - \sqrt{n})(x-2)^n$；　　(4) $\sum_{n=1}^{\infty} \frac{x^{2n-1}}{n \cdot 4^n}$.

7. 求下列级数的和：

(1) $\sum_{n=1}^{\infty} \frac{x^{2n+1}}{2n}$；　　(2) $\sum_{n=1}^{\infty} \frac{x^n}{n \cdot 2^n}$.

8. 试将函数 $f(x)=\arctan x$ 展开成幂级数，并求 $\sum_{n=1}^{\infty} \frac{(-1)^n}{2n-1} \left(\frac{3}{4}\right)^n$ 的和.

9. 应用研究：幂级数在函数研究中具有重要的意义和广泛的应用.试查阅文献，写一篇论述幂级数应用的专题短文.

第九章　常微分方程

微分方程是一种常见的连续型数学模型，它在科学研究和经济管理中具有广泛的应用，是研究和解决实际问题的重要工具.本章重点介绍微分方程的基本概念、常见的几种类型微分方程的解法以及典型的微分方程模型.

第一节　常微分方程的基本概念

在求解实际问题时，经常需要寻求变量之间的函数关系.而这种函数关系往往不容易直接建立起来，却只能建立起含有待求函数的导数的关系式，这种关系式就是微分方程.下面先通过两个微分方程实例，介绍微分方程的一些基本概念.

例 1　已知曲线 $y=f(x)$ 上任意点 (x,y) 处的切线斜率为 $2x$，并且经过点 $(2,5)$.求该曲线方程.

解　根据题意，由曲线上任意点 (x,y) 处的切线斜率为 $2x$，得

$$y'=2x. \tag{1}$$

由曲线经过点 $(2,5)$ 知，所求曲线满足条件

$$y\big|_{x=2}=5. \tag{2}$$

对含有未知函数导数的方程 $y'=2x$ 两边求不定积分，得

$$y=\int 2x\,\mathrm{d}x=x^2+C \quad (C\text{ 是任意常数}). \tag{3}$$

这是一簇曲线，簇中每一条曲线在点 x 处的切线斜率均为 $2x$.如果将已知条件 $y\big|_{x=2}=5$ 代入上式，可得 $C=1$，因此所求曲线方程为

$$y=x^2+1. \tag{4}$$

此例中，式(1) 是含有未知函数导数的方程；式(3) 是满足方程(1) 且含有任意常数的函数；式(4) 是满足方程(1) 但不含任意常数的函数；式(2) 是在式(3) 中确定式(4) 的条件.

例 2 一物体以初速度 v_0 从地面垂直上抛,设此物体的运动只受重力的影响.试确定该物体运动的路程 s 与时间 t 的函数关系.

解 设物体的质量为 m,重力加速度为 g,且垂直向上的方向为正方向.因为物体运动的加速度是路程 s 对时间 t 的二阶导数,且题设只受重力的影响,所以由牛顿第二定律有

$$ms''(t)=-mg \quad 即 \quad s''(t)=-g. \tag{5}$$

式(5) 两端对 t 积分,得

$$s'(t)=-gt+C_1. \tag{6}$$

对式(6) 再积分一次,得

$$s=\frac{1}{2}gt^2+C_1t+C_2. \tag{7}$$

其中 C_1,C_2 为任意常数,这是一簇曲线.

依题意有

$$s(0)=0, \quad s'(0)=v_0. \tag{8}$$

代入式(7),得 $C_1=v_0,C_2=0$.于是

$$s=v_0t-\frac{1}{2}gt^2. \tag{9}$$

上式即为所求的物体运动路程 s 与时间 t 的函数关系.

例 1 与例 2 所讨论问题的特征类似.由上述两例看到,虽然两个问题的实际意义不同,但都涉及这样几个问题:含有未知函数导数的这类方程;满足该类方程且含有任意常数的函数;满足该类方程不含任意常数的函数以及确定该函数的条件.由此给出微分方程的基本概念.

定义 1 含有未知函数的导数或微分的方程称为**微分方程**.特别当未知函数为一元函数时,该微分方程称为**常微分方程**.微分方程中出现的各阶导数的最高阶数,称为**微分方程的阶**.

上述两例中,方程(1) 为一阶常微分方程,方程(5) 为二阶常微分方程.

n 阶微分方程的一般形式为

$$F(x,y,y',\cdots,y^{(n)})=0 \quad 或 \quad y^{(n)}=f(x,y,y',\cdots,y^{(n-1)}),$$

其中 x 是自变量,y 是未知函数,最高阶导数 $y^{(n)}$ 必须在方程中出现.本章所讨论的微分方程都是解出(或可解出) 最高阶导数 $y^{(n)}$ 的形式.

定义 2 如果一个函数代入微分方程后方程两端恒等,则称此函数为该**微分方程的解**.

从上述两例中可以看到微分方程的解有两种形式:一种不含任意常数;一种含有任意常数.如果微分方程的解中所含独立任意常数的个数等于微分方程的阶数,则此解称为微分方程的**通解**.在通解中给予任意常数以确定的值而得到的解,称为**特解**.

例如,$y=x^2+C$ 是方程 $y'=2x$ 的通解,而 $y=x^2+1,y=x^2-2$ 都是 $y'=2x$ 的特解.

为了得到合乎要求的特解,必须根据要求对微分方程附加一定的条件.如果这种附加条件是由系统在某一瞬间所处的状态给出的,则称这种条件为初始条件.如例 1 中的式(2) 为方程的**初始条件**,例 2 中的式(8) 为方程的初始条件.

对于一阶微分方程,由于通解中只含有一个任意常数,其初始条件只有一个,即

$$y(x_0)=y_0 \quad 或 \quad y\big|_{x=x_0}=y_0.$$

对于二阶微分方程，由于通解中只含有两个独立的任意常数，其初始条件有两个：

$$y(x_0)=y_0,y'(x_0)=y_1 \quad 或 \quad y|_{x=x_0}=y_0,y'|_{x=x_0}=y_1.$$

求微分方程满足初始条件的解的问题，称为**初值问题(或定解问题)**.

一阶微分方程的初值问题记作$\begin{cases}y'=f(x,y)\\y|_{x=x_0}=y_0\end{cases}$，它的解是一条通过点$(x_0,y_0)$的一条曲线.如例 1 的初值问题可以记为$\begin{cases}y'=2x\\y(2)=5\end{cases}$.

二阶微分方程的初值问题记作$\begin{cases}y''=f(x,y,y')\\y|_{x=x_0}=y_0,y'|_{x=x_0}=y_1\end{cases}$，它的解是一条通过点$(x_0,y_0)$，且在该点的切线斜率为 y_1 的一条曲线.如例 2 的初值问题可以记为$\begin{cases}s''=-g\\s(0)=0,s'(0)=v_0\end{cases}$.

例 3 验证函数 $y=C_1\mathrm{e}^x+C_2\mathrm{e}^{2x}$ (C_1,C_2 为任意常数) 为二阶微分方程 $y''-3y'+2y=0$ 的通解，并求方程满足初始条件 $y(0)=0,y'(0)=1$ 的特解.

解 对 $y=C_1\mathrm{e}^x+C_2\mathrm{e}^{2x}$ 求一、二阶导数，得

$$y'=C_1\mathrm{e}^x+2C_2\mathrm{e}^{2x}, \quad y''=C_1\mathrm{e}^x+4C_2\mathrm{e}^{2x}.$$

将 y,y',y'' 代入方程 $y''-3y'+2y=0$ 的左端，得

$$\begin{aligned}&C_1\mathrm{e}^x+4C_2\mathrm{e}^{2x}-3(C_1\mathrm{e}^x+2C_2\mathrm{e}^{2x})+2(C_1\mathrm{e}^x+C_2\mathrm{e}^{2x})\\&=(C_1-3C_1+2C_1)\mathrm{e}^x+(4C_2-6C_2+2C_2)\mathrm{e}^{2x}=0.\end{aligned}$$

所以，函数 $y=C_1\mathrm{e}^x+C_2\mathrm{e}^{2x}$ 是所给微分方程的解.因为这个解中有两个独立的任意常数且与方程的阶数相同，所以它是方程的通解.

由初始条件 $y(0)=0,y'(0)=1$，得$\begin{cases}C_1+C_2=0\\C_1+2C_2=1\end{cases}$，解得 $C_1=-1,C_2=1$，于是满足所给初始条件的特解为 $y=-\mathrm{e}^x+\mathrm{e}^{2x}$.

在微分方程的通解中，要求独立的任意常数的个数等于微分方程的阶数. 那么，什么是独立的任意常数呢?

函数 $y=C_1\mathrm{e}^x+3C_2\mathrm{e}^x$，显然也为方程 $y''-3y'+2y=0$ 的解，这时的 C_1,C_2 就不是两个独立的任意常数，因为该函数能写成 $y=(C_1+3C_2)\mathrm{e}^x=C\mathrm{e}^x$，这种能合并成一个的任意常数，只能算一个独立的任意常数.为了描述任意常数的独立性，我们引入下面的概念.

定义 3 设函数 $y_1(x),y_2(x)$ 是定义在区间 (a,b) 内的函数.若存在两个不全为零的常数 k_1,k_2，使得对于 (a,b) 内的任意 x 恒有 $k_1y_1(x)+k_2y_2(x)=0$ 成立，则称函数 $y_1(x)$，$y_2(x)$ 在 (a,b) 内**线性相关**，否则称为**线性无关**.

由上述定义可见 y_1,y_2 线性相关的充要条件是，$\frac{y_1}{y_2}$ 在 (a,b) 区间内恒为常数，即$\frac{y_1}{y_2}=C$ (C 为常数)；若$\frac{y_1}{y_2}$ 不恒为常数，即$\frac{y_1}{y_2}\neq C$，则 y_1,y_2 线性无关.

因此，当 $y_1(x),y_2(x)$ 线性无关时，$C_1y_1(x)+C_2y_2(x)$ 中的常数 C_1 与 C_2 就相互独立.

对于方程 $y''-3y'+2y=0$ 的解 $y=C_1\mathrm{e}^x+C_2\mathrm{e}^{2x}$，因为 e^x 与 e^{2x} 线性无关，即 C_1 与 C_2 相互独立，所以 $y=C_1\mathrm{e}^x+C_2\mathrm{e}^{2x}$ 为方程 $y''-3y'+2y=0$ 的通解.

☞ 习题 9.1

1. 判断下列函数是否为微分方程 $y''-y'-2y=0$ 的解：

(1) $y=e^{-x}$；　(2) $y=e^{2x}$；　(3) $y=e^{-x}+2e^{2x}$；　(4) $y=xe^{x}$.

2. 验证所给函数是所给微分方程的解，并说明是通解还是特解：

(1) $y=C-\ln^2 x$，$2\ln x\,dx+x\,dy=0$；

(2) $y=e^{x}+\frac{1}{2}x^2e^{x}$，$y''-2y'+y=e^{x}$.

3. 验证 $y=(C_1+C_2x)e^{x}$ 为微分方程 $y''-2y'+y=0$ 的通解.

4. 验证 $y=C_1e^{x}+C_2e^{-x}-x^3-6x$ 为微分方程 $y''-y=x^3$ 的通解，并求满足初始条件 $y(0)=1$，$y'(0)=-6$ 的特解.

5. 验证函数 $y=2(\cos 2x-\sin 3x)$ 是初值问题 $\begin{cases} y''+4y=10\sin 3x \\ y|_{x=0}=2, y'|_{x=0}=-6 \end{cases}$ 的解.

6. 判断下列各函数组是线性相关的还是线性无关的：

(1) e^{-x}，xe^{-x}；　(2) $e^{-3x}\sin 3x$，$e^{-3x}\cos 3x$；　(3) $\ln x$，$\ln x^2$ $(x>0)$.

7. 写出下列条件确定的曲线所满足的微分方程：

(1) 曲线上任一点 (x,y) 处的切线斜率等于该点横坐标与纵坐标的乘积；

(2) 曲线上任一点 $P(x,y)$ 处的法线与 x 轴的交点为 Q，且线段 PQ 被 y 轴平分.

第二节　一阶微分方程

一阶微分方程的一般形式为 $F(x,y,y')=0$，导数可解出的一阶微分方程的一般形式为 $y'=f(x,y)$ 或 $P(x,y)dx+Q(x,y)dy=0$.

微分方程研究的一个重要问题就是求解微分方程，但可以用初等积分法求解的微分方程只是一些特定的形式.本节重点介绍几种常见的一阶微分方程的解法.

一、可分离变量的微分方程

定义 1　形如 $\frac{dy}{dx}=f(x)g(y)$ 的微分方程，称为**可分离变量的微分方程**.

可分离变量微分方程的特点：等式右边可以分解成两个函数之积，其中一个只是 x 的函数 $f(x)$，另一个只是 y 的函数 $g(y)$.

基于方程的这一特点，可以将变量 x 相关的量移到方程的右边，将变量 y 相关的量移到方程的左边.这样就可以得到该类方程的下述解法.

可分离变量微分方程的解法：

(1) 分离变量　将方程化为等式一边只含变量 y，而另一边只含变量 x 的形式，即

$$\frac{\mathrm{d}y}{g(y)}=f(x)\mathrm{d}x \quad (\text{其中 } g(y)\neq 0).$$

(2) 求不定积分　若函数 $f(x)$ 和 $g(y)$ 为连续函数，则对上式两边分别积分，得

$$\int\frac{\mathrm{d}y}{g(y)}=\int f(x)\mathrm{d}x.$$

上式左端为对变量 y 的积分，右端为对变量 x 的积分.两端求不定积分(原函数)，若 $G(y)$ 为 $\frac{1}{g(y)}$ 的一个原函数，$F(x)$ 为 $f(x)$ 的一个原函数，则微分方程的通解为

$$G(y)=F(x)+C \quad (C \text{ 为任意常数}).$$

把这种求解过程叫作分离变量法.

对上述求解过程需要作以下两点说明：

(1) 在方程变形中假设 $g(y)\neq 0$，这样可能失去 $g(y)=0$ 的解，即若 $y=y_0$ 为方程 $g(y)=0$ 的根，则显然函数 $y=y_0$ 也为 $\frac{\mathrm{d}y}{\mathrm{d}x}=f(x)g(y)$ 的解.

(2) 在等式两端取积分时都是对同一个变量取积分，但

$$\int\frac{\mathrm{d}y}{g(y)}=\int f(x)\mathrm{d}x.$$

式中左端为对变量 y 的积分，右端为对变量 x 的积分.这是因为

$$\int\frac{\mathrm{d}y}{g(y)}=\int\frac{1}{g(y)}\frac{\mathrm{d}y}{\mathrm{d}x}\cdot\mathrm{d}x=\int f(x)\mathrm{d}x.$$

可分离变量的微分方程也可以写成如下形式：

$$M_1(x)M_2(y)\mathrm{d}x+N_1(x)N_2(y)\mathrm{d}y=0.$$

将方程变形为 $\frac{N_2(y)}{M_2(y)}\mathrm{d}y=-\frac{M_1(x)}{N_1(x)}\mathrm{d}x$，则方程为可分离变量的微分方程.

例 1　求方程 $y'+xy=0$ 的通解.

解　方程变形为 $\frac{\mathrm{d}y}{\mathrm{d}x}=-xy$.分离变量，得

$$\frac{\mathrm{d}y}{y}=-x\mathrm{d}x \quad (y\neq 0).$$

两边积分，得 $\int\frac{\mathrm{d}y}{y}=-\int x\mathrm{d}x$.求不定积分，得

$$\ln|y|=-\frac{1}{2}x^2+C_1.$$

所以

$$|y|=\mathrm{e}^{-\frac{1}{2}x^2+C_1}=\mathrm{e}^{C_1}\mathrm{e}^{-\frac{1}{2}x^2},$$

即

$$y=\pm\mathrm{e}^{C_1}\mathrm{e}^{-\frac{1}{2}x^2}=C\mathrm{e}^{-\frac{1}{2}x^2} \quad (C=\pm\mathrm{e}^{C_1}).$$

显然 $y=0$ 也为方程的解，此时只需在上式中取 $C=0$ 即可.所以微分方程的通解为 $y=$

$Ce^{-\frac{1}{2}x^2}$（C 为任意常数）.

在上述求解过程中，为了书写上的方便，等式 $\ln|y|=-\frac{1}{2}x^2+C_1$ 中可以忽略绝对值，并且将 C_1 用 $\ln C$ 代替.对 $y=0$ 的讨论有时也可忽略.

例 2　求微分方程 $\frac{dy}{dx}=3x^2(1+y^2)$ 的通解.

解　分离变量，得

$$\frac{dy}{1+y^2}=3x^2dx.$$

两端分别取不定积分，得

$$\int\frac{dy}{1+y^2}=\int 3x^2dx.$$

求积分，得通解 $\arctan y=x^3+C$（C 为任意实数）.通解也可以写成 $y=\tan(x^3+C)$　（C 为任意实数）.

例 3　求定解问题 $\begin{cases}x(1+y^2)dx-y(1+x^2)dy=0\\ y(0)=1\end{cases}$.

解　将方程变形为

$$\frac{dy}{dx}=\frac{x}{1+x^2}\cdot\frac{1+y^2}{y}.$$

分离变量，得

$$\frac{ydy}{1+y^2}=\frac{xdx}{1+x^2}.$$

两端分别取不定积分，得

$$\int\frac{ydy}{1+y^2}=\int\frac{xdx}{1+x^2}.$$

求积分，得

$$\frac{1}{2}\ln(1+y^2)=\frac{1}{2}\ln(1+x^2)+\frac{1}{2}\ln C.$$

所以微分方程的通解为 $(1+y^2)=C(1+x^2)$.由 $y(0)=1$，代入上式得 $C=2$，因此定解问题的解为 $1+y^2=2(1+x^2)$.

例 4　设降落伞从跳伞塔下落，所受空气阻力与速度成正比，降落伞离开塔顶（$t=0$）时的速度为零.求降落伞下落的速度与时间 t 的函数关系.

解　设降落伞下落的速度为 $v(t)$，伞所受空气阻力为 $-kv$（负号表示阻力与运动方向相反，k 为常数），伞在下降过程中所受重力为 $P=mg$，且有初始条件 $v|_{t=0}=0$.于是，由牛顿第二定律得

$$\begin{cases}m\frac{dv}{dt}=mg-kv\\ v|_{t=0}=0\end{cases}.$$

对上述方程分离变量，得 $\frac{dv}{mg-kv}=\frac{dt}{m}$，两边积分，得

$$\int\frac{\mathrm{d}v}{mg-kv}=\int\frac{\mathrm{d}t}{m}.$$

解得

$$-\frac{1}{k}\ln|mg-kv|=\frac{t}{m}+C_1.$$

整理得

$$v=\frac{mg}{k}-C\mathrm{e}^{-\frac{k}{m}t}\quad\left(C=\frac{1}{k}\mathrm{e}^{-kC_1}\right).$$

由初始条件得 $0=\frac{mg}{k}-C\mathrm{e}^0$，即 $C=\frac{mg}{k}$，故所求特解为 $v=\frac{mg}{k}(1-\mathrm{e}^{-\frac{k}{m}t})$.

由此可见，随着 t 的增大，速度 v 逐渐趋于常数$\frac{mg}{k}$，但不会超过$\frac{mg}{k}$，这说明跳伞后，开始阶段是加速运动，以后逐渐趋于匀速运动.

二、齐次微分方程

定义 2 形如 $\frac{\mathrm{d}y}{\mathrm{d}x}=f\left(\frac{y}{x}\right)$ 的微分方程，称为**齐次微分方程**.

齐次微分方程的特点：微分方程的右端为齐次函数.（若 $F(tx,ty)=t^nF(x,y)$ 这里 t 为任意实数，则称 $F(x,y)$ 为齐次函数）.例如，方程$\frac{\mathrm{d}y}{\mathrm{d}x}=\frac{y^2}{xy-x^2}$ 为齐次微分方程.

齐次微分方程的解法：

对齐次微分方程作变量代换 $u=\frac{y}{x}$，即 $y=xu$，对其两边求导，得

$$\frac{\mathrm{d}y}{\mathrm{d}x}=x\frac{\mathrm{d}u}{\mathrm{d}x}+u.$$

将其代入原方程，得可分离变量的微分方程 $x\frac{\mathrm{d}u}{\mathrm{d}x}=f(u)-u$.分离变量，积分得

$$\int\frac{\mathrm{d}u}{f(u)-u}=\int\frac{\mathrm{d}x}{x}.$$

它的通解为

$$\int\frac{\mathrm{d}u}{f(u)-u}=\ln x+C.$$

求出积分$\int\frac{\mathrm{d}u}{f(u)-u}$后，将 $u=\frac{y}{x}$ 回代就得到原方程的通解.

例 5 求微分方程$\frac{\mathrm{d}y}{\mathrm{d}x}=\frac{y}{x}+3\tan\frac{y}{x}$ 的通解.

解 令 $u=\frac{y}{x}$，即 $y=ux$，则得

$$x\frac{\mathrm{d}u}{\mathrm{d}x}+u=u+3\tan um,\quad 即\quad \frac{\mathrm{d}u}{\mathrm{d}x}=\frac{3\tan u}{x}.$$

分离变量，取积分，得

$$\int \frac{\mathrm{d}u}{\tan u} = \int \frac{3\mathrm{d}x}{x}.$$

求不定积分，得

$$\ln \sin u = 3\ln x + \ln C, \quad 即 \quad \sin u = Cx^3 \quad (C \text{ 为任意实数}).$$

将 $u = \frac{y}{x}$ 回代，得到原方程的通解为 $\sin \frac{y}{x} = Cx^3$ (C 为任意实数).

例 6 求微分方程 $\frac{\mathrm{d}y}{\mathrm{d}x} = \frac{y^2}{xy - x^2}$ 的通解.

解 原方程可写为 $\frac{\mathrm{d}y}{\mathrm{d}x} = \frac{\left(\frac{y}{x}\right)^2}{\frac{y}{x} - 1}$，它是齐次微分方程.令 $y = ux$，得

$$x\frac{\mathrm{d}u}{\mathrm{d}x} + u = \frac{u^2}{u-1}, \quad 即 \quad \frac{\mathrm{d}u}{\mathrm{d}x} = \frac{u}{x(u-1)}.$$

分离变量后，得 $\frac{u-1}{u}\mathrm{d}u = \frac{\mathrm{d}x}{x}$，两边取积分，得

$$\int \frac{u-1}{u}\mathrm{d}u = \int \frac{\mathrm{d}x}{x}.$$

求积分，得

$$u - \ln u = \ln x + C_1 \quad 或 \quad u = \ln xu + C_1,$$

即

$$xu = \mathrm{e}^{u - C_1} = C\mathrm{e}^u \quad (C = \mathrm{e}^{-C_1}).$$

将 $u = \frac{y}{x}$，$y = xu$ 代入上式，得原微分方程的通解为 $y = C\mathrm{e}^{\frac{y}{x}}$.

三、一阶线性微分方程

定义 3 形如 $\frac{\mathrm{d}y}{\mathrm{d}x} + P(x)y = Q(x)$ 的微分方程，称为**一阶线性微分方程**，其中 $P(x)$，$Q(x)$ 为已知函数，$Q(x)$ 称为微分方程的**非齐次项**.

当 $Q(x) = 0$ 时，称微分方程 $\frac{\mathrm{d}y}{\mathrm{d}x} + P(x)y = 0$ 为**一阶齐次线性微分方程**；

当 $Q(x) \neq 0$ 时，称微分方程 $\frac{\mathrm{d}y}{\mathrm{d}x} + P(x)y = Q(x)$ 为**一阶非齐次线性微分方程**.

方程 $\frac{\mathrm{d}y}{\mathrm{d}x} + P(x)y = 0$ 也称为与方程 $\frac{\mathrm{d}y}{\mathrm{d}x} + P(x)y = Q(x)$ 相对应的一阶齐次线性微分方程.

(1) 一阶齐次线性微分方程 $\frac{\mathrm{d}y}{\mathrm{d}x} + P(x)y = 0$ 的解法.

微分方程 $\frac{\mathrm{d}y}{\mathrm{d}x} + P(x)y = 0$，即 $\frac{\mathrm{d}y}{\mathrm{d}x} = -P(x)y$ 为可分离变量微分方程.

方程分离变量，得

$$\frac{dy}{y}=-P(x)dx.$$

两边积分，得

$$\ln y=-\int P(x)dx+\ln C \quad (C\text{ 为任意实数}).$$

所以方程的通解为

$$y=Ce^{-\int P(x)dx} \quad (C\text{ 为任意实数}).$$

上式称为微分方程$\frac{dy}{dx}+P(x)y=0$ 的通解公式.

(2) 一阶非齐次线性微分方程$\frac{dy}{dx}+P(x)y=Q(x)$ 的解法.

由于非齐次线性微分方程$\frac{dy}{dx}+P(x)y=Q(x)$ 的右端是 x 的函数，即 $Q(x)$，考虑到非齐次线性微分方程与其对应的齐次线性微分方程左端相同，因此，可设想将齐次线性微分方程通解式中的常数 C 换成待定函数 $C(x)$ 后，有可能是非齐次线性微分方程式的解.即令 $y=C(x)e^{-\int P(x)dx}$ 为非齐次线性微分方程的解，求导数，得

$$y'=C'(x)e^{-\int P(x)dx}-C(x)P(x)e^{-\int P(x)dx}.$$

将 y，y' 代入非齐次线性微分方程，得

$$C'(x)e^{-\int P(x)dx}=Q(x), \quad \text{即} \quad C'(x)=Q(x)e^{\int P(x)dx}.$$

两边积分得

$$C(x)=\int Q(x)e^{\int P(x)dx}dx+C.$$

将 $C(x)$ 代入 $y=C(x)e^{-\int P(x)dx}$，得非齐次线性微分方程的通解为

$$y=e^{-\int P(x)dx}\left[\int Q(x)e^{\int P(x)dx}dx+C\right].$$

上式称为**一阶非齐次线性微分方程的通解公式.**

上述求解方法称为常数变易法.其思想是把常量看成变量的暂住状态或特定值，来处理常量与变量的关系.

用常数变易法求一阶非齐次线性微分方程的通解的步骤为：

① 先求出非齐次线性微分方程所对应的齐次微分方程的通解；

② 根据所求出的齐次微分方程的通解，设出非齐次线性微分方程的解(将所求出的齐次微分方程的通解中的任意常数 C 改为待定函数 $C(x)$ 即可)；

③ 将所设解代入非齐次线性微分方程，解出 $C(x)$，并写出非齐次线性微分方程的通解.

例 7 求微分方程 $y'=\frac{y+x\ln x}{x}$ 的通解.

解 **方法一(常数变易法)** 原方程变形为 $y'-\frac{1}{x}y=\ln x$.此方程为一阶线性非齐次微分方程.先求齐次线性微分方程 $y'-\frac{1}{x}y=0$ 的通解.

方程分离变量，得

$$\frac{dy}{y}=\frac{dx}{x}.$$

两边积分,得

$$\ln y=\ln x+\ln C,\quad 即\quad \ln y=\ln Cx.$$

所以,齐次线性微分方程的通解为 $y=Cx$.

令 $y=C(x)x$ 为原方程的通解,将其代入原方程,得 $xC'(x)=\ln x$.于是

$$C'(x)=\frac{1}{x}\ln x.$$

所以

$$C(x)=\int\frac{\ln x}{x}dx=\int\ln x d\ln x=\frac{1}{2}\ln^2 x+C.$$

故所求原方程的通解为 $y=\frac{x}{2}\ln^2 x+Cx$.

方法二(通解公式法) 方程变形为 $y'-\frac{1}{x}y=\ln x$.令 $P(x)=-\frac{1}{x}$,$Q(x)=\ln x$,将其代入通解公式,得

$$y=e^{-\int P(x)dx}\left[\int Q(x)e^{\int P(x)dx}dx+C\right]$$

$$=e^{-\int\left(-\frac{1}{x}\right)dx}\left[\int\ln x e^{\int\left(-\frac{1}{x}\right)dx}dx+C\right]=x\left[\frac{1}{2}\ln^2 x+C\right].$$

例 8 解微分方程 $y dx+(x-y^3)dy=0(y>0)$.

解 如果将上式改写为$\frac{dy}{dx}+\frac{y}{x-y^3}=0$,则这显然不是线性微分方程.

如果将原方程改写为 $\frac{dx}{dy}+\frac{x-y^3}{y}=0$,即$\frac{dx}{dy}+\frac{1}{y}x=y^2$,将 x 看作 y 的函数,则它为线性微分方程.

令 $P(y)=\frac{1}{y}$,$Q(y)=y^2$,将其代入一阶线性微分方程的通解公式,得

$$x=e^{-\int P(y)dy}\left[\int Q(y)e^{\int P(y)dy}dy+C_1\right]=\frac{1}{y}\left(\frac{1}{4}y^4+C_1\right)=\frac{1}{4}y^3+\frac{C_1}{y},$$

或

$$4xy=y^4+C\quad(C 为任意常数,C=4C_1).$$

这就是所给方程的通解.

四、伯努利微分方程*

定义 4 形如$\frac{dy}{dx}+P(x)y=Q(x)y^n(n\neq 0,1)$的微分方程,称为**伯努利微分方程**,其中 $P(x)$,$Q(x)$ 为已知函数.当 $n=0,1$ 时是线性微分方程.

伯努利微分方程可以用变量替换化为线性微分方程.将伯努利微分方程两端除以 y^n,得

$$y^{-n}\frac{dy}{dx}+P(x)y^{1-n}=Q(x).$$

作变量替换 $z=y^{1-n}$，则 $\frac{dz}{dx}=(1-n)y^{-n}\frac{dy}{dx}$，代入上式，有

$$\frac{dz}{dx}+(1-n)P(x)z=(1-n)Q(x).$$

这是以 z 为未知函数的一阶线性微分方程，由此解出 z，再由 $z=y^{1-n}$ 可得伯努利微分方程的解.

例 9 求微分方程 $\frac{dy}{dx}+\frac{1}{x}y=x^2y^6$ 的通解.

解 方程为伯努利微分方程，方程两端同除以 y^6，得

$$y^{-6}\frac{dy}{dx}+\frac{1}{x}y^{-5}=x^2.$$

令 $z=y^{-5}$，则 $\frac{dz}{dx}=-5y^{-6}\frac{dy}{dx}$，代入上式，有

$$\frac{dz}{dx}-\frac{5}{x}z=-5x^2.$$

这是一阶线性微分方程，求得通解为 $z=x^5\left(\frac{5}{2x^2}+C\right)$. 由 $z=y^{-5}$，得原方程的通解为 $x^5y^5\left(\frac{5}{2x^2}+C\right)=1$.

上面介绍了四类常见的一阶微分方程的求解方法，对于一阶微分方程的求解关键是要把握各类微分方程的特征和各类方程的求解方法.有时一个方程可能属于几种类型，这时可以选择相对简单的方法.

☞ 习题 9.2

1. 求下列可分离变量微分方程的通解：

(1) $xy'-y\ln y=0$；　(2) $(1+y^2)dx+xydy=0$；

(3) $xyy'=1-x^2$；　(4) $x\sqrt{1-y^2}\,dx+y\sqrt{1-x^2}\,dy=0$；

(5) $ydx+(x^2-4x)dy=0$；　(6) $(e^{x+y}-e^x)dx+(e^{x+y}+e^y)dy=0$；

(7) $y'+\frac{1}{y}e^{y^2+3x}=0$；　(8) $\tan x\sin^2 y\,dx+\cos^2 x\cot y\,dy=0$.

2. 求下列可分离变量微分方程满足初始条件的特解：

(1) $y'=e^{2x-y}$，$y|_{x=0}=0$；　(2) $y'\sin x-y\cos x=0$，$y|_{x=\frac{\pi}{2}}=1$；

(3) $(1+e^x)yy'=e^x$，$y|_{x=0}=1$；　(4) $y\ln y\,dx+x\,dy=0$，$y|_{x=1}=1$.

3. 求下列齐次微分方程的通解或给定条件下的特解：

(1) $y'=\frac{y}{x}+\sec\frac{y}{x}$；　(2) $(x-y)ydy-x^2dy=0$；

(3) $xy'=y+x\cos^2\frac{y}{x}$；　(4) $xy'=y(\ln y-\ln x)$；

(5) $y'=\frac{y}{x}+\frac{x}{y}$，$y|_{x=1}=2$；　(6) $(x^2+y^2)dx=xydy$，$y|_{x=1}=0$.

4. 求下列线性微分方程的通解或给定条件下的特解：

(1)$y'+y=e^{-x}$；

(2)$y'-2xy=2xe^{x^2}$；

(3)$xy'-2y=x^3\cos x$；

(4)$(x^2-1)y'+2xy=\cos x$；

(5)$y\ln y\mathrm{d}x+(x-\ln y)\mathrm{d}y=0$；

(6)$\dfrac{\mathrm{d}y}{\mathrm{d}x}=\dfrac{1}{x\cos y+\sin 2y}$；

(7)$y'-y\tan x=\sec x, y|_{x=0}=0$；

(8)$y'-\dfrac{y}{x}=-\dfrac{2\ln x}{x}, y|_{x=1}=1$.

5. 求下列微分方程的通解或给定条件下的特解：

(1)$y'\tan x-y=a$；

(2)$\dfrac{\mathrm{d}y}{\mathrm{d}x}=\dfrac{x+y}{x}$；

(3)$y'-3xy-xy^2=0, y|_{x=0}=4$；

(4)$y'+y\cos x=\sin x\cos x, y|_{x=0}=1$；

(5)* $yy'+y^2=\cos x$；

(6)* $y'+y=y^2(\cos x-\sin x)$.

6. 设 y_1 和 y_2 是方程$\dfrac{\mathrm{d}y}{\mathrm{d}x}+P(x)y=Q(x)$的两个不同的解.证明：$y=y_1+C(y_2-y_1)$是该方程的通解，其中 C 是任意常数.

7. 若曲线上任一点的切线在 y 轴上的截距等于该切点两坐标的等差中项，求此曲线方程.

8. 若自原点到一曲线上任意一点的距离，等于此曲线在该点的切线与 x 轴的交点到该点的距离，求此曲线方程.

第三节　可降阶的二阶微分方程*

由于许多一阶微分方程可以用初等积分法求解，所以有的二阶微分方程就采取适当的方法将其降阶转化为一阶微分方程来求解.本节介绍三种易降阶的二阶微分方程.

一、形如 $y''=f(x)$ 的微分方程

这类方程的特点是：方程中不显含未知函数 y 和一阶导数 y'，它是最简单的二阶微分方程，其解法是对方程两端直接积分两次就可得到方程的通解. 即对方程 $y''=f(x)$ 两边积分，得

$$y'=\int f(x)\mathrm{d}x+C_1.$$

再积分一次便得方程的通解

$$y=\int\left[\int f(x)\mathrm{d}x\right]\mathrm{d}x+C_1x+C_2.$$

例 1　求微分方程 $y''=\cos x$ 的通解.

解　对微分方程 $y''=\cos x$ 的两端积分，得

$$y'=\int\cos x\mathrm{d}x=\sin x+C_1.$$

再积分一次,可得方程的通解

$$y=\int(\sin x+C_1)\mathrm{d}x=-\cos x+C_1x+C_2.$$

二、形如 $y''=f(x,y')$ 的微分方程

形如 $y''=f(x,y')$ 的微分方程的特点是:方程右端不显含未知函数 y.

这类方程的解法是:先从方程中解出 y',然后再求出 y.

令 $y'=p=p(x)$,则 $y''=p'(x)$,代入方程,得

$$p'(x)=f(x,p(x)).$$

这是一个关于自变量 x 和未知函数 $p(x)$ 的一阶微分方程.若可以求出其通解 $p=\varphi(x,C_1)$,则 $y'=\varphi(x,C_1)$,再积分一次就能得原方程的通解.

例 2 求微分方程 $2xy'y''=1+(y')^2$ 的通解.

解 因为方程 $2xy'y''=1+(y')^2$ 不显含未知函数 y,令 $y'=p(x)$,则 $y''(x)=p'(x)$,将其代入所给方程,得

$$2xpp'=1+p^2,\quad 即\quad \frac{\mathrm{d}p}{\mathrm{d}x}=\frac{1+p^2}{2xp}.$$

分离变量,得

$$\frac{2p\,\mathrm{d}p}{1+p^2}=\frac{\mathrm{d}x}{x}.$$

两边积分,得

$$\ln(1+p^2)=\ln x+\ln C_1,\quad 即\quad 1+p^2=C_1x,$$

也即

$$p=\pm\sqrt{C_1x-1}.$$

所以

$$y'=\pm\sqrt{C_1x-1}.$$

积分得方程的通解为

$$y=\pm\int(C_1x-1)^{\frac{1}{2}}\mathrm{d}x=\pm\frac{2}{3C_1}(C_1x-1)^{\frac{3}{2}}+C_2.$$

例 3 求微分方程 $y''=1+(y')^2$ 的通解.

解 因为 $y''=1+(y')^2$ 不显含未知函数 y,将其视为 $y''=f(x,y')$ 类型.

令 $y'=p(x)$,则 $y''(x)=p'(x)$,将其代入所给方程,得

$$\frac{\mathrm{d}p}{\mathrm{d}x}=1+p^2.$$

分离变量再积分,得

$$\int\frac{\mathrm{d}p}{1+p^2}=\int\mathrm{d}x.$$

求积分得

$$\arctan p=x+C_1,\quad 即\quad p=\tan(x+C_1),$$

也即

$$\frac{dy}{dx}=p=\tan(x+C_1).$$

所以方程的通解为

$$y=\int\tan(x+C_1)dx=-\ln\cos(x+C_1)+C_2.$$

三、形如 $y''=f(y,y')$ 的微分方程

形如 $y''=f(y,y')$ 的微分方程的特点是:方程右端不显含自变量 x.

这类方程的解法是:令 $y'=p(y)$,则

$$y''=\frac{dy'}{dx}=\frac{dp(y)}{dy}\frac{dy}{dx}=\frac{dp}{dy}p.$$

于是,方程 $y''=f(y,y')$ 可化为

$$p\frac{dp}{dy}=f(y,p).$$

这是关于 y 和 p 的一阶微分方程.如果能求出其解 $p=\varphi(y,C_1)$,则由一阶微分方程 $\frac{dy}{dx}=\varphi(y,C_1)$ 可求出原方程的解.

例 4 求微分方程 $yy''-(y')^2=0$ 的通解.

解 因为 $yy''-(y')^2=0$ 不显含未知函数 x,将其视为 $y''=f(y,y')$ 类型.

令 $y'=p(y)$,则 $y''=p\frac{dp}{dy}$,代入方程,得

$$yp\frac{dp}{dy}-p^2=0, \quad 即 \quad \frac{dp}{dy}=\frac{p}{y} \quad (y\neq 0,p\neq 0).$$

分离变量再积分,得

$$\int\frac{dp}{p}=\int\frac{dy}{y}.$$

积分得

$$\ln p=\ln y+\ln C_1, \quad 即 \quad p=C_1y.$$

所以 $\frac{dp}{dy}=C_1y$.

再分离变量并积分,可得方程的通解为 $y=C_2e^{C_1x}$.

☞ 习题 9.3

1. 求下列微分方程的通解:

(1) $y''=\sin x-\cos x$; (2) $y''=\frac{1}{1+x^2}$;

(3) $xy''+y'=0$; (4) $xy''+y'-x^2=0$;

(5) $yy''-(y')^2=0$; (6) $2yy''-3(y')^2=4y^2$.

2. 求下列微分方程满足初始条件的特解:

(1)$(1+x^2)y''=2xy'$，$y|_{x=0}=1$，$y'|_{x=0}=3$；

(2)$x^2y''+xy'=1$，$y|_{x=0}=0$，$y'|_{x=0}=1$；

(3)$3y'y''=2y$，$y|_{x=0}=1$，$y'|_{x=0}=1$.

第四节　二阶常系数线性微分方程

线性微分方程在实际问题中具有广泛的应用，本节主要讨论二阶常系数线性微分方程解的性质及其解法.

一、二阶常系数线性微分方程解的结构

定义 1　形如 $y''+P(x)y'+Q(x)y=f(x)$ 的微分方程称为**二阶线性微分方程**，其中 $P(x)$，$Q(x)$ 与 $f(x)$ 为已知函数.

在此，主要讨论在二阶线性微分方程中未知函数和未知函数导数的系数均为常数的二阶常系数线性微分方程.

定义 2　形如 $y''+py'+qy=f(x)$ 的微分方程称为**二阶常系数线性微分方程**，其中 y 为未知函数，x 为自变量，p，q 为常数，$f(x)$ 称为**非齐次项**.

当 $f(x)=0$ 时，微分方程 $y''+py'+qy=0$（p，q 为常数）称为**二阶常系数齐次线性微分方程**.

当 $f(x)\neq 0$ 时，微分方程 $y''+py'+qy=f(x)$（p，q 为常数）称为**二阶常系数非齐次线性微分方程**.

为了讨论二阶常系数线性微分方程的解，将微分方程 $y''+py'+qy=0$ 称为微分方程 $y''+py'+qy=f(x)$ 所对应的二阶常系数齐次线性微分方程.

对于微分方程 $y''+py'+qy=0$ 与微分方程 $y''+py'+qy=f(x)$ 的解，有下述解的结构定理.

定理 1　若 $y_1(x)$，$y_2(x)$ 是二阶常系数齐次线性微分方程 $y''+py'+qy=0$ 的两个解，且 $y_1(x)$，$y_2(x)$ 线性无关，则 $y=C_1y_1+C_2y_2$ 为方程 $y''+py'+qy=0$ 的通解.

证　将 $y=C_1y_1+C_2y_2$ 代入微分方程 $y''+py'+qy=0$ 的左端，得

$$\begin{aligned}&(C_1y_1''+C_2y_2'')+p(C_1y_1'+C_2y_2')+q(C_1y_1+C_2y_2)\\&=C_1(y_1''+py_1'+qy_1)+C_2(y_2''+py_2'+qy_2)=C_1\cdot 0+C_2\cdot 0=0.\end{aligned}$$

所以，$y=C_1y_1+C_2y_2$ 是微分方程 $y''+py'+qy=0$ 的解.

由于 y_1 与 y_2 线性无关，所以任意常数 C_1 和 C_2 是两个独立的任意常数，即解 $y=C_1y_1+C_2y_2$ 中所含独立的任意常数的个数与方程 $y''+py'+qy=0$ 的阶数相同，因此，它又是微分方程 $y''+py'+qy=0$ 的通解.

定理 1 表明了二阶常系数齐次线性微分方程 $y''+py'+qy=0$ 解的结构特征，只要找出二阶常系数齐次线性微分方程的两个线性无关的解就可以得到其通解.

定理 2 若 $y_p(x)$ 为二阶常系数非齐次线性微分方程 $y''+py'+qy=f(x)$ 的一个特解，$y_c(x)$ 为其对应的齐次线性微分方程 $y''+py'+qy=0$ 的通解，则 $y=y_p+y_c$ 为微分方程 $y''+py'+qy=f(x)$ 的通解.

证 将 $y=y_p+y_c$ 代入方程 $y''+py'+qy=f(x)$ 的左端，有

$$\begin{aligned}&(y_p+y_c)''+p(y_p+y_c)'+q(y_p+y_c)\\&=(y''_p+py'_p+qy_p)+(y''_c+py'_c+qy_c)=f(x).\end{aligned}$$

这就是说，y_p+y_c 为方程 $y''+py'+qy=f(x)$ 的解.

又因为 y_c 中含有两个独立的任意常数，所以 $y=y_p+y_c$ 中也含有两个独立的任意常数，故 $y=y_p+y_c$ 为方程 $y''+py'+qy=f(x)$ 的通解.

定理 2 表明了二阶常系数非齐次线性微分方程 $y''+py'+qy=f(x)$ 解的结构特征，只要找出二阶常系数非齐次线性微分方程 $y''+py'+qy=f(x)$ 的一个特解，以及相应的二阶常系数齐次线性微分方程 $y''+py'+qy=0$ 的通解，两者相加就可以得到二阶常系数非齐次线性微分方程的通解.

定理 3 若函数 $y_1(x)$，$y_2(x)$ 分别为二阶常系数非齐次线性微分方程

$$y''+py'+qy=f_1(x) \quad 与 \quad y''+py'+qy=f_2(x)$$

的解，则 $y_1(x)+y_2(x)$ 为微分方程 $y''+py'+qy=f_1(x)+f_2(x)$ 的解.

该定理的证明由读者自己证明.

二、二阶常系数齐次线性微分方程的解法

设二阶常系数齐次线性方程

$$y''+py'+qy=0 \quad (p,q\ 为常数).$$

由二阶常系数齐次线性方程解的结构定理可知，要求方程 $y''+py'+qy=0$ 的通解，只需求出它的两个线性无关的特解即可.

我们先分析二阶常系数齐次线性方程具有什么特点.方程 $y''+py'+qy=0$ 的左端是未知函数与未知函数的一阶导数、二阶导数的某种组合，且它们分别乘以“适当”的常数后，可以合并成零，这就是说，适合于该方程的函数 y 必须与其一阶导数、二阶导数只差一个常数因子，而具有此特征的最简单的函数是 e^{rx}（其中 r 为常数），为此，不妨令 $y=e^{rx}$ 为方程 $y''+py'+qy=0$ 的解，并代入此方程，得

$$r^2e^{rx}+pre^{rx}+qe^{rx}=e^{rx}(r^2+pr+q)=0.$$

因为 $e^{rx}\neq 0$，所以有

$$r^2+pr+q=0.$$

由此可见，当 r 满足方程 $r^2+pr+q=0$ 时，函数 $y=e^{rx}$ 就为方程 $y''+py'+qy=0$ 的解.

称代数方程 $r^2+pr+q=0$ 为微分方程 $y''+py'+qy=0$ 的**特征方程**，特征方程的根称为**特征根**.

下面对特征方程 $r^2+pr+q=0$ 的不同特征根，讨论二阶常系数齐次线性微分方程 $y''+py'+qy=0$ 的通解.

1. 特征方程具有两个不相等的实根

当特征方程 $r^2+pr+q=0$ 有两个不同的实根 r_1 和 r_2 时，方程 $y''+py'+qy=0$ 有两个

线性无关的解 $y_1=e^{r_1x}$，$y_2=e^{r_2x}$.此时，微分方程的通解为

$$y=C_1e^{r_1x}+C_2e^{r_2x}.$$

2. 特征方程具有两个相等的实根

当特征方程 $r^2+pr+q=0$ 有两个相同的实根，即 $r_1=r_2=r$ 时，方程 $y''+py'+qy=0$ 只有一个解 $y_1=e^{rx}$，这时直接验证可知 $y_2=xe^{rx}$ 是微分方程的另一个解.事实上，将

$$y_2=xe^{rx},\quad y_2'=e^{rx}+rxe^{rx},\quad y_2''=2re^{rx}+r^2xe^{rx}$$

代入方程 $y''+py'+qy=0$，有

$$y_2''+py_2'+qy_2=e^{rx}[(r^2+pr+q)x+2r+p]=0.$$

由于 $y_1=e^{rx}$ 与 $y_2=xe^{rx}$ 线性无关，所以，此时微分方程的通解为

$$y=C_1e^{rx}+C_2xe^{rx}=(C_1+C_2x)e^{rx}.$$

3. 特征方程具有一对共轭复根

当特征方程 $r^2+pr+q=0$ 有一对共轭复根，即 $r=\alpha\pm i\beta$（其中 α，β 均为实常数且 $\beta\neq 0$）时，微分方程 $y''+py'+qy=0$ 有两个线性无关的复函数形式的解 $y_1=e^{(\alpha+i\beta)x}$ 和 $y_2=e^{(\alpha-i\beta)x}$.故方程 $y''+py'+qy=0$ 的通解为

$$y=Ae^{(\alpha x+i\beta x)}+Be^{(\alpha x-i\beta x)}=e^{\alpha x}(Ae^{i\beta x}+Be^{-i\beta x}).$$

利用欧拉公式 $e^{i\theta}=\cos\theta+i\sin\theta$，还可得到实数形式的通解为

$$y=e^{\alpha x}(C_1\cos\beta x+C_2\sin\beta x),$$

其中 $C_1=A+B$，$C_2=(A-B)i$（读者自己试证）.通常情况下，如无特别声明，要求写出实数形式的解.

求二阶常系数齐次线性微分方程通解的步骤：

(1) 写出微分方程的特征方程 $r^2+pr+q=0$；

(2) 求出特征方程 $r^2+pr+q=0$ 的特征根；

(3) 根据特征根的情况按表 9—1 写出所给微分方程的通解.

表 9—1

特征方程 $r^2+pr+q=0$ 的根	微分方程 $y''+py'+qy=0$ 的通解
两个不等实根 $r_1\neq r_2$	$y=C_1e^{r_1x}+C_2e^{r_2x}$
两个相等实根 $r=r_1=r_2$	$y=(C_1+C_2x)e^{rx}$
一对共轭复根 $r=\alpha\pm i\beta$	$y=e^{\alpha x}(C_1\cos\beta x+C_2\sin\beta x)$

例 1　求微分方程 $y''+5y'+6y=0$ 的通解.

解　微分方程 $y''+5y'+6y=0$ 的特征方程为 $r^2+5r+6=0$，其特征根为 $r_1=-2$，$r_2=-3$.所以 $y=C_1e^{-2x}+C_2{}^{-3x}$（C_1，C_2 为任意常数）为所求微分方程的通解.

例 2　求微分方程 $y''+4y'+4y=0$ 的通解.

解　微分方程 $y''+4y'+4y=0$ 的特征方程为 $r^2+4r+4=(r+2)^2=0$，其特征根为 $r_1=r_2=-2$.所以 $y=(C_1+C_2x)e^{-2x}$（C_1，C_2 为任意常数）为所求微分方程的通解.

例 3　求微分方程 $y''+2y'+3y=0$ 满足初始条件 $y(0)=1$，$y'(0)=1$ 的特解.

解 微分方程 $y''+2y'+3y=0$ 的特征方程为 $r^2+2r+3=0$，特征根为 $r_1=-1+i\sqrt{2}$，$r_2=-1-i\sqrt{2}$.所以 $y=e^{-x}(C_1\cos\sqrt{2}+C_2\sin\sqrt{2}x)$ 为所求微分方程的通解.

由初始条件 $y(0)=1$，得 $C_1=1$. 又因为

$$\begin{aligned}y'&=(e^{-x}\cos\sqrt{2}x)'+C_2(e^{-x}\sin\sqrt{2}x)'\\&=-e^{-x}(\cos\sqrt{2}x+\sqrt{2}\sin\sqrt{2}x)+C_2e^{-x}(-\sin\sqrt{2}x+\sqrt{2}\cos\sqrt{2}x),\end{aligned}$$

由 $y'(0)=1$，得 $1=-1+\sqrt{2}C_2$，从而得 $C_2=\sqrt{2}$.

于是 $y=e^{-x}(\cos\sqrt{2}x+\sqrt{2}\sin\sqrt{2}x)$ 为所求方程的特解.

三、二阶常系数非齐次线性微分方程的解法

设二阶常系数非齐次线性方程

$$y''+py'+qy=f(x)\quad(p,q\text{ 为常数}).$$

由二阶常系数非齐次线性方程解的结构定理可知，二阶常系数非齐次线性微分方程 $y''+py'+qy=f(x)$ 的通解是由其对应的齐次线性微分方程 $y''+py'+qy=0$ 的通解与它的一个特解之和构成的. 关于二阶常系数齐次线性方程的通解前面已经解决，剩下的问题就是如何求出它的一个特解.

在此主要讨论非齐次项 $f(x)$ 为两种常见形式时方程 $y''+py'+qy=f(x)$ 的特解的求法，这种方法的特点是不用积分就可以求出来，这种方法称为**待定系数法**.其中 $f(x)$ 的两种形式见表 9—2.

表 9—2

$f(x)$ 的一般形式	$f(x)$ 的特殊形式
$f(x)=P_m(x)e^{\lambda x}$， 其中 λ 为常数，$P_m(x)$ 为 m 次多项式	$f(x)=P_m(x),\lambda=0$； $f(x)=a_0e^{\lambda x},m=0$；
$f(x)=e^{\lambda x}(A\cos\omega x+B\sin\omega x)$， 其中 λ,ω,A,B 为常数	$f(x)=Ae^{\lambda x}\cos\omega x,B=0$； $f(x)=Be^{\lambda x}\sin\omega x,A=0$； $f(x)=A\cos\omega x+B\sin\omega x,\lambda=0$；

1. $f(x)=P_m(x)e^{\lambda x}$ 型

设 $f(x)=P_m(x)e^{\lambda x}$，其中 λ 为常数，$P_m(x)$ 为 x 的 m 次多项式，即

$$P_m(x)=a_0x^m+a_1x^{m-1}+\cdots+a_{m-1}x+a_m.$$

此时二阶常系数非齐次线性微分方程为

$$y''+py'+qy=P_m(x)e^{\lambda x}.$$

由于上面非齐次线性微分方程的右端 $P_m(x)e^{\lambda x}$ 是多项式与指数函数乘积的形式，考虑到 p,q 是常数，而多项式与指数函数的乘积求导以后仍是同一类型的函数，因此，设想非齐次线性微分方程有形如 $y_p=Q(x)e^{\lambda x}$ 的解，其中 $Q(x)$ 是一个待定多项式.

为使 $y_p=Q(x)e^{\lambda x}$ 满足非齐次线性微分方程，将 $y_p=Q(x)e^{\lambda x}$ 代入非齐次线性微分方

程，整理后得到

$$Q''(x)+(2\lambda+p)Q'(x)+(\lambda^2+p\lambda+q)Q(x)=P_m(x). \quad (*)$$

式(*)右端是一个 m 次多项式，所以左端也应该是 m 次多项式.由于多项式每求一次导数，就要降低一次次数，所以左端多项式的次数与其各项系数相关，分三种情形讨论如下：

(1) 当 $\lambda^2+p\lambda+q\neq 0$ 时，即 λ 不是特征方程 $r^2+pr+q=0$ 的特征根.

由于式(*)右边为 m 次多项式 $P_m(x)$，要使式(*)两端恒等，则式(*)的左边也必须为 m 次多项式，即 $Q(x)$ 为一个 m 次多项式，可设

$$Q(x)=Q_m(x)=b_0x^m+b_1x^{m-1}+\cdots+b_{m-1}x+b_m.$$

其中 $b_0,b_1,\cdots,b_m$ 为 $m+1$ 个待定系数，用待定系数法，将 $Q_m(x)$ 代入式(*)，比较等式两边同次幂的系数，就可得到以 $b_0,b_1,\cdots,b_m$ 为未知数的 $m+1$ 个线性方程的联立方程组，从而解线性方程组求出 $b_0,b_1,\cdots,b_m$ 即可确定 $Q(x)$，于是可得非齐次线性微分方程的一个特解为

$$y_{\mathrm{p}}=Q_m(x)\mathrm{e}^{\lambda x}.$$

(2) 当 $\lambda^2+p\lambda+q=0$，$2\lambda+p\neq 0$ 时，即 λ 为特征方程 $r^2+pr+q=0$ 的单根.

此种情况下式(*)为

$$Q''(x)+(2\lambda+p)Q'(x)=P_m(x).$$

由此可见，$Q'(x)$ 与 $P_m(x)$ 同次幂，故应设 $Q(x)=xQ_m(x)$，其中 $Q_m(x)$ 为 m 次待定多项式.将 $Q(x)=xQ_m(x)$ 代入式(*)，用与上述同样的待定系数法即可求得 $Q_m(x)$ 的 $m+1$ 个系数，于是可得非齐次线性微分方程的一个特解为

$$y_{\mathrm{p}}=xQ_m(x)\mathrm{e}^{\lambda x}.$$

(3) 当 $\lambda^2+p\lambda+q=0$ 且 $2\lambda+p=0$ 时，即 λ 是特征方程 $r^2+pr+q=0$ 的重根.

此种情况下式(*)为 $Q''(x)=P_m(x)$.由此可见，$Q'(x)$ 与 $P_m(x)$ 同次幂，此时应设 $Q(x)=x^2Q_m(x)$.将它代入式(*)，便可确定 $Q_m(x)$ 的系数，从而可得到非齐次线性微分方程的一个特解为

$$y_{\mathrm{p}}=x^2Q_m(x)\mathrm{e}^{\lambda x}.$$

综合以上讨论，可得到二阶常系数非齐次线性微分方程三种形式下的特解形式，见表 9—3.

表 9—3

常系数非齐次线性微分方程	λ 与特征根 r_1,r_2 的关系	特解 y_p 的形式
$y''+py'+qy=P_m(x)\mathrm{e}^{\lambda x}$， p,q,λ 为常数， $P_m(x)$ 为 m 次多项式	λ 非特征根，即 $\lambda\neq r_1,\lambda\neq r_2$；	$y_{\mathrm{p}}=Q_m(x)\mathrm{e}^{\lambda x}$；
	λ 为单特征根，即 $\lambda=r_1,\lambda\neq r_2$；	$y_{\mathrm{p}}=xQ_m(x)\mathrm{e}^{\lambda x}$；
	λ 为重特征根，即 $\lambda=r_1,\lambda=r_2$	$y_{\mathrm{p}}=x^2Q_m(x)\mathrm{e}^{\lambda x}$

待定多项式 $Q_m(x)=b_0x^m+b_1x^{m-1}+\cdots+b_{m-1}x+b_m$ 的确定：

将 $y_{\mathrm{p}}=x^kQ_m(x)\mathrm{e}^{\lambda x}(k=0,1,2)$ 直接代入 $y''+py'+qy=P_m(x)\mathrm{e}^{\lambda x}$，用待定系数法，比较等式两边同次幂的系数，就可得到以 $b_0,b_1,\cdots,b_m$ 为未知数的 $m+1$ 个线性方程的联立方程组，从而解线性方程组求出 $b_0,b_1,\cdots,b_m$，即可确定 $y_{\mathrm{p}}=x^kQ_m(x)\mathrm{e}^{\lambda x}$.

为了计算上的简便，也可以将 $Q(x)=x^kQ_m(x)$ 代入化简后的式(*)，用待定系数法确

定 $Q_m(x)$，进而得到特解 $y_p = x^k Q_m(x)e^{\lambda x}$.

为了记忆上的方便，令 $\varphi(r) = r^2 + pr + q$，则式（*）可写成

$$Q''(x) + \varphi'(\lambda)Q'(x) + \varphi(\lambda)Q(x) = P_m(x).$$

例 4 求微分方程 $y'' - 2y' - 3y = 3xe^{2x}$ 的一个特解.

解 所给方程为二阶常系数非齐次线性微分方程，方程的非齐次项为 $3xe^{2x}$，属于 $f(x) = P_m(x)e^{\lambda x}$ 类型(其中 $P_m(x) = 3x, \lambda = 2$).

因为方程 $y''-2y'-3y=0$ 的特征方程为 $r^2-2r-3=0$，其特征根为 $r_1=-1, r_2=3$，这样 $\lambda=2$ 非特征根，故可令所求方程的特解为 $y_p=(ax+b)e^{2x}$.

将 $Q(x)=ax+b$ 代入式（*）(而不是将 y_p 直接代入原方程)，得

$$(4-2)a + (4-4-3)(ax+b) = 3x,$$

整理得

$$-3ax + 2a - 3b = 3x.$$

比较同次项系数，得

$$\begin{cases} -3a = 3 \\ 2a - 3b = 0 \end{cases}.$$

解线性方程组，得 $a = -1$， $b = -\frac{2}{3}$.因此，所求微分方程的特解为 $y_p = \left(-x - \frac{2}{3}\right)e^{2x}$.

例 5 求微分方程 $y'' + y' = x$ 的一个特解.

解 所给方程为二阶常系数非齐次线性微分方程，方程的非齐次项为 $f(x) = xe^{0x}$，属于 $f(x) = P_m(x)e^{\lambda x}$ 类型(其中 $P_m(x) = x, \lambda = 0$).

方程 $y''+y'=0$ 的特征方程为 $r^2+r=0$，其特征根为 $r_1=-1, r_2=0$，这样 $\lambda=0$ 为特征方程的单根，故可令所求方程的特解为 $y_p=(ax+b)xe^{0x}=ax^2+bx$.

为求所给方程的一个特解，直接将 y_p 代入所给方程，得

$$2a + (2ax+b) = x, \quad 即 \quad 2ax + 2a + b = x.$$

比较同次项的系数，得

$$\begin{cases} 2a = 1 \\ 2a + b = 0 \end{cases}.$$

解线性方程组，得 $a = \frac{1}{2}$， $b = -1$.

因此，所求微分方程的特解为 $y_p = \frac{1}{2}x^2 - x$.

例 6 求微分方程 $y'' - 6y' + 9y = e^{3x}$ 的通解.

解 微分方程 $y''-6y'+9y=e^{3x}$ 所对应的齐次微分方程为 $y''-6y'+9y=0$.其特征方程为 $r^2-6r+9=(r-3)^2=0$，特征根为 $r_1=r_2=3$(重根).所以，所求微分方程对应的齐次线性微分方程的通解为 $y_c=(C_1+C_2x)e^{3x}$.

因为非齐次项 $f(x)=e^{3x}$ 中的 $\lambda=3$ 恰是二重特征根，故可令 $y_p=ax^2e^{3x}$ 为非齐次线性微分方程的一个特解，将 $Q(x)=ax^2$ 代入式（*），得 $2a=1$ 即 $a=\frac{1}{2}$.于是 $y_p=\frac{1}{2}x^2e^{3x}$ 为所求方程的一个特解.

因此，$y = y_c + y_p = (C_1 + C_2x)e^{3x} + \frac{1}{2}x^2e^{3x}$ 为所求方程的通解.

2. $f(x)=e^{\alpha x}(A\cos\beta x+B\sin\beta x)$ 型

设 $f(x)=e^{\alpha x}(A\cos\beta x+B\sin\beta x)$，其中 α,β,A,B 为常数，且 $\beta>0$.此时，二阶常系数非齐次线性微分方程为

$$y''+py'+qy=e^{\alpha x}(A\cos\beta x+B\sin\beta x).$$

由于 p,q 是常数，可以推得该方程具有如下形式的特解：

$$y_p=x^k e^{\alpha x}(a\cos\beta x+b\sin\beta x),$$

其中 a,b 为待定常数，$k(k=0,1)$ 的具体取值由 $\alpha\pm i\beta$ 是否为特征方程的特征根确定.

(1) 若 $\alpha\pm i\beta$ 不是特征方程 $r^2+pr+q=0$ 的特征根，取 $k=0$，此时，二阶常系数非齐次线性微分方程的待定特解为

$$y_p=e^{\alpha x}(a\cos\beta x+b\sin\beta x).$$

(2) 若 $\alpha\pm i\beta$ 是特征方程 $r^2+pr+q=0$ 的特征根，取 $k=1$，此时，二阶常系数非齐次线性微分方程的待定特解为

$$y_p=xe^{\alpha x}(a\cos\beta x+b\sin\beta x).$$

根据上述两种情形，将设定的特解形式代入微分方程：

$$y''+py'+qy=e^{\alpha x}(A\cos\beta x+B\sin\beta x).$$

由待定系数法确定待定常数 a,b，即可得方程的特解 y_p.

例 7 求微分方程 $y''-3y'+2y=2e^{-x}\cos x$ 的一个特解.

解 所求二阶常系数非齐次线性微分方程的非齐次项为 $f(x)=2e^{-x}\cos x$，属于 $f(x)=e^{\alpha x}(A\cos\beta x+B\sin\beta x)$ 类型(其中 $\alpha=-1,\beta=1,A=2,B=0$).

因为方程 $y''-3y'+2y=0$ 的特征方程为 $r^2-3r+2=(r-1)(r-2)=0$，其特征根为 $r_1=1,r_2=2$，这样 $\alpha\pm i\beta=-1\pm i$ 非特征根.设所求方程的特解为

$$y_p=e^{-x}(a\cos x+b\sin x),$$

将其代入原微分方程，并消去 e^{-x}，得

$$(5a-5b)\cos x+(5a+5b)\sin x=2\cos x.$$

比较上述等式两端的系数，可解得 $a=\frac{1}{5},b=-\frac{1}{5}$，所以

$$y_p=\frac{1}{5}e^{-x}(\cos x-\sin x).$$

于是，所求微分方程的一个特解为 $y_p=\frac{1}{5}e^{-x}(\cos x-\sin x)$.

例 8 求微分方程 $y''+4y=\sin 2x$ 的一个特解.

解 所求二阶常系数非齐次线性微分方程的非齐次项为 $f(x)=\sin 2x$，属于 $f(x)=e^{\alpha x}(A\cos\beta x+B\sin\beta x)$ 类型(其中 $\alpha=0,\beta=2,A=0,B=1$).

因为方程 $y''+4y=0$ 的特征方程为 $r^2+4=0$，其特征根为 $r_1=2i,r_2=-2i$，这样 $\alpha\pm i\beta=\pm 2i$ 为特征根，故设所求方程的特解为

$$y_p=x(a\cos 2x+b\sin 2x).$$

将其代入原微分方程，得

$$4b\cos 2x-4a\sin 2x=\sin 2x.$$

比较上述等式两端的系数，可解得 $a=-\frac{1}{4}, b=0$. 于是，所求微分方程的一个特解为 $y_p=-\frac{1}{4}x\cos 2x$.

例 9 求微分方程 $y''+4y=\sin 2x+x^2+1$ 的通解.

解 微分方程 $y''+4y=0$ 的特征方程为 $r^2+4=0$，其特征根为 $r_1=2\mathrm{i}, r_2=-2\mathrm{i}$，所以，齐次线性微分方程 $y''+4y=0$ 的通解为 $y_c=C_1\cos 2x+C_2\sin 2x$.

由于所给方程的右端为 $f_1(x)=\sin 2x$ 与 $f_2(x)=x^2+1$ 之和，故原微分方程的特解等于微分方程

$$y''+4y=\sin 2x \quad 与 \quad y''+4y=x^2+1$$

的特解之和.

设微分方程 $y''+4y=\sin 2x$ 的特解为 $y_{1p}=x(a\cos 2x+b\sin 2x)$，由上例已求得，$y_{1p}=-\frac{1}{4}x\cos 2x$；

设微分方程 $y''+4y=x^2+1$ 的特解为 $y_{2p}=ax^2+bx+c$，代入方程，由待定系数法可求得 $y_{2p}=\frac{1}{4}x^2+\frac{1}{8}$.

所以，微分方程 $y''+4y=\sin 2x+x^2+1$ 的一个特解为

$$y_{1p}+y_{2p}=-\frac{1}{4}x\cos 2x+\frac{1}{4}x^2+\frac{1}{8}.$$

于是，所求微分方程的通解为

$$y=C_1\cos 2x+C_2\sin 2x-\frac{1}{4}x\cos 2x+\frac{1}{4}x^2+\frac{1}{8}.$$

☞ 习题 9.4

1. 已知二阶常系数齐次线性微分方程的特征方程或特征根，写出对应的微分方程及其通解：

(1) $r^2+r-6=0$； (2) $r^2+10r+25=0$；

(3) $r_1=\mathrm{i}, r_2=-\mathrm{i}$； (4) $r_1=0, r_2=1$.

2. 已知二阶常系数齐次线性微分方程的通解，写出对应的二阶常系数齐次线性微分方程：

(1) $y=(C_1+C_2x)\mathrm{e}^{2x}$； (2) $y=C_1+C_2\mathrm{e}^{-3x}$.

3. 求下列微分方程的通解：

(1) $y''-3y'-4y=0$； (2) $y''+5y'=0$；

(3) $y''+y=0$； (4) $y''+4y'+4y=0$；

(5) $y''-2y'+10y=0$； (6) $y''+ay=0$ (a 是实数).

4. 求下列微分方程在给定条件下的特解：

(1) $y''-4y'+3y=0, y|_{x=0}=6, y'|_{x=0}=10$；

(2) $y''+25y=0, y|_{x=0}=2, y'|_{x=0}=5$；

(3) $y''-10y'+25y=0, y|_{x=0}=0, y'|_{x=0}=1$.

5. 写出下列二阶常系数非齐次线性微分方程待定特解 y_p 的形式：

(1) $y''-y'=x^2+2$；

(2) $y''+2y'+y=e^{-x}(x-1)$；

(3) $y''+y=\sin x+\cos x$；

(4) $y''+4y'+4y=2e^{-2x}$；

(5) $y''+y=e^{-x}\cos x$；

(6) $y''+y=e^{-2x}(\cos 2x+\sin 2x)$.

6. 求下列非齐次线性微分方程的特解：

(1) $y''+y'-2y=x^2$；

(2) $y''+y'=xe^{-x}$；

(3) $y''-2y'+y=\cos x$；

(4) $y''-2y'+5y=e^x\sin 2x$.

7. 求下列微分方程的通解或给定条件下的特解：

(1) $y''+9y-9=0$；

(2) $y''+8y'=8x$；

(3) $y''+4y'+3y=9e^{-3x}$；

(4) $y''-y=4xe^x, y|_{x=0}=0, y'|_{x=0}=1$.

第五节　微分方程模型实例

微分方程在实际问题中具有广泛的应用，许多连续量问题可以归结为微分方程模型.建立微分方程模型的一种主要方法是机理分析方法.所谓机理分析方法，就是通过对客观事物特征的认识，找出反应内部机理的数量规律，进而建立数学模型.

建立微分方程模型的一般步骤和原则：

(1) 模型假设　建立数学模型前，要对问题做出必要的、合理的假设，使问题的主要特征凸现出来，忽略问题的次要方面.

(2) 模型建立　根据所作的假设，运用已知各学科的公式、原理、定律（或经过实验检验的规律）等构造未知变量、未知变量的导数以及自变量的关系，把问题化为微分方程模型.

(3) 模型求解　利用微分方程的求解方法，求解所得到的微分方程模型，此时往往还要做出进一步的简化、假设或修正.

(4) 模型检验　分析所得结果的实际意义，与实际情况进行比较，看是否符合实际，如果不够理想，应该修改、补充假设，或重新建模，不断完善.

(5) 模型应用　所建立的模型必须在实际应用中才能产生效益，在应用中不断改进和完善.

下面列举一些典型实际问题的微分方程模型和应用.

一、指数增长与衰变模型

自然界中许多现象的变化规律在一定条件下是按照指数函数形式变化的，如人口和生物种群数量的增长、物体冷却时温度的变化、存款的连续复利、某一地区传染病的传播速度等.指数增长与衰变模型是一种应用非常广泛的模型. 它在物理学、化学、生物学、经济学、人口学等学科中经常可以见到.

设 $y(t)$ 为时刻 t 的函数.若任意时刻 y 关于 t 的变化率和 $y(t)$ 成正比，即

$$\frac{dy}{dt}=ky(t),$$

其中 k 为常数,当 $k>0$ 时,方程称为自然增长定律;当 $k>0$ 时,方程称为自然衰变定律.

若给定初始条件 $y(0)=y_0$,则指数增长与衰变问题可表述为初值问题

$$\begin{cases}\dfrac{dy}{dt}=ky(t)\\ y(0)=y_0\end{cases},$$

其解为 $y(t)=y_0e^{kt}$,称其为**指数增长与衰变模型**.

指数增长与衰变模型具有广泛的应用,许多实际问题都可由该模型表述.下面介绍该模型的一些简单应用.

例 1(冷却问题模型) 设一台汽车发动机在没有冷却装置的条件下运转时以 α℃/min 的速率升温.发动机总成上水箱与风扇装置是用来降低发动机的温度而使之正常运转的冷却系统.如果环境温度为 T_e,试求发动机温度 T 与时间 t 的函数关系.

解 由于发动机一方面以 α℃/min 的速率升温,另一方面冷却系统对发动机按照冷却规律(牛顿冷却定律:在一定的温度范围内,一个物体的温度变化速度与这一物体的温度和其所在的介质的温度之差成正比)进行降温,所以温度 $T(t)$ 满足微分方程

$$\begin{cases}\dfrac{dT}{dt}=\alpha-k(T-T_e)\\ T(0)=T_e\end{cases}.$$

由于发动机处于升温过程,于是$\dfrac{dT}{dt}>0$,所以 $\alpha-k(T-T_e)>0$.解微分方程得

$$T=T_e+\frac{\alpha}{k}(1-e^{-kt}).$$

这就是发动机温度 T 与时间 t 的函数关系.

例 2(广告与利润模型) 已知某厂的纯利润 L 对广告费 x 的变化率$\dfrac{dL}{dx}$与常数 A 和纯利润 L 之差成正比. 当 $x=0$ 时,$L=L_0$. 试求纯利润 L 与广告费 r 之间的函数关系.

解 由题意列出方程

$$\begin{cases}\dfrac{dL}{dx}=k(A-L)\\ L|_{x=0}=L_0\end{cases}.$$

分离变量积分,得

$$\int\frac{dL}{A-L}=\int k\,dx,\quad 即\quad -\ln(A-L)=kx+\ln C_1,$$

也即

$$A-L=Ce^{-kt}(其中\ C=C_1^{-1}).$$

所以 $L=A-Ce^{-kt}$.由初始条件 $L|_{x=0}=L_0$,解得 $C=A-L_0$,所以纯利润与广告费的函数关系为

$$L=A-(A-L_0)e^{-kt}.$$

例 3(传染病模型) 设总人数 N 是不变的,t 时刻得某种传染病的人数为 $x(t)$.设 t 时刻

$x(t)$ 对时间的变化率与当时未得病的人数成正比,比例常数 $r>0$(表示传染给正常人的传染率),且 $x(0)=x_0$.求 $\lim\limits_{t\to+\infty}x(t)$ 并对所求结果予以解释.

解 由题意,有

$$\begin{cases}\dfrac{\mathrm{d}x}{\mathrm{d}t}=r(N-x)\\ x(0)=x_0\end{cases}.$$

求解这一问题,可得

$$x(t)=N\left[1-\left(1-\frac{x_0}{N}\right)\mathrm{e}^{-rt}\right].$$

令 $t\to+\infty$,得

$$\lim_{t\to+\infty}x(t)=N.$$

这表明,在题目给出的条件下,最终每个人都要染上传染病.

二、人口预测模型

人口增长问题是人类重点关注的问题.由于资源的有限性,当今世界各国都注意有计划地控制人口的增长,但世界人口总数仍处于快速增加阶段,如何预测和控制人口的增长,就需要建立有效的人口预测模型.

模型一　指数增长模型(马尔萨斯模型)

英国人口统计学家马尔萨斯(Malthus,1766—1834),通过对某地区多年人口出生统计资料分析,发现人口出生率是一个常数.于是做出假设:在人口自然增长过程中,净相对增长(出生率与死亡率之差)是常数,即单位时间内人口的增长量与人口成正比.在此假设下,马尔萨斯建立了人口随时间变化的数学模型.

设时刻 t 的人口为 $N(t)$,把 $N(t)$ 当作连续、可微函数处理(因人口总数很大,可近似地这样处理,此即离散变量连续化处理).据马尔萨斯的假设,在 t 到 $t+\Delta t$ 时间段内,人口的增长量为

$$N(t+\Delta t)-N(t)=rN(t)\Delta t\quad (r\text{ 为比例常数}).$$

并设 $t=t_0$ 时刻的人口为 N_0,于是 $N(t)$ 满足微分方程

$$\begin{cases}\dfrac{\mathrm{d}N}{\mathrm{d}t}=rN\\ N(t_0)=N_0\end{cases}.$$

这就是马尔萨斯人口模型.用分离变量法,易求出其解为

$$N(t)=N_0\mathrm{e}^{r(t-t_0)}.$$

此式表明人口以指数规律随时间无限增长.

模型检验:据估计,1961 年地球上的人口总数为 3.06×10^9,而在以后 7 年中,人口总数以每年 2% 的速度递增,这样 $t_0=1\,961$,$N_0=3.06\times10^9$,$r=0.02$,于是

$$N(t)=3.06\times10^9\,\mathrm{e}^{0.02(t-1\,961)}.$$

这个公式非常准确地反映了在 1700—1961 年间的世界人口总数.因为这期间地球上的人口大约每 35 年翻一番,而上式断定 34.6 年增加一倍(请读者证明这一点).但是,由于受资

源的限制，世界人口不可能无限制地增长，所以该模型具有一定的局限性，需要对该模型进行修改.

模型二　阻滞增长模型

如果当人口数量较少时，人口的自然增长率可以看作常数的话，那么随着人口的增加，自然资源环境条件等因素对人口增长的限制作用越来越显著，当人口增加到一定数量以后，这个增长率就要随人口的增加而减小.因此，应对马尔萨斯模型中关于净增长率为常数的假设进行修改.

荷兰生物数学家韦尔侯斯特(Verhulst)在1838年指出，在资源一定的情况下，人口的数量越多，每个人所获得的资源越少，这将抑制生育率，增加死亡率，因而人口的净增长率不是常数，如果用常数 N_m 表示自然环境条件所能容许的最大人口数，则当 $N(t)\to N_m$ 时，净增长率趋于零，按此假设建立了人口预测模型：

$$\begin{cases}\dfrac{dN}{dt}=r\left(1-\dfrac{N}{N_m}\right)N\\ N(t_0)=N_0\end{cases}.$$

此微分方程模型称为阻滞增长模型(也称为逻辑斯谛模型).

将该微分方程分离变量求解，得

$$N(t)=\frac{N_m}{1+\left(\dfrac{N_m}{N_0}-1\right)e^{-r(t-t_0)}}.$$

模型分析：

(1) 当 $t\to\infty$时，$N(t)\to N_m$，无论人口的初值如何，人口总数趋向于极限值 N_m.

(2) 当 $0<N<N_m$ 时，$\dfrac{dN}{dt}=r\left(1-\dfrac{N}{N_m}\right)N>0$，$N(t)$ 是为 t 的单调递增函数.

(3) 由于$\dfrac{d^2N}{dt^2}=r^2\left(1-\dfrac{N}{N_m}\right)\left(1-\dfrac{2N}{N_m}\right)N$，所以当$N<\dfrac{N_m}{2}$ 时，$\dfrac{d^2N}{dt^2}>0$，$\dfrac{dN}{dt}$ 单调增；当 $N>\dfrac{N_m}{2}$ 时，$\dfrac{d^2N}{dt^2}<0$，$\dfrac{dN}{dt}$ 单调减，即人口增长率由增变减，在$\dfrac{N_m}{2}$ 处最大.如图 9—1 与图 9—2 所示.

因此，当 $N<\dfrac{N_m}{2}$ 时，$N(t)$ 是加速生长期，当 $N<\dfrac{N_m}{2}$ 时，$N(t)$ 是减速生长期.

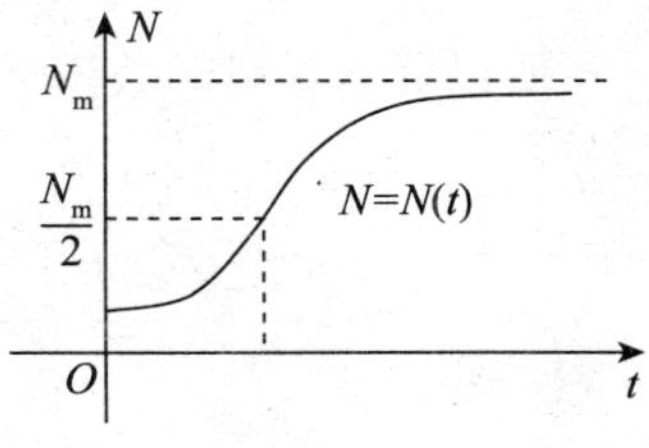

图 9—1

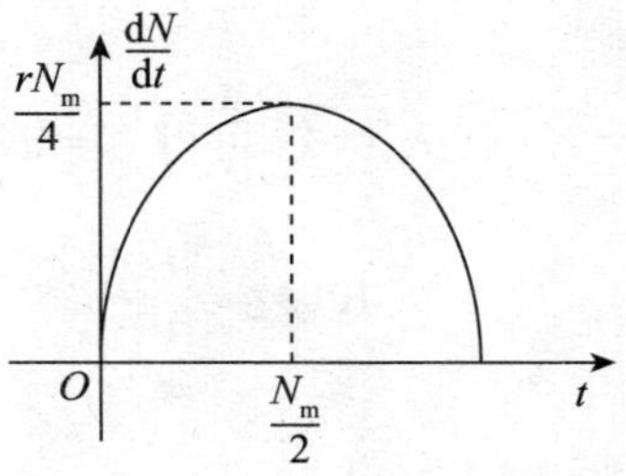

图 9—2

模型检验：该模型用美国从 1790—1950 年的人口数据进行检验，发现模型计算的结果与实际人口在1930年以前都非常吻合，自从1930年以后，误差愈来愈大，一个明显的原因是在20世纪60年代美国的实际人口数已经突破了20世纪初所设的极限人口.由此可见，该模型的缺点之一是N_m不易确定.事实上，随着一个国家经济的腾飞，它所拥有的食物就越丰富，N_{m}的值也就越大.

三、经济增长模型

经济增长的主要指标是总的产出，建立总产出增长的定量模型具有重要的意义.诺贝尔经济学奖获得者美国经济学家索罗(R. Solow)将问题进行简化，将经济增长归因于产出与资本投入和劳动力投入的相互作用，建立了十分简洁的经济增长模型.

设$Y(t)$，$K(t)$和$L(t)$分别表示时刻t的总产出、资本存量和劳动力.则总产出和资本及劳动力之间的关系可由Cobb-Douglas生产函数表示，即$Y(t)=AK^{\alpha}L^{1-\alpha}$.

由于消费的比率是固定的，资本存量的增长与总产出成正比，即$\frac{\mathrm{d}K}{\mathrm{d}t}=sY$，其中$s$为正常数，称为**储备率**.

若初始劳动力为L_0，劳动力增长率为r，则$\frac{\mathrm{d}L}{\mathrm{d}t}=rL$，解得$L=L_0\mathrm{e}^{rt}$.于是索罗经济增长模型可以表述为

$$\begin{cases}Y=AK^{\alpha}L^{1-\alpha}\\ \dfrac{\mathrm{d}K}{\mathrm{d}t}=sY, \quad K(0)=K_0.\\ L=L_0\mathrm{e}^{rt}\end{cases}$$

将$L=L_0\mathrm{e}^{rt}$代入$Y(t)=AK^{\alpha}L^{1-\alpha}$，得$Y(t)=AK^{\alpha}L_0^{1-\alpha}\mathrm{e}^{(1-\alpha)rt}$，将其再代入方程$\frac{\mathrm{d}K}{\mathrm{d}t}=sY$中，得微分方程

$$\frac{\mathrm{d}K}{\mathrm{d}t}=sAK^{\alpha}L_0^{1-\alpha}\mathrm{e}^{(1-\alpha)rt}.$$

这是可分离变量微分方程，分离变量再积分，得

$$\int\frac{1}{K^{\alpha}}\mathrm{d}K=\int sAL_0^{1-\alpha}X\mathrm{e}^{(1-\alpha)rt}\mathrm{d}t.$$

求积分得

$$K^{1-\alpha}=\frac{sA}{r}L_0^{1-\alpha}\mathrm{e}^{(1-\alpha)rt}+C.$$

将条件$K(0)=K_0$代入上式，可得$C=K_0^{1-\alpha}-\frac{sA}{r}L_0^{1-\alpha}$.所以资本存量函数模型为

$$K(t)=\left\{\frac{sA}{r}L_0^{1-\alpha}\left[\mathrm{e}^{(1-\alpha)rt}-1\right]+K_0^{1-\alpha}\right\}^{\frac{1}{1-\alpha}}.$$

四、价格调整模型

在商品经济中，商品的供给量和需求量与商品的价格有关.当市场上的供给量和需求量

相等时，供求关系达到平衡，这时的价格就是**均衡价格**.当市场上的商品供大于求时，其价格会下跌，厂商因为利润低就会降低产量；但是随着商品的减少，又会再现供不应求的状态，商品的价格又会上涨.这样，商品的价格将随着时间的变化而围绕均衡价格上下波动，这就是所要讨论的问题.

设某商品的市场价格 $P=P(t)$ 随时间 t 变动，其中需求函数为 $D_d=b-aP(a,b>0)$，供给函数为 $D_s=-d+cP(c,d>0)$.

根据一些商品的实际情况，经济学家做了一种简单的假设：商品价格 P 随时间 t 的变化率与超额需求 D_d-D_s（需求量与供给量之差）成正比.即价格函数 $P=P(t)$ 满足微分方程

$$\begin{cases}\dfrac{dP}{dt}=A(D_d-D_s)=-A(a+c)P+A(b+d)\\P(0)=P_0\end{cases},$$

其中 P_0 为初始商品价格.

利用一阶线性微分方程的通解公式，得

$$P=e^{-\int A(a+c)dt}\left[\int A(b+d)e^{\int A(a+c)dt}dt+C\right]=\frac{b+d}{a+c}+Ce^{-A(a+c)}.$$

由初始条件 $P(0)=P_0$，得 $C=P_0-\dfrac{b+d}{a+c}$，代入上式，得

$$P=\frac{b+d}{a+c}+\left(P_0-\frac{b+d}{a+c}\right)e^{-A(a+c)}.$$

由解的表达式可得，当 $t\to\infty$时，$P\to\dfrac{b+d}{a+c}$，称 $\overline{P}=\dfrac{b+d}{a+c}$ 为均衡价格，即当 $t\to\infty$时，价格将逐步趋向均衡价格（图 9—3）.

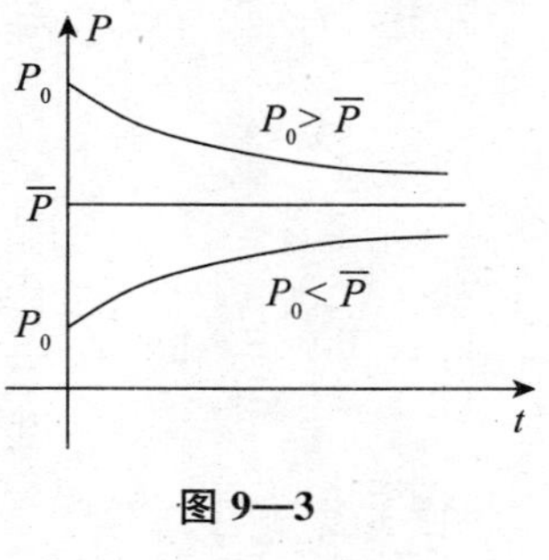

图 9—3

从价格函数可以看出：

(1) 当初始价格等于均衡价格，即 $P_0=\overline{P}$ 时，有 $P(t)=\overline{P}$，因此市场无需调节便达到均衡；

(2) 当初始价格大于均衡价格，即 $P_0>\overline{P}$ 时，有 $P(t)>\overline{P}$，且商品的价格随着时间的推移而单调减少地趋于均衡价格；

(3) 当初始价格小于均衡价格，即 $P_0<\overline{P}$ 时，有 $P(t)<\overline{P}$，且商品的价格随着时间的推移而单调递增地趋于均衡价格.

☞ 习题 9.5

1. 某设备在任意时刻 t 以常数比率贬值，若设备全新时价值为 10 000 元，5 年末价值为 6 000 元.求该设备在出厂 20 年末的价值.

2. 某公司的净资产（单位：万元）因资产本身产生的利息以 5% 的年利率增加，同时公司每年还必须以 200 万元的数额连续支付职工的工资.

(1) 列出描述净资产 W 的微分方程；

(2) 假设公司的初始净资产为 W_0（单位：万元），求净资产 $W(t)$ 的表达式；

(3) 求初始净资产 W_0 分别为 3 000，4 000，5 000 万元的特解，并解释公司净资产变化的

特点.

3. 在某一地区，一种新产品推向市场，t 时刻的销售量为 $Q(t)$.统计表明，该产品的最大需求量为 N，且产品的销售速度与 $Q(t)$ 及潜在的销售数量 $N-Q(t)$ 的乘积成正比，试求 $Q(t)$.

4. 欲订购货物，设库存费 E 随订购货物的体积 V 的增加而增加.若其变化率等于库存费的二次方与体积的二次方和除以两倍的库存费与体积乘积之商，且当 $V=1$ 时，$E=3$.求 E 与 V 之间的函数关系.

5. 在某池塘内养鱼，该池塘内最多能养鱼 1 000 尾.设在 t 时刻该池塘内鱼数 y 是时间 t 的函数，$y=y(t)$，其变化率与 y 及 $1\,000-y$ 的乘积成正比，比例常数为 $k>0$.已知在池塘内放鱼 100 尾，3 个月后池塘内有鱼 250 尾.求放养七个月后池塘内鱼数 $y=y(t)$ 的函数表达式，放养 6 个月后有多少鱼？

6. 已知某产品的净利润 P 与广告支出 x 由方程 $\dfrac{\mathrm{d}P}{\mathrm{d}x}=b-a(x+P)$ 表述，其中常数 $a>0$，$b>0$，且 $P(0)=P_0\geqslant 0$.求 $P=P(x)$.

7. 某公司生产和销售成本 C 与件数 q 的关系由方程 $\dfrac{\mathrm{d}C}{\mathrm{d}q}+aC=b+kq$ 表示，其中 a,b,k 为常数，且当 $q=0$ 时，$C=0$.求函数 $C(q)$.

8. 某制造公司根据经验发现，其设备的运行和维修成本 C 与大修间隔时间 t 的关系由方程 $\dfrac{\mathrm{d}C}{\mathrm{d}t}-\dfrac{b-1}{t}C=-\dfrac{ab}{t^2}$ 表示，其中常数 $a>0$，$b>1$，且当 $t=t_0$ 时，$C=C_0$.求函数 $C(t)$.

总习题九

1. 填空题

(1) 通解为 $y=C\mathrm{e}^x+x$ 的微分方程是 ________.

(2) 通解为 $C_1\mathrm{e}^x+C_2x$ 的微分方程是 ________.

(3) 微分方程 $y'+y\tan x=\cos x$ 的通解为 ________.

(4) 当用待定系数法求微分方程 $y''+2y'=3x^2+1$ 的一个特解时，应设特解的形式为 $y_{\mathrm{p}}=$ ________.

(5) 当用待定系数法求微分方程 $y''+y'-2y=\mathrm{e}^x(\cos x-2\sin x)$ 的一个特解时，应设特解的形式 $y_{\mathrm{p}}=$ ________.

(6) 微分方程 $y''+y'-2y=0$ 的通解为 ________.

(7) 微分方程 $y'+y\sin x=0$ 满足条件 $y(0)=1$ 的特解为 ________.

(8) 已知函数 $y=y(x)$ 在任意点 x 处的增量 $\Delta y=\dfrac{y}{1+x^2}\Delta x+\alpha$，且当 $\Delta x\to 0$ 时，α 是 Δx 的高阶无穷小，$y(0)=\pi$，则 $y(1)=$ ________.

(9) 一条曲线过原点，且它任一点切线的斜率等于 $2x+y$，则曲线方程为 ________.

(10) 设函数 $y(x)$ 为微分方程 $y''+4y'+4y=0$ 满足初始条件 $y(0)=2, y'(0)=-4$ 的特解，则 $\int_0^{+\infty} y(x)\mathrm{d}x=$ ________.

2. 单项选择题

(1) 微分方程 $(2x-y)\mathrm{d}x+(2y-x)\mathrm{d}y=0$ 经过 $(1,1)$ 点的积分曲线是(　　).

(A) $x^2+xy+y^2=3$　　(B) $x^2-xy+y^2=1$

(C) $x^2+xy-y^2=1$　　(D) $x^2-xy-y^2=-1$

(2) 已知 $y_1(x)$ 是微分方程 $y'+P(x)y=Q(x)$ 的一个特解，C 是任意常数，则该方程的通解为(　　).

(A) $y=y_1+\mathrm{e}^{-\int P(x)\mathrm{d}x}$　　(B) $y=y_1+C\mathrm{e}^{-\int P(x)\mathrm{d}x}$

(C) $y=y_1+\mathrm{e}^{-\int P(x)\mathrm{d}x}+C$　　(D) $y=y_1+\mathrm{e}^{\int P(x)\mathrm{d}x}$

(3) 设线性无关的函数 y_1, y_2, y_3 都是二阶常系数线性微分方程 $y''+py'+qy=f(x)$ 的解，C_1, C_2 是两个任意常数，则该方程的通解是(　　).

(A) $C_1y_1+C_2y_2+y_3$　　(B) $C_1y_1+C_2y_2-(C_1+C_2)y_3$

(C) $C_1y_1+C_2y_2-(1-C_1-C_2)y_3$　　(D) $C_1y_1+C_2y_2+(1-C_1-C_2)y_3$

(4) 满足方程 $f(x)+2\int_0^x f(x)\mathrm{d}x=x^2$ 的函数 $f(x)=$(　　).

(A) $-\frac{1}{2}\mathrm{e}^{-2x}+x+\frac{1}{2}$　　(B) $-\frac{1}{2}\mathrm{e}^{-2x}+x-\frac{1}{2}$

(C) $C\mathrm{e}^{-2x}+x-\frac{1}{2}$　　(D) $C\mathrm{e}^{-2x}+x+\frac{1}{2}$

(5) 微分方程 $xy'+y=\frac{1}{1+x^2}$ 的通解是(　　).

(A) $y=\arctan x+C$　　(B) $y=\frac{1}{x}(\arctan x+C)$

(C) $y=\frac{1}{x}\arctan x+C$　　(D) $y=\frac{C}{x}+\arctan x$

(6) 当用待定系数法求微分方程 $y''-y'=\mathrm{e}^x+3$ 的一个特解时，应设特解的形式 $y_p=$(　　).

(A) $a\mathrm{e}^x+b$　　(B) $ax\mathrm{e}^x+b$　　(C) $ax\mathrm{e}^x+bx$　　(D) $x^2(a+b\mathrm{e}^x)$

(7) 当用待定系数法求微分方程 $y''+3y'+2y=\sin x$ 的一个特解时，应设特解的形式 $y_p=$(　　).

(A) $b\sin x$　　(B) $a\cos x$

(C) $a\cos x+b\sin x$　　(D) $x(a\cos x+b\sin x)$

(8) 若连续函数 $f(x)$ 满足 $f(x)=\int_0^{3x} f\left(\frac{t}{3}\right)\mathrm{d}t+\ln 3$，则 $f(x)$ 的表达式为(　　).

(A) $\mathrm{e}^x\ln 3$　　(B) $\mathrm{e}^{3x}\ln 3$　　(C) $\mathrm{e}^x+\ln 3$　　(D) $\mathrm{e}^{3x}+\ln 3$

(9) 已知 $r_1=0, r_2=4$ 是方程 $y''+py'+qy=0$ (p, q 为常数) 的特征方程的两个根，则该

方程是(　　).

(A) $y''+4y'=0$　　(B) $y''-4y'=0$

(C) $y''+4y=0$　　(D) $y''-4y=0$

(10) 设函数 $y=f(x)$ 是微分方程 $y''-2y'+4y=0$ 的一个解，且 $f(x_0)>0, f'(x_0)=0$，则 $f(x)$ 在 x_0 处(　　).

(A) 有极大值　　(B) 有极小值

(C) 某邻域内单调增加　　(D) 某邻域内单调减少

3. 求解下列微分方程：

(1) $(1+e^x)dy+ye^x dx=0, y(0)=1$；　　(2) $(x^2+2xy)dx+xydy=0$；

(3) $y'=\dfrac{y}{2y\ln y+y-x}$；　　(4) $x^2y'+y=(x^2+1)e^x$.

4. 求解下列微分方程：

(1) $y''-2y'+y=(2x+1)e^{2x}$；　　(2) $y''-y'-2y=x+\cos 2x$.

5. 设 $y=e^x$ 为微分方程 $xy'+P(x)y=x$ 的一个解.求此微分方程满足条件 $y|_{x=\ln 2}=0$ 的特解.

6. 求以 $y=C_1e^{-x}+C_2e^{2x}+\sin x$ 为通解的二阶常系数非齐次线性微分方程.

7. 设 $f(x)$ 与 $f'(x)$ 为已知的连续函数.求方程 $y'+f'(x)y=f(x)f'(x)$ 的通解.

8. 模型研究：逻辑斯谛模型是一种应用非常广泛的数学模型. 它在生物学、经济学、人口学等学科中经常可以见到.查阅文献，写一篇关于逻辑斯谛模型应用的短文(参考第十一章第二节问题三).

第十章　差分方程

在经济与管理学科的许多实际问题中，所给的数据多数是按等间隔的时间来统计的，因此，各相关变量的取值都是离散变化的.描述离散型变量之间关系的数学模型为离散型数学模型，差分方程是研究这类离散模型的有力工具.本章主要介绍差分方程的基本概念与常见差分方程的解法和应用.

第一节　差分方程的基本概念

对于离散型数学模型，所研究的函数是定义在整数集上的整变量函数，自变量与因变量均是离散变化的，离散型变量之间的关系可以用差分和差分方程来描述.

一、差分的概念

函数改变量是函数研究的重点，对于离散型函数的改变量可以用它的差商或差分来刻画.我们先通过实例介绍差分概念.

例 1　设在银行的初始存款为 A_0（$t=0$ 时的存款，单位：年），银行存款的年利率为 r.若以一年为一期，按复利计算，则第 t 年后的存款余额和第 $t+1$ 年存款余额的增长额如何？

解　设 t 年末的本利和是 t 的函数，记为 $A_t=f(t)(t=0,1,2,\cdots)$.显然有

$$A_{t+1}=A_t+rA_t,\quad 即\quad A_{t+1}=(1+r)A_t\quad (t=0,1,2,\cdots).$$

由上述递推关系，可得

$$A_t=(1+r)A_{t-1}=(1+r)^2A_{t-2}=\cdots=A_0(1+r)^n.$$

所以第 t 年后的存款余额为 $A_t=f(t)=A_0(1+r)^t(t=0,1,2,\cdots)$.这是一个整变量函数的离散型数学模型.

若将 $A_{t+1}=A_t+rA_t$ 写成

$$A_{t+1}-A_t=rA_t \quad 或 \quad f(t+1)-f(t)=rf(t),$$

则上式左端就是相邻两年本利和的改变量，即第 $t+1$ 年存款余额的增长额.

若记 $\Delta A_t=A_{t+1}-A_t$ 或 $\Delta f(t)=f(t+1)-f(t)$，则称其为函数 $f(t)$ 在 t 时刻的差分. 这样有 $\Delta A_t=rA_t$ 或 $\Delta f(t)=rf(t)$.

定义 1 设函数 $f(t)$ 为定义在非负整数集 $\mathbf{N}=\{0,1,2,\cdots\}$ 上的整变量函数. 记 $y_t=f(t)(t=0,1,2,\cdots)$，则称函数的改变量 $y_{t+1}-y_t$ 为函数 $y_t=f(t)$ 在 t 点的**一阶差分**，记作 Δy_t，即 $\Delta y_t=y_{t+1}-y_t=f(t+1)-f(t)\ (t=0,1,2,\cdots)$.

例 2 求函数 $y_t=C$（C 为常数）的差分 Δy_t.

解 由差分的定义，得

$$\Delta y_t=y_{t+1}-y_t=C-C=0.$$

例 3 求函数 $y_t=t^2$ 的差分 Δy_t.

解 由差分的定义，得

$$\Delta y_t=y_{t+1}-y_t=(t+1)^2-t^2=2t+1.$$

差分具有与微分类似的四则运算法则.

定理 1（四则运算法则） 设函数 $y_t=f(t), z_t=g(t)(t=0,1,2,\cdots)$，则

(1) $\Delta(cy_t)=c\Delta y_t$（c 为常数）；

(2) $\Delta(y_t\pm z_t)=\Delta y_t\pm\Delta z_t$；

(3) $\Delta(y_tz_t)=y_{t+1}\Delta z_t+z_t\Delta y_t=y_t\Delta z_t+z_{t+1}\Delta y_t$；

(4) $\Delta\left(\dfrac{y_t}{z_t}\right)=\dfrac{z_t\Delta y_t-y_t\Delta z_t}{z_tz_{t+1}}$.

函数 $y_t=f(t)$ 在 t 点的一阶差分 Δy_t 是 t 的函数. 从而可以进一步定义一阶差分 Δy_t 的差分，即**二阶差分**，二阶差分记为 $\Delta^2 y_t=\Delta(\Delta y_t)$.

函数 $y_t=f(t)$ 在 t 点的二阶差分为

$$\begin{aligned}\Delta^2 y_t&=\Delta(\Delta y_t)=\Delta y_{t+1}-\Delta y_t\\&=(y_{t+2}-y_{t+1})-(y_{t+1}-y_t)=y_{t+2}-2y_{t+1}+y_t.\end{aligned}$$

依次定义函数 $y_t=f(t)$ 在 t 点的三阶差分为二阶差分 $\Delta^2 y_t$ 的差分，**三阶差分**记为 $\Delta^3 y_t=\Delta(\Delta^2 y_t)$，函数 $y_t=f(t)$ 在 t 点的三阶差分为

$$\begin{aligned}\Delta^3 y_t&=\Delta(\Delta^2 y_t)=\Delta^2 y_{t+1}-\Delta^2 y_t=\Delta y_{t+2}-2\Delta y_{t+1}+\Delta y_t\\&=y_{t+3}-3y_{t+2}+3y_{t+1}-y_t.\end{aligned}$$

类似可定义函数 $y_t=f(t)$ 在 t 点的 $n-1$ 阶差分，则在 t 点的 ***n* 阶差分**为

$$\Delta^n y_t=\Delta(\Delta^{n-1} y_t)=\Delta^{n-1} y_{t+1}-\Delta^{n-1} y_t=\sum_{k=0}^{n}(-1)^k\frac{n!}{k!(n-k)!}y_{t+n-k}.$$

上式表明，函数 $y_t=f(t)$ 在 t 点的 n 阶差分是该函数的 n 个函数值 $y_t, y_{t+1}, \cdots, y_{t+n}$ 的线性组合.

二阶及二阶以上的差分称为**高阶差分**.

例 4 求函数 $y_t=a^t$ 的差分 $\Delta y_t, \Delta^2 y_t$.

解 由差分的定义，得

$$\Delta y_t=y_{t+1}-y_t=a^{t+1}-a^t=a^t(a-1).$$

由差分的运算，得

$$\Delta^2 y_t=\Delta(\Delta y_t)=\Delta[a^t(a-1)]=(a-1)\Delta a^t=(a-1)^2a^t.$$

例 5 求函数 $y_t=t^2+3t+1$ 的差分 $\Delta^2 y_t$.

解 由差分的定义,得

$$\Delta y_t=(t+1)^2+3(t+1)+1-(t^2+3t+1)=2t+4,$$

$$\Delta^2 y_t=\Delta(\Delta y_t)=\Delta(2t+4)=2(t+1)+4-(2t+4)=2.$$

一般地,对于 n 次多项式函数 $P_n(t)$,求一次差分,多项式 $P_n(t)$ 的次数降低一次,因此,它的 n 阶差分为常数,它的 n 阶以上的差分为零.

二、差分方程的基本概念

在例 1 的复利问题中,方程

$$A_{t+1}=(1+r)A_t \quad 或 \quad \Delta A_t=rA_t \quad (t=0,1,2,\cdots)$$

为含有未知函数 $A_t=f(t)$ 差分(或两个不同时期值)的方程,称为**差分方程**.

函数 $A_t=f(t)=A_0(1+r)^t$ 为满足方程 $A_{t+1}=(1+r)A_t$ 的函数,称为该方程的解.

定义 2 含有未知函数 $y_t=f(t)$ 的差分或含有未知函数两个或两个以上不同时期值的符号的方程称为**差分方程**.差分方程的一般形式为

$$F(t,y_t,\Delta y_t,\Delta^2 y_t,\cdots,\Delta^n y_t)=0 \quad (n\geqslant 1),$$

或 $G(t,y_t,y_{t+1},y_{t+2},\cdots,y_{t+n})=0 \quad (n\geqslant 1)$,或 $H(t,y_t,y_{t-1},y_{t-2},\cdots,y_{t-n})=0 \quad (n\geqslant 1)$.

由差分的定义及性质可知,差分方程的三种不同形式之间可以相互转换.

在差分方程中,未知函数的最大下标与最小下标之差称为**差分方程的阶**.

定义 3 如果一个函数代入差分方程,使方程两边恒等,则称此函数为**差分方程的解**.若差分方程的解中,含有相互独立的任意常数的个数与差分方程的阶数相同,则称这个解为**差分方程的通解**.通解中的任意常数被某些条件确定后的解称为**差分方程的特解**,确定任意常数的条件称为**初始条件**.

例 6 设差分方程 $y_{t+1}-y_t=2$,验证函数 $y_t=2t+C$(C 为任意常数)为该方程的通解,并求条件 $y_0=1$ 时的特解.

解 将 $y_t=2t+C,y_{t+1}=2(t+1)+C$ 代入差分方程,有

$$y_{t+1}-y_t=[2(t+1)+C]-(2t+C)=2.$$

因此,函数 $y_t=2t+C$(C 为任意常数)为该方程的通解.

将条件 $y_0=1$ 代入微分方程的通解中,得 $C=1$,所以差分方程满足条件 $y_0=1$ 的特解为 $y_t=2t+1$.

三、常系数线性差分方程解的结构

线性差分方程是在理论与实际中应用最广泛的一类差分方程,本章主要讨论一阶常系数线性差分方程和二阶常系数线性差分方程的解法.在此,以二阶常系数线性差分方程为例介绍其通解结构.

定义 4 形如 $y_{t+2}+ay_{t+1}+by_t=f(t)$ 的差分方程,其中 a,b 为常数,且 $b\neq 0$,称为**二阶常系数线性差分方程**.

若 $f(t) \neq 0$,差分方程 $y_{t+2}+ay_{t+1}+by_t=f(t)$ 称为**二阶常系数非齐次线性差分方程**.

若 $f(t)=0$,差分方程 $y_{t+2}+ay_{t+1}+by_t=0$ 称为**二阶常系数齐次线性差分方程**.

定理 2 若函数 $y_1(t)$,$y_2(t)$ 为二阶常系数齐次线性差分方程

$$y_{t+2}+ay_{t+1}+by_t=0$$

的两个线性无关解,则 $y_C(t)=C_1y_1(t)+C_2y_2(t)$(其中 C_1,C_2 为任意常数)为二阶常系数齐次线性差分方程的通解.

定理 3 若函数 $y^*(t)$ 是二阶常系数非齐次线性差分方程的特解,$y_C(t)$ 是对应二阶常系数齐次线性差分方程的通解,则二阶常系数非齐次线性差分方程的通解是

$$y(t)=y^*(t)+y_C(t).$$

由此可见,要求出二阶常系数非齐次线性差分方程的通解,只需求出对应二阶常系数齐次线性差分方程的通解和其一个特解做和即可.

此定理的结论对一阶常系数线性差分方程也成立.

定理 4 若函数 $y_1^*(t)$,$y_2^*(t)$ 分别是差分方程

$$y_{t+2}+ay_{t+1}+by_t=f_1(t) \quad 和 \quad y_{t+2}+ay_{t+1}+by_t=f_2(t)$$

的解,则 $y^*=y_1^*(t)+y_2^*(t)$ 是差分方程 $y_{t+2}+ay_{t+1}+by_t=f_1(t)+f_2(t)$ 的解.

上述定理类似于线性微分方程的相关定理,证明比较简单,留给读者完成.

☞ 习题 10.1

1. 求下列函数的二阶差分 $\Delta^2 y_t$:

(1)$y_t=t^3-t^2$; (2)$y_t=e^{3t}$;

(3)$y_t=\ln(1+t)$; (4)$y_t=(t+1)^2+2^t$.

2. 将下列差分方程化成用函数值形式表示的方程,并指出方程的阶数:

(1)$\Delta y_t-2y_t-5=0$; (2)$\Delta^2 y_t+2\Delta y_t+3y_t=t^2$;

(3)$\Delta^3 y_t+y_t+2=0$; (4)$\Delta^3 y_{t-1}-t\Delta y_t=2^t$.

3. 将下列差分方程化成以函数差分表示的形式:

(1)$y_{t+1}+y_t-3=0$; (2)$y_{t+2}-5y_{t+1}+y_t-2=0$.

4. 验证下列函数是所给差分方程的解:

(1)$y_t=C+2t+t^2$,$y_{t+1}-y_t=3+2t$;

(2)$y_t=C_1(-2)^t+C_2 3^t$,$y_{t+2}-y_{t+1}-6y_t=0$.

5. 验证 $y_t=(C_1+C_2t)5^t+\dfrac{1}{4}3^t$ 为差分方程 $y_{t+2}-y_{t+1}-6y_t=0$ 的通解,并求满足初始条件 $y_0=1$,$y_1=0$ 的特解.

6. 已知 $y_t=C_1+C_2a^t$ 是差分方程 $y_{t+2}-3y_{t+1}+2y_t=0$ 的通解.试确定常数 a.

第二节　一阶常系数线性差分方程

一阶常系数线性差分方程是最简单的一类差分方程，本节讨论一阶常系数线性差分方程中几类特殊形式差分方程的解法.

定义　形如 $y_{t+1}-ay_t=f(t)\ (a\neq 0)$ 的差分方程，其中 a 为非零常数，$f(t)$ 为已知函数，称为**一阶常系数线性差分方程**.

当 $f(t)=0$ 时，方程 $y_{t+1}-ay_t=0$ 称为**一阶常系数齐次线性差分方程**.

当 $f(t)\neq 0$ 时，方程 $y_{t+1}-ay_t=f(t)$ 称为**一阶常系数非齐次线性差分方程**.

一、一阶常系数齐次线性差分方程的解法

对于一阶常系数齐次线性差分方程

$$y_{t+1}-ay_t=0\quad (a\neq 0)$$

的求解，可以采取迭代法.

设 y_0 已知，由 $y_{t+1}-ay_t=0$，即 $y_{t+1}=ay_t$，依次可得

$$y_1=ay_0,y_2=ay_1=a^2y_0,\cdots,y_t=ay_{t-1}=a^ty_0.$$

所以，令 $y_0=C$（C 为任意常数），则方程的通解为 $y_t=Ca^t$（C 为任意常数）.

上述求解方法称为求解一阶常系数齐次线性差分方程的**迭代法**，公式 $y_t=Ca^t$（C 为任意常数）称为**一阶常系数齐次线性差分方程的通解公式**.

例 1　求差分方程 $2y_{t+1}-y_t=0$ 的通解.

解　由差分方程 $2y_{t+1}-y_t=0$，得 $y_{t+1}=\frac{1}{2}y_t$，所以

$$y_t=\frac{1}{2}y_{t-1}=\left(\frac{1}{2}\right)^2y_{t-2}=\cdots=\left(\frac{1}{2}\right)^ty_0.$$

令 $y_0=C$，则差分方程的通解为 $y_t=C\left(\frac{1}{2}\right)^t$（$C$ 为任意常数）.

二、一阶常系数非齐次线性差分方程的解法

设一阶常系数非齐次线性差分方程 $y_{t+1}-ay_t=f(t)$，这里 a 为非零常数，$f(t)$ 为已知函数.

由于非齐次差分方程 $y_{t+1}-ay_t=f(t)$ 对应的齐次差分方程 $y_{t+1}-ay_t=0$ 的通解为 $y_C(t)=Ca^t$，因此，要求一阶常系数线性非齐次差分方程 $y_{t+1}-ay_t=f(t)$ 的通解，只需求出其一个特解，再与其对应的齐次差分方程的通解相加即可.

下面给出一阶常系数非齐次线性差分方程的特解求法 —— 待定系数法.

1. $f(t)=P_n(t)$ 型

设 $f(t)=P_n(t)$，其中 $P_n(t)$ 为 n 次多项式，即

$$P_n(t)=a_0t^n+a_1t^{n-1}+\cdots+a_{n-1}t+a_n.$$

此时，一阶常系数非齐次线性差分方程为 $y_{t+1}-ay_t=P_n(t)$.

由 $\Delta y_t=y_{t+1}-y_t$，即 $y_{t+1}=\Delta y_t+y_t$，代入方程 $y_{t+1}-ay_t=P_n(t)$，得

$$\Delta y_t+(1-a)y_t=P_n(t).$$

由此式可以看出，上式方程的右端为 n 次多项式 $P_n(t)$，因此，方程可能有多项式形式的特解，设为 $y_t^*=Q(t)$（$Q(t)$ 为待定多项式），代入原方程，得

$$\Delta y_t^*+(1-a)y_t^*=P_n(t). \tag{$*$}$$

由于 Δy_t^* 的次数低于 y_t^* 的次数，因而方程左端的次数与 y_t^* 的系数 $1-a$ 相关，讨论如下：

(1) 当 $a\neq1$ 时，式（$*$）左端多项式的次数与 y_t^* 的次数相同，此时 $Q(t)$ 必须为 n 次多项式，于是，差分方程的特解形式可设为

$$y_t^*=Q_n(t)=b_0t^n+b_1t^{n-1}+\cdots+b_{n-1}t+b_n\quad(b_0\neq0).$$

将其代入式（$*$），由待定系数法，比较式（$*$）两端 t 的同次项系数，得到线性方程组，解方程组即可确定待定系数 $b_0,b_1,b_2,\cdots,b_n$，进而得到差分方程的特解.

(2) 当 $a=1$ 时，式（$*$）左端多项式的次数与 Δy_t^* 的次数相同，Δy_t^* 必须为 n 次多项式，因此 $Q(t)$ 必须为 $n+1$ 次多项式，于是，差分方程的特解形式可设为

$$y_t^*=tQ_n(t)=t(b_0t^n+b_1t^{n-1}+\cdots+b_{n-1}t+b_n)\quad(b_0\neq0).$$

将其代入式（$*$），由待定系数法，比较式（$*$）两端 t 的同次项系数，得到线性方程组，解方程组即可确定待定系数 $b_0,b_1,b_2,\cdots,b_n$，进而得到差分方程的特解.

综上所述，一阶常系数非齐次线性差分方程 $y_{t+1}-ay_t=P_n(t)$（其中 $P_n(t)$ 为 n 次多项式）的特解形式为

$$y_t^*=t^mQ_n(t)\quad(\text{当 } a\neq1 \text{ 时，取 } m=0\text{；当 } a=1 \text{ 时，取 } m=1).$$

其中 $Q_n(t)=b_0t^n+b_1t^{n-1}+\cdots+b_{n-1}t+b_n$ 的系数 $b_0,b_1,\cdots,b_n$ 由待定系数法确定.

例 2 求差分方程 $y_{t+1}-3y_t=t^2$ 的通解.

解 该方程所对应的齐次差分方程为 $y_{t+1}-3y_t=0$，其通解为 $y_C(t)=C\cdot3^t$.

由于 $a=3\neq1$，所以设差分方程 $y_{t+1}-3y_t=t^2$ 的一个特解为

$$y_t^*=b_0t^2+b_1t+b_2.$$

将其代入原差分方程，得

$$b_0(t+1)^2+b_1(t+1)+b_2-3(b_0t+b_1t+b_2)=t^2.$$

比较同次项的系数，得 $b_0=b_1=b_2=-\dfrac{1}{2}$.于是原方程的一个特解为 $y_t^*=-\dfrac{1}{2}(t^2+t+1)$.

综上，原方程的通解为 $y_t=-\dfrac{1}{2}(t^2+t+1)+C\cdot3^t$.

例 3 求差分方程 $y_{t+1}-y_t=2t+3$ 满足条件 $y_0=1$ 的特解.

解 该方程所对应的齐次差分方程为 $y_{t+1}-y_t=0$，其通解为 $y_C(t)=C$.

由于 $a=1$，所以设差分方程 $y_{t+1}-y_t=2t+3$ 的一个特解为

$$y_t^* = t(b_0 t + b_1) = b_0 t^2 + b_1 t.$$

将其代入原差分方程，得

$$b_0(t+1)^2 + b_1(t+1) - (b_0 t^2 + b_1 t) = 2t + 3.$$

比较同次项的系数，得 $b_0 = 1, b_1 = 2$. 于是原方程的一个特解为 $y_t^* = t^2 + 2t$.

因此，原方程的通解为 $y_t = t^2 + 2t + C$.

将 $y_0 = 1$ 代入所求通解中，求得 $C = 1$，因此，原方程满足条件 $y_0 = 1$ 的特解为 $y_t = t^2 + 2t + 1$.

2. $f(t) = \lambda^t P_n(t)$ 型

设 $f(t) = \lambda^t P_n(t)$，其中 λ 为常数，且 $\lambda \neq 0, \lambda \neq 1$，$P_n(t)$ 为 n 次多项式. 此时，一阶常系数非齐次线性差分方程为 $y_{t+1} - a y_t = \lambda^t P_n(t)$.

该类差分方程可以通过变换化为第一种类型.

作变量代换 $y_t = \lambda^t z_t$，将其代入差分方程 $y_{t+1} - a y_t = \lambda^t P_n(t)$，得

$$\lambda^{t+1} z_{t+1} - a\lambda^t z_t = \lambda^t P_n(t),$$

即

$$z_{t+1} - \frac{a}{\lambda} z_t = \frac{1}{\lambda} P_n(t) \quad (\lambda \neq 0).$$

上述方程为前述方程类型，由前面的讨论，可设它的一个特解为 $z_t^* = t^m Q_n(t)$，

这样，可设原方程的一个特解为

$$y_t^* = \lambda^t z_t^* = \lambda^t t^m Q_n(t) \quad (\lambda \neq 0, \lambda \neq 1),$$

其中 $Q_n(t) = b_0 t^n + b_1 t^{n-1} + \cdots + b_{n-1} t + b_n$，且当 $a \neq \lambda$ 时，取 $m = 0$，当 $a = \lambda$ 时，取 $m = 1$. 多项式 $Q_n(t)$ 的系数 $b_0, b_1, b_2, \cdots, b_n$ 可由待定系数法确定.

例 4 求差分方程 $2y_{t+1} - y_t = 2^{t+1}$ 的通解.

解 将差分方程化为 $y_{t+1} - \frac{1}{2} y_t = 2^t$. 差分方程对应的齐次差分方程的通解为 $y_t = C \cdot \left(\frac{1}{2}\right)^t$（$C$ 为任意常数）. 由于 $a = \frac{1}{2} \neq 2$，设原差分方程的特解为 $y_t^* = b \cdot 2^t$，将其代入原差分方程，有 $b \cdot 2^{t+1} - \frac{1}{2} b \cdot 2^t = 2^t$，解得 $b = \frac{2}{3}$. 于是，原差分方程的特解为 $y_t^* = \frac{2}{3} \cdot 2^t$.

因此，原方程的通解为 $y_t = \frac{2}{3} \cdot 2^t + C \cdot \left(\frac{1}{2}\right)^t$.

一阶常系数非齐次线性差分方程 $y_{t+1} - a y_t = f(t)$ 的求解步骤：

(1) 求对应的一阶常系数齐次线性差分方程 $y_{t+1} - a y_t = 0$ 的通解

$$y_C(t) = C a^t \quad (C \text{ 为任意常数}).$$

(2) 求一阶常系数非齐次线性差分方程 $y_{t+1} - a y_t = f(t)$ 的特解. 根据 $f(t)$ 的形式，按表 10—1 设定特解的形式，其中 $Q_n(t) = b_0 t^n + b_1 t^{n-1} + \cdots + b_{n-1} t + b_n (b_0 \neq 0)$，将设定的特解代入差分方程，通过待定系数法确定特解.

表 10—1

$f(t)$ 的形式	确定待定特解的条件	待定特解的形式
$f(t)=P_n(t)$	$a\neq 1$	$y_t^*=Q_n(t)$
	$a=1$	$y_t^*=tQ_n(t)$
$f(t)=\lambda^t P_n(t)$ $(\lambda\neq 0,\lambda\neq 1)$	$a\neq\lambda$	$y_t^*=\lambda^t Q_n(t)$
	$a=\lambda$	$y_t^*=\lambda^t tQ_n(t)$

(3) 写出一阶常系数非齐次线性差分方程的通解 $y_t=Ca^t+y_t^*$.

习题 10.2

1. 求下列一阶差分方程的通解:

(1) $y_{t+1}-6y_t=0$;

(2) $y_{t+1}-3y_t=-2$;

(3) $y_{t+1}-y_t=3+2t$;

(4) $2y_{t+1}-y_t=2+t^2$;

(5) $y_{t+1}+2y_t=3\cdot 2^t$;

(6) $y_{t+1}-2y_t=t\cdot 2^t$.

2. 求下列一阶差分方程满足初始条件的特解:

(1) $2y_{t+1}-y_t=0$,且 $y_0=2$;

(2) $8y_{t+1}+4y_t=3$,且 $y_0=\dfrac{1}{2}$;

(3) $2y_{t+1}-y_t=2+t^2$,且 $y_0=4$;

(4) $y_{t+1}+2y_t=2^t$,且 $y_0=\dfrac{4}{3}$.

3. 设 a,b 为非零常数,且 $1+a\neq 0$.试证:通过变换 $z_t=y_t-\dfrac{b}{1+a}$,可将非齐次差分方程 $y_{t+1}+ay_t=b$ 化为 z_t 的齐次差分方程,并由此求出原方程的通解.

第三节 二阶常系数线性差分方程

二阶常系数线性差分方程是一类应用广泛的差分方程,本节讨论二阶常系数线性差分方程中几类特殊形式差分方程的解法.

定义 形如 $y_{t+2}+ay_{t+1}+by_t=f(t)$ $(b\neq 0)$ 的差分方程,其中 a,b 为常数,且 $b\neq 0$,$f(t)$ 为已知函数,称为**二阶常系数线性差分方程**.

当 $f(t)=0$ 时,差分方程 $y_{t+2}+ay_{t+1}+by_t=0$ 称为**二阶常系数齐次线性差分方程**.

当 $f(t)\neq 0$ 时,差分方程 $y_{t+2}+ay_{t+1}+by_t=f(t)$ 称为**二阶常系数非齐次线性差分方程**.

一、求二阶常系数齐次线性差分方程的通解

二阶常系数齐次线性差分方程

$$y_{t+2}+ay_{t+1}+by_t=0 \quad (b\neq 0),$$

这里 a,b 为常数,且 $b\neq 0$.由二阶常系数齐次线性差分方程解的结构定理可知,要求差分方程的通解,只需求出其两个线性无关的特解即可.

由于方程的左端是 y_t,y_{t+1},y_{t+2} 的线性组合,而对于指数函数 $y_t=\lambda^t,y_{t+1}=\lambda\cdot\lambda^t$, $y_{t+2}=\lambda^2\cdot\lambda^t$,因此,推测差分方程具有指数函数形式 $y_t=\lambda^t$ 的特解.将其代入差分方程,得

$$\lambda^t(\lambda^2+a\lambda+b)=0 \quad 即 \quad \lambda^2+a\lambda+b=0.$$

称方程 $\lambda^2+a\lambda+b=0$ 为二阶常系数齐次线性差分方程 $y_{t+2}+ay_{t+1}+by_t=0$ 的**特征方程**,特征方程的根称为**特征根**.

由于特征方程的特征根有三种形式,所以分三种形式讨论如下:

(1) 若特征方程 $\lambda^2+a\lambda+b=0$ 有两个不同实根 λ_1,λ_2,则差分方程有解 $y_1(t)=\lambda_1^t$, $y_2(t)=\lambda_2^t$,且它们线性无关,于是差分方程的通解为

$$y_C(t)=C_1\lambda_1^t+C_2\lambda_2^t \quad (C_1,C_2\ 为任意常数).$$

(2) 若特征方程 $\lambda^2+a\lambda+b=0$ 有重根 $\lambda_1=\lambda_2=-\frac{a}{2}$,则差分方程有一个解 $y_1(t)=\lambda_1^t=\left(-\frac{a}{2}\right)^t$,可以验证 $y_2(t)=t\lambda_1^t=t\left(-\frac{a}{2}\right)^t$ 也是差分方程的一个解.显然 $y_1(t)=\lambda_1^t$ 与 $y_2(t)=t\lambda_1^t$ 线性无关,于是差分方程的通解为

$$y_C(t)=(C_1+C_2t)\lambda_1^t=(C_1+C_2t)\left(-\frac{a}{2}\right)^t \quad (C_1,C_2\ 为任意常数).$$

(3) 若特征方程 $\lambda^2+a\lambda+b=0$ 有一对共轭复根 $\lambda_1=\alpha+\mathrm{i}\beta,\lambda_2=\alpha-\mathrm{i}\beta$,其中 $\alpha=-\frac{a}{2},\beta=\frac{\sqrt{4b-a^2}}{2}$,可以验证差分方程有两个线性无关的特解

$$y_1(t)=r^t\cos\omega t, \quad y_2(t)=r^t\sin\omega t,$$

其中 $r=\sqrt{b}=\sqrt{\alpha^2+\beta^2}$, $\tan\omega=\frac{\beta}{\alpha}(\omega\in(0,\pi)$;$\alpha=0$ 时,$\omega=\frac{\pi}{2})$.

于是差分方程的通解为

$$y_C(t)=r^t(C_1\cos\omega t+C_2\sin\omega t) \quad (C_1,C_2\ 为任意常数).$$

综上所述,求二阶常系数齐次线性差分方程 $y_{t+2}+ay_{t+1}+by_t=0(b\neq 0)$ 通解的步骤是:

(1) 写出特征方程 $\lambda^2+a\lambda+b=0$,并求出特征根;

(2) 根据特征根的情形,按表 10—2 写出差分方程的通解.

表 10—2

特征方程 $\lambda^2+a\lambda+b=0$ 的根	差分方程 $y_{t+2}+ay_{t+1}+by_t=0$ 的通解
两个不等实根 $\lambda_1\neq\lambda_2$	$y_C(t)=C_1\lambda_1^t+C_2\lambda_2^t$

续前表

特征方程 $\lambda^2+a\lambda+b=0$ 的根	差分方程 $y_{t+2}+ay_{t+1}+by_t=0$ 的通解
两个相等实根 $\lambda=-\frac{a}{2}$	$y_C(t)=(C_1+C_2t)\lambda^t=(C_1+C_2t)\left(-\frac{a}{2}\right)^t$
共轭复根 $\lambda_{1,2}=\alpha\pm i\beta$	$y_C(t)=r^t(C_1\cos\omega t+C_2\sin\omega t)$ $r=\sqrt{b},\tan\omega=\frac{\beta}{\alpha}(\omega\in(0,\pi)$;$\alpha=0$ 时,$\omega=\frac{\pi}{2})$

例 1 求差分方程 $y_{t+2}+4y_{t+1}+3y_t=0$ 的通解.

解 差分方程的特征方程为 $\lambda^2+4\lambda+3=0$,它有两个不等实根 $\lambda_1=-1,\lambda_2=-3$. 所以差分方程 $y_{t+2}+4y_{t+1}+3y_t=0$ 的通解为

$$y_t=C_1(-1)^t+C_2(-3)^t\quad(C_1,C_2\text{ 是任意常数}).$$

例 2 求差分方程 $y_{t+2}+4y_t=0$ 的通解.

解 差分方程的特征方程$\lambda^2+4=0$,它有两个共轭复根$\lambda_{1,2}=\pm 2i$,这时 $r=\sqrt{b}=2,\alpha=0,\beta=2,\omega=\frac{\pi}{2}$,所以差分方程 $y_{t+2}+4y_t=0$ 的通解为

$$y_C(t)=2^t\left(C_1\cos\frac{\pi}{2}t+C_2\sin\frac{\pi}{2}t\right)\quad(C_1,C_2\text{ 是任意常数}).$$

例 3 求差分方程 $y_{t+2}-2y_{t+1}+y_t=0$ 满足初始条件 $y_0=1,y_1=2$ 的特解.

解 差分方程的特征方程为 $\lambda^2-2\lambda+1=0$,它有重根 $\lambda_1=\lambda_2=1$,所以差分方程 $y_{t+2}-2y_{t+1}+y_t=0$ 的通解为

$$y_C(t)=C_1+C_2t\quad(C_1,C_2\text{ 是任意常数}).$$

将初始条件 $y_0=1,y_1=2$ 代入通解中,得 $C_1=1,C_2=1$.所以,差分方程满足初始条件 $y_0=1$,$y_1=2$ 的特解为 $y_t=1+t$.

二、求二阶常系数非齐次线性差分方程的特解和通解

设二阶常系数非齐次线性差分方程

$$y_{t+2}+ay_{t+1}+by_t=f(t)\quad(b\neq 0),$$

这里 a,b 为常数,且 $b\neq 0$,$f(t)$ 为已知函数.

由于方程 $y_{t+2}+ay_{t+1}+by_t=f(t)$ 对应的齐次差分方程 $y_{t+2}+ay_{t+1}+by_t=0$ 的通解已经可求,因此,要求差分方程 $y_{t+2}+ay_{t+1}+by_t=f(t)$ 的通解,只需求出其一个特解,再与其对应的齐次差分方程的通解相加即可.

下面介绍二阶常系数非齐次线性差分方程的特解求法 —— 待定系数法.

1. $f(t)=P_n(t)$ 型

设 $f(t)=P_n(t)$,其中 $P_n(t)$ 为 n 次多项式,即

$$P_n(t)=a_0t^n+a_1t^{n-1}+\cdots+a_{n-1}t+a_n.$$

此时,二阶常系数非齐次线性差分方程为 $y_{t+2}+ay_{t+1}+by_t=P_n(t)$.

由 $y_{t+1}=\Delta y_t+y_t,y_{t+2}=\Delta^2y_t+2\Delta y_t+y_t$,代入差分方程中,得

$$\Delta^2 y_t + (2+a)\Delta y_t + (1+a+b)y_t = P_n(t).$$

由此式可以看出，上式方程的右端为 n 次多项式 $P_n(t)$，因此，方程可能有多项式形式的特解，设为 $y_t^* = Q(t)$（$Q(t)$ 为待定多项式），代入原方程，得

$$\Delta^2 y_t^* + (2+a)\Delta y_t^* + (1+a+b)y_t^* = P_n(t) \quad (*)$$

(1) 当 $1+a+b\neq 0$ 时，即 $\lambda=1$ 非特征方程 $\lambda^2+a\lambda+b=0$ 的特征根.这时式(∗)左端多项式的次数与 y_t^* 的次数相同，$Q(t)$ 必须为 n 次多项式，于是，差分方程的特解形式可设为

$$y_t^* = Q_n(t) = b_0t^n + b_1t^{n-1} + \cdots + b_{n-1}t + b_n \quad (b_0\neq 0).$$

将其代入式(∗)，由待定系数法，比较式(∗)两端 t 的同次项系数，得到线性方程组，解方程组即可确定待定系数 $b_0,b_1,b_2,\cdots,b_n$，进而得到差分方程的特解.

(2) 当 $1+a+b=0$，但 $2+a\neq 0$ 时，即 $\lambda=1$ 为特征方程 $\lambda^2+a\lambda+b=0$ 的单根.这时由式(∗)知 Δy_t^* 必须为 n 次多项式，因此 $Q(t)$ 必须为 $n+1$ 次多项式，于是，差分方程的特解形式可设为

$$y_t^* = tQ_n(t) = t(b_0t^n + b_1t^{n-1} + \cdots + b_{n-1}t + b_n) \quad (b_0\neq 0).$$

将其代入式(∗)，由待定系数法，比较式(∗)两端 t 的同次项系数，即可确定待定系数 b_0，$b_1,b_2,\cdots,b_n$，进而得到差分方程的特解.

(3) 当 $1+a+b=0$，且 $2+a=0$（$a=-2,b=1$）时，即 $\lambda=1$ 为特征方程 $\lambda^2+a\lambda+b=0$ 的二重根.这时，由式(∗)知 $\Delta^2 y_t^*$ 必须为 n 次多项式，因此 $Q(t)$ 必须为 $n+2$ 次多项式，于是，差分方程的特解形式可设为

$$y_t^* = t^2Q_n(t) = t^2(b_0t^n + b_1t^{n-1} + \cdots + b_{n-1}t + b_n) \quad (b_0\neq 0).$$

将其代入式(∗)，由待定系数法，比较式(∗)两端 t 的同次项系数，即可确定待定系数 b_0，$b_1,b_2,\cdots,b_n$，进而得到差分方程的特解.

综上所述，二阶常系数非齐次线性差分方程 $y_{t+2}+ay_{t+1}+by_t=P_n(t)$（其中 $P_n(t)$ 为 n 次多项式）的特解形式可设为

$$y_t^* = t^mQ_n(t), \quad m=\begin{cases}0 & 1\text{不是特征根}\\ 1 & 1\text{是特征根}\\ 2 & 1\text{是重特征根}\end{cases},$$

其中 $Q_n(t)=b_0t^n+b_1t^{n-1}+\cdots+b_{n-1}t+b_n\ (b_0\neq 0)$，系数 $b_0,b_1,b_2,\cdots,b_n$ 可由待定系数法确定.

2. $f(t)=\lambda^tP_n(t)$ 型

设 $f(t)=\lambda^tP_n(t)$，其中 λ 为常数，且 $\lambda\neq 0,\lambda\neq 1$，$P_n(t)$ 为 n 次多项式. 此时，二阶常系数非齐次线性差分方程为 $y_{t+2}+ay_{t+1}+by_t=\lambda^tP_n(t)$.

该类差分方程可以通过变换化为第一种类型.

作变量代换 $y_t=\lambda^tz_t$，将其代入差分方程 $y_{t+2}+ay_{t+1}+by_t=\lambda^tP_n(t)$，得

$$\lambda^{t+2}z_{t+2} + a\lambda^{t+1}z_{t+1} + b\lambda^tz_t = \lambda^tP_n(t),$$

即

$$z_{t+2} + \frac{a}{\lambda}z_{t+1} + \frac{b}{\lambda^2}z_t = \frac{1}{\lambda^2}P_n(t) \quad (\lambda\neq 0).$$

上述方程为前述方程类型.由前面的讨论,可设它的一个特解为 $z_t^*=t^mQ_n(t)$.

于是,可设原方程的一个特解为

$$y_t^*=\lambda^t z_t^*=\lambda^t t^m Q_n(t),\quad m=\begin{cases}0 & \lambda\text{ 不是特征根}\\ 1 & \lambda\text{ 是非重特征根,}\\ 2 & \lambda\text{ 是重特征根}\end{cases}$$

其中 $Q_n(t)=b_0t^n+b_1t^{n-1}+\cdots+b_{n-1}t+b_n(b_0\neq 0)$,多项式 $Q_n(t)$ 的系数 $b_0,b_1,b_2,\cdots,b_n$ 可由待定系数法确定.

二阶常系数非齐次线性差分方程 $y_{t+2}+ay_{t+1}+by_t=f(t)$ 的求解步骤:

(1) 求对应的二阶常系数齐次线性差分方程 $y_{t+2}+ay_{t+1}+by_t=0$ 的通解.

(2) 求二阶常系数非齐次线性差分方程 $y_{t+2}+ay_{t+1}+by_t=f(t)$ 的特解.根据 $f(t)$ 的形式,按表10—3设定特解的形式,其中 $Q_n(t)=b_0t^n+b_1t^{n-1}+\cdots+b_{n-1}t+b_n(b_0\neq 0)$,将设定的特解代入差分方程,通过待定系数法确定特解.

表 10—3

$f(t)$ 的形式	确定待定特解的条件	待定特解的形式
$f(t)=P_n(t)$	1 不是特征根	$y_t^*=Q_n(t)$
	1 是单特征根	$y_t^*=tQ_n(t)$
	1 是重特征根	$y_t^*=t^2Q_n(t)$
$f(t)=\lambda^tP_n(t)$ $(\lambda\neq 0,\lambda\neq 1)$	λ 不是特征根	$y_t^*=\lambda^tQ_n(t)$
	λ 是单特征根	$y_t^*=t\lambda^tQ_n(t)$
	λ 是重特征根	$y_t^*=t^2\lambda^tQ_n(t)$

(3) 写出一阶常系数非齐次线性差分方程的通解 $y_t=y_C+y_t^*$.

例 4 求差分方程 $y_{t+2}+3y_{t+1}-4y_t=10t+2$ 的通解.

解 对应齐次差分方程的特征方程为 $\lambda^2+3\lambda-4=0$,特征根为 $\lambda_1=-4,\lambda_2=1$,齐次差分方程的通解为

$$y_C(t)=C_1+C_2\cdot(-4)^t\quad (C_1,C_2\text{ 是任意常数}).$$

下面求差分方程 $y_{t+2}+3y_{t+1}-4y_t=10t+2$ 的一个特解.

因为 1 是特征方程的单根,所以设差分方程 $y_{t+2}+3y_{t+1}-4y_t=10t+2$ 的一个特解为 $y_t^*=t(b_0t+b_1)=b_0t^2+b_1t$.将其代入差分方程,得

$$b_0(t+2)^2+b_1(t+2)+3[b_0(t+1)^2+b_1(t+1)]-4(b_0t^2+b_1t)=10t+2.$$

比较同次项系数,得 $b_0=1,b_1=-1$.于是,差分方程 $y_{t+2}+3y_{t+1}-4y_t=10t+2$ 的一个特解为 $y_t^*=t^2-t$.

综上,原差分方程的通解为

$$y_t=C_1+C_2\cdot(-4)^t+t^2-t\quad (C_1,C_2\text{ 是任意常数}).$$

例 5 求差分方程 $y_{t+2}-2y_{t+1}+y_t=4$ 满足初始条件 $y_0=1,y_1=5$ 的特解.

解 对应齐次差分方程的特征方程为 $\lambda^2-2\lambda+1=0$,特征根为 $\lambda_{1,2}=1$.齐次差分方程的通解为

$$y_C(t)=C_1+C_2\cdot t\quad (C_1,C_2\text{ 是任意常数}).$$

下面求差分方程 $y_{t+2}-2y_{t+1}+y_t=4$ 的一个特解.

因为1是二重特征根,令 $y_t^*=b_0t^2$ 为差分方程 $y_{t+2}-2y_{t+1}+y_t=4$ 的一个特解,将其代入差分方程,得

$$b_0(t+2)^2-2b_0(t+1)^2+b_0t^2=4.$$

比较同次项系数,得 $b_0=2$.于是,差分方程 $y_{t+2}-2y_{t+1}+y_t=4$ 的一个特解为 $y_t^*=2t^2$.

综上,原差分方程的通解为

$$y_t=C_1+C_2t+2t^2\quad(C_1,C_2\text{ 是任意常数}).$$

将初始条件 $y_0=1,y_1=5$ 代入通解中,解得 $C_1=1,C_2=2$.所求的特解为 $y_t=1+2t+2t^2$.

例 6 求差分方程 $y_{t+2}-2y_{t+1}+2y_t=3\cdot5^t$ 的通解.

解 对应齐次差分方程的特征方程为 $\lambda^2-2\lambda+2=0$,特征根为 $\lambda_{1,2}=1\pm\mathrm{i}$.由 $r=\sqrt{2}$,$\tan\omega=1$,得 $\omega=\dfrac{\pi}{4}$,所以齐次差分方程的通解为

$$y_C(t)=(\sqrt{2})^t\left(C_1\cos\frac{\pi}{4}t+C_2\sin\frac{\pi}{4}t\right)\quad(C_1,C_2\text{ 是任意常数}).$$

下面求差分方程 $y_{t+2}-2y_{t+1}+2y_t=3\cdot5^t$ 的一个特解.

因为 $\lambda=5$ 不是特征根,所以设差分方程 $y_{t+2}-2y_{t+1}+2y_t=3\cdot5^t$ 的一个特解为 $y_t^*=b_0\cdot5^t$,将其代入差分方程,得

$$b_0\cdot5^{t+2}-2b_0\cdot5^{t+1}+2b_0\cdot5^t=3\cdot5^t.$$

比较系数,解得 $b_0=\dfrac{3}{17}$, 于是,差分方程的一个特解为 $y_t^*=\dfrac{3}{17}\cdot5^t$.

综上,原差分方程的通解为

$$y_t=(\sqrt{2})^t\left(C_1\cos\frac{\pi}{4}t+C_2\sin\frac{\pi}{4}t\right)+\frac{3}{17}5^t\quad(C_1,C_2\text{ 是任意常数}).$$

☞ 习题 10.3

1. 求下列二阶齐次线性差分方程的通解或满足初始条件的特解:

(1) $y_{t+2}-y_{t+1}-6y_t=0$;

(2) $y_{t+2}-6y_{t+1}+9y_t=0$;

(3) $y_{t+2}-y_{t+1}+y_t=0$;

(4) $y_{t+2}+2y_{t+1}-3y_t=0,y_0=-1,y_1=1$;

(5) $4y_{t+2}+4y_{t+1}+y_t=0,y_0=3,y_1=-2$;

(6) $y_{t+2}-4y_{t+1}+16y_t=0,y_0=1,y_1=2+2\sqrt{3}$.

2. 求下列二阶非齐次线性差分方程的通解:

(1) $y_{t+2}-3y_{t+1}+3y_t=5$; (2) $y_{t+2}-3y_{t+1}+2y_t=20+4t$;

(3) $y_{t+2}-6y_{t+1}+9y_t=3^t$; (4) $y_{t+2}-y_{t+1}-6y_t=3^t(2t+1)$.

3. 求下列二阶非齐次线性差分方程满足初始条件的特解:

(1) $y_{t+2}-2y_{t+1}+4y_t=1+2t,y_0=0,y_1=1$;

(2) $y_{t+2}-10y_{t+1}+25y_t=3^t, y_0=1, y_1=0$.

第四节　差分方程模型实例

差分方程具有广泛的应用，许多离散量问题可以归结为差分方程模型.本节主要介绍几个典型的差分方程模型实例.

一、贷款模型

贷款问题是实际生活中经常遇到的问题，如贷款购房、贷款买车、贷款助学等.如何计算分期归还贷款数额是一个十分现实的问题.该问题的一般提法是：假设从银行贷款 A 元，年利率为 r，这笔贷款要在 m 年内按月等额归还，试问每月应偿还多少？

设每月还款 a 元，先计算每个月应付的利息.

第一个月应支付的利息为

$$y_1=A\cdot\frac{r}{12}.$$

第一个月后已还款 a 元，则第二个月需还款的总数额为 $A-a+y_1$，所以第二个月应支付的利息为

$$y_2=(A-a+y_1)\cdot\frac{r}{12}=\left(1+\frac{r}{12}\right)y_1-\frac{ar}{12}.$$

第二个月后已还款 $2a$ 元，则第三个月需还款的总数额为 $A-2a+y_1+y_2$，所以第三个月应支付的利息为

$$y_3=(A-2a+y_1+y_2)\cdot\frac{r}{12}=\left(1+\frac{r}{12}\right)y_2-\frac{ar}{12}.$$

记 y_n 为第 n 个月应支付的利息（$n=1,2,\cdots,12m$），用归纳法可得递推公式

$$y_{n+1}=\left(1+\frac{r}{12}\right)y_n-\frac{ar}{12}.$$

这是一个一阶常系数线性差分方程，方程的通解为

$$y_n=C\left(1+\frac{r}{12}\right)^n+a\quad（C 是任意常数）.$$

将 $y_1=A\cdot\frac{r}{12}$ 代入上式，可解得 $C=\left(\frac{Ar}{12}-a\right)\Big/\left(1+\frac{r}{12}\right)$，因此

$$y_n=\left(\frac{Ar}{12}-a\right)\left(1+\frac{r}{12}\right)^{n-1}+a=\frac{Ar}{12}\left(1+\frac{r}{12}\right)^{n-1}+a\left[1-\left(1+\frac{r}{12}\right)^{n-1}\right].$$

下面再计算 m 年应付的利息. m 年应付的利息为

$$\sum_{n=1}^{12m}y_n=\sum_{n=1}^{12m}\left\{\frac{Ar}{12}\left(1+\frac{r}{12}\right)^{n-1}+a\left[1-\left(1+\frac{r}{12}\right)^{n-1}\right]\right\}$$

$$=\frac{Ar}{12}\sum_{n=1}^{12m}\left(1+\frac{r}{12}\right)^{n-1}+12ma-a\sum_{n=1}^{12m}\left(1+\frac{r}{12}\right)^{n-1}$$

$$=\frac{Ar}{12}\cdot\frac{1-\left(1+\frac{r}{12}\right)^{12m}}{1-\left(1+\frac{r}{12}\right)}+12ma-a\cdot\frac{1-\left(1+\frac{r}{12}\right)^{12m}}{1-\left(1+\frac{r}{12}\right)}$$

$$=12ma-A+A\left(1+\frac{r}{12}\right)^{12m}+\frac{12a}{r}\left[1-\left(1+\frac{r}{12}\right)^{12m}\right].$$

因为,$12ma$ 是m 年还款的总数,则 $12ma-A$ 就是m 年的利息总数,这样上式应与 $12ma-A$ 相等,所以

$$A\left(1+\frac{r}{12}\right)^{12m}+\frac{12a}{r}\left[1-\left(1+\frac{r}{12}\right)^{12m}\right]=0.$$

由此解得

$$a=\frac{\frac{Ar}{12}\left(1+\frac{r}{12}\right)^{12m}}{\left(1+\frac{r}{12}\right)^{12m}-1}(\text{元}).$$

这就是在 m 年内每月等额应还的贷款数.

例 1 某高校大学一年级的一位同学向银行贷款 23 520 元,按规定分 4 年平均发放,年利率为 5.76%.如果这位同学计划在毕业后 5 年内还清贷款,问该同学每月应偿还贷款多少?

解 由于贷款分 4 年平均发放,到毕业时 4 次贷款的本息和是不同的,按每年平均发放 $\frac{23\ 520}{4}=5\ 880$ 元计算,毕业时的本息和为

$$A=5\ 880\cdot[(1+0.057\ 6)^4+(1+0.057\ 6)^3+(1+0.057\ 6)^2+(1+0.057\ 6)]$$
$$=27\ 107.65,$$

所以

$$a=\frac{\frac{Ar}{12}\left(1+\frac{r}{12}\right)^{12m}}{\left(1+\frac{r}{12}\right)^{12m}-1}=\frac{\frac{27\ 107.65\times0.057\ 6}{12}\left(1+\frac{0.057\ 6}{12}\right)^{12\times5}}{\left(1+\frac{0.057\ 6}{12}\right)^{12\times5}-1}=521.05(\text{元}),$$

即该同学每月应偿还贷款 521.05 元.

思考与练习 某新婚夫妇要买一套商品房,向银行申请抵押贷款 20 万元,月利率为 4‰,限期为 10 年.试问这对夫妇每月要还多少钱?

二、均衡价格模型

产品的价格和产量是相互制约的,当市场上的产品供大于求时,其价格会下跌,厂商因为利润低就会降低产量;但是随着产品的减少,又会再现供不应求的状态,产品的价格又会上涨.这样,产品的价格将随着时间的变化而围绕均衡价格上下波动,这就是所要讨论的问题.

设某产品有一个固定的生产周期(日、月或年),并以此周期作为度量时间 t 的单位,函数 $P(t)$,$Q_{\mathrm{d}}(t)$ 和 $Q_{\mathrm{s}}(t)$ 分别表示时刻 t 某产品的价格、需求量和供给量函数.

(1) 需求量与价格之间关系的数学模型

由于产品的需求量由现期价格决定,于是,第 t 期的需求量 $Q_{\mathrm{d}}(t)$ 由现期价格 $P(t)$ 决定.随着价格的上涨,社会的需求量将下降,取需求量与价格之间的关系为线性关系,于是需求量与价格关系模型为

$$Q_{\mathrm{d}}(t)=-aP(t)+b,$$

其中 a,b 均为正常数,b 的意义为社会最大需求量,第一项系数为负反映了随着价格的上涨社会的需求量下降.

(2) 供给量与价格之间关系的数学模型

由于产品的生产需要一定的时间,价格对商品供应量的影响有一定的滞后性,于是,第 t 期的供给量 $Q_{s}(t)$ 由前一期的价格 $P(t+1)$ 决定,即供给量滞后于价格一个时期,取供给量与价格之间的关系为线性关系,于是供给量与价格关系模型为

$$Q_{\mathrm{s}}(t)=cP(t-1)-d,$$

其中 c,d 均为正常数,d/c 表示生产方接受的最低价格.

(3) 均衡价格数学模型

为了使供求达到某种动态平衡的价格(即均衡价格),应满足 $Q_{\mathrm{d}}(t)=Q_{\mathrm{s}}(t)$,即

$$-aP(t)+b=cP(t-1)-d,$$

也即

$$P(t)+\frac{c}{a}P(t-1)=\frac{b+d}{a}.$$

上式为均衡价格数学模型.

将均衡价格数学模型 $P(t)+\frac{c}{a}P(t-1)=\frac{b+d}{a}$ 写为

$$y_{t}+\frac{c}{a}y_{t-1}=\frac{b+d}{a}.$$

这是一阶常系数非齐次线性差分方程,求解方程,可得通解为

$$P(t)=\frac{b+d}{a+c}+\left(P_{0}-\frac{b+d}{a+c}\right)\left(-\frac{c}{a}\right)^{t},$$

式中 $P(0)=P_{0}$ 为初始价格.

当 $P_{0}=\frac{b+d}{a+c}$ 时,$P(t)=\frac{b+d}{a+c}$,此时为静态均衡,称 $\bar{P}=\frac{b+d}{a+c}$ 为静态均衡价格.

当 $P_{0}\neq\frac{b+d}{a+c}$ 时,$P(t)$ 为动态过程.此时,从价格函数可以看出:

(1) 当 $a>c$ 时,$\lim\limits_{t\to\infty}P(t)=\lim\limits_{t\to\infty}\left[\frac{b+d}{a+c}+\left(P_{0}-\frac{b+d}{a+c}\right)\left(-\frac{c}{a}\right)^{t}\right]=\frac{b+d}{a+c}$,即价格 $P(t)$ 稳定地趋于均衡价格 $\bar{P}$.

(2) 当 $a<c$ 时,$\lim\limits_{t\to\infty}P(t)=\lim\limits_{t\to\infty}\left[\frac{b+d}{a+c}+\left(P_{0}-\frac{b+d}{a+c}\right)\left(-\frac{c}{a}\right)^{t}\right]=+\infty$,即随着时间的延续,价格 $P(t)$ 将无限增大.

(3) 当 $a=c$ 时,在 $t\to+\infty$ 时,$P(t)$ 在两个数值 P_0 与 $2\overline{P}-P_0$ 上来回摆动.

三、乘数 — 加速数模型

扩大消费会促进投资,从而进一步促进国民收入的提高.如何定量地刻画这一过程是宏观经济学中的一个重要问题.诺贝尔经济学奖获得者萨缪尔森(P. A. Samuelson) 建立了一个十分简单的乘数 — 加速数模型.通过该模型可以解释经济增长中的一些重要现象.

记第 t 年的国民收入为 Y_t,消费为 C_t,投资为 I_t,政府的支出为 G(设为常数). 萨缪尔森提出了如下假设:

(1) 每年的国民收入等于该年的消费、投资和支出之和;

(2) 第 t 年的消费 C_t 与上一年(即 $t-1$ 年) 的收入 Y_{t-1} 成正比,其比例系数为边际消费倾向 $\alpha(0<\alpha<1)$;

(3) 第 t 年的投资 I_t 与该年的消费水平的变化 C_t-C_{t-1} 成正比,其比例系数为加速因子 $\beta(\beta>0)$.

将上述假设量化后可得数学模型

$$\begin{cases}Y_t=C_t+I_t+G\\C_t=\alpha Y_{t-1}\\I_t=\beta(C_t-C_{t-1})\end{cases}.$$

该模型称为乘数 — 加速数模型.

对于上述方程组,将后两式代入第一式,得

$$Y_t-\alpha(1+\beta)Y_{t-1}+\alpha\beta Y_{t-2}=G.$$

它可以化为等价的差分方程

$$Y_{t+2}-\alpha(1+\beta)Y_{t+1}+\alpha\beta Y_t=G.$$

这是一个二阶常系数线性差分方程,差分方程的求解如下:

先讨论二阶常系数线性差分方程对应的齐次方程的通解.

齐次方程 $Y_{t+2}-\alpha(1+\beta)Y_{t+1}+\alpha\beta Y_t=0$ 的特征方程为

$$\lambda^2-\alpha(1+\beta)\lambda+\alpha\beta=0.$$

特征方程的判别式为 $\Delta=\alpha^2(1+\beta)^2-4\alpha\beta$,根据二阶常系数齐次线性差分方程的通解公式,可得方程的通解,见表 10—4.

表 10—4

$\lambda^2-\alpha(1+\beta)\lambda+\alpha\beta=0$ 的根	$Y_{t+2}-\alpha(1+\beta)Y_{t+1}+\alpha\beta Y_t=0$ 的通解
当 $\Delta>0$ 时,有两个不等实根 $\lambda_{1,2}=\frac{1}{2}[\alpha(1+\beta)\pm\sqrt{\Delta}]$	$Y_C(t)=C_1\lambda_1^t+C_2\lambda_2^t$
当 $\Delta=0$ 时,有两个相等实根 $\lambda=\frac{1}{2}\alpha(1+\beta)$	$Y_C(t)=(C_1+C_2t)\lambda^t$

续前表

$\lambda^2-\alpha(1+\beta)\lambda+\alpha\beta=0$ 的根	$Y_{t+2}-\alpha(1+\beta)Y_{t+1}+\alpha\beta Y_t=0$ 的通解
当 $\Delta>0$ 时,有一对共轭复根 $\lambda_{1,2}=\frac{1}{2}[\alpha(1+\beta)\pm\mathrm{i}\sqrt{-\Delta}]$	$Y_C(t)=r^t(C_1\cos\omega t+C_2\sin\omega t)$ $r=\sqrt{\alpha\beta},\tan\omega=\frac{\sqrt{-\Delta}}{\alpha(1+\beta)},\omega\in(0,\pi)$

对于二阶常系数非齐次线性差分方程

$$Y_t-\alpha(1+\beta)Y_{t-1}+\alpha\beta Y_{t-2}=G,$$

易求得其一个特解为 $Y^*(t)=\frac{G}{1-\alpha}$,于是它的通解为

$$Y_t=\begin{cases}C_1\lambda_1^t+C_2\lambda_2^t+G/(1+\alpha) & \Delta>0\\ (C_1+C_2t)\lambda^t+G/(1+\alpha) & \Delta=0\\ r^t(C_1\cos\omega t+C_2\sin\omega t)+G/(1+\alpha) & \Delta<0\end{cases}\quad (C_1,C_2\text{ 为任意实数}).$$

将上式代入原方程组便可以解出 C_t 和 I_t.

☞ 习题 10.4

1. 某公司每年的工资总额在比上一年增加20%的基础上再追加200万元.若以 W_t 表示第 t 年的工资总额(单位:万元),试求 W_t 满足的差分方程.若 2006 年该公司的工资总额为 1 000 万元,则 5 年后工资总额将是 2006 年的多少倍?

2. 某房屋总价 100 万元,首付房款的 20% 即可入住,剩余房款由银行以年利率 5% 贷款,15 年内以分期付款方式还清贷款.问每年应向银行付款多少万元?

3. 已知需求函数和供给函数分别为 $Q_d(t)=80-4P_t,Q_s(t)=-10+2P_{t-1}$.

(1) 求动态均衡价格 P_t,并确定均衡是否是稳定的;

(2) 若初始价格 $P_0=18$,计算 P_1,P_2,P_3,P_4.

总习题十

1. 填空题

(1) 设 $y_t=\mathrm{e}^t$,则 $\Delta^2 y_t=$________.

(2) 已知 $y_t=\frac{t(t-1)}{2}+2$ 是差分方程 $y_{t+1}-y_t=f(t)$ 的解,则 $f(t)=$________.

(3) 已知 $y_t=\mathrm{e}^t$ 为差分方程 $y_{t+1}+ay_{t-1}=2\mathrm{e}^t$ 的解,则 $a=$________.

(4) 差分方程 $3y_{t+1}+4y_t=0,y_0=3$ 的特解为________.

(5) 差分方程 $y_{t+2}-10y_{t+1}+25y_t=0$ 的通解为________.

(6) 差分方程 $y_{t+1}-y_t=t^2$ 的特解的待定形式是 $y_t^*=$________.

(7) 差分方程 $y_{t+2}+3y_{t+1}-4y_t=t+2$ 的特解的待定形式是 $y_t^*=$________.

(8) 某公司每年的总产量在比上一年增加10%的基础上再多200万元,若以 y_t 表示第t年的总产值(单位:万元),则 y_t 满足的差分方程为________.

2. 单项选择题

(1) 差分方程 $\Delta^3 y_t+y_t+3=0$ 的阶数是(　　).

(A) 一阶　　(B) 二阶　　(C) 三阶　　(D) 四阶

(2) 下列等式中是一阶差分方程的是(　　).

(A)$\Delta^2 y_t=y_{t+2}-2y_{t+1}+y_t$　　(B)$3\Delta y_t+3y_t=\frac{t+2}{3}$

(C)$3\Delta y_t+\frac{2}{3}y_t=t^2$　　(D)$(1-2t)y_{t+1}+y_{t-1}=\left(\frac{3}{2}\right)^t$

(3) 下列等式中不是差分方程的是(　　).

(A)$2\Delta y_t-y_t=2$　　(B)$3\Delta y_t+3y_t=t$

(C)$\Delta^2 y_t=0$　　(D)$y_t+y_{t-2}=\mathrm{e}^t$

(4) 函数 $y_t=C\cdot 2^t+8$ 是差分方程(　　)的通解.

(A)$\Delta y_{t+2}-3y_{t+1}-2y_t=0$　　(B)$y_t-3y_{t-1}+2y_{t-2}=\frac{2}{3}$

(C)$y_{t+1}-2y_t=-8$　　(D)$y_{t+1}-2y_t=8$

(5) 下列等式中是二阶差分方程的是(　　).

(A)$\Delta^2 y_t+\Delta y_t=0$　　(B)$y_{t+2}+2y_{t+1}-3y_{t-1}=t$

(C)$3y_t+y_{t-2}=3^t$　　(D)$\Delta^3 y_t-y_{t+3}+y_t=3$

(6) 差分方程 $3y_t-3y_{t-1}=1$ 的通解是(　　).

(A)$y_t=C+\frac{1}{3}$　　(B)$y_t=C+\frac{1}{3}t$

(C)$y_t=C\cdot 3^t+\frac{1}{3}$　　(D)$y_t=C\cdot 3^t+\frac{1}{3}t$

(7) 若函数 $y_1(t),y_2(t)$ 是二阶齐次线性差分方程的解,则 $y_t=C_1y_1(t)+C_2y_2(t)$(　　).

(A) 一定是该方程的解　　(B) 一定是该方程的通解

(C) 一定是该方程的特解　　(D) 未必是该方程的解

(8) 设 $y_1(t)=t^3,y_2(t)=t^2$ 是方程 $y_{t+1}+py_t=f(t)$ 的两个特解,则 $y_{t+1}+py_t=f(t)$ 的通解为(　　).

(A)$y_t=Ct^3+t^2$　　(B)$y_t=t^3+Ct^2$

(C)$y_t=C(t^3+t^2)+t^2$　　(D)$y_t=C(t^3-t^2)+t^3$

3. 求下列差分方程的通解:

(1)$y_{t+1}-y_t=2t^2$;　　(2)$y_{t+1}-y_t=t\cdot 2^t$;

(3)$y_{t+2}-y_{t+1}-6y_t=3^t(5t+6)$;　　(4)$y_{t+2}-8y_{t+1}+16y_t=4^t$.

4. 求下列差分方程在给定的初始条件下的特解:

(1)$y_{t+1}+y_t=2t^2,y_0=0$;

(2)$y_{t+2}-2y_{t+1}+2y_t=3+5t,y_0=0,y_1=1$.

5. 已知 $y_1(t)=2^t,y_2(t)=2^t-3t$ 是差分方程 $y_{t+1}+P(t)y_t=f(t)$ 的两个解.求 $P(t)$ 与

$f(t)$.

6. 求差分方程 $y_{t+1}-ay_t=e^{bt}$（a,b 为常数，$a\neq 0$）的通解.

7. 某公司从银行贷款 25 000 万元购买设备，银行年利率为 1%. 该公司计划 12 年内用分期付款的方式还清贷款，试问该公司每年需要向银行付款多少万元？

8. 设 $c=c(t)$ 为 t 时刻的消费水平，I（为常数）是 t 时刻的投资水平，$y=y(t)$ 为 t 时刻的国民收入，它们满足 $\begin{cases} y(t)=c(t)+I \\ c(t)=ay(t-1)+b \end{cases}$，其中 $0<a<1$，$b>0$，a,b 均为常数. 求 $y(t)$ 和 $c(t)$.

9. 模型研究：蛛网模型是经济学中的一个重要模型，具有广泛的应用. 查阅文献，写一篇关于蛛网模型在经济金融方面应用的短文（参考第十一章第二节第 5 题）.

第十一章　微积分应用与模型

微积分具有悠久的发展历史，它的思想、理论和方法在自然科学、社会科学和经济管理等领域有着广泛的应用.本章最主要介绍微积分在求解实际问题中的一些典型应用实例，以及微积分在经济学、金融学和管理学中的一些数学模型.

第一节　微积分在求解实际问题中的应用实例

本节主要结合微积分内容介绍下微积分在解决实际问题的具体应用实例，以此来说明微积分的重要价值和广泛的应用性，加深对微积分思想方法的理解.

一、铅球投掷问题

运动员在离地面高 h 处，以出手速度 v、投掷角 α 抛出铅球，如果视铅球为质点，在不计铅球运行过程中的空气阻力，且投掷角与初速度相互独立的条件下，解答下列问题：

(1) 若以铅球出手点的铅直方向为 y 轴(方向向上)，以 y 轴与地面的交点到铅球落地点方向为 x 轴，证明铅球运动的轨迹为

$$y=-\frac{gx^2}{2v^2\cos^2\alpha}+x\tan\alpha+h.$$

(2) 若铅球投掷的水平距离为 s，试求 s,h,v 和 α 间的数学模型表达式.

(3) 在 h 和 v 一定的条件下，确定使得投掷距离最大的投射角 α.

解　(1) 由题意可写出铅球的运动方程为

$$\begin{cases}x=(v\cos\alpha)t\\ y=(v\sin\alpha)t-\dfrac{1}{2}gt^2+h\end{cases}.$$

在上式中消去 t,可得铅球运动的轨迹为

$$y=-\frac{gx^2}{2v^2\cos^2\alpha}+x\tan\alpha+h.$$

(2) 铅球投掷的水平距离为 s 时,对应的坐标为 $(s,0)$,将 $(s,0)$ 代入,

$$y=-\frac{gx^2}{2v^2\cos^2\alpha}+x\tan\alpha+h.$$

可得 s,h,v 和 α 间的数学模型表达式

$$-\frac{gs^2}{2v^2\cos^2\alpha}+s\tan\alpha+h=0.$$

(3) 关于 s 的方程 $-\frac{gs^2}{2v^2\cos^2\alpha}+s\tan\alpha+h=0$ 两边对 α 求导,

$$-\frac{g}{2v^2}\frac{2ss'\cos^2\alpha+s^2\sin2\alpha}{\cos^4\alpha}+s'\tan\alpha+s\sec^2\alpha=0.$$

令 $s'=0$,得最大射角为 $\alpha=\arctan\frac{v^2}{gs}$.

二、飞机降落问题

一架飞机的降落满足下列条件:

(1) 降落点为原点,飞机开始降落时的水平距离为 l,飞行高度为 h;

(2) 在整个降落过程中,飞行员必须使飞机保持恒定的水平速度 v;

(3) 出于安全考虑,飞机垂直方向上的加速度的绝对值不应超过常数 $g/10$(g 是重力加速度).

试求解下列问题:

(1) 求一个多项式 $f(x)=ax^3+bx^2+cx+d$,使它满足给定的条件;

(2) 证明:飞机开始降落时的水平距离 $l\geqslant v\sqrt{\frac{60h}{g}}$;

(3) 假设一条航线飞机的飞行高度为 1 000 m,速度为 540 km/h,飞机应该从距离机场多远处开始降落?

解 (1) 设飞机的降落曲线为 $f(x)=ax^3+bx^2+cx+d$,将题设条件代入 $f(x)$ 的表达式,可得

$$\begin{cases}f(0)=d=0\\f(l)=al^3+bl^2+cl+d=h\\f'(0)=c=0\\f'(l)=3al^2+2bl+c=0\end{cases},$$

解得 $a=-\frac{2h}{l^3},b=\frac{3h}{l^2},c=0,d=0.$

(2) 在竖直方向上,$h=\frac{1}{2}at^2$,$|a|\leqslant\frac{g}{10}$,所以

$$a(x)=\frac{d^2f}{dt^2}=\frac{d}{dt}\left(\frac{df}{dt}\right)=\frac{d}{dt}\left(\frac{df}{dx}\frac{dx}{dt}\right)=\frac{d}{dt}(3ax^2+2bx+c)v$$

$$=(6ax+2b)v^2=\left(\frac{62hx}{l^3}+\frac{6h}{l^2}\right)v^2=-\frac{6hv^2}{l^2}\left(\frac{2x}{l}-1\right).$$

因此，$|a(x)|=\left|\frac{6hv^2}{l^2}\left(\frac{2x}{l}-1\right)\right|$. 由于 $0\leqslant x\leqslant l$，所以有 $\left|\frac{2x}{l}-1\right|\leqslant 1$.要使得条件(3)得到满足，只需要 $|a(x)|$ 的最大值 $\frac{6hv^2}{l^2}\leqslant\frac{g}{10}$，即 $l\geqslant v\sqrt{\frac{60h}{g}}$.

(3) $l\geqslant v\sqrt{\frac{60h}{g}}=\frac{540\times 1\ 000}{60\times 60}\sqrt{\frac{60\times 1\ 000}{10}}=11\ 737\ (\mathrm{m})$.

三、圆柱形罐头和饮料包装尺寸优化问题

设圆柱形铁皮罐头的体积为 V，罐头的高为 h，底半径为 r，针对下述问题讨论 $\frac{h}{r}$ 等于多少时，才能使制作罐头外包装的成本最小(用料最小).

(1) 不考虑制作过程中材料的消耗成本和加工费用；

(2) 考虑罐头的上下底是从边长为 $2r$ 的正方形切下的圆片，即加工上下底的成本包括边角废料的消耗成本；

(3) 考虑制作过程中材料的消耗成本和罐头边缘连接的加工费用.

解 设圆柱形铁皮罐头的体积为 V，罐头的高为 h，底半径为 r，表面积为 S，如图 11—1 所示.

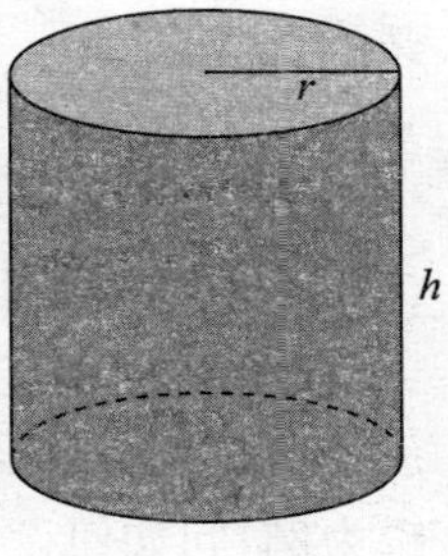

图 11—1

(1) 罐头的表面积 $S=2\pi r^2+2\pi rh$. 由 $\pi r^2h=V$，解出 $h=\frac{V}{\pi r^2}$，代入函数 S 中，得

$$S(r)=2\pi r^2+\frac{2V}{r},\quad r\in(0,+\infty)$$

求导数：

$$S'(r)=4\pi r-\frac{2V}{r^2},$$

令 $S'(r)=\frac{2(2\pi r^3-V)}{r^2}=0$，得函数在开区间 $(0,+\infty)$ 内的唯一驻点 $r=\sqrt[3]{\frac{V}{2\pi}}$.

由问题的实际意义知道该问题必在 $(0,+\infty)$ 内有最小值，故 $S(r)$ 即为所求最小值.

这时罐头的高

$$h=\frac{V}{\pi r^2}=\frac{V}{\pi}\left(\sqrt[3]{\frac{2\pi}{V}}\right)=2\sqrt[3]{\frac{V}{2\pi}}=2r,$$

所以，当 $\frac{h}{r}=2$ 时，制作罐头外包装的成本最小.

(2) 如图 11—2 所示，在边长为 $2r$ 的正方形中切下圆片，这会剩下边角废料，这部分虽然可以回收，但对于罐头的制造商来说就无法利用了.在这种情况下，加工上下底的成本包括边角废料的消耗成本.所以

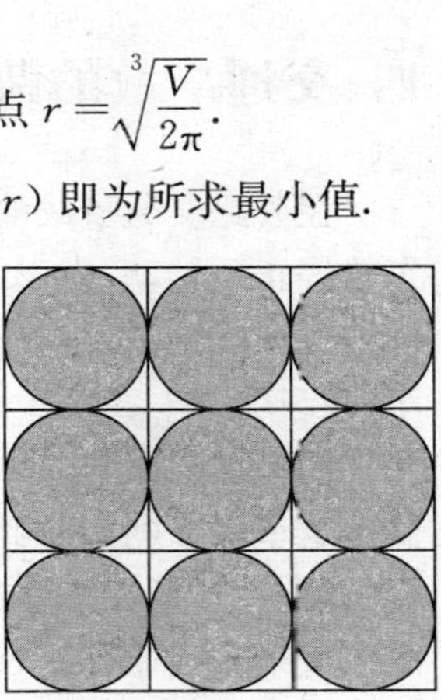
图 11—2

$$S(r)=2\cdot 4r^2+2\pi rh=8r^2+\frac{2V}{r},\quad r\in(0,+\infty).$$

求导数得

$$S'(r)=16r-\frac{2V}{r^2}=\frac{16r^3-2V}{r^2}.$$

令 $S'(r)=0$,得 $r=\sqrt[3]{\frac{V}{8}}$,于是

$$\frac{h}{r}=\frac{V}{\pi r^3}=\frac{8}{\pi}\approx 2.55.$$

所以,当$\frac{h}{r}\approx 2.55$ 时,制作罐头外包装的成本最小.

(3) 考虑制作过程中罐头边缘连接的加工费用.这时,总成本正比于下式:

$$P(r)=2\cdot 4r^2+2\pi rh+k(4\pi r+h)=8r^2+4\pi kr+\frac{2V}{r}+k\,\frac{V}{\pi r^2}.$$

求导数得

$$P'(r)=16r+4\pi k-\frac{2V}{r^2}-k\,\frac{2V}{\pi r^3}.$$

令 $P'(r)=0$,得 $\frac{\sqrt[3]{V}}{k}=\sqrt[3]{\frac{\pi h}{r}}\cdot\frac{2\pi-h/r}{\pi h/r-8}$,即$\frac{h}{r}$ 满足$\frac{\sqrt[3]{V}}{k}=\sqrt[3]{\frac{\pi h}{r}}\cdot\frac{2\pi-h/r}{\pi h/r-8}$时,制作罐头外包装的总成本最小.

思考与研究:

(1) 考虑罐头的上下底是从内接圆直径为 $2r$ 的正六方形切下的圆片,相应的问题(2)与(3)的结论如何?

(2) 生活中装饮料的易拉罐是用铝合金制造的,罐身(侧面与底面)用整块材料拉制而成,顶盖是另装上去的,为了安全,顶盖的厚度是罐身厚度的 3 倍,以容积为 350 mL 的易拉罐为例,问如何设计易拉罐的底面直径和高才能使用料最省?根据实际测量对该问题给出你的进一步解释和设计.

四、交通事故的勘察问题

在公路交通事故的现场,常会发现事故车辆的车轮底下留有一段拖痕,这是紧急刹车后车轮停止了转动,由于惯性的作用,车轮在地面上摩擦滑动而留下的.如果在事故现场测得拖痕的长度为 d,车轮与地面的摩擦系数为 λ,那么如何判别事故车辆在紧急刹车前的车速?

如果在某次交通事故中,现场测得拖痕的长度为 10 m,车轮与地面的摩擦系数 $\lambda=1.02$,试确定车辆在刹车前的速度.

解 车辆在滑动过程中,受到与运动方向相反的摩擦力 f 的作用.若车辆的质量为 m,由牛顿第二定律有

$$m\,\frac{\mathrm{d}^2x}{\mathrm{d}t^2}=-\lambda mg\quad 即\quad \frac{\mathrm{d}^2x}{\mathrm{d}t^2}=-\lambda g$$

且满足条件$x'(t)|_{t=0}=v_0, x(t)|_{t=0}=0$.

对$\frac{d^2x}{dt^2}=-\lambda g$ 两边积分,得 $\frac{dx}{dt}=-\lambda gt+C_1$.由$x'(t)|_{t=0}=v_0$ 得 $C_1=v_0$.

对$\frac{dx}{dt}=-\lambda gt+v_0$ 两边积分,得 $x(t)=-\frac{1}{2}\lambda gt^2+v_0t+C_2$.由$x(t)|_{t=0}=0$ 得 $C_2=0$.

所以模型方程为 $x(t)=-\frac{1}{2}\lambda gt^2+v_0t$.

当 $t=t_1$ 时,$x=10, v=0$,从而可得$\begin{cases}-\lambda gt_1+v_0=0\\ -\frac{1}{2}\lambda gt_1^2+v_0t_1=10\end{cases}$,消去 t_1,得

$$v_0=\sqrt{2\lambda g\times 10}\approx 14.15(\mathrm{m/s})\approx 50.9(\mathrm{km/h}).$$

这是车辆开始滑动的初速度,而实际上车轮开始滑动之前车辆还有一个滚动减速的过程,因此车辆在刹车前的速度要远大于 50.9(km/h).

五、科赫曲线与分形几何

1904 年瑞典数学家科赫(Koch) 提出了著名的科赫雪花曲线,雪花曲线是这样做出来的:以边长为 1 的等边三角形作为基础,第一步,将每边三等分,以每边的中间一段为底各向外作一个小的等边三角形,随后把这三个等边三角形的底边删除.第二步,在第一步得出的多边形的每条边上重复第一步,如此无限次地继续下去,最后得出的曲线就称为雪花曲线.如图 11—3 所示.

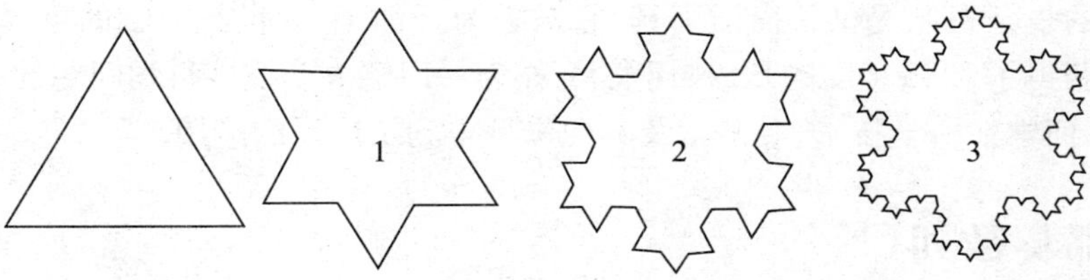

图 11—3　雪花曲线

雪花曲线有一个有趣的结果:雪花曲线的"长度"是无限的,但雪花曲线所围成的图形的面积却是有限的.

(1) 雪花曲线的长度

令 s_n, l_n 和 p_n 分别表示第 n 个多边形的边数、每边的长度和曲线的全长,则

$$s_1=3\cdot 4, s_2=3\cdot 4^2, s_3=3\cdot 4^3, \cdots, s_n=3\cdot 4^n;$$

$$l_1=\frac{1}{3}, l_2=\frac{1}{3^2}, l_3=\frac{1}{3^3}, \cdots, l_n=\frac{1}{3^n};$$

$$p_1=s_1\cdot l_1=4, p_2=s_2\cdot l_2=\frac{4^2}{3}, \cdots, p_n=s_n\cdot l_n=\frac{4^n}{3^{n-1}}.$$

显然,$\lim\limits_{n\to+\infty}p_n=\lim\limits_{n\to+\infty}\frac{4^n}{3^{n-1}}=\lim\limits_{n\to+\infty}4\cdot\left(\frac{4}{3}\right)^{n-1}=+\infty$.

(2) 雪花曲线所围图形的面积

令 A_n 表示第 n 个多边形的面积,初始正三角形的面积 $A_0=\frac{\sqrt{3}}{4}$,则

$$A_1=A_0+\frac{1}{3}A_0,$$

$$A_2=A_0+\frac{1}{3}A_0+\frac{3\cdot 4}{9^2}A_0,$$

$$A_3=A_0+\frac{1}{3}A_0+\frac{3\cdot 4}{9^2}A_0+\frac{3\cdot 4^2}{9^3}A_0,$$

$$\cdots,$$

$$A_n=A_0+\frac{1}{3}A_0+\frac{3\cdot 4}{9^2}A_0+\cdots+\frac{3\cdot 4^{n-1}}{9^n}A_0.$$

因为等比级数 $\sum\limits_{n=1}^{\infty}\frac{3\cdot 4^{n-1}}{9^n}A_0=\frac{3}{5}A_0$,所以

$$\lim_{n\to\infty}A_n=A_0+\frac{3}{5}A_0=\frac{8}{5}A_0=\frac{2\sqrt{3}}{5}.$$

因此,雪花曲线所围成的图形的面积却是有限的.

雪花曲线是分形几何学的一个典型实例.在自然界中,许多物体的形状是不规则的,如弯弯曲曲的海岸线、变幻的浮云、起伏的山岭、雷雨中的闪电等,这些不规则的几何图形是不能用经典几何学进行解释的.20 世纪 70 年代,法国数学家曼德布罗特(Mandelbort) 首次提出了分形的(fractal) 思想,1975 年他出版了第一本专著《分形:形、机遇和维数》,标志着分形理论的诞生,1982 年他出版了专著《自然界的分形几何学》,分形几何学为描述复杂现象和探索物质世界的复杂机制提供了简洁工具,它被誉为开创了 20 世纪数学的重要阶段,曼德布罗特也因此获得了 1985 年度的 Barnard 奖章.作为一门解决非线性科学问题的一个新兴数学学科,分形几何学在科学技术、经济学及其他领域得到了广泛的应用.

六、斐波那契数列

13 世纪初,意大利数学家斐波那契(Fibonacci,1170—1250) 出版了他的《算盘全书》,在书中提出了一个关于兔子繁殖的问题.

假定一对成熟的兔子每过一个月生一对兔子,假定它们出生两个月后生子,而且正好生雌雄一对,并且,在每一个相继的月末生这么一对.如果年初把一对成熟的兔子放在一个围场里去繁殖,如果没有一只兔子死去的话,问年底这个围场里有多少对兔子?

设每月按第 1 天计算,第 n 月有兔子 F_n 对,如此下去可得一年各月兔子数,见表 11—1.

表 11—1

n	1	2	3	4	5	6	7	8	9	10	11	12	13	…
F_n	1	1	2	3	5	8	13	21	34	55	89	144	233	…

一般地,可得数列 $\{F_n\}$,即

$$1,1,2,3,5,8,13,21,34,55,89,144,233,\cdots.$$

该数列称为斐波那契数列,对于斐波那契数列有递推公式

$$F_1=F_2=1,\quad F_n=F_{n-2}+F_{n-1}.$$

对于递推公式 $F_n=F_{n-2}+F_{n-1}$,即二阶常系数线性齐次差分方程

$$F_{n+2}-F_{n+1}-F_n=0,$$

其特征方程为 $r^2-r-1=0$,特征根为 $r_{1,2}=\frac{1\pm\sqrt{5}}{2}$.所以,二阶常系数线性齐次差分方程的通解为

$$F_n=C_1\left(\frac{1+\sqrt{5}}{2}\right)^n+C_2\left(\frac{1-\sqrt{5}}{2}\right)^n.$$

把 $F_1=F_2=1$ 代入上式,得

$$\begin{cases}C_1+C_2=1\\ \frac{1+\sqrt{5}}{2}C_1+\frac{1-\sqrt{5}}{2}C_2=1\end{cases}.$$

解这个方程组得

$$C_1=\frac{1}{\sqrt{5}}\cdot\frac{1+\sqrt{5}}{2},\quad C_2=\frac{-1}{\sqrt{5}}\cdot\frac{1-\sqrt{5}}{2}.$$

所以

$$F_n=\frac{1}{\sqrt{5}}\left[\left(\frac{1+\sqrt{5}}{2}\right)^{n+1}-\left(\frac{1-\sqrt{5}}{2}\right)^{n+1}\right].$$

斐波那契数列有一个重要特性:数列相邻两项比值 $\frac{F_n}{F_{n+1}}$ 的极限为

$$\lim_{n\to\infty}\frac{F_n}{F_{n+1}}=\frac{\sqrt{5}-1}{2}\approx 0.618\quad \text{或}\quad \lim_{n\to\infty}\frac{F_{n+1}}{F_n}=\frac{\sqrt{5}+1}{2}\approx 1.618.$$

通常称此数为**黄金分割数**.

若令 $\lambda_1=\frac{1+\sqrt{5}}{2}$,$\lambda_2=\frac{1-\sqrt{5}}{2}$ 则

$$F_n=\frac{1}{\sqrt{5}}\left[\left(\frac{1+\sqrt{5}}{2}\right)^{n+1}-\left(\frac{1-\sqrt{5}}{2}\right)^{n+1}\right]=\frac{1}{\sqrt{5}}({\lambda_1}^{n+1}-{\lambda_2}^{n+1}).$$

从而有

$$\lim_{n\to+\infty}\frac{F_n}{F_{n+1}}=\lim_{n\to+\infty}\frac{{\lambda_1}^{n+1}-{\lambda_2}^{n+1}}{{\lambda_1}^{n+2}-{\lambda_2}^{n+2}}=\lim_{n\to+\infty}\frac{\frac{1}{\lambda_1}\left[1-\left(\frac{\lambda_2}{\lambda_1}\right)^{n+1}\right]}{1-\left(\frac{\lambda_2}{\lambda_1}\right)^{n+2}}.$$

由于 $\left|\frac{\lambda_2}{\lambda_1}\right|<1$,所以 $\lim_{n\to+\infty}\frac{F_n}{F_{n+1}}=\frac{1}{\lambda_1}=\frac{2}{1+\sqrt{5}}=\frac{\sqrt{5}-1}{2}\approx 0.618\,033\,989$,这就是黄金分割数.

黄金分割和斐波那契数列在自然界中是无处不在的.例如,月球的平均密度为 3.4 g/cm^3,地球的平均密度为 5.5 g/cm^3,而 34 和 55 正好是 F_8.

七、光线折射问题

设有Ⅰ,Ⅱ两种介质,以 L 为分界线,光在介质Ⅰ与介质Ⅱ中的传播速度分别为 v_1 和 v_2,问光线由介质Ⅰ中一点 A 到介质Ⅱ中的一点 B,应走哪一条路线?

分析 根据物理学中的费马原理:"光线沿着所需时间最少的路线传播",因此要确定光线的行走路线,也就是确定光线从介质Ⅰ中点 A 到介质Ⅱ中点 B 所用时间最少的路线.由于两种介质中光线的传播速度不同,因此连接 AB 的直线不见得就是用时最少的路线.在此,不妨设用时最少的路线由 AM 与 MB 组成,其中 M 在直线 L 上,此时所求问题转化为确定点 M 的位置,使得光线沿路线 AM 与 MB 上行进的时间最少.如图 11—4 所示.

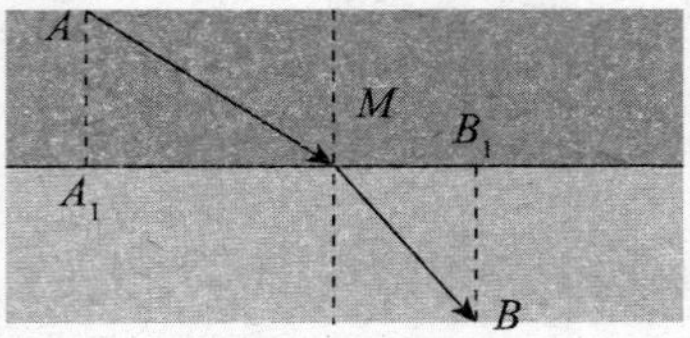

图 11—4

设 AA_1 与 BB_1 分别为 A 与 B 到直线 L 的垂线,并记

$$AA_1=a,\quad BB_1=b,\quad A_1B_1=c.$$

取 $A_1M=x$ 作自变量,光线从 A 经 M 到 B 所用时间为 t,则

$$t=f(x)=\frac{AM}{v_1}+\frac{MB}{v_2}=\frac{\sqrt{a^2+x^2}}{v_1}+\frac{\sqrt{b^2+(c-x)^2}}{v_2}.$$

解 现在求 t 的最小值.由于

$$f'(x)=\frac{x}{v_1\sqrt{a^2+x^2}}-\frac{c-x}{v_2\sqrt{b^2+(c-x)^2}},$$

$$f''(x)=\frac{a^2}{v_1(a^2+x^2)^{3/2}}+\frac{b^2}{v_2[b^2+(c-x)^2]^{3/2}},$$

对于所有 x 的值,$f(x)$ 的一、二阶导数都存在,并且 $f''(x)>0$,于是 $f'(x)$ 在 $(-\infty,+\infty)$ 上单调增加,所以最多有一次等于零,但是

$$f'(0)=-\frac{c}{v_2\sqrt{b^2+c^2}}<0,\quad f'(c)=\frac{c}{v_1\sqrt{a^2+c^2}}>0.$$

所以方程 $f'(x)=0$ 在 0 与 c 之间有唯一的根 x_0.又因 $f''(x_0)>0$,所以根 x_0 对应的函数值 $f(x_0)$ 为 $f(x)$ 的极小值,也是最小值.但要从 $f'(x)=0$ 中求 x_0 比较繁琐,为此,我们引入 φ_1 与 φ_2 两角(物理学中,φ_1,φ_2 分别叫入射角和折射角).易知

$$\sin\varphi_1=\frac{x}{\sqrt{a^2+x^2}},\quad \sin\varphi_2=\frac{c-x}{\sqrt{b^2+(c-x)^2}}.$$

由方程 $f'(x)=0$,即 $\dfrac{x}{v_1\sqrt{a^2+x^2}}=\dfrac{c-x}{v_2\sqrt{b^2+(c-x)^2}}$,可得 $\dfrac{\sin\varphi_1}{v_1}=\dfrac{\sin\varphi_2}{v_2}$,即 $\dfrac{\sin\varphi_1}{\sin\varphi_2}=\dfrac{v_1}{v_2}$.也就是说,当 φ_1 与 φ_2 满足上式时,从 A 到 B 所需时间最少,此结果就是光的折射定律:入射角 φ_1 与折射角 φ_2 的正弦比是一常数,等于光在两种介质中的速率之比.

折射问题具有一定的代表性,如果抽去其实际意义,折射问题可以概括为:设在直线 L 的两侧有 A 与 B 两点,试在 L 上找一点 M,使 $\dfrac{AM}{\lambda}+\dfrac{MB}{M}$ 最小.其中 $\lambda>0$,$M>0$ 为两个不等的常数,应用此数学模型,我们可以解决与折射问题类似的许多实际问题.

1. 水陆联运问题

有一工厂 A 距运河 a 千米,运河线上的 B 城与运河上离 A 厂最近的点 D 为 b 千米.今欲

修条一公路 AC 到运河边，将 A 厂的产品经由公路运到 C，再水运到 B 城.设每吨每公里的水、陆运费分别为 α 与 $\beta(\alpha>\beta)$ 元，问 C 的位置应在何处才能使运费最省（如图 11—5）？

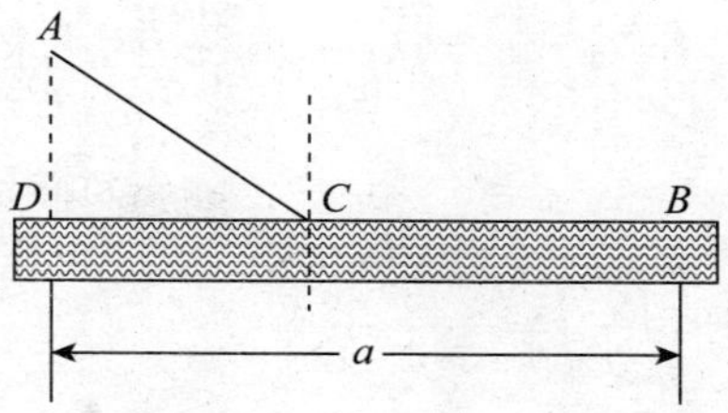

图 11—5

解 因为1吨产品从 A 厂经公路运到 C，再由 C 水运到 B 城的运费为 $\alpha BC+\beta AC$，即

$$\frac{BC}{\frac{1}{\alpha}}+\frac{AC}{\frac{1}{\beta}}.$$

根据题意，要确定 C 的位置使上述表达式值最小，这是一个折射问题.

设 $DC=x$，则 $BC=b-x$，$\varphi_2=90°$.由折射定律，有 $\dfrac{\sin\varphi_1}{\sin 90°}=\dfrac{\frac{1}{\beta}}{\frac{1}{\alpha}}$.所以 $\sin\varphi_1=\dfrac{\alpha}{\beta}$.由 $\sin\varphi_1=\dfrac{x}{\sqrt{a^2+x^2}}$，有 $\dfrac{x}{\sqrt{a^2+x^2}}=\dfrac{\alpha}{\beta}$，解得 $x=\dfrac{a\alpha}{\sqrt{\beta^2-\alpha^2}}$.此结果与 b 无关，只要 $b>\dfrac{a\alpha}{\sqrt{\beta^2-\alpha^2}}$，就应修公路到 C 点，其中 C 点到 D 点的距离为 $\dfrac{a\alpha}{\sqrt{\beta^2-\alpha^2}}$.

2. 天空中的彩虹

当阳光通过空气射到雨滴时，一部分光线被反射，另一部分光线则通过折射而进入雨滴的内部.进入雨滴内部的光线又经过反射和折射，最后再折射回空气中.试解释下列问题：

(1) 观测者通过怎样的观测视角可以看到彩虹？

(2) 彩虹的颜色分布形式如何？

解 (1) 设照射在雨滴上的光线如图 11—6 所示，其中 A 点为光线的照射点，一部分光线经过 A 点反射出去，其余光线通过雨滴而折射（α 是入射角，β 是折射角），这时光线折射到 B 点，在 B 点光线又经过反射而通过 C 点，最后在 C 点折射回到空气中.这里主要考虑经过 A，B 和 C 三点的光线，光线的折转角偏差记为 $D(\alpha)$（经过 A，B 和 C 三点的光线顺时针的偏转），则

$$D(\alpha)=(\alpha-\beta)+(\pi-2\beta)+(\alpha-\beta)=\pi+2\alpha-4\beta,$$

其中 $\alpha,\beta\in\left(0,\dfrac{\pi}{2}\right)$，$\alpha>\beta$.对 α 求导数，得 $D'(\alpha)=2-4\dfrac{\mathrm{d}\beta}{\mathrm{d}\alpha}$.由光线的折射定律，$\dfrac{\sin\alpha}{\sin\beta}=k$（$k$ 为折射率）.于是 $\cos\alpha=k\cos\beta\cdot\dfrac{\mathrm{d}\beta}{\mathrm{d}\alpha}$.

由 $D'(\alpha)=2-4\dfrac{\mathrm{d}\beta}{\mathrm{d}\alpha}=2-4\dfrac{\cos\alpha}{k\cos\beta}=0$，得 $\dfrac{\cos\alpha}{\cos\beta}=\dfrac{k}{2}$.从 $\begin{cases}\dfrac{\cos\alpha}{\cos\beta}=\dfrac{k}{2}\\ \dfrac{\sin\alpha}{\sin\beta}=k\end{cases}$，解得 $\cos\alpha=\sqrt{(k^2-1)/3}$.因为雨滴是水，$k=1.33$，可得 $\cos\alpha=0.506\,3$，$\alpha=59.6°$，$D(\alpha)=137.5°$，并且 $D''(\alpha)=-4\dfrac{\mathrm{d}^2\beta}{\mathrm{d}\alpha^2}$.

对 $\cos\alpha = k\cos\beta \cdot \frac{d\beta}{d\alpha}$ 两边求导，得

$$-\sin\alpha = -k\sin\beta \cdot \left(\frac{d\beta}{d\alpha}\right)^2 + k\cos\beta \cdot \frac{d^2\beta}{d\alpha^2}.$$

所以$\frac{d^2\beta}{d\alpha^2} = -\frac{3}{4}\frac{\sin\beta}{\cos\beta}$.

由于其中 $\alpha, \beta \in \left(0, \frac{\pi}{2}\right)$，$\alpha > \beta$，所以$\frac{d^2\beta}{d\alpha^2} < 0$，$D''(\alpha) > 0$.这表明 $D(59.6°) = 137.5°$ 为 $D(\alpha)$ 的最小值，即当光线入射角在 $\alpha = 59.6°$ 附近时，光线的折转程度最小，这些光线的汇聚产生了彩虹的光芒，而运离这个临界角的光线将发散出去，这就是彩虹出现的位置.称入射角为59.6°的光线为虹光线，观测者到彩虹最上方的角度为$180° - 137.5° = 42.5°$，称为彩虹角. 如图 11—7 所示.

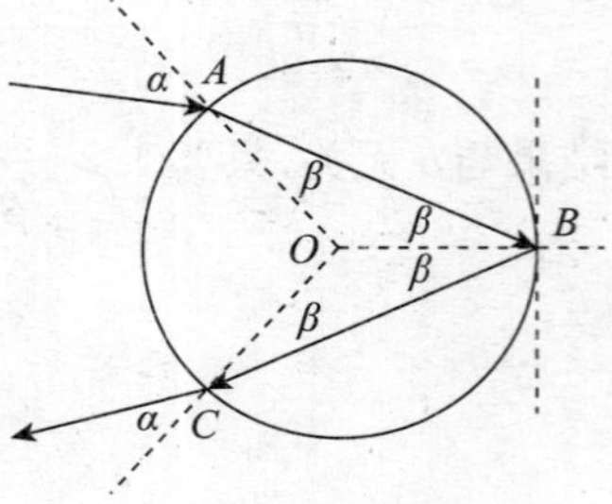

图 11—6

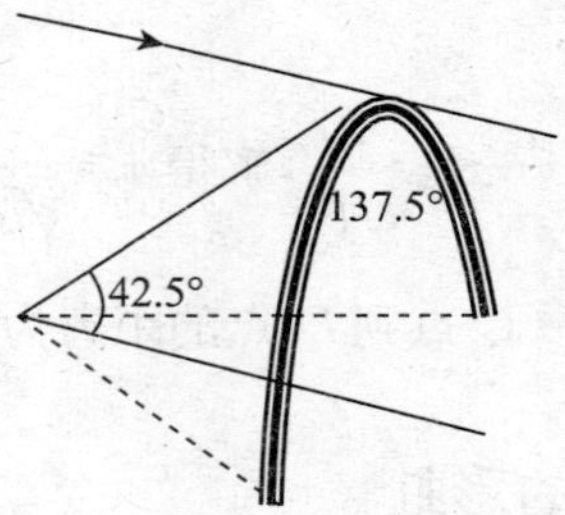

图 11—7

(2) 由于太阳光包含了一定范围的波长，它包含红、橙、黄、绿、青、蓝、紫七种光，每种光的折射率不同，红光的折射率 $k = 1.331\ 8$，紫光的折射率为 $k = 1.343\ 5$，因此，它们的最小折转角不同，红光的最小为137.7°，紫光的最小为139.4°.所以，彩虹中包含了七种颜色相分离的光环，依次顺序为红、橙、黄、绿、青、蓝、紫.

八、最小二乘法

在求解实际问题时，经常要遇到根据两个变量的实验数据，来找出这两个变量间的函数关系的近似表达式，即经验公式.

设某一实际问题由两个变量 x 和 y 表述，经测定得到 n 组数据

$$(x_1, y_1), (x_2, y_2), (x_3, y_3), \cdots, (x_n, y_n).$$

将这 n 组数据看作是平面直角坐标系中的 n 个点 $A_i(x_i, y_i)(i = 1, 2, 3, \cdots, n)$，如果这些点大致呈直线分布，就可用线性函数 $y = ax + b$ 来近似地反映变量x 和y之间的关系.问题是如何选择系数 a, b 使函数模型 $y = ax + b$ 近似精度最高?

若记 $d_i = ax_i + b - y_i (i = 1, 2, 3, \cdots, n)$，则 d_i 表示用函数 $y = ax + b$ 表示 x_i 和 y_i 之间关系所产生的偏差，这些偏差的平方和称为总偏差，记作 S，则

$$S = \sum_{i=1}^{n} d_i^2 = \sum_{i=1}^{n} (ax_i + b - y_i)^2.$$

要选择系数 a, b 使函数模型 $y = ax + b$ 的近似精度最高，就是确定 S 的最小值.

视 $S=S(a,b)$ 为二元函数，由极值存在的必要条件，得

$$\begin{cases}\dfrac{\partial S}{\partial a}=2\sum\limits_{i=1}^{n}(ax_i+b-y_i)x_i=0\\\dfrac{\partial S}{\partial b}=2\sum\limits_{i=1}^{n}(ax_i+b-y_i)=0\end{cases},$$

即

$$\begin{cases}(\sum\limits_{i=1}^{n}x_i)b+(\sum\limits_{i=1}^{n}x_i^2)a=\sum\limits_{i=1}^{n}x_iy_i\\nb+(\sum\limits_{i=1}^{n}x_i)a=\sum\limits_{i=1}^{n}y_i\end{cases}.$$

解关于 a,b 的线性方程组，得其解

$$\hat{a}=\frac{\sum\limits_{i=1}^{n}x_iy_i-n\bar{x}\bar{y}}{\sum\limits_{i=1}^{n}x_i^{\,2}-n\bar{x}^2},\ \hat{b}=\bar{y}-\hat{a}\bar{x},$$

其中 $\bar{x}=\dfrac{1}{n}\sum\limits_{i=1}^{n}x_i,\bar{y}=\dfrac{1}{n}\sum\limits_{i=1}^{n}y_i$，于是 x 和 y 之间的函数模型为 $y=\hat{a}x+\hat{b}$.

上述确定 $\hat{a},\hat{b}$ 的方法称为**最小二乘法**.最小二乘法是数据建模的常用方法.

用最小二乘法数据建模的步骤：

(1) 做出数据图形 —— 散点图

将数据点 $(x_1,y_1),(x_2,y_2),(x_3,y_3),\cdots,(x_n,y_n)$ 标在坐标面上.观察数据的分布是否大致在一条直线附近.如果是，设定线性模型为 $y=ax+b$.

(2) 根据最小二乘法确定 $\hat{a},\hat{b}$.

(3) 写出近似函数模型 $y=\hat{a}x+\hat{b}$.

(4) 对模型进行检验和预测.

例 为了估计高原山上积雪融化后对下游灌溉的影响，在山上建立了一个观测站，测量了最大积雪深度 x(尺) 与当年灌溉面积 y(千亩)，得到连续 10 年的观测数据如表 11—2 所示.试建立变量 x 和 y 之间的近似线性函数模型.

表 11—2

年序	深度 x	面积 y	年序	深度 x	面积 y
1	15.5	28.6	6	23.4	45.0
2	10.4	19.3	7	13.5	29.2
3	21.2	40.5	8	16.7	34.1
4	18.6	35.6	9	24.0	46.7
5	26.4	48.9	10	19.1	37.4

解 设所求线性函数为 $y=ax+b$，则

$$\bar{x}=\frac{1}{10}(15.2+10.4+\cdots+19.1)=18.85,$$

$$\bar{y}=\frac{1}{10}(28.6+19.3+\cdots+37.7)=36.53,$$

$$\hat{a}=\frac{\sum_{i=1}^{n}x_iy_i-n\bar{x}\bar{y}}{\sum_{i=1}^{n}x_i^{\,2}-n\,\bar{x}^2}=\frac{413.065}{227.845}=1.831,$$

$$\hat{b}=\bar{y}-\hat{a}\bar{x}=36.53-1.813\times18.85=2.355.$$

所求线性函数模型为 $y=2.355+1.831x$.

九、药物在体内分布的单室模型

一种新药品、新疫苗研制出来后，研究人员必须用大量实验搞清它是否真的有用，如何使用才能发挥最大效用，以提供给医生治病时参考.在实验中研究人员要测定模型中的各种参数，搞清血药浓度的变化规律，根据疾病的特点找出最佳治疗方案(包括给药方式、最佳剂量、给药间隔时间及给药次数等)，这些研究与试验据估计最少也需要数年时间.如果建立了相应的数学模型，通过模型进行模拟则可以缩短试验时间.

在研究此问题时，把研究对象看成一个整体叫单房室系统.房室由考察对象均匀分布而成；房室中考察对象的数量或浓度的变化率与外部环境有关，这种关系称为“交换”，且交换满足总量守衡.

假设把人体视为单房室，体内药物在任一时刻都是均匀分布的.设 t 时刻体内药物的总量为 $x(t)$；系统处于一种动态平衡中，即成立着关系式(图 11—8)：

$$\frac{\mathrm{d}x}{\mathrm{d}t}=\left(\frac{\mathrm{d}x}{\mathrm{d}t}\right)_{入}-\left(\frac{\mathrm{d}x}{\mathrm{d}t}\right)_{出}$$

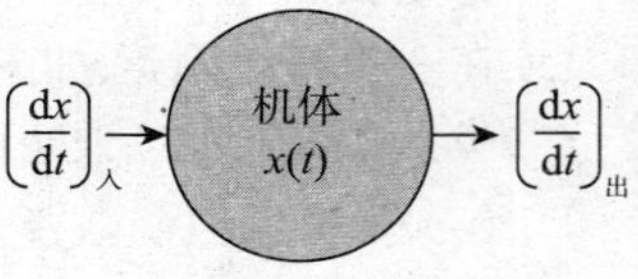

图 11—8

药物的分解与排泄(输出)速率通常被认为是与药物当前的浓度成正比的，即

$$\left(\frac{\mathrm{d}x}{\mathrm{d}t}\right)_{出}=kx$$

药物的输入规律与给药的方式有关.在此研究几种常见的给药方式下体内药体的变化规律.

情况 1 (快速静脉注射) 在快速静脉注射时，认为总量为 D 的药物在瞬间被注入体内(图 11—9).

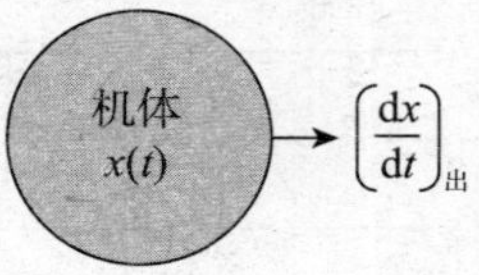

图 11—9

设机体的体积为 V，则可以近似地将系统看成初始总量为 D、浓度为 D/V、只输出不输入的房室，即系统近似地满足微分方程：

$$\begin{cases}\dfrac{\mathrm{d}x}{\mathrm{d}t}+kx=0\\ x(0)=D\end{cases},$$

解得 $x(t)=D\mathrm{e}^{-kt}$，血药浓度为 $C(t)=\dfrac{D}{V}\mathrm{e}^{-kt}$.

情况 2（恒速静脉点滴） 药物以恒速点滴方式进入体内（图 11—10），即

$$\left(\frac{\mathrm{d}x}{\mathrm{d}t}\right)_{入}=K_0,$$

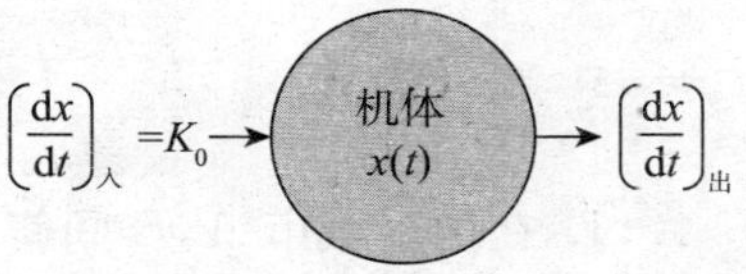

图 11—10

则体内药物总量满足：

$$\begin{cases}\dfrac{\mathrm{d}x}{\mathrm{d}t}+kx=K_0,\\ x(0)=0\end{cases}$$

解得
$$x(t)=\frac{K_0}{k}(1-\mathrm{e}^{-kt}),$$

血药浓度为 $C(t)=\dfrac{K_0}{Vk}(1-\mathrm{e}^{-kt})$ 且 $\lim\limits_{t\to\infty}C(t)=\dfrac{K_0}{Vk}$.

情况 3（口服药或肌注） 口服药或肌肉注射时，药物的吸收方式与用点滴时不同，药物虽然瞬间进入了体内，但它一般都集中在身体的某一部位，靠其表面与肌体接触而逐步被吸收（图 11—11）.

设药物被吸收的速率与存量药物的数量成正比，记比例系数为 k_1，即若记 t 时刻残留药物量为 $y(t)$，则

$$\begin{cases}\dfrac{\mathrm{d}y}{\mathrm{d}t}+k_1y=0,\\ y(0)=D\end{cases}$$

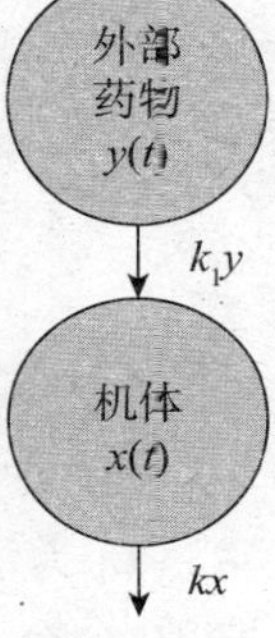

图 11—11

解得 $y(t)=D\mathrm{e}^{-k_1t}$.所以

$$\begin{cases}\dfrac{\mathrm{d}x}{\mathrm{d}t}+kx=k_1D\mathrm{e}^{-k_1t}\\ x(0)=D\end{cases}.$$

解得 $x(t)=\dfrac{k_1D}{k_1-k}(\mathrm{e}^{-kt}-\mathrm{e}^{-k_1t})$，血药浓度为

$$C(t)=\frac{k_1D}{(k_1-k)V}(\mathrm{e}^{-kt}-\mathrm{e}^{-k_1t})$$

三种情况下体内血药浓度的变化曲线如图 11—12 所示.容易看出，快速静脉注射能使血药浓度立即达到峰值，常用于急救等紧急情况；口服、肌注与点滴也有一定的差异，主要表现在血药浓度的峰值出现在不同的时刻，血药的有效浓度保持时间也不尽相同.

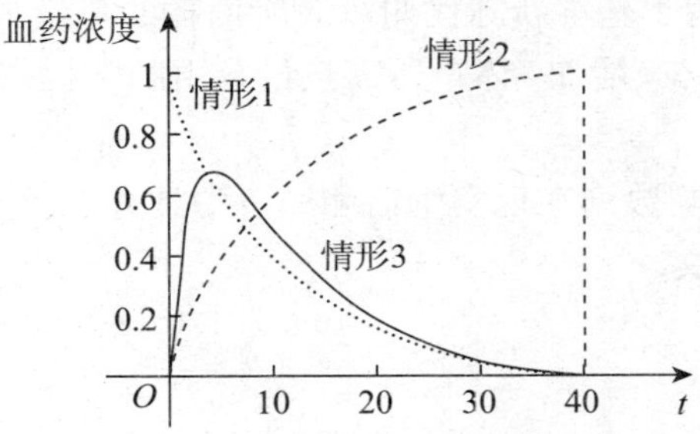

图 11—12

☞ 习题 11.1

1. 在两个城市 A,B 间修一条公路,两个城市位于宽度均为 r 的一条河的两侧,因为这条河,所以必须建一座桥(图 11—13),A 到河岸的距离为 a,B 到河岸的距离为 b,且 $a \leqslant b$,两个城市间与河岸垂线间的距离为 p.为使两个城市之间的总距离最短,桥应建在何处?

2. 一根电缆从点 A 处的发电站铺设到点 C 处的小岛,从海岸边的点 B 沿水路径直到点 C 的距离是 1 千米,从 A 处的发电站沿海岸到点 B 的距离是 4 千米(图 11—14).在水下铺设电缆每千米的造价为 5 万元,而在陆地下铺设电缆每千米造价为 3 万元.为使造价最省,位于岸边的电缆应从 A 沿海岸铺设到何处?

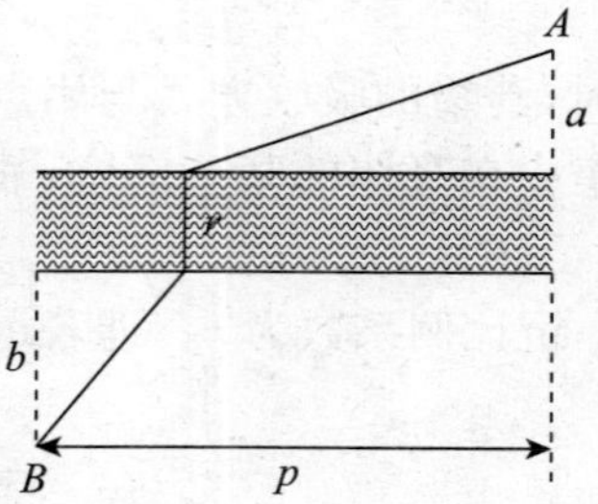

图 11—13

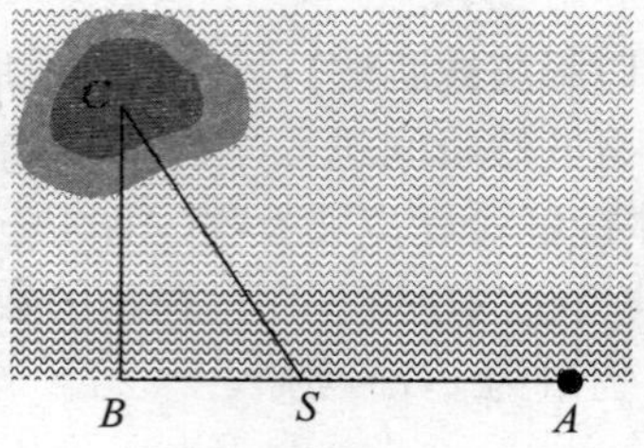

图 11—14

3. 为了分析市场上某种产品的产量 q(千件) 与成本 C(千元) 之间的函数关系,随机抽取 10 个企业作样本,得到数据如下. 试确定生产成本 C 与产量 q 之间的线性关系.

q	40	42	48	55	65	79	88	100	120	140
C	150	140	160	170	150	162	185	165	190	185

4.(酒后驾车模型) 设警方对司机饮酒后驾车时血液中酒精含量的规定为不超过 80%(mg/ml). 现有一起交通事故,在事故发生 3 个小时后,测得司机血液中酒精含量是 56%(mg/ml),又过两个小时后,测得其酒精含量降为 40%(mg/ml).试判断事故发生时,司机是否违反了酒精含量的规定?

5.(减肥模型) 减肥问题是现实生活中经常遇到的问题,体重过重的人为了身体的健康需要减肥,运动员因为比赛的需要参赛前要将体重降低(增加) 到规定的范围.假定某人每天的饮食可产生 A J 热量,用于基本新陈代谢每天所消耗的热量为 B J,用于锻炼所消耗的热量为 C J/(d · kg),假定减少(增加) 体重所需热量全由脂肪提供,脂肪所含热量为 D J/kg,试建立体重变化模型.

6. 读写练习:斐波那契数列在现实生活和经济中具有广泛的应用,查阅文献,写一篇关于斐波那契数列应用的短文.

第二节　微积分在经济管理中的应用

微积分在经济学、金融学和管理科学中具有广泛的应用，本节主要介绍经济管理中的一些典型问题的数学解析和应用.

一、弹性问题

1. 弹性概念

弹性概念是经济学中的一个重要概念，用来定量地描述一个经济变量对另一个经济变量变化的反应程度，或者说，一个经济变量变动的百分之一会使另一个经济变量变动百分之几.

定义 1　设经济函数 $y=f(x)$ 在点 x_0 的某邻域内有定义，若经济变量 x 在点 x_0 有一个改变量 Δx，则经济变量 y 有相应的改变量 $\Delta y=f(x_0+\Delta x)-f(x_0)$，且 $y_0=f(x_0)\neq 0$. 如果极限

$$\lim_{\Delta x\to 0}\frac{\Delta y/y_0}{\Delta x/x_0}=\lim_{\Delta x\to 0}\frac{[f(x_0+\Delta x)-f(x_0)]/f(x_0)}{\Delta x/x_0}$$

存在，则称此极限值为函数 $y=f(x)$ 在点 x_0 处的**点弹性**，记为 $\left.\frac{\mathrm{E}y}{\mathrm{E}x}\right|_{x=x_0}$，而称比值

$$\frac{\Delta y/y_0}{\Delta x/x_0}=\frac{[f(x_0+\Delta x)-f(x_0)]/f(x_0)}{\Delta x/x_0}=\frac{f(x_0+\Delta x)-f(x_0)}{\Delta x}\cdot\frac{x_0}{f(x_0)}$$

为函数 $y=f(x)$ 在点 x_0 与点 $x_0+\Delta x$ 之间的**弧弹性**.

在任意点 x 处的点弹性记作 $\frac{\mathrm{E}y}{\mathrm{E}x}$. 若 $y=f(x)$ 在点 x 处可导，则有

$$\frac{\mathrm{E}y}{\mathrm{E}x}=\lim_{\Delta x\to 0}\frac{\Delta y/y}{\Delta x/x}=\lim_{\Delta x\to 0}\left[\frac{f(x+\Delta x)-f(x)}{\Delta x}\cdot\frac{x}{f(x)}\right]=\frac{x}{f(x)}f'(x).$$

如果函数 $y=f(x)$ 在区间 (a,b) 内可导，且 $f(x)\neq 0$，则称 $\frac{\mathrm{E}y}{\mathrm{E}x}=\frac{x}{f(x)}f'(x)$ 为函数 $y=f(x)$ 在区间 (a,b) 内的**点弹性函数**，简称为**弹性函数**.

若 $y=f(x)$ 在点 x_0 处可导，则 $\left.\frac{\mathrm{E}y}{\mathrm{E}x}\right|_{x=x_0}=\frac{x_0}{f(x_0)}f'(x_0)$. 且

当 $|\Delta x|$ 很小时，有 $\left.\frac{\mathrm{E}y}{\mathrm{E}x}\right|_{x=x_0}\approx\frac{\Delta y/y_0}{\Delta x/x_0}=$ 弧弹性；

当 $\frac{\Delta x}{x_0}=1\%$ 时，$\frac{\Delta y}{y_0}\approx\left.\frac{\mathrm{E}y}{\mathrm{E}x}\right|_{x=x_0}(\%)$.

即当自变量 x 在点 x_0 增加 1% 时，因变量 y 在点 $y_0=f(x_0)$ 改变 $\left.\frac{\mathrm{E}y}{\mathrm{E}x}\right|_{x=x_0}(\%)$，这就是弹性

的实际意义.

由定义可知,函数的弹性(点弹性与弧弹性)与量纲无关,即与各有关变量所用的计量单位无关,比较不同的弹性时,可不受计量单位的限制.

2. 供给价格弹性与需求价格弹性

定义2 设$S=S(p)$是市场对某一种商品的供给函数,其中p是商品价格,S是市场供给量,则$\frac{ES}{Ep}=\frac{p}{S}S'(p)$称为**供给价格弹性**.

由于S随p的上升而增加,即$S=S(p)$是单调增加函数,当$\Delta p>0$时,$\Delta S>0$,故$\frac{ES}{Ep}\geqslant 0$,其实际意义是:当价格从p上升1%时,市场供给量从$S(p)$增加$\frac{ES}{Ep}$个百分点.

定义3 设$Q=Q(p)$是市场对某一种商品的需求函数,其中p是商品价格,Q是市场需求量,则$\frac{EQ}{Ep}=\frac{p}{Q}Q'(p)$称为**需求价格弹性**.

$Q=Q(p)$一般是单调减少函数,当$\Delta p>0$时,$\Delta Q<0$,故一般$\frac{EQ}{Ep}\leqslant 0$,其实际意义是:当价格从p上升1%时,市场需求量减少$\left|\frac{EQ}{Ep}\right|$个百分点;当价格从$p$下降1%时,市场需求量增加$\left|\frac{EQ}{Ep}\right|$个百分点.

如果$R=R(p)$是收益函数,则$R=pQ(p)$,所以

$$R'(p)=Q(p)+pQ'(p)=Q(p)+Q(p)\frac{EQ}{Ep}=Q(p)\left(1+\frac{EQ}{Ep}\right).$$

上式给出了价格的边际收益与需求价格弹性之间的关系,下面讨论需求价格弹性对收益的影响.

(1) 当$\frac{EQ}{Ep}<-1$时,商品需求量变动的百分数高于价格变动的百分数,称为高弹性,此时$R'(p)<0$,从而随着价格上升收益会减少;

(2) 当$\frac{EQ}{Ep}>-1$时,商品需求量变动的百分数低于价格变动的百分数,称为低弹性,此时$R'(p)>0$,从而随着价格上升收益会增加;

(3) 当$\frac{EQ}{Ep}=-1$时,商品需求量变动的百分数等于价格变动的百分数,称为单位弹性,此时$R'(p)=0$,收益相对于价格处于临界状态.

由需求价格弹性的定义看出,需求弹性越大的商品,需求量对价格变化反应越灵敏,只要稍微提价或降价,就会导致需求量的大幅减少或增加.经验表明,生活必需品的需求弹性较小,而奢侈品的需求弹性较大.

例1 设某商品的市场需求函数为$Q=15-\frac{p}{3}$(p的单位为百元,Q的单位为台).(1)求需求价格弹性函数$\frac{EQ}{Ep}$;(2)求$\left.\frac{EQ}{Ep}\right|_{p=9}$,并说明其实际意义;(3)求$\frac{EQ}{Ep}=-1$时的价格.

解 (1) 因为 $Q'(p)=-\frac{1}{3}$,所以

$$\frac{EQ}{Ep}=\frac{p}{Q}Q'(p)=-\frac{1}{3}\cdot\frac{p}{15-\frac{p}{3}}=-\frac{p}{45-p}.$$

(2) 由于 $\left.\frac{EQ}{Ep}\right|_{p=9}=-\frac{9}{45-9}=-\frac{1}{4}=-0.25$.所以,当价格 p 从 9(百元/台)上涨 1% 时,该商品的需求量在 $Q(9)=12$ 台的基础上下降 0.25%(或价格下降 1% 时,该商品的需求量再增加 0.25%).

由于 $\left.\frac{EQ}{Ep}\right|_{p=9}=-0.25>-1$,所以当价格上涨时收益能够增加.

(3) 由 $\frac{EQ}{Ep}=-1$,即 $\frac{EQ}{Ep}=-\frac{p}{45-p}=-1$,解得 $p=22.5$(百元).此时价格为每台 22.5(百元).

例 2 设某产品的成本函数为 $C(Q)=aQ^2+bQ+c$,需求函数为 $Q=\frac{1}{e}(d-p)$,其中 p 为单价,a,b,c,d,e 都是正的常数,且 $d>b$.求:(1) 利润最大时的产量及最大利润;(2) 需求对价格的弹性;(3) 需求对价格的弹性的绝对值为 1 时的产量.

解 (1) 因为 $Q=\frac{1}{e}(d-P)$,故 $p=d-eQ$,收益函数 $R(Q)=Q(d-eQ)$,利润函数为

$$\begin{aligned}L(Q)&=R(Q)-C(Q)=Q(d-eQ)-(aQ^2+bQ+c)\\&=-(a+e)Q^2+(d-b)Q-c.\end{aligned}$$

令 $L'(Q)=-2(a+e)Q+(d-b)=0$,得 $Q=\frac{d-b}{2(a+e)}$.由问题的实际意义和驻点的唯一性知,当产量为 $\frac{d-b}{2(a+e)}$ 时利润最大,最大利润为 $L=\frac{(d-b)^2}{4(a+e)}-c$.

(2) $\frac{EQ}{Ep}=f'(p)\frac{p}{f(p)}=-\frac{1}{e}\frac{ep}{d-p}=\frac{-p}{d-p}=\frac{eQ-d}{d-d+eQ}=1-\frac{d}{eQ}.$

(3) $\left|\frac{EQ}{Ep}\right|=\left|1-\frac{d}{eQ}\right|=1$,即 $\frac{d}{eQ}=2$,所以 $Q=\frac{d}{2e}$.

3. 偏弹性

对于多元函数,可以类似地将一元函数的弹性概念推广到多元函数上,这样就形成了偏弹性的概念.即偏弹性是多元函数关于某个自变量的相对变化率.

定义 4 设函数 $z=f(x,y)$ 在点 (x,y) 处的偏导数存在.若 $f(x,y)\neq 0$,则

$$\frac{Ez}{Ex}=\frac{xf_x(x,y)}{f(x,y)}=\frac{x}{f(x,y)}\frac{\partial f}{\partial x} \quad 与 \quad \frac{Ez}{Ey}=\frac{yf_y(x,y)}{f(x,y)}=\frac{y}{f(x,y)}\frac{\partial f}{\partial y}$$

分别称为函数 $z=f(x,y)$ 在点 (x,y) 处对 x 与对 y 的**偏弹性**.即 $\frac{Ez}{Ex}$ 表示 y 保持不变,x 的相对变化率.$\frac{Ez}{Ey}$ 表示 x 保持不变,y 的相对变化率.

由偏弹性的定义可以看到，偏弹性是无量纲的.下面以需求函数为例，介绍偏弹性的经济学意义.

设A和B是两个有关联的商品，P_1和P_2为各自的单位价格，Q_1和Q_2是各自的需求量，则A和B的需求函数分别为

$$Q_1=Q_1(P_1,P_2),\quad Q_2=Q_2(P_1,P_2).$$

商品A和B的需求量Q_1和Q_2，分别对价格P_1和P_2的价格弹性分别为

$$\frac{EQ_1}{EP_1}=\frac{P_1}{Q_1}\cdot\frac{\partial Q_1}{\partial P_1},\quad \frac{EQ_2}{EP_2}=\frac{P_2}{Q_2}\cdot\frac{\partial Q_2}{\partial P_2}.$$

商品A和B的需求量Q_1和Q_2，对相互交叉价格P_2和P_1的价格弹性分别为

$$\frac{EQ_1}{EP_2}=\frac{P_2}{Q_1}\cdot\frac{\partial Q_1}{\partial P_2},\quad \frac{EQ_2}{EP_1}=\frac{P_1}{Q_2}\cdot\frac{\partial Q_2}{\partial P_1}.$$

也称其为商品A和B的需求量Q_1和Q_2，对相互交叉价格P_2和P_1的**交叉弹性**.

两种商品A和B的相互关系：

若商品A的需求对商品B的交叉价格弹性是负数，即$\frac{EQ_1}{EP_2}<0$，则表示当商品A的价格不变，而商品B的价格上升时，商品A的需求量将相应地减少，这时称商品A和B之间是相互补充的关系.

若$\frac{EQ_1}{EP_2}>0$，则表示当商品A的价格不变，而商品B的价格上升时，商品A的需求量将相应地增加，这时称商品A和B之间是相互竞争（相互取代）的关系.

例如，计算机和软盘这两种商品就是相互补充的关系，用交叉价格弹性来表述就有$\frac{EQ_1}{EP_2}<0$或$\frac{EQ_2}{EP_1}<0$；鱼和猪肉这两种商品的关系就是相互竞争的，用交叉价格弹性来表述就有$\frac{EQ_1}{EP_2}>0$或$\frac{EQ_2}{EP_1}>0$.

例3 某种数码相机的销售量Q除与它自身的价格P_1（单位：百元）有关外，还与配套的存储卡的价格P_2（单位：百元）有关，具体关系为

$$Q=100+\frac{250}{P_1}-100P_2-P_2^2.$$

当$P_1=25,P_2=2$时，求(1) 销售量Q对价格P_1的弹性；(2) 销售量Q对价格P_2的交叉弹性.

解 (1) 销售量Q对价格P_1的弹性为

$$\frac{EQ}{EP_1}=\frac{P_1}{Q}\cdot\frac{\partial Q}{\partial P_1}=\frac{P_1}{100+\frac{250}{P_1}-100P_2-P_2^2}\cdot\left(\frac{-250}{{P_1}^2}\right)$$

$$=-\frac{250}{100P_1+250-100P_1P_2-P_1P_2^2}.$$

当$P_1=25,P_2=2$时，销售量Q对价格P_1的弹性为

$$\left.\frac{EQ}{EP_1}\right|_{\substack{P_1=25\\P_2=2}}=-\frac{250}{100\times25+250-100\times25\times2-25\times2^2}\approx0.1.$$

(2) 销售量Q对价格P_2的交叉弹性为

$$\frac{EQ}{EP_2}=\frac{P_2}{Q}\cdot\frac{\partial Q}{\partial P_2}=\frac{P_2}{100+\frac{250}{P_1}-100P_2-P_2^2}\cdot(-100-2P_2)$$

$$=-\frac{(100+2P_2)P_1P_2}{100P_1+250-100P_1P_2-P_1P_2^2}.$$

当 $P_1=25$，$P_2=2$ 时，销售量 Q 对价格 P_2 的交叉弹性为

$$\left.\frac{EQ}{EP_2}\right|_{\substack{P_1=25\\P_2=2}}=-\frac{(100+2\times 2)\times 2\times 25}{100\times 25+250-100\times 25\times 2-25\times 2^2}\approx -2.2.$$

4. 收益最大化问题

若产品的价格为 P，产品的产量为 Q，在需求函数 $Q=Q(P)$ 已知的情况下，以总收益函数 $R=P\cdot Q$ 最大为目标，来决策产品的产量或产品的价格问题是收益最大化问题.

若产品以固定价格 P_0 销售，销售量越多，总收益越大，此时无最大值问题.现设产品的价格 P 是变动的，且需求函数 $Q=Q(P)$ $(P=Q^{-1}(Q))$ 连续单调减少.

这时，产品收益最大化问题既可以由总收益与产品的产量之间的关系 $R(Q)=Q^{-1}(Q)\cdot Q$ 的极值问题确定，也可以由总收益与产品的需求价格之间的关系 $R(P)=P\cdot Q(P)$ 的极值问题确定.

下面讨论需求价格弹性与总收益最值间的关系.

由总收益函数 $R(Q)=Q^{-1}(Q)\cdot Q$，对 Q 求导，得

$$\frac{dR}{dQ}=Q^{-1}(Q)+Q\cdot\frac{d}{dQ}[Q^{-1}(Q)]=P+Q\cdot\frac{1}{Q'(P)}$$

$$=P+P\cdot\frac{1}{P\frac{Q'(P)}{Q}}=P\left(1+\frac{1}{\frac{EQ}{EP}}\right).\qquad (*)$$

假设产量 $Q=Q_0$ 时，总收益 R 最大，根据极值存在的必要条件，有 $\left.\frac{dR}{dQ}\right|_{Q=Q_0}=0$ 在式(*)中，由 $P>0$，可推得 $\frac{EQ}{EP}=-1$.

由极值存在的充分条件知，**当需求价格弹性 $\frac{EQ}{EP}=-1$ 时，产品的总收益最大.**

例 4 已知产品的需求函数 $Q=75-P^2$.求总收益最大时的需求量和产品的价格.

解 由需求价格弹性确定最大收益.因为 $\frac{dQ}{dP}=-2P$，所以由

$$\frac{EQ}{EP}=\frac{P}{Q}\cdot\frac{dQ}{dP}=\frac{-2P^2}{75-P^2}=-1,$$

可得总收益最大时的价格 $P=5$，$P=-5$(舍去).

二、最优批量库存问题

存储在社会的各个系统中都是一个重要问题，企业、商店都要预存原料、货物、商品(称

为库存),这里介绍最简单的最优批量生产(或订购)的库存模型.

通常合理的库存标准:

(1) 库存要少,以便降低库存费用和流动资金的占有量;

(2) 在保证生产活动(或商业活动)正常进行的前提下,进货的次数要少,以便降低生产准备费(或订购费用).

因此,库存问题就是要找出使总费用(库存费用和生产准备费用之和,或库存费用和订购费用之和)最小的生产批量(或订购批量),称为最优生产批量(最优订购批量).

假设产品整批地存入仓库,市场对这批产品的需求在单位时间内数量相同,当一批产品由仓库提取完后,下一批产品立即进入仓库,并规定仓库的平均库存量为每批产量的一半,在这种假设下,仓库的库存水平变动情况如图 11—15 所示.

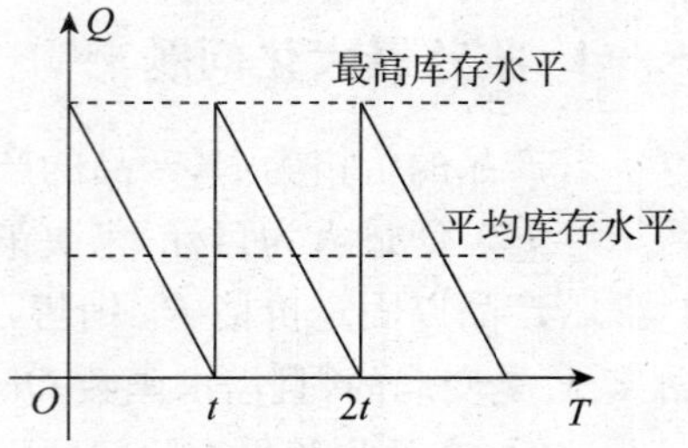

图 11—15

现在考虑某企业在一个计划期内(或一年)生产产品的库存问题.

设企业生产总量为 D,分批投产每次的数量为 Q,每批生产准备费为 C_1,每件产品库存费为 C_2,存货总费用 E. 所讨论的问题是:如何决策每批的生产数量,即批量 Q,使存货总费用 E 取得最小值.

(1) 建立目标函数 —— 存货总费用函数

生产准备费用 $E_1=$每批生产的准备费$\times$生产批数$=C_1\cdot\dfrac{D}{Q}$.

库存费用 $E_2=$每件产品的库存费$\times$批量的一半$=C_2\cdot\dfrac{Q}{2}$.

存货总费用 $E=$生产准备费用 E_1+ 库存费用 E_2,于是,存货总费用函数为

$$E=E_1+E_2=E(Q)=C_1\frac{D}{Q}+C_2\frac{Q}{2},\quad Q\in(0,D].$$

(2) 确定目标函数的极值

根据极值存在的必要条件,有

$$E'(Q)=-\frac{C_1D}{Q^2}+\frac{C_2}{2}=0\quad 或\quad 2C_1D=C_2Q^2.$$

解得唯一驻点 $Q_0=\sqrt{\dfrac{2C_1D}{C_2}}$(取正值). 根据极值存在的充分条件,

$$E''(Q)=\frac{2C_1D}{Q^3}>0\quad(D,C_1,Q\text{ 均为正数}).$$

所以,当每次投产的数量为 $Q_0=\sqrt{\dfrac{2C_1D}{C_2}}$ 时,总费用取得极小值即最小值,其值

$$E_0=C_1\frac{D}{Q_0}+C_2\frac{Q_0}{2}=\sqrt{2DC_1C_2}.$$

对于如何决策每次的订购数量,使订购费用与库存费用之和最小的商品库存问题,只需在上述问题中,把一个计划期内的生产总量改为商品的需求总量,把分批投产、每次投产数量,改为分批定购、每次订购数量,每批生产准备费改为每次订购费即可.

例 5 某工厂生产某种商品，其年销售量为100万件，分为 N 批生产，每批生产需要增加生产准备费1 000元，而每件商品的一年库存费为0.05元.如果年销售率是均匀的，且上批售完后立即生产出下批(此时商品库存量的平均值为商品批量的一半).问 N 为何值时，才能使生产准备费与库存费两项之和最小?

解 设每年的生产准备费与库存费之和为 E，批量为 Q 则

$$E(Q)=1\,000\left(\frac{10^6}{Q}\right)+0.05\left(\frac{Q}{2}\right)=\frac{10^9}{Q}+\frac{Q}{40}.$$

由 $E'(Q)=\frac{1}{40}-\frac{10^9}{Q^2}=0$，得驻点 $Q_0=2\times10^5$.由 $E''(Q)=\frac{2+10^9}{Q^3}>0$，知驻点为最小值点.因此，当 $Q=20$ 万件时，总费用 E 最小，且 $N=\frac{100}{20}=5$.

三、产品的最优价格问题

一个企业的产品，在市场销售中如果该企业有权根据产品的成本和销售情况制订其产品市场销售价格的话，该企业当然会寻求能使企业获得最大利润的产品的最优价格，在此讨论产销平衡(产品的产量等于市场销售量)状态下的最优价格模型.

例 6 假设某电视机厂产一台电视机的成本为 C，每台电视机的销售价为 P.由于市场竞争的影响，电视机售价越高，销售量 x 就会越低，根据市场调查可以确定 $x=Me^{-aP}(M,a>0)$，其中 M 是市场的最大需求量，a 是价格系数. 另一方面，售销量 x 越大，每台电视机的生产成本就会越低，根据对生产环节的分析可知 $C=C_0-k\ln x(C_0,k>0,x>1)$，其中 C_0 是只生产一台电视机时的成本，k 为规模系数.试讨论在产销平衡下，如何确定电视机的售价 P，才能使该厂获得最大利润?

解 设利润为 u，电视机的售价为 P，成本为 C，销售量为 x，则 $u=(P-C)x$.

由于市场机制的约束，x,P,C 之间有如下关系：$x=Me^{-ep}$，$C=C_0-k\ln x$.

此问题是一个条件极值问题，利用拉格朗日乘数法.令

$L(x,P,C)=(P-C)x+\lambda(x-Me^{-aP})+\mu(C-C_0+k\ln x)$.

可得

$$\frac{\partial L}{\partial X}=(P-C)+\lambda+k\frac{\mu}{x}=0, \tag{1}$$

$$\frac{\partial L}{\partial P}=x+\lambda Ma\,e^{-aP}=0, \tag{2}$$

$$\frac{\partial L}{\partial C}=-x+\mu=0, \tag{3}$$

$$x=Me^{-aP}, \tag{4}$$

$$C=C_0-k\ln x. \tag{5}$$

将式(4) 代入式(5)，得 $C=C_0-k(\ln M-aP)$；

将式(4) 代入式(2)，得 $Me^{-aP}+\lambda Ma\,e^{-aP}=0$，即 $\lambda=-\frac{1}{a}$；

由式(3) 知 $x=\mu$；

将 $C=C_0-k(\ln M-aP)$，$\lambda=-\dfrac{1}{a}$，$x=\mu$ 代入式(1)，得

$$P-C_0+k(\ln M-aP)-\frac{1}{a}+k=0,$$

所以 $P=\dfrac{C_0-k\ln M+\dfrac{1}{a}-k}{1-ak}$.由于最优价格一定存在，故上式中 P 的取值就是电视机的最优价格.

四、消费者剩余和生产者剩余问题

在市场经济中，生产和销售某一商品的数量可以由这一商品的供给函数和需求函数来描述.供给函数是描述生产者根据不同的价格水平所提供的商品数量；需求函数是描述消费者根据不同的价格水平所反映出的愿意购买且有支付能力购买的商品数量.

设商品的需求量为 q，商品的价格为 P，则需求函数表示为 $P=D(q)$，供给函数表示为 $P=S(q)$.

一般地，商品的需求量随价格上涨而减少，商品供给量随商品价格的上涨而增加.从图形上看，需求曲线 $P=D(q)$ 是单调递减的，供给曲线 $P=S(q)$ 是单调递增的.如图 11—16 所示.在市场经济下，由于商品的相互竞争，价格和数量在不断调整，最后趋向于平衡价格和平衡数量，分别用 P^* 和 q^* 表示，即供给曲线与需求曲线的交点 E.

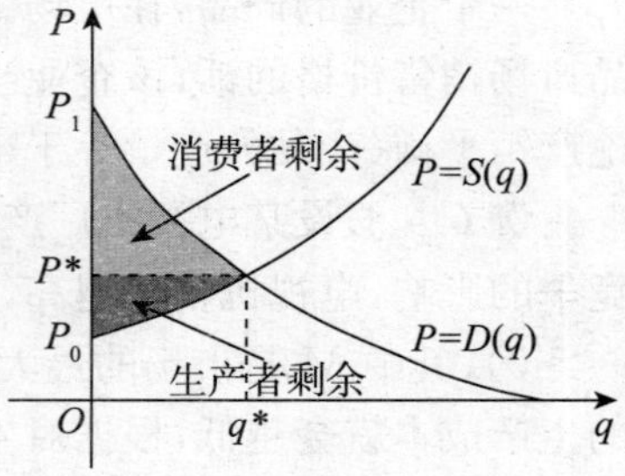

图 11—16

在平衡点可以看到，有一定数量的消费者已经以比他们原来打算出的价钱低的价格购得了商品；同样，也存在一些生产者已经比他们原来打算出的价钱高的价格销得了商品.这样就有了消费者剩余和生产者剩余的概念.

消费者因以平衡价格购买了某种商品而没有以比他们本来打算出的价钱较高的价格购买了这种商品而节省下来的钱的总数称为**消费者剩余**，记为 R_D.

生产者因以平衡价格出售了某种商品而没有以比他们本来打算出的较低的销售价销售了这种商品而获得的额外收入称为**生产者剩余**，记为 R_S.由定积分的几何意义，从图 11—16 可以看到：

$$R_D=\int_0^{q^*}D(q)\mathrm{d}q-P^*q^*,$$

$$R_S=P^*q^*-\int_0^{q^*}S(q)\mathrm{d}q.$$

例 7　在完全竞争的条件下，某商品的需求函数为 $P=113-q^2$，供给函数为 $P=(q+1)^2$.求消费者剩余与生产者剩余.

解　由 $113-q^2=(q+1)^2$，解得均衡量 $q^*=7$，均衡价格为 $P^*=64$，则

$$R_D=\int_0^{q^*}D(q)\mathrm{d}q-P^*q^*=\int_0^7(113-q^2)\mathrm{d}q-64\times 7$$

$$=\left(113q-\frac{1}{3}q^3\right)\Big|_0^7-448\approx 228.67,$$

$$R_S = P^* q^* - \int_0^{q^*} S(q)\mathrm{d}q = 64 \times 7 - \int_0^7 (q+1)^2 \mathrm{d}q$$

$$= 448 - \frac{(q+1)^3}{3}\bigg|_0^7 \approx 277.33.$$

☞ 习题 11.2

1. 已知某产品的需求函数为 $Q=400-100p(0\leqslant p\leqslant 4)$.(1) 求需求价格弹性;(2) 求当 $p=1,2,3$ 时的需求价格弹性,并作出经济解释.

2. 设供给函数为 $S=p^2+6p-18$.求供给价格弹性及 $p=3$ 时供给价格弹性.

3. 设某产品的需求函数为 $Q=Ae^{-bp}(b>0,A>0,p\geqslant 0)$.求需求价格弹性,并作出经济解释.

4. 据市场调查,影碟机和影碟的需求量 Q_1,Q_2 与其价格 P_1,P_2 的关系如下:

$$Q_1 = 1\,600 - P_1 + \frac{1\,000}{P_2} - P_2^2, \quad Q_2 = 29 + \frac{1\,000}{P_1} - P_2.$$

当 $P_1=1\,000,P_2=20$ 时,求需求的直接价格弹性和交叉价格弹性.

5. 某体育用品商店每年销售 100 张台球桌,库存一张台球桌一年的费用为 20 元,为再订货,需付 40 元的固定成本,以及每张台球桌另加 16 元.为最小化存货成本,商店每年应订台球桌几次,每次的批量是多少?

6. 在完全竞争的条件下,某商品的需求函数为 $D(q)=24-3q$,供给函数为 $S(q)=2q+9$.求消费者剩余与生产者剩余.

7. 设某商品的需求函数为 $P=\sqrt{49-6q}$,供给函数为 $P=q+1$,其中 q 为需求量.求均衡点和消费者剩余.

第三节　微积分中的经济管理数学模型

微积分在经济学、金融学和管理科学中具有广泛的应用,经济管理科学的快速发展的一个重要标志之一就是经济管理科学更加数学化和定量化.用数学定量地解决经济、管理科学中的理论和实践问题的关键在于建立适宜的数学模型,建立数学模型不仅是用数学解决经济、管理问题的第一步,还贯穿在解决实际问题的全过程.本节主要介绍微积分领域中的一些典型的经济管理数学模型.

一、复利与贴现模型

向银行存款或贷款是常见的金融活动,存款的总额称为**本金**,存款的报酬称为**利息**,存款有规定的计息期限(如以年、月、日为期限),对利息计算以及由此产生的货币时间价值的研究称为**复利与贴现问题**.

1. 复利模型

复利计息方法是在存款一期之末结息一次,再将利息转为本金,即和原来的本金一起作为下一期的本金而产生利息,这种计息方法称为复利.

设存入银行本金 A 元,年利率为 r, t 年后在银行的存款总额是本金与利息之和.下面根据不同的结算方式,得出 t 年后的存款额模型.

若每年结算一次,第一年后本利和为

$$S_1 = A + Ar = A(1+r),$$

第二年后本利和为

$$S_2 = S_1 + S_1 r = S_1(1+r) = A(1+r)^2.$$

根据这样的递推关系可知,第 t 年后本利和为

$$S_t = S_{t-1} + S_{t-1} r = S_{t-1}(1+r) = A(1+r)^t.$$

这样,t 年后的存款额为 $S = A(1+r)^t$,该式为**一年计息的存款模型**.而存款 t 年后的利息为

$$I = S - A = A(1+r)^t - A = A[(1+r)^t - 1].$$

若每年结算 n 次, t 年共结算 nt 次,每期的利率为$\frac{r}{n}$,则 t 年后的本利和为

$$S = A\left(1+\frac{r}{n}\right)^{nt}.$$

利用二项式定理可知

$$\left(1+\frac{r}{n}\right)^n = 1 + r + \frac{n(n-1)}{2}\cdot\left(\frac{r}{n}\right)^2 + \cdots + \left(\frac{r}{n}\right)^n > 1 + r,$$

所以

$$A\left(1+\frac{r}{n}\right)^{nt} > A\ (1+r)^t.$$

这就是说,一年结算 n 次的本利和比一年结算一次的本利和大,可以证明一年的结算次数越多,t 年后的本利和越大.

2. 连续复利模型

还有一种计息方法称为连续复利,这种方法将计息时间缩短为一个瞬间,即此刻的利息在下一时刻立即记入本金,产生利息.由于连续复利的结息期缩短为一个瞬间,即一年之中结算次数趋于无限,因此,连续复利 t 年后的本利和应为每年结算 n 次时,t 年后的本利和在 $n\to\infty$ 时的极限.即

$$S = \lim_{n\to\infty} A\left(1+\frac{r}{n}\right)^{nt} = A\lim_{n\to\infty}\left[\left(1+\frac{r}{n}\right)^{\frac{n}{r}}\right]^{rt} = A\mathrm{e}^{rt}.$$

所以,连续复利 t 年后存款额模型为 $S = A\mathrm{e}^{rt}$,而存款 t 年后的利息为

$$I = S - A = A(\mathrm{e}^{rt} - 1).$$

3. 贴现模型

货币用来投资,随着时间的推移会产生收益,使货币增值,这就是货币的时间价值,人们

通常用银行的利率来分析货币的时间价值.终值和现值是刻画货币时间价值的两个概念.

设存入银行的本金为 A,每期利率为 r,存款年数为 t,到 t 年末本金与利息之和为 $S=A(1+r)^t$,称 S 为本金 A 的**终值**.

反之,多少本金存入银行 t 年可以变成 S 呢?显然可以由

$$\frac{S}{(1+r)^t}=S(1+r)^{-t}$$

计算.记 $Q=S(1+r)^{-t}$,称 Q 为 t 年末资金 S 的**现值**,即 t 年末的 S 元相当于现在的 Q 元.此时 r 也称为**贴现率**.

若一年结息 n 次,则本金 A 在 t 年末的终值为 $S=A\left(1+\frac{r}{n}\right)^{nt}$,$t$ 年末的资金 S 值的现值为 $Q=S\left(1+\frac{r}{n}\right)^{-nt}$.

若采用连续复利,则本金 A 在 t 年末的终值为 $S=Ae^{rt}$,t 年末的资金 S 值的现值为 $A=Se^{-rt}$.

例 1 设银行的存款年利率为 2.25%,每年结息一次.若 3 年后要得到本利和 10 000 元,应存入银行多少元钱?

解 设存入的本金为 A,$S=10\ 000$,$r=2.25\%$,$t=3$.由 $S=A(1+r)^t$ 得

$$A=\frac{S}{(1+r)^t}=\frac{10\ 000}{(1+2.25\%)^3}\approx 9\ 354.54(\text{元}).$$

例 2 银行按年利率 5% 的连续复利计算贷款利息,贷款 10 000 元,贷款期限 9 个月,利息是多少?

解 已知 $A=10\ 000$,$r=5\%$,$t=\frac{9}{12}=0.75$.因为连续复利的利息为

$$I=Ae^{rt}-A=A(e^{rt}-1),$$

所以,贷款 9 个月的利息为

$$I=A(e^{rt}-1)=10\ 000(e^{0.75\times 0.05}-1)\approx 382.1,$$

即利息约为 382.1 元.

例 3 一处房产价格为 21 万元,据预测该房产三年后的价格将上涨 23 万元,某人欲向银行贷款来进行此项房产投资.设银行的贷款年利率为 5%,按复利计算,此项投资能否盈利?

解 **方法一** 设本金为 A,$S=23$,$r=5\%$,$t=3$,则 3 年后 23 万元的现值为

$$A=\frac{S}{(1+r)^t}=\frac{23}{(1+0.5)^3}\approx 19.868\ 3(\text{万元}).$$

由于 $A<21$ 万元,现值低于投资额,所以不能盈利.

方法二 设终值为 S,$A=21$,$r=5\%$,$t=3$,则 21 万元三年后的终值为

$$S=A\ (1+r)^3=21\times 1.05^3\approx 24.31(\text{万元}).$$

由于 $S>23$ 万元,即归还银行贷款的本利和超过 3 年后房屋的价值,所以不能盈利.

二、收益流的现值与投资模型

投资是一种常见的金融活动,对投资现值、将来值和投资时间的确定为**收益流的现值与**

将来值问题,并据此指导我们的投资行为.

若某公司的投资收益是连续地获得的,则其收益可被看作是一种随时间连续变化的**收益流函数 $P(t)$**,而收益流对时间的变化率(即 $P'(t)$)称为**收益流量**.收益流量是一种速率,若时间 t 以年为单位,收益以元为单位,则收益流量的单位为元 / 年.

同单笔款项一样,**收益流的将来值**定义为将其存入银行并加上利息后的存款值;而**收益流的现值**是这样一笔款项,若把它存入银行,到将来包括利息在内的存款值,与该款项在相同时间段中从收益流获得的总收益相同.

下面讨论以连续复利 r 计息、收益流量为 $f(t)$(元 / 年)的收益流,在时间区间 $[0,T]$ 内,收益流的总收益的现值与将来值.

应用定积分的微元法,取区间 $[0,T]$ 的任意子区间 $[t,t+\mathrm{d}t]$,在 $[t,t+\mathrm{d}t]$ 内将将收益流量 $f(t)$ 近似看作常数,则在 $[t,t+\mathrm{d}t]$ 内收益流所获得的收益微元等于 $f(t)\mathrm{d}t$(元),在 $[t,t+\mathrm{d}t]$ 内收益流的现值微元为

$$[f(t)\mathrm{d}t]\cdot \mathrm{e}^{-rt}=f(t)\mathrm{e}^{-rt}\mathrm{d}t.$$

在区间 $[0,T]$ 上积分,得 T 年末收益流的总收益现值为

$$Q=\int_0^T f(t)\mathrm{e}^{-rt}\mathrm{d}t.$$

对于收益流的总收益将来值,在时间段 $[t,t+\mathrm{d}t]$ 上的收益将在以后的 $T-t$ 年期间获息,从而在 $[t,t+\mathrm{d}t]$ 上,收益流的将来值微元为(图 11—17)

$$[f(t)\mathrm{d}t]\cdot \mathrm{e}^{r(T-t)}=f(t)\mathrm{e}^{r(T-t)}\mathrm{d}t.$$

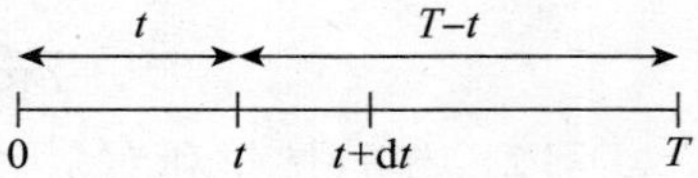

图 11—17

于是,T 年末收益流的总收益的将来值 S 为

$$S=\int_0^T f(t)\mathrm{e}^{r(T-t)}\mathrm{d}t.$$

特别地,当收益流量 $f(t)=a$(a 为常数)时,即每年的收益不变,称为均匀流,则 T 年末收益流的总收益的现值为

$$Q=\int_0^T a\,\mathrm{e}^{-rt}\mathrm{d}t=\frac{a}{r}(1-\mathrm{e}^{-rT}).$$

T 年末收益流的总收益的将来值为

$$S=\int_0^T a\,\mathrm{e}^{r(T-t)}\mathrm{d}t=\frac{a}{r}(1-\mathrm{e}^{-rT})\mathrm{e}^{rT}.$$

即

$$S=\frac{a}{r}(1-\mathrm{e}^{-rT})\mathrm{e}^{rT}=Q\mathrm{e}^{rT}.$$

这说明,按年利率 r 的连续复利计息,则从现在起到 T 年后投资收益的将来值恰好等于将该投资作为单笔款项存入银行 T 年后的将来值.

若某项投资款项为 A,那么何时能收回该笔投资?收回投资意味着总收益的现值等于投资总额,即

$$\frac{a}{r}(1-\mathrm{e}^{-rT})=A.$$

从中解得收回投资的时间为

$$T=\frac{1}{r}\ln\frac{a}{a-rA}.$$

投资获得的**纯收益的现值**为 $\frac{a}{r}(1-\mathrm{e}^{-rT})-A$.

如果收益流量 $f(t)$ 永久持续下去,则这种流量的总现值是反常积分

$$Q=\int_0^{+\infty}f(t)\mathrm{e}^{-rt}\mathrm{d}t.$$

特别地,当收益流量 $f(t)=a$(a 为常数)时,无限期流量的总现值为

$$Q=\int_0^{+\infty}a\mathrm{e}^{-rt}\mathrm{d}t=a\lim_{b\to+\infty}\int_0^b\mathrm{e}^{-rt}\mathrm{d}t=\frac{a}{r}.$$

例 4　若对某企业投资 1 000 万元.年利率为 5%,设有 20 年内的均匀收益率为 $a=200$ 万元.试求该投资的纯收入的贴现值及收回该笔投资的时间.

解　投资资金 $A=1\,000$(万元),年利率 $r=0.05$,收益率 $a=200$(万元),则总收入的现值为

$$Q=\frac{a}{r}(1-\mathrm{e}^{-rT})=\frac{200}{0.05}(1-\mathrm{e}^{-0.05\times20})=4\,000(1-\mathrm{e}^{-1})\approx2\,528.49(\text{万元}).$$

从而投资所得的纯收入为

$$R=Q-A=2\,528.49-1\,000=1\,528.49(\text{万元}),$$

收回投资的时间为

$$T=\frac{1}{r}\ln\frac{a}{a-Ar}=\frac{1}{0.50}\ln\frac{200}{200-1\,000\times0.50}=20\ln\frac{4}{3}\approx5.75(\text{年}).$$

即该投资在 20 年中可获纯利润 1 528.4 万元,投资回收期约为 5.75 年.

例 5　有一个大型投资项目,投资成本为 $A=10\,000$(万元),投资年利率为 5%,每年的均匀收益率为 $a=2\,000$(万元).求该投资为无限期时的纯收益贴现值.

解　由已知条件,收益率为 $a=2\,000$(万元),年利率为 $r=5\%$,故无限期的投资的总收益的贴现值为

$$\begin{aligned}y&=\int_0^{+\infty}a\mathrm{e}^{-rt}\mathrm{d}t=\int_0^{+\infty}2\,000\mathrm{e}^{-rt}\mathrm{d}t=\lim_{b\to+\infty}\int_0^b2\,000\mathrm{e}^{-0.05t}\mathrm{d}t\\&=\lim_{b\to+\infty}\frac{2\,000}{0.05}(1-\mathrm{e}^{-0.05b})=2\,000\times\frac{1}{0.05}=40\,000(\text{万元}).\end{aligned}$$

从而投资为无限期时的纯收入贴现值为

$$R=y-A=40\,000-10\,000=30\,000(\text{万元}).$$

三、年金与分期付款模型

把投资期限分为时间相同的若干期,在每期开始或结束投入数量相同的本金,这类具有周期性的投资问题称为年金问题,每次投入的本金称为年金.年金问题可以广泛应用于银行的零存整取储蓄、分期付款以及保险计算等.

(1) 年金的终值

设每期发生在期初的年金数为 A,每期的利率为 r,用复利计息的 t 期末的本利和称为复利年金终值.则

第一期投入的本金 A 共存了 t 期，到 t 期末的本利和为 $A(1+r)^t$；

第二期投入的本金 A 共存了 $t-1$ 期，到 t 期末的本利和为 $A(1+r)^{t-1}$；

……

第 t 期投入的本金 A 共存了 1 期，到 t 期末的本利和为 $A(1+r)$；

所以，年金终值为

$$\begin{aligned}S&=A(1+r)^t+A(1+r)^{t-1}+A(1+r)^{t-2}+\cdots+A(1+r)\\&=A[(1+r)+(1+r)^2+(1+r)^3+\cdots+(1+r)^t],\end{aligned}$$

求和得

$$S=A\frac{(1+r)[(1+r)^t-1]}{(1+r)-1}=A\left(\frac{1+r}{r}\right)[(1+r)^t-1],$$

即每期发生在期初的年金的终值为

$$S=A\left(\frac{1+r}{r}\right)[(1+r)^t-1].$$

若本金发生在每一期期末，类似可得每期发生在期末的年金的终值为

$$S=\frac{A}{r}[(1+r)^t-1]$$

(2) 年金的现值

根据货币的时间价值观点，由现值与终值的关系 $Q=S(1+r)^{-t}$ 可得：

每期发生在期初的年金的现值为 $Q=A\left(\frac{1+r}{r}\right)[1-(1+r)^{-t}]$；

每期发生在期末的年金的现值为 $Q=\frac{A}{r}[1-(1+r)^{-t}]$.

(3) 永续年金现值

当年金的年数永远继续，称为永续年金，因此，永续年金的现值为 $t\to\infty$ 时年金现值的极限.

每期发生在期初的永续年金的现值为

$$Q=\lim_{t\to\infty}A\left(\frac{1+r}{r}\right)\left[1-\frac{1}{(1+r)^t}\right]=A+\frac{A}{r},\quad \text{即}\quad Q=A+\frac{A}{r}.$$

每期发生在期末的永续年金的现值为

$$Q=\lim_{t\to\infty}\frac{A}{r}\left[1-\frac{1}{(1+r)^t}\right]=\frac{A}{r},\quad \text{即}\quad Q=\frac{A}{r}.$$

例 6 按银行的零存整取，从年初开始，每月存入 100 元，按月息 1.425‰ 复利计息，到年底的本利和为多少？

解 设存入的本金为 $A=100$，期数 $t=12$，月息 $r=0.004\,25$. 由年金的终值公式，得

$$S=A\left(\frac{1+r}{r}\right)[(1+r)^t-1]=100\times\frac{1.004\,25}{0.004\,25}(1.004\,25^{12}-1)\approx 1\,211.17(\text{元}).$$

所以，到年底的本利和约为 1 211.17 元.

例 7 （房屋抵押贷款）某人用贷款购置住房，贷款采用等额本息还款方式，即在 10 年内每月末向银行归还同一数额的款项. 设银行该项贷款的月利率为 3.6‰，借款 20 万元，每月还款多少？

解 每月的还款可视作发生在期末的年金，其现值等于贷款总额，即现值 $Q=100$，期数 $t=120$，月息 $r=0.003\,6$. 由年金现值公式 $Q=\frac{A}{r}[1-(1+r)^{-t}]$，得

$$A=\frac{Qr}{1-(1+r)^{-t}}=\frac{20\times 0.003\,6}{1-1.003\,6^{-120}}\approx 0.205\,546(\text{万元}).$$

例 8 建立一项奖励基金，每年年终发放一次，资金总额为1万元. 若以年复利率10%计算，(1) 资金发放年限为10年时，基金 Q 应为多少？(2) 若资金发放永远继续下去，即奖金发放年数 $t\to\infty$ 时(此为永续性奖金)，基金 Q 又应为多少？

解 (1) 已知 $A=1$ 万元，$r=0.1$，$t=10$. 由期末年金现值公式，得

$$Q=\frac{A}{r}[1-(1+r)^{-t}]=\frac{1}{0.1}\left[1-\frac{1}{(1+0.1)^{10}}\right]=6.144\,6(\text{万元}).$$

(2) 当奖金发放年限 $t\to\infty$ 时，永续年金现值为

$$Q=\frac{A}{r}=\frac{1}{0.1}=10(\text{万元}).$$

例 9 某篮球明星与一个篮球俱乐部签订一项合同，合同规定，俱乐部在20年内连续每年末支付给该明星20万元人民币，假定银行存款以5%的年复利方式计息.

(1) 问俱乐部老板在签约当天应在银行中存入多少钱，才能保证付清合同所规定的应付给该明星的钱呢？

(2) 如果合同规定永不停止地向该明星及其后代每年支付20万元，那么老板应在银行中存入多少钱呢？

(3) 如果合同规定第 t 年末支付 t 万元($t=1,2,\cdots$)，问老板又应在银行中存入多少钱？

(4) 若篮球明星要求第 t 年末支付 $(1+0.05)^t$ 万元，并且永不停止地支付下去，老板能答应吗？为什么？

解 (1) 假设老板在银行中存入的本金为 A(单位为万元)，年利率为 r，则第一年末的本利和为 $A(1+r)$，第 t 年末的本利和应为 $A(1+r)^t$，假定为第 t 年支付而存入的本金为 A_t，则第 t 年末的本利和应为 $A_t(1+r)^t\ (t=1,2,\cdots,20)$. 为保证每年末都能支付20万元，则每年末的本利和最少应等于20万元，即

$$A_t(1+r)^t=20\quad(t=1,2,\cdots,20).$$

因此老板应存入的本金总数应等于

$$\sum_{t=1}^{20}A_t=\sum_{t=1}^{20}\frac{20}{(1+r)^t}=20\sum_{t=1}^{20}\frac{1}{(1+r)^t}=20\,\frac{\dfrac{1}{1+r}-\dfrac{1}{(1+r)^{21}}}{1-\dfrac{1}{1+r}}$$

$$=\frac{20}{r}\left[1-\frac{1}{(1+r)^{20}}\right].$$

将 $r=\frac{1}{20}$ 代入，即得本金总数为

$$\sum_{t=1}^{20}A_t=400\left[1-\left(\frac{20}{21}\right)^{20}\right](\text{万元}).$$

在此可利用 Taylor 级数按一定的精度要求计算 $\left(\frac{20}{21}\right)^{20}=\left(1-\frac{1}{21}\right)^{20}$ 的近似值.

(2) 由(1) 易见，老板存入的本金总数应为

$$\sum_{t=1}^{\infty} A_t = 20\sum_{t=1}^{\infty} \frac{1}{(1+r)^t} = 20\frac{\frac{1}{1+r}}{1-\frac{1}{1+r}} = 400(万元).$$

(3) 若规定第 t 年末支付 t 万元($t=1,2,\cdots$)，则应在银行存入的本金总数为

$$\sum_{t=1}^{\infty} A_t = \sum_{t=1}^{\infty} t(1+r)^{-t} = \frac{1}{1+r} + \frac{2}{(1+r)^2} + \cdots + \frac{t}{(1+r)^t} + \cdots.$$

设幂级数 $\sum_{n=1}^{\infty} nx^n$ 的和函数为 $S(x)$，则

$$S(x) = \sum_{n=1}^{\infty} nx^n = x\sum_{n=1}^{\infty} nx^{n-1} = \frac{x}{(1-x)^2},$$

故

$$\sum_{t=1}^{\infty} A_t = S\left(\frac{1}{1+r}\right) = \frac{\frac{1}{1+r}}{\left(1-\frac{1}{1+r}\right)^2} = \frac{1+r}{r^2}.$$

将 $r=\frac{1}{20}$ 代入即得应存入的本金为 420 万元.

(4) 若要求第 t 年末支付 $(1+0.05)^t$ 万元，则老板应在银行存入的本金总数为

$$\sum_{t=1}^{\infty} A_t = \sum_{t=1}^{\infty} (1+r)^t (1+r)^{-t} = 1+1+1+\cdots+1+\cdots.$$

由于该级数是发散的，本金总数为无穷大，因此老板不能答应.

四、逻辑斯谛模型

逻辑斯谛模型是一种应用非常广泛的模型. 它在生物学、经济学、人口学等学科中经常可以见到.逻辑斯谛模型通常由下述微分方程表述：

$$\frac{dx}{dt} = rx\left(1-\frac{x}{K}\right).$$

该微分方程称为**逻辑斯谛方程**.该方程的解为 $x(t)=\frac{K}{1+Ce^{-rt}}$($C$ 为任意常数)，其中任意常数 C 将由给定的初始条件确定，该函数的图形称为**逻辑斯谛曲线**.

逻辑斯谛曲线图形如图 11—18 所示，可以看到 $x(t)$ 单调增加，且当 $t\to+\infty$时，$x(t)\to K$.逻辑模型有着广泛的应用.对于逻辑斯谛模型，原则上也可以用于在自然环境下单一物种生存着的其他生物，如森林的树木、池塘中的鱼等.下面介绍下逻辑斯谛模型的简单应用.

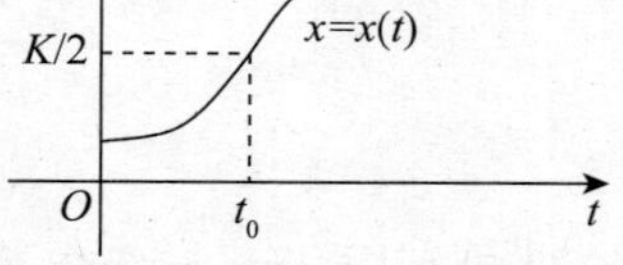

图 11—18

1. 商品销售模型

在商品销售预测中，商品的销售量用 $x=x(t)$ 表示.如果商品销售的增长速度$\frac{dx}{dt}$ 正比于销售量 $x(t)$ 及与销售接近饱和水

平的程度 $M-x(t)$ 的乘积(M 为饱和水平),则销售量函数 $x(t)$ 满足逻辑斯谛微分方程

$$\frac{\mathrm{d}x}{\mathrm{d}t}=kx(t)[M-x(t)] \quad (k \text{ 为比例因子}).$$

若初始条件为 $x|_{t=0}=x_0$,利用分离变量法可求解得商品销售模型为

$$x(t)=\frac{Mx_0}{x_0+(M-x_0)\mathrm{e}^{-kMt}}.$$

2. 森林资源管理模型

森林是一种重要的资源,有计划地开采是林业生产的一个重要问题,这就需要建立森林资源管理模型.若考虑树木生长服从自限生长规律,树木的生物质量为 $m(t)$,则 $m(t)$ 满足逻辑斯谛微分方程

$$\begin{cases}\dfrac{\mathrm{d}m}{\mathrm{d}t}=r_0\left(1-\dfrac{m}{M}\right)m, \\ m(0)=m_0\end{cases}$$

其中 r_0 为自然增长率,M 为该树种单株最大生物质量.解此微分方程得森林资源管理模型为

$$m(t)=\frac{M}{1+\dfrac{M}{M-m_0}\mathrm{e}^{-r_0 t}}.$$

3. 渔业资源管理模型

鱼类资源是一种可再生资源,但是如果无节制地使用鱼类资源,也可造成许多鱼类急剧减少或枯竭.因此,有节制的控制鱼类的捕捞率,使鱼类资源维持在一个合理的水平上,使渔业实现可持续发展是一个重要问题.这就需要建立渔业资源管理模型.

设 t 时刻的鱼群数量为 $N(t)$.由于随着时间的推移,鱼类逐渐增加,鱼类所需的食物等资源和生存空间逐渐减少,自然增长率逐渐下降,因此,鱼群数量 $N(t)$ 满足逻辑斯谛微分方程

$$\begin{cases}\dfrac{\mathrm{d}N}{\mathrm{d}t}=r_0\left(1-\dfrac{N}{N_{\mathrm{m}}}\right)N, \\ N(0)=N_0\end{cases}$$

其中 r_0 为自然增长率,N_0 为初始时刻鱼群中鱼的总数,N_{m} 为鱼群的最大数量.解此微分方程得渔业资源管理模型为

$$N(t)=\frac{N_{\mathrm{m}}}{1+\dfrac{N_{\mathrm{m}}}{N_{\mathrm{m}}-N_0}\mathrm{e}^{-r_0 t}}.$$

从此式可以看出,当 $N_0<N_{\mathrm{m}}$ 时,$N(t)$ 单调增加,且当 $t\to+\infty$ 时,$N(t)\to N_{\mathrm{m}}$,即随着时间的推移,鱼的总数越来越接近自然能够供养的最大数量 N_{m}.

4. 广告模型

广告在商品的推销中起着极其重要的作用,经营者在利用广告进行产品促销时,需要了解广告与促销的关系,广告在不同时期对产品销售产生的效果如何? 这就需要建立广告与产品销售模型.

模型假设：

(1) 商品的销售速度会因做广告而增加，但当商品在市场上趋于饱和时，销售速度将趋于极限值，这时，销售速度将开始下降；

(2) 自然衰减是销售速度的一种性质，商品的销售速度的变化率随商品的销售率的增加而减少；

模型建立：设 $S(t)$ 表示 t 时刻商品的销售速度，M 表示销售速度的上限，$A(t)$ 表示 t 时刻的广告水平(以费用表示)，正数 λ 表示广告作用随时间增加而自然衰减的速度.

根据模型假设，建立函数模型

$$\frac{\mathrm{d}S}{\mathrm{d}t}=PA(t)\left[1-\frac{S(t)}{M}\right]-\lambda S(t),$$

其中常数 P 为响应系数，即 $A(t)$ 对 $S(t)$ 的影响力.

由假设(1)，当销售进行到某个时刻时，无论怎样做广告，都无法阻止销售速度的下降，因此，可选择如下广告策略：

$$A(t)=\begin{cases}A & 0\leqslant t\leqslant\tau\\ 0 & t>\tau\end{cases}\quad (A\text{ 为常数}).$$

当 $0\leqslant t\leqslant\tau$ 时，若用于广告的花费为 a，则 $A=\dfrac{a}{\tau}$，此时函数模型为

$$\frac{\mathrm{d}S}{\mathrm{d}t}+\left(\lambda+\frac{P}{M}\cdot\frac{a}{\tau}\right)S=P\cdot\frac{a}{\tau},$$

解此方程得

$$S(t)=k\mathrm{e}^{-bt}+\frac{c}{b},$$

其中 $b=\lambda+\dfrac{P}{M}\cdot\dfrac{a}{\tau}$，$c=P\cdot\dfrac{a}{\tau}$，$k$ 为任意常数.

若给定初始条件 $S(0)=S_0$，则 $k=S_0-\dfrac{c}{b}$，所以

$$S(t)=\frac{c}{b}(1-\mathrm{e}^{-bt})+S_0\mathrm{e}^{-bt}.$$

当 $t>\tau$ 时，$A(t)=0$，此时模型为 $\dfrac{\mathrm{d}S}{\mathrm{d}t}=-\lambda S$，其解为 $S(t)=r\mathrm{e}^{\lambda(\tau-t)}$，$r$ 为任意常数.

为了保证销售速度 $S(t)$ 的连续性，由 $\lim\limits_{t\to\tau^+}S(t)=\lim\limits_{t\to\tau^-}S(t)=S(\tau)$，得 $r=\dfrac{c}{b}(1-\mathrm{e}^{-b\tau})+S_0\mathrm{e}^{-b\tau}$，所以，广告模型为

$$S(t)=\begin{cases}\dfrac{c}{b}(1-\mathrm{e}^{-bt})+S_0\mathrm{e}^{-bt} & 0\leqslant t\leqslant\tau\\ \left[\dfrac{c}{b}(1-\mathrm{e}^{-b\tau})+S_0\mathrm{e}^{-b\tau}\right]\mathrm{e}^{\lambda(\tau-t)} & t>\tau\end{cases}.$$

五、养老保险模型

养老保险是保险中的一种重要险种，保险公司将提供不同的保险方案供以选择，分析保

险品种的实际投资价值.也就是说,如果已知所交保费和保险收入,分析按年或按月计算实际的利率是多少,即保险公司需要用你的保费实际获得至少多少利润才能保证兑现你的保险收益.

这是一个过程分析模型问题.过程的结果在条件一定时是确定的.整个过程可以按月进行划分,因为交费是按月进行的.假设投保人到第 k 月止所交保费及收益的累计总额为 F_k,每月收益率为 r,用 p,q 分别表示60岁之前和之后每月交费数和领取数,N 表示停交保险费的月份,M 表示停领养老金的月份.

在整个过程中,离散变量 F_k 的变化规律满足:

$$\begin{cases} F_{k+1}=F_k(1+r)+p, & k=0,1,\cdots,N-1 \\ F_{k+1}=F_k(1+r)-q, & k=N,N+1,\cdots,M \end{cases},$$

在这里 F_k 实际上表示从保险人开始交纳保险费以后,保险人账户上的资金数值,我们关心的是,在第M个月时,F_M能否为非负数? 如果为正数,则表明保险公司获得收益;如为负数,则表明保险公司出现亏损.当为零时,表明保险公司最后一无所有,表明所有的收益全归保险人,把它作为保险人的实际收益.从这个分析来看,引入变量 F_k,很好地刻画了整个过程中资金的变化关系,特别是引入收益率 r,虽然它不是我们所求的保险人的收益率,但是从问题系统环境中来看,必然要考虑引入另一对象 —— 保险公司的经营效益,以此作为整个过程中各种量变化的表现基础.

例 10 假设每月交费200元至60岁开始领取养老金.男子若25岁起投保,届时养老金每月2 282元;如35岁起保,届时月养老金1 056元.试求出保险公司为了兑现保险责任,每月至少应有多少投资收益率? 这也就是投保人的实际收益率.

解 以25岁起保为例,假设男性平均寿命为75岁,则有

$$p=20, \quad q=2\ 282; \quad N=420, \quad M=600.$$

初始值为 $F_0=0$,可以得到

$$F_k=F_0(1+r)^k+\frac{p}{r}[(1+r)^k-1], \quad k=0,1,2,\cdots,N,$$

$$F_k=F_N(1+r)^k-N-\frac{q}{r}[(1+r)^k-N-1], \quad k=N+1,\cdots,M.$$

在上面两式中,分别取 $k=N$ 和 $k=M$,并利用 $F_M=0$,可以求出

$$(1+r)^M-\left(1+\frac{q}{p}\right)(1+r)^{M-N}+\frac{q}{p}=0.$$

利用数学软件求出方程的根 $r=0.004\ 85$.

用同样方法可以求出:35岁和45岁起保所获得的月利率分别为

$$r=0.004\ 61, \quad r=0.004\ 13.$$

六、蛛网模型

在完全竞争的市场经济中,经常出现这样一种循环现象:若商品的数量供过于求,它的价格就会降低;价格的降低会使商品的生产数量减少,使商品的数量供不应求,于是又促使商品的价格上涨,造成新的供过于求.如此循环下去.这种循环经济现象可以由蛛网模型

表述.

将时间离散化分为时段，一个时段相当于生产商品的1个周期，设 n 时段商品的价格为 p_n，数量为 q_n.在 n 时段商品的价格 p_n 是数量 q_n 的函数，记为 $p_n=f(q_n)$，此函数为需求函数，它是关于数量 q_n 的减函数.而第 $n+1$ 时段商品的数量取决于前一时段的价格，即数量 q_{n+1} 是价格 p_n 的函数，记为 $q_{n+1}=g(p_n)$，此函数为供给函数，它是关于价格 p_n 的增函数.

商品的产销关系呈现如下过程：$q_1 \to p_1 \to q_2 \to p_2 \to q_3 \to \cdots$.在平面直角坐标系中描出下列点列：

$P_1(q_1,p_1),P_2(q_2,p_1),P_3(q_2,p_2),P_4(q_3,p_2),\cdots,P_{2k-1}(q_k,p_k),P_{2k}(q_{k+1},p_k)$，

其中 $P_{2k}(q_{k+1},p_k)$ 满足 $q_{n+1}=g(p_n)$，$P_{2k-1}(q_k,p_k)$ 满足 $p_n=f(q_n)$.由于这种关系很像一个蛛网，所以称为蛛网模型，见图11—19.函数 $p_n=f(q_n)$ 与 $q_{n+1}=g(p_n)$ 的交点 $P_0(q_0,p_0)$ 称为供求平衡点.

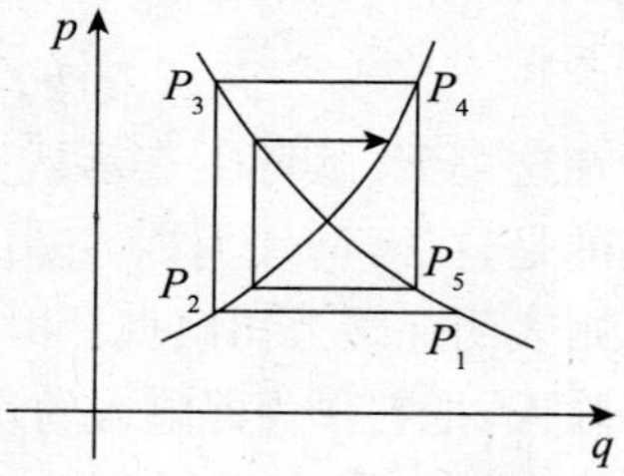

图 11—19

若需求函数与供给函数分别为线性函数

$$p_n=p_0-a(q_n-q_0),$$

$$q_{n+1}=q_0+b(p_n-p_0) \quad (a,b>0,n=1,2,\cdots).$$

将 $p_n=p_0-a(q_n-q_0)$ 代入 $q_{n+1}=q_0+b(p_n-p_0)$，整理得差分方程

$$q_{n+1}+abq_n=(1+ab)q_0.$$

求解差分方程，得 $q_{n+1}=(-ab)^n q_1+[1-(ab)^n]q_0$.

例11 某城市2001年猪肉产量为30万吨，肉价为6元/斤；2002年猪肉产量为25万吨，肉价为8元/斤.已知2003年的猪肉产量为28万吨，若维持目前的消费水平和生产模式，并假定猪肉价格与产量之间的需求函数与供给函数分别为线性函数.

(1) 试确定需求函数 $p_n=f(q_n)$ 与供给函数 $q_{n+1}=g(p_n)$.

(2) 求极限 $\lim\limits_{n\to\infty}q_{n+1}$，$\lim\limits_{n\to\infty}p_{n+1}$.

(3) 问若干年后猪肉的产量与价格是否趋于稳定？若稳定，求出稳定的产量与价格.

解 将2001年的猪肉产量记为 x_1，相应的猪肉价格记为 y_1，依次类推.根据 x_i，y_i 可得点列 $P_1(30,6),P_2(25,6),P_3(25,8),P_4(28,8),\cdots$.

根据线性假设，需求函数 $p=f(q)$ 是直线，且 $P_1(30,6)$，$P_3(25,8)$ 位于此直线上，故需求函数为 $p_n=18-\dfrac{2}{5}q_n(n=1,2,\cdots)$.

供应函数 $q=g(p)$ 也是直线，且 $P_2(25,6)$，$P_4(28,8)$ 位于此直线上，故供给函数为 $q_{n+1}=16+\dfrac{3}{2}p_n(n=1,2,\cdots)$.

于是得到如下递推关系：

$$p_n=18-\frac{2}{5}q_n,\quad q_{n+1}=16+\frac{3}{2}p_n \quad (n=1,2,\cdots).$$

将 $p_n=18-\dfrac{2}{5}q_n$ 代入 $q_{n+1}=16+\dfrac{3}{2}p_n$，可得

$$q_{n+1}=16+\frac{3}{2}p_n=16+\frac{3}{2}\left(18-\frac{2}{5}q_n\right)=43-\frac{3}{5}q_n.$$

解差分方程 $q_{n+1}+\frac{3}{5}q_n=43$，得其解为 $q_{n+1}=30-\frac{25}{8}\left[1-\left(-\frac{3}{5}\right)^n\right]$.因此 $\lim_{n\to\infty}q_{n+1}=30-\frac{25}{8}=$ 26.875(万吨).

类似可得差分方程 $p_{n+1}+\frac{3}{5}p_n=\frac{58}{5}$，其解为 $p_{n+1}=6+\frac{5}{4}\left[1-\left(-\frac{3}{5}\right)^n\right]$.因此 $\lim_{n\to\infty}p_{n+1}=$ $6+\frac{5}{4}=7.25$(元／斤).

通过上述分析可知，猪肉的产量和价格都会趋于稳定，猪肉产量稳定在年产 26.875 万吨，猪肉的价格稳定在每斤 7.25 元.

☞ 习题 11.3

1. 某企业计划发行公司债券，规定以年利率 6.5% 的连续复利计算利息，10 年后每份债券一次偿还本息 1 000 元.问发行时每份债券的价格应定为多少元？

2. 假设你打算在银行存入一笔资金，你需要这笔资金 10 年后的价值为 12 000 元.如果银行以年利率 9%，每年支付复利四次的方式付息，你应该投资多少元？如果以连续方式付息，应投资多少元？

3. 设 $Y=Y(t)$，$D=D(t)$ 分别为 t 时刻的国民收入和国民债务，有如下经济模型：$\begin{cases}Y'(t)=\rho Y\\ D'(t)=kY\end{cases}$（常数 $\rho>0$，$k>0$）.(1) 若 $Y(0)=Y_0$，$D(0)=D_0$，求 $Y=Y(t)$，$D=D(t)$；(2) 求 $\lim_{t\to+\infty}\frac{D(t)}{Y(t)}$.

4. 设 $C=C(t)$，$I=I(t)$，$Y=Y(t)$ 分别表示 t 时刻的消费、投资和国民收入.现有国民经济收支经济模型 $\begin{cases}Y=C+I\\ C=a+bY\\ I=kC'\end{cases}$，其中常数 $a>0$，$0<b<1$，$k>0$.(1) 若 $Y(0)=Y_0$，求 $Y=Y(t)$，$I=I(t)$；(2) 求 $\lim_{t\to+\infty}\frac{Y(t)}{I(t)}$.

5. 设 Y_t，C_t 分别是时期 t 的国民收入和消费，I 是投资，有下述卡恩(Kahn)模型 $\begin{cases}Y_t=C_t+I\\ C_t=\alpha Y_{t-1}+\beta\end{cases}$ $(0<\alpha<1,\beta>0)$.求解 Y_t，C_t.

习题参考答案或提示

第一章　函数

☞ 习题 1.1

1. (1)$[-2,2]$;(2)$[1,3]$;(3)$(a-\varepsilon,a+\varepsilon)$;(4)$(-\infty,3)\cup(3,+\infty)$;
(5)$(-\infty,-2)\cup(0,+\infty)$.

2. (1)$(-5,-1)$;(2)$(-1,1)\cup(3,5)$.

3. (1)$[-2,2]$; (2)$(-\infty,0)\cup(0,2)\cup(2,+\infty)$;(3)$[-2,4]$;(4)$(-1,+\infty)$;
(5)$[-2,-1)\cup(-1,1)\cup(1,+\infty)$;(6)$(-\infty,0)\cup(0,3]$.

4. (1) 不同;(2) 不同;(3) 相同.

5. (1)$D=\{x\mid -\infty<x<+\infty\}|$;(2)1,0,1,0,−4.

6. (1) 在$(-\infty,+\infty)$上单调增加;(2) 在$(-\infty,+\infty)$上单调增加;(3) 在$(0,+\infty)$上单调增加;(4) 在$(-\infty,0)\cup(0,+\infty)$上单调减少.

7. (1) 偶函数; (2) 奇函数; (3) 非奇非偶函数; (4) 偶函数; (5) 奇函数; (6) 奇函数.

8. (1) 有界函数; (2) 有界函数; (3) 有界函数; (4) 无界函数.

10. $y=\begin{cases}0.3x & x\leqslant 50\\ 0.45x-7.5 & x>50\end{cases}$.

☞ 习题 1.2

1. (1)$y=\dfrac{1-x}{1+x}$;(2)$y=\mathrm{e}^{x-1}-2$;(3)$y=\dfrac{1}{3}\arcsin\dfrac{x}{2}$;(4)$y=\begin{cases}x & x<1\\ \sqrt{x} & 1\leqslant x\leqslant 16\\ \ln x & x>16\end{cases}$.

2. $f[g(x)]=\dfrac{1}{2-x}$,$D=\{x\mid x\neq 1,x\neq 2,x\in\mathbf{R}\}$;

$g[f(x)]=1+x$,$D=\{x\mid x\neq 1,x\in\mathbf{R}\}$.

3. (1)$(-\infty,0]$;(2)$[1,\mathrm{e}]$;(3)$[0,\tan 1]$.

4. (1)$y=\sqrt[3]{u}$,$u=\arctan x$;(2)$y=u^2$,$u=1+\ln x$;(3)$y=\mathrm{e}^u$,$u=\tan v$,$v=2x$;(4)$y=$

$\arcsin u, u=\ln v, v=2x+1$.

5. (1) $f(x)=x^2-2$; (2) $f(\cos x)=2\sin^2 x$.

☞ **习题 1.3**

2. (1) 是;(2) 是;(3) 不是;(4) 不是.

☞ **习题 1.4**

1. $y=45\ 000\left(\frac{2}{3}\right)^t$.

2. $y=\begin{cases}4.40 & 0<x\leqslant 20\\ 8.20 & 20<x\leqslant 50\\ 10.40 & 50<x\leqslant 100\\ 20.80 & 100<x\leqslant 250\\ 39.80 & 250<x\leqslant 500\end{cases}$.

3. $R(x)=\begin{cases}250x & 0\leqslant x\leqslant 600\\ 230x+1.2\times 10^4 & 600<x\leqslant 800\\ 1.96\times 10^5 & x>800\end{cases}$.

4. 0.69%.

5. 369;6. 9 年.

6. 21.55%;93.1%.

7. 55.1%;99.2 %.

8. $\frac{130}{17}$.

9. (1) $\bar{p}=80, Q(\bar{p})=S(\bar{p})=70$;(3) $p=10$,价格低于 10 时,无人愿供货.

10. (1) $C(q)=150+10q, \bar{C}(q)=\frac{150+10q}{q}$;(2) $R(q)=15q$;(3) $L(q)=5q-150, q=30$.

11. (1)150 台;(2) 亏损 2 500 元;(3)175 台.

总习题一

1. (1) $(0,e)$; (2) $f[f(x)]=\begin{cases}2+x & x<-1\\ 1 & x\geqslant -1\end{cases}$;(3) $f^{-1}(x)=\begin{cases}x & x<1\\ \sqrt{x} & 1\leqslant x\leqslant 16\ \log_2 x\end{cases}$;

(4) $f^{-1}(x)=\begin{cases}-\sqrt{-x-1} & x<-1\\ 0 & x=0\\ \sqrt{x-1} & x>1\end{cases}$;(5) $g(x)=\arcsin(1-x^2), [-\sqrt{2},\sqrt{2}]$;

(6) $f(x)=\frac{x}{x^2-2}$.

2. (1)C; (2)A; (3)D; (4)D; (5)D; (6)D.

3. (1) $(-\infty,0)\cup(0,1)\cup\left(1,\frac{5}{4}\right]$; (2) $(-\infty,2]\cup(1,+\infty)$.

4. (1) $y=\ln\dfrac{x}{1-x}(0<x<1)$; (2) $y=\begin{cases}\arctan x & -\infty<x<0\\ \sqrt{x} & 0\leqslant x<4\\ \ln x & e^2<x<+\infty\end{cases}$.

5. (1) $y=\cos u, u=\ln v, v=\sqrt{t}, t=x-1$;

(2) $y=u^2, u=\sin v, v=t^{-\frac{1}{2}}, t=x^2+1$;

(3) $y=e^u, u=\arctan v, v=\sin s, s=\sqrt{t}, t=x^2+1$.

6. (1) $g(x)=\dfrac{4}{3}x-\dfrac{7}{3}$; (2) $g(x)=\dfrac{4}{3}x-\dfrac{1}{3}$; (3) $g(x)=\dfrac{3}{4x-1}$.

7. $f[g(x)]=\begin{cases}-x & 0<x<1\\ -\ln^2 x & x\geqslant 1\end{cases}$, $(0,+\infty)$.

8. $f(x)=\dfrac{1}{a^2-b^2}\left(\dfrac{ac}{x}-\dfrac{bc}{1-x}\right)$.

9. 提示:由单调性的定义有 $f(a)<f(a+b)$, $f(b)<f(a+b)$.

10. 提示：存一年期,$A(1+4.2\%)^2=1.085\ 764A$；存半年期,$A(1+2.0\%)^4=1.082\ 432A$.一年期收益较多,相比多 0.003 33A.

11. 提示:每月健身次数为 x.当 $0<x<100$ 时,$c_1>c_2$,选择第二家俱乐部;当 $x>100$ 时,$c_1<c_2$,选择第一家俱乐部;当 $x=100$ 时,$c_1=c_2$,选择任一家俱乐部.

12. 提示:设 x 为销售量, 收益 $R=1.20x+(x-15\ 000)\times 1.20\times 10\%$.

$C=R$, 解得 $x=18\ 000$,至少销售 18 000 本杂志才能保本.

$L=R-C=1.20x+(x-15\ 000)\times 1.20\times 10\%-1.22x=0.1x-1\ 800$.

$L=1\ 000$,解得 $x=28\ 000$,销售量达到 28 000 时才能获利达 1 000 元.

第二章　极限与连续

☞ 习题 2.1

1. (1)1; (2)0; (3)2; (4) 不存在; (5)1; (6) 不存在.

5. 提示:$u_n<u_{n+1}$,且 $u_n=1+\dfrac{1}{2^2}+\dfrac{1}{3^2}+\cdots+\dfrac{1}{n^2}<1+\dfrac{1}{2^2}+\dfrac{1}{2^2}+\cdots+\dfrac{1}{2^2}<\dfrac{3}{2}$.

☞ 习题 2.2

1. (1) 不存在;(2) 不存在; (3)0; (4) $\dfrac{\pi}{2}$.

4. $\lim\limits_{x\to 1^+}f(x)=1$, $\lim\limits_{x\to 1^-}f(x)=-1$, $\lim\limits_{x\to 1}f(x)$ 不存在.

5. $\lim\limits_{x\to 0}f(x)$ 不存在, $\lim\limits_{x\to 1}f(x)=1$.

☞ 习题 2.3

1. (1) $x\to 0^-$ 时是无穷大, $x\to 0^+$ 时是无穷小;

(2) $x\to+\infty$, $x\to 2^+$ 时是无穷大, $x\to 3$ 时是无穷小;

(3) $x\to\infty$时是无穷大, $x\to 0$ 时是无穷小.

3. (1)0; (2)0; (3)0; (4)0.

☞ **习题 2.4**

1. (1) $\frac{1}{3}$；(2) $\frac{1}{2}$；(3) $\frac{1}{2}$；(4)1.

2. (1) $\frac{1}{2}$；(2)0；(3) $\frac{1}{2}$；(4) $\left(\frac{3}{2}\right)^{30}$；(5)0；(6)5；(7)1；(8) $\frac{3}{2}$.

3. (1)$a=4,b=-12$；(2)$a=1,b=-1$.

4. (1)sin1；(2)0；(3) $\frac{\pi}{6}$；(4)1.

☞ **习题 2.5**

1. (1)1，提示：$\frac{n}{\sqrt{n^2+n}}<x_n<\frac{n}{\sqrt{n^2+1}}$.

(2) $\frac{1}{2}$，提示：$\frac{n(n+1)}{2(n^2+n)}<x_n<\frac{n(n+1)}{2(n^2+1)}$.

2. (1) $\frac{2}{3}$；(2)1；(3)2；(4) $\sqrt{2}$；(5) $-\frac{1}{2}$；(6)$\cos a$；(7)0；(8)-1.

3. (1) $\frac{3}{5}$；(2)e^{-8}；(3)2；(4)1；(5)e；(6)e^{-1}.

4. -2.

5. $a=4,b=-5$.提示：$\frac{x^2+ax+b}{\sin(x^2-1)}=\frac{x^2-1}{\sin(x^2-1)}\cdot\frac{x^2+ax+b}{x^2-1}$.

☞ **习题 2.6**

1. 当 $x\to 0$ 时，$x\sin x$ 是比 x^2-2x 的高阶无穷小.

3. (1) $\frac{1}{2}$；(2)-1；(3)2；(4) $\frac{1}{2}$；(5)1；(6) $\frac{1}{2}$.

☞ **习题 2.7**

1. $f(x)$ 在$[1,2]$上连续.

2. $a=13,b=-12$.

3. (1)$x=1$ 为可去间断点，补充定义 $f(1)=-1$；$x=2$ 为第二类间断点.

(2)$x=0$ 为跳跃断点，$x=-1$ 为无穷间断点，$x=1$ 为可去间断点，补充定义 $f(1)=\frac{1}{2}$.

(3)$x=0$ 为跳跃断点.

(4)$x=0$ 为可去间断点，补充定义 $f(0)=0$.

(5) 在$(-\infty,+\infty)$内连续函数.

(6)$x=0$ 为跳跃间断点.

4. (1)0；(2)1；(3)2；(4) $\frac{\pi}{2}$.

5. $a=b$.

6. 提示：对 $f(x)=x-(a+b\sin x)$ 在$[0,a+b]$上用零点定理.

7. 提示：令 $F(x)=f(x)-x$，在$[0,1]$上用零点定理.

8. 提示：令 $F(x)=f(x)-x$，在$[a,b]$上用零点定理.

总习题二

1. (1) $-\frac{1}{4}$;(2)4;(3)2;(4) $\frac{\pi}{3}$; (5)$a=1,k=\frac{3}{2}$;(6)a;(7)3;(8)1;(9)$(-\infty,+\infty)$;(10)1.

2. (1)(B); (2)(C); (3)(B); (4)(C); (5)(B);(6)(C); (7)(B); (8)(D); (9)(A);(10)(D).

3. (1)e; (2) $\frac{1}{16}$; (3) $\frac{1}{2}$; (4)e.

4. 提示:$\frac{n(n+1)}{2(n^2+n+n)}<x_n<\frac{n(n+1)}{2(n^2++n+1)}$.

5. $a=1,b=-\frac{1}{2}$.

6. $a=\ln 2$.

7. (1)$x=0$ 为可去间断点,$x=1$ 为无穷间断点;

(2)$x=0$ 为无穷间断点,$x=1$ 为跳跃断点.

8. $a=3$.

9. 提示:令 $F(x)=f(x)-g(x)$,在$[a,b]$ 上用零点定理.

第三章　导数与微分

☞ 习题 3.1

1. (1)1; (2) $\frac{1}{2}$.

3. 3.

4. $y=\frac{1}{2}x,y=-2x$.

5. (1)$-f'(x_0)$;(2)$3f'(x_0)$.

6. (1) 连续但不可导; (2) 连续且可导,$f'(0)=0$.

7. 可导,$f'(0)=-1$.

8. $a=2,b=-1$.

9. $C'(x)=4,R'(x)=50-x,L'(x)=46-x,L'(20)=26$.

☞ 习题 3.2

1. (1)$3x^2-3-\frac{3}{x^2}$;(2)$3x^2+3^x\ln 3$; (3) $-\frac{3}{2}x^{-\frac{5}{2}}+2x^{-3}$;(4)$3x^2\cos x-x^3\sin x$;

(5) $\frac{2-2\ln x}{x^2}$;(6)$y=x^2e^x\sin x=e^x(2x\sin x+x^2\sin x+x^2\cos x)$;

(7) $\frac{1}{\sqrt{x}}+\arctan x+\frac{x}{1+x^2}$; (8)$2^x[x\sin x\ln 2+(x+\ln 2)\cos x]$;

(9) $-\frac{2}{x(1+\ln x)^2}$；(10) $\frac{x\sec^2 x+\sin x\sec^2 x-\tan x-\sin x}{(x+\sin x)^2}$.

2. (1) $f'(2)=11$；(2) $s'\left(\frac{\pi}{4}\right)=\frac{\sqrt{2}}{4}\left(1+\frac{\pi}{2}\right)$.

3. (1) $6(2x+3)^2$；(2) $3\sin(1-3x)$；(3) $-6x\mathrm{e}^{-3x^2+1}$；(4) $\frac{2x}{1+x^2}$；(5) $\frac{1}{2\sqrt{x}\sqrt{1-x}}$；

(6) $\frac{3\arctan^2 x}{1+x^2}$；(7) $\frac{1}{4}\sec^2 x\sqrt{\cot\frac{x}{2}}$；(8) $-\frac{1}{x^2}\sin\frac{2}{x}\cdot\mathrm{e}^{-\cos^2\frac{1}{x}}$；(9) $\frac{1}{\sqrt{1+x^2}}$；

(10) $\sec x$；(11) $\frac{x+2\ln x}{2x\sqrt{x+\ln^2 x}}$；(12) $n\sin^{n-1}x\cos(n+1)x$；

(13) $2(\arctan^2 x+\tan x)\left(\frac{2\arctan x}{1+x^2}+\sec^2 x\right)$；(14) $-\sin 2x\cdot\cos\cos 2x$；

(15) $\frac{4\sqrt{x}\sqrt{x+\sqrt{x}}+2\sqrt{x}+1}{8\sqrt{x}\sqrt{x+\sqrt{x}}\sqrt{x+\sqrt{x+\sqrt{x}}}}$；(16) $\sin x\ln\tan x$.

4. (1) $\frac{f'(\sqrt{x}+1)}{2\sqrt{x}}$；(2) $\frac{2f'(2x)}{1+f^2(2x)}$；(3) $\mathrm{e}^{f(x)}[\mathrm{e}^x f'(\mathrm{e}^x)+f(\mathrm{e}^x)f'(x)]$；

(4) $\frac{2f(x)f'(x)}{1+f^2(x)}$；(5) $\frac{f'(x)}{f(x)}$；(6) $\sin f^2(x+1)+2x\cos f^2(x+1)f(x+1)f'(x+1)$.

6. 切线方程为 $2x-y=0$，法线方程为 $x+2y=0$.

7. $\frac{\mathrm{d}M}{\mathrm{d}t}=-0.003t^2+0.2t$，$\left.\frac{\mathrm{d}M}{\mathrm{d}t}\right|_{t=10}=1.7$.

8. (1) $N'(x)=-2x+300$；(2) 2 906 件；(3) 280 件 / 千元.

9. $\lim\limits_{t\to\infty}p(t)=1$，$p'(t)=\frac{ak\mathrm{e}^{-kt}}{(1+a\mathrm{e}^{-kt})^2}$.

☞ 习题 3.3

1. (1) $2\mathrm{e}^{-x^2}(2x^2-1)$；(2) $-\frac{2(1+x^2)}{(1-x^2)^2}$；(3) $\mathrm{e}^{-x}(4\sin 2x-3\cos 2x)$；

(4) $-\left(2\cos 2x\ln x+\frac{2\sin 2x}{x}+\frac{\cos x}{x^2}\right)$；(5) $\frac{-x}{\sqrt{(1+x^2)^3}}$；(6) $\frac{4}{(1+x)^3}$.

2. 1，1，0.

3. (1) $2f'(x^2)+4x^2f''(x^2)$；(2) $\frac{f''(x)f(x)-[f'(x)]^2}{f^2(x)}$；

(3) $\mathrm{e}^{-f(x)}\{[f'(x)]^2-f''(x)\}$.

6. (1) $\frac{(-1)^n n!\,a^n}{(ax+b)^{n+1}}$；(2) $\frac{(-1)^n(n-2)!}{x^{n-1}}$；(3) $2^{n-1}\cos\left(2x+\frac{n\pi}{2}\right)$；(4) $(n+x)\mathrm{e}^x$.

☞ 习题 3.4

1. (1) $\frac{y-2x}{2y-x}$；(2) $-\frac{y(1+\mathrm{e}^{xy})}{1+x+x\mathrm{e}^{xy}}$；(3) $\frac{\sin(x-y)+y\cos x}{\sin(x-y)-\sin x}$；(4) $\frac{\cos(x+y)}{\mathrm{e}^y-\cos(x+y)}$.

2. $\frac{y(y-\sin x)}{1-xy}$，e^2.

3. (1) $-\dfrac{2(x^2+y^2)}{(x+y)^3}$；(2) $\dfrac{e^{2y}(3-y)}{(2-y)^3}$.

4. (1) $x+2y-3=0$；(2) $x-y-4=0, 2x+y-4=0$.

5. (1) $\left(\dfrac{x}{1+x}\right)^x\left(\ln\dfrac{x}{1+x}+\dfrac{1}{1+x}\right)$；

(2) $-(1+\cos x)^{\frac{1}{x}}\dfrac{x\tan\dfrac{x}{2}+\ln(1+\cos x)}{x^2}$；

(3) $\dfrac{\sqrt{x+2}\,(3-x)^4}{(x+1)^5}\left(\dfrac{1}{2(x+2)}-\dfrac{4}{3-x}-\dfrac{5}{x+1}\right)$；

(4) $\dfrac{(1-x)\sqrt{\sin x}}{e^{2x-1}(2+x)^3}\left(-\dfrac{1}{1-x}+\dfrac{1}{2}\cot x-2-\dfrac{3}{2+x}\right)$.

6. (1) $\dfrac{dy}{dx}=-\dfrac{b}{a}\cot t$；(2) $1-\dfrac{1}{3t^2}$；(3) $\dfrac{t}{2}$.

7. 切线方程为 $2\sqrt{2}x+y-2=0$，法线方程为 $\sqrt{2}x-4y-1=0$.

☞ 习题 3.5

1. $\Delta y=130,4,0.31,0.0301$；$dy=30,3,0.3,0.03$；$\Delta y-dy\to 0(\Delta x\to 0)$.

2. (1) $\dfrac{x}{\sqrt{1+x^2}}dx$；(2) $(\cos 2x-2x\sin 2x)dx$；(3) $\dfrac{2e^{2x}}{e^{2x}-1}dx$；(4) $2x(x+1)e^{2x}dx$；

(5) $(1+x^2)^{-\frac{3}{2}}dx$；(6) $\csc x\,dx$；(7) $e^{-x}[\sin(3-x)-\cos(3-x)]dx$；

(8) $\dfrac{\ln(1+\sqrt{x})}{\sqrt{x}+x}dx$.

3. (1) $3x$；(2) x^2；(3) $\dfrac{1}{2}\sin 2x$；(4) $-\dfrac{1}{5}e^{-5x}$；(5) $\ln(1+x)$；(6) $2\sqrt{x}$.

4. (1) $\dfrac{2(e^{2x}-xy)}{x^2-\cos y}dx$；(2) $\dfrac{2x\cos 2x-y-xye^{xy}}{x^2e^{xy}+x\ln x}dx$.

6. (1) 1.006 7；(2) 0.002；(3) 0.507 6；(4) 0.795 4.

7. -0.01.

8. -4.92.

9. 提示：设地球的半径为 R. 由 $L=2\pi R$，有 $R=\dfrac{L}{2\pi}$，$\Delta R=\dfrac{L+15}{2\pi}-\dfrac{L}{2\pi}=\dfrac{15}{2\pi}\approx 2.39$.

☞ 习题 3.6

1. $C(10)=125, \bar{C}(10)=12.5, C'(10)=5$.

2. 总收益 9 975，边际收益 199.

3. (1) $R(q)=20q-\dfrac{q^2}{5}, R(15)=255, \bar{R}(15)=17, R'(15)=14$；(2) $\dfrac{\Delta R}{\Delta q}=13$.

4. (1) $40-\dfrac{q}{500}$；(2) 收益从 50 万元增加 0.8%.

总习题三

1. (1) $(2t+1)e^{2t}$; (2) 2; (3) $-f'(2)$; (4) $y=x+1$; (5) $\frac{1}{2t}$;

(6) $f''(x)\cos f(x)-[f'(x)]^2\sin f(x)$; (7) $\frac{2(-1)^n n!}{(1+x)^{n+1}}$; (8) $\alpha>1$; (9) -1;

(10) $\frac{dx}{x(1+\ln y)}$;

2. (1)(C); (2)(C); (3)(B); (4)(B); (5)(D); (6)(D); (7)(A); (8)(D); (9)(B); (10)(B).

3. (1) $y'=\frac{e^x}{\sqrt{1+e^{2x}}}$; (2) $y'=(1+x^2)^{\sin x}\left[\frac{2x\sin x}{1+x^2}+\cos x\ln(1+x^2)\right]$;

(3) $y'=f'[f(x)]f'(x)+f'(\sin^2 x)\sin 2x$; (4) $y'=\begin{cases}2xf'(x^2) & x\geqslant 0\\ -2xf'(-x^2) & x<0\end{cases}$.

4. $a=-1,b=1$.

5. $a=-1,b=-1,c=1$.

6. 不可导.

7. $y+2x-1=0$.

8. (1) $C'(x)=5+4x$, $R'(x)=200+2x$, $L'(x)=195-2x$; (2) $L'(25)=145$.

9. $L(q)=-q^2+28q-100$, $q=14$.

第四章　一元函数微分学应用

☞ 习题 4.1

1. 满足, $\xi=\frac{\pi}{2}$.

2. 满足, $\xi=\sqrt{\frac{4}{\pi}-1}$.

3. 满足, $\xi=\frac{14}{9}$.

4. 3 个,分别在区间 $(0,1)$, $(1,2)$, $(2,3)$ 内.

5. 提示:令 $F(x)=f(x)-kx$,用推论 1.

7. 提示:用拉格朗日中值定理,再推出不等式.

(1) $f(x)=\ln x$ 在区间 $[x,x+1]$ 上; (2) $f(x)=\arcsin x$ 在区间 $[x,y]$ 上.

8. 提示:对函数 $f(x)$ 在 $[0,x]$ 或 $[x,0]$ 上用拉格朗日中值定理,再推出不等式.

9. 提示:对 $F(x)=xf(x)$ 在 $[0,1]$ 上用罗尔定理.

☞ 习题 4.2

1. (1) -1; (2) 2; (3) ∞; (4) $-\frac{1}{8}$; (5) 1; (6) 3; (7) 1; (8) $\frac{1}{2}$.

2. (1) $\frac{1}{2}$；(2) $+\infty$；(3) $\frac{1}{2}$；(4) $\frac{1}{2}$；(5) $e^{-\frac{1}{2}}$；(6)1；(7)1；(8) e^2.

3. (1)1；(2)0；(3)1.

4. $a=1, b=-\frac{5}{2}$.

5. $e^{f'(0)}$.

☞ **习题 4.3**

1. (1) $(-\infty,+\infty)$ 内单调减少.

(2) $(-\infty,0)$，$(2,+\infty)$ 内单调增加，$(0,2)$ 内单调减少.

(3) $(-\infty,-2)$，$(0,+\infty)$ 内单调增加，$(-2,0)$ 内单调减少.

(4) $(-\infty,+\infty)$ 内单调增加；

(5) $\left(-\infty,\frac{1}{2}\right)$ 内单调减少，$\left(\frac{1}{2},+\infty\right)$ 内单调增加.

(6) $(0,e)$ 内单调增加，$(e,+\infty)$ 内单调减少.

3. (1) 极大值 $y(0)=7$，极小值 $y(2)=3$；

(2) 极大值 $y(1)=1$，极小值 $y(-1)=-1$；

(3) 极大值 $y(0)=0$，极小值 $y\left(\frac{2}{5}\right)=-\frac{3}{5}\sqrt[3]{\frac{4}{25}}$；

(4) 极大值 $y(2)=4e^{-2}$，极小值 $y(0)=0$；

(5) 极小值 $y(0)=0$；

(6) 极大值 $y(1)=2$.

4. $(-\infty,0)$，$(2,+\infty)$ 内单调增加，$(0,2)$ 内单调减少；极大值 $f(0)=1$，极小值 $f(2)=-3$.

5. $a=-\frac{2}{3}, b=-\frac{1}{6}$，在 $x_1=1$ 处取极小值，$x_2=2$ 处取极小值.

6. $a=2$，极大值 $f\left(\frac{\pi}{3}\right)=\sqrt{3}$.

☞ **习题 4.4**

1. (1) 拐点 $(2,-10)$，在 $(-\infty,2)$ 内为凸的，在 $(2,+\infty)$ 内为凹的；

(2) 拐点 $\left(\pm\frac{1}{\sqrt{3}},\frac{3}{4}\right)$，在 $\left(-\infty,-\frac{1}{\sqrt{3}}\right)$，$\left(\frac{1}{\sqrt{3}},+\infty\right)$ 内为凹的，在 $\left(-\frac{1}{\sqrt{3}},\frac{1}{\sqrt{3}}\right)$ 内为凸的；

(3) 拐点 $\left(-\frac{1}{5},-\frac{6}{5}\cdot 5^{-\frac{2}{3}}\right)$，在 $\left(-\infty,-\frac{1}{5}\right)$ 内为凸的，在 $\left(-\frac{1}{5},+\infty\right)$ 内为凹的；

(4) 在 $(-\infty,+\infty)$ 内为凸的，无拐点.

2. $a=-\frac{3}{2}, b=\frac{9}{2}$.

3. $a=-3, b=0, c=1$.

4. 提示：(1) 设 $f(t)=t^3$，证明 $f''(t)>0$；(2) 设 $f(t)=e^t$，证明 $f''(t)>0$.

☞ **习题 4.5**

1. (1) $y=2, y=0$；(2) $x=-1, y=0$；(3) $y=x, y=-x$；(4) $x=0, y=1$.

2. (1) $(-\infty,0)$，$(2,+\infty)$ 内增加，$(0,2)$ 内减少，极大值 $y=6$，极小值 $y=2$，$(-\infty,1)$ 内

凸的，$(1,+\infty)$ 内凹的，拐点$(1,4)$；

(2)$(-\infty,-2)$，$(0,+\infty)$ 内增加，$(-2,-1)$，$(-1,0)$ 内减少，极大值 $y=-4$，极小值 $y=0$，$(-\infty,-1)$ 内凸的，$(-1,+\infty)$ 内凹的，垂直渐近线 $x=-1$，斜渐近线 $y=x-1$；

(3)$(-\infty,1)$ 内增加，$(1,+\infty)$ 内减少，极大值 $y=e^{-1}$，$(-\infty,2)$ 内凸的，$(2,+\infty)$ 内凹的，拐点$(2,2e^{-2})$，水平渐近线 $y=0$；

(4)$(-\infty,-2)$，$(0,+\infty)$ 内减少，$(-2,0)$ 内增加，极小值 $y=-3$，$(-\infty,-3)$ 内凸的，$(-3,0)$，$(0,+\infty)$ 内凹的，拐点$\left(-3,-\frac{26}{9}\right)$，垂直渐近线 $x=0$，水平渐近线 $y=-2$.

☞ 习题 4.6

1. (1)$x-\frac{1}{2}x^2+\frac{1}{3}x^3-\cdots+\frac{(-1)^{n-1}}{n}x^n+o(x^n)$；

(2)$x-x^2+\frac{x^3}{2!}+\cdots+(-1)^n\frac{x^{n+1}}{n!}+o(x^{n+1})$；

(3)$1-x^2+\frac{1}{2!}x^4+\cdots+\frac{(-1)^n}{n!}x^{2n}+o(x^{2n})$；

(4) $\frac{2}{2!}x^2-\frac{2^3}{4!}x^4+\cdots+\frac{(-1)^{n-1}2^{2n-1}}{(2n)!}x^{2n}+o(x^{2n})$.

2. $-[1+(x+1)+(x+1)^2+\cdots+(x+1)^n]+o((x+1)^n)$.

3. (1) $\frac{1}{180}$；(2) $-\frac{1}{12}$.

☞ 习题 4.7

1. (1) 最大值 $y(1)=5$，最小值 $y(-2)=4$；

(2) 最大值 $y(2)=\ln 5$，最小值 $y(0)=0$；

(3) 最大值 $y(1)=e$，最小值 $y(0)=0$；

(4) 最大值 $y(0)=0$，最小值 $y(-1)=-2$.

2. (1) 最大值 $y\left(\frac{1}{5}\right)=\frac{1}{5}$，无最小值.

(2) 最大值 $y(1)=\frac{1}{2}$，无最小值；

3. $r=\sqrt[3]{\frac{bV}{2\pi a}}$，$h=\sqrt[3]{\frac{4a^2V}{b^2\pi}}$.

5. 轮船的航行速度为 $v=\sqrt[3]{\frac{k_1}{2k_2}}$ (km/h) 时，航行的总费用最低.

6. 铁路与水平河道的夹角为 $\alpha=\arctan\frac{3}{4}$ 时，铁路最短.

提示：设铁路与水平河道的夹角为 α，距离为 $S=\frac{27}{\sin\alpha}+\frac{64}{\cos\alpha}$.

7. 100 套，3 500 元，100 元.

8. 销售量 3 000，最大利润 7 200.

9. 250 件.

总习题四

1. (1)$\xi=\frac{2}{\sqrt{3}}$；(2)-4；(3)$e^{\frac{1}{3}}$；(4)$\left(-\frac{\sqrt{2}}{2},\frac{\sqrt{2}}{2}\right)$；(5)$y=1,x=0$；

(6)$\left(\frac{1}{e},+\infty\right),\left(0,\frac{1}{e}\right)$；(7)$a=4,b=5$；(8)$f(2)=2$；(9)$f''(-3)=-e^{-3}$；(10)$y=0$.

2. (1)(D)；(2)(D)；(3)(B)；(4)(A)；(5)(C)；(6)(C)；(7)(A)；(8)(B)；(9)(B)；(10)(C).

3. (1)1；(2)e；(3)$e^{-\frac{1}{3}}$；(4)$\frac{-2}{3}$.

4. 提示：对函数 $f(t)=e^t$ 在$[0,x]$上使用拉格朗日定理.

5. 极小值 $f(1)=-3$，极大值 $f(0)=0$.

6. $a=-1,b=0,c=3,y=-x^3+3x$.

7. 提示：证明$\left[\frac{f(x)}{g(x)}\right]'=0$.

8. 提示：令 $F(x)=f(x)-\frac{f(a)}{a}x$，在$[-a,a]$上用罗尔定理.

9. 提示：令 $F(x)=x^n$，用拉格朗日中值定理证明.

10. 当 $q=\frac{b}{2a}$ 时，平均成本最小. 最小平均成本为 $\overline{C}\left(\frac{b}{2a}\right)=\frac{4ac-b^2}{4a}$；相应边际成本为 $C'\left(\frac{b}{2a}\right)=\frac{4ac-b^2}{4a}$.

第五章　不定积分

☞ 习题 5.1

1. $\sin x\cos x$.

3. (1)$-\frac{2}{3}x^{-\frac{3}{2}}+C$；(2)$\frac{1}{4}x^4+x^3+\frac{3}{2}x^2+x+C$；(3)$\frac{4}{5}x^{\frac{5}{4}}-\frac{24}{17}x^{\frac{17}{12}}+\frac{4}{3}x^{\frac{3}{4}}+C$；

(4)$x^3+\arctan x+C$；(5)$2x-2\arctan x+C$；(6)$\arctan x+\ln|x|+C$；(7)$\frac{3^x e^{2x}}{2+\ln 3}+C$；

(8)$e^x-2\sqrt{x}+C$；(9)$-\cot x-x+C$；(10)$\frac{1}{2}(x-\sin x)+C$；(11)$x-\cos x+C$；

(12)$\frac{1}{2}\tan x+C$；(13)$\sin x-\cos x+C$；(14)$-\cot x-\tan x+C$；(15)$\sin x-\cos x+C$；

(16)$\frac{1}{2}(\tan x+x)+C$；(17)$\tan x-\sec x+C$；(18)$\frac{1}{2}(\tan x-x)+C$.

4. $y=\ln|x|+1$.

5. $C(q)=\frac{1}{4}q^4-q^2+100$.

6. $M(t)=0.1t^2-0.001t^3$，大约 6 个单词.

☞ 习题 5.2

1. (1) $-\frac{1}{8}(3-2x)^4+C$；(2) $-\frac{1}{2}\ln|1-2x|+C$；(3) $-\frac{1}{2}(2-3x)^{\frac{2}{3}}+C$；

(4) $\frac{1}{6}(2x^2+1)^{\frac{3}{2}}+C$；(5) $-\frac{1}{2}e^{-x^2}+C$；(6) $\arctan e^x+C$；(7) $-\frac{1}{\ln x}+C$；

(8) $\arcsin \ln x+C$；(9) $-2\cos\sqrt{x}+C$；(10) $\frac{1}{2\cos^2 x}+C$；(11) $-\frac{1}{\arcsin x}+C$；

(12) $e^{\arctan x}+C$；(13) $2(\sqrt{\tan x-1})+C$；(14) $-\frac{1}{\sec x+1}+C$；

(15) $-\frac{1}{6}\cos^3(2x+1)+C$；(16) $\arctan^2\sqrt{x}+C$；(17) $\frac{3}{2}\sqrt[3]{(\sin x-\cos x)^2}+C$；

(18) $-\frac{1}{x\sin x}+C$；(19) $2\sqrt{x+e^x}+C$；(20) $-\frac{1}{x\ln x}+C$；

(21) $\frac{1}{2}\arcsin\frac{2x}{3}+\frac{1}{4}\sqrt{9-4x^2}+C$；(22) $\frac{x^2}{2}-\frac{9}{2}\ln(x^2+9)+C$；

(23) $\frac{1}{2\sqrt{2}}\ln\left|\frac{\sqrt{2}x-1}{\sqrt{2}x+1}\right|+C$；(24) $\frac{1}{3}\ln\left|\frac{x-2}{x+1}\right|+C$；(25) $\frac{1}{6}\ln\left|\frac{3+\sin x}{3-\sin x}\right|+C$；

(26) $\frac{1}{8}\ln\left|\frac{2+e^{2x}}{2-e^{2x}}\right|+C$；(27) $\sin x-\frac{\sin^3 x}{3}+C$；(28) $\frac{1}{2}\cos x-\frac{1}{10}\cos x+C$；

(29) $\frac{1}{3}\sec^3 x-\sec x+C$；(30) $\frac{1}{5}\cos^5 x-\frac{1}{3}\cos^3 x+C$.

2. (1) $2\sqrt{x}-2\arctan\sqrt{x}+C$；(2) $\frac{3}{2}\sqrt[3]{(x+1)^2}-3\sqrt[3]{x+1}+3\ln(1+\sqrt[3]{x+1})+C$；

(3) $\frac{1}{2}(\arcsin x-x\sqrt{1-x^2})+C$；(4) $\arccos\frac{1}{x}+C$；

(5) $\frac{x}{a^2\sqrt{x^2+a^2}}+C$；(6) $\sqrt{x^2-9}-3\arccos\frac{3}{|x|}+C$.

☞ 习题 5.3

1. (1) $-e^{-x}(x+1)+C$；(2) $-\frac{2x^2-1}{4}\cos 2x+\frac{x}{2}\sin 2x+C$；

(3) $x\arctan x-\sqrt{1-x^2}+C$；(4) $\frac{1}{2}(x^2-1)\ln(x-1)-\frac{x^2}{4}-\frac{x}{2}+C$；

(5) $\frac{1}{2}e^{-x}(\sin x-\cos x)+C$；(6) $x\ln^2 x-2x\ln x+2x+C$；

(7) $-\frac{1}{2}x^2+x\tan x+\ln\cos x+C$；(8) $\frac{1}{2}(\sec x\tan x+\ln|\sec x+\tan x|)+C$；

(9) $-\cot x\cdot\ln\tan x-\cot x+C$；(10) $-\sqrt{1-x^2}\arcsin x+x+C$；

(11) $\frac{x}{2}(\cos\ln x+\sin\ln x)+C$；(12) $\frac{1}{2}e^x-\frac{1}{5}e^x\sin 2x-\frac{1}{10}e^x\cos 2x+C$.

2. (1) $-2\sqrt{x}\cos\sqrt{x}+2\sin\sqrt{x}+C$，令 $x=t^2$；

(2)$\ln x \cdot \ln \ln x - \ln x + C$，令 $\ln x = t$；

(3) $\dfrac{x}{\sqrt{1-x^2}}\arccos x - \ln\sqrt{1-x^2} + C$，令 $x = \cos t$；

(4)$x - e^{-x}\arctan e^x - \dfrac{1}{2}\ln(1+e^{2x}) + C$，令 $e^x = t$.

3. $2\ln x - \ln^2 x + C$.

☞ **习题 5.4**

(1) $\dfrac{1}{3}x^3 - \dfrac{3}{2}x^2 + 9x - 27\ln|x+3| + C$；

(2)$\ln|x-2| + \ln|x+5| + C$；

(3)$2\ln|x+2| - \dfrac{1}{2}\ln|x+1| - \dfrac{3}{2}\ln|x+3| + C$；

(4) $\dfrac{1}{x+1} + \dfrac{1}{2}\ln|x^2-1| + C$；

(5)$\ln|x| - \dfrac{1}{2}\ln(x^2+1) + C$；

(6)$\ln|x| - \dfrac{1}{2}\ln|x+1| - \dfrac{1}{4}\ln(x^2+1) - \dfrac{1}{2}\arctan x + C$；

(7) $\dfrac{1}{\sqrt{2}}\arctan\left(\dfrac{1}{\sqrt{2}}\tan\dfrac{x}{2}\right) + C$；

(8) $\dfrac{2}{\sqrt{3}}\arctan\left[\dfrac{1}{\sqrt{3}}\left(2\tan\dfrac{x}{2}+1\right)\right] + C$.

总习题五

1. (1)$x + 2e^x + C$；(2)$x^3 - 6x^2 - 15x + 2$；(3)$2\sqrt{f(\ln x)} + C$；
(4)$-\cot x \ln \sin x - \cot x - x + C$；(5)$xf'(x) - f(x) + C$；

(6) $\dfrac{1}{2}x^2(\ln x + 1) - \dfrac{1}{4}x^2 + C$；(7)$e^{2x} + C$；

(8)$\begin{cases} e^x + C & x \leqslant 0 \\ -e^{-x} + C + 2 & x > 0 \end{cases}$；(9)$\cot x \ln \sin x \, dx$；(10)$f(x) = \begin{cases} e^x + e & x > 0 \\ \dfrac{1}{2}x^2 + e + 1 & x \leqslant 0 \end{cases}$.

2. (1)(D)；(2)(C)；(3)(D)；(4)(D)；(5)(B)；(6)(D)；(7)(B)；(8)(B)；(9)(A)；(10)(D).

3. (1)$2\sin x\, e^{\sin x} - 2e^{\sin x} + C$；(2)$\arctan\dfrac{x}{\sqrt{1+x^2}} + C$；

(3)$-2\sqrt{x}\cos\sqrt{x} + 2\sin\sqrt{x} + C$；(4)$\arctan(x\ln x) + C$；

(5)$-\dfrac{\ln x}{2(x^2+3)} + \dfrac{1}{6}\ln x - \dfrac{1}{12}\ln(x^2+3) + C$；

(6) $-\frac{1}{2x}(\sin\ln x+\cos\ln x)+C$.

4. $\arccos\frac{1}{x}+C$；$-\arcsin\frac{1}{x}+C$；$\arctan\sqrt{x^2-1}+C$.

5. $(x^2-6)\cos x-4x\sin x+C$.

6. 对$\int xf(x)\mathrm{d}x=\arcsin x+C$ 两边求导，得 $f(x)=\frac{1}{x\sqrt{1-x^2}}$，所以

$$\int\frac{1}{f(x)}\mathrm{d}x=\int x\sqrt{1-x^2}\,\mathrm{d}x=-\frac{1}{2}\int\sqrt{1-x^2}\,\mathrm{d}(1-x^2)=-\frac{1}{3}(1-x^2)^{\frac{3}{2}}+C.$$

7. $f(x)=-\ln(1-x)-x^2+C$

8. (1) $I_n=\frac{x^n b^{ax}}{a\ln b}-\frac{n}{a\ln b}I_{n-1}$；(2) $I_n=\frac{1}{n-1}\tan^{n-1}x-I_{n-2}$.

提示：利用分部积分法.

第六章　定积分

☞ 习题 6.1

1. $\frac{9}{2}$.

2. (1) $A=\int_0^1(x^2+1)\mathrm{d}x+\int_1^2(2-x)\mathrm{d}x$；(2) $s=\int_0^3(2+t^2)\mathrm{d}t$.

3. (1)1；(2) $\frac{\pi}{4}$；(3)0.

5. (1) $\int_0^1 x^2\mathrm{d}x\geqslant\int_0^1 x^3\mathrm{d}x$；(2) $\int_1^2 x^2\mathrm{d}x\leqslant\int_1^2 x^3\mathrm{d}x$；(3) $\int_3^4\ln x\,\mathrm{d}x\leqslant\int_3^4\ln^2 x\,\mathrm{d}x$；

(4) $\int_0^1 \mathrm{e}^x\mathrm{d}x\leqslant\int_0^1\mathrm{e}^{-x^2}\mathrm{d}x$；

6. (1) $6\leqslant\int_1^4(x^2+1)\mathrm{d}x\leqslant 51$；(2) $\pi\leqslant\int_{\frac{\pi}{4}}^{\frac{5\pi}{4}}(1+\sin^2 x)\mathrm{d}x\leqslant 2\pi$；

(3) $\frac{\pi}{9}\leqslant\int_{\frac{1}{\sqrt{3}}}^{\sqrt{3}}x\arctan x\,\mathrm{d}x\leqslant\frac{2\pi}{3}$；(4) $3\mathrm{e}^{-4}\leqslant\int_{-1}^{2}\mathrm{e}^{-x^2}\mathrm{d}x\leqslant 3$.

☞ 习题 6.2

1. (1) $\Phi'(x)=\cos(1+x^2)$；(2) $\Phi'(x)=-\sqrt{1+x^4}$；(3) $\Phi'(x)=3x^5\sqrt{1+x^3}$；

(4) $\Phi'(x)=\cos x\cdot\sin\sin^2 x-2x\sin x^4$.

2. (1)1；(2) $\frac{1}{2}$；(3) e^2；(4)12.

3. $-\mathrm{e}^{y^2}\cos x^2$.

4. (1) $\frac{3}{2}$；(2) $2\frac{5}{8}$；(3) $45\frac{1}{6}$；(4) $\frac{\pi}{6}$；(5) $1-\frac{\pi}{4}$；(6) $\frac{1}{2}\left(\frac{\pi}{2}+1\right)$；(7)4；

(8) $\frac{1}{3}(|b|^3-|a|^3)$.

5. $\frac{8}{3}$.

6. $F(x)=\begin{cases}1-e^{-x} & 0\leqslant x\leqslant 1\\ x^2-e^{-1} & 1<x\leqslant 2\end{cases}$.

☞ 习题 6.3

1. (1) $\frac{1}{4}$;(2)$\pi-\frac{4}{3}$;(3) $\frac{\pi^3}{192}$;(4)$2(\sqrt{3}-1)$; (5) $\frac{22}{3}$;(6)$\arctan 2-\frac{\pi}{4}$;(7) $\frac{4}{3}$;(8)$2\sqrt{2}$.

2. (1)$1-2\ln 2$; (2)$1-\frac{\pi}{4}$;(3) $\sqrt{2}-\frac{2\sqrt{3}}{3}$; (4) $\frac{\sqrt{3}}{8}$.

3. (1) $\frac{\pi}{8}-\frac{1}{4}$;(2) $\frac{\pi}{8}-\frac{1}{4}\ln 2$;(3)$8\ln 2-4$; (4) $\frac{\pi}{4}-\frac{\sqrt{3}\pi}{9}+\frac{1}{2}\ln\frac{3}{2}$; (5) $\frac{1}{5}(e^{\pi}-2)$; (6)$2-\frac{2}{e}$.

4. (1) $\frac{\pi^3}{324}$;(2)0;(3)0;(4) $\frac{\pi}{2}a^2$.

5. 提示:(1) 令 $x=\frac{1}{t}$; (2) 令 $x=1-t$.

☞ 习题 6.4

1. (1)1; (2) 发散;(3)$1-\ln 2$;(4) $\frac{1}{4}$;(5)$\ln 2$;(6) $\frac{1}{2}$.

2. 当 $p>1$ 时,收敛于$\frac{1}{(p-1)(\ln 2)^{p-1}}$;当 $p\leqslant 1$ 时,发散.

3. (1)1;(2)2;(3) $\frac{\pi}{2}$;(4) 发散.

4. (1)$\Gamma\left(\frac{3}{2}\right)=\frac{\sqrt{\pi}}{2}$; (2)$\Gamma(m+1)=m!$.

☞ 习题 6.5

1. (1) $\frac{1}{3}$;(2)$e+e^{-1}-2$;(3) $\frac{3}{2}-\ln 2$;(4)$2(\sqrt{2}-1)$;(5) $\frac{9}{2}$; (6) $\frac{2}{3}$.

2. $\frac{9}{4}$.

3. $a=1$.

4. $a=3$.

5. (1)4π; (2) $\frac{3\pi}{10}$; (3) $\frac{15\pi}{2},\frac{124\pi}{5}$; (4)$160\pi^2$.

6. $\frac{1}{2}e-1$;$\frac{\pi}{6}(5e^2-12e+3)$.

8. (1)$C(q)=-\frac{q^2}{2}+2q+100$,$R(q)=20q-q^2$;(2)$q=6$.

9. (1)$R(q)=7q-q^2$; (2)$q=250$,$L(250)=3.25$ 万元.

10. 产量为 41 时利润最大,最大利润为 5 615.4.

11. (1) 总收益增加 20 万；总成本增加 19 万；(2) 产量为 320 台时总利润最大.

总习题六

1. (1) $\frac{7}{3}$；(2) $x-1$；(3) $\frac{\pi}{4}$；(4) $\sin x^2$；(5) $\frac{\pi}{4}$；(6) $4\sqrt{2}$；(7) 1；(8) $\frac{7}{3}-\frac{1}{e}$；(9) $\frac{1}{12}$；(10) $\frac{1}{2}$.

2. (1)(B)；(2)(B)；(3)(B)；(4)(D)；(5)(A)；(6)(C)；(7)(B)；(8)(C)；(9)(C)；(10)(B).

3. (1) $\frac{1}{2}$；(2) $\int_0^1 \sin\pi x\,dx=\frac{2}{\pi}$.

4. (1) $\frac{\pi^2}{2}-4$，提示：令 $\arcsin x=t$；(2) $2e-4$；(3) $\frac{e}{2}-1$；(4) $\frac{\ln 3}{2}$；(5) $\frac{\pi}{2}$；(6) $\frac{\pi}{4}+\frac{1}{2}\ln 2$.

5. 2.

6. $f(0)=2$.

7. $f(x)=-\cos x$.

8. 提示：令 $t=a+(b-a)x$.

9. 提示：等式两边同时在 $[0,1]$ 上求积分，注意 $\int_0^1 f(t)\,dt$ 为数值.

10. $S=\frac{2}{3}$.

11. $L(q)=-q^3+15q^2+72q-10, q=12$.

第七章　多元函数微积分

☞ 习题 7.1

1. A 在第 Ⅳ 象限；B 在第 Ⅴ 象限；C 在第 Ⅷ 象限；D 在第 Ⅲ 象限.

2. A 在 xOy 面上，B 在 yOz 面上，C 在 x 轴上，D 在 y 轴上.

3. (1) $(a,b,-c)$，$(-a,b,c)$，$(a,-b,c)$；(2) $(a,-b,-c)$，$(-a,b,-c)$，$(-a,-b,c)$；(3) $(-a,-b,-c)$.

4. x 轴：$\sqrt{34}$；y 轴：$\sqrt{41}$；z 轴：5；xOy 面：5；yOz 面：4；xOz 面：3.

5. $\left(0,0,\frac{14}{9}\right)$.

6. (1) $Ax+By+Cz=0$；(2) $Ax+Cz=0$；(3) $Cz+D=0$；(4) $By+Cz+D=0$；(5) $x=0$.

7. 6，3，-2.

8. $(1,-2,2)$, $R=4$.

9. $x^2+y^2+z^2-2x-6y+4z=0$.

10. (1) 球面；(2) 圆锥面；(3) 旋转单叶双曲面；(4) 椭圆柱面；(5) 抛物面；(6) 平面；(7) 抛物柱面；(8) 椭球面.

12. $\begin{cases} x^2+y^2=1 \\ z=0 \end{cases}$.

☞ **习题 7.2**

1. (1) $\{(x,y)\mid x\geqslant 0, y\geqslant 0, x^2\geqslant y\}$;

(2) $\{(x,y)\mid x+y>0, x-y>0\}$;

(3) $\{(x,y)\mid 4x\geqslant y^2, x^2+y^2<1, (x,y)\neq 0\}$;

(4) $\{(x,y)\mid y>x, 1\leqslant x^2+y^2<4,\}$.

2. (1) $(x^2+y^2)e^{xy}$; (2) $\dfrac{x^2(1-y)}{1+y}$.

3. $f(2,1)=\dfrac{5}{2}$, $f(x,1)=\dfrac{x^2+1}{x}$, $f(2,y)=\dfrac{4+y^2}{2y}$; $f\left(1,\dfrac{x}{y}\right)=\dfrac{x^2+y^2}{x^2y}$.

4. (1)1; (2)2; (3)0; (4)0.

5. 不存在.提示:点 (x,y) 沿 $y=kx^2(k\neq 0)$ 趋于 $(0,0)$ 时极限不存在.

6. (1) $y^2=2x$; (2) $x=0, y=0$.

7. 37 500.

☞ **习题 7.3**

1. (1) $\dfrac{\partial z}{\partial x}=3x^2y-y^3$; $\dfrac{\partial z}{\partial y}=x^3-3y^2x$.

(2) $\dfrac{\partial z}{\partial x}=-\dfrac{y^2}{(x-y)^2}$; $\dfrac{\partial z}{\partial y}=\dfrac{x^2}{(x-y)^2}$.

(3) $\dfrac{\partial z}{\partial x}=e^{xy}[\cos(x+y)+y\sin(x+y)]$;

$\dfrac{\partial z}{\partial y}=e^{xy}[\cos(x+y)+x\sin(x+y)]$.

(4) $\dfrac{\partial z}{\partial x}=\cot(x-2y)$; $\dfrac{\partial z}{\partial y}=-2\cot(x-2y)$.

(5) $\dfrac{\partial z}{\partial x}=\dfrac{-y}{x^2+y^2}$; $\dfrac{\partial z}{\partial y}=\dfrac{x}{x^2+y^2}$.

(6) $\dfrac{\partial z}{\partial x}=y^2(1+xy)^{y-1}$; $\dfrac{\partial z}{\partial y}=(1+xy)^y\left[\ln(1+xy)+\dfrac{xy}{1+xy}\right]$.

(7) $\dfrac{\partial u}{\partial x}=\dfrac{y}{z}x^{\frac{y}{z}-1}$; $\dfrac{\partial u}{\partial y}=\dfrac{1}{z}x^{\frac{y}{z}}\ln x$; $\dfrac{\partial u}{\partial z}=-\dfrac{y}{z^2}x^{\frac{y}{z}}\ln x$.

(8) $\dfrac{\partial u}{\partial x}=\sin(xy+e^z)+xy\cos(xy+e^z)$;

$\dfrac{\partial u}{\partial x}=x^2\cos(xy+e^z)$; $\dfrac{\partial u}{\partial x}=xe^z\cos(xy+e^z)$.

2. (1) $f_x(\pi,0)=-\pi, f_y(\pi,0)=-\pi$; (2) $f_x(x,1)=1$.

3. (1) $\frac{\partial^2 z}{\partial x^2}=6x-6y^2, \frac{\partial^2 z}{\partial y^2}=6y-6x^2, \frac{\partial^2 z}{\partial x \partial y}=-12xy$;

(2) $\frac{\partial^2 z}{\partial x^2}=-\frac{2x}{(1+x^2)}, \frac{\partial^2 z}{\partial y^2}=-\frac{2y}{(1+y^2)}, \frac{\partial^2 z}{\partial x \partial y}=0$.

4. $f_{xy}(1,1)=-\frac{2}{9}, f_{xy^2}(1,1)=\frac{2}{27}$.

6. $(2a,a)$(常数 $a>0$).

8. (1) $C_{q_1}(q_1,q_2)=2q_1+q_2+50, C_{q_2}(q_1,q_2)=q_1+2q_2+100$;

(2) $C_{q_1}(3,6)=62, C_{q_2}(3,6)=115$.

☞ 习题 7.4

1. (1) $\mathrm{d}z=\left(y+\frac{1}{y}\right)\mathrm{d}x+x\left(1-\frac{1}{y^2}\right)\mathrm{d}y$;

(2) $\mathrm{d}z=\frac{x\,\mathrm{d}x+y\,\mathrm{d}y}{1+x^2+y^2}$;

(3) $\mathrm{d}z=-\frac{x}{(x^2+y^2)^{3/2}}(y\,\mathrm{d}x-x\,\mathrm{d}y)$;

(4) $\mathrm{d}u=\mathrm{e}^{xy+2z}[(1+xy)\mathrm{d}x+x^2\mathrm{d}y+2x\,\mathrm{d}z]$.

2. $\frac{3}{\sqrt{2\mathrm{e}}}(\mathrm{d}x+\mathrm{d}y)$.

3. 0.25e.

4. (1) 2.218 2; (2) 2.039 3.

☞ 习题 7.5

1. (1) $\frac{\mathrm{d}z}{\mathrm{d}x}=\mathrm{e}^x(\sin x+\cos x)$;

(2) $\frac{\mathrm{d}z}{\mathrm{d}x}=\frac{3(1-4x^2)}{\sqrt{1-(3x-4x^3)^2}}$;

(3) $\frac{\partial z}{\partial x}=\frac{2y^2}{x^3}\left[\frac{x^2}{x^2+y^2}-\ln(x^2+y^2)\right], \frac{\partial z}{\partial y}=\frac{2y^2}{x^2}\left[\frac{y^2}{x^2+y^2}+\ln(x^2+y^2)\right]$;

(4) $\frac{\partial z}{\partial x}=\frac{xv-yu}{x^2+y^2}\mathrm{e}^{uv}, \frac{\partial z}{\partial y}=\frac{xu+yv}{x^2+y^2}\mathrm{e}^{uv}$.

2. (1) $\frac{\partial z}{\partial x}=f_1\frac{y}{2\sqrt{xy}}+f_2\cos x, \frac{\partial z}{\partial y}=f_1\frac{x}{2\sqrt{xy}}$;

(2) $\frac{\partial z}{\partial x}=2xf_1+y\mathrm{e}^{xy}f_2, \frac{\partial z}{\partial y}=-2yf_1+x\mathrm{e}^{xy}f_2$;

(3) $\frac{\partial u}{\partial x}=f_1+yf_2+yzf_3, \frac{\partial u}{\partial y}=xf_2+xzf_3, \frac{\partial u}{\partial z}=xyf_3$;

(4) $\frac{\partial u}{\partial x}=f_1+2xf_2, \frac{\partial u}{\partial y}=f_1+2yf_2, \frac{\partial u}{\partial z}=f_1+2zf_2$.

4. (1) $\frac{\partial^2 z}{\partial x^2}=2f'+4x^2f'', \frac{\partial^2 z}{\partial x \partial y}=4xyf'', \frac{\partial^2 z}{\partial y^2}=2f'+4y^2f''$;

(2) $\dfrac{\partial^2 z}{\partial x^2}=y^2 f_{11}, \dfrac{\partial^2 z}{\partial x\partial y}=f_1+y(xf_{11}+f_{12}), \dfrac{\partial^2 z}{\partial y^2}=x^2 f_{11}+2xf_{12}+f_{22}$;

(3) $\dfrac{\partial^2 z}{\partial x^2}=2yf_2+y^4 f_{11}+4xy^3 f_{12}+4x^2y^2 f_{22}$,

$\dfrac{\partial^2 z}{\partial x\partial y}=2yf_1+2xf_2+2xy^3 f_{11}+2x^3 yf_{22}+5x^2y^2 f_{12}$,

$\dfrac{\partial^2 z}{\partial x^2}=2xf_1+4x^2y^2 f_{11}+4x^3 yf_{12}+x^4 f_{22}$.

5. (1) $\dfrac{dy}{dx}=\dfrac{y^2-e^x}{\cos y-2xy}$; (2) $\dfrac{dy}{dx}=\dfrac{y^x \ln y}{1-xy^{x-1}}$;

(3) $\dfrac{\partial z}{\partial x}=\dfrac{yz-\sqrt{xyz}}{\sqrt{xyz}-xy}, \dfrac{\partial z}{\partial y}=\dfrac{xz-2\sqrt{xyz}}{\sqrt{xyz}-xy}$;

(4) $\dfrac{\partial z}{\partial x}=\dfrac{z\sin x-\cos y}{\cos x-y\sin z}, \dfrac{\partial z}{\partial y}=\dfrac{x\sin y-\cos z}{\cos x-y\sin z}$.

7. $\dfrac{dz}{dx}=\dfrac{2(x^2-y^2)}{x-2y}$.

8. 提示:由方程 $F(2x-z,2y-z)=0$,求出$\dfrac{\partial z}{\partial x}=\dfrac{2F_u}{F_u+F_v}, \dfrac{\partial z}{\partial y}=\dfrac{2F_v}{F_u+F_v}$.

☞ **习题 7.6**

1. (1) 极小值 $f(1,0)=-5$,极大值 $f(-3,2)=31$;

(2) 极小值 $f\left(\dfrac{1}{2},-1\right)=-\dfrac{e}{2}$;

(3) 极小值 $f(1,1)=2$.

2. 极小值 $f(1,-2)=-2$,极大值 $f(1,-2)=8$.

3. (1) 极大值 $f(1,1)=1$; (2) 极小值 $f(2,2)=4$;

(3) 极小值 $f(3a,3a,3a)=27a^3$.

☞ **习题 7.7**

1. 最大值 $z(\sqrt{2}/2,\sqrt{2}/2)=\sqrt{2}+1$,最小值 $z(-\sqrt{2}/2,-\sqrt{2}/2)=-\sqrt{2}+1$.

2. 最大值 $z(3/2,4)=z(-3/2,-4)=106.25$,最小值 $z(2,-3)=z(-2,3)=-50$.

3. 最小值为 0,最大值为$\dfrac{3\sqrt{3}}{2}$.

4. 甲产品 3 千件,乙产品 2 千件时,利润最大值为 23 万元.

5. $q_1=5, q_2=7.5$,最大利润 $L=550$.

6. $q_1=5, q_2=3$,最大利润 $L=120$.

7. 产量 $q_1=6, q_2=2$,价格为 $p=56$.

8. 电视和报纸广告费分别为 7 万元与 3 万元时收入最大.

☞ **习题 7.8**

1. (1) $\dfrac{2}{3}\pi a^2$; (2)9π.

2. (1)$\iint\limits_D (x+y)^2 d\sigma \geqslant \iint\limits_D (x+y)^3 d\sigma$;

(2)$\iint\limits_D \ln^2(x+y)\mathrm{d}\sigma \geqslant \iint\limits_D \ln(x+y)\mathrm{d}\sigma$.

3. (1) $\int_1^2 \mathrm{d}x\int_0^{\ln x} f(x,y)\mathrm{d}y, \int_0^{\ln 2}\mathrm{d}y\int_{e^y}^2 f(x,y)\mathrm{d}x$;

(2) $\int_1^2 \mathrm{d}x\int_{\frac{1}{x}}^{x} f(x,y)\mathrm{d}y, \int_{\frac{1}{2}}^1 \mathrm{d}y\int_{\frac{1}{y}}^2 f(x,y)\mathrm{d}x + \int_1^2 \mathrm{d}y\int_y^2 f(x,y)\mathrm{d}x$;

(3) $\int_0^2 \mathrm{d}x\int_{-\sqrt{2x}}^{\sqrt{2x}} f(x,y)\mathrm{d}y + \int_2^8 \mathrm{d}x\int_{x-4}^{\sqrt{2x}} f(x,y)\mathrm{d}y, \int_{-2}^4 \mathrm{d}y\int_{\frac{y^2}{2}}^{y+4} f(x,y)\mathrm{d}x$.

4. (1) $(e-1)^2$; (2) $\frac{33}{140}$; (3) -3; (4) $\frac{1}{6}-\frac{1}{3e}$.

5. (1) $\int_0^1 \mathrm{d}y\int_y^{\sqrt{y}} f(x,y)\mathrm{d}x$; (2) $\int_0^1 \mathrm{d}y\int_{\sqrt{1-y}}^{e^y} f(x,y)\mathrm{d}x$;

(3) $\int_0^1 \mathrm{d}x\int_{1-x^2}^1 f(x,y)\mathrm{d}y + \int_1^2 \mathrm{d}x\int_{x-1}^1 f(x,y)\mathrm{d}y$; (4) $\int_0^2 \mathrm{d}x\int_{2x}^{6-x} f(x,y)\mathrm{d}y$.

6. (1) $\int_{-\frac{\pi}{2}}^{\frac{\pi}{2}} \mathrm{d}\theta\int_1^2 f(r\cos\theta, r\sin\theta)r\mathrm{d}r$;

(2) $\int_{-\frac{\pi}{2}}^{\frac{\pi}{2}} \mathrm{d}\theta\int_0^{2\cos\theta} f(r\cos\theta, r\sin\theta)r\mathrm{d}r$.

7. (1)$\pi(e^4-1)$; (2) $\frac{\pi R^3}{3}$; (3) $\frac{3}{64}\pi^2$; (4) $\frac{1}{4}\pi(2\ln 2-1)$.

8. (1) $\frac{3}{4}\pi a^4$; (2) $\frac{1}{8}\pi a^4$.

9. (1) $\frac{9}{4}$; (2) $\frac{1}{6}+\frac{\pi}{8}$; (3) $\frac{16}{3}\left(\pi-\frac{2}{3}\right)$; (4)$5\pi$.

10. $\frac{17}{12}$.

11. $V=\pi/4$.

12. $V=\pi$.

13. (1) $\frac{1}{2}$; (2) $\frac{5}{144}$.

总习题七

1. (1)$D=\{(x,y)\mid x\geqslant 0, 0\leqslant y\leqslant x^2\}$; (2)1; (3)2; (4)$2f'+4x^2f''$; (5)0;

(6)$a=2, b=-2$; (7) $\frac{1}{2}$; (8)$2\pi a^2$; (9) $\frac{1}{2}(1-e^{-4})$; (10)$\pi[f(a^2)-f(0)]$.

2. (1)(D); (2)(B); (3)(C); (4)(C); (5)(C); (6)(B); (7)(B); (8)(D); (9)(A); (10)(D).

4. (1)$\mathrm{d}z=(x+y)^{x+y}[\ln(x+y)+1](\mathrm{d}x+\mathrm{d}y)$;

(2)$\varphi'(x)=f_x+f_y[f_x+f_y(f_x+f_y)]$;

(3)$f_{11}+(x+y)f_{12}+xyf_{22}+f_2$;

(4)$\mathrm{d}z=\frac{z(1-x)}{x(1-z)}\mathrm{d}x+\frac{z(1-y)}{y(1-z)}\mathrm{d}y$.

5. $f_x(1,1,1)=-2$.

7. $\mathrm{d}u=\left(f_x+f_z\dfrac{x+1}{z+1}\mathrm{e}^{x-z}\right)\mathrm{d}x+\left(f_y-f_z\dfrac{y+1}{z+1}\mathrm{e}^{y-z}\right)\mathrm{d}y$.

8. (1) $\dfrac{2}{9}$; (2) $\dfrac{2}{3}R^3\left(\pi-\dfrac{2}{3}\right)$; (3)$4-\dfrac{\pi}{2}$; (4)$2\pi$; (5) $\dfrac{\pi}{8}(1-\mathrm{e}^{-1})$.

9. 极小值为 $z_1=-(4+2\sqrt{6})$,极大值值为 $z_2=-4+2\sqrt{6}$.

10. $\dfrac{160\pi}{3}$.

11. 两个市场的售价分别为 $p_1=80, p_2=30$ 时总利润最大,最大利润为 $L(80,30)=336$.

12. 产量分别为 $q_1=8, q_2=2$ 时总利润最大,此时每个市场的价格分别为 $p_1=36, p_2=16$.

第八章　无穷级数

☞ 习题 8.1

1. (1) $(-1)^{n-1}\dfrac{n+1}{n}$; (2) $\dfrac{2^{n-1}}{(2n-1)(2n+1)}$;(3) $(-1)^{n-1}\dfrac{a^{n+1}}{2n+1}$; (4) $\dfrac{x^{\frac{n}{2}}}{2n(2n+2)}$.

2. (1)$u_1=2, u_n=-\dfrac{1}{n(n-1)}(n\geqslant 2)$,其和为 1; (2)$u_n=\dfrac{1}{2^n}$,其和为 1.

3. (1) 发散; (2) 收敛;(3) 发散; (4) 发散(提示:先乘以 $2\sin\dfrac{\pi}{12}$,再将一般项分解为两个余弦函数之差).

4. (1) 发散; (2) 收敛; (3) 发散; (4) 收敛; (5) 发散; (6) 发散.

5. 提示:用反证法.

6. $2S-u_1-u_2-u_3$.

☞ 习题 8.2

1. (1) 收敛,$u_n\leqslant\dfrac{1}{n^{3/2}}$; (2) 发散,$u_n\geqslant\dfrac{1}{n+1}$;

(3) 收敛,$u_n\leqslant\pi\left(\dfrac{2}{3}\right)^n$; (4) 发散,$u_n\geqslant\dfrac{1}{\sqrt{n}}(n>3)$.

2. (1) 发散;(2) 收敛;(3) 收敛;(4) 发散.

3. (1) 发散;(2) 收敛.

4. (1) 收敛; (2) 发散; (3) 发散; (4) 发散.

5. (1) 收敛; (2) 收敛; (3) 发散.

6. (1) 条件收敛; (2) 绝对收敛; (3) 发散; (4) 发散;

(5) 绝对收敛; (6)$p>1$ 时绝对收敛,$0<p\leqslant 1$ 时条件收敛,$p<0$ 时发散.

7. 提示:证明级数 $\sum\limits_{n=0}^{\infty}\dfrac{|x|^n}{n!}$ 收敛,由级数收敛的必要条件得到结论.

☞ 习题 8.3

1. (1)$\{0\}$; (2)$[-1,1]$; (3)$[-2,2)$;(4)$[4,6)$.

2. (1) $-\ln(1-x)$, $|x|<1$; (2) $\dfrac{x}{(1-x^2)^2}$, $|x|<1$; (3) $\dfrac{2}{(1-x)^3}$, $|x|<1$.

☞ 习题 8.4

2. (1) $a^x=e^{x\ln a}=\sum\limits_{n=0}^{\infty}\dfrac{(x\ln a)^n}{n!}=\sum\limits_{n=0}^{\infty}\dfrac{\ln^n a}{n!}x^n, x\in(-\infty,+\infty)$;

(2) $\ln(2+x)=\ln 2+\ln\left(1+\dfrac{x}{2}\right)=\ln 2+\sum\limits_{n=1}^{\infty}(-1)^{n-1}\dfrac{1}{n\cdot 2^n}x^n, x\in(-2,2]$;

(3) $\sin^2 x=\dfrac{1}{2}-\dfrac{1}{2}\cos 2x=\dfrac{1}{2}-\dfrac{1}{2}\sum\limits_{n=0}^{\infty}(-1)^n\dfrac{(2x)^{2n}}{(2n)!}=\sum\limits_{n=1}^{\infty}(-1)^{n-1}\dfrac{2^{2n-1}x^{2n}}{(2n)!}, x\in$ $(-\infty,+\infty)$;

(4) $x^2e^{x^2}=\sum\limits_{n=0}^{\infty}\dfrac{x^{2n+2}}{n!}, x\in(-\infty,+\infty)$;

(5) $\dfrac{x}{x^2-x-2}=\dfrac{1}{3}\left(\dfrac{1}{x+1}+\dfrac{2}{x-2}\right)=\sum\limits_{n=0}^{\infty}\left[(-1)^n-\dfrac{1}{2^n}\right]x^n, x\in(-1,1)$;

(6) $\int_0^x\dfrac{\sin x}{x}dx=\sum\limits_{n=1}^{\infty}\dfrac{(-1)^n}{(2n+1)!}\cdot\dfrac{x^{2n+1}}{2n+1}, x\in(-\infty,+\infty)$.

3. (1) $\dfrac{1}{x}=\dfrac{1}{1+(x-1)}=\sum\limits_{n=0}^{\infty}(-1)^n(x-1)^n, x\in(0,2)$;

(2) $\ln x=\ln[1+(x-1)]=\sum\limits_{n=0}^{\infty}(-1)^n\dfrac{(x-1)^n}{n}, x\in(0,2]$;

(3) $e^x=e\cdot e^{x-1}=\sum\limits_{n=0}^{\infty}\dfrac{e(x-1)^n}{n!}, x\in(-\infty,+\infty)$.

4. $\sin x=\sin\left[\dfrac{\pi}{4}+\left(x-\dfrac{\pi}{4}\right)\right]=\dfrac{\sqrt{2}}{2}\left[\cos\left(x-\dfrac{\pi}{4}\right)-\sin\left(x-\dfrac{\pi}{4}\right)\right]$

$=\dfrac{\sqrt{2}}{2}\sum\limits_{n=0}^{\infty}(-1)^n\left[\dfrac{1}{(2n)!}\left(x-\dfrac{\pi}{4}\right)^{2n}+\dfrac{1}{(2n+1)!}\left(x-\dfrac{\pi}{4}\right)^{2n+1}\right]$,

$x\in(-\infty,+\infty)$.

☞ 习题 8.5

1. (1) 1.098 6; (2) 1.648 4; (3) 1.004 975; (4) 0.999 4.
2. (1) 1.606; (2) 0.487; (3) 0.494.
3. (1) 2; (2) $-\dfrac{1}{6}$.

总习题八

1. (1) $\dfrac{2}{n(n+1)}$; (2) 0; (3) 0; (4) $(-2,4)$; (5) -1; (6) $\dfrac{1}{2}\left(1-\dfrac{1}{e}\right)$; (7) $\ln 2$;

(8) $-\dfrac{1}{51}$; (9) xe^{x^2}; (10) $\dfrac{\ln 3}{2-\ln 3}$.

2. (1)(B); (2)(B); (3)(B); (4)(C); (5)(D); (6)(C); (7)(B); (8)(D); (9)(C);

(10)(C).

3. (1) 收敛(提示:与$\sum_{n=1}^{\infty}\frac{1}{n^3}$比较); (2) 发散(提示:与$\sum_{n=1}^{\infty}\frac{1}{n}$比较,$\lim_{n\to\infty}\sqrt[n]{n}=1$);

(3) 收敛(提示:与$\sum_{n=1}^{\infty}\frac{1}{n^2}$比较); (4) 收敛(提示:用比值法).

4. (1) 条件收敛; (2) 绝对收敛; (3) 绝对收敛; (4) 条件收敛.

5. (1) 发散; (2) 发散; (3) 收敛; (4) 收敛.

提示:(1) 用必要条件;(2) 用性质;(3) 用敛散的定义;(4) 与$\sum_{n=1}^{\infty}\frac{n}{2^n}$比较.

6. (1)$(-\infty,+\infty)$; (2)$(-2,2)$; (3)$[1,3)$; (4)$[-2,2)$.

7. (1)$s(x)=-\frac{x}{2}\ln(1-x^2),(-1<x<1)$;

(2)$s(x)=-\ln\left(1-\frac{x}{2}\right),x\in[-2,2)$.

8. $S=-\frac{\sqrt{3}}{2}\arctan\frac{\sqrt{3}}{2}$.

第九章　常微分方程

☞ 习题 9.1

1. (1) 是;(2) 是;(3) 是;(4) 否.

2. (1) 通解; (2) 特解.

4. $y=\frac{1}{2}(e^x+e^{-x})-x^3-6x$.

6. (1) 线性无关; (2) 线性无关; (3) 线性相关.

7. (1)$y'=xy$;(2)$yy'+2x=0$.

☞ 习题 9.2

1. (1)$y=e^{Cx}$;(2)$x^2(1+y^2)=C$;(3)$x^2+y^2=2\ln x+C$;(4)$\sqrt{1-x^2}+\sqrt{1-y^2}=C$;(5)$xy^4=C(x-4)$;(6)$(e^x+1)(e^y-1)=C$;(7)$2e^{3x}-3e^{-y^2}=C$;(8)$\tan^2x-\cot^2y=C$.

2. (1)$e^y=\frac{1}{2}(e^{2x}+1)$;(2)$y=\sin x$; (3)$y^2=\ln(1+e^x)-\ln2+1$;(4)$y=1$.

3. (1)$x=Ce^{\sin\frac{y}{x}}$;(2)$x=Ce^{\frac{y}{x}}$;(3)$\tan\frac{y}{x}=\ln Cx$;(4)$y=xe^{1+Cx}$;(5)$y=x\sqrt{2\ln x+4}$;(6)$y=x\sqrt{2\ln x}$.

4. (1)$y=(x+C)e^{-x}$;(2)$y=(x^2+C)e^{x^2}$; (3)$y=x^2(\sin x+C)$;(4)$y=\frac{\sin x+C}{x^2-1}$;(5)$x\ln y=\frac{1}{2}\ln^2y+C$;(6)$x=Ce^{\sin y}-2(1+\sin y)$;(7)$y=x\sec x$; (8)$y=2\ln x-x+2$.

5. (1)$y=C\sin x-a$;(2)$y=x\ln Cx$;(3)$\frac{y}{3+y}=\frac{4}{7}e^{\frac{3}{2}x^2}$; (4)$y=2e^{-\sin x}+\sin x-1$;

(5) $y^2=\frac{2}{5}(\sin x+2\cos x)+Ce^{-2x}$；(6) $y^{-1}=-\sin x+Ce^{x}$.

7. $y=C\sqrt{x}-x$（提示：$y-xy'=\frac{1}{2}(x+y)$）.

8. $y=Cx$ 或 $xy=C$.

☞ 习题 9.3

1. (1) $y=-\sin x+\cos x+C_1x+C_2$；(2) $y=x\arctan x-\frac{1}{2}\ln(1+x^2)+C_1x+C_2$；

(3) $y=C_1\ln x+C_2$；(4) $y=\frac{1}{9}x^3+C_1\ln|x|+C_2$；(5) $y=C_2e^{C_1x}$.

2. (1) $y=x^3+3x+1$； (2) $y=\ln x+\frac{1}{2}\ln^2 x$； (3) $y=\left(1+\frac{1}{3}x\right)^3$.

☞ 习题 9.4

1. (1) $y''+y'-6y=0, y=C_1e^{2x}+C_2e^{-3x}$；

(2) $y''+10y'+25y=0, y=(C_1+C_2x)e^{-5x}$；

(3) $y''+y=0, y=C_1\cos x+C_2\sin x$；

(4) $y''-y'=0, y=C_1+C_2e^{x}$.

2. (1) $y''-4y=0$；(2) $y''+3y'=0$.

3. (1) $y=C_1e^{-x}+C_2e^{4x}$；(2) $y=C_1+C_2e^{-5x}$.

(3) $y=C_1\cos x+C_2\sin x$；(4) $y=(C_1+C_2x)e^{-2x}$.

(5) $y=e^{x}(C_1\cos 3x+C_2\sin 3x)$.

(6) 当 $a=0$ 时，$y=C_1+C_2x$；

当 $a>0$ 时，$y=C_1\cos\sqrt{a}x+C_2\sin\sqrt{a}x$；

当 $a<0$ 时，$y=C_1e^{-\sqrt{-a}x}+C_2e^{\sqrt{-a}x}$.

4. (1) $y=4e^{x}+2e^{3x}$； (2) $y=2\cos 5x+\sin 5x$； (3) $y=xe^{5x}$.

5. (1) $y_p=x(ax^2+bx+c)$；(2) $y_p=e^{-x}x^2(ax+b)$；

(3) $y_p=x(a\cos x+b\sin x)$；(4) $y_p=ax^2e^{-2x}$；

(5) $y_p=e^{-x}(a\cos x+b\sin x)$；(6) $y_p=e^{-2x}(a\cos 2x+b\sin 2x)$.

6. (1) $y_p=-\frac{1}{2}(x^2+x)-\frac{3}{4}$；(2) $y_p=-\frac{1}{2}(x^2+2x)e^{-x}$；

(3) $y_p=-\frac{1}{2}\sin x$；(4) $y_p=-\frac{1}{4}xe^{x}\cos 2x$.

7. (1) $y=C_1\cos 3x+C_2\sin 3x+1$；(2) $y=C_1+C_2e^{-8x}+\frac{1}{2}x^2-\frac{1}{8}x$；

(3) $y=C_1e^{-x}+C_2e^{-3x}-\frac{9}{2}xe^{-3x}$；(4) $y=(x^2-x+1)e^{x}-e^{-x}$；

☞ 习题 9.5

1. 1 296.

2. (1) $\frac{dW}{dt}=0.05W-200$. (2) $W(t)=4\,000+(W_0-4\,000)e^{0.05t}$.

(3)$W_0=3\,000$时，$W(t)=4\,000-1\,000e^{0.05t}$，当$t=27.7$时，$W=0$，说明第28年净资产为负值；$W_0=4\,000$时，净资产出长期保持不变；$W_0=5\,000$时，$W(t)=4\,000+1\,000e^{0.05t}$，净资产以指数形式增加.

3. $\dfrac{dQ}{dt}=kQ(N-Q)(k>0)$，$Q(t)=\dfrac{N}{1+Ce^{-kNt}}$.

4. $E^2=V^2+8V$.

5. $y(t)=\dfrac{1\,000\cdot 3^{\frac{t}{3}}}{9+3^{\frac{t}{3}}}$，$y(6)=500$.

6. $P(x)=\left(P_0-\dfrac{b+1}{a}\right)e^{-ax}-x+\dfrac{b+1}{a}$.

7. $C(q)=\dfrac{ab-k}{a^2}(1-e^{-aq})+\dfrac{k}{a}q$.

8. $C(t)=\dfrac{a}{t}+\dfrac{C_0t_0-a}{t_0^b}t^{b-1}$.

总习题九

1. (1)$y'=y-x+1$；(2)$(x-1)y''-xy'+y=0$；(3)$y=(x+C)\cos x$；(4)$x(a_0x^2+a_1x+a_2)$；(5)$e^x(a\cos x+b\sin x)$；(6)$y=C_1e^{-2x}+C_2e^x$；(7)$y=e^{\cos x-1}$；(8)$\pi\cdot e^{\frac{\pi}{4}}$；(9)$y=2(e^x-1-x)$；(10)1.

2. (1)(B)；(2)(B)；(3)(D)；(4)(B)；(5)(B)；(6)(C)；(7)(C)；(8)(B)；(9)(B)；(10)(A).

3. (1)$y=\dfrac{2}{1+e^x}$；(2)$\ln|x+y|+\dfrac{x}{x+y}=C$；(3)$x=y\ln y+\dfrac{C}{y}$；(4)$y=e^x+Ce^{\frac{1}{x}}$.

4. (1)$y=(C_1+C_2x)e^x+(2x-3)e^{2x}$；

(2)$y=-\dfrac{1}{2}x+\dfrac{1}{4}-\dfrac{1}{20}\sin 2x-\dfrac{3}{20}\cos 2x+C_1e^{2x}+C_2e^{-x}$.

5. $y=e^x-\dfrac{1}{\sqrt{e}}e^{x+e^{-x}}$.

6. $y''-y'-2y=-3\sin x-\cos x$（提示：设方程为$y''-y'-2y=f(x)$，将$y=\sin x$代入，确定$f(x)=-3\sin x-\cos x$）.

7. $y=Ce^{-f(x)}+f(x)-1$.

第十章　差分方程

☞ 习题 10.1

1. (1)$\Delta^2y_t=6t+4$；(2)$\Delta^2y_t=e^{3t}(e^t-1)^2$；(3)$\Delta^2y_t=\ln\dfrac{(t+1)(t+3)}{(t+2)^2}$；

(4)$\Delta^2y_t=2+2^t$.

2. (1)$y_{t+1}-3y_t-5=0$,一阶;(2)$y_{t+2}+2y_t=t^2$,二阶;

(3)$y_{t+3}-3y_{t+2}+3y_{t+1}+2=0$,二阶;

(4)$y_{t+2}-(3+t)y_{t+1}+(3+t)y_t-y_{t-1}=2^t$,三阶.

3. (1)$\Delta y_t+2y_t-3=0$;(2)$\Delta^2 y_t-3\Delta y_t-3y_t-2=0$.

5. $y_t=\left(\frac{3}{4}-\frac{9}{10}t\right)5^t+\frac{1}{4}3^t$.

6. $a=2$.

☞ **习题 10.2**

1. (1)$y_t=C\cdot 6^t$;(2)$y_t=C\cdot 3^t+1$; (3)$y_t=C+2t+t^2$;

(4)$y_t=C\left(\frac{1}{2}\right)^t+8-4t+t^2$; (5)$y_t=C(-2)^t+\frac{3}{4}2^t$;

(6)$y_t=C\cdot 2^t+2^t\cdot\frac{t}{2}(t-1)$.

2. (1)$y_t=2\left(\frac{1}{2}\right)^t$;(2)$y_t=\frac{1}{4}\left(-\frac{1}{2}\right)^t+\frac{1}{4}$;(3)$y_t=-4\left(\frac{1}{2}\right)^t+t^2-4t+8$;

(4)$y_t=\frac{1}{2}(-2)^t+\frac{1}{4}2^t$.

3. $y_t=C(-a)^t+\frac{b}{1+a}$(提示:$z_t=y_t-\frac{b}{1+a}$ 代入已知方程,得 $z_{t+1}+az_t=0$).

☞ **习题 10.3**

1. (1)$y_t=C_1(-2)^t+C_2 3^t$;(2)$y_t=(C_1+C_2 t)3^t$; (3)$y_t=C_1\cos\frac{\pi}{3}t+C_2\sin\frac{\pi}{3}t$;

(4)$y_t=-\frac{1}{2}[1+(-3)^t]$;(5)$y_t=\left(-\frac{1}{2}\right)^t(3+t)$;(6)$y_t=4^t\left(\cos\frac{\pi}{3}t+\sin\frac{\pi}{3}t\right)$.

2. (1)$y_t=(\sqrt{3})^t\left(C_1\cos\frac{\pi}{6}t+C_2\sin\frac{\pi}{6}t\right)+5$;

(2)$y_t=C_1+C_2 2^t-22t-2t^2$;

(3)$y_t=(C_1+C_2 t)3^t+\frac{1}{18}t^2 3^t$;

(4)$y_t=C_1(-2)^t+C_2 3^t+3^t\left(\frac{t^2}{15}-\frac{2t}{25}\right)$.

3. (1)$y_t=2^t\left(-\frac{1}{3}\cos\frac{\pi}{3}t+\frac{1}{3\sqrt{3}}\sin\frac{\pi}{3}t\right)+\frac{1}{3}(1+2t)$;

(2)$y_t=(-\frac{1}{4}+\frac{1}{10}t)5^t+\frac{1}{4}3^t$.

☞ **习题 10.4**

1. $W_{t+1}=(1+20\%)W_t+2$(单位:万元), 2.5 倍.

2. $P=7.71$ 万元.

提示:设每年还款 P 元,t 年欠款 y_t,有$\begin{cases}y_{t+1}=y_t+y_t\cdot 0.05-P\\ y_0=80,y_{15}=0\end{cases}$.

3. (1)$P_t=C_1(-0.5)^t+15$,稳定;

(2)$P_1=13.5, P_2=15.75, P_3=14.625, P_4=15$.

(提示:由 $Q_d=Q_s$,得 $P_t+\frac{1}{2}P_{t-1}=\frac{45}{2}$.)

总习题十

1. (1)$e^t(e-1)^2$;(2)t;(3)$2e-e^2$;(4)$y_t=3\left(-\frac{4}{3}\right)^t$;(5)$y_t=(C_1+C_2t)5^t$;

(6)$y_t^*=t(b_0t^2+b_1t+b_2)$;(7)$y_t^*=t(b_0t+b_1)$;(8)$y_{t+1}=\frac{11}{10}y_t+200$.

2. (1)(B);(2)(C);(3)(B);(4)(C);(5)(C);(6)(B);(7)(A);(8)(D).

3. (1)$y_t=C+\frac{2}{3}t^3-t^2+\frac{1}{3}t$;(2)$y_t=C+2^t(t-2)$;

(3)$y_t=C_1(-2)^t+C_2 3^t+3^t t\left(\frac{1}{6}t+\frac{1}{30}\right)$;(4)$y_t=(C_1+C_2t)4^t+\frac{1}{32}t^2 4^t$.

4. (1)$y_t=t^2-t$;(2)$y_t=(\sqrt{2})^t\left(-3\cos\frac{\pi}{4}t-4\sin\frac{\pi}{4}t\right)+3+5t$.

5. $P(t)=-\frac{t+1}{t}, f(t)=-2^t\cdot\frac{1-t}{t}$.

6. $y_t=\begin{cases}Ca^t+\frac{e^{bt}}{e^b-a} & e^b\neq a\\ Ca^t+te^{b(t-1)} & e^b=a\end{cases}$.

7. $P=2\ 221.22$(万元).

(提示:差分方程为 $W_{t+1}=1.01W_t-P$;初始条件为 $W_0=25\ 000, W_{12}=0$.)

8. $y(t)=Ca^t+\frac{b+I}{1-a}$, $c(t)=Ca^t+\frac{aI+b}{1-a}$.

第十一章　微积分应用与模型

☞ 习题 11.1

1. 与点 A 到河的垂线距离$\frac{ap}{a+b}$处.

2. 距离 A 点 3.25 千米处.

3. $C=0.397\ 8q+134.79$.

4. 司机血液中的酒精浓度为 93.25,已超出规定.

5. $w(t)=\frac{A-B}{C}+\left(w_0-\frac{A-B}{C}\right)e^{-\frac{C}{D}t}$.

☞ 习题 11.2

1. $\frac{100p}{100p-400}$, -0.33, -1, -3.

2. $\dfrac{2p^2+6p}{p^2+6p-18}$, 4.

3. $-bp$.

4. $E_{11}=-4, E_{22}=-2, E_{12}=-3, E_{21}=-0.1$.

5. 每年应订台球桌 5 次，每次的批量为 20 张.

6. $R_D=\dfrac{27}{2}, R_S=9$.

7. 均衡点为(4,5)，消费者剩余 4.22 元.

☞ **习题 11.3**

1. $A_0=522.046$.

2. $a=4\ 878.84$.

3. (1) $Y=Y_0e^{\rho t}, D=D_0+\dfrac{kY_0}{\rho}(e^{\rho t}-1)$；(2) $\lim\limits_{t\to+\infty}\dfrac{D(t)}{Y(t)}=\dfrac{k}{\rho}$.

4. (1) $Y(t)=\dfrac{a}{1-b}+C_1e^{\frac{1-b}{kb}t}, I(t)=(1-b)(Y_0-Y_e)e^{\mu t}$；(2) $\lim\limits_{t\to+\infty}\dfrac{Y(t)}{I(t)}=\dfrac{1}{1-b}$.

5. $C_t=\left(Y_0-\dfrac{I+\beta}{1-\alpha}\right)\alpha^t-\dfrac{\alpha I+\beta}{1-\alpha}, Y_t=\left(Y_0-\dfrac{I+\beta}{1-\alpha}\right)\alpha^t+\dfrac{I+\beta}{1-\alpha}$.

参考文献

[1] 同济大学应用数学系. 微积分:上册;下册[M].北京:高等教育出版社,1999.
[2] 马知恩,王绵森. 工科数学分析基础:上册;下册[M].北京:高等教育出版社,1998.
[3] 华东师范大学数学系. 数学分析:上册;下册[M]. 北京:高等教育出版社,1981.
[4] 朱来义. 微积分[M]. 2 版.北京:高等教育出版社,2004.
[5] 刘玉田,孙惠玲. 微积分[M].北京:北京大学出版社,2006.
[6] Stewart J.Calculus Early Transcendentals[M].5th ed,2003.
[7] Bittinger M L.Calculus and Its Applications[M].8th ed,2003.
[8] 李心灿. 高等数学应用 205 例[M].北京:高等教育出版社,1997.
[9] 姜启源. 数学模型[M].3 版.北京:高等教育出版社,2003.
[10] 谭永基,等. 经济管理数学模型案例教程[M].北京:高等教育出版社,2006.

教师信息反馈表

为了更好地为您服务，提高教学质量，中国人民大学出版社愿意为您提供全面的教学支持，期望与您建立更广泛的合作关系。请您填好下表后以电子邮件或信件的形式反馈给我们。

<table>
<tr><td>您使用过或正在使用的我社教材名称</td><td></td><td>版次</td><td></td></tr>
<tr><td>您希望获得哪些相关教学资料</td><td colspan="3"></td></tr>
<tr><td>您对本书的建议(可附页)</td><td colspan="3"></td></tr>
<tr><td>您的姓名</td><td colspan="3"></td></tr>
<tr><td>您所在的学校、院系</td><td colspan="3"></td></tr>
<tr><td>您所讲授的课程名称</td><td colspan="3"></td></tr>
<tr><td>学生人数</td><td colspan="3"></td></tr>
<tr><td>您的联系地址</td><td colspan="3"></td></tr>
<tr><td>邮政编码</td><td></td><td>联系电话</td><td></td></tr>
<tr><td>电子邮件(必填)</td><td colspan="3"></td></tr>
<tr><td>您是否为人大社教研网会员</td><td colspan="3">□ 是，会员卡号：____________
□ 不是，现在申请</td></tr>
<tr><td>您在相关专业是否有主编或参编教材意向</td><td colspan="3">□ 是　　　　□ 否
□ 不一定</td></tr>
<tr><td>您所希望参编或主编的教材的基本情况(包括内容、框架结构、特色等，可附页)</td><td colspan="3"></td></tr>
</table>

我们的联系方式：北京市西城区马连道南街 12 号

中国人民大学出版社应用技术分社

邮政编码：100055

电话：010-63311862

网址：http://www.crup.com.cn

E-mail：rendayingyong@163.com